OPERE MATEMATICHE

DI

LUIGI CREMONA

Pisa, Stab. Tipografico Succ. FF. Nistri. Piazza del Castelletto, 1.

L. Cremona

OPERE MATEMATICHE

DI

LUIGI CREMONA

PUBBLICATE

SOTTO GLI AUSPICI DELLA R. ACCADEMIA DEI LINCEI

TOMO PRIMO

CON RITRATTO DELL'AUTORE

ULRICO HOEPLI

EDITORE-LIBRAJO DELLA REAL CASA

MILANO

1914

PREFAZIONE.

Le Opere di CREMONA usciranno in tre volumi. Al principio del terzo volume si dirà brevemente della vita e della produzione scientifica dell'illustre Autore. Qui è necessario dare al lettore notizia dei criterî che hanno presieduto alla pubblicazione: in particolare fargli conoscere le norme colle quali fu condotta la revisione dei lavori Cremoniani ed alcune indicazioni convenzionali adottate.

Deve avvertirsi anzitutto che la presente pubblicazione, fatta sotto il patrocinio della R. Accademia dei Lincei, fu affidata ad un Comitato composto dei seguenti Soci dell'Accademia: BERTINI, CASTELNUOVO, DINI, D'OVIDIO, SEGRE, VERONESE. Il Comitato elesse a suo Presidente il prof. DINI, e a Direttore della pubblicazione il prof. BERTINI, e si rivolse, per essere aiutato nella suddetta revisione, a varî colleghi, ai quali rende qui vivissime grazie per la gentile loro cooperazione. Dei lavori contenuti in questo primo volume si pubblicano i nomi dei rispettivi revisori (pag. 493) e lo stesso si farà per gli altri due volumi.

Un primo concetto accolto dal Comitato fu che si dovessero riprodurre tutte le pubblicazioni Cremoniane, anche gli esercizî, gli articoli bibliografici e le commemorazioni, per presentare compiutamente l'opera scientifica di questo insigne geometra, che da semplici inizî assurse a tanta altezza, e perchè chiare apparissero le successive e varie fasi del suo pensiero: tralasciando però il *Calcolo grafico* e la *Geometria proiettiva* in quanto sono libri essenzialmente didattici *). Inoltre, per la stessa ragione ora detta, si è creduto conveniente

---

*) Una nuova edizione di questi due libri forse sarà fatta prossimamente dall'HOEPLI.

di mantenere generalmente l'ordine cronologico dei lavori, senza fare fra essi alcuna distinzione.

Un altro concetto, tenuto come norma costante dai revisori, fu che si dovesse rispettare scrupolosamente la redazione del CREMONA, sia per la sostanza che per la forma. Soltanto si giudicò necessario in quei punti, nei quali occorrevano rettificazioni o schiarimenti, di avvertirne il lettore in note collocate alla fine di ogni volume e indicate con [1], [2],..., per distinguerle dalle note che il CREMONA appose ai suoi lavori quando vennero stampati, le quali sono invece indicate con *), **),... e sono conservate, com'erano, a piè di pagina di ciascun lavoro. E quando qualche volta è occorsa nel testo o nelle note una osservazione od aggiunta del revisore, questa è stata sempre posta fra parentesi quadre: [...]: solo tralasciandosi di notare, chè non avrebbe avuta alcuna utilità, la correzione di sviste assolutamente evidenti, di numerazione errata di formole o di paragrafi, e di richiami non esatti *).

Nessun rilievo però è stato fatto su quelle cose dei lavori Cremoniani che avevano difetto di rigore dipendente dallo stato in cui era la geometria pura quando quei lavori furono scritti: quali le considerazioni di punti imaginarî come i reali senza giustificazione; le considerazioni non sempre rigorose di punti successivi; la trascuranza di dimostrazioni dell'indipendenza di date condizioni; ecc. Nè ordinariamente si sono rilevate le eccezioni che i teoremi esposti potevano presentare in casi particolari, perchè CREMONA sottintende quasi sempre ne' suoi enunciati la condizione "in generale", condizione che deve quindi tenersi presente nella lettura delle memorie Cremoniane. Infine nessuna osservazione fu fatta sulle inesattezze relative ai dati storici, inesattezze pure dipendenti dall'epoca in cui quelle memorie furono scritte e anche dalle speciali condizioni nelle quali allora si trovavano gli studi geometrici nel nostro paese.

La R. Scuola degli Ingegneri di Roma, che ora possiede la Biblioteca

*) In simboli usati dal CREMONA sono adoperate qualche volta le parentesi quadre, ma è evidente che ciò non può produrre alcun equivoco.

CREMONA, ha permesso al Comitato, con cortese arrendevolezza (per cui il Comitato stesso dichiara qui la propria gratitudine), di esaminare le copie dei lavori di CREMONA ed i manoscritti di carattere scientifico e didattico, ivi contenuti.

In quelle copie, e in alcune altre donate dal CREMONA al BERTINI, si trovano numerose aggiunte manoscritte del CREMONA stesso, delle quali non risulta e non è facile assegnare la data. Alcune di esse, per la loro estensione ed accuratezza possono con molta probabilità riferirsi al tempo in cui CREMONA pensava a preparare una edizione delle proprie opere (di che la prima idea fu intorno al 1898 e, sebbene non fosse mai abbandonata, non potè per varie circostanze avere attuazione): invece altre sono certamente anteriori, perchè hanno soltanto il carattere di appunti o ricordi e presentano imperfezioni che l'Autore avrebbe indubbiamente tolte prima di inserirle in una nuova edizione: alcune sono proprietà, ora in gran parte note, ma che forse erano nuove nel tempo in cui furono scritte: altre sono schiarimenti o semplificazioni o nuove dimostrazioni. Tutte furono esaminate colla massima diligenza e, quando è stato possibile, furono introdotte integralmente nella presente pubblicazione. Furono invece omesse o modificate quelle aggiunte manoscritte, per le quali non si poteva fare altrimenti, nel secondo caso, come ben s'intende, dichiarandosi volta per volta ciò che fu mantenuto o variato dell'osservazione cremoniana. Sono state introdotte inoltre varie correzioni fatte dal CREMONA stesso nei suddetti esemplari ed in altri posseduti dai prof.[i] G. B. GUCCIA e G. PITTARELLI, che ne hanno dato gentilmente comunicazione al Comitato.

Per mettere in evidenza le dette cose postume si è convenuto che, quando non sieno accompagnate da una esplicita avvertenza, vengano collocate sempre fra sgraffe: }...{: tanto se sono inserite nel testo, quanto se sono messe nelle note a piè di pagina o nelle note a fine del volume *). Ma per alcuni lavori (*Introduzione* ..., *Preliminari* ..., ecc.), pei quali talune aggiunte sono tolte dalle traduzioni tedesche, il revisore prof. SEGRE ha esteso qualche volta l'uso delle

*) Soltanto a p. 83 di questo volume una nota manoscritta di CREMONA è indicata con (*)).

sgraffe a contrassegnare anche quelle aggiunte, come sarà spiegato, quando occorra, in apposite note.

I manoscritti lasciati dal CREMONA, il cui esame fu fatto particolarmente dal prof. CASTELNUOVO, contengono riassunti di lavori pubblicati da varî geometri, appunti di lezioni, traccie di calcoli e di studi, ecc.: ma è parso al Comitato che nessuno di essi avesse sufficiente interesse o fosse maturo per la pubblicazione. Ciò corrisponde al giudizio che di quei manoscritti pronunciava lo stesso CREMONA, il quale, come è affermato da tutti i suoi cari, negli ultimi anni di sua vita ebbe più volte a dire: nulla trovarsi in essi che meritasse di essere stampato.

L'edizione, assunta dal comm. U. HOEPLI, è eseguita dalla Tipografia NISTRI di Pisa. All'editore e al tipografo vadano vivi ringraziamenti per le cure poste affinchè la pubblicazione riesca degna del nome di CREMONA.

1.

SULLE TANGENTI SFERO-CONIUGATE. [1]

Annali di Scienze matematiche e fisiche compilati da B. TORTOLINI, tomo sesto (1855), pp. 382-392.

Sia data una superficie qualsivoglia, rappresentata dall'equazione $\varphi(x, y, z) = 0$, e siavi in essa una linea (a) individuata; e s'imagini la superficie sviluppabile tangente la superficie qualsivoglia lungo quella linea. La retta caratteristica della superficie sviluppabile e la retta tangente la linea (a), nel punto comune a questa linea ed alla caratteristica, chiamansi, com'è notissimo, *tangenti coniugate*, e la teorica di esse è dovuta a DUPIN.

In luogo della superficie sviluppabile immaginiamo ora una qualsiasi superficie inviluppante una famiglia di superficie, le quali abbiano un contatto di un ordine qualunque colla superficie $\varphi = 0$ lungo la linea (a); le rette tangenti questa linea e la caratteristica della superficie inviluppante hanno fra di loro una relazione di reciprocità, di cui la teorica delle tangenti di DUPIN non è che un caso particolarissimo. È all'illustre prof. BORDONI che si deve il merito d'aver così trattata la quistione nel modo più generale possibile, mentre essa era ancora nello stato in cui l'aveva lasciata DUPIN. Quest'importante generalizzazione forma lo scopo di una nota del suddetto professore, inserita nel tomo I degli Opuscoli Matem. e Fisici pubblicati in Milano nel 1832.

Qui si esporranno alcune proprietà, le quali hanno luogo nel caso che la superficie inviluppante abbia colla data un contatto di primo ordine, e le sue inviluppate siano sferiche.

Sia $f(p, q, r) = 0$ l'equazione delle inviluppate tangenti la superficie data lungo la linea (a); le due rette toccanti, l'una questa linea, l'altra la caratteristica della superficie inviluppante, nel punto ad esse comune, possono chiamarsi *coniugate*, denotando col nome di *coniugate ordinarie* quelle di cui DUPIN ha dato la teorica. Siano a_1, b_1, c_1; α, β, γ, i coseni degli angoli che le tangenti coniugate fanno con tre assi ortogonali; e chiaminsi X, Y, Z, A, B, C, G, H, K ; P, Q, R, D, E, F, S, T, U i valori delle derivate parziali

$$\frac{d\varphi}{dx}, \frac{d\varphi}{dy}, \frac{d\varphi}{dz}, \frac{d^2\varphi}{dx^2}, \frac{d^2\varphi}{dy^2}, \frac{d^2\varphi}{dz^2}, \frac{d^2\varphi}{dy\,dz}, \frac{d^2\varphi}{dx\,dz}, \frac{d^2\varphi}{dx\,dy};$$

$$\frac{df}{dp}, \frac{df}{dq}, \frac{df}{dr}, \frac{d^2f}{dp^2}, \frac{d^2f}{dq^2}, \frac{d^2f}{dr^2}, \frac{d^2f}{dq\,dr}, \frac{d^2f}{dp\,dr}, \frac{d^2f}{dp\,dq},$$

corrispondenti al punto di coordinate x, y, z; inoltre pongasi per brevità

$$\delta^2 = \frac{P^2 + Q^2 + R^2}{X^2 + Y^2 + Z^2}.$$

La proprietà delle tangenti coniugate è rappresenta dalla equazione

$$(1) \qquad a_1\alpha(D - A\delta) + b_1\beta(E - B\delta) + c_1\gamma(F - C\delta) + (b_1\gamma + c_1\beta)(S - G\delta) + (c_1\alpha + a_1\gamma)(T - H\delta) + (\alpha_1\beta + b_1\alpha)(U - K\delta) = 0$$

la quale deducesi facilmente da quella che dà il prof. Bordoni, pel contatto di un ordine qualunque nella nota citata. Ora sia

$$f = (p - u)^2 + (q - v)^2 + (r - w)^2 - k^2 = 0$$

essendo u, v, w parametri arbitrari; in questo caso l'equazione (1) diviene

$$(2) \qquad \frac{\sqrt{(X^2 + Y^2 + Z^2)}}{k} \cos e = Aa_1\alpha + Bb_1\beta + Cc_1\gamma + G(b_1\gamma + c_1\beta) + H(c_1\alpha + a_1\gamma) + K(a_1\beta + b_1\alpha)$$

ove e sia l'angolo che la retta tangente la linea (a) comprende colla retta tangente la caratteristica della superficie inviluppante le sfere che toccano la superficie data lungo la linea (a). Le due rette tangenti nominate si possono chiamare *sfero-coniugate.* Siano r_1 ed r_2 i raggi di curvatura delle sezioni normali alla superficie data e tangenti la linea (a) e la caratteristica considerata, nel punto ad esse comune; e siano R_1 ed R_2 i raggi di massima e minima curvatura corrispondenti al punto stesso. Avremo quindi, com'è noto,

$$\frac{\sqrt{(X^2 + Y^2 + Z^2)}}{r_1} = Aa_1^2 + Bb_1^2 + Cc_1^2 + 2Gb_1c_1 + 2Ha_1c_1 + 2Ka_1b_1$$

$$\frac{\sqrt{(X^2 + Y^2 + Z^2)}}{r_2} = A\alpha^2 + B\beta^2 + C\gamma^2 + 2G\beta\gamma + 2H\gamma\alpha + 2K\alpha\beta:$$

da queste due equazioni e dalla (2) deducesi immediatamente

$$\frac{(X^2+Y^2+Z^2)^2}{\operatorname{sen}^2 e}\left(\frac{1}{r_2 r_1}-\frac{\cos^2 e}{k^2}\right)=\begin{vmatrix} X & A & K & H \\ Y & K & B & G \\ Z & H & G & C \\ O & X & Y & Z \end{vmatrix}$$

ossia

$$\frac{1}{r_2 r_1}=\frac{\cos^2 e}{k^2}+\frac{\operatorname{sen}^2 e}{R_1 R_2}.$$

Se poi chiamansi θ e θ_1 gli angoli che le tangenti sfero-coniugate fanno con una delle due linee di curvatura della superficie data, corrispondenti al punto di coordinate x, y, z, l'equazione precedente si muta in quest'altra

$$\operatorname{tang}\theta \,.\, \operatorname{tang}\theta_1=\frac{\frac{1}{R_1}-\frac{1}{k}}{\frac{1}{k}-\frac{1}{R_2}},$$

quindi concludiamo il seguente

Teorema. Il prodotto delle tangenti trigonometriche degli angoli che due linee a tangenti sfero-coniugate esistenti sopra una superficie comprendono con una linea di curvatura, è una quantità costante per uno stesso punto della superficie.

. . . .

Pavia, il 3 settembre 1855.

2.

INTORNO AD UN TEOREMA DI ABEL.

Annali di Scienze matematiche e fisiche compilati da B. TORTOLINI, tomo settimo (1856), pp. 99-105.

Il teorema del quale questa breve nota contiene una dimostrazione, venne enunciato per la prima volta da ABEL, in una lettera diretta a LEGENDRE *), e in seguito dimostrato dal signor BROCH **).

LEMMA 1.° Siano $a_0, a_1, \ldots a_{n-1}$ n quantità qualsivogliano; α una radice primitiva dell'equazione $x^n - 1 = 0$; e

$$\theta_r = a_0 + a_1\alpha_r + a_2\alpha_r^2 \ldots + a_{n-1}\alpha_r^{n-1}$$

supposto

$$(1) \qquad \alpha_r = \alpha^r .$$

Si moltiplichino fra loro i due determinanti

$$D = \begin{vmatrix} a_0 & a_1 & \ldots & a_{n-1} \\ a_1 & a_2 & \ldots & a_0 \\ \ldots & \ldots & \ldots & \ldots \\ \ldots & \ldots & \ldots & \ldots \\ a_{n-1} & a_0 & \ldots & a_{n-2} \end{vmatrix}, \quad \Delta = \begin{vmatrix} 1 & 1 & 1 & \ldots & 1 \\ 1 & \alpha_1 & \alpha_2 & \ldots & \alpha_{n-1} \\ 1 & \alpha_1^2 & \alpha_2^2 & \ldots & \alpha_{n-1}^2 \\ \ldots & \ldots & \ldots & \ldots & \ldots \\ 1 & \alpha_1^{n-1} & \alpha_2^{n-1} & \ldots & \alpha_{n-1}^{n-1} \end{vmatrix}.$$

Eseguendo la moltiplicazione per linee, ed avendo riguardo alla (1), le colonne del

*) Crelle, Journal für die Mathematik, Band 6. [Oeuvres de N. H. Abel, nouv. edit., vol. II, p. 276].

**) Crelle, Journal für die Mathematik, Band 20.

determinante prodotto riescono ordinatamente divisibili per $\theta_n, \theta_1, \dots \theta_{n-1}$; e si ha

$$D\Delta = \theta_1\theta_2 \dots \theta_n \begin{vmatrix} 1 & 1 & 1 & \dots & 1 \\ 1 & \alpha_{n-1} & \alpha_{n-1}^2 & \dots & \alpha_{n-1}^{n-1} \\ 1 & \alpha_{n-2} & \alpha_{n-2}^2 & \dots & \alpha_{n-2}^{n-1} \\ \dots & \dots & \dots & \dots & \dots \\ 1 & \alpha_1 & \alpha_1^2 & \dots & \alpha_1^{n-1} \end{vmatrix},$$

ma il determinante che entra nel secondo membro di questa equazione è evidentemente eguale a $(-1)^{\frac{(n-1)(n-2)}{2}}\Delta$; dunque

$$\theta_1\theta_2 \dots \theta_n = (-1)^{\frac{(n-1)(n-2)}{2}} D. \quad [2]$$

Il teorema espresso in questa formola fu enunciato per la prima volta dal signor SPOTTISWOODE *); la dimostrazione è del prof. BRIOSCHI, mio valente maestro.

LEMMA 2.° Si considerino le $a_0, a_1, \dots a_{n-1}$ come funzioni di una stessa variabile, derivando rispetto ad essa il determinante D, si ha

$$D' = D_1 + D_2 + \dots + D_n$$

ove D_r è il determinante che si ottiene dal determinante D, sostituendo agli elementi della r esima colonna le loro derivate. Nel determinante D_r dispongansi le linee $(n-r+2)$ esima, $(n-r+3)$ esima, ... n esima, prima, seconda, ... $(n-r+1)$ esima in modo che riescano ordinatamente prima, seconda, ... $(r-1)$ esima, r esima, $(r+1)$ esima, ... n esima; indi si dispongano le colonne r esima, $(r+1)$ esima, ... n esima, prima, seconda, ... $(r-1)$ esima per modo che divengano prima, seconda, ... $(n-r+1)$ esima, $(n-r+2)$ esima, $(n-r+3)$ esima, ... n esima; si avrà

$$D_r = D_1$$

dunque

$$D' = nD_1 = nD_2 = \dots = nD_n.$$

LEMMA 3.° Sia

$$H - \begin{vmatrix} m_0 & q_0 & q_1 d & \dots & q_{n-2} d^{n-2} \\ m_1 d & q_1 d & q_2 d^2 & \dots & q_{n-1} d^{n-1} \\ \dots & \dots & \dots & \dots & \dots \\ m_{n-1} d^{n-1} & q_{n-1} d^{n-1} & q_0 & \dots & q_{n-3} d^{n-3} \end{vmatrix}.$$

* Crelle, Journal für die Mathematik, Band 51.

Si può dimostrare che l'espressione $\frac{\mathrm{H}}{d}$ è razionale [3] rispetto a d^n. Infatti, dopo aver divisa la seconda linea del determinante H per d, se si moltiplicano le colonne seconda, terza, ... ultima per $d^n, d^{n-1}, \dots d^2$ e poi si dividono le linee terza, quarta,... ultima per $d^2, d^3, \dots d^{n-1}$, si ottiene

$$\frac{\mathrm{H}}{d} = \frac{1}{d^n} \begin{vmatrix} m_1 & q_0 d^n & q_1 d^n & \dots & q_{n-2} d^n \\ m_2 & q_1 d^n & q_2 d^n & \dots & q_{n-1} d^n \\ m_2 & q_2 d^n & q_3 d^n & \dots & q_0 \\ \dots & \dots & \dots & \dots & \dots \\ m_{n-1} & q_{n-1} d^n & q_0 & \dots & q_{n-3} \end{vmatrix}.$$

Teorema di Abel. Sia $\mathrm{F}(x) = 0$ l'equazione risultante dalla eliminazione della y fra le due equazioni algebriche

$$y^n - \mathrm{R}(x) = 0, \quad q_0 + q_1 y + q_2 y^2 + \dots + q_{n-1} y^{n-1} = 0$$

ove $\mathrm{R}(x)$ sia una funzione razionale ed intera di x; $q_0, q_1, \dots q_{n-1}$ n funzioni razionali ed intere della stessa x, nelle quali però i coefficienti delle potenze della variabile siano quantità indeterminate, supposte funzioni di un'arbitraria t. Siano $\alpha_1, \alpha_2, \dots \alpha_n$ e n radici dell'equazione $x^n - 1 = 0$, e facciasi $d = \sqrt[n]{\mathrm{R}(x)}$. Pel lemma 1.° si ha

$$\mathrm{F}(x) = \begin{vmatrix} q_0 & q_1 d & q_2 d^2 & \dots & q_{n-1} d^{n-1} \\ q_1 d & q_2 d^2 & q_3 d^3 & \dots & q_0 \\ \dots & \dots & \dots & \dots & \dots \\ q_{n-1} d^{n-1} & q_0 & q_1 d & \dots & q_{n-2} d^{n-2} \end{vmatrix}.$$

Moltiplicando le linee seconda, terza,... ultima per $\alpha_r, \alpha_r^2, \dots \alpha_r^{n-1}$, ed aggiungendo agli elementi della prima colonna quelli della seconda, della terza,... dell'ultima moltiplicati per $\alpha_r, \alpha_r^2, \dots \alpha_r^{n-1}$, e moltiplicando quindi di nuovo le linee prima, seconda,... ultima per $\alpha_r^n, \alpha_r^{n-1}, \dots \alpha_r$ si ha

$$(2) \qquad \mathrm{F}(x) = \theta_r \begin{vmatrix} \alpha_r^n & q_1 d & q_2 d^2 & \dots & q_{n-1} d^{n-1} \\ \alpha_r^{n-1} & q_2 d^2 & q_3 d^3 & \dots & q_0 \\ \dots & \dots & \dots & \dots & \dots \\ \alpha_r & q_0 & q_1 d & \dots & q_{n-2} d^{n-2} \end{vmatrix}$$

posto

(3) $$\theta_r = q_0 + q_1 \alpha_r d + q_2 \alpha_r^2 d^2 + \ldots + q_{n-1} \alpha_r^{n-1} d^{n-1}.$$

Sia x una qualunque delle μ radici, supposte disuguali, dell'equazione $F(x) = 0$, e sia θ_r il fattore di $F(x)$ che è annullato da quella radice. Derivando rispetto a t la equazione identica $F(x) = 0$, si ha (lemma 2.°)

$$F'(x) \frac{dx}{dt} + n \begin{vmatrix} h_0 & q_1 d & q_2 d^2 & \ldots & q^{n-1} d^{n-1} \\ h_1 & q_2 d^2 & q_3 d^3 & \ldots & q_0 \\ \cdot & \cdot & \cdot & \cdot & \cdot \\ h_{n-1} & q_0 & q_1 d & \ldots & q_{n-2} d^{n-2} \end{vmatrix} = 0$$

ove $h_s = \frac{dq_s}{dt} d^s$; $\frac{dq_s}{dt}$ indica la derivata di q_s rispetto alla sola t implicita ne' coefficienti. Trasformisi il determinante nell'equazione che precede, moltiplicando le linee seconda, terza, ... ultima per $\alpha_r, \alpha_r^2, \ldots \alpha_r^{n-1}$ ed aggiungendo agli elementi dell'ultima colonna moltiplicati per α_r^{n-1} quelli della penultima, terz'ultima, ... seconda moltiplicati per $\alpha_r^{n-2}, \alpha_r^{n-3}, \ldots \alpha_r$; avendo riguardo all'equazione identica $\theta_r = 0$, si ha

(4) $$F'(x) \frac{dx}{dt} - n \alpha_r H = 0$$

posto

$$H = (-1)^n \begin{vmatrix} h_0 & q_0 & q_1 d & \ldots & q_{n-2} d^{n-2} \\ h_1 & q_1 d & q_2 d^2 & \ldots & q_{n-1} d^{n-1} \\ \cdot & \cdot & \cdot & \cdot & \cdot \\ h_{n-1} & q_{n-1} d^{n-1} & q_0 & \ldots & q_{n-3} d^{n-3} \end{vmatrix}.$$

Sia a una quantità costante, $f(x)$ una funzione razionale ed intera di x; e si moltiplichi la (4) per

$$\frac{f(x)}{\alpha_r (x - a) d F'(x)},$$

si avrà

$$\frac{1}{\alpha_r} \frac{f(x)}{(x-a) d} \frac{dx}{dt} = \frac{n H f(x)}{(x-a) d F'(x)}.$$

In questa equazione cambio la x successivamente in tutte le radici della $F(x) = 0$; sommando i risultati ed osservando essere $\frac{H}{d}$ una funzione razionale [3] rispetto ad x

(lemma 3.°), si ha, per noti teoremi sullo spezzamento delle frazioni razionali

$$\sum_1^\mu \frac{1}{\alpha_r} \frac{f(x)}{(x-a)\,d(x)} \frac{dx}{dt} = \Pi \frac{n\mathrm{H}(x) f(x)}{(x-a)\,d(x)\,\mathrm{F}(x)} - \frac{n\mathrm{H}(a) f(a)}{d(a)\,\mathrm{F}(a)} \qquad [4]$$

indicando col simbolo $\Pi\varphi(x)$ il cofficiente di $\frac{1}{x}$ nello sviluppo di $\varphi(x)$ secondo le potenze discendenti di x. Quindi, integrando rispetto a t, si ha

$$(5) \qquad \sum_1^\mu \frac{1}{\alpha_r} \int \frac{f(x)}{(x-a)\,d(x)}\,dx = \Pi \frac{f(x)}{(x-a)\,d(x)} \int \frac{n\,\mathrm{H}(x)}{\mathrm{F}(x)}\,dt$$

$$- \frac{f(a)}{d(a)} \int \frac{n\,\mathrm{H}(a)}{\mathrm{F}(a)}\,dt + \mathrm{Cost.^e}.$$

Ora derivinsi le n equazioni (3) rispetto alla sola t; poi si moltiplichino le equazioni ottenute dalla derivazione ordinatamente per

$$\alpha_1^n,\ \alpha_2^n, \ldots \alpha_n^n;\ \ \alpha_1^{n-1},\ \alpha_2^{n-1}, \ldots \alpha_n^{n-1}; \ldots;\ \ \alpha_1,\ \alpha_2, \ldots \alpha_n;$$

sommando ciascuna volta le risultanti si ha

$$nh_s = \alpha_1^{n-s} \frac{d\theta_1}{dt} + \alpha_2^{n-s} \frac{d\theta_2}{dt} + \ldots + \alpha_n^{n-s} \frac{d\theta_n}{dt};$$

quindi, essendo

$$\mathrm{H} = h_0 \frac{d\mathrm{H}}{dh_0} + h_1 \frac{d\mathrm{H}}{dh_1} + \ldots + h_{n-1} \frac{d\mathrm{H}}{dh_{n-1}},$$

sarà

$$n\mathrm{H} = (-1)^n \sum_1^n {}_r \frac{d\theta_r}{dt} \begin{vmatrix} \alpha_r^n & q_0 & q_1 d & \ldots & q_{n-2}\, d^{n-2} \\ \alpha_r^{n-1} & q_1 d & q_2 d^2 & \ldots & q_{n-1}\, d^{n-1} \\ \cdot & \cdot & \cdot & \cdot & \cdot \\ \alpha_r & q_{n-1}\, d^{n-1} & q_0 & \ldots & q_{n-3}\, d^{n-3} \end{vmatrix}$$

ovvero

$$n\mathrm{H} = -\sum_1^n {}_r\, \alpha_r^{n-1} \frac{d\theta_r}{dt} \begin{vmatrix} \alpha_r^n & q_1 d & q_2 d^2 & \ldots & q^{n-1}\, d^{n-1} \\ \alpha_r^{n-1} & q_2 d^2 & q_3 d^3 & \ldots & q_0 \\ \cdot & \cdot & \cdot & \cdot & \cdot \\ \alpha_r & q_0 & q_1 d & \ldots & q_{n-2}\, d^{n-2} \end{vmatrix}$$

e per la (2)

$$\frac{nH}{F} = -\sum_1^n{}_r \frac{1}{\alpha_r} \frac{d\theta_r}{dt} \frac{1}{\theta_r},$$

quindi la (5) diviene

$$\sum_1^\mu \frac{1}{\alpha_r} \int \frac{f(x)}{(x-a)\sqrt[n]{R(x)}} dx = -\Pi \frac{f(x)}{(x-a)\sqrt[n]{R(x)}} \sum_1^n{}_r \frac{1}{\alpha_r} \log \theta_r(x)$$

$$+ \frac{f(a)}{\sqrt[n]{R(a)}} \sum_1^n \frac{1}{\alpha_r} \log \theta_r(a) + \text{Cost.}^{\text{e}}.$$

In questo risultato consiste appunto il teorema di Abel.

Pavia, 2 maggio 1856.

3.

INTORNO AD ALCUNI TEOREMI DI GEOMETRIA SEGMENTARIA.

Programma dell'I. R. Ginnasio liceale di Cremona, alla fine dell'anno scolastico 1857, pp. 1-14.

Scopo di questa breve nota è la dimostrazione di alcuni recentissimi teoremi enunciati dal signor De Lafitte nelle *questions proposées* del *cahier de mai* 1857, *Annales de Mathématiques rédigées par M. Terquem.* A tale uopo mi servirò delle coordinate trilineari e delle tangenziali, cioè farò uso di quel metodo (sì elegante ed efficace, ove si tratti di teoremi della geometria di posizione), che alcuni matematici inglesi chiamano *abridged notation* *).

1.

Si abbiano due figure omografiche, poste in uno stesso piano. È noto esistere in generale tre rette omologhe a sè medesime, le quali si denominano *rette doppie.* I punti d'intersezione di queste rette sono *punti doppi.* Se si assumono le rette doppie come assi di coordinate trilineari *(lines of reference),* le formole analitiche per la trasformazione omografica delle figure, riescono assai semplici.

Siano a, b, c quantità arbitrarie; x, y, z le lunghezze delle perpendicolari condotte sulle tre rette doppie da un punto qualunque del piano delle due figure; cioè le x, y, z siano le coordinate trilineari del medesimo punto. Risguardando questo punto come

*) Per apprezzare i servigi che questo mezzo analitico rende alla geometria, vedi i lavori degli abilissimi geometri — Bobillier, Plücker, Salmon, Hearn, Brioschi, Faure, ecc. Annales de Gergonne — Crelle, Journal für die Mathematik — Salmon's Conic Sections — Salmon's Higher plane curves — Hearn's Researches on curves of the second order — Annales de M. Terquem — Annali del signor Tortolini ecc.

appartenente alla prima figura, le coordinate trilineari del punto omologo nell'altra saranno generalmente esprimibili con:

$$ax\,, \quad by\,, \quad cz\,.$$

Se il punto (x, y, z) movendosi nel piano descrive una linea rappresentata dall'equazione:

$$F(x, y, z) = 0$$

il luogo geometrico del punto omologo avrà per equazione:

$$F\left(\frac{x}{a}, \frac{y}{b}, \frac{z}{c}\right) = 0\,.$$

Così, se la retta:

$$Ax + By + Cz = 0$$

si considera come appartenente alla prima figura, la sua omologa sarà:

$$\frac{A}{a}x + \frac{B}{b}y + \frac{C}{c}z = 0\,.$$

2.

Qualunque conica circoscritta al triangolo avente i lati nelle rette doppie:

$$x = 0\,, \quad y = 0\,, \quad z = 0$$

è rappresentabile coll'equazione:

$$\frac{l}{x} + \frac{m}{y} + \frac{n}{z} = 0 \tag{1}$$

ove l, m, n sono indeterminate. Un punto qualunque della conica si può rappresentare col sistema:

$$t\,(lz + nx) = lz\,, \quad \frac{1}{t}\,(mz + ny) = mz$$

a cui si può sostituire il seguente:

$$x : y : z = \left(\frac{1}{t} - 1\right) l : (t - 1)\,m : n$$

ove t è la variabile che individua il punto sulla conica.

La retta che unisce il punto (t), considerato come facente parte della prima figura, al suo omologo, ha per equazione:

$$(2)\qquad (b-c)\,nx-(a-b)\,lz+\frac{l}{mt}\Big((a-b)\,mz-(c-a)\,ny\Big)=0$$

quindi, qualunque sia t, cioè qualunque sia la coppia dei punti omologhi, questa retta passa pel punto individuato dalle equazioni:

$$\frac{b-c}{l}\,x=\frac{c-a}{m}\,y=\frac{a-b}{n}\,z$$

ossia dalle:

$$(3)\qquad x:y:z=\frac{l}{b-c}:\frac{m}{c-a}:\frac{n}{a-b}.$$

Questo punto evidentemente è sulla conica, e per esso è

$$t=\frac{c-b}{c-a}.$$

Lo stesso punto, considerato come appartenente alla seconda figura, ha per omologo quello che ha le seguenti coordinate:

$$(4)\qquad x:y:z=\frac{l}{a\,(b-c)}:\frac{m}{b\,(c-a)}:\frac{n}{c\,(a-b)}$$

il quale è pure sulla conica, e gli corrisponde:

$$t=\frac{a\,(c-b)}{b\,(c-a)}.$$

Per ottenere l'equazione della retta che passa pel punto (3) considerato come appartenente alla prima figura, e pel suo omologo, basta porre nella (2):

$$t=\frac{c-b}{c-a};$$

si ha così:

$$(5)\qquad \frac{(b-c)^2}{l}\,x+\frac{(c-a)^2}{m}\,y+\frac{(a-b)^2}{n}\,z=0.$$

La tangente alla conica nel punto (t) ha per equazione:

$$\frac{t^2}{l}\,x+\frac{1}{m}\,y+\frac{(t-1)^2}{n}\,z=0$$

dunque la retta (5) è tangente alla conica (1) nel punto (3).

La retta che unisce il punto (t), considerato come appartenente alla seconda figura, col suo omologo, è:

$$a(b-c)\,nx-c(a-b)\,lz+\frac{l}{mt}\Big(c(a-b)\,mz-b(c-a)\,ny\Big)=0$$

la quale, qualunque sia t, passa pel punto (4).

La retta che unisce il punto (4) considerato come appartenente alla seconda figura, col suo omologo, è rappresentata dall'equazione precedente, ove si faccia:

$$t=\frac{a(c-b)}{b(c-a)},$$

cioè dalla:

$$\frac{a^2(b-c)^2}{l}x+\frac{b^2(c-a)^2}{m}y+\frac{c^2(a-b)^2}{n}z=0$$

epperò la retta medesima è tangente alla conica nel punto (4).

Così è dimostrato il teorema:

Date due figure omografiche in un piano, ed una conica circoscritta al triangolo formato dalle tre rette doppie, tutte le rette che congiungono i punti di essa, considerati come facenti parte della prima figura, ai loro omologhi, concorrono in uno stesso punto A, *il quale appartiene alla conica medesima. Considerando* A *come punto della seconda figura, ha il suo omologo* B, *il quale appartiene esso pure alla conica, ed è quello in cui concorrono tutte le rette congiungenti i punti della conica (come punti della seconda figura) ai loro omologhi. I punti* A *e* B, *considerati come appartenenti, quello alla prima e questo alla seconda figura, hanno i rispettivi omologhi* C *e* D. *Le rette* AC *e* BD *sono tangenti alla conica.*

Osservazione. In luogo delle formole precedenti se ne sarebbero ottenute altre meno semplici ma del tutto simmetriche, quando si fossero assunte le equazioni:

$$x:y:z=\frac{l}{(m-n)(l+t)}:\frac{m}{(n-l)(m+t)}:\frac{n}{(l-m)(n+t)}$$

in luogo di quelle assunte effettivamente per rappresentare il punto generico sulla conica (1). Una osservazione analoga valga per le proposizioni che seguono.

3.

L'equazione generale di una conica inscritta nel triangolo:

$$x=0\,,\;\; y=0\,,\;\; z=0$$

è la seguente:

(6) $$\sqrt{(lx)} + \sqrt{(my)} + \sqrt{(nz)} = 0$$

quindi un punto qualunque di questa linea potrà rappresentarsi col sistema:

$$x : y : z = \left(\frac{t+1}{2}\right)^2 \frac{1}{l} : \left(\frac{t-1}{2}\right)^2 \frac{1}{m} : \frac{1}{n}$$

e l'equazione della tangente in questo punto sarà:

(7) $$2\,(t-1)\,lx - 2\,(t+1)\,my - (t^2-1)\,nz = 0.$$

Questa retta, considerata come appartenente alla prima figura, ha per omologa la:

$$2\,(t-1)\,\frac{l}{a}\,x - 2\,(t+1)\,\frac{m}{b}\,y - (t^2-1)\,\frac{n}{c}\,z = 0$$

e le due rette s'incontrano nel punto:

$$x : y : z = -\frac{t+1}{2}\,\frac{a\,(b-c)}{l} : \frac{t-1}{2}\,\frac{b\,(c-a)}{m} : \frac{c\,(a-b)}{n},$$

il qual punto, qualunque sia t, cioè qualunque sia la coppia delle rette omologhe trovasi sulla retta:

(8) $$\frac{l}{a\,(b-c)}\,x + \frac{m}{b\,(c-a)}\,y + \frac{n}{c\,(a-b)}\,z = 0.$$

Questa equazione, moltiplicata per la quantità:

$$\frac{4\,ab\,(c-a)\,(c-b)}{c\,(b-a)}$$

assume la forma (7) ove sia:

(9) $$t = \frac{2\,ab - c\,(a+b)}{c\,(b-a)};$$

dunque la retta (8) è tangente alla conica (6) nel punto (9), cioè nel punto:

$$x : y : z = \frac{a^2\,(b-c)^2}{l} : \frac{b^2\,(c-a)^2}{m} : \frac{c^2\,(a-b)^2}{n}.$$

La retta (8), considerata come appartenente alla prima figura ha per omologa la:

$$\frac{l}{a^2\,(b-c)}\,x + \frac{m}{b^2\,(c-a)}\,y + \frac{n}{c^2\,(a-b)}\,z = 0$$

e questa incontra la (8) precisamente nel punto (9).

Se la retta (8) si risguarda come facente parte della seconda figura, la sua omologa è rappresentata dalla:

$$\frac{l}{b-c}x+\frac{m}{c-a}y+\frac{n}{a-b}z=0 \tag{10}$$

equazione, la quale moltiplicata per:

$$\frac{4(c-a)(c-b)}{a-b}$$

assume la forma (7) ove sia:

$$t=\frac{2c-(a+b)}{a-b};$$

dunque la retta (10) è tangente alla conica (6) nel punto determinato da questo valore di t, ossia nel punto:

$$x:y:z=\frac{(b-c)^2}{l}:\frac{(c-a)^2}{m}:\frac{(a-b)^2}{n}. \tag{11}$$

Analogamente le tangenti della conica (6), considerate come appartenenti alla seconda figura, incontrano le loro omologhe in punti tutti situati nella retta (10). Questa retta, considerata come appartenente alla seconda figura incontra la sua omologa nel punto (11).

Concludiamo quindi il teorema:

Se si ha una conica inscritta nel triangolo formato dalle tre rette doppie di un sistema di due figure omografiche, le tangenti ad essa, considerate come appartenenti alla prima figura incontrano le loro omologhe in punti tutti situati sopra una medesima retta L, *che è pure tangente alla conica. Questa retta, risguardata come appartenente alla seconda figura ha la sua omologa* M, *la quale tocca anch'essa la conica ed è quella in cui le tangenti della conica, considerate come facenti parte della seconda figura, incontrano le rispettive omologhe. Le due rette* L *ed* M, *considerate come appartenenti, l'una alla prima figura, l'altra alla seconda, hanno le loro omologhe* P *e* Q; *il punto comune ad* L, P *e quello comune ad* M, Q *appartengono entrambi alla conica.*

4.

Riprese le denominazioni del paragrafo secondo, si considerino due punti $(t=v)$, $(t=w)$ sulla conica (1); e per essi le due rette:

$$Lx+My+Nz=0 \quad , \quad Px+Qy+Rz=0; \tag{12}$$

saranno identiche le:

(13)
$$L\left(\frac{1}{v}-1\right)l+M(v-1)m+Nn=0$$
$$P\left(\frac{1}{w}-1\right)l+Q(w-1)m+Rn=0.$$

Per trovare le coordinate trilineari dell' altro punto comune alla prima delle rette (12) ed alla conica (1), elimino z fra le equazioni di queste linee ed ottengo, avuto riguardo alla prima delle (13):

$$vmLx^2+(Ll+Mmv^2)xy+vlMy^2=0$$

da cui:

$$x:y=-Mv:L,$$ [5]

quindi pel punto richiesto si avrà:

$$t=\frac{l}{mv}\frac{L}{M}.$$

Analogamente, per l' altro punto comune alla conica (1) ed alla seconda delle rette (12), sarà:

$$t=\frac{l}{mw}\frac{P}{Q}.$$

Epperò, affinchè questi punti coincidano, è necessario e sufficiente che sia:

$$\frac{L}{M}:v=\frac{P}{Q}:w$$

cioè:

$$\frac{L}{M}=vs,\ \frac{P}{Q}=ws$$

ove s è un' indeterminata.

Quindi le equazioni delle rette (12) divengono:

$$vsnx+ny+(1-v)(m-ls)z=0$$
$$wsnx+ny+(1-w)(m-ls)z=0.$$

Affinchè queste rette siano omologhe, è necessario che la seconda equazione si possa dedurre dalla prima col porre in questa:

$$\frac{x}{a},\ \frac{y}{b},\ \frac{z}{c}$$

ordinatamente in luogo di:

$$x\,,\quad y\,,\quad z\,;$$

la qual condizione dà quest'unico sistema di valori per v e w:

$$v=\frac{a}{b}\frac{(c-b)}{(c-a)}\,,\quad w=\frac{c-b}{c-a}\,.$$

I due punti a cui corrispondono questi valori di t sono omologhi l'uno dell'altro, e sono quei medesimi punti (3) e (4) che già si sono incontrati nel teorema del paragrafo secondo. Concludiamo quindi il teorema:

Su di una conica circoscritta al triangolo formato dalle rette doppie di un sistema di due figure omografiche esistono sempre due punti (e due soli) tali che due rette rotando intorno ad essi ed intersecandosi sulla conica si mantengano costantemente omologhe nelle due figure. Tali punti sono gli stessi A *e* B *di cui si fa cenno nel teorema del paragrafo secondo.*

5.

Riprese le denominazioni del paragrafo terzo, s'imaginino due tangenti alla conica (6) in due punti fissi $(t=v)$, $(t=w)$, ed una tangente nel punto variabile (t). Questa tangente incontra quelle rispettivamente ne' punti determinati dalle equazioni:

$$x:y:z=\frac{(t+1)(v+1)}{4}\frac{1}{l}:\frac{(t-1)(v-1)}{4}\frac{1}{m}:\frac{1}{n}\,,$$

$$x:y:z=\frac{(t+1)(w+1)}{4}\frac{1}{l}:\frac{(t-1)(w-1)}{4}\frac{1}{m}:\frac{1}{n}\,.$$

Affinchè questi punti siano omologhi, è necessario e sufficiente che si abbia:

$$a:w+1=c:v+1\,,\quad b:w-1=c:v-1$$

da cui si ha l'unico sistema di valori per v, w:

$$v=\frac{2c-(a+b)}{a-b}\,,\quad w=\frac{2ab-c(a+b)}{c(b-a)}\,;$$

i quali valori di t corrispondono alle due tangenti omologhe (8) e (10) della conica che ci occupa.

Abbiamo così il teorema:

Date due figure omografiche in un piano ed una conica inscritta nel triangolo formato dalle rette doppie, vi sono sempre due rette tangenti alla conica (e due sole) tali che una retta la quale si muova mantenendosi tangente alla stessa conica, incontri quelle in due punti costantemente omologhi nelle due figure. Quelle due rette sono le L *ed* M, *già incontrate nel teorema del paragrafo terzo.*

6.

Pel punto doppio:

$$x = y = 0$$

imagino una retta fissa:

$$mx - ly = 0$$

ed in essa il punto variabile:

$$\frac{x}{l} = \frac{y}{m} = \frac{z}{n}$$

ove n è indeterminata.
Una retta:

$$Ax + By + Cz = 0$$

passerà per questo punto, purchè sia:

$$Al + Bm + Cn = 0. \tag{14}$$

Questa retta incontra la sua omologa:

$$\frac{A}{a}x + \frac{B}{b}y + \frac{C}{c}z = 0$$

nel punto:

$$x : y : z = \frac{a(b-c)}{A} : \frac{b(c-a)}{B} : \frac{c(a-b)}{C}.$$

Da queste due equazioni e dalla (14) elimino A, B, C, ed ottengo così l'equazione del luogo geometrico de' punti analoghi al precedente e corrispondenti ad uno stesso valore della variabile n:

$$\frac{al(b-c)}{x} + \frac{bm(c-a)}{y} + \frac{cn(a-b)}{z} = 0$$

la quale rappresenta una conica circoscritta al triangolo:

$$x = 0, \quad y = 0, \quad z = 0.$$

La tangente a questa conica nel punto:

$$x = y = 0$$

è:

$$al(b-c)\,y+bm(c-a)\,x=0$$

e quindi è indipendente da n. Dunque:

Date due figure omografiche in un piano, se per un punto doppio si conduce una retta fissa A *e su di questa si prende un punto* a, *tutte le rette della prima figura che passano per* a *incontrano le loro rispettive omologhe in punti situati su di una stessa conica, che passa pe' tre punti doppi. Tutte le coniche corrispondenti agli infiniti punti della retta* A *si toccano in uno stesso punto, il quale è il punto doppio pel quale passa la retta* A.

Reciprocamente, *se le coniche corrispondenti a due punti si toccano, questi punti sono in linea retta con un punto doppio ed il contatto ha luogo in questo punto.*

Infatti, i due punti siano determinati dalla equazione:

$$\frac{x}{l}=\frac{y}{m}=\frac{z}{n}$$

$$\frac{x}{L}=\frac{y}{M}=\frac{z}{N}$$

a cui corrisponderanno rispettivamente le coniche:

$$\frac{al(b-c)}{x}+\frac{bm(c-a)}{y}+\frac{cn(a-b)}{z}=0$$

$$\frac{aL(b-c)}{x}+\frac{bM(c-a)}{y}+\frac{cN(a-b)}{z}=0\,.$$

Siccome queste coniche passano entrambe pei punti doppi, così se esse si toccano, ciò avrà luogo in uno di tali punti. Sia per es. l'$x=y=0$. Le tangenti alle due coniche in questo punto sono:

$$al(b-c)\,y+bm(c-a)\,x=0\,,\quad aL(b-c)\,y+bM(c-a)\,x=0:$$

esse coincideranno se:

$$L=sl\,,\quad M=sm$$

ove s è un'indeterminata. Allora il secondo de' punti dati sarà rappresentato dalle equazioni:

$$\frac{x}{l}=\frac{y}{m}=\frac{sz}{N}$$

cioè i due punti dati sono entrambi sulla retta:

$$\frac{x}{l} = \frac{y}{m}$$

passante pel punto doppio:

$$x = y = 0$$

il quale è quello in cui si toccano le due coniche.

7.

Sulla retta doppia:

$$z = 0$$

fisso il punto:

$$lx + my = 0 , \quad z = 0$$

e per esso imagino la retta variabile:

$$lx + my + nz = 0$$

ove n è indeterminata.

Siano u, v, w le coordinate trilineari di un punto di questa retta: l'equazione della congiungente il punto stesso al suo omologo sarà:

$$\frac{b - c}{u} x + \frac{c - a}{v} y + \frac{a - b}{w} z = 0$$

la quale equazione, eliminandone $u : w$ mediante l'identica:

$$lu + mv + nw = 0$$

diviene:

$$\frac{v^2}{w^2} z - \frac{(b - c) lx - (c - a) my - (a - b) nz}{(a - b) m} \frac{v}{w} + \frac{(c - a) n}{(a - b) m} y = 0 .$$

La forma di questa equazione manifesta che la retta da essa rappresentata inviluppa la conica:

$$\frac{(c - a) n}{(a - b) m} yz - \left(\frac{(b - c) lx - (c - a) my - (a - b) nz}{2 (a - b) m}\right)^2 = 0$$

ossia:

$$\sqrt{(l (b - c) x)} + \sqrt{(m (c - a) y)} + \sqrt{(n (a - b) z)} = 0$$

conica inscritta nel triangolo:

$$x = 0, \quad y = 0, \quad z = 0 .$$

Qualunque sia n questa conica tocca la retta:

$$z=0$$

nel punto:

$$z=0\,,\quad l(b-c)x-m(c-a)y=0\,;$$

dunque è dimostrato il teorema:

Date due figure omografiche in un piano, se sopra una retta doppia si fissa un punto A *e per esso si conduce una retta* l, *le rette che congiungono i punti della retta* l *co' loro omologhi inviluppano una conica, che è inscritta nel triangolo formato dalle rette doppie. Tutte le coniche corrispondenti alle infinite rette che si ponno condurre per* A *si toccano in uno stesso punto, e la tangente comune è la retta doppia su cui è preso il punto* A.

Reciprocamente, *se le coniche corrispondenti a due rette si toccano, queste rette s'incontrano in un punto di una retta doppia, sulla quale ha luogo il contatto.*

Infatti siano le due rette:

$$lx+my+nz=0\,,\quad Lx+My+Nz=0$$

a cui corrisponderanno rispettivamente le coniche:

$$\sqrt{(l(b-c)x)}+\sqrt{(m(c-a)y)}+\sqrt{(n(a-b)z)}=0$$
$$\sqrt{(L(b-c)x)}+\sqrt{(M(c-a)y)}+\sqrt{(N(a-b)z)}=0\,.$$

Siccome queste coniche sono entrambe inscritte nel triangolo formato dalle rette doppie, così se esse si toccano, ciò avrà luogo in un punto di una di queste rette medesime: sia per es. nella $z=0$. Siccome la retta $z=0$ tocca la prima conica nel punto:

$$l(b-c)x=m(c-a)y\,,\quad z=0$$

e la seconda conica nel punto:

$$L(b-c)x=M(c-a)y\,,\quad z=0$$

se questi punti coincidono, sarà:

$$L=sl\,,\quad M=sm$$

ossia le due rette date avranno per equazioni:

$$lx+my+nz=0\,,\quad lx+my+\frac{N}{s}z=0$$

epperò esse si segano sulla:

$$z=0\,.$$

8.

Per agevolare la dimostrazione di un teorema che verrà esposto nel paragrafo nono, premetterò la soluzione del seguente problema [6]:

Dato un sistema di due figure omografiche poste in uno stesso piano, trovare le rette di una figura che colle loro omologhe sono divise ne' punti omologhi in parti proporzionali.

In questo paragrafo farò uso delle coordinate tangenziali. Siano:

$$x', \quad y', \quad z'$$

le coordinate tangenziali di una qualunque delle rette richieste; supposte riferite le due figure ai punti doppi:

$$x=0, \quad y=0, \quad z=0$$

ed espresse con a, b, c delle indeterminate, le coordinate tangenziali della retta omologa di quella saranno:

$$ax', \quad by', \quad cz'.$$

Due punti qualunque della prima retta siano rappresentati dalle equazioni:

$$u+hv=0, \quad u+kv=0$$

ove:

$$u=\frac{y'-z'}{x'}x+\frac{z'-x'}{y'}y+\frac{x'-y'}{z'}z$$

$$v=(y'-z')x+(z'-x')y+(x'-y')z$$

ed h, k sono due indeterminate. La distanza fra i due punti sarà divisa in parti proporzionali a due numeri m, n dal punto:

$$u+iv=0$$

ove:

$$i=\frac{mh+nk}{m+n}.$$

I punti omologhi a' precedenti sono:

$$U+hV=0, \quad U+kV=0, \quad U+iV=0$$

ove:

$$U=0, \quad V=0$$

sono i punti omologhi rispettivi de' punti:

$$u=0, \quad v=0.$$

Affinchè il punto:

$$U + iV = 0$$

divida la distanza fra i due:

$$U + hV = 0\,, \quad U + kV = 0$$

in parti tali che stiano fra loro come $m : n$, deve aversi:

$$\frac{m(U + hV)}{A + hB} + \frac{n(U + kV)}{A + kB} = \frac{(m + n)(U + iV)}{A + iB}$$

ove A e B sono rispettivamente i risultati ottenuti col porre $x = y = z = 1$ nelle funzioni lineari U e V. Posto per i il suo valore, dopo alcune facili riduzioni, l'equazione precedente diviene:

$$B(BU - AV) = 0\,.$$

L'equazione:

$$B = 0$$

ossia la:

$$a(b - c)x' + b(c - a)y' + c(a - b)z' = 0$$

dà la soluzione richiesta. L'altra equazione:

$$BU - AV = 0$$

ossia la:

$$(cz' - by')x + (ax' - cz')y + (by' - ax')z = 0$$

dà:

$$ax' = by' = cz'$$

caso particolare della $B = 0$.

L'equazione $B = 0$ rappresenta un punto situato a distanza infinita. Dunque le rette richieste sono parallele alla:

$$ax' = by' = cz'$$

cioè a quella retta della prima figura che ha la sua omologa a distanza infinita.

Così è dimostrato il seguente teorema, reciproco di uno notissimo dell'illustre geometra Chasles (*Traité de Géométrie Supérieure,* pag. 365):

In ciascuna figura le sole rette, che colle rispettive omologhe sono divise dai punti omologhi in parti proporzionali, sono le parallele a quella che ha la sua omologa nell'altra figura situata a distanza infinita.

9.

Ricerchiamo ora se fra le rette determinate nel paragrafo precedente, ve ne siano di quelle che colle rispettive omologhe siano divise in parti eguali dai punti omologhi. Riprese le coordinate trilineari, siano A, B, C gli angoli del triangolo formato dalle rette doppie:

$$x=0\,,\quad y=0\,,\quad z=0\,;$$

saranno quindi:

$$(15)\qquad \begin{aligned} &ax \,\mathrm{sen}\,A + by\,\mathrm{sen}\,B + cx\,\mathrm{sen}\,C = 0 \\ &\frac{x}{a}\,\mathrm{sen}\,A + \frac{y}{b}\,\mathrm{sen}\,B + \frac{z}{c}\,\mathrm{sen}\,C = 0 \end{aligned}$$

le equazioni delle due rette che nelle due figure hanno le omologhe a distanza infinita. Sia poi LM, LN, una coppia qualunque di rette omologhe, rispettivamente parallele alle precedenti; le loro equazioni saranno della forma:

$$(a+s)\,x\,\mathrm{sen}\,A + (b+s)\,y\,\mathrm{sen}\,B + (c+s)\,z\,\mathrm{sen}\,C = 0$$

$$\left(\frac{1}{a}+\frac{1}{s}\right)x\,\mathrm{sen}\,A + \left(\frac{1}{b}+\frac{1}{s}\right)y\,\mathrm{sen}\,B + \left(\frac{1}{c}+\frac{1}{s}\right)z\,\mathrm{sen}\,C = 0$$

ove s è la quantità che individua la coppia delle rette omologhe.

Il punto L ad esse comune ha per coordinate:

$$x:\,y:\,z = \frac{a(b-c)}{(a+s)\,\mathrm{sen}\,A} : \frac{b(c-a)}{(b+s)\,\mathrm{sen}\,B} : \frac{c(a-b)}{(c+s)\,\mathrm{sen}\,C} :$$

considerato questo punto come appartenente alla prima retta avrà per omologo l'M determinato dalle:

$$x:\,y:\,z: = \frac{a^2(b-c)}{(a+s)\,\mathrm{sen}\,A} : \frac{b^2(c-a)}{(b+s)\,\mathrm{sen}\,B} : \frac{c^2(a-b)}{(c+s)\,\mathrm{sen}\,C}$$

e considerato come appartenente alla seconda retta avrà per omologo l'N determinato dalle:

$$x:\,y:\,z = \frac{b-c}{(a+s)\,\mathrm{sen}\,A} : \frac{c-a}{(b+s)\,\mathrm{sen}\,B} : \frac{a-b}{(c+s)\,\mathrm{sen}\,C}\,.$$

Quindi l'equazione della retta MN sarà:

$$(b+c)\,(a+s)\,x\,\mathrm{sen}\,A + (c+a)\,(b+s)\,y\,\mathrm{sen}\,B + (a+b)\,(c+s)\,z\,\mathrm{sen}\,C = 0.$$

Ora affinchè sia soddisfatta la condizione dell'attuale problema, è necessario e sufficiente che la retta MN riesca parallela ad una delle bisettrici degli angoli compresi dalle rette (15).

Il punto comune alle (15) è:

$$x : y : z = \frac{a(b^2-c^2)}{\operatorname{sen} A} : \frac{b(c^2-a^2)}{\operatorname{sen} B} : \frac{c(a^2-b^2)}{\operatorname{sen} C}$$

e la parallela ad MN condotta per questo punto sarà:

$$(bc+as)\,x \operatorname{sen} A + (ca+bs)\,y \operatorname{sen} B + (ab+cs)\,z \operatorname{sen} C = 0.$$

D'altra parte, posto:

$$h^2 = a^2 \operatorname{sen}^2 A + b^2 \operatorname{sen}^2 B + c^2 \operatorname{sen}^2 C - 2bc \operatorname{sen} B \operatorname{sen} C \cos A - 2ca \operatorname{sen} C \operatorname{sen} A \cos B - 2ab \operatorname{sen} A \operatorname{sen} B \cos C$$

$$k = \frac{1}{a^2}\operatorname{sen}^2 A + \frac{1}{b^2}\operatorname{sen}^2 B + \frac{1}{c^2}\operatorname{sen}^2 C - \frac{2}{bc}\operatorname{sen} B \operatorname{sen} C \cos A - \frac{2}{ca}\operatorname{sen} C \operatorname{sen} A \cos B - \frac{2}{ab}\operatorname{sen} A \operatorname{sen} B \cos C,$$

le due bisettrici degli angoli compresi dalle rette (15) sono rappresentate dalla doppia equazione:

$$\frac{h \pm ka^2}{a}\,x \operatorname{sen} A + \frac{h \pm kb^2}{b}\,y \operatorname{sen} B + \frac{h \pm kc^2}{c}\,z \operatorname{sen} C = 0.$$

Quindi indicata con i un'indeterminata, per condizione del problema dovrà essere:

$$a(bc+as) = i(h \pm ka^2)$$

$$b(ca+bs) = i(h \pm kb^2)$$

$$c(ab+cs) = i(h \pm kc^2)$$

da cui moltiplicando ordinatamente per $b-c$, $c-a$, $a-b$ e sommando si ha:

$$\pm ik = s$$

quindi, ciascuna delle precedenti dà:

$$hs = \pm k\,abc$$

cioè due valori per la s, epperò due sistemi di due rette omologhe divise in parti eguali dai loro punti omologhi. Siccome poi, per uno di questi sistemi la retta LM è parallela ad una delle bisettrici degli angoli delle rette (15), e per l'altro è parallela all'altra, così ne risulta evidentemente che se due punti descrivono *nello stesso senso* le due rette di una figura, i loro omologhi descriveranno *in senso contrario* le rette omologhe nell'altra figura.

Così è dimostrato il teorema:

In due figure omografiche poste in un piano esistono sempre due sistemi (e due soli) di due rette omologhe divise in parti eguali dai punti omologhi. Le due rette di ciascuna figura sono parallele alla retta di questa figura che ha l'omologa nell'altra a distanza infinita; e se due punti descrivono le due rette di una delle due figure nello stesso senso, i loro punti omologhi descriveranno le rette omologhe in senso contrario.

Cremona, 6 agosto 1857.

4.

SUR LES QUESTIONS 321 ET 322. [7]

Nouvelles Annales de Mathématiques, 1.re série, tome XVI (1857), pp. 41-43.

Question 321.

Soient a_r, b_r, c_r les coordonnées du sommet $r^{\text{ième}}$ de l'hexagone; l_r la longueur du côté $(r, r+1)$; $\alpha_r, \beta_r, \gamma_r$ les cosinus des angles du même côté avec les axes. On a, par les données du problème,

$$\begin{array}{lll}
a_2 = a_1 + \alpha_1 l_1 & , \quad b_2 = b_1 + \beta_1 l_1 & , \quad c_2 = c_1 + \gamma_1 l_1 \\
a_3 = a_1 + \alpha_1 l_1 + \alpha_2 l_2 & , \quad \dots & , \quad \dots \\
a_4 = a_1 + \alpha_1 l_1 + \alpha_2 l_2 + \alpha_3 l_3 & , \quad \dots & , \quad \dots \\
a_5 = a_1 + \alpha_2 l_2 + \alpha_3 l_3 & , \quad \dots & , \quad \dots \\
a_6 = a_1 + \alpha_3 l_3 & , \quad \dots & , \quad \dots
\end{array}$$

Par conséquent, l'équation du plan passant par les milieux des côtés $(1,2)$, $(2,3)$, $(3,4)$ sera

$$\begin{vmatrix}
1 & 1 & 1 & 1 \\
2x & 2a_1 + \alpha_1 l_1 & 2a_1 + 2\alpha_1 l_1 + \alpha_2 l_2 & 2a_1 + 2\alpha_1 l_1 + 2\alpha_2 l_2 + \alpha_3 l_3 \\
2y & 2b_1 + \beta_1 l_1 & 2b_1 + 2\beta_1 l_1 + \beta_2 l_2 & 2b_1 + 2\beta_1 l_1 + 2\beta_2 l_2 + \beta_3 l_3 \\
2z & 2c_1 + \gamma_1 l_1 & 2c_1 + 2\gamma_1 l_1 + \gamma_2 l_2 & 2c_1 + 2\gamma_1 l_1 + 2\gamma_2 l_2 + \gamma_3 l_3
\end{vmatrix} = 0,$$

ou, en transformant ce déterminant par des théorèmes très-connus,

$$\begin{vmatrix}
1 & 0 & 1 & 0 \\
4(x - a_1) & \alpha_2 l_2 + \alpha_3 l_3 & \alpha_3 l_3 + \alpha_1 l_1 & \alpha_1 l_1 + \alpha_2 l_2 \\
4(y - b_1) & \beta_2 l_2 + \beta_3 l_3 & \beta_3 l_3 + \beta_1 l_1 & \beta_1 l_1 + \beta_2 l_2 \\
4(z - c_1) & \gamma_2 l_2 + \gamma_3 l_3 & \gamma_3 l_3 + \gamma_1 l_1 & \gamma_1 l_1 + \gamma_2 l_2
\end{vmatrix} = 0.$$

En observant de quelle façon cette équation renferme les éléments qui composent les coordonnées des sommets de l'hexagone, on voit que la méme équation représente aussi le plan passant par les milieux des côtés (4, 5), (5, 6), (6, 1). Donc, etc.

Question 322.

Soient $2n$ le nombre des côtés du polygone; a_r, b_r, c_r les coordonnées du sommet $r^{ième}$; l_r la longueur du côté $(r, r+1)$; $\alpha_r, \beta_r, \gamma_r$ les cosinus des angles de ce côté avec les axes. En supposant que r soit un des nombres 1, 2, 3, ..., n, on a

$$a_r = a_1 + \alpha_1 l_1 + \alpha_2 l_2 + \ldots + \alpha_{r-1} l_{r-1},$$

$$a_{n+r} = a_1 + \alpha_r l_r + \alpha_{r+1} l_{r+1} + \ldots + \alpha_n l_n,$$

donc

$$a_r + a_{n+r} = 2a_1 + \alpha_1 l_1 + \alpha_2 l_2 + \ldots \alpha_n l_n,$$

c'est-à-dire $a_r + a_{n+r}$ est indépendant de r; analoguement pour $b_r + b_{n+r}$ et $c_r + c_{n+r}$.

Je considère le point dont les coordonnées sont

$$x = \frac{1}{2}\left(a_r + a_{n+r}\right), \quad y = \frac{1}{2}\left(b_r + b_{n+r}\right), \quad z = \frac{1}{2}\left(c_r + c_{n+r}\right);$$

ces coordonnées satisfont évidemment aux équations de la droite $(r, n+r)$, qui sont

$$\frac{x - a_r}{a_r - a_{n+r}} = \frac{y - b_r}{b_r - b_{n+r}} = \frac{z - c_r}{c_r - c_{n+r}}$$

et satisfont aussi aux équations de la droite qui joint les milieux des côtés $(r, r+1)$, $(n+r, n+r+1)$, savoir

$$\frac{2x - a_r - a_{r+1}}{a_r + a_{r+1} - a_{n+r} - a_{n+r+1}} = \frac{2y - b_r - b_{r+1}}{b_r + b_{r+1} - b_{n+r} - b_{n+r+1}} = \frac{2z - c_r - c_{r+1}}{c_r + c_{r+1} - c_{n+r} - c_{n+r+1}};$$

donc le point nommé est commun à toutes les droites qui joignent les sommets opposés et à celles qui joignent les milieux des côtés opposés, et le même point est le milieu de chacune de ces droites.

5.

SOLUTION ANALYTIQUE DE LA QUESTION 344 (MANNHEIM). [7]

Nouvelles Annales de Mathématiques, 1.re série, tome XVI (1857), pp. 79-82.

Soient x_1, y_1, et x_2, y_2, les coordonnées des points A, O, celles des points B, C seront de la forme

$$x_3 = x_1 + \lambda h \ , \quad y_3 = y_1 + \lambda k \ ,$$
$$x_4 = x_1 + \mu m \ , \quad y_4 = y_1 + \mu n \ ,$$

h, k, l, m sont des quantités données, λ, μ deux indéterminées; donc

$$2\,\mathrm{ABO} = \begin{vmatrix} 1 & x_1 & y_1 \\ 1 & x_2 & y_2 \\ 1 & x_3 & y_3 \end{vmatrix} = \lambda \begin{vmatrix} x_2 - x_1 & y_2 - y_1 \\ h & k \end{vmatrix},$$

et analogiquement

$$2\,\mathrm{AOC} = \begin{vmatrix} 1 & x_1 & y_1 \\ 1 & x_4 & y_4 \\ 1 & x_2 & y_2 \end{vmatrix} = \mu \begin{vmatrix} x_1 - x_2 & y_1 - y_2 \\ m & n \end{vmatrix}.$$

Il s'ensuit

$$\frac{1}{2}\left(\frac{1}{\mathrm{ABO}} + \frac{1}{\mathrm{AOC}}\right) = \frac{\begin{vmatrix} x_2 - x_1 & y_2 - y_1 \\ \lambda h - \mu m & \lambda k - \mu n \end{vmatrix}}{\lambda\mu \begin{vmatrix} x_2 - x_1 & y_2 - y_1 \\ h & k \end{vmatrix} \begin{vmatrix} x_1 - x_2 & y_1 - y_2 \\ m & n \end{vmatrix}};$$

mais les points B, C, O étant en ligne droite, on a

$$\begin{vmatrix} 1 & x_2 & y_2 \\ 1 & x_3 & y_3 \\ 1 & x_4 & y_4 \end{vmatrix} = 0,$$

c'est-à-dire

$$\begin{vmatrix} x_2 - x_1 & y_2 - y_1 \\ \lambda h - \mu m & \lambda k - \mu n \end{vmatrix} - \lambda\mu \begin{vmatrix} k & h \\ n & m \end{vmatrix} = 0,$$

par conséquent,

$$\frac{1}{2}\left(\frac{1}{\text{ABO}} + \frac{1}{\text{AOC}}\right) = \frac{\begin{vmatrix} k & h \\ n & m \end{vmatrix}}{\begin{vmatrix} x_2 - x_1 & y_2 - y_1 \\ h & k \end{vmatrix} \begin{vmatrix} x_1 - x_2 & y_1 - y_2 \\ m & n \end{vmatrix}}$$

quantité indépendante de λ, μ. Donc, etc.

Théorème analogue dans l'espace.

Par un point O situé dans l'intérieur d'un angle trièdre de sommet A, on mène un plan qui coupe lès arêtes du trièdre dans les points B, C, D. Soient ν_1, ν_2, ν_3 le valeurs des trois pyramides AOCD, AODB, AOBC; je dis que la somme

$$\sqrt{\frac{\nu_1}{\nu_2 \nu_3}} + \sqrt{\frac{\nu_2}{\nu_3 \nu_1}} + \sqrt{\frac{\nu_3}{\nu_1 \nu_2}}$$

est constante, de quelque manière qu'on mène le plan sécant.

Soient x_1, y_1, z_1, $x_2, y_2, z_2, \ldots, x_5, y_5, z_5$ les coordonnés des cinq ponts A, O, B, C, D; $x_1, y_1, z_1, x_2, y_2, z_2$, sont des quantités données ainsi que les α, β, γ; on aura

$$\frac{x_3 - x_1}{\alpha_1} = \frac{y_3 - y_1}{\beta_1} = \frac{z_3 - z_1}{\gamma_1} = \lambda,$$

$$\frac{x_4 - x_1}{\alpha_2} = \frac{y_4 - y_1}{\beta_2} = \frac{z_4 - z_1}{\gamma_2} = \mu,$$

$$\frac{x_5 - x_1}{\alpha_3} = \frac{y_5 - y_1}{\beta_3} = \frac{z_5 - z_1}{\gamma_3} = \nu,$$

donc

$$6\,v_1 = \begin{vmatrix} 1 & x_1 & y_1 & z_1 \\ 1 & x_2 & y_2 & z_2 \\ 1 & x_4 & y_4 & z_4 \\ 1 & x_5 & y_5 & z_5 \end{vmatrix} = \mu\nu \begin{vmatrix} x_2 - x_1 & y_2 - y_1 & z_2 - z_1 \\ \alpha_2 & \beta_2 & \gamma_2 \\ \alpha_3 & \beta_3 & \gamma_3 \end{vmatrix} = \mu\nu A,$$

et par analogie

$$6\,v_2 = \nu\lambda \begin{vmatrix} x_2 - x_1 & y_2 - y_1 & z_2 - z_1 \\ \alpha_3 & \beta_3 & \gamma_3 \\ \alpha_1 & \beta_1 & \gamma_1 \end{vmatrix} = \nu\lambda B,$$

$$6\,v_3 = \lambda\mu \begin{vmatrix} x_2 - x_1 & y_2 - y_1 & z_2 - z_1 \\ \alpha_1 & \beta_1 & \gamma_1 \\ \alpha_2 & \beta_2 & \gamma_2 \end{vmatrix} = \lambda\mu C,$$

A, B, C sont des quantités connues; d'où

$$\frac{1}{6^{\frac{1}{2}}} \frac{v_1 + v_2 + v_3}{\sqrt{v_1 v_2 v_3}} = \frac{\mu\nu A + \nu\lambda B + \lambda\mu C}{\lambda\mu\nu\sqrt{ABC}}.$$

Mais les points O, A, B, C étant dans un même plan, on a

$$\begin{vmatrix} 1 & x_2 & y_2 & z_2 \\ 1 & x_3 & y_3 & z_3 \\ 1 & x_4 & y_4 & z_4 \\ 1 & x_5 & y_5 & z_5 \end{vmatrix} = 0,$$

remplaçant x_3 par $\lambda\alpha_1 + x_1$, y_3 par $\lambda\beta_1 + y_1$, z_3 par $\lambda\gamma_1 + z_1$, etc., on obtient

$$\mu\nu A + \nu\lambda B + \lambda\mu C = \lambda\mu\nu \begin{vmatrix} \alpha_1 & \beta_1 & \gamma_1 \\ \alpha_2 & \beta_2 & \gamma_2 \\ \alpha_3 & \beta_3 & \gamma_3 \end{vmatrix} = \lambda\mu\nu D,$$

donc

$$\frac{1}{6^{\frac{1}{2}}} \left(\sqrt{\frac{v_1}{v_2 v_3}} + \sqrt{\frac{v_2}{v_3 v_1}} + \sqrt{\frac{v_3}{v_1 v_2}} \right) = \frac{D}{\sqrt{ABC}},$$

quantité indépendante de λ, μ, ν.

C'est ce qu'il fallait prouver.

6.

SECONDE SOLUTION DE LA QUESTION 368 (CAYLEY). [7]

Nouvelles Annales de Mathématiques, 1.re série, tome XVI (1857) p. 250.

Toute conique qui touche les côtés du triangle ABC ($p=0$, $q=0$, $r=0$) est représentée par l'équation (SALMON, *Conic sections*, 3.e édition, p. 247)

$$l^2p^2+m^2q^2+n^2r^2-2\,mnqr-2\,nlrp-2\,lmpq=0 \; {}^{*}),$$

où l, m, n sont des indéterminées. Les points α, β, γ étant déterminés respectivement par les couples d'équations simultanées

$$p=0\,,\quad q-r=0\,;$$
$$q=0\,,\quad r-p=0\,;$$
$$r=0\,,\quad p-q=0\,;$$

la conique passera par les points α, β, γ, si l'on satisfait aux conditions

$$m^2+n^2-2\,mn=0\,,$$
$$n^2+l^2-2\,nl=0\,,$$
$$l^2+m^2-2\,lm=0\,,$$

ou bien

$$l=m=n\,;$$

donc l'équation cherchée est

$$p^2+q^2+r^2-2\,qr-2\,rp-2\,pq=0\,.$$

---

*) Ou bien $(lp)^{\frac{1}{2}}+(mq)^{\frac{1}{2}}+(nr)^{\frac{1}{2}}=0$.

7.

SECONDE SOLUTION DE LA QUESTION 369. [7]

Nouvelles Annales de Mathématiques, 1.er série, tome XVI (1857), pp. 251-252.

Soient

$$p = 0\,, \quad q = 0\,, \quad r = 0$$

les équations des côtés BC, CA, AB d'un triangle ABC;

$$q - r = 0\,, \quad r - p = 0\,, \quad p - q = 0$$

sont donc les équations de trois droites passant respectivement par les sommets A, B, C et se rencontrant au même point D; soient α, β, γ les points où AD, BD, CD rencontrent BC, CA, AB. Soient

$$\begin{aligned} lp + mq + nr &= 0\,, \\ l_1 p + m_1 q + n_1 r &= 0 \end{aligned}$$

les équations de deux droites R, R_1 qui rencontrent respectivement BC, CA, AB aux points a, a_1 ; b, b_1 ; c, c_1 ; par conséquent, les équations des droites Da, Da_1, son

$$\begin{aligned} n\,(r - p) - m\,(p - q) &= 0\,, \\ n_1 (r - p) - m_1 (p - q) &= 0\,. \end{aligned}$$

Le rapport anharmonique des quatre droites DB, DC, Dα, Da,

$$\begin{aligned} r - p &= 0\,, \\ p - q &= 0\,, \\ r - p - \quad (p - q) &= 0\,, \\ r - p - \frac{m}{n}(p - q) &= 0 \end{aligned}$$

est $\frac{n}{m}$ (Salmon, *Conic sections*, p. 53) et le rapport anharmonique des droites conjuguées DC, DB, Dα, Da_1,

$$p-q=0,$$
$$r-p=0,$$
$$p-q-(r-p)=0,$$
$$p-q-\frac{n_1}{m}(r-p)=0,$$

est $\frac{m_1}{n_1}$; donc les points B, C, α, a, a_1 seront en involution si l'on a

$$mm_1=nn_1.$$

Ainsi les conditions nécessaires et suffisantes pour que les trois systèmes de cinq points

$$B,\ C,\ \alpha,\ a,\ a_1,$$
$$C,\ A,\ \beta,\ b,\ b_1,$$
$$A,\ B,\ \gamma,\ c,\ c_1,$$

(α, β, γ points doubles) soient en involution, seront

$$ll_1=mm_1=nn_1.$$

Il s'ensuit qu'en prenant arbitrairement la droite R,

$$lp+mq+nr=0,$$

la droite R_1 sera

$$\frac{p}{l}+\frac{q}{m}+\frac{r}{n}=0.$$

8.

Rivista bibliografica. — BEITRÄGE ZUR GEOMETRIE DER LAGE, von DR. GEORG KARL CHRISTIAN V. STAUDT. ord. Professor an der Universität Erlangen. Nürnberg, Verlag von Bauer und Raspe, 1856-57. [8]

Annali di Matematica pura ed applicata, serie I, tomo I (1858), pp. 125-128.

Questo libro merita d'essere considerato sotto due aspetti: come saggio, elementare in vero, della geometria di posizione, così detta nel più stretto senso della parola; e come trattato di geometria imaginaria o ideale.

Sotto il primo aspetto l'autore è stato sì scrupolosamente fedele al titolo del libro e si è occupato in modo sì esclusivo delle proprietà *descrittive* delle figure, che invano si cercherebbe il concetto di *quantità* in quest'opuscolo, solo eccettuati gli ultimi cinque paragrafi, i quali — al dire dello stesso autore — non sono parte essenziale del libro, ma devono risguardarsi come semplice appendice. Sotto questo punto di vista, mi pare che il sig. STAUDT avrebbe fatto un lavoro meno utile che curioso. Le proprietà descrittive e le proprietà metriche delle figure sono così strettamente connesse fra loro, che è sconveniente e svantaggioso il volerne fare un sì completo divorzio. Il sig. CHASLES ha rimproverato la medesima esclusività, sebbene non tanto esagerata, alla celebre Scuola di MONGE, ed ha messo in piena luce la maravigliosa fecondità della simultanea considerazione de' due generi di proprietà *). Tale esclusività potrebbe condonarsi soltanto se il metodo di ricerca e di dimostrazione, adottato, si rifiutasse allo studio delle relazioni metriche; ma l'autore si serve della *corrispon-*

*) Vedi nel tomo XI dei *Mémoires couronnés de l'Academie de Bruxelles* l'*Aperçu historique* a pag. 264, ed il *Mémoire de géométrie* a pag. 775.

denza omografica e correlativa delle figure, potentissimo strumento che dà tutte le proprietà projettive, epperò non solo le descrittive, ma anche le metriche involgenti rapporti di segmenti rettilinei, di aree di figure piane e di volumi. Mi pare che queste proprietà possano ben entrare in un trattato della geometria di posizione.

Ma, fatta astrazione da questa soverchia esclusività, entro i limiti che l'autore si è prefissi, il suo lavoro ha molti pregi ed è fatto nello spirito della geometria moderna. — Egli chiama *forma elementare* un sistema d'elementi geometrici della stessa specie (punti, piani, rette), e considera le forme elementari di due ordini. Tre spettano al primo ordine, e sono: sistema di punti in linea retta — fascio piano di rette passanti per uno stesso punto — fascio di piani passanti per una stessa retta. Cinque forme appartengono al second'ordine: sistema di punti in una conica — fascio di rette tangenti ad una conica — fascio di rette generatrici di un cono di second'ordine — fascio di piani tangenti ad un cono di second'ordine — fascio di rette generatrici (d'uno stesso modo di generazione) di un'iperboloide ad una falda. I principj di omografia e di dualità permettono di estendere un teorema, che abbia luogo per una delle forme più semplici, alle forme più complesse. Ogniqualvolta l'indole della quistione lo conceda, l'autore enuncia le proposizioni per modo che convengano non ad una sola forma, ma a parecchie o anco a tutte quelle d'uno stesso ordine. Per esempio: " quattro elementi della stessa specie, posti in uno stesso piano o passanti per uno stesso punto, tre qualunque de' quali non appartengono ad una stessa forma elementare di primo ordine, individuano una forma elementare di second'ordine, a cui questi elementi appartengono e nella quale essi abbiano un dato rapporto anarmonico *) ".

Collo stesso spirito di generalità, l'autore espone i principj della geometria imaginaria — ardita concezione, che si può dir sorta dalla scuola di Monge, e che, opportunamente applicata, è un potente mezzo d'invenzione. — Si chiamano *ideali* gli elementi *doppi* di una forma di prim'ordine in involuzione, la quale non abbia elementi doppi reali. L'autore considera due specie di rette ideali. Rette ideali di prima specie sono le rette doppie d'un fascio di rette di prim'ordine in involuzione. Rette ideali di seconda specie sono le rette doppie d'un sistema in involuzione di rette generatrici (d'uno stesso modo di generazione) d'un iperboloide. Due rette ideali di specie diverse differiscono in ciò, che l'una ha un punto reale e giace in un piano reale, mentre la retta ideale di seconda specie nè ha alcun punto reale, nè giace in alcun piano reale. L'autore parte da queste definizioni per istabilire le proprietà degli elementi ideali nelle forme reali, e le proprietà delle forme ideali contenute in sistemi reali

*) L'espressione: *rapporto anarmonico* non si trova in questo libro, ma vi si fa uso di una locuzione equivalente che non involge il concetto di *quantità*.

Il vantaggio che ricava l'autore da questa geometria imaginaria è quello di semplificare e generalizzare il linguaggio della scienza, abbracciare in un solo enunciato universale molti teoremi in apparenza eterogenei, e cancellare le eccezioni nascenti da quelle parti di una figura che possono essere reali o ideali. Ma lo scopo più importante della geometria imaginaria, quello di trasformare le proprietà di figure ideali in effettive proprietà di figure completamente reali (della qual mirabile trasformazione ha dato un bell'esempio il sig. CHASLES deducendo le proprietà de' coni di second'ordine da quelle di un cerchio ideale *)), tale scopo, io dico, forse non entrava nelle viste dell'autore.

Lo strumento di cui fa uso l'autore è la corrispondenza proiettiva delle figure. I paragrafi 19, 20, 21, 27, 28 contengono proprietà d'un sistema di quattro elementi reali o ideali d'una data forma elementare, il rapporto anarmonico de' quali è la somma o il prodotto o una potenza o una radice di rapporti anarmonici d'altri sistemi. I paragrafi 15 e seg. versano sulle principali proprietà delle *catene*. Dicesi *catena* un sistema d'elementi appartenenti ad una stessa forma elementare, ciascun de' quali insieme a tre elementi fissi della stessa forma costituisce un complesso di quattro elementi aventi il rapporto anarmonico reale. Due catene in una stessa forma differiscono fra loro pe' tre elementi fissi. L'autore considera le catene contenute in una stessa forma o in due forme proiettive fra loro.

Il libro è interamente scritto nello stile moderno della pura geometria. Però l'autore indica al paragrafo 29 alcuni metodi analitici, opportuni per le ricerche nella geometria di posizione. Ecco in che consistono tali metodi:

1.° Siano A, B, C tre elementi individuati ed M un elemento qualsivoglia d'una stessa forma elementare; chiamasi *ascissa* dell'elemento M rispetto al sistema ABC il rapporto anarmonico del complesso ABCM. Ciascun valore particolare dell'ascissa x individua un elemento della forma proposta.

Se in una stessa forma si assumano due sistemi d'elementi fissi ABC, EFG e siano x, y le ascisse d'un medesimo elemento qualunque M rispetto a que' due sistemi, si avranno per la trasformazione delle ascisse le formole

$$y = \frac{f-g}{f-e} \cdot \frac{x-e}{x-g}, \qquad x = \frac{b-c}{b-a} \cdot \frac{y-a}{y-c}$$

ove e, f, g sono le ascisse degli elementi E, F, G rispetto al sistema ABC, ed a, b, c sono le ascisse degli elementi A, B, C rispetto al sistema EFG.

*) CHASLES, *Traité de Géométrie supérieure.*

Date due forme elementari, e nell' una il sistema ABC, nell'altra il sistema E'F'G', sia x l'ascissa d'un elemento M della prima forma rispetto al sistema ABC, ed y l'ascissa d'un elemento M' della seconda forma, rispetto al sistema E'F'G'. Gli elementi M, M' si chiamano *corrispondenti;* se fra le loro ascisse ha luogo una relazione della forma

$$\alpha xy+\beta x+\gamma y+\delta=0$$

ove $\alpha, \beta, \gamma, \delta$ sono costanti, ed $\alpha\delta-\beta\gamma$ non è zero, le due forme sono projettive.

2.° Cinque punti A, B, C, C', C'', disposti comunque nello spazio, si suppongano individuati. Ogni punto M dello spazio sarà determinato da' tre piani passanti per esso e rispettivamente per le rette C''C', CC'', C'C. I rapporti anarmonici de' tre sistemi di quattro piani C''C'(ABCM), CC''(ABC'M), C'C(ABC''M) sono le *coordinate* del punto M.

3.° Cinque piani A, B, C, C', C'' qualunque si suppongano individuati. Qualsivoglia altro piano M sarà individuato dai tre punti in cui esso è incontrato dalle rette C''C', CC'', C'C. I rapporti anarmonici de' tre sistemi di quattro punti C''C'(ABCM), CC''(ABC'M), C'C(ABC''M) sono le *coordinate* del piano M.

4.° Si suppongano individuate tre rette generatrici a, b, c (d'uno stesso modo di generazione) d'un iperboloide ad una falda, e tre rette generatrici l, m, n (dell'altro modo di generazione) della stessa superficie. Un punto qualunque M non posto sulla superficie è determinato dai piani condotti per esso e rispettivamente per le rette l, m, n; le sue *coordinate* sono i rapporti anarmonici de' tre sistemi di quattro piani $l(abc$M), $m(abc$M), $n(abc$M). Se il punto M è nella superficie, all'intersezione delle due generatrici rettilinee p, q appartenenti ordinatamente ai sistemi abc..., lmn..., le *coordinate* di detto punto M sono i rapporti anarmonici de' fasci, $abcp$, $lmnq$.

Desidero che questo breve cenno invogli i giovani studiosi della geometria alla lettura del pregevole opuscolo del sig. STAUDT.

1 marzo 1858.

9.

SULLE LINEE DEL TERZ'ORDINE A DOPPIA CURVATURA.

Annali di Matematica pura ed applicata, serie I, tomo I (1858), pp. 164-174, 278-295.

1. Le belle proprietà, finora note, delle linee del terz'ordine a doppia curvatura (che io chiamerò brevemente *cubiche gobbe)* trovansi tutte, per quanto io sappia, nella nota 33ª. dell'*Aperçu historique* del sig. CHASLES, e in due altri lavori del medesimo geometra, l'uno inserito nei *Comptes rendus* dell'Accademia francese (1843) e l'altro nel giornale del sig. LIOUVILLE (novembre 1857). Tali proprietà vi sono però semplicemente enunciate, ed io non so se alcuno le abbia ancor dimostrate. In questa memoria si propone un metodo analitico per lo studio di linee sì importanti: il qual metodo conduce a brevi dimostrazioni dei principali teoremi contenuti nell'ultima memoria del sig. CHASLES, ed anche di alcuni altri non enunciati finora. Se però questo scritto fosse per destare qualche interesse dal lato geometrico, io me ne professerei interamente debitore allo studio delle memorie dell'illustre geometra francese.

2. Due coni di second'ordine abbiano una generatrice rettilinea comune. Siano $B=0$, $C=0$ le equazioni dei piani tangenti ai due coni lungo questa generatrice. Questi piani segheranno il secondo e il primo cono rispettivamente in altre due generatrici; i piani tangenti lungo le medesime siano $A=0$, $D=0$. Le equazioni dei due coni potranno quindi scriversi così:

$$1) \qquad BD - C^2 = 0\,, \quad AC - B^2 = 0$$

e la cubica gobba comune ai due coni potrà rappresentarsi colle equazioni:

$$2) \qquad A : B : C : D = \omega^3 : \omega^2 : \omega : 1\,.$$

Un valore particolare di ω si dirà *parametro* del punto da esso individuato sulla linea 2). I vertici dei due coni 1) sono punti della linea ed hanno per rispettivi parametri l'infinito e lo zero.

La retta congiungente due punti (ω, θ) della linea può rappresentarsi colle equazioni:

$$A - (\omega + \theta) B + \omega\theta C = 0, \quad B - (\omega + \theta) C + \omega\theta D = 0$$

quindi le equazioni della tangente al punto ω sono:

$$A - 2\omega B + \omega^2 C = 0, \quad B - 2\omega C + \omega^2 D = 0.$$

Se da queste due equazioni si elimina ω si ha la:

3) $$(AD - BC)^2 - 4(BD - C^2)(AC - B^2) = 0$$

dunque la superficie sviluppabile luogo delle tangenti alla cubica gobba è del quart' ordine (39) *). L'equazione del piano passante per tre punti $(\omega, \theta, \varepsilon)$ della cubica gobba è:

$$A - (\omega + \theta + \varepsilon) B + (\theta\varepsilon + \varepsilon\omega + \omega\theta) C - \omega\theta\varepsilon D = 0$$

e quella del piano osculatore al punto ω:

$$A - 3\omega B + 3\omega^2 C - \omega^3 D = 0.$$

3. Il rapporto anarmonico de' quattro piani:

$$A - (\theta + \omega) B + \omega\theta C - \varepsilon_r \Big(B - (\theta + \omega) C + \omega\theta D\Big) = 0 \ \ldots \ (r = 1, 2, 3, 4)$$

è $\frac{\varepsilon_1 - \varepsilon_2}{\varepsilon_1 - \varepsilon_3} \cdot \frac{\varepsilon_3 - \varepsilon_4}{\varepsilon_2 - \varepsilon_4}$, epperò indipendente da ω, θ. Cioè: il rapporto anarmonico de' quattro piani passanti rispettivamente per quattro punti *fissi* della cubica e per una stessa corda *qualunque* di essa linea è una quantità *costante*. Questa quantità può denominarsi *rapporto anarmonico de' quattro punti della cubica gobba* (9, 10).

La retta tangente al punto ω incontra il piano osculatore al punto θ nel punto:

$$A : B : C : D = 3\omega^2\theta : \omega(2\theta + \omega) : \theta + 2\omega : 3$$

quindi le equazioni de' quattro piani passanti per una stessa retta $B = C = 0$ e rispettivamente pe' quattro punti in cui la tangente della cubica gobba al punto ω incontra i piani osculatori ai punti $(\varepsilon_1, \varepsilon_2, \varepsilon_3, \varepsilon_4)$ si otterranno ponendo successivamente $\varepsilon_1, \varepsilon_2, \varepsilon_3, \varepsilon_4$ in luogo di θ nella:

$$\omega(2B - \omega C) - \theta(2\omega C - B) = 0$$

quindi il rapporto anarmonico dei nominati quattro punti della tangente sarà $\frac{\varepsilon_1 - \varepsilon_2}{\varepsilon_1 - \varepsilon_3} \cdot \frac{\varepsilon_3 - \varepsilon_4}{\varepsilon_2 - \varepsilon_4}$

*) I numeri citati fra parentesi sono quelli dell'ultima memoria del sig. Chasles.

quantità indipendente da ω. Ossia: il rapporto anarmonico de' quattro punti in cui quattro piani osculatori *fissi* sono incontrati da una tangente *qualunque* è costante (51). Se questa quantità costante si denomina *rapporto anarmonico de' quattro piani osculatori della cubica gobba*, potremo enunciare l'importante teorema: il rapporto anarmonico di quattro piani osculatori d'una cubica gobba è eguale al rapporto anarmonico de' quattro punti di contatto. Quindi i piani osculatori d'una cubica gobba formano una figura *correlativa* a quella formata dai punti di contatto (48).

4. Le equazioni 2) si possono ottenere anche dal teorema che segue. Abbiansi nello spazio due fasci di rette omografici, e sia $B - \omega C = 0$ il piano di due raggi omologhi [9]. I due raggi potranno rappresentarsi colle equazioni:

$$A - \omega B = 0\,, \quad B - \omega C = 0\,; \qquad C - \omega D = 0\,, \quad B - \omega C = 0$$

da cui eliminando ω si hanno le equazioni 2), ossia: il luogo del punto d'intersezione di due raggi omologhi è una cubica gobba passante pe' centri de' fasci. Considerando il piano:

$$A - (\theta + \omega) B + \omega\theta C = 0$$

come appartenente al primo fascio, il piano omologo sarà:

$$B - (\theta + \omega) C + \omega\theta D = 0$$

quindi la retta ad essi comune incontra la cubica gobba in due punti (8).

Dimostro il teorema reciproco. Si consideri un fascio di rette congiungenti il punto ω della linea 2) ad altri punti $x_1, x_2, \ldots$ della medesima. Le equazioni d'un raggio qualunque saranno:

$$A - \omega B - x(B - \omega C) = 0\,, \qquad B - \omega C - x(C - \omega D) = 0\,.$$

Immaginando un secondo fascio di rette congiungenti il punto θ ai punti $x_1, x_2, \ldots,$ il raggio di questo fascio corrispondente al punto x sarà:

$$A - \theta B - x(B - \theta C) = 0\,, \qquad B - \theta C - x(C - \theta D) = 0$$

quindi i due fasci sono omografici (5, 6).

5. Ricordata l'equazione del piano osculatore al punto ω, se si cerca di determinare ω onde questo piano passi per un dato punto di coordinate $a : b : c : d$, si ha l'equazione di terzo grado:

$$a - 3\omega b + 3\omega^2 c - \omega^3 d = 0\,.$$

Dunque per un dato punto dello spazio si possono condurre ad una cubica gobba al più tre piani osculatori (40). Chiamando $\omega_1, \omega_2, \omega_3$ le tre radici, supposte reali, della precedente equazione, il piano passante pe' tre punti di contatto sarà rappresentato dalla:

$$A-(\omega_1+\omega_2+\omega_3)B+(\omega_2\omega_3+\omega_3\omega_1+\omega_1\omega_2)C-\omega_1\omega_2\omega_3 D=0$$

ossia, per le note relazioni fra i coefficienti e le radici d'un'equazione:

$$dA-aD+3(bC-cB)=0$$

equazione soddisfatta da:

$$A:B:C:D=a:b:c:d\,;$$

ossia: quando per un dato punto dello spazio si ponno condurre tre piani osculatori ad una cubica gobba, il piano de' tre punti di contatto passa pel punto dato (41). Di qui emerge una semplice regola per costruire il piano osculatore in un dato punto ω, quando sian dati tre piani osculatori e i loro punti di contatto $\omega_1, \omega_2, \omega_3$. Sia α il punto comune al piano $\omega\,\omega_1\,\omega_2$ ed ai piani osculatori in ω_1, ω_2; β il punto comune al piano $\omega\,\omega_1\,\omega_3$ ed ai piani osculatori in ω_1, ω_3; il piano $\alpha\beta\omega$ sarà il richiesto.

6. Troverò l'equazione della superficie conica che passa per la linea 2) ed ha il vertice in un punto qualunque dello spazio. Questo punto sia quello comune ai tre piani osculatori della cubica:

$$A=0\,,\quad D=0\,,\quad A-3\theta B+3\theta^2 C-\theta^3 D=0\,.$$

Le equazioni della retta passante per quel punto ed appoggiata alla linea 2) nel punto variabile ω sono:

$$\omega^2(B-\theta C)-(\omega-\theta)A=0\,,\qquad \omega(\omega-\theta)D+\theta C-B=0$$

da cui eliminando ω si ha per la superficie conica richiesta l'equazione:

$$(B-\theta C)^3-AD(A-3\theta B+3\theta^2 C-\theta^3 D)=0$$

ovvero

$$(x+y+z)^3-27\,xyz=0 \qquad \text{o anche} \qquad x^{\frac{1}{3}}+y^{\frac{1}{3}}+z^{\frac{1}{3}}=0$$

ove si è posto:

$$A=x\,,\qquad -\theta^3 D=y\,,\qquad \theta^3 D-3\theta^2 C+3\theta B-A=z\,.$$

Dunque il cono passante per una cubica e avente il vertice in un punto qualunque dello spazio è del terz'ordine e della quarta classe. Supposto che pel vertice del cono passino tre piani osculatori della cubica gobba, cioè che i piani $x=0$, $y=0$, $z=0$

siano tutti e tre reali, il cono ha *tre generatrici reali d'inflessione* ed *una generatrice doppia conjugata*. Le tre generatrici d'inflessione sono nel piano $x+y+z=0$, che è quello passante pe' tre punti di contatto della cubica gobba co' piani osculatori $x=y=z=0$. Questi medesimi piani sono tangenti al cono lungo le generatrici d'inflessione. La generatrice *conjugata* è rappresentata dalle equazioni $x=y=z$.

Se pel vertice del cono passa un solo piano osculatore reale $x=0$, indicando con $u=0$, $v=0$ le equazioni di due piani reali passanti per quel punto, si avrà:

$$y=u+v\sqrt{-1}\,, \qquad z=u-v\sqrt{-1}$$

quindi l'equazione del cono potrà scriversi così:

$$x\left((x-u)^2-3v^2\right)-\frac{8}{9}(x-u)^3=0\,;$$

quindi nel caso attuale il cono in quistione ha *una sola generatrice reale d'inflessione* ed *una generatrice doppia nodale*. Il cono è toccato lungo la generatrice d'inflessione dal piano $x=0$ osculatore della cubica, e lungo la generatrice nodale dai due piani $x-u\pm v\sqrt{3}=0$. Se il vertice del cono passante per la cubica gobba è su di una retta tangente a questa linea, quel cono è ancora del terz'ordine, ma della terza classe. Il vertice sia al punto:

$$A=0\,, \quad B=0\,, \quad C-hD=E=0$$

situato sulla tangente $A=B=0$. In questo caso l'equazione del cono può scriversi così:

$$A^2(A-9hB+27h^2E)-(A-3hB)^3=0$$

quindi il cono ha *una generatrice di regresso:*

$$A=0\,, \quad B=0$$

e *una generatrice d'inflessione:*

$$A-9hB+27h^2E=0\,, \quad A-3hB=0\,;$$

lungo queste generatrici il cono è toccato rispettivamente dai piani:

$$A=0\,, \quad A-9hB+27h^2E=0$$

che sono osculatori della cubica gobba.

Da ultimo se il vertice del cono è nel punto θ della cubica gobba, la sua equazione sarà:

$$(A-\theta B)(C-\theta D)-(B-\theta C)^2=0$$

dunque ogni superficie conica passante per una cubica gobba ed avente il vertice in essa è di second' ordine (2).

7. Da quanto precede consegue che la prospettiva di una cubica gobba è una cubica piana della quarta classe, avente un punto doppio, il quale è *conjugato* o un *nodo* secondo chè pel punto di vista si ponno condurre alla cubica gobba tre piani osculatori reali o un solo (18). Se il punto di vista è in una retta tangente della cubica gobba, la prospettiva di questa è una cubica piana avente un punto di regresso, e se il punto di vista è sulla cubica gobba medesima, la prospettiva è una linea di second' ordine.

La reciproca di quest' ultima proprietà si trova enunciata nell' *Aperçu* nel seguente modo: *il luogo de' vertici dei coni di second' ordine passanti per sei punti dati contiene la cubica gobba individuata da questi sei punti* [10]. Questo teorema somministra una semplice regola per costruire per punti una cubica gobba di cui sono dati sei punti a, b, c, d, e, f. I due fasci di rette $a(bcdef)$, $b(acdef)$ si seghino con un piano qualunque passante per la retta *cd*. Si otterranno così due sistemi di cinque punti, ne' quali tre punti sono comuni. Le due coniche individuate da questi due sistemi, avendo tre punti comuni, si segheranno in un quarto punto, il quale apparterrà alla cubica gobba.

8. Ricerchiamo la natura della linea risultante dal segare con un piano il fascio delle rette tangenti alla cubica gobba, ossia la superficie 3). Il piano segante sia $B - \theta C = 0$ che passa per tre punti della cubica corrispondenti ai parametri *zero, infinito* e θ. Posto [11]:

$$C = x, \quad -A + \theta^2 C = \theta^2 y, \quad -\theta D + C = z, \quad B - \theta C = w$$

la sezione riferita alle rette $w = 0$ $(x = 0, \ y = 0, \ z = 0)$ sarà rappresentata dalla equazione:

$$x^2 y^2 + x^2 z^2 + y^2 x^2 - 2x^2 yz - 2y^2 zx - 2z^2 xy = 0 \tag{4}$$

{ ovvero

$$x^{-\frac{1}{2}} + y^{-\frac{1}{2}} + z^{-\frac{1}{2}} = 0$$ }

epperò la sezione è una linea del quart' ordine; essa è poi della terza classe perchè ha tre *cuspidi* o *punti di regresso* (44). I cuspidi sono i punti $y = z = 0$; $z = x = 0$; $x = y = 0$ comuni alla cubica gobba ed al piano segante $w = 0$. Le rette tangenti alla linea 4) ne' tre cuspidi sono $y - z = 0$, $z - x = 0$, $x - y = 0$; esse concorrono nel punto $z = y = x$ il quale è quello comune ai tre piani osculatori della linea 2) ne' punti che sono cuspidi della linea 4).

Se la superficie 3) vien segata da un piano tangente alla cubica gobba, per es. dal piano $B = 0$, che passa per la tangente al punto di parametro *zero* e sega la linea al punto di parametro *infinito*, la sezione risulta composta della retta $A=B=0$ e della cubica piana:

$$B=0, \quad AD^2+4C^3=0$$

per la quale il punto $B=C=D=0$ (cioè il punto della cubica gobba di parametro *infinito)* è un cuspide, e il punto $B=C=A=0$ (cioè il punto della cubica gobba di parametro *zero)* è un punto d'inflessione. Le tangenti alla cubica piana in questi punti sono $B=D=0$, $B=A=0$ rispettivamente. Da ultimo, se la superficie 3) vien segata dal piano $A=0$ osculatore della cubica gobba nel punto di parametro *zero*, si ottiene la conica:

$$A=0, \quad C^2+4(BD-C^2)=0$$

che è tangente alla retta $A=B=0$ nel punto della cubica gobba di parametro *zero*.

9. Pe' tre punti della cubica gobba di parametri *zero*, *infinito* e θ passa il piano $B-\theta C=0$. Questi punti determinano un triangolo, i lati del quale sono:

$$B-\theta C=0 \quad \left(C=0, \quad A-\theta^2 C=0, \quad \theta D-C=0\right).$$

Pongo:

$$C=x, \quad -A+\theta^2 C=\theta^2 y, \quad -\theta D+C=z, \quad B-\theta C=w;$$

l'equazione d'una conica inscritta nel triangolo suddetto, riferita alle tre rette

$$w=0 \quad (x=y=z=0)$$

sarà:

$$(lx)^{\frac{1}{2}}+(my)^{\frac{1}{2}}+(nz)^{\frac{1}{2}}=0.$$

Il piano passante per altri tre punti $\theta_1, \theta_2, \theta_3$ della cubica gobba sega il piano $w=0$ nella retta:

$$(\theta-\theta_1)(\theta-\theta_2)(\theta-\theta_3)x-\theta^3 y+\theta_1\theta_2\theta_3 z=0;$$

la condizione perchè questa retta tocchi la conica è:

$$\frac{l}{(\theta-\theta_1)(\theta-\theta_2)(\theta-\theta_3)}-\frac{m}{\theta^3}+\frac{n}{\theta_1\theta_2\theta_3}=0.$$

Assunto un altro punto θ_4, l'analoga condizione perchè la retta comune intersezione del piano $\theta_1\theta_2\theta_4$ e del piano $w=0$ sia tangente alla stessa conica sarà

$$\frac{l}{(\theta-\theta_1)(\theta-\theta_2)(\theta-\theta_4)}-\frac{m}{\theta^3}+\frac{n}{\theta_1\theta_2\theta_4}=0.$$

Da queste due equazioni si ha:

$$l:m:n=(\theta-\theta_1)(\theta-\theta_2)(\theta-\theta_3)(\theta-\theta_4):\theta^4:\theta_1\theta_2\theta_3\theta_4.$$

La simmetria di questi valori mostra che anche le rette nelle quali il piano $w=0$ è segato dai piani $\theta_1\theta_3\theta_4$, $\theta_2\theta_3\theta_4$ sono tangenti alla medesima conica. Ossia: *se un piano sega una cubica gobba in tre punti, le rette congiungenti questi punti, e le rette secondo le quali il piano è segato dalle facce del tetraedro che ha i vertici in altri quattro punti della medesima cubica gobba, sono tangenti ad una stessa conica.* Di questo teorema è conseguenza una elegante regola enunciata dal sig. CHASLES per costruire per punti la cubica gobba, della quale sono dati sei punti (12).

10. La conica ora determinata varia nel piano $w=0$ col variare il tetraedro $\theta_1\theta_2\theta_3\theta_4$, mantenendosi però sempre inscritta nel triangolo xyz. È evidente che se si tengono fissi i punti $\theta_1\theta_2\theta_3$ e si fa variare θ_4, le coniche corrispondenti a tutt' i tetraedri che hanno tre vertici comuni sono inscritte nello stesso quadrilatero. La quarta tangente comune è la retta comune intersezione del piano $w=0$ e del piano $\theta_1\theta_2\theta_3$. Questa retta corrisponde al triangolo $\theta_1\theta_2\theta_3$. Tenendo fissi i punti $\theta_1\theta_2$ e variando θ_3, le rette corrispondenti agl' infiniti triangoli che hanno due vertici comuni passano per uno stesso punto $(\theta-\theta_1)(\theta-\theta_2)x=\theta^2y=\theta_1\theta_2 z$ il quale è la traccia della retta $\theta_1\theta_2$ sul piano $w=0$. Questo punto corrisponde alla corda $\theta_1\theta_2$ della cubica gobba. Se teniam fisso il punto θ_1 e variamo θ_2, quel punto descriverà la conica:

$$\theta\theta_1 zy-(\theta-\theta_1)\theta_1 xz+(\theta-\theta_1)\theta xy=0$$

{ossia

$$lyz+mzx+nxy=0 \qquad \text{ove} \qquad \frac{1}{l}+\frac{1}{m}+\frac{1}{n}=0\}$$

la quale risulta segando col piano $w=0$ il cono che ha il vertice al punto θ_1 e passa per la cubica gobba. Variando anche θ_1 le infinite coniche analoghe alla precedente sono inviluppate dalla linea del quart' ordine:

$$z^2y^2+x^2z^2+y^2x^2-2x^2yz-2y^2zx-2z^2xy=0$$

{ovvero

$$x^{-\frac{1}{2}}+y^{-\frac{1}{2}}+z^{-\frac{1}{2}}=0\}$$

la quale è la medesima risultante dal segare la superficie 3) col piano $w=0$. Ossia: *le coniche risultanti dal segare con un piano qualunque i coni di second'ordine passanti per una cubica gobba sono inviluppate dalla linea del quart' ordine che si ha segando col piano medesimo il fascio delle rette tangenti alla cubica gobba.*

11. Si consideri il punto dello spazio pel quale passano i tre piani osculatori della cubica gobba:

$$A=0, \quad D=0, \quad A-3\theta B+3\theta^2C-\theta^3D=0.$$

Posto

$$A = x, \quad -\theta^3 D = y, \quad \theta^3 D - 3\theta^2 C + 3\theta B - A = z$$

l'equazione d'un cono di second'ordine circoscritto al triedro formato dai tre pian $x = y = z = 0$ sarà

$$\lambda yz + \mu zx + \nu xy = 0.$$

I tre piani osculatori in tre altri punti $\theta_1, \theta_2, \theta_3$ s'incontrano nel punto:

$$A : 3B : 3C : D = \theta_1\theta_2\theta_3 : \theta_2\theta_3 + \theta_3\theta_1 + \theta_1\theta_2 : \theta_1 + \theta_2 + \theta_3 : 1$$

e le equazioni della retta congiungente questo punto al vertice del triedro xyz saranno:

$$x : y : z = \theta_1\theta_2\theta_3 : -\theta^3 : (\theta - \theta_1)(\theta - \theta_2)(\theta - \theta_3)$$

quindi la condizione perchè questa retta sia nel cono anzidetto sarà:

$$\frac{\lambda}{\theta_1\theta_2\theta_3} - \frac{\mu}{\theta^3} + \frac{\nu}{(\theta - \theta_1)(\theta - \theta_2)(\theta - \theta_3)} = 0.$$

Così la condizione perchè il cono medesimo contenga anche la retta congiungente il punto xyz al punto comune a' tre piani osculatori ne' punti $\theta_1\theta_2\theta_4$ sarà:

$$\frac{\lambda}{\theta_1\theta_2\theta_4} - \frac{\mu}{\theta^3} + \frac{\nu}{(\theta - \theta_1)(\theta - \theta_2)(\theta - \theta_4)} = 0$$

dalle quali si ha:

$$\lambda : \mu : \nu = \theta_1\theta_2\theta_3\theta_4 : \theta^4 : (\theta - \theta_1)(\theta - \theta_2)(\theta - \theta_3)(\theta - \theta_4)$$

quindi lo stesso cono contiene anco le rette congiungenti il punto xyz al punto comune ai piani osculatori ne' punti $\theta_1\theta_3\theta_4$ ed al punto comune ai piani osculatori nei punti $\theta_2\theta_3\theta_4$. Ossia: *gli spigoli del triedro formato da tre piani osculatori di una cubica gobba, e le rette congiungenti il vertice di questo triedro ai vertici del tetraedro formato da altri quattro piani osculatori sono generatrici di uno stesso cono di second'ordine.*

Si dimostra facilmente anche il teorema reciproco e se ne deduce la seguente regola per costruire i piani osculatori d'una cubica gobba, quando ne siano dati sei. Due de' piani dati si segano in una retta, sulla quale si fissi un punto ad arbitrio. Si unisca questo punto ai vertici del tetraedro formato dagli altri quattro piani dati; si costruisca il cono che passa per le quattro congiungenti e per la retta comune ai primi due piani. Questi due piani segheranno il cono in due altre rette, il piano delle quali sarà uno de' piani richiesti.

12. Il cono determinato nel teorema del n.° 11 varia col variare il tetraedro $\theta_1\theta_2\theta_3\theta_4$. Tenendo fissi i primi tre punti e variando il quarto, ottiensi una serie di coni circoscritti ad uno stesso angolo tetraedro. La quarta generatrice comune è la

retta congiungente il punto xyz al punto comune ai piani osculatori ne' punti $\theta_1 \theta_2 \theta_3$. Questa retta, quando varii il punto θ_3 restando fissi $\theta_1 \theta_2$, genera il piano:

$$\frac{x}{\theta_1 \theta_2} + \frac{y}{\theta^2} + \frac{z}{(\theta - \theta_1)(\theta - \theta_2)} = 0$$

il quale passa per la retta comune intersezione de' piani osculatori a' punti $\theta_1 \theta_2$. Variando θ_2 il piano anzidetto inviluppa il cono:

$$\Big((\theta - \theta_1)(\theta x - \theta_1 y) - \theta\theta_1 z\Big)^2 + 4\theta\theta_1 (\theta - \theta_1)^2 xy = 0$$

ossia

$$(lx)^{\frac{1}{2}} + (my)^{\frac{1}{2}} + (nz)^{\frac{1}{2}} = 0 \qquad \text{ove} \qquad \frac{1}{l} + \frac{1}{m} + \frac{1}{n} = 0$$

il quale passa per la conica comune intersezione del piano osculatore al punto θ_1 e della superficie 3). Finalmente, variando anche θ_1, i coni analoghi al precedente sono inviluppati dal cono di terzo ordine

$$(x + y + z)^3 - 27\, xyz = 0$$

il quale è quello che ha il vertice al punto xyz e passa per la cubica gobba. Dunque: *tutt' i coni aventi il vertice in uno stesso punto qualunque dello spazio e passanti rispettivamente per le coniche nelle quali i piani osculatori d'una cubica gobba segano il fascio delle tangenti a questa linea, sono inviluppati dal cono di terz'ordine che ha il vertice al medesimo punto dello spazio e passa per la cubica gobba.*

13. Considero i piani osculatori in sei punti della cubica gobba 2), i parametri dei quali siano $\theta, \theta_1, \theta_2, \theta_3$, lo *zero* e *l'infinito*, e il piano osculatore in un settimo punto di parametro ω. Pongo:

$$A = x\,, \quad D = y\,, \quad A - 3\theta B + 3\theta^2 C - \theta^3 D = z\,, \quad A - 3\omega B + 3\omega^2 C - \omega^3 D = w\,,$$

quindi:

$$\omega\theta(\omega - \theta)(A - 3\theta_r B + 3\theta_r^2 C - \theta_r^3 D) = \omega\theta_r(\omega - \theta_r) z$$
$$+ (\omega - \theta)[\theta_r](x - \omega\theta\theta_r y) + \theta\theta_r(\theta_r - \theta) w$$

ove

$$[\theta_r] = (\theta_r - \omega)(\theta_r - \theta).$$

Posto inoltre:

$$\varphi_r = \omega\theta_r(\omega - \theta_r) z + (\omega - \theta)[\theta_r](x - \omega\theta\theta_r y)$$

le sei rette nelle quali i primi sei piani osculatori tagliano il piano $w = 0$, prese in un certo ordine, saranno:

$$x=0\,,\quad \varphi_3=0\,,\quad y=0\,,\quad \varphi_1=0\,,\quad z=0\,,\quad \varphi_2=0$$

e le diagonali dell'esagono formato da queste rette saranno:

$$\omega\theta_3(\omega-\theta_3)[\theta_2]z+(\omega-\theta)[\theta_2][\theta_3](x-\omega\theta\theta_2 y)=0$$

$$\omega\theta_1\theta_3(\omega-\theta_3)[\theta_1]z+(\omega-\theta)\theta_3[\theta_1][\theta_3](x-\omega\theta\theta_1 y)=0$$

$$\omega\theta_1(\omega-\theta_2)(\omega-\theta_1)z+(\omega-\theta)(\omega-\theta_2)[\theta_1]x-\omega\theta\theta_1(\omega-\theta)(\omega-\theta_1)[\theta_2]y=0\,.$$

La condizione perchè queste rette passino per uno stesso punto è:

$$[\theta_1](\omega-\theta_2)(\omega-\theta_3)(\theta_2-\theta_3)+[\theta_2](\omega-\theta_3)(\omega-\theta_1)(\theta_3-\theta_1)$$
$$+[\theta_3](\omega-\theta_1)(\omega-\theta_2)(\theta_1-\theta_2)=0$$

la quale è identica, qualunque sia ω. Dunque: *un piano osculatore d'una cubica gobba è segato da tutti gli altri piani osculatori della medesima in rette, che sono tangenti di una sola conica.* Nell'*Aperçu* trovasi enunciato questo teorema: *il piano d'una conica tangente a sei piani dati inviluppa una superficie di 4.ª classe inscritta nella superficie sviluppabile del quarto ordine determinata dai sei piani* [12]. Questa proposizione può risguardarsi come la reciproca della precedente. Ne consegue una regola per costruire i piani osculatori d'una cubica gobba, quando ne siano dati sei. Due de' dati piani segheranno ciascuno gli altri cinque in cinque rette: avremo quindi due sistemi di cinque rette, ne' quali una retta è comune. Sulla retta comune intersezione di altri due de' piani dati si fissi un punto ad arbitrio, pel quale si conducano de' piani passanti rispettivamente per le rette di ciascuno de' due sistemi. Avremo così due sistemi di cinque piani, ne' quali tre piani sono comuni. Si costruiscano i coni di secondo ordine inscritti in questi angoli pentaedri; questi coni avranno un quarto piano tangente comune: esso sarà osculatore della cubica gobba.

14. Dati sette punti nello spazio formanti un ettagono gobbo 12345671, cerchiamo la condizione perchè i piani de' tre angoli consecutivi 321, 217, 176 incontrino i lati rispettivamente opposti 65, 54, 43 in tre punti posti in un piano passante pel vertice 1 dell'angolo intermedio. I punti 1, 4, 6, 2 determinano un tetraedro, le equazioni delle facce del quale siano:

$$A=0\,,\quad B=0\,,\quad C=0\,,\quad D=0$$

alle quali quei punti siano ordinatamente opposti. Siano $a:b:c:d$, $\alpha:\beta:\gamma:\delta$, $t:u:v:w$

le cordinate de' punti 7, 3, 5. Le equazioni de' piani 321, 217, 176 sono:

$$\frac{B}{\beta}=\frac{C}{\gamma}\,;\quad \frac{B}{b}=\frac{C}{c}\,;\quad \frac{B}{b}=\frac{D}{d}$$

e quelle delle rette 65, 54, 43:

$$\frac{A}{t}=\frac{B}{u}=\frac{D}{w}\,;\quad \frac{A}{t}=\frac{C}{v}=\frac{D}{w}\,;\quad \frac{A}{\alpha}=\frac{C}{\gamma}=\frac{D}{\delta}$$

quindi pe' tre punti d'incontro si ha:

$$A:B:C:D=t:u:\frac{\gamma}{\beta}u:w\,;\quad A:B:C:D=t:\frac{b}{c}v:v:w\,;$$
$$A:B:C:D=\alpha:\frac{b}{d}\delta:\gamma:\delta$$

e la condizione richiesta sarà:

$$\frac{dS}{dx_1}=0 \quad \text{ove} \quad S=\begin{vmatrix} \frac{1}{t} & \frac{1}{u} & \frac{1}{v} & \frac{1}{w} \\ \frac{1}{a} & \frac{1}{b} & \frac{1}{c} & \frac{1}{d} \\ \frac{1}{\alpha} & \frac{1}{\beta} & \frac{1}{\gamma} & \frac{1}{\delta} \\ x_1 & x_2 & x_3 & x_4 \end{vmatrix}.$$

Se si risguarda questa condizione come relativa al punto 1, le analoghe condizioni relative ai punti 4, 6, 2 saranno:

$$\frac{dS}{dx_2}=0\,,\quad \frac{dS}{dx_3}=0\,,\quad \frac{dS}{dx_4}=0\,.$$

Si indichino queste equazioni, nelle quali siansi tolti tutt'i divisori, con:

$$T_1=0\,,\quad T_2=0\,,\quad T_3=0\,,\quad T_4=0\,.$$

Le analoghe condizioni relative ai punti 7, 3, 5 saranno:

$$a^2T_1+b^2T_2+c^2T_3+d^2T_4=0\,,\quad \alpha^2T_1+\beta^2T_2+\gamma^2T_3+\delta^2T_3=0\,,$$
$$t^2T_1+u^2T_2+v^2T_3+w^2T_4=0\,.$$

Queste tre equazioni sono dunque conseguenze delle prime quattro. Anzi le prime quattro equivalgono a due sole indipendenti, il che si dimostra facilissimamente, rammentando una nota proprietà de' determinanti.

Ora il punto 5 si consideri come variabile, e gli altri come fissi. Il luogo del punto 5 sarà quindi rappresentato da due qualunque delle equazioni superiori. Le prime quattro equazioni $T_1=0$, $T_2=0$, $T_3=0$, $T_4=0$ rappresentano quattro coni di second' ordine, aventi a due a due una generatrice comune, dunque il luogo del punto 5 è la cubica gobba determinata dai sei punti dati. Cioè: *il luogo di un punto che con sei punti dati formi un ettagono gobbo tale che il piano di uno qualunque de' suoi angoli e i piani de' due angoli adiacenti incontrino i lati rispettivamente opposti in tre punti posti in un piano passante pel vertice del primo angolo, è la cubica gobba determinata dai sei punti dati.* Questo teorema e il suo reciproco sono enunciati nell'*Aperçu.*

Ne deriva una regola per costruire per punti la cubica gobba di cui sono dati sei punti 1, 2, 3, 4, 5, 6. Pe' punti 16 facciasi passare un piano qualunque $16x$ che segherà la cubica gobba in un punto x che si tratta di costruire. I piani $16x$, 123, 456 incontrino le rette 34, 56, 12 rispettivamente ne' punti a, b, c; i piani $ab1$, $ac6$ seghino i lati 45, 23 ne' punti d, e; il punto comune ai piani $d21$, $5e6$, $16x$ sarà il domandato.

15. Qualunque piano tangente alla cubica gobba 2) nel punto di parametro ω è rappresentato da un' equazione della forma:

$$A-2\omega B+\omega^2 C-\lambda(B-2\omega C+\omega^2 D)=0$$

ove λ è un' indeterminata. Questo piano, oltre al toccare la linea nel punto ω, la sega nel punto di parametro λ. Sia data la retta:

$$lA+mB+nC=0\,,\qquad l'B+m'C+n'D=0\,;$$

un piano qualunque passante per essa:

$$lA+mB+nC+k(l'B+m'C+n'D)=0$$

sega la cubica gobba ne' tre punti, i parametri de' quali sono le radici della equazione:

$$l\omega^3+m\omega^2+n\omega+k(l'\omega^2+m'\omega+n')=0$$

epperò quel piano sarà tangente alla linea, quando quest' ultima equazione abbia due radici eguali. Ora la condizione della eguaglianza di due radici di quell' equazione è un'equazione del quarto grado in k; dunque per una data retta qualsivoglia passano in generale quattro piani tangenti ad una data cubica gobba (38). Questa proprietà si può esprimere anche dicendo che una data retta qualunque incontra al più quattro rette tangenti di una stessa cubica gobba. Se la retta data si appoggia in un punto alla cubica gobba, essa incontrerà al più due rette tangenti, oltre quella che passa per quel punto [13]. Se la data retta fosse una corda della cubica gobba, essa non incontrerebbe alcuna tangente oltre le due passanti pe' termini della corda. Ne segue anche che due tangenti della cubica gobba non sono mai in uno stesso piano. — Date quattro rette tangenti alla cubica, vi sono al più due rette che le segano tutte e quattro.

16. Intorno alla retta *fissa:*

$$A-\theta B-h(B-\theta C)=0\,,\quad B-\theta C-k(C-\theta D)=0$$

che incontra la cubica gobba 2) nel solo punto di parametro θ, s'immagini ruotare un piano, l'equazione del quale in una posizione qualsivoglia sarà:

$$A-\theta B-(h+l)(B-\theta C)+kl(C-\theta D)=0$$

ove l è indeterminata. Questo piano incontra la cubica gobba in due altri punti che hanno per parametri le radici dell'equazione quadratica:

$$\omega^2-(h+l)\omega+kl=0$$

e la retta che unisce questi due punti è rappresentata dalle equazioni:

$$A-(h+l)B+klC=0\,,\quad B-(h+l)C+klD=0$$

dalle quali eliminando l si ottiene la:

$$(A-hB)(C-kD)-(B-hC)(B-kC)=0$$

che rappresenta un iperboloide ad una falda passante per la cubica gobba. Dunque: se intorno ad una retta appoggiata in un solo punto ad una cubica gobba si fa ruotare un piano, questo incontrando la linea in due altri punti, la corda che unisce questi due punti genera un iperboloide passante per la cubica (11).

17. Se si scrive l'equazione generale di una superficie del second'ordine e se ne determinano i coefficienti, almeno in parte, per modo che essa passi per la cubica gobba 2), si trova che l'equazione più generale di una superficie del second'ordine dotata di tale proprietà è:

$$5)\qquad a(B^2-AC)+b(C^2-BD)+c(AD-BC)=0$$

ove i rapporti $a:b:c$ sono due arbitrarie indipendenti. Questa equazione rappresenta evidentemente una superficie rigata, ed in generale dotata di centro, epperò un iperboloide ad una falda (13). Ne segue che, per un iperboloide, il passare per una data cubica gobba equivale a *sette* condizioni, onde se un iperboloide ha sette punti comuni con una cubica gobba, questa giace interamente sulla superficie (15). Le due arbitrarie che entrano nell'equazione generale di un iperboloide, passante per una data cubica gobba, si potranno determinare in modo che la superficie passi per due punti dati nello spazio, o per una retta che abbia un punto comune colla cubica, o per due rette corde della cubica, o per un punto dello spazio e per una corda della cubica medesima (16, 19, 20, 24).

L'equazione 5) può essere scritta così:

$$(cA - bB)(cD - aC) + (aB - cC)(cB - bC) = 0$$

da cui risulta che le generatrici rettilinee di un sistema si possono rappresentare colle equazioni:

6) $$cA - bB + \lambda(aB - cC) = 0 , \quad cB - bC - \lambda(cD - aC) = 0$$

e quelle dell'altro sistema colle equazioni:

7) $$cA - bB + \mu(cB - bC) = 0 , \quad aB - cC - \mu(cD - aC) = 0 ,$$

λ e μ indeterminate. Se nelle equazioni 6) si pone:

$$A : B : C : D = \omega^3 : \omega^2 : \omega : 1$$

si hanno le:

$$\omega\left(c\omega^2 - b\omega + \lambda(a\omega - c)\right) = 0 , \quad c\omega^2 - b\omega + \lambda(a\omega - c) = 0$$

le quali ammettono in comune due valori reali o imaginari di ω. Dunque ciascuna generatrice del sistema 6) incontra generalmente la cubica gobba in due punti. All'incontro le equazioni 7) per la stessa sostituzione danno le:

$$(c\omega - b)(\omega + \mu) = 0 , \quad (a\omega - c)(\omega + \mu) = 0$$

ammettenti in comune un sol valore di ω. Dunque ciascuna generatrice del sistema 7) incontra la cubica gobba in un solo punto. Cioè: quando un iperboloide passa per una cubica gobba, questa incontra in due punti ciascuna generatrice di un sistema, ed in un solo punto ciascuna generatrice dell'altro sistema (14).

La condizione nccessaria e sufficiente perchè la quantità

$$c\omega^2 - b\omega + \lambda(a\omega - c)$$

sia un quadrato perfetto è un'equazione di secondo grado in λ; dunque vi sono in generale due generatrici del sistema 6) le quali sono tangenti alla cubica gobba (23).

18. Siano x, y i due valori di ω dati dall'equazione:

$$c\omega^2 - b\omega + \lambda(a\omega - c) = 0$$

cioè i parametri de' due punti in cui la cubica gobba è incontrata dalla generatrice 6).

Si ha:

$$c(x+y)=b-\lambda a\,,\qquad xy=-\lambda$$

quindi eliminando λ si ha la:

$$c(x+y)-axy=b$$

la quale esprime che i punti in cui la cubica gobba incontra le generatrici del sistema 6) sono in *involuzione*, cioè i piani passanti rispettivamente per essi, e per una stessa corda qualunque della cubica gobba formano un fascio in involuzione (32). Se si determinano i piani *doppi* di questo fascio, essi individueranno sulla cubica due punti, e le generatrici del sistema 6) passanti per essi saranno evidentemente tangenti alla cubica (23).

Reciprocamente: se sopra di una cubica gobba si ha un'involuzione di punti, le corde congiungenti i punti *conjugati* saranno generatrici d'uno stesso iperboloide (21). Infatti siano x, y i parametri di due punti conjugati; avremo, a causa dell'involuzione, un'equazione della forma:

$$\alpha(x+y)+\beta xy+\gamma=0$$

ove α, β, γ sono costanti. Le equazioni della retta congiungente i punti di parametri x, y sono:

$$-\mathrm{B}(x+y)+\mathrm{C}xy+\mathrm{A}=0\,,\qquad -\mathrm{C}(x+y)+\mathrm{D}xy+\mathrm{B}=0$$

dalle quali tre equazioni eliminando $x+y$ ed xy si ha la:

$$\begin{vmatrix} \mathrm{B} & \mathrm{C} & \mathrm{A} \\ \mathrm{C} & \mathrm{D} & \mathrm{B} \\ -\alpha & \beta & \gamma \end{vmatrix}=0$$

che è della forma 5), epperò rappresenta un iperboloide passante per la cubica gobba.

Combinando la proprietà espressa in questo paragrafo con quella del paragrafo 16, si ha il seguente enunciato: se per una retta che s'appoggi in un solo punto ad una cubica gobba si fanno passare quanti piani si vogliano, le coppie di punti in cui essi incontrano nuovamente la curva sono in involuzione.

19. Siano:

$$\mathrm{A}=0\,,\quad \mathrm{B}=0\,,\quad \mathrm{C}=0\,,\quad \mathrm{D}=0\,,\quad \mathrm{E}=0\,,\quad \mathrm{F}=0$$

le equazioni di sei piani; saranno:

$$\mathrm{A}-\lambda\mathrm{B}=0\,,\quad \mathrm{C}-\lambda\mathrm{D}=0\,,\quad \mathrm{E}-\lambda\mathrm{F}=0$$

le equazioni di tre piani *omologhi* in tre fasci omografici. Da queste equazioni eliminando λ si hanno le:

$$AD - BC = 0\,, \qquad AF - BE = 0$$

equazioni di due iperboloidi aventi la generatrice comune $A = B = 0$. Dunque il punto comune ai tre piani omologhi ha per luogo geometrico la cubica gobba, comune ai due iperboloidi (27).

Ora i due sistemi di generatrici del primo iperboloide sono rappresentabili colle equazioni:

1.° sistema . . . $A - \mu C = 0\,, \qquad B - \mu D = 0$

2.° sistema . . . $A - \lambda B = 0\,, \qquad C - \lambda D = 0$

e pel secondo iperboloide:

1.° sistema . . . $A - \mu' E = 0\,, \qquad B - \mu' F = 0$

2.° sistema . . . $A - \lambda' B = 0\,, \qquad E - \lambda' F = 0$

e si osservi che la generatrice comune $A = B = 0$ appartiene al primo sistema per entrambi gl'iperboloidi. Se si pone $A : B : C : D = \omega^3 : \omega^2 : \omega : 1$ nelle equazioni delle generatrici del primo iperboloide, ovvero se si pone $A : B : E : F = \theta^3 : \theta^2 : \theta : 1$ nelle equazioni delle generatrici del secondo iperboloide, si trova che la cubica gobba incontra in ciascun iperboloide in due punti le generatrici del primo sistema (cioè di quello cui appartiene la generatrice comune), mentre incontra in un sol punto ciascuna generatrice dell'altro sistema (26).

20. Considerando i due iperboloidi:

$$a(B^2 - AC) + b(C^2 - BD) + c(AD - BC) = 0$$

$$a'(B^2 - AC) + b'(C^2 - BD) + c'(AD - BC) = 0$$

qualsivogliano fra quelli passanti per la cubica gobba 2), osservo che queste equazioni sono entrambe soddisfatte dalle:

$$cA - bB + \lambda(aB - cC) = 0\,, \qquad cB - bC - \lambda(cD - aC) = 0$$

ove sia:

$$\lambda = \frac{bc' - b'c}{ac' - a'c}$$

dunque due iperboloidi passanti per una stessa cubica gobba hanno necessariamente una generatrice comune (25).

21. Si trasformi la funzione quadratica a quattro variabili A, B, C, D:

$$AD - BC$$

sostituendo alle variabili medesime altrettante funzioni lineari di altre variabili A′, B′, C′, D′, e si determinino i coefficienti della sostituzione in modo che la funzione trasformata sia:

$$A'D' - B'C'.$$

Applicando le formole che il professor Brioschi dà in una sua Nota sulle *forme quadratiche* (Annali di Tortolini, giugno 1854), si trova la seguente sostituzione:

$$\frac{A}{a} = \lambda'\mu'A' + \mu'B' + \lambda'C' + D'$$

$$\frac{B}{b} = \lambda\mu'A' + \mu'B' + \lambda C' + D'$$

$$\frac{C}{c} = \lambda'\mu A' + \mu B' + \lambda'C' + D'$$

$$\frac{D}{d} = \lambda\mu A' + \mu B' + \lambda C' + D'$$

o reciprocamente:

$$\frac{A'}{d} = A - \lambda B - \mu C + \lambda\mu D$$

$$-\frac{B'}{c} = A - \lambda'B - \mu C + \lambda'\mu D$$

$$-\frac{C'}{b} = A - \lambda B - \mu'C + \lambda\mu'D$$

$$\frac{D'}{a} = A - \lambda'B - \mu'C + \lambda'\mu'D.$$

Le quantità $a, b, c, d, \lambda, \mu, \lambda', \mu'$ sono legate da due sole condizioni.

$$ad = bc = \frac{1}{(\lambda - \lambda')(\mu - \mu')}$$

per cui la sostituzione contiene sei arbitrarie, fra loro indipendenti.

Per un sistema di valori particolari di queste arbitrarie otterremo sull'iperboloide:

$$AD - BC = A'D' - B'C' = 0$$

due cubiche gobbe, l'una rappresentabile colle equazioni:

8) $$A'C' - B'^2 = 0\,, \quad B'D' - C'^2 = 0$$

e l'altra colle:

9) $$A'B' - C'^2 = 0\,, \quad C'D' - B'^2 = 0$$

oltre poi quella più volte considerata, che è rappresentata dalle 1) o dalle 2).

22. I due sistemi di generatrici dell'iperboloide $AD - BC = 0$ sono rappresentati dalle equazioni:

1.° sistema . . . $A - \omega B = 0\,, \quad C - \omega D = 0$

2.° sistema . . . $A - \theta C = 0\,, \quad B - \theta D = 0\,.$

Ora dalle formole di sostituzione risulta evidente che i piani $A' = 0$, $B' = 0$, $C' = 0$, $D' = 0$ passano rispettivamente per le generatrici del primo sistema:

$$\begin{matrix} A - \lambda B = 0 \\ C - \lambda D = 0 \end{matrix}\;;\quad \begin{matrix} A - \lambda' B = 0 \\ C - \lambda' D = 0 \end{matrix}\;;\quad \begin{matrix} A - \lambda B = 0 \\ C - \lambda D = 0 \end{matrix}\;;\quad \begin{matrix} A - \lambda' B = 0 \\ C - \lambda' D = 0 \end{matrix}$$

e per le generatrici del secondo sistema:

$$\begin{matrix} A - \mu C = 0 \\ B - \mu D = 0 \end{matrix}\;;\quad \begin{matrix} A - \mu C = 0 \\ B - \mu D = 0 \end{matrix}\;;\quad \begin{matrix} A - \mu' C = 0 \\ B - \mu' D = 0 \end{matrix}\;;\quad \begin{matrix} A - \mu' C = 0 \\ B - \mu' D = 0 \end{matrix}$$

dunque i due sistemi di generatrici dell'iperboloide saranno anco rappresentabili colle equazioni:

1.° sistema . . . $A' - xB' = 0\,, \quad C' - xD' = 0$

2.° sistema . . . $A' - yC' = 0\,, \quad B' - yD' = 0\,.$

Ne segue che fra le tre cubiche gobbe sopra menzionate la 1) e la 8) incontrano ciascuna generatrice del primo sistema in un solo punto e ciascuna generatrice dell'altro sistema in due punti; mentre la 9) incontra ciascuna generatrice del primo sistema in due punti e ciascuna del secondo in un solo punto. Cerchiamo in quanti punti si seghino le linee 1) ed 8), ed in quanti le 1), 9).

Per trovare i punti comuni alle linee 1), 8), nelle 8) pongasi

$$A : B : C : D = \omega^3 : \omega^2 : \omega : 1\,;$$

avremo le:

$$bd(\omega^2 - \mu)(\omega^2 - \mu')(\omega - \lambda)^2 + c^2(\omega^2 - \mu)^2(\omega - \lambda')^2 = 0$$

$$ac(\omega^2 - \mu)(\omega^2 - \mu')(\omega - \lambda')^2 + b^2(\omega^2 - \mu')^2(\omega - \lambda)^2 = 0$$

ossia, posto $h = \frac{bd}{c^2} = \frac{b^2}{ac}$:

$$(\omega^2 - \mu)\left[h(\omega^2 - \mu')(\omega - \lambda)^2 + (\omega^2 - \mu)(\omega - \lambda')^2\right] = 0$$
$$(\omega^2 - \mu')\left[h(\omega^2 - \mu')(\omega - \lambda)^2 + (\omega^2 - \mu)(\omega - \lambda')^2\right] = 0$$

equazioni che ammettono in comune le quattro soluzioni della:

10) $$h(\omega^2 - \mu')(\omega - \lambda)^2 + (\omega^2 - \mu)(\omega - \lambda')^2 = 0$$

dunque: due cubiche gobbe situate su di uno stesso iperboloide e seganti entrambe in due punti una stessa generatrice hanno in generale quattro punti comuni (28).

Ponendo $A:B:C:D = \omega^3:\omega^2:\omega:1$ nelle 9) per trovare in quanti punti si segano le linee 1) e 9), e posto inoltre $k = \frac{cd}{b^2} = \frac{c^2}{ab}$, si hanno le:

$$(\omega - \lambda)\Big(k(\omega^2 - \mu)^2(\omega - \lambda') + (\omega^2 - \mu')^2(\omega - \lambda)\Big) = 0$$
$$(\omega - \lambda')\Big(k(\omega^2 - \mu)^2(\omega - \lambda') + (\omega^2 - \mu')^2(\omega - \lambda)\Big) = 0$$

equazioni ammettenti in comune le cinque soluzioni della:

$$k(\omega^2 - \mu)^2(\omega - \lambda') + (\omega^2 - \mu')^2(\omega - \lambda) = 0$$

cioè: se due cubiche gobbe poste su di uno stesso iperboloide incontrano una stessa generatrice, l'una in un punto, l'altra in due punti, esse si segano generalmente in cinque punti (28).

Reciprocamente: due cubiche gobbe aventi cinque punti comuni sono sempre situate su di uno stesso iperboloide. Infatti l'equazione più generale di un iperboloide passante per la prima delle due linee contiene due costanti arbitrarie; si determinino queste in modo che la superficie passi per altri due punti della seconda linea; allora questa avendo sette punti comuni colla superficie dell'iperboloide giacerà per intero su di essa (30).

23. Consideriamo sull'iperboloide:

$$AD - BC = A'D' - B'C' = 0$$

un sistema di cubiche gobbe aventi quattro punti comuni. Queste cubiche saranno rappresentate dalle equazioni 8) nelle quali si variino le λ, μ, λ', ecc. in modo però da serbare inalterata l'equazione 10) che dà i punti comuni alla cubica 1) ed alla 8). Per maggior semplicità supponiamo che due di questi punti comuni alle cubiche siano quelli corrispondenti ad $\omega = 0$ e ad $\omega = \infty$, per cui nella (10) si dovrà porre:

$$h + 1 = 0\,, \qquad \mu = k\lambda^2\,, \qquad \mu' = k\lambda'^2$$

k indeterminata. La 10) diverrà:

$$2\omega^2 - \omega(1+k)(\lambda + \lambda') + 2k\lambda\lambda' = 0$$

e poichè i coefficienti di questa equazione devono essere invariabili, le λ, λ', k saranno legate dalle relazioni:

$$(1+k)(\lambda+\lambda') = 2\alpha\,, \qquad k\lambda\lambda' = \beta$$

ove α, β sono *costanti determinate.* Quindi nelle equazioni 8) si potranno esprimere tutte le indeterminate in funzione di k che rimarrà solo parametro variabile dall'una all'altra cubica gobba. Ora osserviamo che un punto qualunque dell'iperboloide, considerato come l'intersezione delle generatrici:

$$A - xB = 0\,, \quad C - xD = 0\,; \qquad A - yC = 0\,, \quad B - yD = 0$$

può rappresentarsi colle equazioni:

$$A : B : C : D = yx : y : x : 1\,.$$

Per avere i punti in cui la linea 8) incontra la generatrice:

$$A - yC = 0\,, \qquad B - yD = 0$$

pongansi i valori precedenti nelle 8); si avrà:

$$(y - \mu')(x - \lambda)^2 - (y - \mu)(x - \lambda')^2 = 0$$

ossia:

11) $$\alpha k x^2 - (y + \beta)(1 + k)x + \alpha y = 0\,.$$

Siano x_0 ed x_1 i due valori di x dati da quest'equazione; sarà:

$$x_0 + x_1 = \frac{(y+\beta)(1+k)}{\alpha k}\,, \qquad x_0\, x_1 = \frac{y}{k}$$

dunque, indicando con M, N quantità soddisfacenti alle:

$$y + \beta = My = N$$

avremo:

$$\alpha(x_0 + x_1) - Mx_0x_1 - N = 0$$

ossia: le coppie di punti in cui la generatrice $A - yC = 0$, $B - yD = 0$ (che appartiene al secondo sistema) è segata dalle cubiche della famiglia 8), cioè da più cubiche poste su di uno stesso iperboloide, ed aventi quattro punti comuni, sono in involuzione (34).

24. Per avere il punto in cui la cubica 8) incontra la generatrice del primo sistema:

$$A - xB = 0\,, \qquad C - xD = 0$$

consideriamo y come incognita nella equazione 11):

$$y = \frac{\beta x + kx(\beta - \alpha x)}{\alpha - x(1+k)}\,.$$

Ora cerchiamo il rapporto anarmonico de' quattro punti, in cui la medesima generatrice è segata da quattro linee della famiglia 8), corrispondenti a $k = k_1,\ k_2,\ k_3,\ k_4$. Tale rapporto anarmonico sarà quello de' quattro piani passanti per gli stessi punti rispettivamente, e per una retta qualunque, per esempio $B = C = 0$. Il piano passante per questa retta e per uno qualunque di que' quattro punti è:

$$Bx - yC = 0$$

ossia ponendo per y il suo valore:

$$B(\alpha - x) - \beta C - k\Big(xB + (\beta - \alpha x)\,C\Big) = 0\,.$$

Cambiando la cubica gobba cambia soltanto k, quindi il rapporto anarmonico richiesto sarà:

$$\frac{(k_1 - k_2)(k_3 - k_4)}{(k_1 - k_3)(k_2 - k_4)}$$

quantità indipendente da x. Dunque: il rapporto anarmonico de' quattro punti in cui quattro cubiche poste su di uno stesso iperboloide e aventi quattro punti comuni incontrano una generatrice di quel sistema, che è intersecato in un solo punto per ogni generatrice, è costante, qualunque sia la generatrice (34).

25. Dati nello spazio sei punti, siano:

$$A' = 0\,, \quad B' = 0\,, \quad C' = 0\,, \quad D' = 0$$

le equazioni delle facce del tetraedro determinato da quattro fra que' punti; le funzioni A', B', C', D' s'intendano moltiplicate per tali costanti che il quinto punto sia rappresentato dalle:

$$A' = B' = C' = D'$$

e il sesto punto sia:

$$\frac{A'}{a} = \frac{B'}{b} = \frac{C'}{c} = \frac{D'}{d}\,.$$

Allora la equazione de' due coni di second'ordine passanti entrambi per questi sei punti, ed aventi il vertice l'uno nel punto $A'=B'=C'=0$, l'altro nel punto $D'=B'=C'=0$, saranno

$$\frac{a(b-c)}{A'}+\frac{b(c-a)}{B'}+\frac{c(a-b)}{C'}=0\,; \quad \frac{d(b-c)}{D'}+\frac{b(c-d)}{B'}+\frac{c(d-b)}{C'}=0\,.$$

Posto:

$$B=c(b-d)B'+b(d-c)C'\,; \quad C=c(b-a)B'+b(a-c)C'$$

$$a(b-a)(a-c)A=cb(a-d)^2(c-b)A'+ac(b-d)^2(a-c)B'+ba(c-d)^2(b-a)C' \quad [14]$$

$$d(b-d)(d-c)D=cb(d-a)^2(c-b)D'+dc(b-a)^2(d-c)B'+bd(c-a)^2(b-d)C'$$

le equazioni dei due coni divengono:

$$AC-B^2=0\,, \quad BD-C^2=0$$

quindi le equazioni della cubica gobba passante pe' sei punti dati sono:

$$A:B:C:D=\omega^3:\omega^2:\omega:1\,.$$

26. Si considerino ora le cubiche gobbe passanti pe' primi cinque punti dati e appoggiantisi ad una retta passante per uno di questi punti. Siano

$$A':B':C'=\alpha:\beta:\gamma$$

le equazioni di questa retta; tutte le anzidette cubiche saranno situate sul cono di second'ordine:

$$12)\qquad \frac{\alpha(\beta-\gamma)}{A'}+\frac{\beta(\gamma-\alpha)}{B'}+\frac{\gamma(\alpha-\beta)}{C'}=0$$

e una qualunque di esse sarà l'intersezione di questo cono e di quest'altro:

$$13)\qquad \frac{(\beta-\gamma)}{D'}+\frac{\beta(\gamma x-1)}{B'}+\frac{\gamma(1-\beta x)}{C'}=0$$

ove x varia da una cubica all'altra. Ciò premesso, passo a dimostrare il teorema: *quattro cubiche gobbe situate su di uno stesso cono di second'ordine ed aventi cinque punti comuni incontrano una generatrice del cono in quattro punti, il rapporto anarmonico de' quali è costante qualunque sia la generatrice.* Una generatrice qualunque del cono 12) è rappresentata dalle equazioni:

$$14)\qquad B'-hC'=0\,, \quad h\alpha(\beta-\gamma)C'+\Big(\beta(\gamma-\alpha)+h\gamma(\alpha-\beta)\Big)A'=0$$

h indeterminata. Per determinare il punto in cui questa generatrice è incontrata dalla cubica 12), 13) cerchiamo le equazioni della generatrice secondo la quale il piano $B' - hC' = 0$ sega il cono 13); esse sono:

$$15) \qquad B' - hC' = 0\,, \quad h(\beta - \gamma)\,C' + \Big(\beta(\gamma z - 1) + h\gamma(1 - \beta z)\Big)\,D' = 0$$

quindi il punto richiesto è determinato dalle tre equazioni 14) e 15). Dando a z quattro valori particolari z_1, z_2, z_3, z_4 successivamente, otterremo i quattro punti in cui la generatrice 14) è incontrata da quattro cubiche gobbe passanti pei cinque punti dati e appoggiate alla retta data, ciascuna in un altro punto. Il rapporto anarmonico de' quattro punti è eguale a quello de' quattro piani condotti per essi rispettivamente e per una medesima retta qualunque, per esempio la $C' = D' = 0$. Le equazioni de' quattro piani sono:

$$E + z_r D' = 0\,; \qquad (r = 1, 2, 3, 4)$$

ove:

$$\beta\gamma(1 - h)\,E = h(\beta - \gamma)\,C' + (h\gamma - \beta)\,D'$$

epperò il rapporto anarmonico in quistione è

$$\frac{(z_1 - z_2)\,(z_3 - z_4)}{(z_1 - z_3)\,(z_2 - z_4)}$$

quantità indipendente da h, *c. d. d.*

27. Il piano osculatore della cubica gobba 2) nel punto di parametro ω taglia la superficie sviluppabile 3), di cui la cubica è lo spigolo di regresso, secondo la conica rappresentata dalle equazioni:

$$A - 3\omega B + 3\omega^2 C - \omega^3 D = 0$$

$$(A - \omega B)^2 - 4\omega^2 (B^2 - AC) = 0\,, \quad \text{ovvero} \quad (C - \omega D)^2 - 4(C^2 - BD) = 0\,.$$

Lo stesso piano osculatore taglia il piano:

$$B - hC = 0$$

secondo una retta, il cui polo rispetto alla conica anzidetta è rappresentato dalle equazioni:

$$A : B : C : D = 3h\omega^2 : \omega(2\omega - h) : \omega - 2h : -3$$

dalle quali eliminando ω si hanno le:

$$2A - 3hB - 3h^2 C + 2h^3 D = 0\,, \qquad h(3C - 2hD)^2 + AD = 0$$

rappresentanti un' altra conica. Ossia: un piano osculatore *variabile* di una cubica gobba taglia un piano *fisso* secondo una *retta*, e il fascio delle rette tangenti alla cubica in una *conica; il polo di questa retta rispetto a questa conica ha per luogo geometrico un' altra conica.* Per brevità il piano di quest' ultima conica si dirà *congiunto* al dato piano fisso.

Se il piano fisso si suppone a distanza infinita, il teorema precedente somministra quest' altro: *i centri delle coniche risultanti dal segare coi piani osculatori d'una cubica gobba il fascio delle sue tangenti sono tutti in una stessa conica.*

L' equazione del piano *fisso* ora sia:

16) $$A-(\lambda+\mu+\nu)B+(\mu\nu+\nu\lambda+\lambda\mu)C-\lambda\mu\nu D=0$$

cerchiamo l'equazione del piano *congiunto*. A tale uopo osservo che alle equazioni 2) si possono sostituire le seguenti:

$$A':B':C':D'=x^3:x^2:x:1$$

ove:

$$A'=A-3\nu B+3\nu^2C-\nu^3D$$
$$B'=A-(2\nu+\mu)B+\nu(2\mu+\nu)C-\mu\nu^2D$$
$$C'=A-(2\mu+\nu)B+\mu(2\nu+\mu)C-\nu\mu^2D$$
$$D'=A-3\mu B+3\mu^2C-\mu^3D$$

e inoltre:

$$x=\frac{\omega-\nu}{\omega-\mu}.$$

Per questa sostituzione l'equazione del piano fisso 16) diviene:

$$B'-kC'=0$$

ove:

$$k=\frac{\lambda-\nu}{\lambda-\mu}$$

epperò l'equazione del piano *congiunto* sarà:

$$2A'-3kB'-3k^2C'+2k^3D'=0$$

ossia:

17) $$A-(\lambda'+\mu'+\nu')B+(\nu'\mu'+\lambda'\nu'+\mu'\lambda')C-\lambda'\mu'\nu'D=0$$

ove:

$$\lambda'=\frac{\lambda(\mu+\nu)-2\mu\nu}{2\lambda-(\mu+\nu)},\quad \mu'=\frac{\mu(\nu+\lambda)-2\nu\lambda}{2\mu-(\nu+\lambda)},\quad \nu'=\frac{\nu(\lambda+\mu)-2\lambda\mu}{2\nu-(\lambda+\mu)}.$$

Da queste ultime equazioni si ricava reciprocamente:

$$\lambda = \frac{\lambda'(\mu'+\nu') - 2\mu'\nu'}{2\lambda' - (\mu'+\nu')}, \quad \mu = \frac{\mu'(\nu'+\lambda') - 2\nu'\lambda'}{2\mu' - (\nu'+\lambda')}, \quad \nu = \frac{\nu'(\lambda'+\mu') - 2\lambda'\mu'}{2\nu' - (\lambda'+\mu')}$$

onde segue che, se il piano *fisso* è rappresentato dall'equazione 17), il piano *congiunto* lo sarà dalla 16). È poi degno d'osservazione che i sei punti di parametri λ, μ, ν; λ', μ', ν', ne' quali i due piani 16) e 17) *congiunti* l'uno all'altro incontrano la cubica gobba, costituiscono un sistema in involuzione. Cioè: *se un piano è congiunto ad altro, viceversa questo è congiunto a quello; e i sei punti in cui la cubica gobba è incontrata da due piani fra loro congiunti sono in involuzione.*

28. Continuando nell'argomento del paragrafo precedente, pongasi:

$$\begin{aligned}
A'' &= A - 3\nu'B + 3\nu'^2C - \nu'^3D \\
B'' &= A - (2\nu'+\mu')B + \nu'(2\mu'+\nu')C - \mu'\nu'^2D \\
C'' &= A - (2\mu'+\nu')B + \mu'(2\nu'+\mu')C - \nu'\mu'^2D \\
D'' &= A - 3\mu'B + 3\mu'^2C - \mu'^3D
\end{aligned}$$

onde le equazioni 2) si trasformeranno nelle seguenti:

$$A'' : B'' : C'' : D'' = y^3 : y^2 : y : 1$$

ove

$$y = \frac{\omega - \nu'}{\omega - \mu'}$$

e l'equazione 17) diverrà:

$$B'' - lC'' = 0$$

ove:

$$l = \frac{\lambda' - \nu'}{\lambda' - \mu'}$$

ossia le equazioni dei piani congiunti 16), 17) saranno:

16) $\qquad B' - kC' = 0 \qquad\qquad$ 17) $\qquad B'' - lC'' = 0\,.$

Per un dato valore di ω abbiamo nel piano 17) il polo:

$$A' : B' : C' : D' = 3kx^2 : x(2x-k) : x - 2k : -3$$

e nel piano 16) il polo:

$$A'' : B'' : C'' : D'' = 3ly^2 : y(2y-l) : y - 2l : -3\,.$$

Variando ω, questi due poli generano le due *linee de' poli* situate rispettivamente ne' piani 17) e 16). Le equazioni della retta che unisce i due poli corrispondenti ad ω qualsivoglia si ponno scrivere così:

$$\frac{y(1-2k)}{2-k}\left(4A'+3kB'-6k^2C'+4k^3D'\right)+\left(A'-6kB'+12k^2C'-8k^3D'\right)=0$$

$$\frac{y(1-2k)}{2-k}\left(8A'-12kB'+6k^2C'-k^3D'\right)-\left(A'-6kB'+3k^2C'+4k^3D'\right)=0$$

epperò, variando ω ossia variando y, questa retta genera un iperboloide. Cioè: *dati due piani tra loro congiunti, le linee de' poli in essi situate giacciono sopra di uno stesso iperboloide ad una falda.*

29. Siano date nello spazio la cubica gobba 2) e le due rette:

$$A-(a+b)B+ab\,C=0\ ,\qquad B-(c+d)C+cd\,D=0$$

$$A-(\alpha+\beta)B+\alpha\beta\,C=0\ ,\qquad B-(\gamma+\delta)C+\gamma\delta\,D=0$$

situate comunque l'una rispetto all'altra. Qual'è la superficie rigata generata da una retta mobile che incontri costantemente quelle tre linee (direttrici)? Pongasi per brevità:

$$E=B-(c+d)C+cd\,D \qquad E'=B-(\gamma+\delta)C+\gamma\delta\,D$$

$$H=A-(a+b)B+ab\,C \qquad H'=A-(\alpha+\delta)B+\alpha\beta\,C$$

$$F=(a+b)E+H \qquad F'=(\alpha+\beta)E'+H'$$

$$G=(c+d)H+ab\,E \qquad G'=(\gamma+\delta)H'+\alpha\beta\,E'.$$

Essendo $E=H=0$, $E'=H'=0$ le equazioni delle due direttrici rettilinee, la generatrice potrà rappresentarsi colle:

$$E-\lambda H=0\ ,\qquad E'-\lambda' H'=0$$

purchè si determinino λ e λ' in modo che queste equazioni siano soddisfatte entrambe dalle 2) ossia da:

$$E:H:E':H'=(\omega-c)(\omega-d):\omega(\omega-a)(\omega-b):(\omega-\gamma)(\omega-\delta):\omega(\omega-\alpha)(\omega-\beta)$$

onde dovrà essere:

$$\lambda=\frac{(\omega-c)(\omega-d)}{\omega(\omega-a)(\omega-b)},\qquad \lambda'=\frac{(\omega-\gamma)(\omega-\delta)}{\omega(\omega-\alpha)(\omega-\beta)}.$$

Le equazioni della retta generatrice saranno per conseguenza:

$$\omega^3E-\omega^2F+\omega G-cdH=0\ ,\qquad \omega^3E'-\omega^2F'+\omega G'-\gamma\delta H'=0.$$

Il risultato della eliminazione di ω da queste equazioni è:

$$\begin{vmatrix} K'G - KG' & KF' - K'F & K'E - KE' \\ KF' - K'F & K'E - KE' + FG' - F'G & GE' - G'E \\ K'E - KE' & GE' - G'E & EF' - E'F \end{vmatrix} = 0$$

ove $K = cd\,H$, $K' = \gamma\delta\,H'$. Dunque il luogo richiesto è una superficie del sesto ordine (57).

Veniamo ora ai casi particolari.

1.° Sia $a = c$, cioè la prima direttrice rettilinea si appoggi in un punto alla cubica gobba: allora si ha $\lambda = \dfrac{\omega - d}{\omega(\omega - b)}$, quindi, posto $L = H + bE$, si ha l'equazione:

$$\begin{vmatrix} LK' - dHG' & dHF' - K'E & -dH \\ dHF' - K'E & -dHE' + EG' - F'L & L \\ -dHE' & E'L & E \end{vmatrix} = 0$$

che è del quinto grado rispetto alle coordinate A, B, C, D (58).

2.° Sia $a = c$, $b = d$, cioè la prima direttrice rettilinea si appoggi alla cubica in due punti; allora $\lambda = \dfrac{1}{\omega}$, quindi si ha l'equazione:

$$H^3E' - H^2EF' + HE^2G' - \gamma\delta E^3H' = 0$$

che è del quarto grado (59).

3.° Sia $a = c$, $\alpha = \gamma$, cioè le due direttrici rettilinee si appoggino ciascuna in un punto alla cubica gobba: allora $\lambda = \dfrac{\omega - d}{\omega(\omega - b)}$, $\lambda' = \dfrac{\omega - \delta}{\omega(\omega - \beta)}$, quindi si ha:

$$\left(dHE' - \delta H'E\right)^2 - \left(\delta H'(H + bE) - dH(H' + \beta E')\right)\left(E(H' + \beta E') - E'(H + bE)\right) = 0$$

equazione del quarto grado (59).

4.° Sia $a = c$, $b = d$, $\alpha = \gamma$ cioè una delle direttrici rettilinee si appoggi in due punti e l'altra in un solo punto alla cubica gobba: allora $\lambda = \dfrac{1}{\omega}$, $\lambda' = \dfrac{\omega - \delta}{\omega(\omega - \beta)}$, e si ha la:

$$H^2E' - HE(H' + \beta E') + \delta E^2H' = 0$$

equazione del terzo grado (60).

5.° Finalmente, se fosse $a=c$, $b=d$, $\alpha=\gamma$, $\beta=\delta$, cioè se le due direttrici rettilinee fossero entrambe corde della cubica gobba, le equazioni della generatrice sarebbero:

$$\omega E - H = 0, \qquad \omega E' - H' = 0$$

da cui eliminando ω si ha:

$$EH' - E'H = 0$$

equazione rappresentante un iperboloide (60).

Nel 4.° caso la superficie rigata è, come si è veduto, del terz' ordine. La direttrice rettilinea $E = H = 0$ corda della cubica gobba ha la proprietà che da ciascun punto di essa partono due generatrici, le cui equazioni sono:

$$\omega E - H = 0, \qquad (\delta - \omega) H' - \omega(\beta - \omega) E' = 0$$

$$\omega' E - H = 0, \qquad (\delta - \omega') H' - \omega'(\beta - \omega') E' = 0$$

ove:

$$\delta(\omega + \omega') - \omega\omega' - \delta\beta = 0.$$

Queste due generatrici, partenti da uno stesso punto della direttrice $E = H = 0$, incontrano la cubica gobba ne' punti che hanno per parametri ω, ω'. Le coppie di punti analoghi a questi due sono in involuzione, il che risulta dalla equazione che lega insieme ω, ω'. Perciò le corde della cubica congiungenti i punti omologhi sono generatrici dell' iperboloide:

$$AC - B^2 + \delta(BC - AD) + \delta\beta(BD - C^2) = 0$$

il quale passa per la cubica gobba e per l' altra direttrice rettilinea $E' = H' = 0$.

30. La retta $B = C = 0$ corda della cubica gobba 2) sia l' asse comune di due fasci omografici di piani. Sia l' equazione d' un piano qualunque del primo fascio:

$$B - \omega C = 0$$

quella del piano omologo nell' altro fascio sarà:

$$B - \frac{a + b\omega}{c + d\omega} C = 0$$

a, b, c, d costanti arbitrarie. Questi due piani incontrano la cubica gobba ne' due punti, i parametri de' quali sono ω ed $\dfrac{a + b\omega}{c + d\omega}$; la retta che unisce questi punti è:

$$(c + d\omega) A - \left(a + (b + c)\omega + d\omega^2\right) B + (a + b\omega)\omega C = 0,$$

$$(c + d\omega) B - \left(a + (b + c)\omega + d\omega^2\right) C + (a + b\omega)\omega D = 0$$

quindi il luogo geometrico di questa retta è una superficie del quart'ordine. Per ciascun punto della cubica gobba passano due generatrici della superficie; infatti considerando le due divisioni omografiche sulla linea, se il punto ω si risguarda come appartenente alla prima, gli corrisponde nell'altra il punto $\frac{a+b\omega}{c+d\omega}$, e se lo stesso punto ω si considera come appartenente alla seconda divisione, gli corrisponde nella prima il punto $\frac{a-c\omega}{d\omega-b}$; e le due rette congiungenti il punto ω ai punti $\frac{a+b\omega}{c+d\omega}$, $\frac{a-c\omega}{d\omega-b}$ sono, per la definizione della superficie, generatrici di questa. Ne segue che la cubica gobba è una linea di stringimento [15] per la superficie medesima (55).

31. Abbiansi sulla cubica gobba 2) quattro punti di parametri $\theta_1, \theta_2, \theta_3, \theta_4$, e un punto dello spazio, per es. quello rappresentato dalle equazioni:

$$A=0\,,\quad D=0\,,\quad B-\theta C=0\,. \tag{18}$$

Le equazioni delle quattro rette 1, 2, 3, 4 che congiungono quest'ultimo punto ai primi quattro sono:

$$A:B-\theta C:D=\theta_r^3:\theta_r(\theta_r-\theta):1\ldots(r=1,2,3,4).$$

Il piano delle rette 12 è:

$$(\theta_1+\theta_2-\theta)\,A+\theta_1\theta_2\Big(\theta_1\theta_2-\theta(\theta_1+\theta_2)\Big)\,D-(\theta_1^2+\theta_1\theta_2+\theta_2^2)\,(B-\theta C)=0$$

esso incontra la cubica gobba nel punto il cui parametro è:

$$\omega_1=\frac{\theta(\theta_1+\theta_2)-\theta_1\theta_2}{\theta_1+\theta_2-\theta}\,;$$

così il piano delle rette 34 incontra la cubica gobba nel punto:

$$\omega_2=\frac{\theta(\theta_3+\theta_4)-\theta_3\theta_4}{\theta_3+\theta_4-\theta}\,.$$

Il piano determinato dai punti ω_1, ω_2 e dal punto 18) incontra la cubica medesima nel punto che ha per parametro:

$$x=\frac{\theta(\omega_1+\omega_2)-\omega_1\omega_2}{\omega_1+\omega_2-\theta}=\frac{\theta^3S_1-\theta^2S_2+S_4}{\theta^3-\theta S_2+S_3}$$

ove S_r è la somma de' prodotti delle $\theta_1, \theta_2, \theta_3, \theta_4$, prese ad r ad r. Questo punto il cui parametro x è una funzione simmetrica de' parametri $\theta_1, \theta_2, \theta_3, \theta_4$ varia perciò soltanto col variare de' punti dati; esso punto si chiamerà *opposto ai quattro punti*

$\theta_1, \theta_2, \theta_3, \theta_4$ *relativamente al punto* 18) (per questa denominazione veggasi SALMON, *on the higher plane curves*, pag. 133).

Ora considero il cono di second'ordine:

$$A^2 + l(B-\theta C)^2 + mD^2 + nAD + pA(B-\theta C) + qD(B-\theta C) = 0$$

che ha il vertice al punto 18); questo cono incontra la cubica gobba in sei punti, i parametri de' quali sono le radici della equazione:

$$\omega^6 + l\omega^2(\omega-\theta)^2 + m + n\omega^3 + p\omega^4(\omega-\theta) + q\omega(\omega-\theta) = 0.$$

Siano $\theta_1, \theta_2, \dots \theta_6$ queste radici, e Z_r la somma dei prodotti di esse medesime prese ad r ad r; avremo le:

$$Z_1 = -p, \quad Z_2 = l - p\theta, \quad Z_3 = 2l\theta - n, \quad Z_4 = q + l\theta^2, \quad Z_5 = q\theta, \quad Z_6 = m$$

da cui eliminando l, m, n, p, q si ha:

$$\theta^4 Z_1 - \theta^3 Z_2 + \theta Z_4 - Z_5 = 0.$$

Se in questa equazione si rendono esplicite le quantità θ_5, θ_6, essa prende la forma:

19) $$a(\theta_5 + \theta_6) - b\theta_5\theta_6 + c = 0$$

ove:

$$a = \theta^4 - \theta^3 S_1 + \theta S_3 - S_4, \quad b = \theta^3 - \theta S_2 + S_3, \quad c = \theta^4 S_1 - \theta^3 S_2 + \theta S_4.$$

[16] Il piano de' due punti θ_5, θ_6 e del punto 18) incontra la cubica gobba nel punto il cui parametro è:

$$\frac{\theta(\theta_5 + \theta_6) - \theta_5\theta_6}{\theta_5 + \theta_6 - \theta}$$

ma in virtù della 19) e della identica:

$$a\theta - b\theta^2 + c = 0$$

si ha:

$$\frac{\theta(\theta_5 + \theta_6) - \theta_5\theta_6}{\theta_5 + \theta_6 - \theta} = \frac{c}{\theta b}$$

dunque il piano anzidetto incontra la cubica gobba nel punto *opposto* ai punti $\theta_1, \theta_2, \theta_3, \theta_4$, ossia: *se un cono di second'ordine incontra una cubica gobba in sei punti, il piano passante per due di questi punti e pel vertice del cono passa anche pel punto opposto agli altri quattro* (SALMON, ibid.).

[17]

Cremona, giugno 1858.

10.

TEOREMI SULLE LINEE DEL TERZ' ORDINE A DOPPIA CURVATURA.

Annali di Matematica pura ed applicata, serie I, tomo II (1858), pp. 19-29.

1.° Siano $A = 0$, $D = 0$ le equazioni di due piani osculatori di una cubica gobba (linea del terz' ordine a doppia curvatura); a e d i punti di contatto; sia $B = 0$ l'equazione del piano che tocca la curva in a e la sega in d; $C = 0$ l equazione del piano che tocca la curva in d e la sega in a. In un recente lavoro sullo stesso argomento, io ho dimostrato che la cubica gobba può essere rappresentata colle equazioni:

$$A = Bi = Ci^2 = Di^3$$

ove i è un parametro variabile che serve a individuare un punto sulla curva. Ivi è pure dimostrato il seguente teorema dovuto al sig. CHASLES:

Se per un punto dato nello spazio si conducono alla cubica i tre piani osculatori, il piano de' punti di contatto passa pel punto dato.

Se le coordinate del punto dato sono $a:b:c:d$, l'equazione del piano è

$$dA - aD + 3(bC - cB) = 0.$$

Facilissimamente si dimostra anche il teorema correlativo:

Se un piano:

$$pA + qB + rC + sD = 0$$

sega la cubica in tre punti, i piani osculatori in questi punti concorrono nel punto:

$$A:B:C:D = -3s : r : -q : 3p$$

che appartiene al piano dato.

Inoltre:

Se da ciascun punto di una retta:

$$lA + mB + nC = 0\,, \qquad pB + qC + rD = 0$$

si conducono tre piani osculatori alla curva, il piano de' punti di contatto passa costantemente per un'altra retta, le cui equazioni sono:

$$(mq - np)A + 3r(mB + nC) = 0\,, \qquad (mq - np)D + 3l(pB + qC) = 0\,;$$

reciprocamente, se per ciascun punto di questa retta si conducono tre piani osculatori alla cubica, il piano de' punti di contatto passa costantemente per la prima retta.

In generale:

Se da ciascun punto di una superficie geometrica dell'ordine n *si conducono tre piani osculatori ad una cubica gobba, il piano de' punti di contatto inviluppa una superficie geometrica della classe* n, *e tale che se da ciascun punto di essa si conducono tre piani osculatori alla cubica, il piano de' punti di contatto inviluppa la prima superficie.*

2.° Segue da ciò, che a ciascun punto dello spazio corrisponde un piano, e reciprocamente, in questo senso che il piano contiene i punti di contatto della cubica co' suoi piani osculatori passanti pel punto. I punti dello spazio formano così una figura *correlativa* a quella formata dai piani ad essi corrispondenti. Anzi, siccome ciascun punto giace nel piano che gli corrisponde, così l'attuale sistema di figure correlative coincide con quello che il sig. Chasles ha dedotto dalla considerazione di un sistema di forze, o di un corpo in movimento (vedi l'*Aperçu historique).*

Per brevità, il punto corrispondente ad un dato piano si dirà *fuoco* del piano; e si diranno *reciproche* due rette tali che i fuochi dei piani passanti per l'una sono nell'altra. Siano x, y, z le ordinarie coordinate rettilinee di un punto, e suppongasi:

$$\begin{aligned} A &= a_1 x + a_2 y + a_3 z \\ B &= b_1 x + b_2 y + b_3 z \\ C &= c_1 x + c_2 y + c_3 z \\ D &= d_1 x + d_2 y + d_3 z + 1 \end{aligned}$$

ed inoltre si faccia:

$$a_1 = M_x\,, \qquad a_2 = M_y\,, \qquad a_3 = M_z$$

$$\begin{aligned} d_2 a_3 - d_3 a_2 + 3(b_2 c_3 - b_3 c_2) &= X \\ d_3 a_1 - d_1 a_3 + 3(b_3 c_1 - b_1 c_3) &= Y \\ d_1 a_2 - d_2 a_1 + 3(b_1 c_2 - b_2 c_1) &= Z. \end{aligned}$$

Allora l'equazione del piano il cui fuoco ha le coordinate x_0, y_0, z_0 si può scrivere così:

$$(x_0 - x) M_x + (y_0 - y) M_y + (z_0 - z) M_z$$
$$+ X(yz_0 - zy_0) + Y(zx_0 - xz_0) + Z(xy_0 - yx_0) = 0;$$

ed inversamente, le coordinate del fuoco del piano:

$$px + qy + rz + s = 0$$

sono:

$$\frac{qM_z - rM_y - sX}{pX + qY + rZ}, \quad \frac{rM_x - pM_z - sY}{pX + qY + rZ}, \quad \frac{pM_y - qM_x - sZ}{pX + qY + rZ}.$$

Ammesso che le X, Y, Z, M_x, M_y, M_z rappresentino le somme delle forze componenti e le somme dei momenti delle coppie componenti relative agli assi coordinati e dovute ad un sistema di forze di forma invariabile, il piano corrispondente ad un dato punto sarà quello della *coppia risultante relativa a quel punto*, e viceversa il fuoco di un dato piano sarà il punto a cui corrisponde la coppia risultante situata in quel piano. È poi noto che alle proprietà de' sistemi di forze corrispondono analoghe proprietà del movimento di un corpo. Dunque tutte le *proprietà geometriche* de' sistemi di forze o del moto di un corpo rigido si tradurranno in teoremi relativi alle cubiche gobbe.

3.° Passo ad altre proprietà, nel dimostrar le quali farò sempre uso delle coordinate di Plücker *(Punkt-Coordinaten)*.

Considero il piano:

(1) $$A - \sigma B + \sigma_1 C - \sigma_2 D = 0$$

ove:

$$\sigma = \lambda + \mu + \nu, \quad \sigma_1 = \mu\nu + \nu\lambda + \lambda\mu, \quad \sigma_2 = \lambda\mu\nu;$$

il fuoco di questo piano è:

$$A : B : C : D = 3\sigma_2 : \sigma_1 : \sigma : 3.$$

Pongo:

$$A - (\mu + \nu) B + \mu\nu C = \lambda (\mu - \nu)^2 \alpha$$
$$A - (\nu + \lambda) B + \nu\lambda C = \mu (\nu - \lambda)^2 \beta$$
$$A - (\lambda + \mu) B + \lambda\mu C = \nu (\lambda - \mu)^2 \gamma. \quad [18]$$

Prese insieme all'equazione (1) le equazioni:

$$\alpha = 0 \quad \beta = 0 \quad \gamma = 0$$

rappresentano i lati del triangolo inscritto nella cubica e posto nel piano (1); e le

$$\beta - \gamma = 0, \quad \gamma - \alpha = 0, \quad \alpha - \beta = 0$$

rappresentano le rette congiungenti i vertici del triangolo al fuoco del piano. Allora le coniugate armoniche di ciascuna di queste tre ultime rette rispetto alle altre due saranno:

$$\beta+\gamma=0\,,\qquad \gamma+\alpha=0\,,\qquad \alpha+\beta=0$$

le quali incontrano, com'è noto, i lati corrispondenti del triangolo in tre punti posti nella retta:

$$\alpha+\beta+\gamma=0\,.$$

Questa retta, che rispetto al piano (1) ha tale proprietà esclusiva, si denominerà *direttrice* del piano stesso.

4.° Nella memoria citata ho dimostrato un teorema, di cui qui ricorderò l'enunciato. Premetto che per *polo di un piano rispetto ad una linea di second'ordine* intenderò il polo della retta comune a quel piano ed al piano della linea. Ciò posto, l'enunciato di cui si tratta è il seguente:

Il luogo dei poli di un dato piano rispetto a tutte le coniche, secondo le quali i piani osculatori di una cubica gobba segano la superficie sviluppabile di cui questa è lo spigolo di regresso, è una conica situata in un piano individuato. Reciprocamente, il luogo dei poli di questo piano rispetto a tutte quelle coniche è un'altra conica posta nel primo piano dato.

Due piani dotati di questa scambievole proprietà si sono denominati *congiunti*; *congiunte* ponno dirsi anco le coniche in essi situate; *congiunti* i triangoli inscritti nella cubica e posti in tali piani, e da ultimo *congiunti* i triedri formati dai piani osculatori che concorrono ne' fuochi de' due medesimi piani.

5.° L'equazione del piano congiunto al piano (1) è:

$$\mathrm{A}-s\mathrm{B}+s_1\mathrm{C}-s_2\mathrm{D}=0 \tag{2}$$

ove:

$$s=l+m+n\,,\qquad s_1=mn+nl+lm\,,\qquad s_2=lmn$$

essendo:

$$l=\frac{\lambda(\mu+\nu)-2\mu\nu}{2\lambda-(\mu+\nu)}\,,\qquad m=\frac{\mu(\nu+\lambda)-2\nu\lambda}{2\mu-(\nu+\lambda)}\,,\qquad n=\frac{\nu(\lambda+\mu)-2\lambda\mu}{2\nu-(\lambda+\mu)}$$

epperò:

$$s=\frac{3(\sigma^2\sigma_1+9\sigma\sigma_2-6\sigma_1^2)}{27\sigma_2+2\sigma^3-9\sigma\sigma_1}$$

$$s_1=\frac{3(-\sigma\sigma_1^2+6\sigma^2\sigma_2-9\sigma_1\sigma_2)}{27\sigma_2+2\sigma^3-9\sigma\sigma_1}$$

$$s_2=\frac{9\sigma\sigma_1\sigma_2-27\sigma_2^2-2\sigma_1^3}{27\sigma_2+2\sigma^3-9\sigma\sigma_1}\,.$$

Le equazioni della retta che unisce i fuochi de' due piani (1) e (2) sono:

$$(3) \qquad Ap - Bq + Cr = 0\,, \qquad Bp - Cq + Dr = 0$$

ove:

$$p = \sigma^2 - 3\sigma_1\,, \qquad q = \sigma\sigma_1 - 9\sigma_2\,, \qquad r = \sigma_1^2 - 3\sigma\sigma_2.$$

L'eguaglianza de' coefficienti nelle due equazioni (3) mostra che la retta da esse rappresentata si appoggia alla cubica in due punti (reali o ideali), i cui parametri i_1, i_2 sono dati dalle:

$$i_1 + i_2 = \frac{q}{p}\,, \qquad i_1 i_2 = \frac{r}{p}\,,$$

dunque:

Ogni retta congiungente i fuochi di due piani congiunti è una corda della cubica gobba.

Le equazioni della retta comune ai due piani (1) e (2) sono:

$$(4) \qquad (q^2 - pr)A - 3r(Bq - Cr) = 0\,, \qquad (q^2 - pr)D + 3p(Bp - Cq) = 0$$

la forma delle quali mostra che questa retta è l'intersezione dei piani osculatori della cubica ai punti:

$$i_1 + i_2 = \frac{q}{p}\,, \qquad i_1 i_2 = \frac{r}{p}$$

dunque:

La retta intersezione di due piani congiunti è anco l'intersezione dei piani osculatori della cubica gobba ai punti ove si appoggia la retta che unisce i fuochi de' due piani congiunti.

Formando le equazioni delle *direttrici* dei piani congiunti (1) e (2) si trovano per entrambe le equazioni (4), dunque:

Due piani congiunti hanno la stessa direttrice, la quale è la retta ad essi comune.

Confrontando le equazioni (3) e (4) si riconosce che esse rappresentano rette *reciproche;* ossia:

La retta che unisce i fuochi di due piani congiunti, e la loro comune direttrice sono rette reciproche; cioè se per ciascun punto dell'una di esse si conducono tre piani osculatori alla cubica, il piano de' punti di contatto passa costantemente per l'altra.

6.° Cerchiamo se una retta che sia corda della cubica contenga i fuochi di una sola coppia di piani congiunti. Il piano:

$$B - \omega C = 0$$

è congiunto al piano:

$$2A - 3\omega B - 3\omega^2 C + 2\omega^3 D = 0$$

e la retta congiungente i loro fuochi è rappresentata dalle:

$$A - \omega B + \omega^2 C = 0 , \quad B - \omega C + \omega^2 D = 0 . \tag{5}$$

Affinchè questa retta passi anche pe' fuochi di due altri piani congiunti, le cui equazioni siano (1) e (2), il sistema delle equazioni (5) dovrà essere equivalente al sistema delle (3); epperò si dovrà avere:

$$q = p\omega , \quad r = p\omega^2$$

il che dà:

$$p = \sigma^2 - 3\omega\sigma + 9\omega^2, \quad \sigma_1 = \omega(\sigma - 3\omega), \quad \sigma_2 = -\omega^3$$

$$s = \frac{3\omega(\sigma - 6\omega)}{2\sigma - 3\omega} , \quad s_1 = \omega(s - 3\omega) , \quad s_2 = \sigma_2$$

per cui le equazioni (1) e (2) divengono:

$$\begin{aligned} A - 3\omega^2 C + \omega^3 D - \sigma(B - \omega C) &= 0 , \\ A - 3\omega^2 C + \omega^3 D - s(B - \omega C) &= 0 \end{aligned} \tag{6}$$

rimanendo σ indeterminata. Queste equazioni rappresentano infinite coppie di piani tutti passanti per la retta rappresentata dalle:

$$A - 3\omega^2 C + \omega^3 D = 0 , \quad B - \omega C = 0$$

ossia:

$$2A - 3\omega B - 3\omega^2 C + 2\omega^3 D = 0 , \quad B - \omega C = 0 .$$

Ne concludiamo che:

Qualunque retta che sia corda della cubica gobba contiene i fuochi di infinite coppie di piani congiunti tutti passanti per una stessa retta, la quale è l'intersezione dei piani osculatori della cubica ne' punti comuni a questa ed alla prima retta.

Da questo teorema consegue quest' altro:

Per qualunque retta che sia l'intersezione di due piani osculatori della cubica gobba passano infinite coppie di piani congiunti, tutti aventi i fuochi su di una stessa retta, la quale si appoggia alla cubica ne' punti di contatto de' due piani osculatori passanti per la prima retta.

7.° La relazione fra s e σ, che si può scrivere così:

$$2s\sigma - 3\omega(s + \sigma) + 18\omega^2 = 0 ,$$

mostra che i piani rappresentati dalle equazioni (6) formano una involuzione. Dunque:

Le infinite coppie di piani congiunti passanti per una stessa retta, che sia comune intersezione di due piani osculatori della cubica gobba, sono in involuzione. I piani auto-

coniugati della involuzione sono i due piani osculatori. I fuochi di tutti que' piani congiunti formano pure una involuzione, i cui elementi auto-coniugati sono i punti di contatto de' due piani osculatori.

Per avere il *punto centrale* dell'involuzione de' fuochi si condurrà per la *direttrice* il piano parallelo alla *focale* (retta contenente i fuochi). Questo piano ha il suo fuoco a distanza infinita, quindi il piano che gli è congiunto, ossia coniugato nella involuzione, avrà per fuoco il punto centrale richiesto, e sarà il *piano centrale* della involuzione di piani.

La cubica gobba ammette due piani osculatori paralleli fra loro, cioè segantisi secondo la retta *direttrice* posta nel piano all'infinito. Essi ponno quindi risguardarsi come gli elementi auto-coniugati di una involuzione di piani congiunti paralleli. Il piano centrale di questa involuzione avrà per congiunto quello all'infinito, e quindi sarà quello contenente i centri delle coniche secondo cui i piani osculatori della cubica segano la superficie luogo delle sue tangenti.

8.° Per un punto dato nello spazio, di coordinate $a:b:c:d$, passa una retta appoggiantesi alla cubica in due punti; le sue equazioni sono:

$$(c^2 - bd)\,\mathrm{A} - (bc - ad)\,\mathrm{B} + (b^2 - ac)\,\mathrm{C} = 0\,,$$

$$(c^2 - bd)\,\mathrm{B} - (bc - ad)\,\mathrm{C} + (b^2 - ac)\,\mathrm{D} = 0$$

e pe' punti comuni alla retta ed alla cubica si ha:

$$i_1 + i_2 = \frac{bc - ad}{c^2 - bd}\,, \qquad i_1 i_2 = \frac{b^2 - ac}{c^2 - bd}\,.$$

La retta è sempre reale, benchè i due punti possano essere ideali.

In un piano dato qualsivoglia:

$$l\mathrm{A} + m\mathrm{B} + n\mathrm{C} + h\mathrm{D} = 0$$

esiste una sola retta, comune intersezione di due piani osculatori. Le sue equazioni sono:

$$(q^2 - pr)\,\mathrm{A} - 3r(\mathrm{B}q - \mathrm{C}r) = 0\,, \qquad (q^2 - pr)\,\mathrm{D} + 3p(\mathrm{B}p - \mathrm{C}q) = 0$$

avendosi pe' punti di contatto:

$$i_1 + i_2 = \frac{q}{p} = \frac{mn - 9hl}{3ln - m^2}\,, \qquad i_1 i_2 = \frac{r}{p} = \frac{3hm - n^2}{3ln - m^2}\,.$$

La retta è sempre reale, benchè i due piani osculatori possano essere ideali. Ossia:

Per un punto dato nello spazio passa sempre una retta (ed una sola) che è focale di un fascio di piani congiunti. In un piano dato esiste sempre una retta (ed una sola) che è direttrice di un fascio di piani congiunti. Se il punto dato è il fuoco del piano dato, le due rette sono reciproche, e i due fasci di piani congiunti coincidono in un solo fascio.

Per ogni punto dello spazio passano tre piani osculatori della cubica, epperò tre rette, ciascuna delle quali è direttrice di un fascio di piani congiunti. Se i tre piani osculatori sono reali, anche le tre direttrici sono reali; ma se due de' piani osculatori sono ideali, si ha una sola direttrice reale, ed è quella comune ai due piani ideali.

Un piano qualunque sega la cubica in tre punti, epperò contiene tre rette, ciascuna delle quali è focale di un fascio di piani congiunti. Se i tre punti d'intersezione sono reali, tali sono anche le tre rette che li uniscono a due a due; ma se due di quelli sono ideali, si ha una sola focale reale, ed è la retta che passa pe' due punti ideali. Ossia:

Per un punto qualunque dello spazio passano o tre rette direttrici reali o una sola, secondo che per quel punto si ponno condurre alla cubica tre piani osculatori reali o un solo. In un piano qualunque esistono tre rette focali reali o una sola, secondo che quel piano sega la cubica in tre punti reali o in un solo.

Credo interessante la proprietà che segue:

Se una retta focale incontra la cubica in due punti reali, e per conseguenza la relativa direttrice esiste in due piani osculatori reali, ciascun piano passante per questa incontra la cubica in un solo punto reale. All'incontro, se la focale incontra la cubica in due punti ideali, ogni piano passante per la direttrice incontra la cubica in tre punti reali. Ossia: ciascun piano di un fascio di piani congiunti in involuzione incontra la cubica in tre punti reali o in uno solo, secondo che gli elementi auto-coniugati della involuzione sono ideali o reali.

Infatti, affinchè la retta (3) incontri la cubica in due punti reali è necessario e sufficiente che sia:

$$q^2 - 4pr > 0$$

ossia, ponendo per p, q, r i loro valori in funzione di σ, σ_1 e σ_2:

$$27\sigma_2^2 - 18\sigma\sigma_1\sigma_2 - \sigma^2\sigma_1^2 + 4\sigma_1^3 + 4\sigma^3\sigma_2 > 0$$

la quale è appunto la condizione necessaria e sufficiente perchè l'equazione:

$$i^3 - \sigma i^2 + \sigma_1 i - \sigma_2 = 0$$

che dà i parametri de' punti comuni alla cubica ed al piano (1), abbia due radici imaginarie; *c. d. d.*

9.° Se prendiamo in considerazione due piani *congiunti*, essi danno luogo a figure abbastanza interessanti. Per conseguire formole più semplici e simmetriche faccio la seguente trasformazione di coordinate:

$$x = A\,, \quad y = -\omega^3 D\,, \quad z = \omega^3 D - 3\omega^2 C + 3\omega B - A\,,$$

$$w = 2A - 3\omega B - 3\omega^2 C + 2\omega^3 D\,.$$

Le equazioni:

$$w = 0\,, \quad x + y + z = 0$$

rappresentano due piani *congiunti*; le:

$$x = 0\,, \quad y = 0\,, \quad z = 0$$

rappresentano i piani osculatori concorrenti nel fuoco del piano $x + y + z = 0$, e le:

$$3(y - z) - w = 0\,, \quad 3(z - x) - w = 0\,, \quad 3(x - y) - w = 0$$

sono quelle de' piani osculatori concorrenti nel fuoco del piano $w = 0$. Ne' due piani congiunti esistono le due coniche che ho denominate *congiunte*. Quella che è nel piano $w = 0$ è rappresentata dalle equazioni:

(7) $$w = 0\,, \quad x^2 + y^2 + z^2 - 2yz - 2zx - 2xy = 0$$

epperò questa conica è inscritta nel triangolo formato dalle rette secondo cui il piano $w = 0$ è segato dai piani osculatori concorrenti nel fuoco del piano ad esso congiunto.

Considerando la figura che è nel piano $w = 0$, le rette che uniscono i vertici del triangolo or nominato ai punti di contatto della conica inscritta sono:

(8) $$w = 0 \quad (y - z = 0\,, \quad z - x = 0\,, \quad x - y = 0)$$

le quali sono le intersezioni del piano $w = 0$ coi piani osculatori che concorrono nel suo fuoco. Il punto comune a queste tre rette, ossia il fuoco del piano $w = 0$, è rappresentato dalle equazioni:

$$w = 0\,, \quad x = y = z\,.$$

I punti in cui il piano $w = 0$ sega la cubica sono:

$$w = 0 \quad (x:y:z = -8:1:1\,; \quad x:y:z = 1:-8:1\,; \quad x:y:z = 1:1:-8)$$

epperò i lati del triangolo da essi formato hanno per equazioni le:

$$w = 0 \quad (7x + y + z = 0\,, \quad x + 7y + z = 0\,, \quad x + y + 7z = 0)\,.$$

Questo triangolo e il triangolo circoscritto alla conica (7) sono *omologici*; le rette che congiungono i loro vertici corrispondenti sono le (8), che concorrono nel fuoco del piano

$w=0$; e i lati omologhi si segano in tre punti posti nella retta:

$$w=0\,,\qquad x+y+z=0$$

la quale è la *direttrice* comune dei due piani congiunti. Si noti inoltre che il fuoco è il polo della direttrice rispetto alla conica (7). Riunendo insieme queste proprietà, possiamo enunciare il seguente teorema:

Dati due piani congiunti P, P′, *in ciascuno di essi, per es. in* P, *esistono due triangoli, l'uno* ABC *inscritto nella cubica, l'altro* abc *avente i lati ne' piani osculatori concorrenti nel fuoco* F′ *dell'altro piano* P′. *I due triangoli* ABC, abc *sono omologici; il loro centro d'omologia è il fuoco* F *del piano* P, *e l'asse d'omologia è la direttrice o comune intersezione de' piani* P, P′. *La direttrice è la polare dei fuochi* F, F′ *rispetto alle coniche congiunte situate ne' piani dati, e queste sono inscritte nei triangoli* abc, a′b′c′ *determinati dalle due terne di piani osculatori. Le rette che in ciascuno de' piani dati, per es. in* P, *uniscono i punti di contatto della rispettiva conica ai vertici opposti del triangolo circoscritto* abc *sono situate nei piani osculatori che concorrono nel fuoco* F *dello stesso piano* P.

10.° Le facce corrispondenti dei due *triedri congiunti*, formati dalle due terne di piani osculatori concorrenti ne' fuochi de' due piani congiunti, si segano secondo tre rette, le quali determinano l'iperboloide:

$$x^2+y^2+z^2-2yz-2zx-2xy-\left(\tfrac{1}{3}w\right)^2=0$$

ovvero

$$x'^2+y'^2+z'^2-2y'z'-2z'x'-2x'y'-\left(\tfrac{1}{3}w'\right)^2=0$$

ove:

$$3(y-z)-w=3x'\,;\quad 3(z-x)-w=3y'\,;\quad 3(x-y)-w=3z'\,;$$
$$3(x+y+z)=w'.$$

Questo iperboloide passa evidentemente per le due coniche congiunte, dunque:

Le rette secondo le quali si segano le facce corrispondenti di due triedri congiunti e le rispettive coniche congiunte giacciono in uno stesso iperboloide. Le coniche congiunte sono le curve di contatto dell'iperboloide coi coni involventi che hanno i vertici ne' fochi de' piani congiunti.

Qualunque superficie di second'ordine circoscritta al tetraedro:

$$x=0\,,\quad y=0\,,\quad z=0\,,\quad w=0$$

è rappresentabile coll'equazione:

$$fyz+gzx+hxy+lxw+myw+nzw=0$$

ed analogamente ogni superficie di second' ordine circoscritta al tetraedro:

$$x'=0\,,\quad y'=0\,,\quad z'=0\,,\quad w'=0$$

ha un' equazione della forma:

$$f'y'z'+g'z'x'+h'x'y'+l'x'w'+m'y'w'+n'z'w'=0\,.$$

Affinchè queste due superficie coincidano in una sola devono essere soddisfatte le seguenti condizioni:

$$\frac{f'}{f}=\frac{g'}{g}=\frac{h'}{h}=\frac{l'}{l}=\frac{m'}{m}=\frac{n'}{n}$$

$$3(n-m)-f=0\,,\quad 3(l-n)-g=0\,,\quad 3(m-l)-h=0\,;$$

quindi ogni superficie di second' ordine circoscritta ai due tetraedri simultaneamente sarà compresa nella equazione:

$$(n-m)yz+(l-n)zx+(m-l)xy+\tfrac{1}{3}w\,(lx+my+nz)=0$$

la quale contenendo ancora due arbitrarie $l:m:n$, esprime il teorema:

Ogni superficie di second' ordine passante per sette vertici di due tetraedri formati da due piani congiunti e dai relativi triedri congiunti passa anche per l'ottavo.

11.° Terminerò coll'enunciare alcuni teoremi che si deducono da quelli sopra dimostrati mediante il principio di dualità.

I piani polari di un punto dato rispetto a tutt'i coni di second' ordine che hanno i vertici sulla cubica gobba inviluppano un cono di second' ordine che ha il vertice in un punto individuato. Reciprocamente i piani polari di questo secondo punto inviluppano un altro cono di second' ordine che ha il vertice nel primo punto.

Due punti dotati di questa scambievole proprietà si diranno *congiunti*, e *congiunti* anco i relativi coni di second' ordine.

Due piani congiunti hanno per fuochi due punti congiunti, e viceversa due punti congiunti sono i fuochi di due piani congiunti.

Sia dato un punto; per esso passano tre piani osculatori della cubica, e un piano A di cui il punto dato è il fuoco. Questo piano sega gli altri tre in tre rette; si cerchi la quarta armonica di ciascuna fra esse rispetto alle altre due; si otterranno così tre nuove rette passanti pel punto dato e poste nel piano A. Queste tre rette determinano cogli spigoli rispettivamente opposti del triedro formato dai piani osculatori tre piani che passano per una stessa retta. Questa retta, che ha rispetto al punto dato tale proprietà esclusiva, si dirà la *focale* del punto.

Due punti congiunti hanno la stessa focale, la quale è la retta che li unisce.

Se per una retta direttrice passano due piani osculatori reali, e per conseguenza la relativa focale si appoggia alla cubica in due punti reali, per ciascun punto di questa passa un solo piano osculatore reale. Se all'incontro la direttrice è l'intersezione di due piani osculatori ideali, da ciascun punto della focale si potranno condurre alla cubica tre piani osculatori reali. Ossia: da ciascun punto di una involuzione di fuochi congiunti si ponno condurre alla cubica tre piani osculatori reali o un solo, secondo che i punti auto-coniugati della involuzione sono ideali o reali.

Dati due punti congiunti F, F′ *(fuochi di due piani congiunti* P, P′), *ciascuno di essi, per es.* F, *è il vertice di due triedri, l'uno* FABC *formato dai piani osculatori concorrenti in* F, *l'altro* Fabc *avente gli spigoli passanti per que' punti della cubica che sono nel piano* P′. *I due triedri* FABC, Fabc *sono omologici; il piano d'omologia* (il piano ove sono le rette intersezioni delle facce corrispondenti de' due triedri) *è il piano* P; *l'asse d'omologia* (la retta per cui passano i piani determinati dalle coppie di spigoli corrispondenti de' due triedri) *è la focale comune* FF′. *Questa focale è la polare de' due piani congiunti* P, P′ *rispetto ai coni congiunti, e questi sono circoscritti ai triedri* Fabc, F′a′b′c′ *i cui spigoli si appoggiano alla cubica. Le rette che, per ciascun punto congiunto, per es.* F, *sono le intersezioni delle facce del triedro inscritto* Fabc *coi piani tangenti al cono circoscritto lungo gli spigoli rispettivamente opposti passano pe' punti della cubica che appartengono al piano* P.

Le rette che uniscono i vertici omologhi di due triangoli congiunti (ossia triangoli inscritti nella cubica e posti in piani congiunti) *determinano un iperboloide toccato dai relativi coni congiunti lungo due curve poste nei piani congiunti.*

Ogni superficie di second'ordine tangente a sette facce di due tetraedri determinati da due triangoli congiunti e dai relativi fuochi tocca anche l'ottava.

Cremona, ottobre 1858.

11.

INTORNO ALLE SUPERFICIE DELLA SECONDA CLASSE INSCRITTE IN UNA STESSA SUPERFICIE SVILUPPABILE DELLA QUARTA CLASSE.

Annali di Matematica pura ed applicata, serie I, tomo II (1859), pp. 65-81.

1.° Le proprietà delle coniche inscritte in uno stesso quadrilatero hanno occupato i più illustri geometri moderni, incominciando da Eulero, e venendo sino a Steiner. Essi ebbero specialmente di mira la ricerca della massima ellisse inscritta, e la distribuzione dei centri delle diverse specie di coniche. Questo problema è stato risoluto con mirabile semplicità ed eleganza da Plücker, nel secondo tomo dei suoi *Analytisch-Geometrische Entwicklungen* (pag. 199 e 211), facendo uso delle coordinate tangenziali *(Linien-Coordinaten)*. L'analogo problema, relativo alle coniche circoscritte ad uno stesso quadrigono, è stato trattato e pienamente risoluto in due memorie del professor Trudi *). La medesima soluzione è enunciata, insieme ad una gran copia di bellissimi teoremi, anche in una recente memoria del signor Steiner **).

Se si estendono queste ricerche alla geometria nello spazio, si presentano due quistioni; l'una risguardante le superficie della seconda classe inscritte in una stessa superficie sviluppabile della quarta classe; l'altra che concerne le superficie del second'ordine circoscritte ad una medesima linea a doppia curvatura del quart'ordine. La presente memoria si riferisce alla prima di queste quistioni.

Seguendo l'esempio del Plücker, io farò uso delle coordinate tangenziali *(Plan-*

---

*) Memorie della R. Accademia di Napoli, 1857.

**) Monatsberichte der Berliner Akademie, Juli 1858.

Coordinaten), che sono state introdotte nella geometria analitica a tre dimensioni dal signor Chasles *) e dal Plücker medesimo **).

2.° È noto che la superficie sviluppabile della quarta classe che inviluppa due superficie della seconda classe contiene in generale quattro coniche; e i piani di queste formano un tale tetraedro *(tetraedro polare)*, che ciascuna sua faccia è il piano polare del vertice opposto rispetto ad una qualunque delle infinite superficie della seconda classe inscritte nella sviluppabile. Assumo uno de' vertici del tetraedro polare (*)) come origine, e gli spigoli in esso concorrenti come assi di ordinarie coordinate rettilinee oblique x, y, z. Sia:

$$tx + uy + vz + w = 0$$

l'equazione di un piano: le quantità $\frac{t}{w}, \frac{u}{w}, \frac{v}{w}$, si denomineranno *coordinate tangenziali* del piano. — Un punto abbia per coordinate ordinarie a, b, c; se per esso passa un piano qualunque:

$$tx + uy + vz + w = 0$$

si avrà:

$$ta + ub + vc + w = 0 .$$

Quest'ultima equazione, nella quale si risguardino $\frac{t}{w}, \frac{u}{w}, \frac{v}{w}$ come le variabili coordinate di un piano, sarà *l'equazione del punto (a, b, c)* in coordinate tangenziali.

Un'equazione qualunque fra le variabili $\frac{t}{w}, \frac{u}{w}, \frac{v}{w}$, coordinate di un piano, rappresenterà la superficie inviluppata dal piano variabile. Se l'equazione conterrà tre sole delle quattro quantità t, u, v, w omogeneamente (ovvero se sarà omogenea rispetto a tre funzioni lineari omogenee delle t, u, v, w), essa rappresenterà una linea piana. Il sistema di due equazioni rappresenta la sviluppabile circoscritta alle due superficie rappresentate dalle singole equazioni.

Avendo assunto tre delle facce del tetraedro polare come piani coordinati, la quarta faccia determini sugli assi positivi tre segmenti l, m, n; allora le equazioni de' quattro vertici del tetraedro polare saranno:

$$w = 0 , \quad lt + w = 0 , \quad mu + w = 0 , \quad nv + w = 0$$

*) Mémoire sur deux principes généraux de la science: la dualité et l'homographie.

**) System der Geometrie des Raumes.

(*)) Supposto tutto reale.

ovvero più semplicemente:

$$w=0\,,\quad t+w=0\,,\quad u+w=0\,,\quad v+w=0$$

ove si assumano per variabili lt, mu, nv in luogo di t, u, v.

3.° Due qualsivogliano fra le quattro coniche determinano le altre due ed anco tutto il sistema di superficie della seconda classe inscritte nella sviluppabile, la quale può risguardarsi come l'inviluppo dei piani tangenti comuni alle due coniche date. Ciò premesso, le equazioni delle quattro coniche saranno, in tutta la loro generalità, esprimibili così:

$$(1)\quad \begin{array}{llllll} 1.^a & \alpha(t+w)^2 + & \beta(u+w)^2 + & \gamma(v+w)^2 & * & =0 \\ 2.^a & * & c(u+w)^2 - & b(v+w)^2 + & \alpha w^2 & =0 \\ 3.^a & -c(t+w)^2 & * & +\, a(v+w)^2 + & \beta w^2 & =0 \\ 4.^a & b(t+w)^2 - & a(u+w)^2 & * & +\,\gamma w^2 & =0 \end{array}$$

ove α, β,... siano costanti reali qualsivogliano, legate dalla condizione:

$$(2)\qquad a\alpha + b\beta + c\gamma = 0\,.$$

Se in luogo di due coniche, supponiamo date due superficie qualunque della seconda classe, riferendole al tetraedro polare, le loro equazioni saranno della forma:

$$\lambda\,(t+w)^2 + \mu\,(u+w)^2 + \nu\,(v+w)^2 + \pi w^2 = 0$$
$$\lambda'(t+w)^2 + \mu'(u+w)^2 + \nu'(v+w)^2 + \pi' w^2 = 0$$

ed eliminando da queste successivamente w^2, $(t+w)^2$, $(u+w)^2$, $(v+w)^2$ si otterranno le (1).

L'equazione del centro di una superficie della seconda classe rappresentata da un'equazione fra le coordinate t, u, v, w, si ottiene eguagliandone a zero la derivata rispetto a w; quindi se nella equazione della superficie manca il termine contenente w^2, il centro sarà a distanza infinita. Se adunque fra due delle (1) si elimina w^2, l'equazione risultante:

$$(3)\qquad \alpha' t(t+2w) + \beta' u(u+2w) + \gamma' v(v+2w) = 0$$

ove:

$$(4)\qquad \alpha' = c - b + \alpha\,,\quad \beta' = a - c + \beta\,,\quad \gamma' = b - a + \gamma$$

rappresenterà il paraboloide che fa parte del sistema di superficie inscritte nella sviluppabile.

Onde rappresentare, con tutta la desiderabile simmetria, una qualunque delle superficie inscritte, dalla prima delle equazioni (1) sottraggo la (3) moltiplicata pel parametro indeterminato i. Ottiensi così la:

$$\mathrm{A}t(t+2w)+\mathrm{B}u(u+2w)+\mathrm{C}v(v+2w)+\mathrm{D}w^2=0 \tag{5}$$

ove:

$$\mathrm{A}=\alpha'(\lambda-i)\,,\quad \mathrm{B}=\beta'(\mu-i)\,,\quad \mathrm{C}=\gamma'(\nu-i)\,,\quad \mathrm{D}=\alpha+\beta+\gamma$$

$$\lambda=\frac{\alpha}{\alpha'}\quad \mu=\frac{\beta}{\beta'}\quad \nu=\frac{\gamma}{\gamma'}.$$

L'equazione (5) per $i=0\,,\lambda\,,\mu\,,\nu\,,\infty$ somministra le (1) e la (3).

4.° Il centro della superficie (5) è:

$$\mathrm{A}t+\mathrm{B}u+\mathrm{C}v+\mathrm{D}w=0 \tag{6}$$

epperò, qualunque sia i, questo punto cade nella retta:

$$\alpha(t+w)+\beta(u+w)+\gamma(v+w)=0\,,\qquad \alpha't+\beta'u+\gamma'v=0. \tag{7}$$

Le coordinate ordinarie del punto (6) sono:

$$\frac{l\mathrm{A}}{\mathrm{D}}\,,\quad \frac{m\mathrm{B}}{\mathrm{D}}\,,\quad \frac{n\mathrm{C}}{\mathrm{D}}$$

dunque, se si indica con δ la distanza dei centri di due superficie del sistema (5), corrispondenti ai parametri i, j, avremo

$$\delta^2=\frac{(i-j)^2\,(l^2\alpha'^2+m^2\beta'^2+n^2\gamma'^2+2pmn\beta'\gamma'+2qnl\alpha'\gamma'+2rlm\alpha'\beta')}{\mathrm{D}^2}$$

ove p, q, r sono i coseni degli angoli fra gli assi; quindi se fissiamo come origine delle distanze da misurarsi sulla retta (7) il punto O corrispondente a $j=0$, cioè il centro della *prima* conica (1), il parametro i relativo ad una superficie qualunque del sistema (5) sarà proporzionale alla distanza del suo centro dalla origine medesima. Riteniamo che i centri delle altre tre coniche (1) siano ordinatamente i punti P, Q, R situati da una stessa banda rispetto al punto O, e assumiamo come positive le distanze da O verso P, Q, R, ed i corrispondenti valori del parametro i. Allora avremo:

$$\lambda>0\,,\quad \mu>0\,,\quad \nu>0\,,\quad \lambda<\mu<\nu. \tag{8}$$

5.° Formo le funzioni dei coefficienti della equazione (5); dai segni delle quali dipende la specie della superficie di seconda classe rappresentata dall'equazione medesima. Quelle funzioni sono:

$$\Phi = ABC(D - A - B - C)$$

$$\Theta_1 = DBC(D - B - C) \qquad \Xi_1 = A(D - A)$$

$$\Theta_2 = DCA(D - C - A) \qquad \Xi_2 = B(D - B)$$

$$\Theta_3 = DAB(D - A - B) \qquad \Xi_3 = C(D - C)$$

e sostituendo per A, B, C, D i loro rispettivi valori *):

$$(9) \ldots \qquad \Phi \equiv i(\alpha + \beta + \gamma)\,\alpha\beta\gamma\,(\lambda - i)\,(\mu - i)\,(\nu - i)$$

$$(10) \quad \begin{cases} \Theta_1 \equiv \beta\gamma\,(\alpha + \beta + \gamma)\,(\mu - i)\,(\nu - i)\,\Big(\alpha + i\,(\beta' + \gamma')\Big) \\ \Theta_2 \equiv \gamma\alpha\,(\alpha + \beta + \gamma)\,(\nu - i)\,(\lambda - i)\,\Big(\beta + i\,(\gamma' + \alpha')\Big) \\ \Theta_3 \equiv \alpha\beta\,(\alpha + \beta + \gamma)\,(\lambda - i)\,(\mu - i)\,\Big(\gamma + i\,(\alpha' + \beta')\Big) \end{cases}$$

$$(11) \quad \begin{cases} \Xi_1 \equiv \alpha\,(\lambda - i)\,(\beta + \gamma + i\alpha') \\ \Xi_2 \equiv \beta\,(\mu - i)\,(\gamma + \alpha + i\beta') \\ \Xi_3 \equiv \gamma\,(\nu - i)\,(\alpha + \beta + i\gamma')\,. \end{cases}$$

Posto per brevità:

$$(12) \qquad \lambda' = -\frac{\beta + \gamma}{\alpha'} \qquad \mu' = -\frac{\gamma + \alpha}{\beta'} \qquad \nu' = -\frac{\alpha + \beta}{\gamma'}$$

$$(13) \qquad \lambda'' = -\frac{\alpha}{\beta' + \gamma'} \qquad \mu'' = -\frac{\beta}{\gamma' + \alpha'} \qquad \nu'' = -\frac{\gamma}{\alpha' + \beta'}$$

le espressioni superiori divengono:

$$(14) \quad \begin{cases} \Theta_1 \equiv \beta\gamma(\beta' + \gamma')\,(i - \mu)\,(i - \nu)\,(i - \lambda'')\,(\alpha + \beta + \gamma) \\ \Theta_2 \equiv \gamma\alpha(\gamma' + \alpha')\,(i - \nu)\,(i - \lambda)\,(i - \mu'')\,(\alpha + \beta + \gamma) \\ \Theta_3 \equiv \alpha\beta(\alpha' + \beta')\,(i - \lambda)\,(i - \mu)\,(i - \nu'')\,(\alpha + \beta + \gamma) \end{cases}$$

$$(15) \quad \Xi_1 \equiv -(i - \lambda)\,(i - \lambda')\,, \quad \Xi_2 \equiv -(i - \mu)\,(i - \mu')\,, \quad \Xi_3 \equiv -(i - \nu)\,(i - \nu')\,.$$

Ciò posto, i criteri per distinguere la specie della superficie rappresentata dalla equazione (5) sono i seguenti **).

---

*) Il simbolo $\equiv$ indica l'eguaglianza di segno.

**) PLÜCKER, *Op. cit.*

Se $\Phi > 0$ la superficie è o reale e rigata, o imaginaria; ha luogo il primo caso se una qualunque delle sei funzioni Θ, Ξ è negativa. Nel secondo caso le sei funzioni sono tutte positive.

Se $\Phi < 0$ la superficie è reale e non rigata: e propriamente è un ellissoide se le funzioni Θ sono tutte positive, e le Ξ tutte negative; invece se un Θ è negativo, ovvero se un Ξ è positivo la superficie è un iperboloide a due falde.

Se $\Phi = 0$ l'equazione (5) rappresenta una conica. Questa è iperbole se le funzioni Θ sono negative; ellisse se le funzioni Θ sono positive, e le Ξ negative; imaginaria se le funzioni Θ e Ξ sono tutte positive.

Le anzidette condizioni non sono però tutte indipendenti fra loro: su di ciò basta osservare quanto segue:

Affinchè la superficie sia ideale basta che si abbia $\Phi > 0$; e che un Θ e un Ξ d'indice diverso siano positivi; allora tutte le sei funzioni Θ e Ξ sono positive.

Affinchè la superficie sia un ellissoide basta che sia $\Phi < 0$, uno dei Θ positivo, e un Ξ d'indice diverso negativo, allora tutt'i Θ sono positivi, e tutt'i Ξ negativi.

Se $\Phi = 0$ tutt'i Θ hanno lo stesso segno.

6.° Il paraboloide (3) è iperbolico o ellittico secondo che la quantità:

$$\alpha\beta\gamma(\alpha + \beta + \gamma)$$

è negativa o positiva. Le quattro coniche (1) sono ordinatamente ellissi o iperboli secondo che i prodotti:

$$abc\,\alpha\beta\gamma\,, \qquad bc\,, \qquad ca\,, \qquad ab$$

sono negativi o positivi. Nel primo caso però, oltre queste condizioni, devono essere soddisfatte anco queste altre, senza le quali le coniche sarebbero ideali:

$$(16) \quad \left\{ \begin{array}{llll} \text{per la 1.}^\text{a} \text{ conica} \;\ldots\ldots & \alpha(\beta+\gamma) < 0 & \beta(\gamma+\alpha) < 0 & \gamma(\alpha+\beta) < 0 \\ \text{per la 2.}^\text{a} \text{ conica} \;\ldots\ldots & c(\alpha - b) < 0 & b(\alpha + c) > 0 & \\ \text{per la 3.}^\text{a} \text{ conica} \;\ldots\ldots & a(\beta - c) < 0 & c(\beta + a) > 0 & \\ \text{per la 4.}^\text{a} \text{ conica} \;\ldots\ldots & b(\gamma - a) < 0 & a(\gamma + b) > 0 & \end{array} \right.$$

le quali equivalgono ad una sola condizione per ciascuna conica. Le (8) danno:

$$\beta\gamma(\beta'\gamma - \beta\gamma') > 0 \qquad \gamma\alpha(\alpha\gamma' - \alpha'\gamma) < 0 \qquad \alpha\beta(\alpha'\beta - \alpha\beta') > 0$$

ossia, in virtù delle (4):

$$(17) \qquad a\beta\gamma(\alpha+\beta+\gamma) > 0 \qquad b\gamma\alpha(\alpha+\beta+\gamma) < 0 \qquad c\alpha\beta(\alpha+\beta+\gamma) > 0$$

da cui:

(18) $$abc(\alpha+\beta+\gamma)<0$$

e:

(19) $$bc\beta\gamma<0 \quad ca\gamma\alpha>0 \quad ab\alpha\beta<0.$$

Dalla (18) risulta che la prima conica è ellisse (reale o ideale) o iperbole secondo che la quantità:

$$\alpha\beta\gamma(\alpha+\beta+\gamma)$$

è positiva o negativa. Dunque, secondo che il paraboloide è iperbolico o ellittico, anche la prima conica è iperbole o ellisse (reale o ideale).

Dalle (12) e (13), avuto riguardo alle (4) ed alla (2) si hanno le seguenti formole che ci gioveranno in seguito:

(20, a) $$\lambda-\lambda'=\frac{\alpha+\gamma+\beta}{\alpha'}, \quad \mu-\lambda'=\frac{(\alpha+\beta+\gamma)(\beta+a)}{\alpha'\beta'}, \quad \nu-\lambda'=\frac{(\alpha+\beta+\gamma)(\gamma-a)}{\alpha'\gamma'}$$

(20, b) $$\lambda-\mu'=\frac{(\alpha+\beta+\gamma)(\alpha-b)}{\beta'\alpha'}, \quad \mu-\mu'=\frac{\alpha+\beta+\gamma}{\beta'}, \quad \nu-\mu'=\frac{(\alpha+\beta+\gamma)(\gamma+b)}{\beta'\gamma'}$$

(20, c) $$\lambda-\nu'=\frac{(\alpha+\beta+\gamma)(\alpha+c)}{\gamma'\alpha'}, \quad \mu-\nu'=\frac{(\alpha+\beta+\gamma)(\beta-c)}{\gamma'\beta'}, \quad \nu-\nu'=\frac{\alpha+\beta+\gamma}{\gamma'}$$

(21, a) $$\frac{\lambda''-\lambda}{\lambda\lambda''}=\frac{\alpha+\beta+\gamma}{\alpha}, \quad \frac{\lambda''-\mu}{\mu\lambda''}=\frac{(\alpha+\beta+\gamma)(\beta-c)}{\alpha\beta}, \quad \frac{\lambda''-\nu}{\nu\lambda''}=\frac{(\alpha+\beta+\gamma)(\gamma+b)}{\alpha\gamma}$$

(21, b) $$\frac{\mu''-\lambda}{\lambda\mu''}=\frac{(\alpha+\beta+\gamma)(\alpha+c)}{\beta\alpha}, \quad \frac{\mu''-\mu}{\mu\mu''}=\frac{\alpha+\beta+\gamma}{\beta}, \quad \frac{\mu''-\nu}{\nu\mu''}=\frac{(\alpha+\beta+\gamma)(\gamma-a)}{\beta\gamma}$$

(21, c) $$\frac{\nu''-\lambda}{\lambda\nu''}=\frac{(\alpha+\beta+\gamma)(\alpha-b)}{\gamma\alpha}, \quad \frac{\nu''-\mu}{\mu\nu''}=\frac{(\alpha+\beta+\gamma)(\beta+a)}{\gamma\beta}, \quad \frac{\nu''-\nu}{\nu\nu''}=\frac{\alpha+\beta+\gamma}{\gamma}.$$

7.° È chiaro che ad una qualunque delle costanti che entrano nelle equazioni (1) si può dare quel segno che più aggrada; fissato il qual segno ad arbitrio, dai segni delle altre costanti dipende la natura delle quattro coniche. Noi riterremo α positivo.

Supporremo inoltre dapprima che le coniche medesime siano tutte reali: al quale uopo basta che in ciascuna delle equazioni (1) i coefficienti non siano nè tutti positivi, nè tutti negativi.

Siccome la specie delle tre ultime coniche dipende dai segni dei prodotti bc, ca, ab, così queste coniche ponno essere tre iperboli, o due ellissi ed una iperbole, ma non altrimenti; anzi determinata la specie di due fra quelle coniche, anche quella della rimanente è affatto individuata.

Osservo poi che avendosi fra i tre prodotti $a\alpha$, $b\beta$, $c\gamma$ le relazioni (2) e (19), sui loro segni non ponno farsi che le due seguenti ipotesi:

$$a\alpha > 0 \quad b\beta < 0 \quad c\gamma > 0$$

ovvero:

$$a\alpha < 0 \quad b\beta > 0 \quad c\gamma < 0$$

nella prima ipotesi la prima conica è un'ellisse, nella seconda un'iperbole. Ciò premesso è evidente che, ammesse le quattro coniche tutte reali, non ponno darsi che questi quattro casi:

A) Il paraboloide sia ellittico; la prima conica ellisse;

1.° caso: la seconda e terza conica siano ellissi; la quarta iperbole;

2.° caso: le tre coniche siano tutte iperboli.

B) Il paraboloide sia iperbolico; la prima conica iperbole;

3.° caso: le altre tre coniche tutte iperboli;

4.° caso: la seconda conica iperbole, le altre ellissi.

È facilissimo persuadersi che non si ponno fare altre ipotesi. Per esempio, non può supporsi la seconda conica ellisse e la terza iperbole, perchè ciò richiederebbe $bc < 0$, $ca > 0$, epperò per le (19) avrebbesi:

$$\beta\gamma > 0 \quad \gamma\alpha > 0$$

cioè α, β, γ avrebbero segni eguali, e per conseguenza la prima conica sarebbe ideale.

Ora ricerchiamo, in ciascuno de' quattro casi accennati, come siano distribuiti i centri delle varie specie di superficie rappresentate dalla (5) sui cinque segmenti che i punti O, P, Q, R, centri delle coniche (1), determinano sulla retta (7), cioè sulla *locale de' centri*.

A) *Paraboloide ellittico.*

$$\alpha\beta\gamma(\alpha+\beta+\gamma) > 0$$

Primo caso.

8.° In questo caso si ha:

$$\alpha > 0 \quad \beta < 0 \quad \gamma < 0, \qquad a > 0 \quad b > 0 \quad c < 0$$

quindi, per la (18):

$$\alpha+\beta+\gamma > 0 \quad \beta+\gamma < 0 \quad \gamma+\alpha > 0 \quad \alpha+\beta > 0$$

e dalle (16):

$$\alpha-b > 0 \quad \alpha+c > 0 \quad \beta-c < 0 \quad \beta+\alpha < 0.$$

Per $i<0$ la (9) e la prima delle (10) danno:

$$\Phi<0\,, \quad \Theta_1>0$$

e la seconda delle (11):

$$\Xi_2<0\,.$$

Per i positivo e compreso fra lo zero e λ la (9) dà $\Phi>0$. Per decidere in questo caso se la superficie (5) sia o non sia reale, si cerchi il segno di Ξ_2. La (12) dà $\mu'>0$, e le (20, b):

$$\lambda-\mu'<0$$

dunque a maggior ragione per $i<\lambda$:

$$i-\mu'<0$$

e conseguentemente dalla seconda delle (15):

$$\Xi_2<0\,.$$

Per i compreso fra λ e μ si ha $\Phi<0$; osservo poi che si ha $\lambda''>0$, e dalle (21, a), (20, b):

$$\lambda''-\mu>0\,, \quad \mu-\mu'<0$$

dunque le (14), (15) ci daranno $\Theta_1>0$, $\Xi_2<0$.

Per i compreso fra μ e ν si ha $\Phi>0$; essendo poi $\nu''>0$ e $\nu''-\lambda<0$ per le (21, c), così dalle (14) avremo $\Theta_3<0$.

Per $i>\nu$ si ha $\Phi<0$, e come dianzi $\Theta_3<0$.

Dunque nel caso presente tutt'i punti della retta (7) sono centri di superficie reali; ed invero abbiamo soltanto

ellissoidi pei punti del segmento indefinito che ha un termine in O;
iperboloidi ad una falda pei punti del segmento OP;
ellissoidi pei punti del segmento PQ;
iperboloidi ad una falda pei punti del segmento QR;
iperboloidi a due falde pei punti del segmento indefinito che comincia in R.

Questi cinque segmenti si denomineranno ordinatamente *primo*, *secondo*, *terzo*, *quarto* e *quinto*.

Secondo caso.

9.° In questo caso si ha:

$$\alpha>0 \quad \beta<0 \quad \gamma>0 \quad a>0 \quad b>0 \quad c>0$$
$$\alpha+\beta+\gamma<0 \quad \beta+\gamma<0 \quad \gamma+\alpha>0 \quad \alpha+\beta<0\,.$$

Per $i<0$ le (9), (10), (11) danno $\Phi<0$, $\Theta_1>0$, $\Xi_2<0$.

Per i compreso fra lo zero e λ si ha $\Phi>0$, ed inoltre dalle (15):

$$\Xi_3<0$$

perchè $\nu'>0$, $\nu-\nu'<0$.

Per i compreso fra λ e μ si ha $\Phi<0$, e dalle (14):

$$\Theta_1<0$$

perchè $\lambda''>0$, $\lambda''-\lambda<0$.

Per i compreso fra μ e ν si ha $\Phi>0$, e dalle (15):

$$\Xi_2<0$$

perchè $\mu-\mu'>0$.

Per $i>\nu$ si ha, come per i compreso fra λ e μ:

$$\Phi<0, \quad \Theta_1<0.$$

Dunque, nel caso attuale, corrispondono superficie reali a tutt'i punti della locale dei centri; e propriamente *ellissoidi* al primo segmento; *iperboloidi ad una falda* al secondo e quarto segmento; *iperboloidi a due falde* al terzo e quinto segmento.

B) *Paraboloide iperbolico*

$$\alpha\beta\gamma(\alpha+\beta+\gamma)<0.$$

Terzo caso.

10.° Si ha:

$$\alpha>0, \quad \beta<0, \quad \gamma>0, \quad a<0, \quad b<0, \quad c<0$$
$$\alpha+\beta+\gamma>0.$$

Per $i<0$ le (9), (10) danno $\Phi>0$, $\Theta_2<0$.

Per i compreso fra lo zero e λ si ha $\Phi<0$. Inoltre, se $\beta+\gamma>0$ le (11) danno $\Xi_1>0$; se $\beta+\gamma<0$ e $\beta'+\gamma'>0$ le (10) danno $\Theta_1<0$; se $\beta+\gamma<0$ $\beta'+\gamma'<0$ si ha $\lambda''>0$, $\lambda''-\lambda>0$, quindi le (14) danno ancora $\Theta_1<0$.

Per i compreso fra λ e μ si ha $\Phi>0$, e siccome $\mu'>0$ e $\mu-\mu'<0$ così dalle (15) si ha $\Xi_2<0$.

Per i compreso fra μ e ν si ha $\Phi<0$, ed inoltre $\Theta_2<0$ perchè $\mu''>0$, $\mu''-\mu<0$.

Per $i>\nu$ si ha $\Phi>0$, ed inoltre, siccome $\lambda-\lambda'>0$, così le (15) danno $\Xi_1<0$.

Adunque, nel caso attuale, si hanno superficie tutte reali, ed invero tutte *iperboloidi ad una falda* pel primo, terzo e quinto segmento; *a due falde* pel secondo e quarto.

Quarto caso.

11.° In questo caso abbiamo:

$$\alpha>0\,,\quad \beta>0\,,\quad \gamma<0\,,\quad a<0\,,\quad b>0\,,\quad c>0$$

$$\alpha+\beta+\gamma>0\,,\quad \beta-c>0\,,\quad \beta+a>0\,,\quad \gamma-\alpha<0\,,\quad \gamma+b<0\,.$$

Per $i<0$ si ha $\Phi>0$, $\Theta_3<0$.

Per i compreso tra lo zero e λ si ha $\Phi<0$; inoltre, se $\beta'+\gamma'>0$ le (10) danno $\Theta_1<0$; e se $\beta'+\gamma'<0$, si ha $\lambda''>0$, $\lambda''-\lambda>0$, quindi dalle (14) si ha ancora $\Theta_1<0$.

Per i compreso fra λ e μ si ha $\Phi>0$ e $\Xi_3<0$ perchè $\mu-\nu'<0$.

Per i compreso fra μ e ν si ha $\Phi<0$; le (14) danno poi $\Theta_3>0$ perchè $\nu''>0$ e $\nu''-\mu<0$: inoltre, siccome $\lambda-\lambda'>0$, così le (15) danno $\Xi_1<0$.

Per $i>\nu$ si ha $\Phi>0$, e, come poc'anzi, $\Xi_1<0$.

Dunque anche in questo caso otteniamo superficie tutte reali: ed invero corrispondono *iperboloidi ad una falda* al primo, terzo e quinto segmento; *iperboloidi a due falde* al secondo; *ellissoidi* al quarto.

Questi sono i soli casi in cui le quattro coniche siano tutte reali, epperò tutte reali siano anche le superficie rappresentate dalla equazione (5) per valori reali del parametro i. Veniamo ora a considerare i casi in cui alcuna delle coniche (1) sia ideale.

12.° Innanzi tutto, osservando le (1) è facile persuadersi che se una delle quattro coniche è ideale, ve n'ha un'altra pure ideale, e le due rimanenti sono necessariamente reali: anzi i centri delle due coniche ideali sono sempre consecutivi, cioè non ponno darsi che i tre casi seguenti:

5.° caso: che siano ideali la prima e seconda conica; allora la terza è iperbole e la quarta ellisse;

6.° caso: che siano ideali la seconda e la terza conica; le due rimanenti sono iperboli;

7.° caso: che siano ideali la terza e quarta conica; allora la prima è ellisse e la seconda iperbole.

Ecco come può dimostrarsi l'enunciata proprietà. Suppongasi in primo luogo ideale la prima conica, epperò α, β, γ tutti positivi; allora dalle (19) avremo $bc<0$, $ca>0$, $ab<0$; ed inoltre, per la (18), sarà $abc<0$; quindi $a>0$, $b<0$, $c>0$. Dunque la seconda conica è ideale, la terza è un'iperbole, e la quarta un'ellisse reale.

In secondo luogo suppongasi ideale la seconda e reale la prima conica; allora:

$$\alpha>0\,,\quad b<0\,,\quad c>0$$

quindi dalle (19) si ha $\beta\gamma > 0$, epperò, essendo reale la prima conica, $\beta < 0$, $\gamma < 0$, e inoltre $a < 0$. Dunque la terza conica è ideale, la prima e quarta sono iperboli. Ora suppongasi ideale la terza conica e reale la seconda; avremo $\beta > 0$, $a > 0$, $c < 0$, quindi dalle (19): $b\alpha < 0$ e, poichè la seconda conica è reale, $b < 0$, $\alpha > 0$, $\gamma < 0$. Dunque la quarta conica è ideale, la prima è un'ellisse reale, la seconda un'iperbole. Il supporre poi la quarta conica ideale e la terza reale condurrebbe alla conseguenza che $\alpha + \beta + \gamma$ e abc avrebbero lo stesso segno; il che è contrario alla (18).

Nel primo e terzo caso il paraboloide è ellittico; iperbolico nel secondo. Ricerchiamo ora qual sia la distribuzione de' centri delle superficie (5) in ciascuno de' tre casi preaccennati.

Quinto caso.

13.° Abbiamo:

$$\alpha > 0, \quad \beta > 0, \quad \gamma > 0, \quad a > 0, \quad b < 0, \quad c > 0.$$

Per $i < 0$ si ha $\Phi < 0$, ma non può essere simultaneamente $\Theta_1 > 0$, $\Xi_2 < 0$, perchè ciò richiederebbe:

$$-i < \frac{\alpha}{\beta' + \gamma'}, \qquad -i > \frac{\gamma + \alpha}{\beta'}$$

il che è evidentemente impossibile.

Per i compreso tra zero e λ si ha $\Phi > 0$, $\Theta_1 > 0$, $\Xi_2 > 0$.

Per i compreso fra λ e μ si ha $\Phi < 0$ e $\Xi_2 > 0$ perchè $\lambda - \mu' > 0$.

Per i compreso fra μ e ν si ha $\Phi > 0$ e $\Theta_1 < 0$ perchè $\lambda'' < 0$.

Per $i > \nu$ si ha $\Phi < 0$, $\Theta_1 > 0$, $\Xi_2 < 0$.

Dunque in questo caso corrispondono *iperboloidi a due falde* al primo e terzo segmento, *iperboloidi ad una falda* al quarto, *ellissoidi* al quinto, *superficie ideali* al secondo.

Sesto caso.

14.° Si ha:

$$\alpha > 0, \quad \beta < 0, \quad \gamma < 0, \quad a < 0, \quad b < 0, \quad c > 0.$$

Per $i < 0$ si ha $\Phi > 0$, $\Theta_1 < 0$.

Per i compreso fra lo zero e λ si ha $\Phi < 0$, ma non può essere simultaneamente $\Theta_1 > 0$, $\Xi_2 < 0$, poichè ciò richiederebbe:

$$\alpha + i(\beta' + \gamma') < 0 \qquad \gamma + \alpha + i\beta' > 0$$

da cui:

$$\gamma - i\gamma' > 0$$

cioè:

$$-i\gamma' > -\gamma$$

ossia, essendo γ e γ' quantità negative:

$$i > \frac{\gamma}{\gamma'}$$

epperò i non compreso fra zero e λ.

Per i compreso fra λ e μ si ha $\Phi > 0$; inoltre $\Theta_1 > 0$ perchè $\lambda'' > 0$, $\lambda'' - \lambda < 0$, $\Xi_2 > 0$ perchè $\lambda - \mu' > 0$.

Per i compreso fra μ e ν si ha $\Phi < 0$, $\Theta_1 < 0$.

Per $i > \nu$ si ha $\Phi > 0$ e $\Xi_2 < 0$ perchè $\nu - \mu' > 0$.

Dunque in questo caso corrispondono *iperboloidi ad una falda* al primo e quinto segmento; *iperboloidi a due falde* al secondo e quarto; *superficie ideali* al terzo.

Settimo caso.

15.° In questo caso si ha:

$$\alpha > 0, \quad \beta > 0, \quad \gamma < 0, \quad a > 0, \quad b < 0, \quad c < 0.$$

Per $i < 0$ si ha $\Phi < 0$, $\Theta_1 > 0$, $\Xi_3 < 0$.

Per i compreso fra lo zero e λ si ha $\Phi > 0$ e $\Xi_1 < 0$ perchè $\lambda - \lambda' < 0$.

Per i compreso fra λ e μ si ha $\Phi < 0$ e $\Xi_2 > 0$ perchè $\mu - \mu' < 0$.

Per i compreso fra μ e ν si ha $\Phi > 0$, $\Theta_1 > 0$, perchè $\lambda'' > 0$, $\lambda'' - \lambda < 0$, e $\Xi_2 > 0$ perchè $\nu - \mu' < 0$.

Per $i > \nu$ si ha $\Phi < 0$, $\Theta_1 < 0$.

Dunque nel caso attuale corrispondono *ellissoidi* al primo segmento; *iperboloidi ad una falda* al secondo; *iperboloidi a due falde* al terzo e quinto; *superficie ideali* al quarto.

16.° Nelle cose precedenti abbiamo sempre supposto che le equazioni (1) rappresentassero coniche nel significato più generale della parola, cioè *iperboli* od *ellissi* (reali o ideali). Ma una di esse (ed una sola) potrebbe essere una *parabola;* per es. lo sarebbe la quarta se si avesse $\gamma' = 0$. Allora non si ha più paraboloide, perchè l'equazione (3) viene a coincidere colla quarta delle (1), avendosi in tal caso:

$$a\alpha' + b\beta' = 0.$$

In questa ipotesi hanno luogo ancora i casi sopra considerati, ad eccezione del settimo, che non può più verificarsi, perchè, essendo attualmente:

$$\gamma + b - a = 0$$

non può più aversi simultaneamente $\gamma < 0$, $a > 0$, $b < 0$. Dalla locale de' centri scompare l'ultimo segmento, e il quarto diviene indefinito, allontanandosi il punto R all'infinito. Pei quattro segmenti che rimangono hanno luogo ancora tutte le conseguenze a cui siamo arrivati pei primi quattro segmenti nel caso generale che il punto R sia a distanza finita.

17.° È interessante il caso che una delle quantità costanti che entrano nelle (1) sia nulla. Sia $\gamma = 0$; allora la prima e la quarta delle (1) coincidono perchè:

$$a\alpha + b\beta = 0$$

e la prima e quarta conica degenerano nel medesimo sistema di due punti, che sono i vertici dei due coni di seconda classe in cui si decompone attualmente la superficie sviluppabile circoscritta. In tal caso la seconda e la terza conica sono quelle nelle quali si segano i coni medesimi.

La distribuzione dei centri delle superficie (5) si deduce dalle conclusioni generali esposte superiormente, supponendo che due punti consecutivi, fra i quattro O, P, Q, R, si riuniscono in un solo. Siano A e B i centri delle due coniche, ed M il punto medio della retta congiungente i vertici de' due coni, il qual punto è sulla retta AB ed è quello in cui si sono riuniti i centri delle due coniche. Se la riunione dei centri di due coniche nel punto M si fa ne' primi quattro casi (numeri 8, 9, 10, 11) risulteranno reali sì le due coniche rimanenti che i vertici dei due coni. Ma se invece assumiamo gli altri tre casi (numeri 13, 14, 15), allora se riuniamo in M i centri delle due coniche ideali, le coniche rimanenti saranno reali, e ideali i vertici de' due coni; se riuniamo in M i centri delle due coniche reali (ove siano consecutivi) le coniche rimanenti saranno ideali, e i vertici de' due coni reali; se da ultimo riuniamo in M i centri di una conica reale e di una ideale, delle due coniche restanti una sola sarà reale, e i vertici de' due coni saranno ideali.

Ecco i risultati che si ottengono per tal modo.

A) Siano reali sì i vertici de' due coni che le due coniche.

a) Sia inoltre il *paraboloide ellittico*. Le coniche ponno essere entrambe ellissi o entrambe iperboli, o di specie diversa. Nel primo e secondo caso i punti A e B sono situati dalla stessa banda rispetto al punto M; nel terzo caso il punto M cade fra A e B.

Nel primo caso corrispondono *iperboloidi a due falde* al segmento indefinito della locale che ha un termine in M; *ellissoidi* al segmento finito che ha pure un termine in M; *iperboloidi ad una falda* al segmento AB; *ellissoidi* all'altro segmento indefinito.

Nel secondo caso corrispondono *ellissoidi* al segmento indefinito che ha un termine in M; *iperboloidi a due falde* al segmento finito che ha pure un termine in M, ed all'altro segmento indefinito; *iperboloidi ad una falda* al segmento AB.

Nel terzo caso corrispondono *iperboloidi ad una falda* ai due segmenti compresi fra A e B; *ellissoidi* all'uno, *iperboloidi a due falde* all'altro de' segmenti indefiniti.

b) Sia il *paraboloide iperbolico;* ponno ancora aver luogo i tre casi poc'anzi accennati, rispetto alla specie delle coniche; rimane pure la medesima la disposizione de' punti A, B, M.

Nel primo caso corrispondono *ellissoidi* al segmento AB; *iperboloidi ad una falda* agli altri tre.

Nel secondo caso corrispondono *iperboloidi a due falde* al segmento AB; *iperboloidi ad una falda* agli altri tre.

Nel terzo caso corrispondono rispettivamente *ellissoidi* e *iperboloidi a due falde* ai due segmenti finiti; *iperboloidi ad una falda* agli altri due.

B) Siano reali le due coniche, e ideali i vertici de' due coni.

a) Paraboloide ellittico. Le due coniche sono di specie diversa, e i loro centri collocati dalla stessa banda rispetto al punto M. Corrispondono *iperboloidi ad una falda* al segmento AB; *iperboloidi a due falde* ai due segmenti che contengono M; *ellissoidi* al rimanente.

b) Paraboloide iperbolico. Le due coniche sono iperboli. Il punto M cade fra A e B. In questo caso corrispondono *iperboloidi a due falde* ai segmenti finiti, *ad una falda* agli indefiniti.

C) Siano ideali le due coniche, e reali i vertici de' due coni.

Il *paraboloide* non può essere che *ellittico.* I punti A e B si trovano dalla stessa banda rispetto ad M. Corrispondono *superficie ideali* al segmento AB; *iperboloidi a due falde* al segmento antecedente e conseguente; *ellissoidi* a quello che resta.

D) Se i vertici de' due coni sono ideali, le due coniche non ponno essere entrambe ideali, ma lo può essere una di esse. Sia B il centro della conica ideale. L'altra conica può essere ellisse o iperbole. Nel primo caso il *paraboloide* è *ellittico* e il punto M cade fra A e B. Nell'altro caso il *paraboloide* è *iperbolico* e il punto B cade fra A ed M.

Nel primo caso corrispondono *superficie ideali* al segmento BM; *iperboloidi ad una falda* al segmento MA; *ellissoidi* al segmento indefinito che comincia in A; *iperboloidi a due falde* all'altro.

Nel secondo caso corrispondono *iperboloidi ad una falda* ai segmenti indefiniti; *iperboloidi a due falde* al segmento AB; *superficie ideali* al segmento BM.

18.° Ritorno al problema generale trattato ne' primi quindici numeri, e prendo a considerare quella funzione del parametro i che rappresenta il prodotto degli assi della superficie (5). Quella funzione sarà infinita per $i=\infty$, cioè pel paraboloide; nulla per $i=0, \lambda, \mu, \nu$, ossia per le coniche; epperò essa diverrà *massima* per tre valori finiti di i, l'uno compreso fra lo zero e λ, l'altro fra λ e μ, il terzo fra μ e ν. Quindi in ciascuno de' primi quattro casi colà considerati esisteranno tre superficie reali, e due in ciascuno degli altri tre, per le quali sarà massimo il prodotto degli assi.

Se si cerca l'ellissoide di massimo volume fra tutti quelli inscritti in una stessa sviluppabile, il problema non ammette soluzione che nel primo e quarto caso, cioè quando le coniche sono tutte reali, e fra esse una sia iperbole, le altre ellissi, ovvero due iperboli e due ellissi. Nel primo caso il valore di i che corrisponde al massimo ellissoide è compreso fra λ e μ; nel quarto fra μ e ν.

Il prodotto dei quadrati degli assi della superficie (5) è eguale alla quantità Φ moltiplicata per un fattore indipendente da i. Eguagliando a zero la derivata di Φ presa rispetto ad i si ha l'equazione cubica:

$$4i^3-3(\lambda+\mu+\nu)i^2+2(\mu\nu+\nu\lambda+\lambda\mu)i+\lambda\mu\nu=0$$

le radici della quale (tutte reali e positive) sono i valori del parametro i relativi a quelle superficie (5) per le quali è massimo il prodotto degli assi. Il coefficiente del secondo termine essendo:

$$-\frac{3}{4}(\lambda+\mu+\nu)$$

ne segue che il centro di gravità de' centri delle tre superficie per le quali è massimo il prodotto degli assi coincide col centro di gravità de' centri delle quattro coniche.

Quando la sviluppabile circoscritta si decompone in due coni di seconda classe, non rimanendo più che due segmenti finiti nella locale de' centri, saranno pur due sole le superficie per le quali riuscirà massimo il prodotto degli assi. Si avrà un ellissoide massimo solamente quando siano reali i vertici de' due coni, e reali le coniche intersezioni dei medesimi, e almeno una di esse sia ellisse, quando il paraboloide inscritto nel sistema de' due coni è iperbolico, ovvero le coniche siano entrambe ellissi, ove il paraboloide sia ellittico.

19.° Da quanto precede si ponno concludere molte proposizioni relative al sistema di superficie (5). Eccone le principali.

Si abbia un sistema di superficie della seconda classe inscritta nella stessa superficie sviluppabile della quarta classe: fanno parte del sistema quattro coniche le quali o sono tutte reali, o due sono reali e due ideali. Fa parte del medesimo sistema anche un paraboloide, il quale scompare solo quando una delle quattro coniche sia una parabola.

I centri di tutte quelle superficie sono in una stessa retta, che è dai centri delle quattro coniche divisa in cinque segmenti, tre finiti e due indefiniti. Le superficie che hanno i centri in uno stesso segmento sono tutte della medesima specie, la quale cambia da un segmento all'altro, in modo che si alternano le superficie rigate e le non rigate.

Tali superficie sono tutte reali se le quattro coniche sono tutte reali; se vi sono due coniche ideali i centri di queste sono sempre consecutivi e comprendono un segmento ai punti del quale non corrispondono che superficie ideali; mentre ne' punti degli altri segmenti corrispondono superficie tutte reali. Una serie di superficie ideali occupa sempre un segmento finito e sta invece di una serie di superficie rigate, ossia è compresa fra due serie di superficie non rigate che sono sempre iperboloidi a due falde.

Supposte le coniche tutte reali, quando il paraboloide è ellittico, quelle sono tre ellissi ed una iperbole, o tre iperboli ed una ellisse; e quando il paraboloide è iperbolico le coniche sono o tutte iperboli, o due ellissi e due iperboli: in entrambi i casi i centri delle coniche della stessa specie sono disposti consecutivamente sulla locale de' centri.

Quando il paraboloide è iperbolico i segmenti indefiniti contengono i centri di superficie che sono tutte iperboloidi ad una falda. Se il paraboloide è ellittico, uno de' segmenti indefiniti contiene i centri di ellissoidi, l'altro d'iperboloidi a due falde.

Se un segmento finito contiene i centri di superficie non rigate, queste sono ellissoidi solo quando i termini del segmento siano i centri di due ellissi.

Fra le infinite superficie del sistema, ve ne sono tre per le quali è massimo il prodotto degli assi; i loro centri appartengono rispettivamente ai tre segmenti finiti. Una delle tre superficie è ideale, quando vi sia una coppia di coniche ideali. Fra le superficie del sistema esiste un ellissoide di volume massimo solo quando le quattro coniche siano tutte reali, e fra esse vi siano tre ellissi se il paraboloide è ellittico, o due ellissi se il paraboloide è iperbolico.

Il centro di gravità de' punti centri delle tre superficie per le quali è massimo il prodotto degli assi coincide col centro di gravità de' centri delle quattro coniche.

20.° Terminerò esponendo due proprietà del sistema di superficie (5).

Cerco le equazioni del diametro della superficie (5) coniugato ad un piano diametrale qualunque, di coordinate t', u', v', w', ove sia identicamente:

$$At' + Bu' + Cv' + Dw' = 0.$$

Il polo di quel piano è:

$$At(t' + w') + Bu(u' + w') + Cv(v' + w') = 0$$

il qual punto insieme al centro della superficie (5) determina il diametro richiesto, il quale è perciò rappresentato dalla equazione precedente e dalla (6). Se da queste equazioni si elimina i si ha la:

$$(\alpha' t + \beta' u + \gamma' v)(\alpha t' t + \beta u' u + \gamma v' v - Dw' w)$$
$$-(\alpha' t' t + \beta' u' u + \gamma' v' v)(\alpha t + \beta u + \gamma v + Dw) = 0\,.$$

I diametri delle superficie di seconda classe inscritte in una stessa sviluppabile, coniugati ad una medesima direzione, sono generatrici di uno stesso paraboloide iperbolico.

Se si cercano i diametri della superficie (5) coniugati ai piani delle quattro coniche, si trovano essere le rette congiungenti il centro della superficie ai vertici del tetraedro polare. Il che era d'altronde facile a prevedersi.

Cerchiamo da ultimo qual superficie inviluppino i piani diametrali delle superficie (5) coniugati ad una retta data di direzione. La data direzione sia individuata mediante l'equazione *):

$$\lambda t + \mu u + \nu v = 0 .$$

Siano t, u, v, w le coordinate del piano diametrale della (5) coniugato a quella direzione; avremo

$$\frac{\mathrm{A}(t+w)}{\lambda} = \frac{\mathrm{B}(u+w)}{\mu} = \frac{\mathrm{C}(v+w)}{\nu}$$

$$\mathrm{A}t + \mathrm{B}u + \mathrm{C}v + \mathrm{D}w = 0$$

da cui, posto $\lambda + \mu + \nu = k$ abbiamo le:

$$k\alpha(t+w) - i\left(\alpha' k(t+w) - \lambda D w\right) = 0$$

$$k\beta(u+w) - i\left(\beta' k(u+w) - \mu \mathrm{D} w\right) = 0$$

$$k\gamma(v+w) - i\left(\gamma' k(v+w) - \nu \mathrm{D} w\right) = 0$$

le quali danno $\frac{t}{w}, \frac{u}{w}, \frac{v}{w}$ in funzione di i. Eliminando i si hanno le equazioni di tre iperboloidi aventi a due a due una generatrice comune; essi individuano, mediante i loro piani tangenti comuni, una superficie sviluppabile della terza classe (che ha per spigolo di regresso una cubica gobba). Dunque:

I piani diametrali delle superficie di seconda classe inscritte in una stessa sviluppabile, coniugati ad una retta di direzione data, inviluppano una superficie sviluppabile della terza classe.

Cremona, 14 dicembre 1858.

---

*) Qui le λ, μ, ν indicano costanti arbitrarie, epperò diverse da quelle adoperate nelle equazioni (8).

12.

INTORNO ALLE CONICHE INSCRITTE IN UNA STESSA SUPERFICIE SVILUPPABILE DEL QUART' ORDINE (E TERZA CLASSE).

Annali di Matematica pura ed applicata, serie I, tomo II (1859), pp. 201-207.

È noto che i piani osculatori di una *cubica gobba* (linea a doppia curvatura di terz' ordine) inviluppano una superficie sviluppabile del quart' ordine (e per conseguenza della terza classe) e ciascun piano osculatore taglia la sviluppabile secondo una conica. Io ho dimostrato in una memoria inserita in questi *Annali* (1858) che il luogo dei centri di tutte le coniche analoghe è un' altra conica piana. Ora ho ricercato la natura di tutte quelle coniche inscritte in una stessa sviluppabile del quart'ordine, e indagando come ne fossero distribuiti i centri sulla *conica locale*, sono arrivato ad alcuni teoremi, che hanno una singolare affinità con quelli dati recentemente dal TRUDI *) e dallo STEINER **) sulle coniche circoscritte ad uno stesso tetragono.

Assumo come origine di tre coordinate rettilinee obbliquangole un punto arbitrario della cubica gobba; l'asse delle z sia tangente alla curva, e il piano yz sia osculatore; l' asse delle x sia parallelo ad un assintoto della cubica, ossia diretto ad uno de' punti della medesima, che sono a distanza infinita: de' quali ve n' ha sempre almeno uno reale. Da ultimo il piano xy passi per l' assintoto dianzi nominato. Ciò posto, la cubica potrà essere rappresentata, in tutta la generalità, dal sistema di equazioni:

$$(1) \qquad \frac{x}{a}=\frac{\theta^3}{\varphi}, \quad \frac{y}{b}=\frac{\theta^2}{\varphi}, \quad \frac{z}{c}=\frac{\theta}{\varphi}$$

*) Memorie dell'Accademia di Napoli, 1857.

**) Monatsberichte der berliner Akademie, Iuli 1858.

ove è posto per brevità:

$$\varphi = (\theta - \alpha)^2 \pm \beta^2$$

a, b, c, α, β sono costanti determinate; θ è un parametro variabile da un punto all'altro della linea. Nel valore di φ il doppio segno dell'ultimo termine serve a distinguere i due casi che la cubica abbia uno solo o tre assintoti reali. L'origine è quel punto della linea che corrisponde a $\theta = 0$; per $\theta = \infty$ si ha quel punto della medesima che è a distanza infinita sull'asse delle x. Posto:

$$h = \alpha^2 \pm \beta^2$$

il piano che sega la cubica ne' tre punti di parametri θ_1, θ_2, θ_3 sarà rappresentato dall'equazione:

$$h\frac{x}{a} + \left(\theta_1\theta_2\theta_3 - h(\theta_1 + \theta_2 + \theta_3)\right)\frac{y}{b}$$

$$+ \left(h(\theta_2\theta_3 + \theta_3\theta_1 + \theta_1\theta_2) - 2\alpha\theta_1\theta_2\theta_3\right)\frac{z}{c} - \theta_1\theta_2\theta_3 = 0\,;$$

quindi l'equazione del piano osculatore nel punto di parametro θ è:

$$h\frac{x}{a} + \theta(\theta^2 - 3h)\frac{y}{b} + \theta^2(3h - 2\alpha\theta)\frac{z}{c} - \theta^3 = 0 \tag{2}$$

e quelle della retta che unisce due punti θ_1, θ_2 sono:

$$\frac{x}{a} - (\theta_1 + \theta_2)\frac{y}{b} + \theta_1\theta_2\frac{z}{c} = 0\,,$$

$$(\theta_1\theta_2 - h)\frac{y}{b} + \left(h(\theta_1 + \theta_2) - 2\alpha\theta_1\theta_2\right)\frac{z}{c} - \theta_1\theta_2 = 0\,.$$

Il piano osculatore al punto θ è tagliato dal piano osculatore al punto ω in una retta, la cui proiezione sul piano yz ha per equazione:

$$\omega^2\left(\frac{y}{b} - 2\alpha\frac{z}{c} - 1\right) + \omega\left(\theta\left(\frac{y}{h} - 1\right) + (3h - 2\alpha\theta)\frac{z}{c}\right)$$

$$+ (\theta^2 - 3h)\frac{y}{b} + \theta(3h - 2\alpha\theta)\frac{z}{c} - \theta^2 = 0\,.$$

Da questa equazione e dalla sua derivata presa rispetto ad ω eliminando questa quantità, si ha la:

$$(3)\qquad (4h-\theta^2)\frac{y^2}{b^2}+(3h-2\alpha\theta)(h+2\alpha\theta)\frac{z^2}{c^2}$$

$$+2(2\alpha\theta^2-\theta h-4\alpha h)\frac{y}{b}\frac{z}{c}+2(\theta^2-2h)\frac{y}{b}+2\theta(h-2\alpha\theta)\frac{z}{c}-\theta^2=0.$$

Questa equazione insieme colla (2) rappresenta quindi la conica secondo la quale il piano osculatore al punto θ sega la superficie sviluppabile, luogo delle rette tangenti alla cubica gobba. La conica (2) (3) è iperbole od ellisse secondo che la quantità:

$$\Delta=(\theta-\alpha)^2\mp 3\beta^2$$

è positiva o negativa. Dunque:

Quando lo spigolo di regresso di una superficie sviluppabile del quart'ordine *) *ha tre assintoti reali, tutte le coniche inscritte nella medesima (e poste ne' suoi piani tangenti) sono iperboli.*

Le coordinate del centro della conica (2) (3) sono date dalle:

$$(4)\qquad 2\Delta\frac{x}{a}=3\theta(2\alpha\theta-3h),\quad 2\Delta\frac{y}{b}=2\theta(\theta-\alpha)-3h,\quad 2\Delta\frac{z}{c}=\theta-4\alpha$$

da cui eliminando θ si hanno le equazioni della *conica locale de' centri:*

$$(5)\qquad h\frac{x}{a}+2\alpha(3h-4\alpha^2)\frac{y}{b}+(3h-4\alpha^2)^2\frac{z}{c}+\alpha(8\alpha^2-9h)=0,$$

$$(6)\qquad 2\left((8\alpha^2-3h)\frac{z}{c}+4\alpha\left(1-\frac{y}{b}\right)\right)^2$$

$$+\left(1+2\alpha\frac{z}{c}-\frac{y}{b}\right)\left(2(4\alpha^2+3h)\frac{y}{b}-16\alpha^3\frac{z}{c}-(8\alpha^2+3h)\right)=0.$$

Questa conica è iperbole od ellisse secondo che la quantità:

$$h-\alpha^2=\pm\beta^2$$

è positiva o negativa; dunque:

Il luogo de' centri delle coniche inscritte in una superficie sviluppabile del quart'ordine è un'iperbole o un'ellisse secondo che lo spigolo di regresso ha un solo o tre assintoti reali.

---

*) Ogni superficie sviluppabile di quart'ordine ha per ispigolo di regresso una cubica gobba: teorema del sig. CHASLES (*Aperçu historique.* Nota 33.ª).

Nel caso che la cubica gobba abbia un solo assintoto reale, la conica (2) (3) è iperbole o ellisse secondo che è positiva o negativa la quantità Δ. Formando (in ciò seguo il metodo del TRUDI) questa quantità colle coordinate y, z del centro della conica medesima, si ha:

$$\Delta = \frac{\frac{3}{2}h}{\frac{y}{b} - 2\alpha\frac{z}{c} - 1}$$

quindi la specie della conica dipende dal segno del trinomio, che è nel denominatore; ora basta osservare la (6) per accorgersi che l'equazione:

$$\frac{y}{b} - 2\alpha\frac{z}{c} - 1 = 0$$

insieme colla (5) rappresenta una tangente dell'*iperbole locale de' centri.* Dunque quel trinomio sarà positivo o negativo secondo che il punto di coordinate x, y, z centro della conica (2) (3) cade da una banda o dall'altra di questa tangente, cioè, secondo che cade nell'uno o nell'altro ramo dell'*iperbole locale.* Dunque:

Quando lo spigolo di regresso di una superficie sviluppabile di quart'ordine ha un solo assintoto reale, in questa sono inscritte infinite ellissi, infinite iperboli e due parabole; e i centri di queste coniche sono distribuiti nell'iperbole locale in modo che un ramo di questa contiene i centri delle ellissi, e l'altro ramo i centri delle iperboli.

Un piano qualunque contiene, com'è noto, una retta intersezione di due piani osculatori: i quali, per un teorema che io ho dimostrato in un'altra memoria*), sono reali o ideali secondo che quel piano sega la cubica in un solo punto reale o in tre. Dunque una cubica gobba ha due piani osculatori paralleli soltanto nel caso che vi sia un solo assintoto reale. È evidente che le coniche secondo cui questi due piani segano la sviluppabile sono parabole. Nella nostra notazione le due parabole corrispondono a $\Delta = 0$, cioè a $\theta = \alpha \pm \beta\sqrt{3}$; quindi per esse l'equazione (3) diviene:

$$\left(\frac{y}{b}(\beta \mp \alpha\sqrt{3}) + \frac{z}{c}(\alpha \mp \beta\sqrt{3})(\beta \pm \alpha\sqrt{3})\right)^2$$

$$+ 2(\beta^2 - \alpha^2 \pm 2\alpha\beta\sqrt{3})\frac{y}{b} + 2(\alpha \pm \beta\sqrt{3})(\beta^2 - \alpha^2 \mp 2\alpha\beta\sqrt{3})\frac{z}{c} - (\alpha \pm \beta\sqrt{3})^2 = 0 \qquad [19]$$

quindi i diametri delle due parabole sono paralleli agli assintoti dell'iperbole locale

*) Annali, gennaio-febbraio 1859.

(5) (6). I piani delle parabole sono rappresentati dalle:

$$h\frac{x}{a}+2\alpha(3h-4\alpha^2)\frac{y}{b}+(3h-4\alpha^2)^2\frac{z}{c}=(\alpha\pm\beta\sqrt{3})^3$$

epperò sono paralleli al piano (5) dell'iperbole locale: proprietà che ho già fatto notare altrove*). Inoltre è facile vedere che il piano (5) è equidistante dai due piani delle parabole: dunque:

Quando lo spigolo di regresso d'una superficie sviluppabile del quart'ordine ha tre assintoti reali, essa non ha piani tangenti paralleli, epperò nessuna parabola è inscritta nella medesima. Ma se v'ha un solo assintoto reale, v'hanno pure due piani tangenti paralleli, i quali tagliano la superficie secondo due parabole. Il piano dell'iperbole locale è parallelo a questi due piani tangenti paralleli e da essi equidistante; ed inoltre i diametri delle parabole sono paralleli agli assintoti della locale.

Se nel primo membro della (5) si pongono per x, y, z i valori (1) si ha il risultato:

$$(\theta-\alpha)\Big((\theta-\alpha)^2\pm 9\beta^2\Big)$$

dunque il piano della locale incontra sempre la cubica nel punto reale che corrisponde a $\theta=\alpha$; in nessun altro punto se la cubica ha un solo assintoto reale; nel caso di tre assintoti reali ancora in altri due punti reali:

$$\theta=\alpha+3\beta, \qquad \theta=\alpha-3\beta.$$

Ciò risulta anche da un teorema ricordato di sopra. Osservato poi che si ha:

$$\Delta=(\theta-\alpha-\beta\sqrt{3})(\theta-\alpha+\beta\sqrt{3})$$

si conchiude facilmente che, siccome in ogni piano osculatore della cubica esiste una conica inscritta nella sviluppabile, così:

Se la cubica gobba ha un solo assintoto reale, corrispondono ellissi a tutti i punti di essa compresi fra i due piani osculatori paralleli; iperboli a tutt' i punti rimanenti.

Altrove ho denominato *fuoco* **) di un piano il punto, sempre reale, ove concorrono i piani osculatori della cubica nelle intersezioni di essa col piano. Ora è facile vedere che il *fuoco* del piano (5) e il centro della conica locale (5) (6) coincidono in uno stesso

*) Annali, gennaio-febbraio 1859.

**) Per questa denominazione ho seguìto l'esempio dell'illustre CHASLES: veggansi i *Comptes rendus* del 1843. In questa teoria de' *fuochi* sembra importante da considerarsi la retta che contiene i *fuochi* de' piani paralleli a quello della *conica locale*.

punto, le cui coordinate sono:

$$\frac{x}{a}=\frac{\alpha(9h-8\alpha^2)}{4(h-\alpha^2)}, \quad \frac{y}{b}=\frac{3h-2\alpha^2}{4(h-\alpha^2)}, \quad \frac{z}{c}=\frac{\alpha}{4(h-\alpha^2)}$$

cioè:

I piani osculatori della cubica gobba ne' punti ov'essa è incontrata dal piano della conica locale passano pel centro di questa conica.

Le formole relative alla cubica gobba divengono più semplici, senza punto scemare di generalità, se si pone $\alpha=0$, cioè se si assume come origine delle coordinate il punto reale (o uno de' tre punti reali) in cui la cubica è segata dal piano (5). Allora la curva è rappresentata dalle:

$$\frac{x}{a}=\frac{\theta^3}{\theta^2+h}, \quad \frac{y}{b}=\frac{\theta^2}{\theta^2+h}, \quad \frac{z}{c}=\frac{\theta}{\theta^2+h}$$

ove $h=\pm\beta^2$. L'equazione (5) diviene:

$$(5)' \qquad \frac{x}{a}+9h\frac{z}{c}=0.$$

Mediante queste formole sì semplici si dimostra facilmente la proprietà che segue. Il cono di second'ordine che passa per la cubica gobba ed ha il vertice al punto di parametro θ è rappresentato dalla:

$$\left(\frac{x}{a}-\theta\frac{y}{b}\right)\left(\theta\frac{y}{b}+h\frac{z}{c}-\theta\right)-h\left(\frac{y}{b}-\theta\frac{z}{c}\right)^2=0$$

esso è segato dal piano (5)' in una conica la cui proiezione sul piano yz è rappresentata dalla:

$$(\theta^2+h)\frac{y^2}{b^2}+h(9h+\theta^2)\frac{z^2}{c^2}+8h\theta\frac{yz}{bc}-9\theta h\frac{z}{c}-\theta^2\frac{y}{b}=0.$$

Qualunque sia θ, questa equazione rappresenta una ellisse od un'iperbole secondo che h è positiva o negativa; dunque:

Il piano della conica luogo de' centri delle coniche inscritte in una superficie sviluppabile del quart'ordine sega i coni di second'ordine passanti per lo spigolo di regresso di questa secondo coniche che sono tutte di una medesima specie; e propriamente sono ellissi, iperboli o parabole secondo che la locale è iperbole, ellisse o parabola.

Per conseguenza:

Se una cubica gobba ha tre assintoti reali, per essa passano tre cilindri (di se-

cond'ordine) iperbolici; se ha un solo assintoto reale, per essa passa un solo cilindro (di second'ordine) ellittico.

Dalle proposizioni suesposte credo che emerga l'importanza di dividere le cubiche gobbe in due generi:

Primo genere: la curva ha tre assintoti reali; non vi sono piani osculatori paralleli, i piani osculatori segano la superficie sviluppabile da essi inviluppata secondo coniche che sono tutte iperboli; i centri delle quali sono tutti in un'ellisse. Il piano di quest'ellisse sega la cubica in tre punti reali, e i coni di second'ordine passanti per quest'ultima in altrettante coniche che sono tutte iperboli.

Secondo genere: la cubica gobba ha un solo assintoto reale, ed ha due piani osculatori paralleli, i quali segano la superficie sviluppabile (della quale la cubica è lo spigolo di regresso) secondo parabole, mentre gli altri piani osculatori la segano secondo ellissi o iperboli. I centri di queste coniche sono in un'iperbole posta in un piano parallelo ai due piani osculatori paralleli e da essi equidistante. In un ramo dell'iperbole locale sono i centri delle ellissi, nell'altro ramo i centri delle iperboli. Il piano dell'iperbole locale sega la cubica in un solo punto reale, e i coni di second'ordine passanti per quest'ultima in altrettante coniche che sono tutte ellissi.

Vi sono poi due casi particolari, interessanti a considerarsi e sono:

1.° La cubica gobba può avere un solo assintoto reale a distanza finita, e gli altri due coincidenti a distanza infinita. Il che torna a dire che il piano all'infinito seghi la cubica gobba in un punto e la tocchi in un altro. In questo caso la linea può essere rappresentata colle equazioni:

$$\frac{x}{a} = \frac{\theta^3}{(\theta - \alpha)^2}, \quad \frac{y}{b} = \frac{\theta^2}{(\theta - \alpha)^2}, \quad \frac{z}{c} = \frac{\theta}{(\theta - \alpha)^2}$$

colle quali si dimostrano facilmente le seguenti proprietà, le quali ponno però essere dedotte anche dai teoremi generali dimostrati sopra:

Le coniche inscritte in una superficie sviluppabile di quart'ordine, che abbia una generatrice a distanza infinita, sono tutte iperboli, ad eccezione di una sola che è una parabola, e i loro centri giacciono in un'altra parabola. Le due parabole sono nel medesimo piano, il quale sega i coni di second'ordine passanti per la cubica gobba, spigolo di regresso della sviluppabile, secondo coniche tutte parabole. Per la cubica passano due cilindri (di second'ordine) uno parabolico e l'altro iperbolico.

Questa cubica gobba particolare può considerarsi come appartenente all'uno o all'altro de' due generi sopra accennati. Infatti, essa apparterrà al primo genere, ove s'immagini che i tre punti comuni alla cubica ed al piano della locale vengano a riunirsi in un solo, che va necessariamente a distanza infinita. Ovvero apparterrà al secondo genere, se si supponga che i due piani osculatori paralleli vengano a coincidere fra loro, epperò anche col piano della conica locale.

2.° La cubica può avere tutti gli assintoti coincidenti a distanza infinita, ossia essa può essere osculata dal piano all'infinito. In tal caso essa è rappresentabile colle equazioni semplicissime:

$$\frac{x}{a} = \theta^3, \quad \frac{y}{b} = \theta^2, \quad \frac{z}{c} = \theta$$

e si ha il teorema:

Una superficie sviluppabile del quart'ordine che abbia un piano tangente a distanza infinita è tagliata da tutti gli altri piani tangenti secondo parabole. Per lo spigolo di regresso passa un solo cilindro (di second'ordine) parabolico.

In quest'ultimo caso (che è una particolarizzazione del precedente) la curva, oltre le proprietà generali di ogni cubica gobba, ne ha molte di speciali, di cui si tratterà in altra occasione.

Cremona, 22 febbraio 1859.

13.

SOLUTION DE LA QUESTION 435. [20]

Nouvelles Annales de Mathématiques, 1.re série, tome XVIII (1859), pp. 199-204.

Sur les longueurs OA, OB, OC données dans l'espace, on prend respectivement les points a, b, c; les rapports Aa : Bb : Cc sont donnés. Trouver: 1.° l'enveloppe du plan abc; 2.° le lieu du centre de gravité du triangle abc.

D'après l'énoncé, les droites OA, OB, OC sont divisées en parties proportionnelles ou *semblablement*, et a, b, c sont des points homologues de ces divisions. Si l'on demande l'enveloppe du plan abc, la question est un cas particulier de la suivante:

Trois divisions homographiques étant données sur trois droites situées d'une manière quelconque dans l'espace, on demande l'enveloppe du plan de trois points homologues.

On trouve ce problème avec son corrélatif parmi les questions proposées (p. 298) dans l'ouvrage capital de M. Steiner: *Systematische Entwickelung der Abhängigkeit geometrischer Gestalten von einander* *), Berlin, 1832.

La question corrélative est résolue par le théorème suivant de M. Chasles:

Si trois droites données dans l'espace sont les axes de trois faisceaux homographiques de plans, le lieu du point commun à trois plans homologues est une *cubique gauche* **) (courbe à double courbure du troisième ordre et de troisième classe) qui a deux de ses points sur chacune des droites données.

De là on tire, par le principe de dualité:

Si trois droites données dans l'espace sont divisées homographiquement, l'enveloppe du plan de trois points homologues est une surface développable de la troisième

---

*) On n'a publié que la première partie de cette admirable production; quand l'auteur nous donnera-t-il les autres? C.

**) Locution italienne très-expressive que nous conservons. Tm. [Terquem].

classe (et du quatrième ordre) qui a deux de ses plans tangents passant par chaque droite donnée; ou bien, ce qui est la même chose, le plan de trois points homologues est osculateur d'une cubique gauche qui a deux de ses plans osculateurs passant par chaque droite donnée.

Dans le cas particulier qui constitue la question 435, les divisions homographiques données sont semblables; donc les points à l'infini des droites OA, OB, OC sont homologues; par conséquent le plan *abc* enveloppe une surface développable de la troisième classe (et du quatrième ordre) qui a un plan tangent à l'infini; ou bien le plan *abc* est osculateur d'une cubique gauche qui a un plan osculateur à l'infini. Les plans OBC, OCA, OAB, ABC, sont osculateurs de la même courbe.

On résout la question avec facilité aussi par le calcul. Posons

$$\mathrm{OA} = a \qquad \mathrm{OB} = b \qquad \mathrm{OC} = c,$$
$$\mathrm{O}a = p \qquad \mathrm{O}b = q \qquad \mathrm{O}c = r,$$

donc

$$\frac{p-a}{\lambda} = \frac{q-b}{\mu} = \frac{r-c}{\nu} = i,$$

i étant variable avec p, q, r; λ, μ, ν constantes. Cela montre que p, q, r sont les coordonnées courantes d'une droite fixe rapportée aux axes OA, OB, OC.

Les coordonnées du centre de gravité du triangle *abc* sont

$$x = \frac{1}{3}(a+\lambda i), \qquad y = \frac{1}{3}(b+\mu i), \qquad z = \frac{1}{3}(c+\nu i);$$

donc le lieu du centre est la droite

$$\frac{3x-a}{\lambda} = \frac{3y-b}{\mu} = \frac{3z-c}{\nu},$$

qui est parallèle à la droite fixe menée ci-dessus.

Le plan *abc* a pour équation

$$\frac{x}{p} + \frac{y}{q} + \frac{z}{r} = 1,$$

ou bien

$$\frac{x}{a+\lambda i} + \frac{y}{b+\mu i} + \frac{z}{c+\nu i} = 1.$$

Si dans cette équation on fait disparaître les dénominateurs, elle devient du troisième degré en i; donc le plan *abc* est osculateur d'une cubique gauche. Pour obtenir les équations de cette courbe, je dérive la dernière équation deux fois par rapport au paramètre i:

$$\frac{\lambda x}{(a+\lambda i)^2}+\frac{\mu y}{(b+\mu i)^2}+\frac{\nu z}{(c+\nu i)^2}=0,$$

$$\frac{\lambda^2 x}{(a+\lambda i)^3}+\frac{\mu^2 y}{(b+\mu i)^3}+\frac{\nu^2 z}{(c+\nu i)^3}=0.$$

De ces trois équations, on tire

$$x=-\frac{\mu\nu(a+\lambda i)^3}{(\nu a-\lambda c)(\lambda b-\mu a)},$$

$$y=-\frac{\nu\lambda(b+\mu i)^3}{(\lambda b-\mu a)(\mu c-\nu b)},$$

$$z=-\frac{\lambda\mu(c+\nu i)^3}{(\mu c-\nu b)(\nu a-\lambda c)},$$

équations de la cubique gauche, qui est évidemment osculée par les plans

$$x=0,\quad y=0,\quad z=0,\quad \frac{x}{a}+\frac{y}{b}+\frac{z}{c}=1.$$

Le plan à l'infini est aussi osculateur de la courbe, parce que les valeurs trouvées de x, y, z ne contiennent pas le paramètre variable i en diviseur.

Les équations ci-dessus sont simples et symétriques; mais si l'on veut étudier la cubique gauche qui résout la question proposée, il est bien plus simple de faire usage de la représentation analytique de ces courbes, que j'ai donnée dans un Mémoire inséré dans les *Annali di Matematica pura e applicata* (Roma, 1858). Soient $x=0$ le plan osculateur dans un point de la courbe qu'on prend pour origine; $y=0$ le plan qui touche la courbe dans ce même point et la coupe à l'infini; $z=0$ le plan qui coupe la courbe à l'origine et la touche à l'infini. Les équations de la courbe seront

$$x=ai^3,\quad y=bi^2,\quad z=ci,$$

a, b, c étant des constantes et i le paramètre variable. La droite $x=z=0$ divise en deux parties égales les cordes de la courbe parallèles au plan $y=0$. La courbe a un grand nombre de propriétés qu'il est bien facile de découvrir à l'aide des équations données ci-devant.

La circonstance que la cubique gauche dont nous nous occupons est osculée par le plan à l'infini constitue pour elle un caractère spécifique qui la distingue de toute autre espèce de courbe du même degré. Si l'on compare les cubiques gauches aux coniques planes, l'espèce particulière de cubique dont il s'agit correspond à la parabole, qui, comme on sait, est touchée par la droite à l'infini. Dans un petit Mémoire qui va être publié dans les *Annali di Matematica* j'ai classifié les cubiques gauches comme il suit *):

Premier genre. La courbe a trois asymptotes réelles; il n'y a pas de plans osculateurs parallèles; les plans osculateurs coupent la surface développable qu'ils enveloppent suivant des coniques qui sont toutes des hyperboles; les centres de ces hyperboles sont sur une ellipse. Le plan de cette ellipse rencontre la cubique en trois points réels et coupe les cônes du second degré qui passent par la cubique suivant des hyperboles.

Seconde genre. La cubique a une seule asymptote réelle et deux plans osculateurs parallèles entre eux qui coupent la surface développable (dont la courbe est l'arête de rebroussement) suivant deux paraboles; tous les autres plans osculateurs coupent la même surface suivant des ellipses ou des hyperboles. Les centres de ces coniques sont sur une hyperbole dont le plan est parallèle et équidistant aux deux plans osculateurs parallèles. Une branche de l'hyperbole focale contient les centres des ellipses; l'autre branche contient les centres des hyperboles. Les points de la cubique gauche auxquels correspondent des ellipses sont situés entre les plans osculateurs paralléles; les points auxquels correspondent des hyperboles sont au dehors. Le plan de l'hyperbole focale rencontre la cubique gauche dans un seul point réel et coupe les cônes du second degré qui passent par la courbe suivant des ellipses.

Tels sont les seuls cas absolument généraux que peuvent présenter les cubiques gauches. Mais il y a à considérer aussi deux cas particuliers, savoir:

1.° La courbe a une seule asymptote réelle à distance finie; les deux autres sont aussi réelles, mais elles coïncident à l'infini. C'est-à-dire: le plan à l'infini coupe la courbe dans un point et est tangent dans un autre. Les plans osculateurs coupent la développable suivant des hyperboles, à l'exception d'une seule qui est une parabole. Les centres de ces hyperboles sont sur une autre parabole. Les deux paraboles sont dans un même plan qui coupe les cônes du second degré passant par la courbe suivant des paraboles.

2.° La courbe a toutes ses asymptotes qui coïncident à l'infini, savoir, elle est osculée par le plan à l'infini. Les plans osculateurs coupent la développable suivant des paraboles.

---

*) C'est une exposition analytique très-bien faite des belles études de M. Chasles sur les cubiques gauches. J'en ai fait la traduction, que je publierai le plus tôt possible. Tm.

14.

SOLUTION DE LA QUESTION 464. [21]

Nouvelles Annales de Mathématiques, 1.re série, tome XIX (1860), pp. 149-151.

Soient $\alpha, \beta, \gamma, \delta$ les distances d'un point quelconque à quatre plans donnés; il est évident que l'équation la plus générale d'une surface du second ordre circonscrite au tétraèdre formé par les quatre plans

$$\alpha = 0, \quad \beta = 0, \quad \gamma = 0, \quad \delta = 0$$

sera

$$l\beta\gamma + m\gamma\alpha + n\alpha\beta + \lambda\alpha\delta + \mu\beta\delta + \nu\gamma\delta = 0.$$

Cette surface est coupée par le plan $\delta = 0$ suivant la conique

$$l\beta\gamma + m\gamma\alpha + n\alpha\beta = 0.$$

Soient α', β', γ' les distances d'un point quelconque du plan $\delta = 0$ aux côtés du triangle $\delta = 0$ $(\alpha = 0, \beta = 0, \gamma = 0)$: triangle formé par l'intersection du plan δ avec les plans α, β, γ; on a

$$\alpha = \alpha' \sin \alpha\delta, \quad \beta = \beta' \sin \beta\delta, \quad \gamma = \gamma' \sin \gamma\delta,$$

où $\alpha\delta$ est l'angle des plans $\alpha = \delta = 0$, etc. Donc l'équation de la conique rapportée au triangle inscrit sera

$$\frac{l}{\alpha' \sin \alpha\delta} + \frac{m}{\beta' \sin \beta\delta} + \frac{n}{\gamma' \sin \gamma\delta} = 0. \qquad \text{(Salmon)}$$

Les angles du triangle sont $\beta\delta\gamma$, $\gamma\delta\alpha$, $\alpha\delta\beta$, où $\beta\delta\gamma$ *) exprime l'angle que fait l'in-

*) $\beta\delta\gamma$ est l'angle qui, dans l'énoncé de la question, a été désigné par $(\beta\delta, \gamma\delta)$. P. [Prouhet]

tersection des faces $\beta=\delta=0$ avec l'intersection des faces $\gamma=\delta=0$. On sait que la conique représentée par l'équation ci-dessus est une circonférence, si l'on a

$$l:m:n=\sin\alpha\delta.\sin\beta\delta\gamma:\sin\beta\delta.\sin\gamma\delta\alpha:\sin\gamma\delta.\sin\alpha\delta\beta. \qquad \text{(Salmon)}$$

De même, si les plans $\alpha=0$, $\beta=0$, $\gamma=0$ coupent la surface suivant des circonférences, on aura

$$l:\mu:\nu=\sin\delta\alpha.\sin\beta\alpha\gamma:\sin\gamma\alpha.\sin\delta\alpha\beta:\sin\beta\alpha.\sin\gamma\alpha\delta,$$
$$m:\nu:\lambda=\sin\delta\beta.\sin\gamma\beta\alpha:\sin\alpha\beta.\sin\delta\beta\gamma:\sin\gamma\beta.\sin\alpha\beta\delta,$$
$$n:\lambda:\mu=\sin\delta\gamma.\sin\alpha\gamma\beta:\sin\beta\gamma.\sin\delta\gamma\alpha:\sin\alpha\gamma.\sin\beta\gamma\delta.$$

De là on tire immédiatement que $l, m, n, \lambda, \mu, \nu$ sont proportionnelles aux quantités

$$\frac{\sin\alpha\delta}{\sin\beta\gamma}\sin\beta\alpha\gamma.\sin\beta\delta\gamma, \quad \frac{\sin\beta\delta}{\sin\gamma\alpha}\sin\gamma\beta\alpha.\sin\gamma\delta\alpha, \quad \frac{\sin\gamma\delta}{\sin\alpha\beta}\sin\alpha\gamma\beta.\sin\alpha\delta\beta,$$
$$\frac{\sin\beta\gamma}{\sin\alpha\delta}\sin\alpha\beta\delta.\sin\alpha\gamma\delta, \quad \frac{\sin\gamma\alpha}{\sin\beta\delta}\sin\beta\gamma\delta.\sin\beta\alpha\delta, \quad \frac{\sin\alpha\beta}{\sin\gamma\delta}\sin\gamma\alpha\delta.\sin\gamma\beta\delta,$$

ce qui démontre le thèorème de M. Prouhet.

15.

SOLUTION DE LA QUESTION 465. [21]

Nouvelles Annales de Mathématiques, 1.re série, tome XIX (1860), pp. 151-153.

Soient $a_0, a_1, \ldots, a_{n-1}$, n quantités quelconques; α une racine primitive de l'équation binôme

$$x^n - 1 = 0$$

et

$$\theta_r = a_0 + a_1\alpha_r + a_2\alpha_r^2 + \ldots + a_{n-1}\alpha_r^{n-1}$$

en supposant $\alpha_r = \alpha^r$.

Multiplions entre eux les deux déterminants

$$D = \begin{vmatrix} a_0 & a_1 & a_2 & \ldots & a_{n-1} \\ a_1 & a_2 & a_3 & \ldots & a_0 \\ a_2 & a_3 & a_4 & \ldots & a_1 \\ \cdot & \cdot & \cdot & \cdot & \cdot \\ a_{n-1} & a_0 & a_1 & \ldots & a_{n-2} \end{vmatrix}$$

$$\Delta = \begin{vmatrix} 1 & 1 & 1 & \ldots & 1 \\ 1 & \alpha_1 & \alpha_2 & \ldots & \alpha_{n-1} \\ 1 & \alpha_1^2 & \alpha_2^2 & \ldots & \alpha_{n-1}^2 \\ \cdot & \cdot & \cdot & \cdot & \cdot \\ 1 & \alpha_1^{n-1} & \alpha_2^{n-1} & \ldots & \alpha_{n-1}^{n-1} \end{vmatrix}.$$

En exécutant la multiplication par lignes, les colonnes du déterminant produit deviennent divisibles respectivement par $\theta_1, \theta_2, \ldots, \theta_n$, et l'on a

$$D\Delta = \theta_1 \theta_2 \ldots \theta_n \begin{vmatrix} 1 & 1 & 1 & \ldots & 1 \\ 1 & \alpha_{n-1} & \alpha_{n-1}^2 & \ldots & \alpha_{n-1}^{n-1} \\ 1 & \alpha_{n-2} & \alpha_{n-2}^2 & \ldots & \alpha_{n-2}^{n-1} \\ \cdot & \cdot & \cdot & \cdot & \cdot \\ 1 & \alpha_1 & \alpha_1^2 & \ldots & \alpha_1^{n-1} \end{vmatrix}.$$

Or le déterminant du second membre est évidemment égal à $(-1)^{\frac{(n-1)(n-2)}{2}}\Delta$ [22]; donc

$$D = (-1)^{\frac{(n-1)(n-2)}{2}} \theta_1 \theta_2 \ldots \theta_n.$$

Le théorème, mentionné par M. MICHAEL ROBERTS (*Nouvelles Annales*, cahier de mars 1859, p. 87), est de M. SPOTTISWOODE (*Journal* de CRELLE, t. LI); la démonstration ci-dessus m'a été communiquée par M. BRIOSCHI, et je l'ai publiée comme lemme dans une petite Note *Intorno ad un teorema di* ABEL (*Annali* di TORTOLINI, 1856) [Memoria 2 di questo volume].

En supposant

$$a_r = a + rd,$$

il s'ensuit

$$\theta_r = \frac{nd}{\alpha_r - 1} \qquad \text{pour} \qquad r = 1, 2, \ldots, n-1$$

et

$$\theta_n = na + \frac{n(n-1)}{2} d;$$

donc

$$\theta_1 \theta_2 \ldots \theta_{n-1} = (-1)^{n-1} n^{n-2} d^{n-1},$$

et, par conséquent,

$$D = \begin{vmatrix} a & a+d & \ldots & a+(n-1)d \\ a+d & a+2d & \ldots & a \\ \cdot & \cdot & \cdot & \cdot \\ a+(n-1)d & a & \ldots & a+(n-2)d \end{vmatrix}$$

$$= (-1)^{\frac{n(n-1)}{2}} (nd)^{n-1} \left[a + \frac{(n-1)d}{2}\right],$$

ce qui est bien la question 465.

16.

SUR LES CONIQUES SPHÉRIQUES ET NOUVELLE SOLUTION GÉNÉRALE DE LA QUESTION 498 *). [21]

Nouvelles Annales de Mathématiques, 1.re série, tome XIX (1860), pp. 269-279.

Dans le n.o 13 (26 mars 1860) des *Comptes rendus de l'Académie des Sciences*, M. Chasles a communiqué un résumé d'une théorie des coniques sphériques homofocales. L'illustre géomètre déduit ses nombreux théorèmes d'un petit nombre de propositions fondamentales. Ce sont ces propositions fondamentales que nous allons démontrer.

À cause de la dualité constante à laquelle est soumise toute la géometrie de la sphère, la théorie des coniques homofocales donne lieu à une autre série de théorèmes. C'est, comme le dit l'auteur même, la théorie des *coniques homocycliques*. Dans notre analyse, les variables x, y, z pourront exprimer indifféremment des coordonnées cartésiennes de points ou des coordonnées *tangentielles* de lignes. Dans la première hypothèse, il s'agira de coniques homocycliques; dans l'autre de coniques homofocales. Pour fixer les idées, nous supposerons que les coordonnées se rapportent à des points; le lecteur en fera mentalement la transformation, s'il veut obtenir les propriétés des coniques homofocales.

1. Soient $x:y:z$ les coordonnées orthogonales d'un point quelconque d'une surface sphérique donnée [23]. L'équation générale d'une conique (ligne de second ordre) est

$$(1)\qquad \alpha x^2+\beta y^2+\gamma z^2+2\delta yz+2\varepsilon zx+2\varphi xy=0.$$

La conique est un (petit) cercle si son équation est de la forme qui suit:

$$(2)\qquad \lambda\,(x^2+y^2+z^2)-(ax+by+cz)^2=0\,;$$

*) Pour bien comprendre ce travail, il est nécessaire d'avoir devant soi le n.o 13 des *Comptes rendus*.

le centre *sphérique* du cercle est le pôle (absolu) de la ligne géodésique (grand cercle):

$$ax + by + cz = 0.$$

Le cercle (2) devient géodésique (grand cercle) si $\lambda = 0$.

Pour λ infini on a le cercle imaginaire

$$x^2 + y^2 + z^2 = 0, \tag{3}$$

situé à une distance infinie (car il est la ligne du contact idéal entre la sphère et son cône asymptote).

L'équation (2) démontre que:

Tous les cercles (grands ou petits) tracés sur la sphère peuvent être considérés comme des coniques sphériques qui ont un double contact avec le cercle imaginaire à l'infini.

2. Soit

$$\frac{x}{x_0} = \frac{y}{y_0} = \frac{z}{z_0} \tag{4}$$

un point de la surface sphérique. La géodésique polaire relative au cercle imaginaire (3) pris comme courbe directrice est

$$x_0 x + y_0 y + z_0 z = 0, \tag{5}$$

et la géodésique polaire du même point, par rapport à la conique (1), est

$$x\,(\alpha x_0 + \varphi y_0 + \varepsilon z_0) + y\,(\varphi x_0 + \beta y_0 + \delta z_0) + z\,(\varepsilon x_0 + \delta y_0 + \gamma z_0) = 0. \tag{6}$$

Si les deux lignes géodésiques (5) et (6) doivent coïncider, c'est-à-dire si le point (4) a la même polaire par rapport à la conique (1) et au cercle imaginaire (3), on aura

$$\alpha x_0 + \varphi y_0 + \varepsilon z_0 = \theta x_0,$$
$$\varphi x_0 + \beta y_0 + \delta z_0 = \theta y_0,$$
$$\varepsilon x_0 + \delta y_0 + \gamma z_0 = \theta z_0.$$

L'élimination de $x_0 : y_0 : z_0$ de ces équations donne une équation cubique en θ; on sait que cette équation résultante a ses racines réelles, et que si l'on désigne par

$$(x_1 : y_1 : z_1)\ ,\quad (x_2 : y_2 : z_2)\ ,\quad (x_3 : y_3 : z_3) \tag{7}$$

les systèmes de valeurs de $(x_0 : y_0 : z_0)$ qui correspondent aux trois valeurs de l'indéterminée θ, on a:

$$x_2 x_3 + y_2 y_3 + z_2 z_3 = 0,$$
$$x_3 x_1 + y_3 y_1 + z_3 z_1 = 0,$$
$$x_1 x_2 + y_1 y_2 + z_1 z_2 = 0.$$

Donc les trois points (7) sont les sommets d'un triangle trirectangle, et par conséquent la géodésique polaire de chacun d'eux par rapport à la conique (1) et au cercle (3) (ou absolu) passe par les autres deux. En prenant ce triangle pour triangle des coordonnées, c'est-à-dire en posant

$$(7)' \qquad y_1 = z_1 = 0\,, \quad z_2 = x_2 = 0\,, \quad x_3 = y_3 = 0$$

l'équation (1) deviendra

$$(8) \qquad \alpha x^2 + \beta y^2 + \gamma z^2 = 0.$$

La forme de cette équation enseigne que si par l'un quelconque des points (7)' on mène arbitrairement une corde (géodésique) de la conique (8), elle y est partagée en parties égales.

Donc les points (7)' sont des *centres* de la conique sphérique. En supposant $\alpha > \beta > 0$ et $\gamma < 0$, le point $x = y = 0$ est le centre intérieur; les autres sont au dehors de la courbe.

Ainsi:

Les centres d'une conique sphérique sont des points dont chacun a la même géodésique polaire par rapport à la conique et au cercle imaginaire situé à l'infini.

3. Le tétragone *) complet (imaginaire) inscrit à la conique (8) et au cercle imaginaire (3) a deux côtés réels; les autres sont imaginaires. En effet, en combinant les équations (3) et (8), on obtient:

$$(\alpha - \beta)\, y^2 + (\alpha - \gamma)\, z^2 = 0\,, \quad \text{deux géodésiques imaginaires;}$$
$$(\gamma - \beta)\, z^2 + (\alpha - \beta)\, x^2 = 0\,, \quad \text{deux géodésiques réelles;}$$
$$(\alpha - \gamma)\, x^2 + (\beta - \gamma)\, y^2 = 0\,, \quad \text{deux géodesiques imaginaires.}$$

Donc la conique (8) et le cercle (3) ont en commun les cordes géodésiques réelles

$$(9) \qquad z\sqrt{\beta - \gamma} + x\sqrt{\alpha - \beta} = 0\,, \quad z\sqrt{\beta - \gamma} - x\sqrt{\alpha - \beta} = 0.$$

---

*) Donné par les six grands cercles joignant les intersections de (3) et (8). Tm.

Une géodésique quelconque

(10) $$ax+by+cz=0$$

est tangente à la courbe (8), si on satisfait à la condition

(11) $$\frac{a^2}{\alpha}+\frac{b^2}{\beta}+\frac{c^2}{\gamma}=0.$$

Soient ω, ω' les angles que la géodésique (10) fait avec les géodésiques (9); nous aurons

$$\cos\omega=\frac{a\sqrt{\alpha-\beta}+c\sqrt{\beta-\gamma}}{\sqrt{a^2+b^2+c^2}\,.\,\sqrt{\alpha-\gamma}}\,,\quad \cos\omega'=\frac{a\sqrt{\alpha-\beta}-c\sqrt{\beta-\gamma}}{\sqrt{a^2+b^2+c^2}\,.\,\sqrt{\alpha-\gamma}}\,;$$

donc, si l'on pose

$$\frac{\gamma}{\alpha}=-\operatorname{tang}^2\theta,$$

en vertu de la condition (11), on obtient

$$\cos^2\omega+\cos^2\omega'-2\cos 2\theta\,.\cos\omega\cos\omega'=\sin^2 2\theta\,,$$

d'où:

$$\omega\pm\omega'=2\theta=\text{constante}\,,$$

c'est-à-dire la surface du triangle sphérique formé par les trois géodésiques (9) et (10) est constante, quelle que soit la tangente (10).

Les géodésiques (9) sont appelées *lignes cycliques* de la conique sphérique (8). Donc:

Les lignes cycliques d'une conique sphérique sont les deux arcs de grands cercles (toujours réels) sur lesquels se trouvent les points d'intersection (imaginaires) de la conique et du cercle imaginaire situé à l'infini.

4. Pour obtenir les géodésiques tangentes communes à la conique (8) et au cercle (3), cherchons les points communs à leurs courbes réciproques:

(12) $$\frac{x^2}{\alpha}+\frac{y^2}{\beta}+\frac{z^2}{\gamma}=0\,,\quad x^2+y^2+z^2=0.$$

Celles-ci ont en commun les cordes réelles

(13) $$z\sqrt{\beta(\alpha-\gamma)}\pm y\sqrt{\gamma(\beta-\alpha)}=0\,;$$

donc les pôles (absolus ou relatifs au cercle (3), ce qui est la même chose) de ces lignes, savoir les points

$$x=0\,,\quad y:z=\pm\sqrt{\gamma(\beta-\alpha)}:\sqrt{\beta(\alpha-\gamma)} \tag{14}$$

sont les sommets réels du quadrilatère complet (imaginaire) circonscrit à la conique (8) et au cercle (3). Les géodésiques (13) sont les lignes cycliques de la conique (12), et par conséquent la somme ou la différence des angles qu'elles forment avec une tangente quelconque de cette courbe est constante. Donc la somme ou la différence des arcs géodésiques qui joignent les points (14) à un point quelconque de la conique (8) est constante.

Ces points (14) sont appelés les *foyers* de la conique sphérique (8).

Ainsi:

Les foyers d'une conique sphérique sont les points de concours (toujours réels) des géodésiques tangentes communes à la conique et au cercle imaginaire situé à l'infini *).

Il s'ensuit:

Deux coniques sphériques homocycliques sont deux coniques dont le tétragone inscrit est aussi inscrit au cercle imaginaire situé à l'infini.

Deux coniques sphériques homofocales sont deux coniques dont le quadrilatère circonscrit est aussi circonscrit au cercle imaginaire situé à l'infini.

5. Les équations:

$$A=ax^2+by^2+cz^2+\lambda\,(x^2+y^2+z^2)=0\,,$$

$$A'=ax^2+by^2+cz^2+\lambda'(x^2+y^2+z^2)=0\,,$$

représentent deux coniques sphériques homocycliques. Soit

$$U=\alpha x^2+\beta y^2+\gamma z^2+2\,\delta yz+2\,\varepsilon zx+2\,\varphi xy=0$$

une autre conique quelconque. Les équations

$$B=U+\mu A=0\,,\quad B'=U+\mu' A'=0 \tag{15}$$

représenteront deux coniques circonscrites, l'une au tétragone UA **), l'autre au

*) Comme dans les coniques planes. Tm.

**) Donné par l'intersection de U et de A. Tm.

tétragone U A′. Des équations (15) on tire:

$$B - B' = \mu A - \mu' A',$$
$$\mu' B - \mu B' = (\mu' - \mu) U + (\lambda - \lambda') \mu \mu' (x^2 + y^2 + z^2);$$

donc l'équation

$$B - B' = 0$$

représente une conique circonscrite au tétragone B B′ et homocyclique aux coniques A, A′, et l'equation:

$$\mu' B - \mu B' = 0$$

représente une conique circonscrite an tétragone B B′ et homocyclique à U.

Donc:

Théorème I. *Étant données deux coniques homocycliques* A, A′ *et une troisième conique quelconque* U, *si aux tétragones* U A, UA′ *on circonscrit deux coniques quelconques* B, B′, *le tétragone* BB′ *sera inscrit tout à la fois à une conique homocyclique aux deux* A, A′ *et à une conique homocyclique à* U. (Chasles).

6. Soient encore données les coniques A, A′, U, d'où l'on déduit B, B′. On peut donner à la fonction $B + kB'$ la forme

$$x^2 + y^2 + z^2.$$

Il suffit, en effet, de poser

$$k + 1 = 0, \quad \mu - \mu' = 0;$$

alors on a:

$$B - B' = \mu (\lambda - \lambda') (x^2 + y^2 + z^2),$$

c'est-à-dire les coniques B, B′ sont homocycliques.

Ainsi:

Théorème II. *Étant données deux coniques homocycliques* A, A′ *et une troisième conique quelconque* U, *si au tétragone* U A *on circonscrit une conique quelconque* B, *on pourra circonscrire au tétragone* U A′ *une conique* B′ *homocyclique à* B. (Chasles).

7. Soient données trois coniques homocycliques:

$$A = ax^2 + by^2 + cz^2 + \lambda (x^2 + y^2 + z^2) = 0,$$
$$A' = ax^2 + by^2 + cz^2 + \lambda' (x^2 + y^2 + z^2) = 0,$$
$$A'' = ax^2 + by^2 + cz^2 + \lambda'' (x^2 + y^2 + z^2) = 0,$$

et une quatrième conique quelconque:

$$U = 0,$$

d'où nous dérivons les trois coniques qui suivent:

$$B = U + \mu\, A = 0\,,$$
$$B' = U + \mu' A' = 0\,,$$
$$B'' = U + \mu'' A'' = 0\,.$$

On peut circonscrire au tétragone $B\,B'$ une conique qui coïncide avec B''. En effet, on a:

$$B + k B' = (1+k)\, U + \mu\, A + k\, \mu' A'\,,$$

donc, si nous posons:

$$k = \frac{\mu\,(\lambda'' - \lambda)}{\mu'\,(\lambda' - \lambda'')} \quad \text{et} \quad \mu'' = \frac{\mu\,\mu'\,(\lambda' - \lambda)}{\mu\,(\lambda'' - \lambda) + \mu'\,(\lambda' - \lambda'')}\,,$$

on obtient

$$B + k B' = (1+k)\, B''.$$

Donc:

Théorème III. *Étant données trois coniques homocycliques* A, A', A'' *et une quatrième conique quelconque* U, *si aux deux tétragones* $U A$, $U A'$ *on circonscrit deux coniques* B, B', *les deux tétragones* $U A''$ *et* $B B'$ *seront inscrits dans une même conique* B''. (Chasles).

8. Soient données trois coniques:

$$U = 0\,, \qquad V = 0\,, \qquad W = U - V = 0$$

circonscrites à un même tétragone. On décrit une conique

$$U' = U + \lambda\,(x^2 + y^2 + z^2) = 0$$

homocyclique à U, et une autre conique

$$V' = V + \mu\,(x^2 + y^2 + z^2) = 0$$

homocyclique à V. Il s'ensuit que la conique

$$W' = U' - V' = W + (\lambda - \mu)\,(x^2 + y^2 + z^2) = 0$$

est tout à la fois circonscrite au tétragone $U'V'$ et homocyclique à W. De plus, les tétragones $U V$, $U'V'$ sont inscrits dans une même conique

$$K = \mu\, U' - \lambda\, V' = \mu\, U - \lambda\, V = 0\,.$$

Ainsi:

THÉORÈME IV. *Quand trois coniques* U, V, W *sont circonscrites à un même tétragone, si l'on décrit deux coniques* U′, V′ *homocycliques à* U *et* V *respectivement, on pourra circonscrire au tétragone* U′V′ *une conique* W′ *homocyclique à la troisième conique* W. *Et les deux tétragones* UV, U′V′ *auront leurs huit sommets situés dans une même conique.* (CHASLES).

Il suit d'ici qu'on aura deux faisceaux homographiques de coniques, dont les bases sont les tétragones UV, U′V′, et les deux coniques correspondantes:

$$U - iV = 0, \qquad U' - iV' = 0$$

sont toujours homocycliques.

Il est évident qu'à la condition d'être homocycliques on peut substituer celle de rencontrer une conique donnée dans un même système de quatre points réels ou imaginaires. En vertu de cette observation, les quatre théorèmes de M. CHASLES ne constituent qu'un théorème unique, auquel on peut donner l'énoncé suivant:

Étant données plusieurs coniques:

$$U = 0, \qquad V = 0, \qquad W_r = U - i_r V = 0$$

circonscrites à un même tétragone, et une autre conique quelconque

$$C = 0;$$

si aux tétragones UC, VC *on circonscrit deux coniques* U′, V′, *on pourra circonscrire aux tétragones* $W_r C$ *respectivement des coniques* W'_r *qui soient toutes circonscrites au tétragone* U′V′. *Et les deux tétragones* UV, U′V′ *auront leurs huit sommets situés sur une même conique*

$$K = 0.$$

Il s'ensuit encore:

Si deux tétragones UK, U′K *inscrits dans une même conique* K *sont les bases de deux faisceaux homographiques de coniques, les points d'intersection de deux coniques correspondantes*

$$\lambda W_r = (\lambda - i_r \mu)\, U - i_r K = 0,$$
$$\lambda W'_r = (\lambda - i_r \mu)\, U' - i_r K = 0$$

se trouvent toujours dans une même conique:

$$U - U' = 0. \qquad [24]$$

Et réciproquement:

Afin que toutes les intersections des couples de coniques correspondantes de deux faisceaux homographiques appartiennent à une même conique, il faut que les tétragones, bases des faisceaux, soient inscrits à une même conique.

Ces théorèmes généraux ne cessent pas d'avoir lieu en substituant aux coniques circonscrites à un même tétragone des courbes sphériques de l'ordre n circonscrites à un même polygone sphérique de n^2 sommets.

Théorème général comprenant comme cas très-particulier la question 498. [21]

On donne dans un plan: 1.° une droite fixe; 2.° un point O sur cette droite; 3.° un point fixe A. Trouver une courbe telle, qu'en menant par un point quelconque pris sur cette courbe une tangente, et par le point A une parallèle à cette tangente, ces deux droites interceptent sur la droite fixe deux segments comptés du point O, liés entre eux par une relation algébrique du degré n.

On peut considérer ces segments comme des coordonnées tangentielles; donc l'enveloppe demandée est une courbe de la classe n (voir la *Géometrie supérieure* de M. Chasles, chap. XXIV).

On donne dans l'espace: 1.° une droite fixe; 2.° un point O sur cette droite; 3.° deux points fixes A, B. Trouver une surface telle, qu'en menant par un point quelconque pris sur cette surface un plan tangent, et par A, B deux plans parallèles au plan tangent, ces trois plans interceptent sur la droite fixe trois segments comptés du point O, liés entre eux par une relation algébrique du degré n.

L'enveloppe demandée est une surface de la classe n.

17.

SOLUTION DES QUESTIONS 494 ET 499, [21] MÉTHODE DE GRASSMANN ET PROPRIÉTÉ DE LA CUBIQUE GAUCHE.

Nouvelles Annales de Mathématiques, 1.re série, tome XIX (1860), pp. 356-361.

La question 499 embrasse deux énoncés, qui, si je ne me trompe, exigent quelques corrections. Dans le premier énoncé, les droites B, D et le point *m* sont des éléments fixes superflus à la construction du point variable *p*. Il suffirait de dire: " Si les côtés " *ap*, *cp*, *ac* d'un triangle variable *acp* tournent autour de trois points fixes *l*, *s*, *o*, et " si deux sommets *a*, *c* glissent sur deux droites fixes A, C, le troisième sommet *p* " décrira une conique „. C'est le célèbre théorème de MACLAURIN et BRAIKENRIDGE. Si le lieu du point *p* doit être une cubique (courbe du troisième ordre), il faut modifier les données de la question.

Le deuxième énoncé n'est pas complet. On n'y trouve pas de données suffisantes pour définir un lieu géométrique. Il faut lire: " Si les côtés *ab*, *bc*, *cd*, *da* et la dia- " gonale *bd* d'un quadrilatère plan variable *abcd* tournent autour de cinq points fixes " *o*, *p*, *q*, *r*, *s*, et les sommets *a*, *c*, qui sont au dehors de la diagonale, glissent sur " deux droites fixes M, N, chacun des autres sommets *b*, *d* décrira une cubique „.

Ce beau théorème a été donné par un éminent géomètre allemand, M. HERMANN-GUNTHER GRASSMANN, de Stettin*), dans un Mémoire inséré dans le t. XXXI du *Journal de Crelle,* p. 111-132; 1846.

A l'occasion de ces théorèmes qui se rapportent à la *géométrie des intersections*, je ne puis m'empêcher de mentionner une méthode très-expéditive et très-curieuse, dont la première idée paraît appartenir à LEIBNIZ, mais qui a été vraiment établie

*) Professeur au gymnase de Stettin. Nè dans cette ville en 1809.

par M. Grassmann dans un ouvrage intéressant *(die Wissenschaft der extensiven Grössen oder die Ausdehnungslehre)*, imprimé à Leipzig en 1844, et dans des Mémoires postérieurs *(Preisschriften gekrönt und herausgegeben von der fürstlich Jablonowski' schen Gesellschaft*, Leipzig, 1847, *Journal de Crelle*, t. XXXI, XXXVI, XLII, XLIV, XLIX, LII). Excepté MM. Möbius *(Preisschriften, etc., ut supra)* et Bellavitis *(Atti dell'Istituto Veneto*, decembre 1854), je ne sache pas que quelque géomètre ait donné aux recherches de M. Grassmann l'attention qu'elles méritent.

Je vais reproduire ici les premières définitions et conventions de cette ingénieuse théorie, que l'auteur nomme *analyse géométrique.* Je désignerai toujours les points par de *petites* lettres, et les droites par des lettres *majuscules.*

Première définition. ab représente la *droite* qui joint les points a et b.

Deuxième définition. AB représente le point commun aux droites A et B.

Conventions. On pose:

$ab=0$ si les points a et b coïncident;

$\mathrm{AB}=0$ si les droites A et B (indéfinies) coïncident;

$a\mathrm{B}=0$ ou bien $\mathrm{B}a=0$ si le point a est sur la droite B.

Cela posé, soient a, b deux points fixes, x un point variable:

$$abx=0$$

est l'équation d'une droite, car elle exprime que x est toujours sur ab. De même

$$\mathrm{ABX}=0$$

est l'équation d'un point, enveloppe de la droite mobile X.

M. Grassmann démontre la proposition qui suit, et qui est la généralisation du théorème de Pascal *(hexagramma mysticum).*

“ Si un point x mobile dans un plan est assujetti à la condition qu'un certain “ point et une certaine droite, *déduisibles* du point x et d'une série de points et droites “ fixes au moyen de constructions exécutées avec la seule règle, doivent tomber l'un “ dans l'autre, et si le point x a été employé n fois dans ces constructions, le lieu du “ point x sera une courbe de l'ordre n „.

L'auteur donne aussi le théorème corrélatif pour la génération des courbes de la classe n, et les propositions analogues dans l'espace pour la génération des surfaces algébriques.

La construction du point variable $x(p)$ dans le premier énoncé rectifié, question 499, est représentée par l'équation *planimétrique* (selon l'appellation de M. Grassmann):

$$xs\mathrm{C}o\mathrm{A}lx=0$$

(la droite xs coupe C dans un point, la droite qui passe par ce point et par o rencontre A dans un autre point qui avec l donne une droite passant par x).

Cette équation contient deux fois l'élément variable x, et par conséquent, selon le théorème général de M. Grassmann, elle appartient à une conique. Cette conique passe par les cinq points:

$$s,\ l,\ \mathrm{AC},\ so\mathrm{A},\ lo\mathrm{C};$$

ce qui est évident, parce que chacun d'eux satisfait identiquement l'équation de la courbe.

Dans l'autre énoncé, question 499, la construction du point variable $x\,(b)$ est indiquée par l'équation planimétrique qui suit:

$$(xp\mathrm{N}q)\ (xo\mathrm{M}r)\ (xs) = 0$$

(exprimant que les trois droites $xp\mathrm{N}q$, $xo\mathrm{M}r$, xs passent par un même point). Cette équation contient trois fois le point variable x; donc elle appartient à une cubique. On trouve aisément que cette courbe contient les neuf points:

$$o,\ p,\ s,\ \mathrm{MN},\ (pq)(or),\ qs\mathrm{N},\ rs\mathrm{M},\ pq\mathrm{M},\ or\mathrm{N}.$$

M. Grassmann démontre que l'équation ci-dessus est complètement générale, c'est-à-dire, elle représente toute courbe plane du troisième ordre.

La question 494 (*Nouvelles Annales,* t. XVIII, p. 444) est un autre théorème de M. Grassmann (*Journal de Crelle,* t. XXXI). La construction du point variable $x\,(q)$ donne l'équation planimétrique

$$(xa\mathrm{A})\ (xb\mathrm{B})\ (xc\mathrm{C}) = 0,$$

exprimant que les trois points $xa\mathrm{A}$, $xb\mathrm{B}$, $xc\mathrm{C}$ sont en ligne droite. L'équation contient trois fois l'élément variable x, donc le lieu de la question 494 est une cubique, qui passe par les neuf points:

$$a,\ b,\ c,\ \mathrm{BC},\ \mathrm{CA},\ \mathrm{AB},\ bc\mathrm{A},\ ca\mathrm{B},\ ab\mathrm{C}.$$

Soit X la droite variable qui contient les trois points $xa\mathrm{A}$, $xb\mathrm{B}$, $xc\mathrm{C}$: on aura évidemment

$$(\mathrm{XA}a)\ (\mathrm{XB}b)\ (\mathrm{XC}c) = 0;$$

donc la droite X enveloppe une courbe de la troisième classe, qui touche les neuf droites:

$$\mathrm{A},\ \mathrm{B},\ \mathrm{C},\ bc,\ ca,\ ab,\ \mathrm{BC}a,\ \mathrm{CA}b,\ \mathrm{AB}c.$$

Ainsi on peut regarder comme résolues les questions 494 et 499.

Propriété de la cubique gauche.

J'ai trouvé cette propriété en m'occupant de cette courbe à double courbure dans ma solution de la question 435 *(Nouvelles Annales,* t. XVIII, p. 199).

" Par une cubique gauche osculée par le plan à l'infini passe un seul cylindre du " second ordre, et ce cylindre est parabolique „. J'ai énoncé cette proposition dans mon dernier Mémoire inséré dans les *Annali di Matematica* (Rome, juillet et août 1859): *Intorno alle coniche inscritte in una stessa superficie sviluppabile del quart'ordine.* Or voici le nouveau théorème.

" Pour chaque plan parallèle au cylindre, la courbe admet un système de cordes " parallèles à ce plan, dont les points milieux sont situés sur une même droite (dia- " mètre). Ce diamètre passe par le point de la cubique gauche où elle est touchée " par un plan parallèle aux cordes; il est la droite d'intersection du plan osculateur " avec le plan asymptote, qui correspondent à ce même point (par chaque point de " la courbe passe un plan asymptote, c'est-à-dire tangent à l'infini, et tous ces plans " sont parallèles entre eux).

" Donc par chaque point de la courbe passe un diamètre, qui bissecte les cordes " parallèles au plan qui touche, sans osculer, la courbe au même point [[25]]. Tous ces " diamètres sont parallèles à un même plan, savoir à la direction des plans asymptotes, " et forment une surface du troisième ordre.

" La courbe admet au moins un point (et au plus trois) où la droite tangente et " le diamètre correspondant se rencontrent sous un angle droit „.

On voit par là la frappante analogie entre cette courbe à double courbure et la parabole ordinaire *).

---

*) On peut consulter le Mémoire français de M. Cremona dans Crelle, t. LVIII, p. 138, 1860, qui vient de paraître. On y cite ce théorème remarquable de Cayley: « Toute surface réglée (non développable) est d'une *classe* égale à son *ordre* ».

18.

SOPRA UN PROBLEMA GENERALE DI GEOMETRIA.

Annali di Matematica pura ed applicata, serie I, tomo III (1860), pp. 169-171.

1. Nel fascicolo di gennaio 1860 del periodico: *Nouvelles Annales de Mathématiques* del sig. TERQUEM, a pag. 43, trovasi enunciato un problema, caso particolarissimo del seguente:

Data una retta OA, un punto O in essa ed un punto B fuori della medesima, trovare una curva (nel piano OAB) tale che conducendo una sua tangente qualsivoglia, e per B la parallela a questa, i segmenti della OA intercetti fra queste rette e il punto O siano legati da una data relazione algebrica del grado n.

Siano OM, ON i due segmenti compresi il primo fra il punto O e una tangente qualunque della curva, il secondo fra O e la parallela alla tangente. Sia:

$$F(OM, ON) = 0$$

la relazione data. Posto $OB = b$ ed assunte le rette OA, OB per assi delle coordinate rettilinee y, x avremo:

$$OM = y - x\frac{dy}{dx}, \qquad ON = -b\frac{dy}{dx},$$

ove x, y sono le coordinate del punto di contatto. Arriviamo così all'equazione alle derivate:

$$F\left(y - x\frac{dy}{dx}, \quad -b\frac{dy}{dx}\right) = 0 \tag{1}$$

la primitiva singolare della quale sarà evidentemente l'equazione della curva domandata.

Ma questa curva può essere ottenuta anche senza ricorrere alle derivate. Infatti, siano u, v le coordinate tangenziali della retta tangente la curva, cioè siano $-\frac{1}{u}, -\frac{1}{v}$

i segmenti degli assi OB, OA compresi fra l'origine O e la tangente suddetta. Avremo:

$$\mathrm{OM} = -\frac{1}{v}, \qquad \mathrm{ON} = \frac{bu}{v}$$

quindi:

$$\mathrm{F}\left(-\frac{1}{v}, \frac{bu}{v}\right) = 0 \tag{2}$$

sarà l'equazione in coordinate tangenziali della curva domandata. Resta a dedurne l'equazione in coordinate cartesiane. A tale uopo, osservo che l'equazione in coordinate tangenziali del punto di contatto della tangente (u, v) è:

$$ux + vy + 1 = 0 \tag{3}$$

e che la richiesta equazione cartesiana della curva sarà la condizione, che il punto (x, y) appartenga alla curva. Rendo omogenea in u, v la (2) mediante la (3), onde avrò:

$$\mathrm{F}\left(\frac{ux + vy}{v}, \frac{bu}{v}\right) = 0.$$

Le radici di questa equazione sono i valori del rapporto $u : v$ corrispondenti a tutte le tangenti della curva che passano pel punto (x, y): dunque l'equazione cartesiana della curva sarà la condizione che l'equazione precedente abbia due radici eguali, ossia avrà per primo membro il discriminante della funzione omogenea in u, v:

$$\mathrm{F}\left(\frac{ux + vy}{v}, \frac{bu}{v}\right).$$

Sia $\Delta(x, y)$ questo discriminante: sarà:

$$\Delta(x, y) = 0$$

la primitiva singolare della (1), mentre la primitiva completa è data da una tangente qualunque della curva, cioè è la (3) ove i parametri u, v sono legati dalla condizione (2).

La curva domandata è dunque algebrica della classe n (e dell'ordine $n(n-1)$).

Siccome l'equazione (3) si può desumere dall'eliminazione di $\frac{\mathrm{d}y}{\mathrm{d}x}$ fra le due:

$$y - x\frac{\mathrm{d}y}{\mathrm{d}x} = -\frac{1}{v}, \qquad -\frac{\mathrm{d}y}{\mathrm{d}x} = \frac{u}{v}$$

così è manifesto che il precedente processo geometrico d'integrazione coincide col notissimo di Lagrange.

2. L'analogo problema nello spazio è il seguente:

Data una retta OA, un punto O in essa, e due punti B, C fuori di essa, trovare una superficie tale che conducendo un suo piano tangente qualunque, e per B e C i piani ad esso paralleli, i segmenti di OA intercetti fra questi piani e il punto O abbiano fra loro una data relazione algebrica del grado n.

Siano OL, OM, ON i tre segmenti anzidetti, e sia:

$$F(OL, OM, ON) = 0$$

la relazione data. Assumo OA, OB, OC per assi delle coordinate rettilinee x, y, z; posto $OB = b$, $OC = c$, avremo:

$$OL = x - y\frac{dx}{dy} - z\frac{dx}{dz}, \qquad OM = -b\frac{dx}{dy}, \qquad ON = -c\frac{dx}{dz}$$

ove x, y, z sono le coordinate del punto di contatto del piano tangente che si considera. Avremo dunque l'equazione alle derivate parziali:

$$F\left(x - y\frac{dx}{dy} - z\frac{dx}{dz}, \quad -b\frac{dx}{dy}, \quad -c\frac{dx}{dz}\right) = 0 \tag{1}$$

la primitiva singolare della quale sarà l'equazione della superficie domandata.

Siano u, v, w le coordinate tangenziali del piano tangente la superficie, cioè siano $-\frac{1}{u}, -\frac{1}{v}, -\frac{1}{w}$ i segmenti degli assi compresi fra questo piano e l'origine. Avremo:

$$OL = -\frac{1}{u}, \quad OM = \frac{bv}{u}, \quad ON = \frac{cw}{u}$$

epperò:

$$F\left(-\frac{1}{u}, \frac{bv}{u}, \frac{cw}{u}\right) = 0 \tag{2}$$

sarà l'equazione in coordinate tangenziali della superficie domandata.

L'equazione in coordinate tangenziali del punto di contatto del piano (u, v, w) è:

$$ux + vy + wz + 1 = 0. \tag{3}$$

Per esprimere la condizione che il punto (x, y, z) appartenga alla superficie, rendo la (2) omogenea in u, v, w mediante la (3); si avrà:

$$F\left(\frac{ux + vy + wz}{u}, \frac{bv}{u}, \frac{cw}{u}\right) = 0.$$

Questa equazione rappresenta, insieme colla (3), la superficie conica inviluppo de' piani tangenti condotti alla superficie (2) dal punto (3). Se questo punto appartiene alla superficie (2), quel cono avrà un piano tangente doppio; epperò l'equazione in coordinate x, y, z della superficie domandata avrà per primo membro il discriminante della funzione omogenea in u, v, w:

$$F\left(\frac{ux+vy+wz}{u}, \frac{bv}{u}, \frac{cw}{u}\right).$$

Sia $\Delta(x, y, z)$ questo discriminante; sarà:

$$\Delta(x, y, z) = 0$$

la primitiva singolare della (1). La primitiva completa è evidentemente somministrata da un piano tangente qualsivoglia della superficie, cioè è la (3), ove i parametri arbitrari u, v, w siano legati dalla condizione (2).

La superficie domandata è dunque algebrica della classe n (e dell'ordine $n(n-1)^2$).

L'equazione (3) si ottiene eliminando $\frac{dx}{dy}$, $\frac{dx}{dz}$ fra le tre:

$$x - y\frac{dx}{dy} - z\frac{dx}{dz} = -\frac{1}{u}, \qquad -\frac{dx}{dy} = \frac{v}{u}, \qquad -\frac{dx}{dz} = \frac{w}{u},$$

epperò il metodo geometrico seguito nella precedente integrazione coincide coll'analitico usato ordinariamente.

Milano, 1.° giugno 1860.

19.

SULLE SUPERFICIE DI SECOND'ORDINE OMOFOCALI.

CHASLES. RÉSUMÉ D'UNE THÈORIE DES SURFACES DU SECOND ORDRE HOMOFOCALES. COMPTES RENDUS, 1860, n. 24 et 25.

Annali di Matematica pura ed applicata, serie I, tomo III (1860), pp. 241-244.

In una memoria inserita in questi *Annali di matematica* (marzo ed aprile 1859), io ho studiato la distribuzione de' centri d'un sistema di superficie di second'ordine inscritte in una stessa sviluppabile (reale o immaginaria) ed aventi il comune tetraedro polare *reale*. Ivi ho dimostrato che le quattro coniche, linee di stringimento della sviluppabile, o son tutte reali, ovvero due sono reali e due immaginarie.

Assumo tre de' quattro piani costituenti il tetraedro polare, come piani coordinati, e suppongo che il quarto piano sia tutto a distanza infinita. Siano $t:u:v:w$ le coordinate tangenziali (di PLÜCHER) di un piano qualsivoglia, cioè siano

$$-\frac{w}{t},\quad -\frac{w}{u},\quad -\frac{w}{v}$$

i segmenti da esso determinati sugli assi. Allora, come risulta dalla citata memoria, una superficie qualunque del sistema sarà rappresentabile coll'equazione:

$$(b-c+i\alpha)t^2+(c-a+i\beta)u^2+(a-b+i\gamma)v^2+(\alpha+\beta+\gamma)w^2=0 \tag{1}$$

ove i è il parametro variabile che serve ad individuare ciascuna superficie del sistema, ed $a,b,c,\ \alpha,\beta,\gamma$ sono quantità costanti legate fra loro dall'unica condizione:

$$a\alpha+b\beta+c\gamma=0\,. \tag{2}$$

Ponendo nella (1) successivamente $i=\infty,\ \frac{c-b}{\alpha},\ \frac{a-c}{\beta},\ \frac{b-a}{\gamma}$ si ottengono le quattro coniche di stringimento:

$$(3)\quad \begin{cases} \alpha t^2 + \beta u^2 + \gamma v^2 \quad * = 0 \\ * \quad cu^2 - bv^2 + aw^2 = 0 \\ -ct^2 \quad * + av^2 + \beta w^2 = 0 \\ bt^2 - au^2 \quad * + \gamma w^2 = 0 \end{cases}$$

la prima delle quali è tutta all'infinito.

La forma dell'equazione (1) mostra che tutte le superficie del sistema hanno il centro all'origine, e che per esse i piani coordinati costituiscono una comune terna di piani diametrali coniugati.

Si supponga la prima conica immaginaria cioè α, β, γ abbiano lo stesso segno, ed invero, com'è lecito supporre, positivo. In virtù della (2), le a, b, c non potranno esser tutte positive, nè tutte negative; perciò, delle altre tre coniche, una è immaginaria e le altre due sono reali ma di specie diversa: un'ellisse ed un'iperbole.

Esprimiamo ora le condizioni che la prima conica sia circolare. La sfera di raggio $= 1$ e col centro all'origine è rappresentata dall'equazione:

$$t^2 \operatorname{sen}^2\lambda + u^2 \operatorname{sen}^2\mu + v^2 \operatorname{sen}^2\nu - 2uv(\cos\lambda - \cos\mu\cos\nu) - 2vt(\cos\mu - \cos\nu\cos\lambda)$$
$$- 2tu(\cos\nu - \cos\lambda\cos\mu) = w^2(1 - \cos^2\lambda - \cos^2\mu - \cos^2\nu + 2\cos\lambda\cos\mu\cos\nu),$$

ove λ, μ, ν sono gli angoli fra gli assi coordinati. Ora, il cerchio immaginario all'infinito è la linea dell'ideale contatto fra la sfera ed il suo cono assintotico; onde, facendo $w = 0$ nell'equazione precedente, avremo l'equazione del cerchio immaginario richiesto.

Affinchè l'equazione risultante coincida colla prima delle (3) dev'essere:

$$\cos\lambda = \cos\mu = \cos\nu = 0,$$

cioè i piani diametrali comuni alle superficie (1) devono essere i loro piani principali; ed inoltre:

$$\alpha = \beta = \gamma.$$

Posto, com'è lecito, $\alpha = 1$, l'equazione (1) diviene:

$$(b - c + i)t^2 + (c - a + i)u^2 + (a - b + i)v^2 + 3w^2 = 0.$$

I quadrati de' semiassi di questa superficie sono:

$$\frac{c-b-i}{3}, \quad \frac{a-c-i}{3}, \quad \frac{b-a-i}{3};$$

quindi le superficie inscritte in una sviluppabile (immaginaria) per la quale il cerchio immaginario all'infinito sia una linea di stringimento, sono omofocali. E reciprocamente, le superficie omofocali si ponno risguardare come inscritte in una sviluppabile immaginaria tagliata dal piano all'infinito secondo il cerchio immaginario, cioè secondo la linea di contatto fra una sfera arbitraria ed il suo cono assintotico.

Di qui segue che se $U=0$ è l'equazione, in coordinate tangenziali, di una superficie di second'ordine, riferita ad assi qualsivogliano, l'equazione generale delle superficie omofocali ad essa sarà:

$$U+iS=0$$

ove:

$$S=t^2\operatorname{sen}^2\lambda+u^2\operatorname{sen}^2\mu+v^2\operatorname{sen}^2\nu-2uv(\cos\lambda-\cos\mu\cos\nu)$$
$$-2vt(\cos\mu-\cos\nu\cos\lambda)-2tu(\cos\nu-\cos\lambda\cos\mu)$$

(λ, μ, ν angoli fra gli assi).

Questo risultato analitico, esprimente il suenunciato teorema sulle superficie omofocali, teorema che è stato dato la prima volta dall'illustre CHASLES nel suo *Aperçu historique* (nota 31ª), ci pone in grado di dare semplicissime dimostrazioni de' quattro teoremi generali recentemente dati dal medesimo autore nei *Comptes rendus* (11 giugno 1860), come fondamento di una teoria delle superficie medesime.

Sia:

$$A=F+iS\,,\quad A'=F+i'S\,,$$
$$B=A+\theta U\,,\quad B'=A'+\theta'U\,;$$

ne segue:

$$\theta'B-\theta B'=(\theta'-\theta)F+(\theta'i-\theta i')S\,,$$

e:

$$B-B'=(\theta-\theta')U+(i-i')S$$

cioè:

" Date due superficie omofocali A, A' ed un'altra superficie qualunque U, se nelle due sviluppabili (UA), (UA') si inscrivono rispettivamente due superficie qualsivogliano B, B'; la sviluppabile (BB') sarà simultaneamente circoscritta ad una superficie omofocale ad A, A' e ad un'altra superficie omofocale ad U ".

Posto:

$$A'=A+\theta S\,,\qquad B=A+\omega U\,,$$

si ha:

$$A'+\omega U=B+\theta S\,;$$

dunque:

« Date due superficie omofocali A, A′ ed una terza superficie qualunque U, se nella sviluppabile (UA) s'inscrive una superficie B; si potrà nella sviluppabile (UA′) inscrivere una superficie omofocale a B ».

Posto:

$$A' = A + \theta' S \;, \qquad A'' = A + \theta'' S \;,$$

$$B' = A' + \omega' U \;, \qquad B'' = A'' + \omega'' U \;,$$

si ricava:

$$\theta'' B' - \theta' B'' = (\theta'' - \theta') A + (\theta'' \omega' - \theta' \omega'') U \;;$$

dunque:

« Date tre superficie omofocali A, A′, A″ ed una quarta superficie qualunque U, se nelle sviluppabili (UA′), (UA″) si inscrivono rispettivamente le superficie B′, B″; le due sviluppabili (B′B″), (UA) saranno circoscritte ad una stessa superficie (di second'ordine) ».

Ponendo:

$$A = U + aV \;, \quad B = U + bV \;, \quad C = U + cV \;,$$

$$A' = A + a'S \;, \quad B' = B + b'S \;,$$

avremo:

$$(c-b)A' + (a-c)B' = (a-b)C + \Big(a'(c-b) + b'(a-c)\Big) S$$

ed inoltre:

$$b'A' - a'B' = b'A - a'B \;;$$

dunque:

« Quando tre superficie A, B, C sono inscritte in una stessa sviluppabile, se si descrivono due superficie A′, B′ omofocali rispettivamente ad A e B, si potrà inscrivere nella sviluppabile (A′B′) una superficie C′ omofocale a C. E le due sviluppabili (ABC), (A′B′C′) saranno circoscritte ad una stessa superficie (di second'ordine).

Bologna, 1.° dicembre 1860.

20.

SULLE CONICHE E SULLE SUPERFICIE DI SECOND' ORDINE CONGIUNTE.

Annali di Matematica pura ed applicata, serie I, tomo III (1860), pp. 257-282.

Il signor TERQUEM, in un breve articolo inserito nel terzo volume del giornale di LIOUVILLE, primo considerò le *linee congiunte* in una conica, chiamando con questo nome due rette tali, che assunte per assi delle coordinate x, y, rendano eguali i coefficienti di x^2 ed y^2 nella equazione della curva, ossia due rette tali, che seghino, realmente o idealmente, la conica in quattro punti appartenenti ad una stessa circonferenza.

Poscia il professore CHASLES, in una memoria che fa parte del medesimo volume di quel periodico matematico, trattò lo stesso argomento sotto l'aspetto della pura geometria, e, con quella fecondità che gli è propria, dimostrò un vasto sistema di proposizioni relative alle linee congiunte. Verso il fine della memoria, l'illustre geometra accenna brevemente come si possa applicare quella teorica alle superficie di second'ordine, ed enuncia alcune proprietà de' *coni congiunti*, cioè di quei coni di second'ordine che passano per l'intersezione di una sfera con una superficie dello stesso ordine. Ivi egli promette di ritornare su quest'ultimo argomento e di trattarlo più completamente; ma, per quanto io sappia, non diede seguito a tale suo proposito, certamente distratto da più gravi lavori; nè so se alcun altro abbia fatto le sue veci.

Se io oso, dopo tali predecessori, pubblicare questo, qualunque siasi lavoro, l'argomento del quale ha molta attinenza colla teorica delle linee e dei coni congiunti, non miro certamente a presentare una serie di verità che abbiano la pretesa d'essere affatto nuove. Anzi confesso che ho dedotto la maggior parte de' teoremi, qui sotto enunciati intorno alle superficie di second'ordine, da quelli dell'illustre CHASLES sopra le superficie omofocali *), mediante il metodo delle polari reciproche; e per ciò stesso, ne ommetto, come superflue, le dimostrazioni. Mio unico scopo è di attirare l'attenzione di qualche benevolo lettore su d'una teoria che promette d'essere feconda quanto lo è quella de' luoghi omofocali, da cui la prima può derivarsi mercè la trasformazione polare.

È notissimo che le coniche omofocali si possono considerare come inscritte in uno stesso quadrilatero immaginario, avente due vertici reali (i due fuochi reali comuni alle coniche), due vertici immaginari a distanza finita (i due fuochi immaginari situati sul secondo asse delle coniche) e il quinto e sesto vertice immaginari all'infinito (i punti circolari all'infinito). Il sig. CHASLES ha enunciato pel primo l'analoga proprietà per le superficie omofocali **). Più superficie omofocali, cioè dotate di sezioni principali omofocali, sono idealmente inscritte in una medesima superficie sviluppabile immaginaria, avente tre coniche di stringimento (una ellittica, la seconda iperbolica, la terza immaginaria) ne' piani principali comuni alle superficie date; mentre la quarta curva di stringimento è il cerchio immaginario all'infinito.

Se le superficie di second'ordine, che si considerano, sono coni, è noto che a lato alla teorica de' coni omofocali esiste la teorica de' coni omociclici: teorica che si deriva dalla prima mediante la polarità supplementare ***). E da questa doppia teoria dei coni si conclude poi immediatamente la doppia teorica delle coniche sferiche omofocali e delle coniche sferiche omocicliche ****).

Ciò premesso, è ragionevole pensare che anche per le coniche piane e per le superficie di second'ordine in generale, esista una teoria analoga a quella de' coni omociclici; una teoria di un tale sistema di coniche o di superficie, che sia rispetto alle coniche circoscritte ad uno stesso quadrangolo o alle superficie passanti per una stessa curva gobba, ciò che le coniche e le superficie omofocali sono rispetto alle coniche inscritte in un quadrilatero e alle superficie inscritte in una stessa sviluppabile.

Questa memoria mostrerà che infatti tale teorica esiste e che essa è inclusa, come caso particolare, in quella di un sistema di coniche aventi le stesse linee congiunte, rispetto ad un dato cerchio, o di un sistema di superficie di second'ordine aventi gli stessi coni congiunti, relativamente ad una data sfera.

---

*) *Aperçu historique*, Note 31e *(Propriétés nouvelles des surfaces du second degrè, analogues à celles des foyers dans les coniques)*. — Comptes rendus de l'Académie de Paris, 1860; n. 24 et 25.

**) *Aperçu historique*, Note 31e.

***) CHASLES, *Mémoire de géométrie pure sur le propriétés générales des cônes du second dégré* (Nouveaux Mémoires de l'Acad. de Bruxelles, tom. VI, 1830).

****) CHASLES, *Mémoire de géométrie sur les propriétés générales des coniques sphériques* (Nouveaux Mém. de l'Acad. de Bruxelles, t. VI). — Comptes rendus, 1860, n. 13. — Nouvelles Annales de Mathématiques, juillet 1860.

Coniche congiunte.

1. Data una conica riferita ad assi ortogonali:

$$U = 0$$

si diranno *linee congiunte ad essa, rispetto ad un dato punto* (α, β), due rette che seghino idealmente la curva in quattro punti appartenenti ad una circonferenza di raggio nullo, avente il centro nel punto dato, ossia, ciò che è lo stesso, al sistema di due rette immaginarie: [26]

$$S = (x - \alpha)^2 + (y - \beta)^2 = 0 .$$

Per trovare tali rette, basta porre l'equazione:

$$U + \omega S = 0$$

e determinare ω in modo che il discriminante di essa sia nullo. L'equazione precedente rappresenta evidentemente un sistema di coniche aventi le stesse linee congiunte rispetto al punto dato.

2. La conica data, riferita ai suoi assi principali, sia rappresentata dall'equazione:

$$ax^2 + by^2 - 1 = 0 \ldots (a > b) .$$

Consideriamo le sue linee congiunte rispetto al centro della curva: rette che noi chiameremo semplicemente *linee congiunte.* Esse sono date dall'equazione:

$$ax^2 + by^2 - 1 + \omega (x^2 + y^2) = 0$$

quando diasi ad ω uno dei tre valori:

$$-a , \qquad -b , \qquad \infty .$$

Si hanno così i tre sistemi di linee congiunte:

$$(b - a) y^2 - 1 = 0 , \qquad (a - b) x^2 - 1 = 0 , \qquad x^2 + y^2 = 0 .$$

Le sole rette del secondo sistema sono reali, ed invero parallele all'asse focale, se la data conica è un'ellisse, o all'asse non focale, se essa è un'iperbole.

Que' tre sistemi di linee congiunte sono i lati e le diagonali di un rettangolo immaginario, inscritto nella conica data e concentrico ad essa.

3. Ecco alcune proprietà delle linee congiunte di una conica: proprietà che sono polari reciproche di quelle che competono ai fuochi.

Data una retta inscritta fra le linee congiunte di una conica, gli angoli, sotto i quali son vedute dal centro la retta stessa e la parte di essa inscritta nella conica, hanno la stessa bisettrice.

Da cui segue:

Data una corda inscritta in una conica, se si dividono per metà l'angolo sotto il quale la corda è veduta dal centro e l'angolo supplementare; la corda sarà incontrata in quattro punti armonici dalle due bisettrici e dalle linee congiunte.

Se nel precedente teorema la retta data è tangente alla conica si ha:

Data una retta tangente ad una conica, il raggio vettore che va al punto di contatto divide pel mezzo l'angolo sotto il quale si vede dal centro la porzione di tangente compresa fra le linee congiunte.

E per conseguenza:

Una tangente qualunque di una conica è segata armonicamente dalle linee congiunte dal raggio vettore che va al punto di contatto e dal raggio a questo perpendicolare.

4. *Dato un punto arbitrario* m *e presa la sua polare* M *rispetto ad una conica; se* m' *è quel punto di* M *che è quarto armonico dopo i punti in cui* M *incontra le linee congiunte e la parallela ad esse condotta per* m; *il segmento* mm' *è veduto dal centro sotto angolo retto.*

Reciprocamente:

Un segmento rettilineo, veduto dal centro di una conica sotto angolo retto, e i cui termini siano punti coniugati relativamente a questa, è diviso armonicamente dalle linee congiunte.

E come caso speciale:

Due punti coniugati rispetto ad una conica, presi su d'una linea congiunta, sono sempre veduti dal centro sotto angolo retto.

Quest'ultima proprietà può anche risguardarsi come compresa nella seguente:

Un angolo circoscritto ad una conica determina su d'una linea congiunta di questa un segmento veduto dal centro sotto un angolo, il cui supplemento ha per bisettrice il raggio vettore condotto al punto in cui la corda di contatto incontra la linea congiunta.

5. *Se una tangente qualunque di una conica di centro* O *incontra le linee congiunte rispettivamente ne' punti* α, β; *condotte per* O *le rette perpendicolari ai raggi* Oα, Oβ, *l'una di esse incontri la tangente in* m *e la prima linea congiunta in* a; *l'altra seghi la tangente in* n *e la seconda linea congiunta in* b. *Allora si avrà:*

$$\left(\frac{1}{Om}-\frac{1}{Oa}\right)\pm\left(\frac{1}{On}-\frac{1}{Ob}\right)=\text{cost.}$$

Se una retta condotta pel centro O *di una conica incontra questa in* m *e una linea congiunta in* m', *la quantità* $\frac{1}{\overline{Om}^2} - \frac{1}{\overline{Om'}^2}$ *è costante, qualunque sia la direzione della trasversale diametrale.*

Se un angolo circoscritto ad una conica di centro O *ha il vertice su d'una linea congiunta, e se il raggio vettore perpendicolare a quello che va al vertice incontra la linea congiunta in* a *e i lati dell'angolo in* m, m', *avremo:*

$$\frac{Om \, . \, Oa}{ma} + \frac{Om' \, . \, Oa}{m'a} = \text{cost.}; \qquad \frac{ma \, . \, m'a}{\overline{Oa}^2 \, . \, mm'} = \text{cost.}$$

Data una retta fissa che incontri una linea congiunta di una conica di centro O *in* r; *se da un punto qualunque della retta fissa si conducono due tangenti alla conica, le quali incontrino la linea congiunta in* p, q; *avremo:*

$$\text{tang} \tfrac{1}{2} pOr \, . \, \text{tang} \tfrac{1}{2} qOr = \text{cost.}$$

6. [27] *Una tangente qualunque di una conica e la retta che unisce il punto di contatto al polo di una linea congiunta determinano su di questa un segmento veduto dal centro sotto angolo retto.*

Se da un punto qualunque di una linea congiunta ad una conica di centro O *si conducono due rette toccanti la curva rispettivamente in* m *ed* n; *e se su di esse si prendono due altri punti* m', n' *in modo che gli angoli* mOn, m'On' *siano retti, le rette* mn, m'n' *si segheranno sull'altra linea congiunta.*

Sia data una conica di centro O, *una sua linea congiunta ed il polo* a *di questa. Una tangente qualunque della conica incontri* Oa *in* m. *Inoltre il raggio perpendicolare a quello che va al punto d'incontro della tangente colla linea congiunta incontri queste rette in* m', n. *Sarà:*

$$\left(\frac{1}{Oa} - \frac{1}{Om}\right) : \left(\frac{1}{Om'} - \frac{1}{On}\right) = \text{cost.}$$

Due tangenti di una conica incontrano le due rette congiunte in quattro punti appartenenti ad un'altra conica che ha un fuoco nel centro della data e per relativa direttrice la corda di contatto delle due tangenti.

Ecc. ecc.

7. L'equazione:

$$(1) \qquad (a + \omega) x^2 + (b + \omega) y^2 - 1 = 0,$$

ove si consideri ω indeterminata, rappresenta un sistema di coniche aventi le stesse linee congiunte, rispetto al centro comune. Le chiamerò *coniche congiunte.* Queste coniche hanno in comune gli assi, e son desse appunto che corrispondono, polarmente, alle coniche omofocali.

L'equazione (1) mostra che *più coniche congiunte si ponno risguardare come circoscritte allo stesso rettangolo immaginario, formato dai tre sistemi di linee congiunte.*

Il sistema (1) contiene infinite ellissi ed infinite iperboli. Le ellissi sono tutte nello spazio compreso fra le due linee congiunte reali; le iperboli tutte al di fuori, ciascuna avendo un ramo da una banda e l'altro dalla banda opposta, rispetto alle linee congiunte. Ciascuna ellisse ha l'asse maggiore parallelo alle linee congiunte; ciascuna iperbole ha l'asse focale perpendicolare alle linee congiunte. La serie delle ellissi comincia da quel punto, che è centro comune delle coniche congiunte, e finisce col sistema delle linee congiunte. La serie delle iperboli comincia con questo sistema e procede indefinitamente, senza limite reale. Onde:

Per un punto qualunque nel piano di una conica passa sempre una, ed una sola, conica congiunta alla data; la quale è iperbole o ellisse secondo che il punto sia fuori o entro lo spazio compreso fra le linee congiunte.

Invece *una retta qualunque tocca sempre due coniche congiunte ad una data, le quali sono di specie diversa.* I due punti di contatto sono veduti dal centro sotto angolo retto; ed i raggi vettori che vanno ai punti di contatto sono le bisettrici dell'angolo formato dai raggi condotti ai punti in cui la retta sega qualunque altra conica congiunta alla data. Cioè:

Dato un fascio di coniche congiunte ed una retta trasversale, le porzioni di questa comprese fra le coniche sono vedute dal centro sotto angoli che hanno le stesse bisettrici. Queste incontrano la trasversale ne' punti in cui essa tocca due coniche del fascio.

Date in un piano due rette parallele, si ponno descrivere infinite coniche, ellissi ed iperboli, di cui quelle siano le linee congiunte. Ogni ellisse ha con ciascuna iperbole quattro tangenti comuni, e per ciascuna di queste i due punti di contatto sono veduti dal centro sotto angolo retto.

L'inviluppo di una retta inscritta fra due coniche congiunte e veduta dal loro centro sotto angolo retto, è una circonferenza concentrica alle coniche date.

8. *In due coniche congiunte, la differenza degl'inversi quadrati di due semidiametri nella stessa direzione è costante.* (Questa costante è la differenza dei valori del parametro ω, relativi alle due coniche).

Per conseguenza:

Quando un'ellisse ed un'iperbole sono congiunte, la prima è incontrata dagli assintoti della seconda in quattro punti situati sopra una circonferenza concentrica alle coniche date. L'inverso quadrato del raggio di questa circonferenza è la differenza de' valori di ω, corrispondenti alle due coniche.

Dato un fascio di coniche congiunte, i due punti in cui una trasversale arbitraria tocca due di queste curve, sono coniugati rispetto a qualsivoglia conica del fascio.

Dato un fascio di coniche congiunte, una trasversale arbitraria le sega in coppie di punti formanti un'involuzione. I punti doppi di questa involuzione sono quelli ove la trasversale tocca due coniche del fascio. I raggi vettori, condotti dal centro comune delle coniche ai punti dell'involuzione anzidetta, formano un'altra involuzione, nella quale l'angolo di due raggi omologhi, e l'angolo supplementare sono divisi per metà dai raggi doppi.

9. *I poli di una trasversale arbitraria, relativi a più coniche congiunte, sono in un'iperbole equilatera che passa pel centro comune delle coniche date ed ha gli assintoti rispettivamente paralleli agli assi di queste.*

Il ramo di quest'iperbole, che passa pel centro delle coniche congiunte, è ivi diviso in due parti. La parte che allontanandosi da questo centro si va accostando alle linee congiunte, contiene i poli relativi alle ellissi appartenenti al dato sistema di coniche. L'altra parte contiene i poli relativi a coniche immaginarie.

L'altro ramo poi contiene i poli relativi alle iperboli.

Se in un punto qualunque dell'iperbole equilatera si conduce la retta tangente alla conica congiunta che passa per esso, questa retta va ad incontrare la trasversale in un punto, pel quale passa un'altra conica congiunta, ivi toccata dalla medesima retta.

Le rette polari di un punto m *rispetto a più coniche congiunte, passano per uno stesso punto* m'. I punti m, m' sono veduti dal centro comune delle coniche sotto angolo retto.

Se il punto m *percorre una retta* l, *il punto* m' *descrive l'iperbole luogo dei poli di* l.

Ecc. ecc.

10. Se:

$$ux + vy = 1$$

è l'equazione di una retta, la condizione ch'essa tocchi la conica (1) è:

$$\frac{u^2}{a+\omega} + \frac{v^2}{b+\omega} = 1 .$$

Siano μ, $-\nu$ le radici di questa equazione quadratica, cioè i parametri delle due coniche toccate dalla retta proposta. Si avrà:

$$\mu - \nu = u^2 + v^2 - (a+b) , \qquad \mu\nu = bu^2 + av^2 - ab ,$$

da cui:

$$u^2 = \frac{(a+\mu)(a-\nu)}{a-b} , \quad v^2 = \frac{(\mu+b)(\nu-b)}{a-b} .$$

Le quantità μ, ν si ponno assumere come *coordinate ellittiche tangenziali.*

Superficie di second'ordine congiunte.

11. Data la superficie di second'ordine:

$$ax^2 + by^2 + cz^2 - 1 = 0 \tag{1}$$

e la sfera di raggio nullo, o cono immaginario:

$$(x-\alpha)^2 + (y-\beta)^2 + (z-\gamma)^2 = 0\,, \tag{2}$$

qualunque superficie (di second'ordine), circoscritta alla loro curva di ideale intersezione, è rappresentata dall'equazione:

$$ax^2 + by^2 + cz^2 - 1 + \omega\left((x-\alpha)^2 + (y-\beta)^2 + (z-\gamma)^2\right) = 0\,. \tag{3}$$

Tutte le superficie comprese in questa equazione hanno in comune le direzioni dei piani ciclici. Il luogo dei centri delle medesime è la cubica gobba:

$$x = \frac{\alpha\omega}{a+\omega}\,,\quad y = \frac{\beta\omega}{b+\omega}\,,\quad z = \frac{\gamma\omega}{c+\omega}$$

che ha gli assintoti paralleli agli assi principali delle superficie (3). Questa curva ha quattro punti appartenenti alle superficie, di cui sono i rispettivi centri: i quali punti sono i vertici del tetraedro polare comune, ossia sono i vertici d'altrettanti coni che fanno parte del sistema (3), secondo il noto teorema di PONCELET *). Uno di tali coni è quello rappresentato dalla (2). Questi coni diconsi *congiunti* alla superficie data (1) relativamente al punto (α, β, γ). Diremo anche che tutte le superficie (3) sono *congiunte* rispetto a questo medesimo punto.

12. Data adunque una superficie di second'ordine, riferita ad assi ortogonali:

$$U = 0$$

ed un punto O di coordinate (α, β, γ), tutte le superficie *congiunte* ad essa rispetto a questo punto sono incluse nell'equazione:

$$U + iS = 0$$

essendo:

$$S = (x-\alpha)^2 + (y-\beta)^2 + (z-\gamma)^2$$

ed i un parametro indeterminato.

---

*) *Traité des propriétés projectives des figures,* Paris, 1822: p. 395.

Se $U = 0$ rappresenta il sistema di due piani, questi diventano i *piani direttori* relativi al *fuoco* O per la superficie $U + iS = 0$; cioè O è un *punto focale* per questa superficie, e que' due piani sono i corrispondenti *piani direttori* *). Se i due piani $U = 0$ passano pel punto O, la superficie $U + iS = 0$ è un cono del quale O è il vertice e que' due piani sono i piani ciclici.

Se U è il quadrato d'una funzione lineare delle x, y, z, cioè se $U = 0$ rappresenta un piano unico, la superficie $U + iS = 0$ è di rotazione: per essa O è un fuoco ed $U = 0$ è il relativo piano direttore. Se il piano $U = 0$ passasse per O, la superficie $U + iS = 0$ sarebbe un cono di rotazione, avente il vertice in O e l'asse perpendicolare al piano $U = 0$.

Ciò posto, siamo in grado di dimostrare assai semplicemente quattro teoremi generali, sulle superficie congiunte, correlativi di quelli che l'illustre Chasles diede recentemente sulle superficie omofocali **).

13. Posto:

$$A' = A + \lambda S, \quad B = \mu U + A, \quad B' = \mu' U + A',$$

avremo:

$$\mu' B - \mu B' = \mu' A - \mu A', \qquad B - B' = (\mu - \mu') U - \lambda S;$$

dunque:

Teorema 1.° *Date due superficie* A, A' *congiunte rispetto ad un punto* O, *ed un'altra superficie qualunque* U, *se per le due curve* (UA), (UA') *si fanno passare rispettivamente due superficie* B, B'; *per la curva* (BB') *si potrà far passare una superficie congiunta ad* A, A' *ed un'altra superficie congiunta ad* U, *rispetto allo stesso punto* O.

Se la superficie U riducesi al sistema di due piani u, u', si ha:

a) *Date due superficie* A, A' *congiunte rispetto ad un punto* O, *segate da due piani* u, u', *se si fa passare una superficie* B *per le sezioni di* A *ed una superficie* B' *per le sezioni di* A'; *per la curva* (BB') *si potrà far passare una superficie congiunta con* A, A' *rispetto ad* O, *ed un'altra superficie di cui* O *sia un punto focale ed* u, u' *i relativi piani direttori.*

I piani u, u' passino per O:

b) *Date due superficie* A, A' *congiunte rispetto ad un punto* O, *segate da due piani* u, u' *passanti per* O; *se si fa passare una superficie* B *per le sezioni di* A *ed una superficie* B' *per le sezioni di* A'; *per la curva* (BB') *si potrà far passare una superficie congiunta con* A, A' *rispetto ad* O, *ed un cono (di second'ordine) di cui* O *sia il vertice ed* u, u' *i piani ciclici.*

---

*) Vedi la Memoria di Amiot sulle superficie di second'ordine (*Liouville t.* 8).

**) *Comptes rendus,* 1860, n. 24.

Se i piani u, u' coincidono si ha:

c) *Date due superficie* A, A' *congiunte rispetto ad un punto* O, *se si descrivono due altre superficie* B, B' *tangenti rispettivamente alle date lungo le sezioni fatte da uno stesso piano* u, *per la curva* (BB') *si potrà far passare una superficie congiunta con* A, A' *rispetto ad* O, *ed una superficie di rotazione avente un fuoco in* O *ed* u *per relativo piano direttore.*

d) *Date due superficie* A, A' *congiunte rispetto ad un punto* O, *se si descrivono due altre superficie* B, B' *tangenti rispettivamente alle date lungo le sezioni fatte da uno stesso piano* u *passante per* O; *per la curva* (BB') *si potrà far passare una superficie congiunta con* A, A' *rispetto ad* O, *ed un cono di rotazione avente il vertice in* O *e l'asse perpendicolare al piano* u.

Se il piano u va tutto all'infinito si ha:

e) *Date due superficie* A, A' *congiunte rispetto ad un punto* O, *se si descrivono due altre superficie* B, B' *rispettivamente omotetiche alle date; per la curva* (BB') *si potrà far passare una superficie congiunta ad* A, A' *rispetto ad* O, *ed una sfera il cui centro sia lo stesso punto* O.

14. Sia A un cono congiunto ad A'; U il sistema di due piani tangenti ad A; B il piano delle due generatrici di contatto. Il teorema 1.° dà:

f) *Data una superficie* A' *ed un suo cono congiunto* A *rispetto ad un punto* O, *se* A' *vien segata da due piani tangenti di* A *e per le due coniche di sezione si fa passare una superficie* B', *questa toccherà lungo una stessa conica una superficie congiunta con* A' *rispetto ad* O, *ed un'altra superficie per la quale* O *è un punto focale, ed i due piani tangenti di* A *sono i relativi piani direttori. E la conica di contatto sarà nel piano delle due generatrici di contatto del cono* A.

Sia U una sfera col centro O; A il suo cono assintotico; B sarà una sfera concentrica ad U; onde:

g) *Date due sfere concentriche* U, B, *ed una superficie qualunque* A', *se per la curva* (UA') *si fa passare una superficie* B'; *per la curva* (BB') *passerà una superficie congiunta ad* A' *rispetto al centro di* U *e* B.

Se B si riduce al centro di U, abbiamo:

h) *Data una sfera* U *ed una superficie qualunque* A', *se per la curva* (UA') *si fa passare una superficie* B', *si potrà determinare un'altra superficie che sia concentrica ed omotetica con* A', *e congiunta con* B' *rispetto al centro di* U.

15. Posto:

$$A' = A + \lambda S, \qquad B = \mu U + A,$$

avremo:

$$\mu U + A' = B + \lambda S;$$

dunque:

Teorema 2.° *Date due superficie* A, A' *congiunte rispetto ad un punto* O *ed una superficie qualsivoglia* U, *se per la curva* (UA) *si fa passare una superficie* B; *si potrà per la curva* (UA') *far passare una superficie* B' *congiunta a* B *rispetto allo stesso punto* O.

Sia A un cono congiunto ad A'; U un piano passante pel vertice di A:

k) *Data una superficie* A' *ed un cono* A *congiunto ad essa rispetto ad un punto* O; *descritto un altro cono* B *che tocchi* A *lungo due generatrici; si potrà inscrivere in* A' *una superficie* B' *congiunta al cono* B *rispetto al punto* O; *e la curva di contatto fra* A' *e* B' *sarà nel piano delle due generatrici di contatto fra i coni* A *e* B.

Si prenda per B il sistema di due piani tangenti al cono A:

l) *Data una superficie* A' *ed un cono* A *congiunto ad essa rispetto ad un punto* O; *due piani tangenti di* A *sono i piani direttori, relativi al punto focale* O, *di una superficie* B' *inscritta in* A'; *la curva di contatto di queste superficie è nel piano delle generatrici lungo le quali il cono* A *è toccato dai due suoi piani tangenti.*

La superficie U sia circoscritta ad A lungo una conica il cui piano sia B. Il teorema 2.° da:

m) *Date due superficie* A, A' *congiunte rispetto ad un punto* O, *ed un'altra superficie* U *tangente ad* A *lungo una conica, per la curva* (UA') *si potrà far passare una superficie di rotazione avente un fuoco in* O *e per relativo piano direttore il piano del contatto fra* U *ed* A.

Sia A un cono congiunto ad A'; U il sistema di due piani tangenti ad A; B il piano delle due generatrici di contatto. Avremo:

n) *Data una superficie* A' *ed un cono* A *congiunto ad essa rispetto ad un punto* O; *se* A' *vien segata da due piani tangenti di* A, *per le due coniche di sezione si potrà far passare una superficie di rotazione avente un fuoco in* O, *e per relativo piano direttore il piano delle due generatrici, lungo le quali il cono* A *è toccato dai due suoi piani tangenti.*

p) *Data una superficie* A' *ed un cono* A *congiunto ad essa rispetto ad un punto* O; *se* A *vien segato da un piano passante pel suo vertice e per* O, *secondo due generatrici; i piani tangenti ad* A *lungo queste generatrici segano* A' *in due coniche, per le quali si può far passare un cono di rotazione avente il vertice in* O *e l'asse perpendicolare al piano delle due generatrici di* A.

16. Posto:

$$A' = \lambda' S + A\,, \qquad A'' = \lambda'' S + A$$

$$B' = \mu' U + A', \qquad B'' = \mu'' U + A'',$$

se ne ricava:

$$\lambda'' B' - \lambda' B'' = (\lambda''\mu' - \lambda'\mu'')\,U + (\lambda'' - \lambda')\,A\,;$$

dunque:

Teorema 3.° *Date tre superficie* A, A′, A″ *congiunte rispetto ad un punto* O, *ed una superficie qualsivoglia* U, *se per le curve* (UA′), (UA″) *si fanno passare rispettivamente le superficie* B′, B″; *le curve* (B′B″), (UA) *saranno situate su di una stessa superficie* (*di second'ordine*).

La superficie U sia un piano:

q) *Date tre superficie congiunte* A, A′, A″ *segate da uno stesso piano, se si inscrivono rispettivamente in* A′, A″ *lungo le rispettive sezioni due superficie* B′, B″; *si potrà per la curva* (B′ B″) *far passare una superficie tangente ad* A *lungo la sezione in essa fatta dal piano dato.*

Le superficie A, A′, A″ siano tre coni congiunti, U il piano de' loro vertici; B il sistema dei piani tangenti ad A′ lungo le generatrici, in cui questo cono è segato dal piano U; B″ il sistema dei piani tangenti ad A″ lungo le generatrici in cui quest'ultimo cono è segato dal medesimo piano U. Il teorema 3.° ci dà:

r) *Dati tre coni congiunti, ciascuno segato secondo due generatrici dal piano determinato dai loro vertici, se si conducono i piani tangenti al primo cono e i piani tangenti al secondo lungo le rispettive generatrici d'intersezione, i due primi piani tangenti segano gli altri due in quattro rette, situate in uno stesso cono* (*di second'ordine*) *tangente al terzo de' coni dati lungo le due generatrici in cui questo è segato dal piano dei tre vertici.*

17. Posto:

$$A = U + aV, \quad B = U + bV, \quad C = U + cV,$$
$$A' = A + a'S, \quad B' = B + b'S,$$

avremo:

$$(c - b)\,A' + (a - c)\,B' = (a - b)\,C + \Big(a'(c - b) + b'(a - c)\Big)\,S$$

ed inoltre:

$$b'A' - a'B' = b'A - a'B.$$

Dunque:

Teorema 4.° *Quando tre superficie* A, B, C *passano per una stessa curva, se si prendono due superficie* A′, B′ *congiunte ordinatamente ad* A, B, *rispetto ad uno stesso punto* O; *per la curva* (A′B′) *si può far passare una superficie* C′ *congiunta a* C *rispetto ad* O. *E le curve* (ABC), (A′B′C′) *sono situate su di una stessa superficie* (*di second'ordine*).

Le superficie A, B siano circoscritte l'una all'altra; per C si prenda il piano della curva di contatto, o il cono involvente A e B lungo questa curva. Si avrà così:

s) *Quando due superficie* A, B *si toccano lungo una conica, se si descrivono due altre superficie* A′, B′ *ordinatamente congiunte a quelle rispetto ad uno stesso punto* O; *per la curva* (A′B′) *passeranno le tre seguenti superficie: una superficie di rotazione avente un fuoco in* O *e per piano direttore il piano del contatto* (AB); *una superficie congiunta, rispetto ad* O, *al cono involvente* A *e* B; *una superficie circoscritta ad* A *e* B *lungo la loro curva di contatto.*

La superficie B sia un cono involvente A; e C sia il piano della curva di contatto:

t) *Date due superficie* A, A′ *congiunte rispetto ad un punto* O, *ed un cono involvente* A; *se si descrive una superficie* B′ *congiunta a* B *rispetto ad* O; *per la curva* (A′B′) *passeranno: una superficie di rotazione avente un fuoco in* O *e per relativo piano direttore il piano del contatto* (AB); *ed una superficie tangente ad* A *lungo la curva di contatto fra* A *e il cono* B.

Sia A un cono, B il sistema di due suoi piani tangenti, C il piano delle due generatrici di contatto.

u) *Data una superficie* A′, *un cono* A *ad essa congiunto rispetto ad un punto* O, *e due piani tangenti di* A; *se si descrive una superficie* B′ *per la quale* O *sia un punto focale, ed i due piani tangenti di* A *siano i relativi piani direttori; per la curva* (A′B′) *passerà una superficie di rotazione avente un fuoco in* O *e per relativo piano direttore il piano delle due generatrici di contatto del cono* A *co' suoi due piani tangenti; e passerà inoltre un cono tangente al cono* A *lungo quelle due generatrici.*

Se il piano delle due generatrici passa per O, la superficie di rotazione menzionata nel precedente teorema è un cono.

Proprietà di una superficie di second'ordine relative ai suoi cilindri congiunti.

18. Data una superficie di second'ordine, dotata di centro, riferita ai suoi piani principali:

(1) $$ax^2 + by^2 + cz^2 - 1 = 0$$

vogliamo ricercare i suoi *coni congiunti* relativi al centro di essa. Qualunque superficie congiunta colla (1) rispetto al suo centro, ossia passante per la ideale intersezione della (1) col cono immaginario:

(2) $$x^2 + y^2 + z^2 = 0$$

è rappresentata dall'equazione:

(3) $$(a + \omega)x^2 + (b + \omega)y^2 + (c + \omega)z^2 - 1 = 0$$

onde tutte quelle superficie sono concentriche ed hanno i medesimi piani principali.
L'equazione (3) rappresenta un cono per

$$\omega = \infty\,,\ -a,\ -b,\ -c;$$

epperò, oltre il cono (2), si hanno i tre coni congiunti:

$$(4)\qquad \begin{aligned} &(b-a)\,y^2+(c-a)\,z^2-1=0\\ &(c-b)\,z^2+(a-b)\,x^2-1=0\\ &(a-c)\,x^2+(b-c)\,y^2-1=0 \end{aligned}$$

i quali sono tre *cilindri*, aventi rispettivamente le generatrici parallele agli assi principali della superficie data (1). Noi li chiameremo *i tre cilindri congiunti* della superficie data. Ritenuto $a > b > c$, il primo cilindro è immaginario; il secondo che ha le generatrici parallele ai piani ciclici della (1) è iperbolico; il terzo è ellittico.

Paragonando le equazioni (4) con quelle delle sezioni principali delle superficie (1), risulta che:

Ciascun piano principale di una superficie di second'ordine sega questa e il cilindro congiunto ad esso perpendicolare secondo due coniche aventi le stesse linee congiunte (rispetto al loro centro comune). I tre sistemi di linee congiunte comuni sono le intersezioni del piano principale cogli altri due cilindri congiunti e col cono immaginario congiunto (2).

Ciascuno de' tre cilindri congiunti individua gli altri due; e se prendiamo a considerare l'iperbole e l'ellisse, basi de' due cilindri reali, ciascuna di queste coniche ha due vertici nelle linee congiunte reali dell'altra.

Segue da ciò:

Quando due superficie di second'ordine hanno le sezioni principali rispettivamente dotate delle stesse linee congiunte (rispetto al loro centro comune), esse hanno i medesimi cilindri congiunti. E reciprocamente, se due superficie di second'ordine hanno un cilindro congiunto comune, le loro sezioni principali avranno rispettivamente le stesse linee congiunte.

19. I teoremi n) e p), n. 15, applicati alla superficie data e ad un suo cilindro congiunto, somministrano:

Due piani tangenti ad un cilindro congiunto di una superficie di second'ordine segano questa secondo due coniche per le quali si può far passare una superficie di rotazione avente un fuoco nel centro della superficie data. Il relativo piano direttore è il piano delle due generatrici di contatto del cilindro coi suoi due piani tangenti.

Data una superficie di second'ordine, se un piano condotto pel centro di essa, parallelamente ad un cilindro congiunto, sega questo in due generatrici; i piani tangenti al cilindro lungo queste generatrici segano la superficie data in due coniche, per le quali passa un cono di rotazione concentrico alla medesima superficie data. L'asse di questo cono è perpendicolare al piano segante il cilindro congiunto.

Reciprocamente:

I cilindri congiunti di una superficie di second'ordine sono l'inviluppo dei piani delle coniche d'intersezione di questa superficie colle superficie di rotazione, omologiche ad essa, ed aventi un fuoco nel centro della data. Inoltre gli stessi cilindri sono il luogo delle rette d'intersezione dei piani delle coniche anzidette coi piani direttori delle superficie di rotazione, relativi al loro fuoco comune.

Segue dal precedente teorema che:

Data una superficie di second'ordine, i piani assintoti del suo cilindro congiunto iperbolico la segano in due cerchi pe' quali passa una sfera concentrica alla superficie data.

Se la superficie (1) è un ellissoide, il cilindro congiunto ellittico le è tutto esterno, epperò nessun piano tangente di questo incontra quella. Invece il cilindro iperbolico congiunto ha quattro piani tangenti comuni all'ellissoide, i quali costituiscono i limiti di separazione fra quei piani tangenti del cilindro che segano l'ellissoide e quelli che non lo segano.

Se la superficie (1) è un iperboloide ad una falda, tutt'i piani tangenti de' due cilindri congiunti reali segano effettivamente la superficie data.

Se la superficie (1) è un iperboloide a due falde, essa non è incontrata da alcun piano tangente del cilindro iperbolico congiunto. Il cilindro ellittico ha quattro piani tangenti comuni colla superficie data, i quali separano i piani del cilindro che segano l'iperboloide da quelli che non lo segano.

20. Il teorema l), n.° 15, applicato alla superficie (1) e ad un suo cilindro congiunto, diviene:

Due qualisivogliano piani tangenti di un cilindro congiunto di una data superficie di second'ordine sono i piani direttori, relativi al centro di questa, preso come punto focale, di un'altra superficie di second'ordine inscritta nella data lungo una conica, il cui piano passa per le due generatrici di contatto del cilindro co' suoi due piani tangenti.

E come caso particolare:

I due piani assintoti del cilindro iperbolico congiunto ad una data superficie di second'ordine sono i piani ciclici del cono assintotico della superficie data.

21. I teoremi f), n.° 14 ed u), n.° 17 applicati alla superficie (1) danno:

Data una superficie di second'ordine, un suo cilindro congiunto e due piani tangenti di questo, se immaginiamo:

1.° *La serie infinita delle superficie di second'ordine che si possono far passare per le due coniche, intersezioni della data superficie co' due piani tangenti del cilindro congiunto;*

2.° *La serie infinita delle superficie, aventi un punto focale nel centro della data e per relativi piani direttori, i due piani tangenti del cilindro;*

3.° *La serie infinita delle superficie di rotazione, aventi un fuoco nel centro della superficie data e per relativo piano direttore il piano delle due generatrici, lungo le quali il cilindro congiunto è toccato dai suoi due piani tangenti;*

4.° *La serie infinita de' cilindri tangenti al dato lungo le due generatrici anzidette;*

Le quattro serie sono omografiche;

Due superficie corrispondenti nelle prime due serie si toccano fra loro lungo una conica situata nel piano delle due generatrici del cilindro dato;

Tre superficie corrispondenti nelle ultime tre serie passano per una stessa curva situata sulla superficie data.

22. È evidente la corrispondenza fra le proprietà de' cilindri congiunti e quelle delle *coniche eccentriche* o *focali* in una superficie di second' ordine. Ed invero le une si deducono dalle altre col metodo delle polari reciproche, assumendo, come superficie direttrice, una sfera concentrica alla superficie data. Io ho applicato questo processo di trasformazione alle belle proprietà delle coniche eccentriche enunciate dal sig. Chasles nella *Nota XXXI* del suo *Aperçu historique*, e ne ho così ricavato buona parte de' risultati che seguono.

In primo luogo ne ho dedotto il seguente teorema che inchiude una nuova definizione dei cilindri congiunti:

Data una superficie di second' ordine (*di centro* O) *ed un punto qualunque* m *nello spazio, s' immagini la retta* l *intersezione del piano polare di* m (*relativo alla superficie data*) *col piano condotto per* O *perpendicolarmente al raggio vettore* Om. *Se ora pel punto* m *e per la retta* l *conduciamo rispettivamente una retta ed un piano paralleli ad un asse principale della superficie data, la retta sarà la polare del piano relativamente ad un cilindro determinato, qualunque sia il punto* m. *Questo cilindro, parallelo all'asse principale nominato, è uno de' congiunti della superficie data.*

Ossia:

Data una superficie di second' ordine, ed un punto m *situato comunque nello spazio, se si prenda il piano polare di* m *rispetto alla superficie, ed il piano polare, relativamente ad un cilindro congiunto, della retta condotta per* m *parallela al cilindro, la retta comune ai due piani polari ed il punto* m *sono veduti dal centro della superficie data sotto angolo retto.*

Quando il punto *m* è preso sulla data superficie, il suo piano polare relativo a questa è il piano tangente. In tal caso, la retta intersezione del piano tangente col piano condotto per O perpendicolarmente al raggio vettore O*m*, può chiamarsi, in difetto d' altra denominazione, *polonormale*.

Quindi dal precedente teorema ricaviamo:

Se una retta parallela ad un cilindro congiunto di una superficie di second'ordine incontra questa in due punti, le polonormali di questi punti giacciono nel piano polare di quella retta relativo al cilindro.

23. Se sulla data superficie si fa partire un piano tangente da una posizione iniziale M qualsivoglia, e si fa variare secondo una legge arbitraria, in modo ch'esso generi una superficie sviluppabile circoscritta, la relativa polonormale descriverà, in generale, una superficie gobba. Ma v'hanno per ogni data posizione iniziale del piano tangente (e quindi per ogni dato punto della superficie proposta) due direzioni, per ciascuna delle quali la polonormale del piano tangente mobile genera una superficie sviluppabile. Variando secondo queste *due direzioni principali*, il piano tangente genera due superficie sviluppabili, circoscritte alla data, tali che le loro caratteristiche, situate nel comune piano tangente M, sono vedute dal centro O sotto angolo retto. Chiameremo *principali* sì le due or accennate superficie sviluppabili, che le loro caratteristiche.

Quindi in ogni piano M tangente alla superficie abbiamo queste tre rette, degne di nota: la polonormale, e le due caratteristiche principali. Queste due ultime passano pel punto di contatto del piano tangente: tutte e tre insieme poi determinano col centro O una terna di piani ortogonali, i quali sono i piani principali comuni ai coni che hanno il vertice O, e che passano rispettivamente per le sezioni fatte dal piano M ne' tre cilindri congiunti. Ossia:

In un piano tangente qualunque d'una superficie di second'ordine, la polonormale e le caratteristiche principali formano un triangolo coniugato comune alle tre coniche, secondo le quali il piano tangente sega i tre cilindri congiunti. Le rette, che uniscono i vertici di questo triangolo al centro della superficie, sono gli assi principali comuni ai tre coni che, avendo il vertice al centro anzidetto, hanno per basi quelle coniche.

Ogni piano condotto pel raggio vettore, che va al punto di contatto del piano tangente, sega uno di questi coni secondo due generatrici egualmente inclinate al raggio vettore; dunque:

Se una retta tangente ad una superficie di second'ordine incontra un cilindro congiunto in due punti, le rette condotte da questi al centro della superficie data formano angoli eguali col raggio vettore che va al punto di contatto della retta tangente.

Al penultimo teorema può darsi anche quest'enunciato:

Se per la polonormale e per le caratteristiche principali di un piano tangente qualunque di una superficie di second'ordine si conducono tre piani paralleli ad uno stesso asse della superficie, questi piani saranno coniugati rispetto al cilindro congiunto parallelo a quell'asse.

Ed inoltre:

Se la superficie data è un iperboloide ad una falda, i piani condotti pel centro e per due generatrici poste in uno stesso piano tangente sono i piani ciclici comuni ai tre coni aventi il vertice al centro e per basi le tre coniche nelle quali il piano tangente sega i tre cilindri congiunti della superficie data.

24. I precedenti teoremi si riferiscono ad un piano tangente; quello che segue risguarda un piano trasversale qualsivoglia.

Se un piano qualunque sega una data superficie di second' ordine, ed i suoi cilindri congiunti, le sezioni risultanti sono vedute dal centro della data superficie secondo coni omociclici. Per conseguenza ogni piano tangente comune a due di questi coni li tocca secondo due rette ortogonali.

Da cui segue immediatamente:

Se un cono concentrico ad una superficie di second' ordine la sega in una conica piana, i piani principali di quello determinano sul piano della sezione tre rette tali, che i piani condotti per esse parallelamente ad un cilindro congiunto sono coniugati rispetto a questo cilindro medesimo.

Il precedente teorema può anche enunciarsi così:

Data una superficie di second' ordine, se in un piano qualunque si determina quel triangolo che è coniugato rispetto alla superficie e che col centro di questa forma tre piani ortogonali, i piani condotti pei lati di esso parallelamente ad un cilindro congiunto sono coniugati rispetto a questo cilindro.

Ha luogo anche la seguente proprietà:

Il piano di un triangolo veduto dal centro di una data superficie di second' ordine sotto angoli retti, un vertice del quale scorra sulla superficie data, mentre gli altri due vertici scorrono sui due cilindri congiunti reali, inviluppa una sfera avente per diametro il diametro della superficie data parallelo al cilindro congiunto immaginario.

Se il piano trasversale passa pel centro della data superficie, il primo teorema del presente numero diviene:

Ogni piano diametrale d' una superficie di second' ordine sega questa ed i cilindri congiunti secondo coniche aventi le stesse linee congiunte.

25. Passo ora ad esporre alcune proprietà segmentarie.

Se una retta condotta pel centro di una superficie di second' ordine incontra questa in m *ed un cilindro congiunto in* n, *la quantità*

$$\left(\frac{1}{Om}\right)^2-\left(\frac{1}{On}\right)^2$$

è costante, qualunque sia la direzione della trasversale; ed invero è eguale all' inverso quadrato del semidiametro della superficie data, parallelo a quel cilindro.

26. Se consideriamo uno de' cilindri congiunti ad una superficie di second'ordine, le rette polari delle sue generatrici, relativamente alla superficie data, sono nel piano principale perpendicolare al cilindro e inviluppano una conica, i cui assi coincidono in direzione con quelli della conica base del cilindro stesso. Data una generatrice del cilindro, il piede della quale sul piano principale sia i, conducasi in i la tangente alla base del cilindro. Su questa tangente prendasi un punto t in modo che i raggi vettori Oi, Ot siano ortogonali. Allora la retta polare della generatrice passerà per t.

Immaginiamo ora la *conica focale* o *eccentrica* situata nel piano principale che si considera; gli assintoti di essa siano incontrati dalla polare della generatrice ne' punti p, q. I raggi vettori Op, Oq incontrino in p', q' un piano tangente M qualsivoglia della superficie data. Sia N il piano tangente al cilindro lungo la generatrice immaginata; e la retta condotta per O, centro della superficie data, normalmente al piano determinato da O e dall'intersezione dei piani M, N, incontri questi due piani in m, n. Allora la quantità:

$$\left(\frac{1}{Om}-\frac{1}{On}\right)^2 : \left(\frac{1}{Op'}-\frac{1}{Op}\right)\left(\frac{1}{Oq'}-\frac{1}{Oq}\right)$$

rimane costante, comunque siano scelti i piani M, N. Ossia:

Assunti ad arbitrio un piano tangente M *di una superficie di second'ordine ed un piano tangente* N *di un suo cilindro congiunto, e trovati i due punti* p, q *in cui gli assintoti della conica focale, situati nel piano principale perpendicolare al cilindro, sono incontrati dalla retta polare della generatrice di contatto del piano* N, *rispetto alla superficie data; se i raggi vettori condotti dal centro* O *di questa ai punti* p, q *incontrano il piano* M *in* p', q'; *e se la perpendicolare condotta per* O *al piano vettore della retta intersezione di* M, N *incontra questi piani in* m, n; *la quantità*

$$\left(\frac{1}{Om}-\frac{1}{On}\right)^2 : \left(\frac{1}{Op'}-\frac{1}{Op}\right)\left(\frac{1}{Oq'}-\frac{1}{Oq}\right)$$

è costantemente eguale al prodotto dell'inverso quadrato del semiasse della data superficie parallelo al cilindro considerato, moltiplicato per la differenza dei quadrati degli altri due semiassi.

Questo teorema, se vuolsi che gli elementi in esso considerati siano tutti reali, non può riferirsi che al cilindro perpendicolare a quel piano principale che contiene la focale iperbolica. Per l'altro cilindro, può darsi al teorema quest'altro enunciato:

Assunti ad arbitrio un piano M *tangente ad una superficie di second'ordine, ed un piano* N *tangente ad un cilindro congiunto, e condotto il piano* P *per la polare della generatrice di contatto di questo cilindro e pel punto in cui il piano* M *incontra un assin-*

toto della focale iperbolica; se la perpendicolare condotta pel centro O *della data superficie al piano vettore della retta intersezione di* M, N *incontra questi piani in* m, n; *e se la perpendicolare condotta per* O *al piano vettore della intersezione di* M, P *incontra questi piani in* m', p; *la quantità*

$$\left(\frac{1}{Om}-\frac{1}{On}\right):\left(\frac{1}{Om'}-\frac{1}{Op}\right)$$

è costante, comunque siano scelti i piani M, N.

Il primo enunciato è stato ricavato, mediante la trasformazione polare, dal teorema fondamentale della memoria del sig. Amiot (t. 8.° del giornale di *Liouville*). L'altro enunciato fu dedotto collo stesso mezzo, da un teorema dimostrato nell'eccellente opera di Plücker: *System der Geometrie des Raumes* (2ª edizione Düsseldorf, 1852; pag. 292).

27. Gli assintoti della focale iperbolica hanno un'altra interessante proprietà che si connette con quelle de' cilindri congiunti.

Abbiamo già veduto che due piani tangenti qualsivogliano di un cilindro congiunto sono i piani d'omologia per la superficie data e per una superficie di rotazione avente un fuoco nel centro della data e per relativo piano direttore il piano delle due generatrici di contatto del cilindro. Or bene: *i centri d'omologia per tali superficie sono situati negli assintoti della focale che è nel piano perpendicolare al cilindro.* Ossia:

Due punti presi ad arbitrio rispettivamente sugli assintoti della focale iperbolica di una data superficie di second'ordine sono i vertici di due coni inviluppanti simultaneamente la superficie data ed una superficie di rotazione avente un fuoco nel centro della data. Queste due superficie si segano in due coniche, i cui piani toccano il cilindro congiunto perpendicolare al piano della focale iperbolica.

I piani tangenti ad una superficie di second'ordine ne' quattro punti in cui questa è incontrata dagli assintoti della focale iperbolica sono tangenti anche al cilindro congiunto perpendicolare al piano della focale, e sono i limiti di separazione fra i piani tangenti di questo cilindro che segano e quelli che non segano la superficie data.

Questi quattro piani tangenti, che sono reali soltanto per l'ellissoide e per l'iperboloide a due falde, posseggono le proprietà polari reciproche degli ombelichi.

Proprietà di più superficie di second'ordine aventi gli stessi cilindri congiunti.

28. Data una superficie di second'ordine:

$$ax^2+by^2+cz^2-1=0$$

l'equazione generale di tutte le superficie aventi in comune con essa i cilindri congiunti, ossia l'equazione generale della superficie congiunta colla data è:

$$(a+\omega)x^2+(b+\omega)y^2+(c+\omega)z^2-1=0 \tag{1}$$

onde tutte quelle superficie hanno in comune, oltre i piani principali, anche le direzioni dei piani ciclici. Ciò si può esprimere dicendo:

I coni assintotici di più superficie congiunte sono omociclici.

Dall'esame dell'equazione (1) facilmente si desume che tutte le superficie congiunte ad una data si dividono in tre gruppi: ellissoidi, iperboloidi ad una falda, iperboloidi a due falde. Due superficie qualunque non hanno alcun punto reale comune. Gli ellissoidi sono tutti situati entro il cilindro ellittico congiunto. Questo è circondato dagli iperboloidi ad una falda che sono tutti disposti fra le superficie convesse de' due cilindri congiunti. Finalmente le due falde del cilindro iperbolico contengono nella loro concavità le due falde di ogni iperboloide non rigato. Dunque il cilindro ellittico separa gli ellissoidi dagli iperboloidi ad una falda: ed il cilindro iperbolico divide questi dagli iperboloidi a due falde. Ossia:

Data una superficie di second'ordine e per conseguenza dati anco i suoi due cilindri congiunti (reali), per un punto qualunque dello spazio si può sempre far passare una, ed una sola, superficie (reale) congiunta alla data. Tale superficie è un ellissoide o un iperboloide ad una falda o un iperboloide a due falde, secondo che quel punto si trova o dentro il cilindro ellittico, o fra le superficie convesse de' due cilindri, o entro il concavo del cilindro iperbolico.

Gli ellissoidi hanno tutti l'asse maggiore parallelo al cilindro ellittico, e l'asse medio parallelo alle generatrici del cilindro iperbolico. La serie degli ellissoidi comincia dal punto che è centro comune di tutte le superficie e può risguardarsi come un'ellissoide di dimensioni nulle, e finisce col cilindro ellittico, il quale si può considerare come un ellissoide avente un asse infinito.

Ciascun iperboloide rigato ha l'asse immaginario parallelo alle generatrici del cilindro ellittico, e il maggior asse reale parallelo alle generatrici del cilindro iperbolico. La serie degli iperboloidi ad una falda comincia col cilindro ellittico e finisce col cilindro iperbolico.

Ogni iperboloide a due falde ha gli assi immaginari rispettivamente paralleli alle generatrici de' due cilindri congiunti. La serie degli iperboloidi a due falde comincia col cilindro iperbolico e prosegue indefinitamente, senza limite reale.

29. Un piano qualunque:

$$tx+uy+vz+1=0$$

tocca la superficie (1), purchè sia soddisfatta la condizione:

$$\frac{t^2}{a+\omega}+\frac{u^2}{b+\omega}+\frac{v^2}{c+\omega}=1$$

equazione cubica in ω, avente tre radici sempre reali, l'una maggiore di $-c$, la seconda compresa fra $-c$ e $-b$, la terza compresa fra $-b$ e $-a$. Dunque:

Un piano qualunque tocca sempre tre superficie congiunte ad una data: un ellissoide e due iperboloidi di specie diversa.

Siano λ, μ, ν le tre radici dell'equazione cubica in ω, cioè i parametri delle tre superficie toccate dal piano proposto; abbiamo:

$$(a-b)(a-c)t^2=(a+\lambda)(a+\mu)(a+\nu)$$
$$(b-c)(b-a)u^2=(b+\lambda)(b+\mu)(b+\nu)$$
$$(c-a)(c-b)v^2=(c+\lambda)(c+\mu)(c+\nu).$$

Evidentemente le λ, μ, ν si ponno assumere come *coordinate ellittiche tangenziali* nello spazio. Le formole precedenti servono per passare dalle coordinate tangenziali di PLÜCKER t, u, v alle nuove.

30. I tre punti, in cui un piano arbitrario tocca tre superficie congiunte ad una data, godono di questa importante proprietà:

Un piano qualunque tocca tre superficie congiunte ad una data in tre punti che uniti al centro di questa determinano tre rette ortogonali. Inoltre, *le rette che uniscono a due a due i punti di contatto sono, per ciascuna delle tre superficie toccate, la polonormale e le due caratteristiche principali, corrispondenti al piano tangente comune.*

Dunque:

Se più superficie congiunte sono segate da un piano qualsivoglia in altrettante coniche, queste sono vedute dal centro comune delle superficie sotto coni omociclici. Gli assi principali di questi coni incontrano il piano dato ne' punti ove questo tocca tre delle superficie congiunte; e i piani ciclici dei medesimi coni passano per le generatrici, poste nel piano dato, dell'iperboloide rigato che è una di queste tre superficie.

Rammentando che cosa intendiamo per superficie sviluppabile *principale* circoscritta ad una data superficie qualsivoglia, segue dai precedenti teoremi:

I piani tangenti comuni a due superficie di second'ordine, congiunte, di specie diversa formano una superficie sviluppabile circoscritta che è principale per entrambe le date. Questa sviluppabile ha tre coniche di stringimento ne' piani principali, e la quarta conica all'infinito.

Per ottenere tutte le sviluppabili circoscritte principali di una data superficie di second'ordine, basta combinar questa con tutte le superficie ad essa congiunte, di specie diversa.

È visibile la correlazione fra le proprietà delle sviluppabili circoscritte principali e quelle delle linee di curvatura.

31. Parecchie proprietà, da noi enunciate, rispetto al sistema di una superficie di second'ordine e di un suo cilindro congiunto, non sono che casi particolari di teoremi più generali relativi al sistema di due o più superficie congiunte. Per esempio, il penultimo enunciato del n.° 24 è compreso nel seguente teorema:

Il piano di un triangolo, i cui vertici scorrano rispettivamente su tre superficie di second'ordine congiunte, e siano veduti dal centro comune di queste sotto angoli retti, inviluppa una sfera concentrica alle superficie date. L'inverso quadrato del raggio di questa sfera è eguale alla terza parte della somma algebrica degl'inversi quadrati de' semiassi delle superficie date.

Il primo teorema del n. 19 è in un certo senso, generalizzato nel seguente:

Date due superficie di second'ordine congiunte e due piani tangenti della prima, questi segano la seconda in due coniche, per le quali si può far passare una superficie di second'ordine, avente un punto focale nel centro delle date, e per relativi piani direttori i piani tangenti alla prima superficie, condotti per la retta che unisce i punti di contatto de' piani dati.

Se i piani dati sono paralleli si ha:

Date due superficie di second'ordine congiunte, e due piani paralleli tangenti alla prima di esse, questi segano la seconda in due coniche per le quali passa un cono avente il vertice nel centro delle superficie date, e per piani ciclici i piani tangenti alla prima superficie condotti pel diametro che unisce i punti di contatto de' piani dati.

Così il teorema del n.° 25 è un caso del seguente:

In due superficie congiunte, la differenza degl'inversi quadrati di due semidiametri nella stessa direzione è costante.

Da cui segue:

Quando un ellissoide ed un iperboloide hanno gli stessi cilindri congiunti, il primo è incontrato dal cono assintotico del secondo in punti che sono ad egual distanza dal centro comune delle superficie.

Dimostrasi facilmente anche questa proprietà:

Quando due superficie di second'ordine sono congiunte, se una retta parallela ad un asse incontra una superficie in un punto e l'altra in un altro, i raggi vettori corrispondenti fanno con quell'asse angoli i cui seni sono inversamente proporzionali ai diametri delle superficie diretti secondo l'asse medesimo.

32. È nota l'importanza del teorema d'Ivory relativo ai punti *corrispondenti* nelle superficie omofocali. Ecco le proprietà correlative nelle superficie congiunte.

Date due superficie, congiunte, della stessa specie, chiameremo *corrispondenti* due punti appartenenti rispettivamente ad esse, quando le loro coordinate parallele agli assi principali sono ordinatamente proporzionali ai semidiametri diretti secondo questi assi. E diremo *corrispondenti* anche i piani tangenti ne' punti corrispondenti.

In due superficie congiunte, della stessa specie, la differenza dei quadrati inversi delle distanze di due piani corrispondenti *dal centro comune è costante.* Questo valor costante è la differenza de' quadrati inversi di due semidiametri nella stessa direzione.

Il prodotto delle distanze del centro comune di due superficie congiunte da due piani tangenti rispettivamente ad esse, moltiplicate pel coseno dell'angolo da questi compreso, è eguale all'analoga espressione relativa ai piani corrispondenti.

Se due superficie congiunte della stessa specie sono rispettivamente toccate da due piani, e se pel centro comune O *si conduce la perpendicolare al piano vettore della retta intersezione de' due piani tangenti, la quale li incontri ne' punti* p, q, *l'espressione*

$$\frac{1}{Op} - \frac{1}{Oq}$$

sarà eguale all'analoga relativa ai piani corrispondenti de' due dati.

33. La forma dell'equazione (1) mostra che *più superficie di second'ordine, aventi i medesimi cilindri congiunti, sono circoscritte ad una stessa curva immaginaria del quart'ordine, a doppia curvatura, per la quale passano tre cilindri di second'ordine (i tre cilindri congiunti), uno de' quali è immaginario, ed un cono immaginario di second'ordine, il quale è il cono assintotico di una sfera qualunque concentrica alle date superficie.* Onde segue che *quella curva gobba immaginaria è projettata sopra due piani principali delle date superficie in coniche reali (ellisse ed iperbole) e sul piano all'infinito in un cerchio immaginario.*

Dunque:

Un sistema di superficie di second'ordine, aventi gli stessi cilindri congiunti, gode di tutte le proprietà ond'è dotato un sistema di superficie di second' ordine passanti per una stessa linea a doppia curvatura del quart' ordine.

Di qui segue, a cagion d'esempio, che:

I piani polari di uno stesso punto arbitrario, relativamente a più superficie congiunte, passano per una stessa retta r. *Questa è la polonormale relativa a quel punto ed alla superficie congiunta che passa per esso. Se il polo percorre una retta* l, *la retta* r *genera un iperboloide passante pel centro delle date superficie e contenente le polari della retta* l.

Il cono assintotico di quest' iperboloide ha tre generatrici rispettivamente parallele agli assi delle superficie date.

Se la retta l *si muove in un piano* P, *il relativo iperboloide passa costantemente per una cubica gobba che contiene il centro delle date superficie ed ha gli assintoti, rispettivamente, paralleli agli assi di queste.*

Questa cubica gobba è anche il luogo dei poli del piano P *relativi alle superficie congiunte. Essa incontra il piano ne' punti in cui questo tocca tre di quelle superficie.*

Tale curva ha tre rami, ciascuno dotato di due assintoti*). Il ramo che passa pel centro delle superficie congiunte ha gli assintoti, rispettivamente paralleli alle generatrici dei cilindri congiunti immaginario ed ellittico. La porzione di esso ramo che dal centro si stende accostandosi all' assintoto parallelo al cilindro ellittico contiene i poli (del piano P) relativi agli ellissoidi del dato sistema. L'altra porzione dello stesso ramo contiene i poli relativi a superficie immaginarie.

Il secondo ramo, che ha gli assintoti rispettivamente paralleli alle generatrici de' cilindri congiunti ellittico ed iperbolico, contiene i poli relativi agli iperboloidi ad una falda.

Il terzo ramo, che ha gli assintoti rispettivamente paralleli alle generatrici de' cilindri congiunti iperbolico ed immaginario, contiene i poli relativi agli iperboloidi a due falde.

34. Una retta arbitraria incontra un sistema di superficie congiunte in punti formanti un' involuzione. Dunque *una retta non può toccare più che due superficie congiunte ad una data.*

I segmenti determinati da più superficie congiunte sopra una retta trasversale sono veduti dal centro di queste sotto angoli che hanno le stesse bisettrici. Le bisettrici passano pei punti in cui la trasversale tocca due superficie congiunte, cioè pei punti doppi dell' involuzione.

Questo teorema comprende in sè il secondo enunciato del n. 23.

Le polonormali relative ai punti in cui una trasversale arbitraria incontra un fascio di superficie congiunte formano un iperboloide passante pel centro di queste superficie.

Se la trasversale è polonormale per una delle superficie congiunte, l' iperboloide diviene un cono, e i piani tangenti condotti per i punti d' incontro della trasversale inviluppano un cono di quarta classe. E se la trasversale è parallela ad un asse delle date superficie, i piani tangenti formano un cono di second' ordine, il cui vertice è nel piano perpendicolare a quell' asse.

Tutte le polonormali che si ponno condurre in un dato piano trasversale ad un fascio

*) Vedi la mia memoria: *Sur quelques propriétés des lignes gauches de troisième ordre et classe (Journal für die reine und angewandte Mathematik,* tom. 58).

di superficie congiunte inviluppano una conica toccata dai piani principali delle superficie date. I punti delle superficie medesime, a cui corrispondono quelle polonormali, sono nella cubica gobba, luogo dei poli del piano trasversale.

Se il piano trasversale è parallelo ad un asse principale delle superficie congiunte, le polonormali in esso situate si dividono in due gruppi. Le polonormali del primo gruppo sono parallele all'asse principale, e i punti delle superficie congiunte, cui esse corrispondono, sono in un'iperbole equilatera, posta nel piano principale perpendicolare a quell'asse, passante pel centro delle superficie date, ed avente gli assintoti paralleli ai due assi principali che sono in quel piano. Le polonormali del secondo gruppo passano per uno stesso punto posto nel piano principale (ov'è l'iperbole equilatera) e corrispondono a punti delle superficie congiunte posti sopra una retta perpendicolare al piano medesimo.

Tutte le polonormali che si ponno condurre da un punto dato ad un fascio di superficie congiunte formano un cono di second'ordine. I punti delle superficie medesime, a cui corrispondono quelle polonormali, sono nella retta, per la quale passano i piani polari del punto dato.

35. Finisco questa memoria, notando la seguente proprietà:

Date più superficie aventi gli stessi cilindri congiunti, uno stesso piano principale, quello cioè perpendicolare al cilindro iperbolico, contiene gli ombelichi di tutte quelle superficie: quattro per ciascuna, a due a due opposti al centro. Il luogo geometrico di due ombelichi opposti è una linea del terzo ordine, per la quale il centro è un flesso e gli assi della sezione principale sono due assintoti; mentre il terzo assintoto, passante anch'esso pel centro è la traccia d'un piano ciclico: la tangente al flesso è perpendicolare a questa traccia. La curva consta di tre parti, cioè di due eguali rami iperbolici situati in due angoli opposti degli assi e di un terzo ramo, contenente i flessi, e avvicinantesi da bande opposte al terzo assintoto.

Il luogo dell'altra coppia di ombelichi è un'altra curva, analoga alla precedente, ma diversamente situata, essendo il suo terzo assintoto la traccia dell'altro piano ciclico; i primi due assintoti e il flesso al centro le sono comuni. I suoi rami iperbolici giacciono negli altri due angoli opposti degli assi.

Bologna, 12 dicembre 1860.

21.

INTORNO AD UNA PROPRIETÀ DELLE SUPERFICIE CURVE, CHE COMPRENDE IN SÈ COME CASO PARTICOLARE IL TEOREMA DI *DUPIN* SULLE TANGENTI CONIUGATE.

Annali di Matematica pura ed applicata, serie I, tomo III (1860), pp. 325-335.

È notissimo che col nome di *tangenti coniugate* si designano due rette toccanti una data superficie in uno stesso punto, quando ciascuna di esse è generatrice di una superficie sviluppabile circoscritta alla data lungo una linea a cui sia tangente l'altra. Le proprietà delle tangenti coniugate sono dovute al DUPIN, l'autore dei *Développements de géométrie.*

L'illustre BORDONI, in una breve *nota* che fa seguito all'importante memoria *sulle figure isoperimetre esistenti in una superficie qualsivoglia* *), ha dimostrato una formola generale che comprende in sè, come caso particolarissimo, la proprietà fondamentale delle tangenti coniugate. Data una superficie ed una linea tracciata in essa, immaginiamo la superficie inviluppante una serie d'altre superficie, le quali abbiano un contatto *d'ordine qualunque* colla superficie data lungo la linea data. La formola di BORDONI esprime appunto la relazione di reciprocità fra le tangenti, nel punto comune, alla linea data ed alla caratteristica della superficie inviluppante.

In questa *nota* mi propongo di sviluppare alcune conseguenze che derivano dalla citata formola nel caso che il contatto fra la superficie data e le inviluppate sia di primo ordine, ed i punti di contatto siano *ombelichi* per le inviluppate medesime **).

---

*) *Opuscoli matematici e fisici di diversi autori.* Tomo I. Milano 1832.

**) Io ho già trattato quest'argomento, pel caso che le inviluppate siano sfere, in una *nota* inserita negli *Annali di scienze matematiche e fisiche* (Roma 1855). Ora riprendo la quistione per darle maggior generalità ed anche per rimediare ad un errore occorso in quella *nota,* benchè senza influenza sui principali risultati.

Evidentemente tale ipotesi comprende in sè il caso che le inviluppate siano sfere o piani.

1. Sia:

$$f(x, y, z) = 0 \tag{1}$$

l'equazione di una superficie curva individuata, riferita ad assi rettangolari, e consideriamo in essa il punto qualsivoglia di coordinate x, y, z. Indichiamo per brevità con:

$$p, q, r$$

i valori delle prime derivate parziali:

$$\frac{df}{dx}, \quad \frac{df}{dy}, \quad \frac{df}{dz}$$

corrispondenti al punto (x, y, z), e con:

$$l, \quad m, \quad n, \qquad l_1, \quad m_1, \quad n_1$$

i valori delle derivate seconde parziali:

$$\frac{d^2f}{dx^2}, \quad \frac{d^2f}{dy^2}, \quad \frac{d^2f}{dz^2}, \qquad \frac{d^2f}{dy\,dz}, \quad \frac{d^2f}{dz\,dx}, \quad \frac{d^2f}{dx\,dy}$$

corrispondenti al medesimo punto. Sia poi:

$$F(X, Y, Z, U, V, W) = 0 \tag{2}$$

l'equazione di una famiglia di superficie, designandosi con X, Y, Z le coordinate correnti, e con U, V, W tre parametri indeterminati. Determiniamo questi parametri per modo che la equazione (2) rappresenti una superficie passante pel punto (x, y, z) della (1) ed ivi avente con questa un contatto di primo ordine. Indicati con:

$$P, \quad Q, \quad R$$

i valori delle derivate parziali:

$$\frac{dF}{dX}, \quad \frac{dF}{dY}, \quad \frac{dF}{dZ}$$

corrispondenti ad $X = x$, $Y = y$, $Z = z$; le equazioni da soddisfarsi saranno:

$$F(x, y, z, U, V, W) = 0$$

$$P : Q : R = p : q : r,$$

dalle quali si desumano:

$$U = u(x, y, z), \quad V = v(x, y, z), \quad W = w(x, y, z).$$

Questi valori sostituiti nella (2) danno:

(3) $$F(X, Y, Z, u, v, w) = 0$$

equazione rappresentante quella superficie della famiglia (2) che passa pel punto (x, y, z) della (1) ed ivi ha con essa comune il piano tangente.

Suppongasi ora data una linea qualsivoglia, tracciata sulla superficie (1) e passante pel punto (x, y, z). Sia essa rappresentata dalle equazioni:

(4) $$x = x(s), \quad y = y(s), \quad z = z(s),$$

indicandosi con s l'arco della linea medesima. Supposto che nelle u, v, w dell'equazione (3) sian poste per x, y, z le equivalenti funzioni di s date dalle (4), l'equazione (3) verrà a rappresentare, per successivi valori di s, la serie di quelle superficie della famiglia (2) che toccano la superficie (1) lungo la linea (4). Tale serie di superficie ammetterà una superficie inviluppo, l'equazione della quale sarà il risultato dell'eliminazione di s fra la (3) e la:

(5) $$F' = 0$$

derivata totale della (3) presa rispetto ad s.

Se nelle equazioni (3) e (5) si considera s come data o costante, esse rappresentano la caratteristica dell'inviluppo, cioè la curva lungo la quale la superficie inviluppo tocca quell'inviluppata che corrisponde al punto (x, y, z). Supponiamo che in queste equazioni le coordinate correnti X, Y, Z siano espresse in funzione di S, arco della caratteristica; allora le equazioni stesse, considerate come identiche, somministrano, mediante la derivazione rispetto ad S, le:

$$\frac{dF}{dX}\cdot\frac{dX}{dS} + \frac{dF}{dY}\cdot\frac{dY}{dS} + \frac{dF}{dZ}\cdot\frac{dZ}{dS} = 0\,, \qquad \frac{dF'}{dX}\cdot\frac{dX}{dS} + \frac{dF'}{dY}\cdot\frac{dY}{dS} + \frac{dF'}{dZ}\cdot\frac{dZ}{dS} = 0.$$

Facciamo in queste $X = x$, $Y = y$, $Z = z$ ed indichiamo con $\alpha_1, \beta_1, \gamma_1$ i coseni degli angoli che la tangente alla caratteristica nel punto (x, y, z) fa cogli assi; avremo:

(6) $$p\alpha_1 + q\beta_1 + r\gamma_1 = 0$$

(7) $$\left[\frac{dF'}{dX}\right]\alpha_1 + \left[\frac{dF'}{dY}\right]\beta_1 + \left[\frac{dF'}{dZ}\right]\gamma_1 = 0$$

ove i simboli:

$$\left[\frac{dF'}{dX}\right], \quad \left[\frac{dF'}{dY}\right], \quad \left[\frac{dF'}{dZ}\right]$$

esprimono i valori delle derivate:

$$\frac{dF'}{dX}, \quad \frac{dF'}{dY}, \quad \frac{dF'}{dZ}$$

corrispondenti ad $X=x$, $Y=y$, $Z=z$.

Indicato ora con k ciascuno de' rapporti eguali:

$$\frac{P}{p}, \quad \frac{Q}{q}, \quad \frac{R}{r},$$

deriviamo totalmente rispetto ad s le equazioni:

$$P=kp, \quad Q=kq, \quad R=kr$$

considerate come identiche, in virtù della sostituzione delle u, v, w (funzioni di $x(s)$, $y(s)$, $z(s)$) in luogo delle U, V, W. E si noti che la derivata totale di ciascuna delle quantità P, Q, R si comporrà di due parti: l'una relativa alla s implicita nelle u, v, w; l'altra relativa alla s che entra nelle coordinate esplicite. Derivando adunque le precedenti equazioni, e ponendo:

$$\frac{dP}{dx}=L, \quad \frac{dQ}{dz}=\frac{dR}{dy}=L_1,$$

$$\frac{dQ}{dy}=M, \quad \frac{dR}{dx}=\frac{dP}{dz}=M_1,$$

$$\frac{dR}{dz}=N, \quad \frac{dP}{dy}=\frac{dQ}{dx}=N_1,$$

avremo:

$$\left[\frac{dF'}{dX}\right]+Lx'+N_1y'+M_1z'=k'p+k(lx'+n_1y'+m_1z'),$$

$$\left[\frac{dF'}{dY}\right]+N_1x'+My'+L_1z'=k'q+k(n_1x'+my'+l_1z'),$$

$$\left[\frac{dF'}{dZ}\right]+M_1x'+L_1y'+Nz'=k'r+k(m_1x'+l_1y'+nz'),$$

ove gli accenti in alto significano derivate rispetto ad s.

Si moltiplichino le equazioni precedenti, ordinatamente, per α_1, β_1, γ_1 e si sommino i risultati; avuto riguardo alle (6), (7) e indicati con α, β, γ i coseni degli angoli che la tangente alla data linea (4) nel punto (x, y, z) fa cogli assi, cioè posto:

$$x' = \alpha\,, \quad y' = \beta\,, \quad z' = \gamma\,,$$

avremo:

$$(8) \qquad \begin{aligned} 0 = &(\mathrm{L} - kl)\,\alpha\alpha_1 + (\mathrm{L}_1 - kl_1)\,(\beta\gamma_1 + \gamma\beta_1) \\ &+ (\mathrm{M} - km)\,\beta\beta_1 + (\mathrm{M}_1 - km_1)\,(\gamma\alpha_1 + \alpha\gamma_1) \\ &+ (\mathrm{N} - kn)\,\gamma\gamma_1 + (\mathrm{N}_1 - kn_1)\,(\alpha\beta_1 + \beta\alpha_1)\,. \end{aligned}$$

Quest'è la relazione di reciprocità che lega fra loro le rette (α, β, γ), $(\alpha_1, \beta_1, \gamma_1)$ tangenti, l'una alla linea data e l'altra alla caratteristica della superficie inviluppo; cioè essa è, sotto altra forma, l'equazione di BORDONI nel caso del contatto di primo ordine.

Per la proprietà espressa dall'equazione (8), sembra conveniente chiamare *tangenti coniugate* le due rette in quistione, designandole coll'epiteto di *coniugate ordinarie* o *dupiniane* nel caso che le superficie (2) siano piane.

2. Per la normale comune alle superficie (1) e (3) nel punto (x, y, z) conduciamo due piani che passino rispettivamente per le due tangenti coniugate (α, β, γ), $(\alpha_1, \beta_1, \gamma_1)$. Siano d, d_1 i raggi di curvatura delle sezioni normali risultanti nella prima superficie, e D, D_1 i raggi di curvatura delle sezioni normali risultanti nella seconda superficie. Avremo le note equazioni:

$$(9) \qquad \frac{\sqrt{p^2+q^2+r^2}}{d} = l\alpha^2 + m\beta^2 + n\gamma^2 + 2\,l_1\beta\gamma + 2m_1\gamma\alpha + 2\,n_1\alpha\beta\,,$$

$$(10) \qquad \frac{\sqrt{p^2+q^2+r^2}}{d_1} = l\alpha_1^2 + m\beta_1^2 + n\gamma_1^2 + 2\,l_1\beta_1\gamma_1 + 2m_1\gamma_1\alpha_1 + 2\,n_1\alpha_1\beta_1\,,$$

$$\frac{\sqrt{\mathrm{P}^2+\mathrm{Q}^2+\mathrm{R}^2}}{\mathrm{D}} = \mathrm{L}\alpha^2 + \mathrm{M}\beta^2 + \mathrm{N}\gamma^2 + 2\mathrm{L}_1\beta\gamma + 2\mathrm{M}_1\gamma\alpha + 2\mathrm{N}_1\alpha\beta\,,$$

$$\frac{\sqrt{\mathrm{P}^2+\mathrm{Q}^2+\mathrm{R}^2}}{\mathrm{D}_1} = \mathrm{L}\alpha_1^2 + \mathrm{M}\beta_1^2 + \mathrm{N}\gamma_1^2 + 2\mathrm{L}_1\beta_1\gamma_1 + 2\mathrm{M}_1\gamma_1\alpha_1 + 2\mathrm{N}_1\alpha_1\beta_1\,,$$

da cui, avuto riguardo all'identità:

$$k^2\,(p^2 + q^2 + r^2) = \mathrm{P}^2 + \mathrm{Q}^2 + \mathrm{R}^2\,,$$

si ricava:

$$k\sqrt{p^2+q^2+r^2}\left(\frac{1}{D}-\frac{1}{d}\right)=(L-kl)\,\alpha^2+2\,(L_1-kl_1)\,\beta\gamma$$
$$+(M-km)\,\beta^2+2\,(M_1-km_1)\,\gamma\alpha$$
$$+(N-kn)\,\gamma^2+2\,(N_1-kn_1)\,\alpha\beta\,,$$

$$k\sqrt{p^2+q^2+r^2}\left(\frac{1}{D_1}-\frac{1}{d_1}\right)=(L-kl)\,\alpha_1^2+2\,(L_1-kl_1)\,\beta_1\gamma_1$$
$$+(M-km)\,\beta_1^2+2\,(M_1-km_1)\,\gamma_1\alpha_1$$
$$+(N-kn)\,\gamma_1^2+2\,(N_1-kn_1)\,\alpha_1\beta_1\,.$$

Queste due equazioni si moltiplichino fra loro, membro per membro, e dal risultato sottraggasi il quadrato della (8). Avuto riguardo alle note relazioni:

$$\frac{\beta\gamma_1-\gamma\beta_1}{\operatorname{sen}\omega}=\frac{p}{\sqrt{p^2+q^2+r^2}}\,,\quad \frac{\gamma\alpha_1-\alpha\gamma_1}{\operatorname{sen}\omega}=\frac{q}{\sqrt{p^2+q^2+r^2}}\,,\quad \frac{\alpha\beta_1-\beta\alpha_1}{\operatorname{sen}\omega}=\frac{r}{\sqrt{p^2+q^2+r^2}}\,,$$

ove ω è l'angolo delle rette (α,β,γ), $(\alpha_1,\beta_1,\gamma_1)$, il risultato può scriversi così:

$$\frac{k^2(p^2+q^2+r^2)}{\operatorname{sen}^2\omega}\left(\frac{1}{D}-\frac{1}{d}\right)\left(\frac{1}{D_1}-\frac{1}{d_1}\right)=$$

$$=\begin{vmatrix} p & L-kl & N_1-kn_1 & M_1-km_1 \\ q & N_1-kn_1 & M-km & L_1-kl_1 \\ r & M_1-km_1 & L_1-kl_1 & N-kn \\ 0 & p & q & r \end{vmatrix}=\Phi+k\Upsilon+k^2\Theta.$$

Siano δ, δ_1 i raggi di massima e minima curvatura della superficie (1) nel punto (x, y, z); per una nota formola di Gauss *) avremo:

$$\Theta=\frac{(p^2+q^2+r^2)^2}{\delta\delta_1}\,.$$

La quantità Φ ha l'analogo significato rispetto alla superficie inviluppata. Ma noi supporremo che per questa il punto (x, y, z) sia un ombelico, ed indicheremo con Δ il corrispondente raggio di curvatura, onde sarà $D=D_1=\Delta$. Avremo dunque:

$$\Phi=\frac{k^2(p^2+q^2+r^2)^2}{\Delta^2}\,.$$

*) *Disquisitiones generales circa superficies curvas.*

L'espressione Υ può scriversi così:

$$\begin{aligned}\Upsilon = &- l\,(Nq^2+Mr^2-2L_1qr)+2l_1\Big(p(\;L_1p-M_1q-N_1r)+Lqr\Big)\\ &- m(Lr^2+Np^2-2M_1rp)+2m_1\Big(q(-L_1p+M_1q-N_1r)+Mrp\Big)\\ &- n\,(Mp^2+Lq^2-2N_1pq)+2n_1\Big(r(-L_1p-M_1q+N_1r)+Npq\Big).\end{aligned}$$

Ma per le proprietà caratteristiche degli ombelichi, si hanno le seguenti formole date dal prof. CHELINI nella sua elegantissima memoria *sulle formole fondamentali risguardanti la curvatura delle superficie e delle linee* *):

$$\begin{aligned}\frac{Nq^2+Mr^2-2L_1qr}{q^2+r^2} &= \frac{p(L_1p-M_1q-N_1r)+Lqr}{qr}\\ =\frac{Lr^2+Np^2-2M_1rp}{r^2+p^2} &= \frac{q(-L_1p+M_1q-N_1r)+Mrp}{rp}\\ =\frac{Mp^2+Lq^2-2N_1pq}{p^2+q^2} &= \frac{r(-L_1p-M_1q+N_1r)+Npq}{pq}\\ &= \frac{k\sqrt{p^2+q^2+r^2}}{\Delta};\end{aligned}$$

quindi:

$$\Upsilon = -\frac{k\sqrt{p^2+q^2+r^2}}{\Delta}\times\left\{\begin{array}{l}(m+n)\,p^2-2\,l_1\,qr\\ +(n+l\,)\,q^2-2\,m_1rp\\ +(l\;+m)\,r^2-2\,n_1pq\end{array}\right\}.$$

Ma si ha inoltre **):

$$\begin{aligned}(m+n)\,p^2+(n+l)\,q^2+(l+m)\,r^2-2\,l_1qr-2\,m_1rp-2\,n_1pq\\ =(p^2+q^2+r^2)^{\frac{3}{2}}\left(\frac{1}{\delta}+\frac{1}{\delta_1}\right),\end{aligned}$$

onde:

$$\Upsilon = -\frac{k(p^2+q^2+r^2)}{\Delta}\left(\frac{1}{\delta}+\frac{1}{\delta_1}\right).$$

---

*) *Annali di scienze matematiche e fisiche*. Roma 1853.

**) *Ibidem*.

Otteniamo dunque finalmente:

$$\left(\frac{1}{\Delta}-\frac{1}{d}\right)\left(\frac{1}{\Delta}-\frac{1}{d_1}\right)=\operatorname{sen}^2\omega\left(\frac{1}{\Delta}-\frac{1}{\delta}\right)\left(\frac{1}{\Delta}-\frac{1}{\delta_1}\right). \tag{11}$$

3. Le citate equazioni del prof. Chelini, relative agli ombelichi della superficie, somministrano anche:

$$\mathrm{L}=\frac{k\sqrt{p^2+q^2+r^2}}{\Delta}-\frac{p}{qr}(\mathrm{L}_1p-\mathrm{M}_1q-\mathrm{N}_1r),$$

$$\mathrm{M}=\frac{k\sqrt{p^2+q^2+r^2}}{\Delta}-\frac{q}{rp}(-\mathrm{L}_1p+\mathrm{M}_1q-\mathrm{N}_1r),$$

$$\mathrm{N}=\frac{k\sqrt{p^2+q^2+r^2}}{\Delta}-\frac{r}{pq}(-\mathrm{L}_1p-\mathrm{M}_1q+\mathrm{N}_1r),$$

e per conseguenza:

$$\begin{aligned}
&\mathrm{L}\alpha\alpha_1+\mathrm{M}\beta\beta_1+\mathrm{N}\gamma\gamma_1+\mathrm{L}_1(\beta\gamma_1+\gamma\beta_1)+\mathrm{M}_1(\gamma\alpha_1+\alpha\gamma_1)+\mathrm{N}_1(\alpha\beta_1+\beta\alpha_1)\\
&=\frac{k\sqrt{p^2+q^2+r^2}}{\Delta}(\alpha\alpha_1+\beta\beta_1+\gamma\gamma_1)\\
&+\frac{\mathrm{L}_1}{qr}\Big(-p^2\alpha\alpha_1+(q\beta+r\gamma)(q\beta_1+r\gamma_1)\Big)\\
&+\frac{\mathrm{M}_1}{rp}\Big(-q^2\beta\beta_1+(r\gamma+p\alpha)(r\gamma_1+p\alpha_1)\Big)\\
&+\frac{\mathrm{N}_1}{pq}\Big(-r^2\gamma\gamma_1+(p\alpha+q\beta)(p\alpha_1+q\beta_1)\Big)
\end{aligned}$$

d'onde, avuto riguardo alle identità:

$$\alpha\alpha_1+\beta\beta_1+\gamma\gamma_1=\cos\omega\,,\quad p\alpha+q\beta+r\gamma=0\,,\quad p\alpha_1+q\beta_1+r\gamma_1=0\,,$$

otteniamo:

$$\begin{aligned}
&\mathrm{L}\alpha\alpha_1+\mathrm{M}\beta\beta_1+\mathrm{N}\gamma\gamma_1+\mathrm{L}_1(\beta\gamma_1+\gamma\beta_1)+\mathrm{M}_1(\gamma\alpha_1+\alpha\gamma_1)+\mathrm{N}_1(\alpha\beta_1+\beta\alpha_1)\\
&=\frac{k\sqrt{p^2+q^2+r^2}}{\Delta}\cos\omega.
\end{aligned}$$

Perciò all'equazione (8) può darsi la forma:

$$(12)\qquad \frac{\sqrt{p^2+q^2+r^2}}{\Delta}\cos\omega = l\alpha\alpha_1 + l_1(\beta\gamma_1+\gamma\beta_1) + m\beta\beta_1 + m_1(\gamma\alpha_1+\alpha\gamma_1) + n\gamma\gamma_1 + n_1(\alpha\beta_1+\beta\alpha_1).$$

Si moltiplichino fra loro le equazioni (9), (10) e dal risultato si sottragga il quadrato della (12). Avremo:

$$(p^2+q^2+r^2)\left(\frac{1}{dd_1}-\frac{\cos^2\omega}{\Delta^2}\right)=\frac{\operatorname{sen}^2\omega}{p^2+q^2+r^2}\,\Theta,$$

cioè:

$$(13)\qquad \frac{1}{dd_1}-\frac{\cos^2\omega}{\Delta^2}=\frac{\operatorname{sen}^2\omega}{\delta\delta_1}.$$

4. Nel caso che studiamo, cioè che le superficie inviluppate siano qualsivogliano, ma che per ciascuna di esse il punto di contatto colla data sia un ombelico, chiameremo le due rette (α,β,γ), $(\alpha_1,\beta_1,\gamma_1)$ *tangenti sferoconiugate*, perchè le equazioni (11) e (13), che ne esprimono le proprietà, sono identiche a quelle che si otterrebbero supponendo le inviluppate sferiche.

Al sistema delle equazioni (11), (13) equivale il seguente:

$$(14)\qquad \frac{1}{d}+\frac{1}{d_1}-\frac{2}{\Delta}=\operatorname{sen}^2\omega\left(\frac{1}{\delta}+\frac{1}{\delta_1}-\frac{2}{\Delta}\right),$$

$$(15)\qquad \frac{1}{dd_1}-\frac{1}{\Delta^2}=\operatorname{sen}^2\omega\left(\frac{1}{\delta\delta_1}-\frac{1}{\Delta^2}\right),$$

dalle quali eliminando $\operatorname{sen}^2\omega$ si ha la:

$$\left(\frac{1}{d}+\frac{1}{d_1}\right)\left(\frac{1}{\delta\delta_1}-\frac{1}{\Delta^2}\right)-\frac{1}{dd_1}\left(\frac{1}{\delta}+\frac{1}{\delta_1}-\frac{2}{\Delta}\right)+\frac{1}{\Delta}\left(\frac{1}{\Delta\delta}+\frac{1}{\Delta\delta_1}-\frac{2}{\delta\delta_1}\right)=0,$$

relazione fra i raggi d, d_1 di due sezioni normali a tangenti sferoconiugate. Se $\omega=90^\circ$, le (14), (15) danno i raggi d, d_1 eguali ai raggi δ, δ_1; dunque:

In un punto qualunque di una data superficie curva, le linee di curvatura hanno le tangenti sferoconiugate. Le sole linee ortogonali che abbiano le tangenti sferoconiugate sono le linee di curvatura.

Noi riterremo che il raggio Δ non varii che al variare del punto (x, y, z) sulla data superficie. Ciò ha luogo per es. supponendo che le inviluppate siano sfere di raggio costante, o sfere passanti per uno stesso punto dato nello spazio, o sfere aventi i rispettivi centri in un dato piano, ecc.

Ciò premesso, le formole (11), (14), (15) esprimono che in un punto dato di una superficie curva data, qualunque siano due sezioni normali a tangenti sferoconiugate, comprendenti l'angolo ω e aventi i raggi di curvatura d, d_1, *le quantità*:

$$\left(\frac{1}{\Delta}-\frac{1}{d}\right)\left(\frac{1}{\Delta}-\frac{1}{d_1}\right):\operatorname{sen}^2\omega\,,\quad \left(\frac{1}{d}+\frac{1}{d_1}+\frac{2}{\Delta}\right):\operatorname{sen}^2\omega\,,\quad \left(\frac{1}{dd_1}-\frac{1}{\Delta^2}\right):\operatorname{sen}^2\omega$$

sono costanti.

5. Siano θ, θ_1 gli angoli che le due rette (α, β, γ), $(\alpha_1, \beta_1, \gamma_1)$ comprendono con una linea di curvatura della data superficie, nel punto (x, y, z). Avremo, pel noto teorema di EULERO:

$$\frac{1}{d}=\frac{\cos^2\theta}{\delta}+\frac{\operatorname{sen}^2\theta}{\delta_1}\,,\quad \frac{1}{d_1}=\frac{\cos^2\theta_1}{\delta}+\frac{\operatorname{sen}^2\theta_1}{\delta_1}\,.$$

Questi valori sostituiti nella (14) danno:

$$\frac{\cos\theta\,.\,\cos\theta_1}{\delta}+\frac{\operatorname{sen}\theta\,.\,\operatorname{sen}\theta_1}{\delta_1}=\frac{\cos(\theta-\theta_1)}{\Delta}\,,$$

ossia:

$$\tag{16} \operatorname{tang}\theta\,.\,\operatorname{tang}\theta_1=-\frac{\dfrac{1}{\Delta}-\dfrac{1}{\delta}}{\dfrac{1}{\Delta}-\dfrac{1}{\delta_1}}\,,$$

relazione fra gli angoli che una linea di curvatura fa con due tangenti sferoconiugate. Cioè:

In un punto dato di una data superficie curva, il prodotto delle tangenti trigonometriche degli angoli che due rette tangenti sferoconiugate qualsivogliano fanno con una stessa linea di curvatura è costante.

Segue da ciò:

In un punto dato di una data superficie curva, le coppie di rette tangenti sferoconiugate sono in involuzione.

Le rette doppie di questa involuzione sono le tangenti di quelle due sezioni normali, egualmente inclinate ad una stessa linea di curvatura, per le quali il raggio del circolo osculatore è uguale a Δ. Tali rette doppie sono reali o immaginarie secondo che le quantità:

$$\frac{1}{\Delta}-\frac{1}{\delta}\,,\qquad \frac{1}{\Delta}-\frac{1}{\delta_1}$$

abbiano segni contrari o eguali.

È ovvio che per dedurre le proprietà delle tangenti coniugate di DUPIN da quelle dimostrate in questa *nota*, basta porre $\frac{1}{\Delta}=0$.

6. Dati i coseni (α, β, γ) della direzione di una retta tangente alla superficie (1), proponiamoci di trovare i coseni $(\alpha_1, \beta_1, \gamma_1)$ della tangente sferoconiugata.

Indicando con a, b, c i coseni degli angoli che la normale alla superficie (1) nel punto (x, y, z) fa cogli assi, si ha:

$$a\sqrt{p^2+q^2+r^2}=p\,,\quad b\sqrt{p^2+q^2+r^2}=q\,,\quad c\sqrt{p^2+q^2+r^2}=r\,,$$

e derivando rispetto ad s, arco di una linea qualsivoglia tracciata sulla superficie data e toccata dalla retta (α, β, γ) nel punto (x, y, z):

$$\begin{aligned}
a\left(\sqrt{p^2+q^2+r^2}\right)'+a'\sqrt{p^2+q^2+r^2} &= l\alpha+n_1\beta+m_1\gamma\\
b\left(\sqrt{p^2+q^2+r^2}\right)'+b'\sqrt{p^2+q^2+r^2} &= n_1\alpha+m\beta+l_1\gamma\\
c\left(\sqrt{p^2+q^2+r^2}\right)'+c'\sqrt{p^2+q^2+r^2} &= m_1\alpha+l_1\beta+n\gamma.
\end{aligned}$$

Si moltiplichino queste equazioni ordinatamente per $\alpha_1, \beta_1, \gamma_1$ e si sommino i risultati:

$$\begin{aligned}
(a'\alpha_1+b'\beta_1+c'\gamma_1)\sqrt{p^2+q^2+r^2} &= l\alpha\alpha_1+l_1(\beta\gamma_1+\gamma\beta_1)\\
&\quad+m\beta\beta_1+m_1(\gamma\alpha_1+\alpha\gamma_1)\\
&\quad+n\gamma\gamma_1+n_1(\alpha\beta_1+\beta\alpha_1),
\end{aligned}$$

quindi la (12) potrà scriversi così:

$$\alpha_1(\alpha-\Delta a')+\beta_1(\beta-\Delta b')+\gamma_1(\gamma-\Delta c')=0.$$

Da questa equazione e dalle:

$$a\alpha_1+b\beta_1+c\gamma_1=0\,,\qquad \alpha_1^2+\beta_1^2+\gamma_1^2=1$$

si ricava:

$$\alpha_1=\frac{b\gamma-c\beta-\Delta(bc'-cb')}{h}\,,\quad \beta_1=\frac{c\alpha-a\gamma-\Delta(ca'-ac')}{h}\,,\quad \gamma_1=\frac{a\beta-b\alpha-\Delta(ab'-ba')}{h}$$

ove:

$$h^2 = 1 + \Delta^2 (a'^2 + b'^2 + c'^2) - 2\Delta (a'\alpha + b'\beta + c'\gamma).$$

Ora, per una formola di OSSIAN BONNET *) si ha:

$$a'^2 + b'^2 + c'^2 = \frac{\cos^2\theta}{\delta^2} + \frac{\operatorname{sen}^2\theta}{\delta_1^2}$$

ossia, introducendo il raggio d mediante il noto teorema euleriano:

$$a'^2 + b'^2 + c'^2 = \frac{\delta + \delta_1 - d}{\delta\delta_1 d}.$$

Inoltre si ha:

$$a'\alpha + b'\beta + c'\gamma = \frac{1}{d},$$

onde:

$$\frac{h^2}{\Delta^2} = \left(\frac{1}{\Delta} - \frac{1}{d}\right)^2 - \left(\frac{1}{\delta} - \frac{1}{d}\right)\left(\frac{1}{\delta_1} - \frac{1}{d}\right).$$

I coseni degli angoli che fa cogli assi la tangente coniugata ordinaria di quella data per mezzo de' coseni (α, β, γ) sono proporzionali alle quantità:

$$bc' - cb', \quad ca' - ac', \quad ab' - ba',$$

dunque, perchè la tangente sferoconiugata coincida colla coniugata dupiniana, dev'essere:

$$\frac{b\gamma - c\beta}{bc' - cb'} = \frac{c\alpha - a\gamma}{ca' - ac'} = \frac{a\beta - b\alpha}{ab' - ba'},$$

da cui si hanno le:

$$\alpha : \beta : \gamma = a' : b' : c'$$

che sono le equazioni di una linea di curvatura, date dal prof. BRIOSCHI nella sua bella memoria *sulle proprietà di una linea tracciata sopra una superficie* **). Dunque:

Le sole linee di curvatura sono simultaneamente coniugate ordinarie e sferoconiugate.

7. Il centro della curvatura ombelicale per la superficie inviluppata (3) è il punto che ha per coordinate:

$$u = x - \Delta a, \quad v = y - \Delta b, \quad w = z - \Delta c,$$

*) *Journal de l'École Polytechnique,* 32e cahier, pag. 9.

**) *Annali di scienze matematiche e fisiche.* Roma 1854.

il quale appartiene alla normale della data superficie nel punto (x, y, z), epperò è situato sulla superficie gobba formata dalle normali della medesima superficie lungo la data linea (4). Quali sono i coseni degli angoli che fa cogli assi la normale a questa superficie gobba in quel punto (u, v, w)?

Se immaginiamo la retta tangente alla superficie gobba in questo punto e perpendicolare alla generatrice rettilinea (a, b, c), i coseni della direzione di quella retta sono evidentemente proporzionali alle quantità:

$$x' - \Delta a', \quad y' - \Delta b', \quad z' - \Delta c'.$$

Quindi i coseni per la normale alla superficie gobba saranno proporzionali alle quantità:

$$b(z' - \Delta c') - c(y' - \Delta b'), \quad c(x' - \Delta a') - a(z' - \Delta c'), \quad a(y' - \Delta b') - b(x' - \Delta a')$$

cioè la normale alla superficie gobba nel punto (u, v, w) è parallela alla retta $(\alpha_1, \beta_1, \gamma_1)$ tangente sferoconiugata di quella che tocca la linea data nel punto (x, y, z).

Bologna, 3 gennaio 1861.

22.

CONSIDERAZIONI DI STORIA DELLA GEOMETRIA

IN OCCASIONE DI UN LIBRO DI GEOMETRIA ELEMENTARE PUBLICATO A FIRENZE.

Il Politecnico, volume IX (1860), pp. 286-323.

1. Il signor LEMONNIER, già benemerito dell'Italia per averle dato bellissime edizioni delle migliori opere letterarie, merita ora la nostra riconoscenza anche per la publicazione di ottimi trattati di matematiche elementari. Nell'agosto 1856 usciva alla luce il *Trattato d'Aritmetica di* GIUSEPPE BERTRAND, tradotto in italiano dal professore GIOVANNI NOVI; scorsi appena due mesi tennero dietro il *Trattato d'Algebra Elementare* dello stesso BERTRAND, tradotto dal professore ENRICO BETTI, e il *Trattato di Trigonometria di* ALFREDO SERRET, tradotto dal professore ANTONIO FERRUCCI. Un anno dopo si publicavano dallo stesso editore gli *Elementi d'Aritmetica*, scritti dal professor NOVI, perchè servissero d'avviamento al *Trattato* del BERTRAND. Ora da quattro mesi è uscito il *Trattato di Geometria Elementare di* A. AMIOT *), tradotto dallo stesso professor NOVI, e ci viene anche promesso un trattato d'algebra superiore, opera originale del professor BETTI, già noto per sue profonde ricerche in questa materia **).

Il merito di queste interessanti publicazioni non può esser ritratto in brevi parole, nè può appieno sentirsi se non da chi le abbia avute in mano, e con diligenza studiate. Non solo sono state scelte le migliori opere originali fra le recentissime, ma

*) *Trattato di Geometria elementare*, di A. AMIOT. Prima traduzione italiana con note ed aggiunte di GIOVANNI NOVI, professore di meccanica nel liceo militare di Firenze. Con un atlante di 59 tavole. Firenze, Felice Lemonnier, 1858. Prezzo: paoli 12.

**) Egli è uno de' compilatori degli *Annali di matematica pura ed applicata*, periodico bimensile che da un anno si pubblica in Roma, e fa seguito ai cessati *Annali di scienze matematiche e fisiche*. Gli altri compilatori sono i professori: FRANCESCO BRIOSCHI (Pavia), ANGELO GENOCCHI (Torino) e BARNABA TORTOLINI (Roma).

anche furono arricchite ed ampliate con preziose note ed aggiunte, che ne accrescono singolarmente il pregio. Così, per le utili fatiche de' chiari uomini nominati, noi possediamo attualmente ottimi trattati d'aritmetica, d'algebra, di trigonometria e di geometria. Facciamo voti che sì eccellenti principj siano seguiti da cose maggiori.

2. Non è mia intenzione occuparmi qui di tutte le opere sopra indicate, ma di quella sola che più recentemente è uscita alla luce; voglio dire del trattato di geometria. L'opera originale porta per titolo: *Leçons nouvelles de géométrie élémentaire par M.* A. AMIOT; di questa ho sott'occhi la prima edizione (*Paris* 1850); ma la traduzione sembra fatta sopra un'edizione più recente, il che deduco da qualche lieve aumento che trovo nel testo della traduzione, senza che il traduttore lo aggiudichi a sè. Del concetto di quest'opera è a lungo e con molta dottrina discorso nella prefazione, con cui il professore NOVI ha incominciato il suo lavoro. Tale concetto è quello di assimilare, per quanto è possibile, le recenti teorie geometriche, sorte col progresso della scienza, alle dottrine che costituirono fin qui gli antichi *Elementi*. La geometria elementare da EUCLIDE e da ARCHIMEDE in poi era rimasta pressochè stazionaria sino al nostro secolo: i geometri che succedettero a que' due ampliarono piuttosto la dottrina delle sezioni coniche ed altre parti della scienza, meno elementari. Soltanto nel secolo presente, e sopratutto per opera di CARNOT *), PONCELET **), GERGONNE ***), STEINER †), CHASLES ††), MÖBIUS †*), ecc., fu dato uno straordinario impulso alla geometria,

---

*) *Géométrie de position.* Paris 1803 — *De la corrélation des figures, en Géométrie.* Paris 1801. — *Essai sur la théorie des transversales.* Paris 1806.

**) *Traité des propriétés projectives des figures.* Paris 1822. — *Mémoire sur les centres des moyennes harmoniques,* nel tomo 3.° (1828) del giornale di CRELLE (*Journal für die reine und angewandte Mathematik, herausgegeben zu Berlin von* A. L. CRELLE) — *Mémoire sur la théorie générale des polaires réciproques,* nel tomo 4.° d. g. — *Analyse des transversales, appliquée à la recherche des propriétés projectives des lignes et surfaces,* nel tomo 8.° (1832) d. g.

***) *Annales de mathématiques pures et appliquées,* 1810-1831.

†) *Systematische Entwickelung der Abhängigkeit geometrischer Gestalten von einander.* Berlin 1832 (opera classica di cui non è publicata che la prima parte; quando l'autore vorrà darci le altre?) — *Monatsberichte der Berliner Akademie* — Giornale di CRELLE, ecc.

††) *Aperçu historique sur l'origine et le développement des méthodes en géométrie, suivi d'un Mémoire sur deux principes généraux de la science: la dualité et l'homographie.* Bruxelles 1837. — *Annales de* GERGONNE — *Mémoires de l'Académie de Bruxelles* — *Correspondance mathématique et physique de* QUETELET. Bruxelles 1824-1838. *Comptes rendus de l'Académie des sciences de Paris* — *Journal de* M. LIOUVILLE — *Traité de Géométrie Supérieure.* Paris, 1852.

†*) *Der barycentrische Calcul.* Leipzig 1827. — *Lehrbuch der Statik.* Leipzig 1837 — Giornale di CRELLE — *Abhandlungen der K. Sächsischen Gesellschaft der Wissenschaften.* — *Berichte über die Verhandlungen der K. Säch. Gesell. der Wiss. zu Leipzig.*

e si crearono tante nuove teorie, che mutarono faccia alla scienza, sì nelle regioni elevate che nelle più elementari. Molte fra le nuove dottrine sono, come giustamente osserva il professor Novi (prefazione, pag. VI), più facili di certe parti della geometria solida, ben inteso purchè vengano convenientemente limitate nella loro estensione; è quindi giusto e ragionevole farle entrare nell'insegnamento elementare. Inoltre si stabilirono nuovi principj (come quello de' segni) pe' quali non solo le recenti, ma anche le antiche teorie divengono suscettibili d'una esposizione più semplice e più generale. Di qui l'assoluta necessità di trasformare i vecchi libri destinati all'istituzione della gioventù per render questa partecipe anche degli straordinari progressi dovuti al nostro secolo. La convinzione di siffatto bisogno ha appunto guidato l'Amiot nella compilazione delle sue *Leçons nouvelles de géométrie;* e la stessa convinzione, anche più sentita, condusse il professor Novi a tradurre quest'opera, ampliandola considerevolmente in quelle parti che concernono le moderne dottrine.

Gli aumenti dovuti al traduttore consistono sopratutto in dieci note aggiunte, destinate quasi esclusivamente allo sviluppo delle teorie recenti soltanto abbozzate nel testo. Ma anche in questo occorrono spessissimo brevi note, poste dal traduttore, allo scopo di indicare nuove conseguenze de' teoremi esposti dall'autore, o più semplici dimostrazioni, o maniere più generali di considerare certi argomenti.

Il volume è di 514 pagine; 196 spettano alla geometria piana; 186 alla solida; 132 alle dieci note aggiunte in fine dell'opera dal traduttore.

3. La geometria piana è divisa in *quattro libri.* Il primo di questi è intitolato: *la linea retta e la linea spezzata,* e si compone di *sei capitoli* che trattano ordinatamente delle seguenti materie: *Della comune misura di due linee e del loro rapporto. — Angoli. — Della perpendicolare e delle oblique. — Delle rette parallele. — Triangoli. — Poligoni.*

Da questa enumerazione ciascuno scorge che l'autore, benchè meriti molta lode pel modo con cui ha in generale ordinato le materie nel suo libro, pure per quanto concerne la prima parte di esso, appartiene a quella schiera di trattatisti a cui dirigonsi le seguenti parole del Montucla *):

" C'est sur-tout à ses *Elemens* qu'Euclide doit la célébrité de son nom. Il ramassa dans cet ouvrage, le meilleur encore de tous ceux de ce genre, les vérités élémentaires de la géométrie, découvertes avant lui. Il y mit cet enchaînement si admiré par les amateurs de la rigueur géométrique, et qui est tel, qu'il n'y a aucune proposition qui n'ait des rapports nécessaires avec celles qui la précèdent ou qui la suivent. En vain divers géomètres, à qui l'arrangement d'Euclide a déplu, ont tâché de le réformer, sans porter atteinte à la force des démonstrations; leurs effortes impuissans ont fait

*) *Histoire des Mathématiques,* etc. Paris 1758, tom. I, part. I, liv. IV.

voir combien il est difficile de substituer à la chaîne formée par l'ancien géomètre, une chaîne aussi ferme et aussi solide. Tel étoit le sentiment de l'illustre Leibniz, dont l'autorité doit être d'un grand poids en ces matières; et Wolf, qui nous l'apprend, convient d'avoir tenté inutilment d'arranger les vérites géométriques dans un ordre différent, sans supposer des choses qui n'étoient point encore démontrées, ou sans se relâcher beaucoup sur la solidité de la démonstration. Les géomètres anglais, qui semblent avoir le mieux conservé le goût de la rigoureuse géométrie, on toujours pensé ainsi; et Euclide a trouvé chez eux de zélés défenseurs dans divers géomètres habiles. L'Angleterre voit moins éclore des ces ouvrages, qui ne facilitent la science qu'en l'enervant; Euclide y est presque le seul auteur élémentaire connu, et l'on n'y manque pas de géomètres.

" Le reproche de désordre fait à Euclide, m'oblige à quelques réflexions sur l'ordre prétendu qu'affectent nos auteurs modernes d'*Elémens*, et sur les inconvéniens qui en sont la suite. Peut-on regarder comme un veritable ordre, celui qui oblige à violer la condition la plus essentielle à un raisonnement géométrique, je veux dire, cette rigueur de démonstration, seule capable de forcer un esprit disposé à ne se rendre qu'à l'évidence métaphysique? Or, rien n'est plus commun chez les auteurs dont on parle, que ces atteintes portées à la rigueur géométrique. Mais il leur falloit nécessairement se relâcher jusqu'à ce point, ou commencer à traiter d'un certain genre d'étendue, avant que d'avoir épuisé ce qu'il y avoit à dire d'un autre plus simple, et ils ont mieux aimé ne démontrer qu'à demi, c'est-à-dire, ne point démontrer du tout, que de blesser un pretendu ordre dont ils étoient épris.

" Il y a même, à mon avis, une sorte de puérilité dans cette affectation de ne point parler d'un genre de grandeur, des triangles, par exemple, avant que d'avoir traité au long des lignes et des angles: car pour peu que, s'astreignant à cet ordre, on veuille observer la rigueur géométrique, il faut faire les mêmes frais de démonstrations, que si l'on eût commencé par ce genre d'êtendue plus composé, et d'ailleurs si simple, qu'il n'exige pas qu'on s'y élève par degrés. J'ose aller plus loin, et je ne crains point de dire que cet ordre affecté va a rétrécir l'esprit, et á l'accoutumer à une marche contraire à celle du génie des découvertes. C'est déduire laborieusement plusieurs vérités particulières, tandis qu'il n'étoit pas difficile d'embrasser tout d'un coup le tronc, dont elles ne sont que les branches. Que sont en effet la plupart de ces propositions sur les perpendiculaires et les obliques, qui remplissent plusieurs sections des ouvrages dont on parle, sinon autant de conséquences fort simples de la propriété du triangle isocèle? Il étoit bien plus lumineux, et même plus court, de commencer à demontrer cette propriété, et d'en déduire ensuite toutes ces autres propositions ".

Su quest'argomento meritano d'essere ponderate anche le obbiezioni mosse dal

Dott. Baltzer *) contro i trattati di geometria elementare di Schlömilch e Snell, l'ultimo de' quali fa un completo divorzio fra la *planimetria rettilinea* (com'ei la chiama) e la *dottrina del cerchio,* e giunge a dire: Die Einmischung der Kreislehre in die Planimetrie erscheint uns ganz überflüssig und verkehrt **).

È però giustizia osservare che l'Amiot fa sempre uso di dimostrazioni, contro le quali non si ponno elevare seri dubbi. Certo che esse non sarebbero tutte accettate dal cautissimo Euclide, il quale, a cagion d'esempio, non avrebbe parlato (testo, pag. 14) della bisettrice di un angolo senz'aver prima dimostrato che un angolo si può dividere per metà. Ammettendo tacitamente la possibilità della bisezione di un angolo, l'autore dà una dimostrazione assai semplice del teorema: " Se due triangoli hanno due lati rispettivamente eguali e gli angoli compresi fra questi lati diseguali, il lato opposto al maggiore de' due angoli è maggiore di quello che è opposto all'altro angolo „ (pag. 24). Lo stesso può ripetersi per altre proposizioni. L'ordinamento di Euclide diviene necessario quando d'alcuna cosa non si voglia parlare senz'averne prima dimostrata la possibilità dell'esistenza: ragione che ha indotto molti a dargli la preferenza.

4. Rispetto alla teorica delle parallele è noto che Euclide l'ha fondata sopra una proposizione (postulato) ammessa senza dimostrazione; e si sa del pari che invece del postulato d'Euclide può assumersi come tale alcun'altra delle proposizioni di detta teorica, e quindi dimostrar tutte le altre. Molti autori si sono sforzati, ma inutilmente, di dimostrare tutte quelle proposizioni, senz'ammettere alcun postulato. Gergonne ha proposto di assumere come evidente la proposizione semplicissima:

Per un punto dato fuori di una retta data non può condursi che una sola retta parallela alla data, come quella che sembra più facile a concepirsi di qualunque altra.

Euclide però non poteva assumere tale postulato per ragioni dette di sopra. Il consiglio di Gergonne fu seguito dall'Amiot, non in questa, ma in altra sua opera elementare di geometria ***). Nel libro di cui qui è discorso il postulato di Gergonne è dimostrato come teorema (pag. 16), dopo aver ammesso come evidente che " se due rette sono, l'una perpendicolare e l'altra obliqua sopra una terza retta, quelle due prolungate s' incontreranno „. Il traduttore nota essere codesto il famoso quinto postulato d'Euclide: il che non è del tutto esatto, perchè l'enunciato del quinto postulato è il seguente:

---

*) *Die Gleichheit und Aehnlichkeit der Figuren und die Aehnlichkeit derselben, von Doctor* Richard Baltzer. Dresden 1852.

**) *Lehrbuch der gradlinigten Planimetrie von* Karl Snell. *Zweite Auflage.* Leipzig 1857.

***) *Élémens de géométrie, rédigés d'après les nouveaux programmes, etc.* par M. A. Amiot. Paris 1855.

Se due rette essendo segate da una terza fanno con questa due angoli interni da una stessa parte la cui somma sia minore di due retti, da quella parte le due rette convergono *).

A pag. 30 leggiamo il teorema:

" Due poligoni della medesima specie sono eguali quando, ad eccezione di tre angoli consecutivi, le altre parti sono eguali e disposte nel medesimo ordine ".

Si avrebbe potuto dimostrare anche il teorema più generale in cui i tre angoli, invece che consecutivi, fossero disposti comunque; cioè:

" Due poligoni equilateri tra loro sono eguali quando hanno, ad eccezione di tre, tutti gli angoli omologhi, eguali ".

Questo teorema trovasi dimostrato nella geometria in lingua polacca di NIEVENGLOWSKI **).

In una nota il traduttore pone una assai semplice dimostrazione di questa interessante proprietà:

" Un poligono di n lati è determinato generalmente da $2n—3$ condizioni ".

5. Il *secondo libro* intitolato: *Della circonferenza del cerchio* dividesi in otto capitoli, gli argomenti de' quali sono: *Diametro e corde. — Tangente. — Distanza di un punto da una circonferenza. Intersezione e contatto di due cerchi. — Misura degli angoli. — Problemi sulle perpendicolari, le parallele, gli angoli e gli archi. — Costruzione dei triangoli e de' parallelogrammi. — Problemi sul cerchio. — Poligoni inscritti e circoscritti.*

I problemi relativi alle materie trattate ne' due primi libri, che da EUCLIDE sono frammischiati, senz'ordine apparente, ai teoremi come lo richiedeva l'inflessibile rigore del suo metodo, sono stati dall'AMIOT (sull'esempio di altri scrittori) riuniti in tre soli capitoli, che sono gli ultimi del secondo libro. L'ultimo problema ivi trattato è quello di descrivere un cerchio tangente ai tre lati di un triangolo. Le soluzioni di questo problema (com'è notissimo) sono quattro, cioè si hanno quattro cerchi tangenti ai lati di un dato triangolo, l'inscritto ed i tre exinscritti. Fra i raggi di questi cerchi, il raggio del cerchio circoscritto e le linee principali del triangolo (lati, mediane, bisettrici, altezze) ha luogo una grande moltitudine di relazioni elegantissime. Può consultarsi in proposito l'eccellente opera del BRETSCHNEIDER (professore a Gotha) ***) ove trovasi una ricca e giudiziosa raccolta di formule relative ai triangoli, quadrilateri, ecc.

*) In molte edizioni di EUCLIDE, come per es. nella bellissima del PEYRARD (*Les Élémens de géométrie d'Euclide, par* F. PEYRARD, Paris 1809); i postulati quarto e quinto sono posti fra gli assiomi (decimo e undecimo).

**) *Geometrya, przez G. H. Nievenglowskiego. Poznań*, 1854.

***) *Lehrgebäude der niedern Geometrie.* 1844.

Nell'ultimo capitolo, che tratta de' poligoni regolari, troviamo dimostrate le belle proposizioni (pag. 63 e seg.):

" Divisa una circonferenza in n parti eguali, se uniamo i punti di divisione, a cominciare da uno di essi, di 2 in 2, di 3 in 3, ed in generale di h in h, si forma un poligono regolare di n lati, quando i numeri n ed h siano primi tra di loro ".

Il numero h costituisce la *specie* del poligono.

" Vi ha tanti poligoni regolari di n lati, quante unità vi sono nella metà del numero che esprime quanti numeri interi vi sono inferiori ad n e primi con esso ".

" La somma degli angoli interni, formati dai lati successivi di un poligono regolare di n lati, è uguale a $2(n-2h)$ retti ".

Questi teoremi sono i fondamentali nella teorica de' *poligoni stellati.*

6. Gli antichi geometri, per quanto ci consta dalle loro opere rimasteci, non considerarono che poligoni (regolari o irregolari) convessi. Boezio nella sua *Geometria* dà il primo esempio, che ci sia noto, dell'iscrizione del pentagono regolare stellato nel cerchio. Campano *) autore d'una celebre traduzione d'Euclide, fatta sopra un testo arabo, una delle prime che siano comparse in Europa (13.° secolo) presenta il pentagono stellato come avente la proprietà d'avere la somma degli angoli eguale a due retti.

Al principio del secolo quattordicesimo, Tomaso Bradwardino (arcivescovo di Canterbury) creò una vera teoria de' poligoni stellati, che egli denominò *egredienti* **) dando il nome di *semplici* ai poligoni convessi. Prolungando i lati di un poligono semplice, fino al loro incontro a due a due, si genera un poligono egrediente di primo ordine: il primo di tali poligono è il pentagono stellato. Analogamente dai poligoni egredienti di primo ordine si derivano quei di second'ordine, ecc.: la prima figura egrediente di second'ordine è l'ettagono. Bradwardino enuncia il principio generale che la prima figura di un ordine qualunque è formata dai prolungamenti dei lati della terza figura dell'ordine precedente. Egli arriva, per induzione, anche al teorema: la prima figura di ciascun ordine ha la somma de' suoi angoli eguale a due retti, e nelle altre figure dello stesso ordine la somma degli angoli va aumentando di due retti passando da una figura alla successiva.

Daniele Barbaro nel suo trattato di prospettiva ***) mostrò che i poligoni regolari danno luogo in due maniere ad altri poligoni simili a quelli. Una maniera è di prolungarne i lati fino al loro incontro a due a due; i punti d'incontro sono i vertici

*) La prima edizione dell'Euclide coi commenti del Campano fu fatta in Venezia nel 1482; essa manca di frontispizio. La r. biblioteca in Cremona ne possiede un bello esemplare.

**) *Geometria speculativa,* Thomæ Bravardini, etc. 1496.

***) *Pratica della prospettiva.* Venezia 1569.

di un nuovo poligono simile al primo. L'altra maniera è di tirare tutte le diagonali da ciascun vertice al secondo o al terzo de' successivi; esse formano colle loro intersezioni un secondo poligono simile al dato. Egli però non parla di poligoni egredienti.

Al sommo KEPLER *) devesi la bella proprietà che una stessa equazione ha per radici le lunghezze dei lati delle diverse specie di poligoni regolari d'uno stesso numero di lati. La denominazione di *stellati* può dirsi venire da lui; poichè egli chiama tai poligoni *stelle*, ed i poligoni regolari ordinari *radicali*. Prima però di KEPLER, un altro alemanno, STIFELS aveva dedotto da una stessa equazione di secondo grado il lato e la diagonale del pentagono regolare **).

Ma la teoria de' poligoni egredienti, fondata da BRADWARDINO, fu ampliata da GIOVANNI BROSCIO, geometra del secolo decimosettimo. Egli ***) dimostrò completamente le leggi date per induzione dal suo predecessore, e mise in evidenza la bella proprietà: potersi formare poligoni egredienti di sette, nove, undici, tredici,... lati, in cui la somma degli angoli sia eguale a due retti come nel pentagono di CAMPANO. Le figure di BRADWARDINO sono considerate da BROSCIO come poligoni ad angoli salienti e rientranti alternativamente, i cui lati non si segano. È singolare il seguente suo risultato †). Prendiamo, a cagion d'esempio, un ettagono regolare ordinario e dividiamone per metà tutt'i lati. Intorno a ciascuna retta congiungente due punti medi consecutivi, si faccia rotare il piccolo triangolo che questa retta stacca dall'ettagono, finchè questo triangolo cada nell'interno della figura. Si otterrà così un poligono di quattordici lati ad angoli salienti e rientranti alternativamente, il quale ha lo stesso perimetro dell'ettagono proposto. Ora intorno a ciascuna retta congiungente due vertici d'angoli rientranti successivi del poligono di quattordici lati si faccia rotare il piccolo triangolo da essa distaccato, finchè cada entro la figura; risulterà un nuovo poligono di quattordici lati ad angoli alternativamente salienti e rientranti, isoperimetro ai due precedenti. Questi tre poligoni, isoperimetri fra loro, hanno però aree diverse, poichè il secondo è compreso entro il primo, e il terzo entro il secondo. Le due figure così generate non sono altro che gli ettagoni di seconda e terza specie, nei quali siano state levate le porzioni interne dei lati. Tale è la singolare maniera con cui BROSCIO forma poligoni egredienti isoperimetri a quello da cui sono derivati.

Dopo BROSCIO queste belle proprietà caddero nell'obblio finchè risuscitolle al prin-

---

*) *Harmonices mundi,* libri V. Lincii Austriæ. 1619.

**) *Arithmetica integra.* Nuremberg 1544.

***) *Apologia pro Aristotele et Euclide,* etc. Dantisci 1652.

†) Per le notizie storico-bibliografiche mi sono giovato specialmente dell'*Aperçu historique;* oltre poi tutte quelle fonti originali che mi fu dato di consultare.

cipio di questo secolo l'illustre POINSOT, o piuttosto creonne nuovamente la teoria, quale noi l'abbiamo attualmente *). Fra le altre egli dimostrò la proposizione che la somma degli angoli di un poligono stellato è eguale a $2(n-2h)$ retti, ove n è il numero de' lati, ed h indica la *specie*.

7. Il *libro secondo* termina con quarantasette quesiti proposti agli studiosi per esercizio (problemi da risolvere, teoremi da dimostrare) de' quali gli ultimi tredici sono aggiunti dal traduttore. Fra tali quesiti notiamo i seguenti:

Quesito 3.°: è compreso nel teorema di VITELLIONE **): " Se da due punti dati si conducono due rette ad uno stesso punto di una retta o di una circonferenza, la loro somma sarà minima quando siano egualmente inclinate alla linea medesima ". Il problema d'inflettere da due punti dati ad una circonferenza due rette che riescano egualmente inclinate alla normale d'incidenza è dell'arabo ALHAZEN ***).

Quesito 21.°: " Se si conducono da un punto qualunque della circonferenza circoscritta ad un triangolo le perpendicolari sui lati, i piedi di queste perpendicolari sono in linea retta ".

Questo teorema è dovuto a SERVOIS, e fu generalizzato da QUERRET †) così:

" Se da un punto qualunque di una circonferenza concentrica a quella circoscritta ad un dato triangolo si calano le perpendicolari sui lati, l'area del triangolo che ha i vertici ne' piedi delle perpendicolari è costante ".

L'analogo teorema relativo ad un poligono regolare è dato da LHUILIER ††):

" Se da un punto qualunque di una circonferenza concentrica con un dato poligono regolare si calano le perpendicolari sui lati di questo, l'area del poligono che ha i vertici nei piedi delle perpendicolari è costante ".

Questi teoremi sono tutti compresi nel seguente, più generale, enunciato da STEINER †*):

" Il luogo di un punto tale che conducendo da esso le perpendicolari sui lati di un poligono qualunque, l'area del risultante poligono inscritto, avente i vertici nei piedi delle perpendicolari, sia costante, è una circonferenza, il cui centro è il centro del sistema di forze parallele applicate ai vertici del poligono dato e proporzionali ai seni de' doppi degli angoli del poligono medesimo ".

*) *Journal de l'École polytéchnique,* cahier 10.

**) VITELLONIS THURINGO-POLONI *Opticæ,* libri decem. Basileæ 1572.

***) *Opticæ thesaurus* ALHAZENI *Arabis,* libri septem nunc primum editi, etc. Basileæ 1572.

†) *Annales de* GERGONNE, t. XIV.

††) *Bibliothèque universelle,* an. 1824.

†*) *Giornale di* CRELLE, tomo I. (1826).

Quesito 23.°: " Costruire un triangolo equilatero i cui vertici siano sopra tre circonferenze concentriche ".

Questo problema è un caso del seguente trattato da CARNOT *), LAMÉ **) e BELLAVITIS ***):

" Costruire un triangolo simile ad un dato, e che abbia i vertici a date distanze da un punto dato ".

Quesito 25.°: " Costruire un triangolo eguale ad un triangolo dato, ed i cui lati passino per tre punti dati ".

Problema analogo al seguente risolto da NEWTON †):

" Costruire un triangolo che sia eguale a un dato ed abbia i vertici sopra tre rette date ".

NEWTON risolvè anche il seguente ††), enunciato la prima volta da WALLIS:

" Costruire un quadrilatero che sia simile a un dato ed abbia i vertici sopra quattro rette date ".

8. Il *terzo libro* che porta per titolo: *Delle linee proporzionali* è quello che contiene un breve saggio delle moderne teorie. I cinque capitoli di cui esso si compone trattano de' seguenti oggetti: *Trasversali nel triangolo. — Trasversali nel cerchio. — Divisione armonica delle linee rette. — Asse radicale di due cerchi. Rapporto armonico. Involuzione. — Similitudine. — Problemi sulle linee proporzionali.*

Le note aggiunte dal traduttore, ad eccezione delle prime due, sono destinate a dare nozioni più estese delle dottrine troppo brevemente accennate dall'autore nel terzo libro. Queste note hanno per titoli ordinatamente: *Metodo delle proiezioni. — Rapporto anarmonico. — Involuzione. — Divisione omografica. — Centro di gravità. Centri delle medie armoniche. — Poli e polari. Piani Polari. — Metodo delle polari reciproche. — Sezioni coniche.*

A pag. 95, cioè a metà del terzo libro, l'autore comincia a far uso del *principio dei segni;* il quale, applicato ai segmenti di una retta, consiste nell'assumere come positivi i segmenti misurati in un certo senso, e come negativi quelli misurati nel senso contrario. Nel far uso di questo principio, l'ordine delle lettere che indicano un segmento cessa d'essere indifferente; per es. AB indica un segmento la cui origine

*) *Géométrie de position,* § 328.

**) *Examen des différentes méthodes employées pour résoudre les problèmes de géométrie,* 1818, pag. 81.

***) *Sposizione del metodo delle equipollenze.* (Memorie della Società italiana delle scienze, tomo XXV. Modena 1854).

†) *Philosophiæ naturalis Principia mathematica,* auctore ISAACO NEWTONO. Genevæ, 1739. Lib. I, lemma 26.

††) *Ibidem,* lemma 27.

è A; BA un segmento la cui origine è B. E si ha: AB = — BA ossia AB + BA = 0. Se tre punti A, B, C sono in linea retta si ha: AB + BC = AC = — CA, ossia AB + BC + CA = 0; ecc.

Il signor CHASLES ha fatto uso de' segni + e — per rappresentare la direzione de' segmenti nella sua classica opera — *Traité de Géométrie Supérieure.* — Ma il primo a introdurre questo principio nella geometria è stato il signor MÖBIUS (professore a Lipsia), il quale sino dal 1827 nel suo celebre *Calcolo Baricentrico* lo applicò non solo ai segmenti rettilinei, ma anche agli angoli, alle superficie ed ai corpi *), definendo chiaramente per ciascuna di queste estensioni che cosa si debba intendere per *senso positivo* e che per *senso negativo.* L'illustre geometra sassone ha poi sempre continuato a far uso dello stesso principio in tutt' i suoi scritti posteriori di geometria e di meccanica, mettendone in evidenza la grandissima utilità. Egli ebbe la fortuna di trovare numerosi e valenti seguaci in Germania **) ove l'uso di quel principio, preso in tutta la sua generalità, è divenuto universale ***).

---

*) Veggasi la nota a pag. 532 della memoria del signor MÖBIUS: *Theorie der Kreisverwandtschaft in rein geometrischer Darstellung (aus den Abhandlungen der mathematisch physischen Classe der K. Säch. Gesellschaft der Wissenschaften).* Leipzig 1855.

**) Vedi per es.: WITZSCHEL, *Grundlinien der neuern Geometrie,* etc. Leipzig 1858: libro ottimo per chi desiderasse introdursi nello studio delle moderne dottrine geometriche. — Per un ampio sviluppo della teoria del *senso* nelle figure geometriche veggasi: STAUDT, *Beiträge zur Geometrie der Lage.* Nürnberg 1856-57.

***) Considerando una retta fissa A'OA e in essa il punto O come origine de' segmenti, il segno + o — anteposto ad un segmento preso su questa retta serve a distinguere se esso sia diretto da O verso A, ovvero da O verso A'. Assunto il principio de' segni sotto questo ristretto punto di vista, esso è stato generalizzato mediante un algoritmo che serve a rappresentare un segmento OM inclinato ad OA di un angolo qualunque facendo uso di coefficienti imaginari (veggasi: DROBISCH, *über die geometrische Construction der imaginären Grössen. Berichte über die Verhandlungen der K. Säch. Gesel. der Wis. Leipzig* 1848). Il primo che abbia rappresentato la direzione ortogonale col coefficiente $\sqrt{-1}$ sembra essere stato BUÉE *(Mémoire sur les quantités imaginaires* nelle *Philosophical Transactions for* 1806), ma la rappresentazione grafica de' numeri imaginari, in modo completo, non è stata data che nel 1831 da GAUSS *(Göttinger gelehrte Anzeigen* 1831). Su tale rappresentazione grafica degl'imaginari il professore BELLAVITIS, nel 1835, *(Annali delle scienze del regno Lombardo-Veneto, 3.° volume)* fondò un nuovo metodo di geometria analitica, che chiamò allora *metodo delle equazioni geometriche,* e poi disse *metodo delle equipollenze.* Di questo metodo egli diede ulteriori sviluppi ed applicazioni in parecchie memorie posteriori *(Annali c. s. 7.° volume,* 1837 — *Memorie dell'Istituto Veneto, 1.° volume,* 1843 — *Memorie della società italiana delle scienze residente in Modena, tomo XXV,* 1854). L'essenza di questo metodo meraviglioso si riassume in questo sorprendente risultato: *tutt' i teoremi concernenti punti situati in linea retta ponno essere tra-*

Non so intendere perchè l'autore non incominci prima, cioè a pag. 78, teor. 7.° a fare uso de' segni + o —. Applicando il principio de' segni, il teorema 7.° (di Menelao Alessandrino) si enuncia così:

" Se i lati BC, CA, AB di un triangolo ABC sono segati da una trasversale qualunque ne' punti a, b, c, si ha la relazione:

$$aB . bC . cA = + aC . bA . cB \text{ "},$$

e il 10.° (di Ceva *)):

" Le rette condotte da uno stesso punto ai tre vertici A, B, C di un triangolo ABC incontrano i lati rispettivamente opposti in tre punti a, b, c, tali che si ha la relazione:

$$aB . bC . cA = - aC . bA . cB \text{ "}.$$

Veggasi la *Géométrie Supérieure* dello Chasles a pag. 259 e 263.

L'importanza d'aver riguardo al segno del secondo membro è evidentissima specialmente nelle proposizioni reciproche delle due succitate, che sono i teoremi 9.° e 11.° del testo. Infatti questi, quali vi sono enunciati, non essendosi fatto uso del principio de' segni, hanno la stessa ipotesi con diverse conclusioni.

Benchè i teoremi 7.° e 10.° che sono i fondamentali nella teorica delle trasversali non appartengano a geometri recenti, pure questa teorica è essenzialmente moderna. Creolla il celebre Carnot **) e l'ampliò moltissimo Poncelet ***) mostrandone le numerose

---

sportati ed applicati a punti disposti comunque in un piano. Pare però che le ricerche del geometra italiano rimanessero ignote in Francia ove nel 1845 Saint-Venant espose come nuovi i principj dello stesso metodo, ch'egli chiamò delle *somme geometriche (Comptes rendus de l'Académie des sciences de Paris, tom. XXI)*, e in Germania ove Möbius nel 1852 comunicò: « *eine Methode um von Relationen welche der Longimetrie angehören, zu entsprechenden Sätzen der Planimetrie zu gelangen (Berichte über die Verhandl. der K. Säch. Gesell. der Wiss. zu Leipzig,* 16 *october* 1852). È poi degno di nota che, astrazion fatta dall'uso degl'imaginari, Leibniz aveva già imaginato un *calcolo geometrico:* concetto arditissimo per que' tempi, che venne abilmente sviluppato da Grassmann in una interessante e curiosa memoria: *Geometrische Analyse, Leipzig* 1847, che fa parte dei *Preisschriften gekrönt und herausgegeben von der fürst. Jablonow. Gesellschaft*, ed anche da Möbius nel lavoro: *Die Grassman' sche Lehre von Punktgrössen und der davon abhängenden Grossenformen,* ch'egli publicò in seguito alla memoria del Grassmann a schiarimento della medesima. Un metodo analogo a quello del Bellavitis, ed applicabile alla geometria a tre dimensioni, è quello dei *quaternioni,* dovuto all'illustre geometra irlandese Hamilton *(Lectures on Quaternions,* Dublin 1853).

*) *De lineis rectis se invicem secantibus statica constructio.* Mediolani 1678.

**) *Essai sur la théorie des transversales.* Paris 1806.

***) *Analyse des transversales appliquée à la recherche des propriétés projectives des lignes et des surfaces,* 1832 (tomo 8.° del giornale di Crelle).

applicazioni. Se ne è occupato anche PLÜCKER *) e gli sono dovute parecchie eleganti proposizioni.

9. La proporzione armonica (*harmonica medietas*) e le sue proprietà erano note anche agli antichi **). IAMBLICO, filosofo pitagorico del quarto secolo (dopo Cristo) racconta che essa era in uso presso i Babilonesi, e che PITAGORA l'importò in Grecia ***). Suo primo nome era ὑπεναντία; ecco la ragione di tale denominazione. Siano a, b, c tre grandezze in ordine decrescente; se esse formano una proporzione continua *aritmetica* si ha $\frac{a}{b} < \frac{b}{c}$; se la proporzione è *armonica* si ha l'*opposto*, cioè $\frac{a}{b} > \frac{b}{c}$; nella proporzione *geometrica* si ha $\frac{a}{b} = \frac{b}{c}$.

ARCHITA (quinto secolo a. C.) diede a questa proporzione il nome di *armonica* a cagione del suo uso nella musica; IAMBLICO la chiama *proporzione musicale.* Il primo scrittore presso cui se ne trovi la teoria è NICOMACO (tempi di TIBERIO) nativo di GERASA (Arabia) †).

LAHIRE ††) chiama *armonicali* quattro rette uscenti da uno stesso punto e tali che una trasversale qualunque sia da esse divisa armonicamente. Al sistema di tali quattro rette BRIANCHON †*) diede il nome di *fascio armonico.* La denominazione di *media armonica* è di MACLAURIN †††) e quella di *centro delle medie armoniche* è di PONCELET ††*). I nomi di *polo* e *polare* sono rispettivamente dovuti a SERVOIS †**) ed a GERGONNE **); quello di *quadrilatero completo* a CARNOT ***). Quest'ultima denominazione venne generalizzata da STEINER †**), introducendo quelle di *poligono completo (vollständiges Vieleck)*, di *multilatero completo (vollständiges Vielseit)* ed altre richieste dagli ulteriori progressi della scienza. Invece dei nomi *polo* e *polare* STEINER adopera quelli di *polo armonico* e *retta armonica* o semplicemente *armonica* †*†).

---

*) *Analytisch-geometrische Entwicklungen.* Essen 1828-31.

**) PAPPI ALEXANDRINI, *Mathematicæ Collectiones a Federico Commandino in latinum conversæ et commentariis illustratæ.* Bononiæ 1660.

***) IAMBLICI CHALCIDENSIS *ex Cœlesyria in* NICOMACHI GERASENI *Arithmeticam introductio,* etc. Daventræ 1668. Vedi anche TERQUEM: *Bulletin de Bibliographie*, etc. 1855.

†) NICOMACHI GERASENI, *Arithmeticæ, libri duo.* Parisiis 1538.

††) *Traité des sections coniques,* 1685.

†*) *Mémoire sur les lignes du second ordre.* Paris 1817.

†††) *De linearum geometricarum proprietatibus generalibus tractatus,* 1750.

††*) *Mémoire sur les centres des moyennes harmoniques,* 1828 (tomo 3.° del giornale di CRELLE).

†**) *Annales de* GERGONNE, tom. I.

**) *Ibidem*, tom. III.

***) *Géométrie de position.*

†**) *Systematische Entwickelung u. s. w:* pag. 72.

†*†) *Ibidem*, pag. 163-4.

Il teorema: " Se pel punto comune a due tangenti di una sezione conica si conduce una trasversale qualunque, essa è divisa armonicamente dalla curva e dalla corda di contatto „ — teorema fondamentale in questa teoria de' poli e delle polari e che include in sè il teor. 6.° (pag. 92) del testo — è dovuto ad APOLLONIO, uno dei più grandi geometri dell'antichità (anni 245 a. C.) *).

Il teorema: " Se un fascio di quattro rette divide armonicamente una data trasversale, dividerà armonicamente anche un'altra trasversale qualunque „ trovasi in PAPPO **).

A pag. 91 leggiamo che " in un quadrilatero completo ciascuna diagonale è divisa armonicamente dalle altre due „, proposizione che sotto altro enunciato è dimostrata da PAPPO ***).

Anche il teorema 5.° (pag. 91): " il luogo di un punto tale che il rapporto delle sue distanze da due punti fissi sia costante è una circonferenza, ecc. „ trovasi in PAPPO che lo enuncia come uno di quelli che entravano nel secondo libro *de locis planis* opera perduta d'APOLLONIO. La stessa proposizione è dimostrata anche da EUTOCIO (sesto secolo d. C.) al principio del suo commentario †) sui *Conici* di APOLLONIO medesimo.

I teoremi 7.° ed 8.° (pag. 93-4) estesi alle coniche sono dovuti a LAHIRE ††).

Nella teoria degli assi radicali (testo pag. 95) la denominazione di *potenza* per denotare il prodotto de' due segmenti determinati da una circonferenza su di una trasversale tirata da un punto dato è dovuta a STEINER †*); al medesimo geometra sono dovuti anche i vocaboli: *linea d'equal potenza, punto d'egual potenza.* I nomi: *asse radicale, centro radicale* sono di GAULTIER da Tours †††). In luogo di queste denominazioni PLÜCKER si serve delle seguenti: *cordale* e *punto cordale* ††*). Quando due cerchi non si segano, il loro asse radicale vien chiamato da PONCELET *corda ideale comune ai due cerchi* †**).

La proprietà che gli assi radicali di tre cerchi, presi a due a due, concorrono in uno stesso punto (centro radicale) è dovuta a MONGE. Da cui il professore FLAUTI (a

*) APOLLONII PERGÆI *Conicorum libri quatuor una cum* PAPPI ALEXANDRINI *lemmatibus et commentariis* EUTOCII ASCALONITÆ. Bononiæ 1566, III, 37.

**) *Math. Collect.*, III, 145.

***) *Ibidem*, VII, 131.

†) APOLLONII PERGÆI *Conicorum libri quatuor*, etc. Bononiæ 1566.

††) *Traité des sections coniques:* I, 22, 23, 26, 27, 28; II, 23, 24, 26, 27, 30.

†*) Giornale di CRELLE, tomo I (1726).

†††) *Journal de l'École Polytéchnique*, cahier 16 (1813).

††*) *Analytisch-geometrische Entwicklungen.* Band I, S. 49-50.

†**) *Traité des propriétés projectives.*

Napoli) dedusse il teorema, che se per un punto dell'asse radicale di due cerchi si tirano due corde, una per ciascun cerchio, i quattro punti d'intersezione sono in una stessa circonferenza *).

Un gran numero di teoremi relativi agli assi radicali ed ai centri radicali sono dovuti ai citati geometri GAULTIER, PLÜCKER e STEINER.

La denominazione di *rapporto anarmonico* (testo pag. 100) è stata proposta da CHASLES **) e adottata in Francia e in Inghilterra. Invece i geometri alemanni fanno uso della voce: *doppio-rapporto (Doppelverhältniss)* introdotta da MÖBIUS e STEINER. Questo doppio-rapporto, senz'avere una speciale appellazione, era stato considerato anche dai geometri greci. In PAPPO ***) troviamo dimostrato un teorema che in sostanza equivale al 7.° del testo (pag. 103), cioè:

" Un fascio di quattro rette date è segato da qualsivoglia trasversale in quattro punti il cui doppio-rapporto è costante „.

PAPPO dimostra †) anche il teorema reciproco che il traduttore aggiunge in una nota in fondo a pag. 104-5. Siccome queste proposizioni trovansi tra i lemmi di PAPPO relativi ai porismi d'EUCLIDE, così CHASLES pensa ragionevolmente ††) che siano state note a questo geometra e ch'egli ne abbia fatto uso nel suo trattato de' porismi.

10. Nella nota IV il traduttore dà un eccellente saggio delle proprietà projettive sviluppate nella *Géométrie supérieure*, per figure poste sì in un piano che su di una sfera. Tra le molte ch'egli poteva scegliere ha dato la preferenza a quelle di primissima importanza. Le teoriche svolte in questa nota sono illustrate con alcuni esempi celebri nella storia della scienza. Primo è il teorema:

" Se due triangoli hanno i loro vertici a due a due sopra tre rette concorrenti in uno stesso punto, i loro lati si segheranno a due a due in tre punti posti in linea retta. E reciprocamente, ecc. „.

Il quale teorema è di DESARGUES †*) celebre geometra francese contemporaneo di CARTESIO, PASCAL, FERMAT, ecc.

Il secondo esempio è:

" I lati opposti di un esagono inscritto in una sezione conica s'intersecano in tre punti posti in linea retta „.

---

*) *Geometria di sito nel piano e nello spazio,* di VINCENZO FLAUTI. Napoli 1815.

**) *Aperçu historique,* pag. 34.

***) *Math. Collect.*, VII, 129, 137.

†) *Ibid.*, VII, 136, 140, 142.

††) *Géométrie supérieure, préface XXI.*

†*) BOSSE, *Manière universelle de M.* DESARGUES *pour pratiquer la perspective,* etc., 1648.

Questo mirabile teorema (*hexagramma mysticum*) nel caso che la sezione conica riducasi ad una coppia di rette si trova in PAPPO *), ma preso in tutta la sua generalità appartiene a BIAGIO PASCAL **) il noto autore delle *Provinciali*.

Il teorema di PASCAL ha dato origine ad altre belle proposizioni di STEINER ***), di KIRKMANN †), di MÖBIUS ††), di HESSE †*), ecc.

Il citato teorema di DESARGUES serve di base alla teoria delle figure chiamate *omologiche* da PONCELET †††). Diconsi *omologiche* due figure le cui parti si corrispondono in modo che i *punti omologhi* siano sopra rette concorrenti in uno stesso punto *(centro d'omologia)* e le rette omologhe s'incontrino in punti di una stessa retta *(asse d'omologia)*. Invece delle denominazioni: *asse d'omologia, centro d'omologia* introdotte da PONCELET e usate dai geometri francesi, MAGNUS (matematico di Berlino) propose dapprima le seguenti: *asse di collineazione, centro di collineazione* ††*), e più tardi queste altre: *asse di situazione, centro di situazione* †**).

Le figure omologiche (meno il nome) erano già state considerate da LAHIRE **). Anzi è da osservarsi che se di una data figura piana si fa la prospettiva, indi il piano della figura si fa rotare intorno alla linea di terra fino a che venga a coincidere col piano del quadro, si ottengono in questo due figure, la data e la prospettiva, che sono appunto omologiche. Il punto ove viene a cadere il punto di vista è il centro d'omologia, e la linea di terra è l'asse d'omologia. Per cui possiamo dire che le figure omologiche non sono altro che le figure date dalla prospettiva.

La nota V aggiunta dal traduttore tratta dell'involuzione. La proprietà che diede origine a questa teoria —" Se una trasversale sega una conica (in due punti) e i lati di un quadrilatero inscritto, il prodotto dei segmenti compresi sulla trasversale fra un punto della conica e due lati opposti del quadrilatero sta al prodotto dei segmenti

---

*) *Math. Collect.*, VII, 138, 139, 143, 147.

**) *Essai sur les coniques*, 1640.

***) *Annales de* GERGONNE, tom. XVIII.

†) *Cambridge and Dublin Mathematical Journal*, vol. V.

††) *Berichte über die Verhandl. der K. Säch. Gesell. der Wiss. zu Leipzig* 1846 *u.* 1847.

†*) *Giornale di* CRELLE, tomo XLI. Veggasi inoltre a pag. 317 l'ottimo *Treatise on Conic Sections by* G. SALMON *(third edition, London* 1855), a cui ha attinto anche il professor NOVI.

†††) *Traité des propriétés projectives*.

††*) *Giornale di* CRELLE, tomo VIII (1832).

†**) *Sammlung von Aufgaben und Lehrsätzen aus der analytischen Geometrie u. s. w.* Berlin 1833-37.

**) *Nouvelle méthode en géométrie pour les sections des surfaces coniques et cylindriques*, 1673.

compresi fra lo stesso punto della conica e gli altri due lati opposti in un rapporto eguale a quello dei segmenti similmente fatti col secondo punto della conica „— è dovuta a DESARGUES *), e fu egli stesso che introdusse la voce *involuzione* nella geometria. Però la maggior parte di quelle proprietà che ora diconsi d'involuzione di cinque o di quattro punti in linea retta trovasi in PAPPO **) in quarantatre lemmi del settimo libro delle sue *Collezioni matematiche*. CHASLES è il primo che abbia considerato esplicitamente il caso in cui uno de' sei punti dell'involuzione sia a distanza infinita; il suo conjugato venne da lui chiamato *punto centrale*.

Se nel precedente teorema di DESARGUES si suppone che la sezione conica riducasi ad una coppia di rette, si ha un teorema dimostrato da PAPPO ***) sotto diverso enunciato:

" Una trasversale qualsivoglia incontra i sei lati di un tetragono completo †) in sei punti in involuzione „.

Il qual teorema può enunciarsi anche così:

" I lati di un triangolo e le rette che ne congiungono i vertici ad un punto dato sono segati da qualunque trasversale in sei punti in involuzione „.

Devesi a BRIANCHON ††) il teorema inverso:

" Per sei punti (di una retta) in involuzione si ponno far passare i sei lati di un tetragono completo „.

In PAPPO †*) si trova, sotto altro enunciato, anche il teorema (testo, pag. 439):

" Le sei rette condotte da un punto qualunque ai sei vertici di un quadrilatero completo formano un fascio in involuzione „.

Ovvero:

" Le sei rette condotte da un punto qualunque ai tre vertici di un triangolo ed ai tre punti, in cui i lati di questo sono incontrati da una retta data, formano un fascio in involuzione „.

La proposizione inversa è:

" Sopra sei rette formanti un fascio in involuzione si ponno prendere sei punti che siano i vertici di quadrilatero completo „.

---

*) *Brouillon-projet des coniques*, 1639.

**) *Math. Collect.*, VII, 22, 29, 30, 32, 34-56, 61, 62, 64, etc.

***) *Ibid.*, VII, 130.

†) Un tetragono completo (sistema di quattro punti) è una figura di sei lati; un quadrilatero completo (sistema di quattro rette) è una figura a sei vertici.

††) *Mémoire sur les lignes du second ordre,* Paris 1817.

†*) *Math. Collect.*, VII, 135.

11. Il prof. Novi (pag. 441-2) applica la teorica dell'involuzione alla soluzione del problema:

" Dati quattro punti in linea retta determinare su di questa un quinto punto tale che il prodotto delle sue distanze da due dei quattro punti dati stia al prodotto delle sue distanze dagli altri due in un rapporto costante ".

È questo il problema noto sotto il nome di *problema della sezione determinata* di Apollonio *). Sono altrettanto celebri i due seguenti problemi dello stesso geometra, che io abbraccerò in un solo enunciato:

" Per un punto dato condurre una retta che seghi due rette date e determini con un punto dato su ciascuna di esse due segmenti il cui rapporto, ovvero il cui prodotto sia dato ".

Il primo è il *problema della sezione di ragione;* l'altro il *problema della sezione di spazio* **). Veggasi una semplice soluzione del primo di questi due quesiti, data da Flauti ***).

12. Ora per fare qualche cenno degl'interessanti argomenti delle altre note aggiunte dal traduttore, e specialmente della IX *(Metodo delle polari reciproche)* ci conviene dare un'idea della deformazione e della trasformazione delle figure piane.

Imaginiamo che in un piano vi sia un punto che movendosi in modo affatto arbitrario descriva una certa figura. Nello stesso piano o in un altro imaginiamo un secondo punto mobile, il cui movimento sia collegato dietro una legge individuata al movimento del primo punto; nella qual legge entri la condizione che a ciascuna posizione di uno dei punti mobili corrisponda un'unica posizione dell'altro mobile, e reciprocamente. Il secondo mobile avrà così descritto una seconda figura, la quale del resto può, prescindendo da idee di movimento, anche desumersi dalla prima, supposta data, mediante un *metodo di deformazione,* che tenga luogo di quella legge determinata che legava i due movimenti.

Ora in luogo del secondo punto mobile, imaginiamo nel piano della figura descritta dal primo punto mobile o in altro piano una retta mobile, il cui movimento sia dipendente, in virtù di una legge determinata, dal moto di quel punto; e debba essere soddisfatta la condizione che a ciascuna posizione del punto mobile corrisponda una sola posizione della retta mobile, e reciprocamente. La retta mobile inviluppera in tal modo una figura; la quale può, fatta anche astrazione da ogni movimento, desumersi dalla prima, supposta data, mediante un *metodo di trasformazione* che faccia le veci della legge che faceva dipendere il moto della retta dal moto del punto.

*) *Math. Collect.*, VII.

**) *Ibidem.*

***) *Geometria di sito.*

Il più antico metodo di deformazione è quello di cui fece uso primamente ALBERTO DURER, celebre pittore e geometra del secolo decimoquinto *), poi PORTA **), STEVIN ***) ed altri. Ecco in che consiste: da ciascun punto di una figura data si conduca la perpendicolare *(ordinata)* ad una retta fissa e si prolunghi oltre questa di una porzione che abbia coll'ordinata medesima un rapporto costante. L'estremo del prolungamento genererà la nuova figura domandata. Con questo processo una retta si deforma in una retta, una circonferenza in una conica, ecc.

STEVIN †) e MYDORGE ††) fecero uso del metodo seguente: nel piano d'una figura data si fissi un punto dal quale si tiri un raggio a ciascun punto di quella; e su questo raggio o sul prolungamento di esso si prenda a partire dal punto fisso una porzione proporzionale al raggio stesso. L'estremo di questa porzione genererà una nuova figura simile alla data e similmente posta. Questa relazione tra la due figure venne poi denominata da CHASLES †*) *omotetia diretta o inversa* secondo che i raggi non vengano o vengano prolungati oltre il punto fisso *(centro di omotetia o di similitudine)*.

Una circonferenza non può avere per sua linea omotetica che un'altra circonferenza (testo pag. 217). Due circonferenze sono a un tempo omotetiche dirette e omotetiche inverse; cioè hanno un centro di omotetia diretta (centro esterno) e uno di omotetia inversa (centro interno), i quali non sono altro che le intersezioni delle tangenti esterne e delle tangenti interne comuni ai due cerchi. Questi punti dividono armonicamente la retta che unisce i centri di figura de' due cerchi.

Tre cerchi, presi a due a due, danno luogo a tre centri di omotetia diretta e a tre centri di omotetia inversa; e si ha il teorema che i tre centri di omotetia diretta (ovvero due centri d'omotetia inversa con uno d'omotetia diretta) sono in linea retta. Il qual teorema da FUSS †††) è attribuito a D'ALEMBERT, ma FLAUTI ††*) crede che fosse noto anche ad APOLLONIO, e che entrasse come lemma nel di lui trattato *de tactionibus*. La dimostrazione è da vedersi in MONGE †**).

Succede il celebre metodo delle *planiconiche* di LAHIRE **), del quale ho già fatto

*) *Institutiones geometricæ*, etc.

**) *Elementa curvilinea*, etc.

***) *Oeuvres mathématiques de* SIMON STEVIN de Bruges. Leyde 1634.

†) *Ibidem*.

††) Il suo trattato sulle coniche (1631) è il primo che venisse publicato in Francia.

†*) *Annales de* GERGONNE, tom. XVIII.

†††) *Nova Acta Petrop.*, tom. XIV.

††*) *Geometria di sito*.

†**) *Géométrie descriptive*, 7. *édition* 1847.

**) *Nouvelle méthode en géométrie pour les sections des surfaces coniques et cylindriques*.

menzione altrove. Nel piano della figura data si fissino due rette parallele ed un punto; Lahire chiama *formatrice* e *direttrice* le due rette, *polo* il punto fisso. Da ciascun punto della figura data si tiri una trasversale arbitraria che incontri la formatrice e la direttrice in due punti, il secondo de' quali si unisca al polo; e pel primo si tiri la parallela alla congiungente. Il luogo geometrico del punto in cui questa parallela incontra il raggio condotto dal polo al punto della figura data sarà la figura deformata richiesta. Le figure ottenute con questo processo sono quelle medesime che Poncelet chiamò *omologiche*, e che egli stesso e Chasles insegnarono a costruire anche con altri metodi *). Il *polo* è da Poncelet chiamato *centro d'omologia*, e la *formatrice asse d'omologia*. Nelle figure di Lahire ciascuna retta congiungente due punti omologhi passa pel polo, e ciascun punto intersezione di due rette omologhe cade nella formatrice: proprietà che costituisce appunto il carattere distintivo delle figure omologiche.

I metodi di Durer e di Mydorge ponno essere considerati come casi particolari del precedente; per ottenere il primo basta supporre il polo a distanza infinita; per ottenere l'altro dee supporsi a distanza infinita la formatrice.

Altro celebre metodo di deformazione è quello dato da Newton nel lemma 22.°: *Figuras in alias ejusdem generis figuras mutare* del 1.° libro dei *Principia* **). Secondo questo metodo, nel piano di una figura data si assuma come fisso un parallelogrammo OABC; da ciascun punto M della data figura si tiri MP parallela ad OA; sia P il punto d'incontro con AB. Si tiri PO che seghi BC in P′ e da P′ tirisi P′M′ inclinata a BC d'un angolo dato, e di tale lunghezza che sia P′M′ : OP′ = PM : OP. Il punto M′ così ottenuto genera la seconda figura domandata.

Chasles ha osservato che le figure di Newton così ottenute non differiscono da quelle di Lahire che per la scambievole posizione; e che per dare a quelle la stessa giacitura di queste basta far rotare nel dato piano la seconda figura intorno al punto B finchè P′M′ riesca parallela a PM. Dopo tale rotazione la retta BC, considerata come appartenente alla seconda figura, avrà preso una posizione B*c*. Si guidi per A la A*o* eguale e parallela a B*c*. Il punto *o* sarà il polo, e la retta BC, considerata nella sua primitiva posizione, sarà la formatrice.

Chasles fa inoltre osservare che il metodo di deformazione di Newton poco differisce dal metodo di prospettiva di Vignola (1507-1573) dimostrato da Ignazio Danti vescovo d'Alatri ***).

*) *Traité des propriétés projectives — Traité de géométrie supérieure.*

**) *Phil. Nat. Principia math.*, pag. 216 dell'edizione di *Genevæ* 1739.

***) *Le due regole della prospettiva pratica di* M. Iacopo Barozzi da Vignola *con i commentarii del R. P. M.* Ignatio Danti, etc. Roma 1583.

Tutt'i metodi precedenti sono poi compresi in quello chiamato di *collineazione* da Möbius *) che primo ne diede la teoria, e poi chiamato di *omografia* da Chasles **) che vi arrivò da sè senza conoscere i lavori del geometra alemanno. La collineazione od omografia può definirsi così: due figure diconsi *collineari (omografiche)* quando a ciascun punto e a ciascuna retta dell'una corrispondano rispettivamente un punto e una retta nell'altra. Nella *Géométrie supérieure* ponno vedersi varie regole per la costruzione grafica di una figura collineare ad una data. È però degno di osservazione che (trattandosi di figure piane) due figure collineari non sono punto più generali delle omologiche, se non rispetto alla scambievole disposizione, e che quelle ponno sempre essere così trasportate e fatte rotare nel proprio piano in modo da divenire omologiche. Questa importantissima osservazione venne fatta per la prima volta da Magnus ***).

13. Venendo ora a dire dei *metodi di trasformazione*, accennerò per primo quello che Poncelet †) osservò potersi dedurre da un porisma di Euclide. Il porisma cui intendo fare allusione è il seguente:

" Dati in un piano due punti e un angolo che abbia il vertice sulla retta condotta per essi, se da un punto qualunque di una retta data si conducono due rette ai punti dati, esse incontrano rispettivamente i lati dell'angolo in due punti e la retta che li unisce passa per un punto dato ††) „.

O reciprocamente:

" Dato un angolo e due punti in linea retta col suo vertice, se intorno ad un punto fisso si fa rotare una trasversale che incontri i lati dell'angolo in due punti e questi si uniscano rispettivamente ai punti dati, il concorso delle congiungenti genera una linea retta †*) „.

Per conseguenza:

" Se da un punto qualunque di una figura data si conducono due rette ai punti dati, esse incontreranno rispettivamente i lati dell'angolo in due punti; la retta congiungente questi punti inviluppa un'altra figura, che è la trasformata richiesta. Se la data figura è una conica, anche la trasformata sarà una conica „.

Nel suo grande *Traité des propriétés projectives* Poncelet ha dato inoltre il bellissimo *metodo delle polari reciproche*, a cui è consacrata la nota IX del professor Novi.

---

*) *Giornale di* Crelle, tomo IV (1829).

**) Vedi l'*Aperçu historique* e le *Mémoire sur deux principes, etc.* che vi fa seguito.

***) *Giornale di* Crelle, tomo VIII (1832).

†) *Ibidem.*

††) Simson, *De porismatibus,* prop. 34.

†*) Pappi, *Math. Collect.,* VII, 138, 139, 141, 143.

Ecco in che consiste tale metodo. Nel piano di una data figura sia tracciata una sezione conica *(direttrice)* rispetto alla quale si prenda la polare di un punto qualunque della data figura; questa polare invilupperà la figura *trasformata* (chiamata *polare reciproca* della data). Inversamente se rispetto alla conica direttrice si prende la polare di un punto qualunque della seconda figura, questa polare invilupperà la prima figura. Cioè due figure *polari reciproche* sono tali che ciascuna è il luogo dei poli delle rette tangenti all'altra, e simultaneamente è l'inviluppo delle rette polari dei punti dell'altra medesima; sempre intendendo queste polari e questi poli presi rispetto alla conica direttrice. La conica direttrice può essere qualunque; talvolta si è assunta una parabola*), tal'altra un'iperbole equilatera**), ma più spesso una circonferenza***).

Mediante il metodo ora accennato da qualunque teorema di geometria che involga sole proprietà projettive (rapporti di segmenti, intersezioni e contatti di linee) se ne può derivare un altro che si chiama suo *polare reciproco*, ovvero *correlativo* (denominazione di CHASLES). Ma se il teorema proposto contiene proprietà metriche o relazioni angolari, allora se ne possono derivare molti altri, ciascun de' quali corrisponde ad una speciale conica direttrice.

Adduciamo alcuni esempi.

Dal teorema dell'esagramma mistico di PASCAL:

" Se un esagono è inscritto in una conica i punti di segamento de' lati opposti sono in linea retta ";

deducesi il non meno famoso teorema di BRIANCHON †):

" Se un esagono è circoscritto ad una conica le rette congiungenti i vertici opposti passano per uno stesso punto ".

Dal teorema di MACLAURIN ††):

" Se un tetragono è inscritto in una conica le tangenti in due vertici opposti si tagliano sulla retta congiungente i punti di concorso de' lati opposti ";

si conclude:

" Se un quadrilatero è circoscritto ad una conica la retta che unisce i punti di contatto di due lati opposti passa pel punto comune alle due diagonali ".

---

*) CHASLES, *Mémoirés sur la transformation parabolique des propriétés métriques des figures (Corréspondance math. de* QUETELET, tomes V et VI).

**) BOBILLIER, *Annales de* GERGONNE, tom. XIX.

***) PONCELET, *Théorie générale des polaires reciproques.* — MANNHEIM, *Transformation des propriétés métriques,* etc. Paris 1857.

†) *Journal de l'École Polytechnique,* cahier 13.

††) *De linearum geometricarum proprietatibus generalibus tractatus.*

Dal porisma di PAPPO *):

" Se un poligono di n lati si deforma in modo che gli n lati rotino rispettivamente intorno ad altrettanti poli fissi situati in linea retta, mentre $n-1$ vertici percorrono $n-1$ rette date, anche l'ultimo vertice descriverà una retta individuata ";
si deduce:

" Se un poligono di n vertici si deforma in modo che gli n vertici percorrano altrettante rette date passanti per uno stesso punto, mentre $n-1$ lati rotano intorno ad $n-1$ punti dati, anche l'ultimo lato roterà intorno ad un punto individuato ".

Il teorema di NEWTON **):

" Dato un angolo, si conducano quante trasversali parallele si vogliano; e dai punti in cui ciascuna trasversale incontra i lati dell'angolo si conducano due rette passanti rispettivamente per due punti dati; il punto di concorso di queste due rette genera una conica passante pei punti dati e pel vertice dell'angolo dato ";
può essere generalizzato assumendo le trasversali non parallele ma passanti tutte per uno stesso punto; in tal caso quel teorema coincide con uno di MACLAURIN ***) e BRAIKENRIDGE †) che può enunciarsi così:

" Se i lati di un triangolo variabile rotano intorno a tre punti fissi, mentre due suoi vertici scorrono su due rette date, il terzo vertice descrive una sezione conica ".

Così enunciato questo teorema dà per suo polare reciproco il seguente:

" Se i vertici di un triangolo variabile scorrono su tre rette date, mentre due lati rotano intorno a due punti fissi, il terzo lato inviluppa una sezione conica ".

Il succitato teorema di NEWTON può risguardarsi (siccome ha notato lo CHASLES) quale generalizzazione del seguente di CAVALIERI ††):

" Dato un angolo retto AOB se ne seghino i lati con una serie di trasversali parallele, una qualunque delle quali incontri i lati OA, OB in a, b; il punto d'incontro delle aB, bA genera una conica circoscritta al triangolo AOB ".

Dal teorema di STURM †*):

" Tre coniche circoscritte ad uno stesso tetragono sono segate da una trasversale qualunque in sei punti che formano una involuzione ";
si conclude:

*) *Math. Collect.*, VII, *præf.*

**) *Principia*, I, *lemma* 20.

***) *Philos. Transactions of the Royal Society of London, for the year* 1735.

†) *Exercitatio geometrica de descriptione curvarum.* Londini 1733.

††) *Exercitationes geometricæ sex.* Bononiæ 1647.

†*) *Annales de* GERGONNE, tom. XVII.

" Le sei tangenti condotte da un punto qualunque a tre coniche inscritte nello stesso quadrilatero formano un fascio in involuzione ".

Il menzionato teorema di MACLAURIN fu da lui stesso generalizzato così *):

" Se i lati di un poligono variabile rotano intorno ad altrettanti punti fissi, mentre tutt'i vertici, meno uno, descrivono linee rette, l'ultimo vertice descriverà una conica ".

Da cui:

" Se i vertici di un poligono variabile scorrono su altrettante rette date, mentre tutt'i lati, meno uno, rotano intorno a punti dati, l'ultimo lato inviluppera una conica ".

Nella nota IX il traduttore dà anche un saggio della trasformazione delle proprietà metriche delle figure, giovandosi del citato opuscolo del MANNHEIM.

14. Nella nota III il traduttore offre un breve ma sugoso cenno del metodo delle proiezioni — metodo che ha servito di punto di partenza ai progressi della moderna geometria e che tanto ha contribuito ad allargare il campo troppo ristretto delle ricerche dei geometri anteriori. DESARGUES e PASCAL furono i primi ad applicare il metodo della proiezione conica o prospettiva alla teoria delle sezioni coniche.

Il professor NOVI parla anche delle proiezioni stereografiche. Questo metodo, antico come l'astronomia, è fondato sui seguenti teoremi:

1.° La proiezione stereografica d'ogni cerchio esistente sulla sfera è un cerchio (teorema di TOLOMEO) **);

2.° L'angolo di due circonferenze esistenti sulla sfera è eguale all'angolo delle loro proiezioni stereografiche (teorema di ROBERTSON);

3.° Il centro del cerchio in proiezione è la proiezione del vertice del cono circoscritto alla sfera secondo il cerchio messo in proiezione (teorema di CHASLES).

Per le proprietà della proiezione stereografica veggansi le memorie di CHASLES, QUETELET, DANDELIN negli *Annali di* GERGONNE, tomi XVIII e XIX, e nelle *Memorie dell'Accademia di Bruxelles.*

Di questa teoria lo CHASLES ha fatto una magnifica generalizzazione, sostituendo alla sfera una superficie qualunque di second'ordine, e ponendo il centro della proiezione in un punto qualunque dello spazio ***).

La nota VII (pag. 461) tratta del centro di gravità e del centro delle medie armoniche.

15. L'ultima nota (pag. 492) versa sulle sezioni coniche. La dottrina di queste linee interessantissime sorse nella scuola platonica di Atene, insieme al metodo analitico †)

*) *Phil. Transactions of the Royal Society of London,* 1735.

**) *Planisphærium.*

***) *Aperçu historique,* Note XXVIII.

†) Alludo all'analisi geometrica degli antichi, non a metodi di calcolo.

ed alla teoria de' luoghi geometrici (380 a. C.). ARISTEO (350 a. C.) scrisse cinque libri sulle coniche, che andarono perduti. Scrisse quattro libri anche EUCLIDE (285 a. C.) che pure si sono perduti. ARCHIMEDE (287-212 a. C.) trovò la quadratura della parabola e il centro di gravità d'un settore parabolico, e misurò i volumi de' segmenti degli sferoidi e de' conoidi parabolici ed iperbolici *).

Pel primo APOLLONIO (245 a. C.) considerò le sezioni piane d'un cono *obliquo* a base circolare **). A lui si devono: le proprietà degli assintoti (II lib.); il teorema che è costante il rapporto dei prodotti de' segmenti fatti da una conica sopra due trasversali parallele a due rette fisse, e condotte per un punto qualunque (III, 16-23); le principali proprietà de' fuochi dell'ellisse e dell'iperbole (III, 45-52); i teoremi esser costante l'area del parallelogrammo compreso da due diametri coniugati, e costante anche la somma de' quadrati di questi (VII, 12, 22, 30, 31); il teorema che una trasversale condotta pel punto comune a due tangenti di una conica è divisa da questa e dalla corda di contatto armonicamente (III, 37), ecc. A lui viene attribuito da PAPPO anche il famoso teorema *ad quatuor lineas:*

" Dato un quadrigono, il luogo di un punto tale che, condotte da esso sotto angoli dati due oblique a due lati opposti e due oblique agli altri due lati, il prodotto delle prime due oblique sia in rapporto costante col prodotto delle altre due, è una conica circoscritta al quadrigono „ ***).

Il teorema polare reciproco di questo è stato dato da CHASLES †):

" Dato un quadrilatero, l'inviluppo di una retta tale che il prodotto delle sue distanze da due vertici opposti sia in un rapporto costante col prodotto delle distanze dagli altri due vertici è una conica inscritta nel quadrilatero „.

Questi teoremi e gli altri notissimi di PASCAL, BRIANCHON, ecc. ponno dedursi come corollari dai due seguenti di CHASLES e STEINER:

" Il doppio-rapporto delle quattro rette congiungenti quattro punti dati di una conica con un quinto punto qualunque della medesima è costante „.

" Il doppio-rapporto de' quattro punti in cui quattro tangenti date di una conica segano una quinta tangente qualunque della medesima è costante „.

---

*) ARCHIMEDIS, *Opera nonnulla a* F. COMMANDINO, etc.: *Circuli dimensio — De lineis spiralibus — Quadratura paraboles — De conoidibus et sphæroidibus — De arenæ numero.* Venetiis 1559.

**) APOLLONII PERGÆI, *Conicorum libri octo, et* SERENI ANTISENSIS, *de sectione cylindri et coni libri duo.* Oxoniæ 1710.

***) Vedi la dimostrazione di questo teorema in NEWTON, *Principia,* I, lemma 19.

†) *Correspondance math. de* QUETELET. Bruxelles, tom. V.

È noto che cosa s'intende per *parametro (latus rectum* presso gli antichi) di una conica. GIACOMO BERNOULLI ne dà questa bella definizione *): Data una sezione piana di un cono a base circolare, si conduca un piano parallelo alla base e distante dal vertice quanto lo è il piano della sezione conica proposta; quel piano segherà il cono secondo un cerchio il cui diametro è il *lactus rectum o parametro* della conica data. Ora le tre specie di coniche si distinguono in ciò che il quadrato dell'*ordinata* (perpendicolare condotta da un punto della curva sull'asse trasverso) è nell'ellisse *minore*, nell'iperbole *maggiore*, e nella parabola *eguale* al prodotto del parametro nell'*ascissa* (segmento dell'asse trasverso compreso fra il vertice e l'ordinata). Appunto da ciò provengono i nomi di *ellisse, iperbole e parabola* **).

SERENO contemporaneo di PAPPO (400 d. C.) dimostrò l'identità delle ellissi risultanti dal segare un cono o un cilindro ***).

A PROCLO (412-485 d. C.) commentatore d'EUCLIDE devesi il teorema:

Se una retta finita scorre co' suoi termini sui lati di un angolo, un punto di essa descrive un'ellisse †).

Dopo parecchi secoli, la dottrina delle sezioni coniche venne ampliata da CAVALIERI, ROBERVAL, FERMAT, DESARGUES, PASCAL, LAHIRE, NEWTON, MACLAURIN, ecc. Primo DESARGUES risguardò le diverse coniche come varietà di una stessa curva, e considerò le sezioni fatte ad un cono con piani diretti comunque, mentre per lo avanti si era sempre supposto il cono tagliato da un piano perpendicolare a quello del così detto *triangolo per l'asse.* È celebre il problema di DESARGUES:

" Dato un cono che abbia per base una conica qualunque, qual dev'essere la direzione di un piano segante, onde la sezione sia circolare? ".

A NEWTON devesi il teorema ††):

" In ogni quadrilatero circoscritto ad una conica la retta che congiunge i punti di mezzo delle diagonali passa pel centro ";

ed anche il seguente che contiene la sua famosa *descrizione organica* delle coniche †*):

" Due angoli di grandezze costanti ruotino intorno ai loro vertici, mentre il punto comune a due lati descrive una retta; il punto comune agli altri due lati descriverà una conica ".

---

*) IACOBI BERNOULLI, *Opera;* Genevæ, 1744; I, pag. 419.

**) PAPPI AL. *Math. Coll.*, VII.

***) SERENI ANTISENSIS, *de sectione cylindri et coni libri duo.* Oxoniæ 1710.

†) PROCLI DIADOCHI LYCII *in primum Euclidis Elementorum librum Commentariorum ad universam mathematicam disciplinam principium eruditionis tradentium libri quatuor,* Patavii 1560.

††) *Principia,* lemma 25, *coroll.* 3.

†*) *Ibid.* lemma 21.

Se in questo enunciato si suppone un angolo nullo e il suo vertice a distanza infinita, si ha un altro teorema, già dato dall'olandese GIOVANNI DE WITT:

" Un angolo di grandezza costante roti intorno al suo vertice, e pel punto in cui un suo lato incontra una retta fissa si conduca una retta in direzione data; il punto in cui questa retta incontra l'altro lato genera una conica „.

Le teoriche moderne hanno fatto scoprire innumerevoli nuove proprietà delle coniche, le quali sono divenute in certo modo il campo in cui quelle poterono ad esuberanza spiegare la loro maravigliosa fecondità.

Gli studiosi che si applicheranno alla lettura del libro di cui qui ci occupiamo, troveranno nella nota X aggiunta dal traduttore le più interessanti proprietà delle coniche esposte con un metodo che per la sua elegante semplicità veramente corrisponde allo spirito della scienza attuale.

16. Ritornando al nostro testo, dal quale troppo ci siamo dilungati, il *libro terzo* è seguito da buon numero di quesiti proposti. Fra i primi vi scorgiamo il celebre problema:

" Inscrivere in un cerchio un triangolo i cui lati, prolungati se occorra, passino per tre punti dati „.

Questo problema nel caso particolare che i tre punti dati siano in linea retta trovasi risoluto in PAPPO *). Preso nella sua generalità venne proposto nel 1742 da CRAMER a CASTIGLIONE. Questi ne lesse nel 1776 la soluzione all'Accademia di Berlino. Era presente a quella lettura il sommo LAGRANGE, il quale nel dì seguente mandò al CASTIGLIONE una sua elegante soluzione algebrica. Lo stesso problema venne poi risoluto in nuova maniera da GIORDANO di Ottajano, giovinetto napoletano allora sedicenne. Questi nello stesso tempo imaginò e risolvette il problema più generale d'inscrivere in un cerchio un poligono di un numero qualunque di lati obbligati a passare per altrettanti punti dati **): problema del quale sono poi state date altre soluzioni da MALFATTI ***) e da SCORZA †).

GERGONNE risolvette ††) il problema di CRAMER esteso ad una conica, ed anche il problema correlativo: circoscrivere ad una conica un triangolo i cui vertici cadano su rette date. Il problema generale della circoscrizione di un poligono fu risoluto da ENCONTRE e STAINVILLE †*).

---

*) *Math. Collect.*, VII, 117.

**) *Geometria di sito di* V. FLAUTI.

***) *Memorie della Società Italiana,* tomo IV.

†) *Geometria di sito.*

††) *Annales de* GERGONNE, tom. I.

†*) *Ibidem.*

Problema analogo è il seguente:

In un dato poligono inscriverne un altro dello stesso numero di vertici, i cui lati debbano passare per altrettanti punti dati; problema risoluto da SERVOIS, GERGONNE, LHUILIER *), STEINER **), ecc. Sull'argomento dell'iscrizione de' poligoni ne' poligoni esiste un apposito trattato di LUCA PACCIOLO ***).

I problemi 7-14 del testo (pag. 127) sono quelli *de tactionibus* di APOLLONIO. Essi ponno considerarsi come compresi in quest'unico: descrivere una circonferenza tangente a tre date; osservando che un punto può risguardarsi come una circonferenza di raggio nullo ed una retta come una circonferenza di raggio infinito. La prima soluzione di questo problema fu data da VIETA nel suo *Apollonius Gallus.* Più tardi se ne occupò CAMERER †). Nel secolo presente furono date semplici soluzioni da FERGOLA nel 1809 ††), da GERGONNE nel 1814 †*), da PLÜCKER nel 1828 †††) e da altri.

Al numero 22 leggiamo un teorema di ARCHIMEDE ††*):

" Se per un punto qualunque preso nel piano di un cerchio si conducono due seganti perpendicolari fra loro, la somma de' quadrati de' quattro segmenti è costante ".

17. Il *quarto libro* tratta delle *proprietà metriche delle figure,* e dividesi in sei capitoli: *Misura delle superficie piane. — Relazioni fra i lati di un triangolo. — Relazioni fra i lati di un quadrilatero. — Poligoni regolari. — Misura della circonferenza ed area del cerchio. — Costruzione delle figure equivalenti.*

A pag. 145 si danno due dimostrazioni del teorema di PITAGORA sul triangolo rettangolo; un'altra dimostrazione è aggiunta dal traduttore a pag. 141. Forse nessuna proposizione di geometria venne dimostrata in tante maniere diverse come questa. È degna d'esser notata una dimostrazione intuitiva dovuta al geometra persiano NASIR-EDDIN da Thus, che visse nel secolo tredicesimo e fece un commento su EUCLIDE †**). Tre interessanti dimostrazioni, oltre la notissima di EUCLIDE, leggonsi nell'eccellente libro: *Lehrbuch der Geometrie zum Gebrauche an höheren Lehranstalten, von* D. E. HEIS

*) *Annales de* GERGONNE, tom. II.

**) *Systematische Entwickelung der Abhängigkeit geometrischer Gestalten von einander.*

***) *Libellus in tres partiales tractatus,* etc. Vedi anche la memoria del professor BORDONI: *Sul moto discreto di un corpo.*

†) APOLLONII, *De tactionibus quæ supersunt ac maxime lemmata* PAPPI *in hos ibros,* etc. Gothæ 1795.

††) Vedi *Geometria di sito di* V. FLAUTI.

†*) *Annales de* GERGONNE, tom. IV.

†††) *Analytisch-geometrische Entwicklungen.* Band I.

††*) *Assumptorum liber,* prop. 7.

†**) Questo commento fu publicato in Roma 1594.

und V. J. ESCHWEILER; Köln 1858 (pag. 74 e seg.). Altra dimostrazione assai semplice dello stesso teorema trovasi nell'opera dell'indiano BHASCHARA-ACHARYA intitolata: *Bija Ganita or the Algebra of the Hindus, by* E. STRACHEY (London 1813).

Fra le proposizioni del secondo e terzo capitolo non troviamo il bel teorema di PAPPO *): " Se sopra due lati AB, AC di un triangolo ABC si costruiscono due parallelogrammi qualisivogliano ABDE, ACFG, sia H il punto d'incontro de' lati DE, FG, prolungati se occorra; la somma de' due parallelogrammi nominati è equivalente al parallelogrammo i cui lati siano rispettivamente eguali e paralleli alle BC, AH „.

Dal quale si conchiude facilmente il teorema di VARIGNON **) su cui riposa in meccanica la teoria de' momenti:

" Se sopra due lati e la diagonale uscenti dallo stesso vertice di un parallelogrammo si costruiscono tre triangoli aventi un vertice comune in un punto qualunque, la somma algebrica de' primi due triangoli sarà eguale al terzo „.

A pag. 152 troviamo la formola che esprime l'area di un triangolo in funzione de' lati. Sarebbe stato bene dare in seguito anche la formola affatto analoga pel tetragono inscrittibile nel cerchio. L'enunciato geometrico della formola relativa al triangolo è il seguente:

" Un triangolo equivale ad un rettangolo di cui un lato è medio proporzionale geometrico fra il semiperimetro e la differenza fra il semiperimetro e un lato, e l'altro sia medio proporzionale geometrico fra le differenze del semiperimetro cogli altri due lati „.

Similmente si enuncia il teorema sul tetragono inscrittibile. Il teorema sul triangolo, che dapprima si attribuiva a NICOLÒ TARTAGLIA ***) e poi all'arabo MOHAMMED-BEN-MUSA †) che viveva alla corte del califfo Al-Mamoun di Bagdad (nono secolo), ora è accertato, per le indagini del VENTURI, essere dovuto ad ERONE ALESSANDRINO, detto l'antico ††), che visse dugent'anni prima di Cristo. Il teorema sul tetragono inscrittibile che in Europa venne trovato da EULERO †*), appartiene per priorità di tempo, all'indiano BRAHMEGUPTA †††) (sesto secolo d. C.). L'opera di questo geometra venne tradotta dal

---

*) *Math. Collect.*, IV. 1.

**) *Mémoires de l'Académie des sciences de Paris, an* 1719.

***) *General trattato de numeri et misure.* Parte IV. Venezia 1560.

†) *MS. Verba filiorum Moysis, filii Schaker,* M. MAHUMETI, HAMETI, HASEN (vedi: LIBRI, *Histoire des sciences mathématiques en Italie).*

††) Vedi *la Diottra,* opuscolo di ERONE scoperto e publicato dal VENTURI.

†*) *Novi Commentarii Petrop.,* tom. I.

†††) *Algebra with Arithmetic and Mensuration from the sanscrit of* BRAHMEGUPTA *and* BHASCARA, *translated by* COLEBROOKE. London 1817.

sanscritto e fatta conoscere in Occidente solo nel 1817. L'illustre Chasles ha decifrato e chiaramente interpretato le proposizioni troppo oscuramente enunciate nel testo del matematico indiano. Nel quale, oltre i due teoremi risguardanti l'area del triangolo e del tetragono, trovansi molte altre belle proprietà, di cui ecco qualche esempio:

" Il prodotto di due lati di un triangolo diviso per la perpendicolare abbassata sul terzo lato dal vertice opposto è eguale al diametro del cerchio circoscritto ".

" Nel tetragono inscrittibile, se le diagonali sono ortogonali, il quadrato del diametro del cerchio circoscritto è eguale alla somma de' quadrati di due lati opposti ".

" L'area del tetragono inscrittibile, se le diagonali sono ortogonali, è eguale alla somma de' prodotti de' lati opposti ".

" In un tetragono inscrittibile che abbia le diagonali ortogonali la perpendicolare ad un lato condotta dal punto comune alle diagonali passa pel punto medio del lato opposto ".

A proposito del tetragono inscrittibile osserva lo Chasles *(Aperçu historique)* che coi quattro lati a, b, c, d del medesimo si ponno formare altri due tetragoni $abdc$, $acbd$ inscrittibili nello stesso cerchio; questi tetragoni hanno in tutto tre diagonali e sono tra loro equivalenti. Si ha inoltre il seguente teorema dovuto ad Alberto Girard *): " il prodotto delle tre diagonali diviso pel doppio del diametro del cerchio circoscritto è eguale all'area di ciascuno dei tre tetragoni ".

A pag. 153 del testo troviamo un teorema di Sereno **):

" La somma de' quadrati di due lati di un triangolo è eguale a due volte la somma de' quadrati della metà del terzo lato e della sua mediana ".

A pag. 160 troviamo il notissimo teorema di Tolomeo ***) sul tetragono inscritto nel cerchio: " Il rettangolo delle diagonali è eguale alla somma de' rettangoli de' lati opposti ". Il teorema reciproco è stato dimostrato da Förstemann †).

18. Anche il *quarto libro* è seguito da buon numero di quesiti proposti per esercizio de' lettori. I primi si aggirano sulla divisione delle figure. Il libro più antico che tratti di questa materia e che ci sia rimasto è *la Diottra* di Erone. Ma su di ciò aveva scritto anche Euclide, e Chasles opina che a lui appartenga il trattato che va sotto il nome di Maometto Bagdadino (secolo decimo) ††). Questa parte di geometria fu con certa predilezione coltivata dagli Arabi e poi dai matematici italiani del

*) *Trigonometria,* La Haye 1626.

**) *De sectione coni,* 16.

***) *Almagestum,* I, 9.

†) *Giornale di* Crelle, tomo 13.

††) *De superficierum divisionibus liber* Machometo Bagdadino *adscriptus, nunc primum* Johannis Dee *Londinensis et* Federici Commandini *Urbinatis opera in lucem editus.* Pisauri 1570.

secolo tredicesimo e successivi: LEONARDO BONACCI *), LUCA PACCIOLI **), NICOLÒ TARTAGLIA ***), ecc.

A pag. 197 si domanda qual sia il luogo geometrico di un punto tale che la somma de' quadrati delle sue distanze da più punti dati sia eguale ad una quantità data. Risposta: il luogo richiesto è una circonferenza; teorema di ROBERVAL †).

A pag. 194 si propone il problema: trovare entro un triangolo un punto tale che congiunto ai vertici dia tre triangoli equivalenti. Questo problema è di ORONZIO FINEO ††).

18. Termino ciò che mi ero proposto di dire intorno alla parte del testo che tratta della geometria piana, coll'osservare che forse il traduttore avrebbe fatto bene d'ampliare il numero de' quesiti proposti, più di quanto egli abbia fatto, includendovi certi problemi cha hanno molta importanza per sè, o che sono divenuti celebri nella storia della scienza. A cagion d'esempio:

Il problema di LAGRANGE †*): Dati tre punti A, B, C trovare la base comune de' tre triangoli AXY, BXY, CXY conoscendo le differenze de' loro angoli ne' vertici A, B, C, non che i rapporti fra i rapporti AX: AY, BX: BY, CX: CY de' loro lati.

Il problema di LAMÈ †††): Costruire un triangolo conoscendone due lati e la bisettrice dell'angolo da essi compreso.

Il problema: Determinare il punto da cui sono veduti i lati di un dato triangolo sotto angoli dati.

Il problema di FERGOLA ††*): Date tre circonferenze aventi un punto comune, condurre per questo una retta in modo che negli altri punti di segamento venga divisa in due parti di rapporto dato.

(Di questi quattro problemi ponno vedersi le semplici soluzioni ottenute col metodo delle equipollenze dal professor BELLAVITIS †**)).

Il problema di MALFATTI: In un dato triangolo descrivere tre cerchi che si tocchino fra loro e ciascuno de' quali tocchi due lati del triangolo;

---

*) *Practica Geometriæ*, 1220.

**) *Summa de Arithmetica et Geometria, etc.* 1494.

***) *General trattato*, ecc., c. 5.

†) *Divers ouvrages de math. et physique par MM. de l'Académie R. des sciences.* Paris 1693.

††) ORONTII FINÆI *Delphinatis, de rebus mathematicis hactenus desideratis libri quatuor.* Lutetiæ Parisiorum 1556.

†*) *Mémoires de l'Académie de Berlin pour* 1779.

†††) *Examen des différentes méthodes employées pour résoudre les problèmes de géométrie,* 1818.

††*) *Memorie dell Accademia di Napoli,* 1788.

†**) *Sposizione del metodo delle equipollenze,* pag. 27 e seg.

del quale STEINER *) ha dato una semplicissima soluzione ed una generalizzazione nel seguente:

Dati tre cerchi descriverne tre altri che si tocchino fra loro e ciascuno de' quali tocchi due de' dati.

Due problemi trattati da PLÜCKER **), cioè: Descrivere una circonferenza che seghi tre circonferenze date sotto angoli dati;

Descrivere una circonferenza che seghi quattro circonferenze date sotto angoli eguali.

Ecc., ecc., ecc.

Cremona, 28 marzo 1859.

DOTT. LUIGI CREMONA ***).

*) CRELLE, tomo I.°

**) *Analytisch-geometrische Entwicklungen,* Band I, pag. 119 e seg.

***) Ora che il giogo straniero non ci sta più sul collo a imporci gli scelleratissimi testi di MOZNIK, TOFFOLI, ecc., che per più anni hanno inondate le nostre scuole, e le avrebbero del tutto imbarbarite se tutt' i maestri fossero stati docili a servire gl' interessi della ditta GEROLD — ora sarebbe omai tempo di gettare al fuoco anche certi libracci di matematica che tuttora si adoperano in qualche nostro liceo e che fanno un terribile atto d'accusa contro chi li ha adottati. Diciamolo francamente: *noi* non abbiamo buoni libri elementari che siano originali italiani e giungano al livello de' progressi odierni della scienza. Forse ne hanno i Napoletani che furono sempre e sono egregi cultori delle matematiche; ma come può aversene certa notizia se quel paese è più diviso da noi che se fosse la China? I migliori libri, anzi gli unici veramente buoni che un coscienzioso maestro di matematica elementare possa adottare nel suo insegnamento, sono i trattati di BERTRAND, AMIOT e SERRET, così bene tradotti e ampliati da quei valenti toscani. I miei amici si ricorderanno che io non ho cominciato oggi ad inculcare l'uso di quelle eccellenti opere.

Milano, 9 maggio 1860.

L. C.

23.

INTORNO AD UN' OPERETTA DI GIOVANNI CEVA

MATEMATICO MILANESE DEL SECOLO XVII.

Rivista ginnasiale e delle Scuole tecniche e reali, t. VI (1859), pp. 191-206.

Intendo parlare di un breve opuscolo, stampato in Milano nel 1678 ed avente per titolo: *De lineis rectis se invicem secantibus statica constructio.* Ne è autore GIOVANNI CEVA, milanese, una nostra gloria dimenticata o poco nota fra noi, malgrado che un illustre geometra straniero, il signor CHASLES, ne abbia fatto onorevole menzione nella sua celebre opera: *Aperçu historique sur l'origine et le développement des méthodes en géométrie.*

L'opuscolo di cui si tratta è dedicato a FERDINANDO CARLO duca di Mantova.

Nel proemio narra l'autore com' egli adolescente cercasse negli studî un conforto a' suoi infortunî. Dedicatosi alla geometria, *quae et rerum varietate et genere ipso caeteris (scientiis) anteire visa est,* innamorato delle somme opere di APOLLONIO, ARCHIMEDE, PAPPO e degli altri grandi antichi, sciolse le vele ai venti sperando che alcun caso felice gli facesse trovare nuovi lidi e inesplorate regioni. Come tutti i geometri di quel tempo, incominciò suoi tentativi vaneggiando dietro la quadratura del cerchio. Quante illusioni, quanti disinganni in quelle inutili ricerche! *Ter mihi conciliata recti et curvi dissidia insomnes noctes persuasere, ter normam fugit figura contumax et tenax sui. Tamen, ut frustratis semel iterumque laboribus lux aliqua spesque nova subinde oriebatur, tandiu relabenti saxo Sisyphus pervicax inhaesi, donec adhibita novissime irrito successu indivisibilia Cavallerii omnem animi pertinaciam domuere.* Visto adunque riuscir vano ogni sforzo; cadutagli anco l'estrema speranza riposta in quel potente stromento di ricerche, che è grande gloria del nostro CAVALIERI; mancando oltracciò a quel tempo il mezzo di convincersi *a priori* della vanità di quei tentativi, il CEVA stimò che non senza alto consiglio fosse posto tal freno alle menti umane, e accettò come dono di Dio e conforto alle patite delusioni quelle novità in cui ebbe a scontrarsi, e che formano il soggetto del libro. Imperocchè (com' ei continua a narrare) messi da parte gli ordinari apparati dell'antica geometria, giovandosi invece di considerazioni desunte dalla meccanica, gli avvenne di scoprire cose certamente nuove per quel tempo. La novità e l'efficacia del metodo da lui trovato lo persuasero a farlo di pubblica ragione, lusingandosi che altri avesse a perfezionare ed ampliare l'opera sua. Vana speranza, poichè pare che il suo libro passasse immeritamente inosservato o cadesse presto nell'obblio.

La ingenua modestia di quel giovane, certamente nato e cresciuto a nobilissimi sensi, risplende soprattutto nella conclusione del proemio. Non desiderio di fama, ei dice, lo spinse a pubblicare questo libro, poichè qual fama sperare in tanta abbondanza e celebrità di autori? Solo confida e fa voti che il suo lavoro riesca di alcuna utilità e compendiosità nelle ricerche geometriche. Chiede perdono al lettore, s' ei troverà parecchie cose *quibus desit suprema manus*, e se ne scusa con ciò che dallo studio troppo lo distrassero altre cure ed anche *amicorum et familiarium querimoniae male in his collocatum iuventutis florem existimantium*. Che se pur qualche cosa parrà non del tutto spregevole, l'autore invita ad averne intera gratitudine al suo maestro DONATO ROSSETTI, *cuius primis institutionibus, si quid in me est bonarum artium, debeo.*

I pregi di questo opuscolo sono molti e lo rendono degnissimo d'essere meglio conosciuto. Mirabile la semplicità e l'eleganza del *metodo statico* col quale l'autore svolge la maggior parte del suo lavoro. Soprattutto reca sorpresa il trovare qui alcuni elegantissimi teoremi che si direbbero appartenere alla moderna *geometria segmentaria*, e che infatti vennero generalmente attribuiti a geometri posteriori al CEVA.

L'opuscolo consta di due parti, la prima delle quali soltanto corrisponde al titolo del libro. Essa si divide in due libri, ciascuno distinto in proposizioni. Il primo libro incomincia con certi assiomi e lemmi che sono propri della statica ed invero si riferiscono ai centri di gravità de' sistemi discreti. Poi seguono cinque proposizioni fondamentali, che l'autore denomina *elementi*. Il *secondo elemento* può enunciarsi così:

Dai vertici A, B, C *di un triangolo qualsivoglia* ABC (fig. 1.ª) *si conducano tre rette concorrenti in uno stesso punto* O *e incontranti rispettivamente i lati opposti ne' punti* A', B', C'; *inoltre ai vertici* A, B, C *si suppongano applicati tre pesi (o tre forze parallele in direzione arbitraria) di grandezze proporzionali ad* a, b, c, *per modo che si abbia:*

(1) $$a : b = BC' : AC' \qquad a : c = CB' : AB'$$

allora ne seguirà:

(2) $$b : c = CA' : BA'$$

ed inoltre:

$$\begin{aligned} b+c : a &= AO : A'O \\ c+a : b &= BO : B'O \qquad (3) \\ a+b : c &= CO : C'O. \end{aligned}$$

Dimostrazione. In causa delle (1) il centro di gravità comune de' pesi applicati in A e B è C', ed il centro dei pesi applicati in A e C è B'. Dunque il centro de' tre pesi a, b, c dovrà cadere sì sulla C'C che sulla B'B, cioè sarà il punto O comune a queste due rette. Per conseguenza il centro de' pesi b, c dovrà essere nella AO, ossia cadrà in A'. Dall'essere O il centro de' due pesi $b+c$ ed a applicati l'uno in A' e l'altro in A segue la prima delle relazioni (3). Analogamente si dica delle altre due.

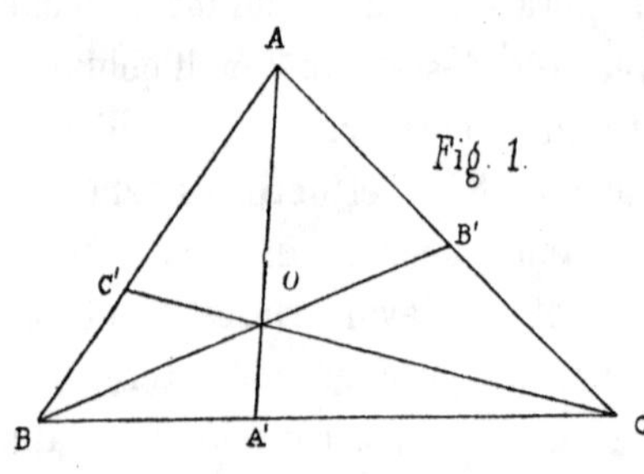

Se l'enunciato del precedente teorema si ristringe alla figura che risulta togliendo dalla 1.ª le rette AA' e BC si ha l'*elemento primo*. Il *quinto elemento* può enunciarsi così:

Sui lati di un quadrigono qualsivoglia (piano o gobbo, convesso o concavo) ABCD (fig. 2.ª e 3.ª) *si fissino quattro punti* E, F, G, H *in modo che fra i segmenti risultanti sussista la relazione seguente:*

$$AE \,.\, BF \,.\, CG \,.\, DH = BE \,.\, CF \,.\, DG \,.\, AH \qquad (4)$$

le rette EG, FH *giacceranno sempre in uno stesso piano e si segheranno in un punto* I. *Se inoltre ai vertici del quadrigono si applichino quattro pesi* a, b, c, d *in modo che si abbia:*

$$a : b = BE : AE, \quad b : c = CF : BF, \quad c : d = DG : CG \qquad (5)$$

allora sarà inoltre:

$$d : a = AH : DH \qquad (6)$$

e:

$$a+d : b+c = FI : HI, \quad a+b : c+d = GI : EI. \qquad (7)$$

Dimostrazione. Si moltiplichino fra loro, termine a termine, le proporzioni (5); risulterà:

$$a : d = BE \,.\, CF \,.\, DG : AE \,.\, BF \,.\, CG.$$

Ma la relazione (4) può scriversi anche così:

$$BE \,.\, CF \,.\, DG : AE \,.\, BF \,.\, CG = DH : AH$$

dunque si avrà:

$$a : d = \mathrm{DH} : \mathrm{AH}$$

il che dimostra la sussistenza della (6). Le relazioni (5) e (6) esprimono che E è il centro di gravità de' pesi a, b, F è il centro de' pesi b, c, G è il centro de' pesi c, d, ed H è il centro de' pesi d, a. Dunque il centro de' quattro pesi a, b, c, d dovrà trovarsi tanto nella EG che nella FH; ossia queste due rette devono giacere in uno stesso

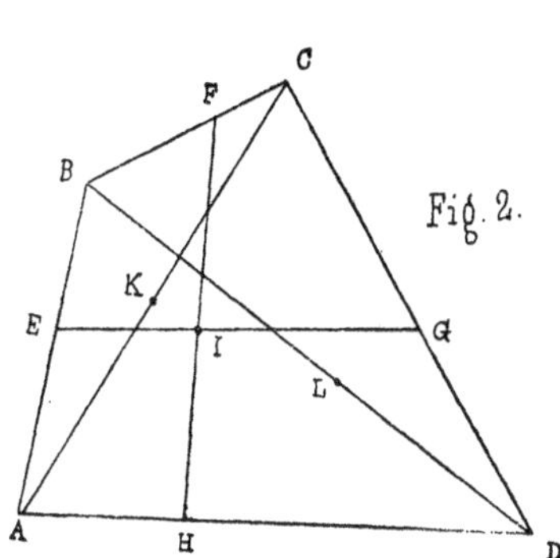

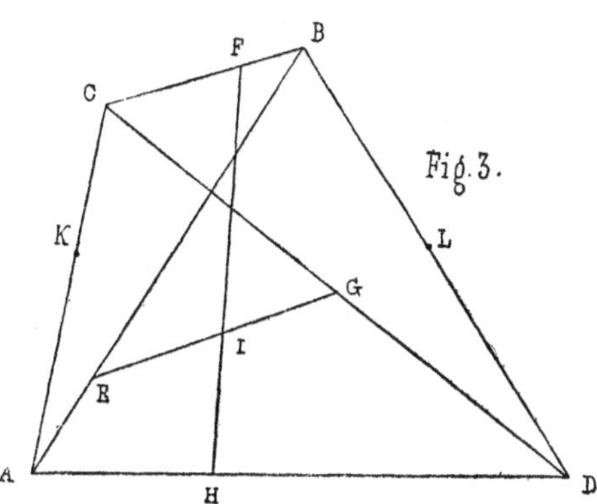

piano e segarsi nel punto I centro de' quattro pesi suddetti. Dall'essere I il centro de' due pesi $a+d$, $b+c$ applicati in H, F, ed anche il centro de' due pesi $a+b$, $c+d$ applicati in E, G seguono evidentemente le relazioni (7). A ciò che precede possiamo aggiugnere quanto segue. Sulle rette AC, BD diagonali del quadrigono prendansi due punti K, L per modo che sia:

$$a : c = \mathrm{CK} : \mathrm{AK}, \qquad b : d = \mathrm{DL} : \mathrm{BL}$$

la retta KL passerà anch'essa pel punto I e si avrà:

$$a + c : b + d = \mathrm{LI} : \mathrm{KI}.$$

Moltiplicando fra loro, termine a termine, le proporzioni:

$$a : c = \mathrm{CK} : \mathrm{AK}, \quad c : d = \mathrm{DG} : \mathrm{CG}, \quad d : b = \mathrm{BL} : \mathrm{DL}, \quad b : a = \mathrm{AE} : \mathrm{BE}$$

si ottiene l'eguaglianza:

$$\mathrm{CK} \,.\, \mathrm{DG} \,.\, \mathrm{BL} \,.\, \mathrm{AE} = \mathrm{AK} \,.\, \mathrm{CG} \,.\, \mathrm{DL} \,.\, \mathrm{BE} \,;$$

così pure dalle proporzioni:

$$a : c = \mathrm{CK} : \mathrm{AK}, \quad c : b = \mathrm{BF} : \mathrm{CF}, \quad b : d = \mathrm{DL} : \mathrm{BL}, \quad d : a = \mathrm{AH} : \mathrm{DH}$$

si ha la:

$$CK \,.\, BF \,.\, DL \,.\, AH = AK \,.\, CF \,.\, BL \,.\, DH \,.$$

Il che prova che la proprietà espressa dal teorema superiore *(elemento quinto)* sussiste simultaneamente pei tre quadrigoni ABCD, ACDB, ACBD aventi i vertici ne' mesimi quattro punti A, B, C, D.

Se nella fig. 2.ª si riuniscono in un solo i punti B, F, C si ha l'*elemento terzo.*

Se nella fig. 3.ª si suppone che il punto I cada nell'intersezione dei lati AB, CD si ha l'*elemento quarto.*

Nelle numerose proposizioni che tengono dietro si espongono svariate proprietà che sono tutti corollari de' citati *elementi*. Parecchie di tali proposizioni sono problemi ne' quali, supposti conosciuti alcuni de' rapporti fra i segmenti rettilinei che entrano nella figura di un *elemento,* si cercano tutti gli altri.

Nel *secondo elemento,* se si moltiplicano fra loro, termine a termine, le proporzioni:

$$b : c = CA' : BA', \quad c : a = AB' : CB', \quad a : b = BC' : AC'$$

si ha l'eguaglianza:

$$CA' \,.\, AB' \,.\, BC' = BA' \,.\, CB' \,.\, AC' \tag{8}$$

ossia:

Se dai vertici di un triangolo si conducono tre rette passanti per uno stesso punto, esse determinano sui lati opposti sei segmenti tali, che il prodotto di tre non aventi termini comuni è eguale al prodotto degli altri tre.

Questo bel teorema, ora ben noto come uno de' principali nella teorica delle trasversali, è interamente dovuto al nostro Ceva. Prima che il signor Chasles gliene rivendicasse il merito, lo si attribuiva a Giovanni Bernoulli. Noi lo chiameremo *il teorema di* Ceva.

Dalle (3) si ricava:

$$a + b + c : a = AA' : A'O$$
$$a + b + c : b = BB' : B'O$$
$$a + b + c : c = CC' : C'O$$

da cui:

$$\frac{A'O}{AA'} + \frac{B'O}{BB'} + \frac{C'O}{CC'} = 1 \,. \tag{9}$$

Così dalle medesime (3) si deduce:

$$a+b+c : b+c = \mathrm{AA}' : \mathrm{AO}$$
$$a+b+c : c+a = \mathrm{BB}' : \mathrm{BO}$$
$$a+b+c : a+b = \mathrm{CC}' : \mathrm{CO}$$

e però:

(10) $$\frac{\mathrm{AO}}{\mathrm{AA}'} + \frac{\mathrm{BO}}{\mathrm{BB}'} + \frac{\mathrm{CO}}{\mathrm{CC}'} = 2 .$$

Le equazioni (9) e (10) esprimono altrettanti teoremi, ossia sono altrettante forme del teorema di CEVA:

Dai vertici di un triangolo si tirino tre rette passanti per uno stesso punto e terminate ai lati opposti. Ciascuna di queste tre rette è divisa dal punto comune in due segmenti, l'uno adiacente a un vertice, l'altro adiacente al lato opposto. La somma de' rapporti de' primi segmenti alle intere rette è eguale a 2. La somma de' rapporti degli altri segmenti alle intere rette è eguale all'unità.

Continuando ad occuparci della figura 1.ª osserviamo che i triangoli BA'O, AB'O hanno un angolo eguale, e però per un noto teorema (*Geometria* del LEGENDRE, lib. III, prop. 24) si avrà:

$$\mathrm{BA'O} : \mathrm{AB'O} = \mathrm{BO} . \mathrm{A'O} : \mathrm{AO} . \mathrm{B'O}$$

analogamente:

$$\mathrm{CB'O} : \mathrm{BC'O} = \mathrm{CO} . \mathrm{B'O} : \mathrm{BO} . \mathrm{C'O}$$
$$\mathrm{AC'O} : \mathrm{CA'O} = \mathrm{AO} . \mathrm{C'O} : \mathrm{CO} . \mathrm{A'O} .$$

Queste proporzioni moltiplicate fra loro danno:

$$\mathrm{BA'O} . \mathrm{CB'O} . \mathrm{AC'O} = \mathrm{AB'O} . \mathrm{BC'O} . \mathrm{CA'O}$$

ossia:

Se dai vertici di un triangolo si tirano tre rette passanti per uno stesso punto, esse danno luogo a sei nuovi triangoli tali, che il prodotto delle aree di tre non consecutivi è eguale al prodotto delle aree degli altri tre.

Se nella fig. 1.ª si tira la retta B'C' i triangoli ABC, AB'C' avendo un angolo comune, danno:

$$\mathrm{ABC} : \mathrm{AB'C'} = \mathrm{AB} . \mathrm{AC} : \mathrm{AB}' . \mathrm{AC}' .$$

Ora dalle (1) si ha:

$$\mathrm{AB} : \mathrm{AC}' = a+b : b$$
$$\mathrm{AC} : \mathrm{AB}' = a+c : c$$

quindi:

$$AB \,.\, AC : AB' \,.\, AC' = (a+b)(a+c) : bc$$

e per conseguenza:

(11) $$ABC : AB'C' = (a+b)(a+c) : bc.$$

I triangoli OBC, OB'C', avendo un angolo eguale, danno analogamente:

$$OBC : OB'C' = OB \,.\, OC : OB' \,.\, OC';$$

ma moltiplicando fra loro la seconda e la terza delle (3) si ha:

$$OB \,.\, OC : OB' \,.\, OC' = (a+b)(a+c) : bc$$

quindi:

(12) $$OBC : OB'C' = (a+b)(a+c) : bc.$$

Dal confronto delle (11) e (12) concludiamo pertanto:

$$ABC : AB'C' = OBC : OB'C'$$

formola esprimente un teorema. Analogamente si trova:

$$ABC : A'BC' = OCA : OC'A'$$

$$ABC : A'B'C = OAB : OA'B'$$

le quali danno facilmente le due seguenti eguaglianze:

$$AB'C' \,.\, OBC + BC'A' \,.\, OCA + CA'B' \,.\, OAB = ABC \,.\, A'B'C'$$

$$\frac{OB'C'}{AB'C'} + \frac{OC'A'}{BC'A'} + \frac{OA'B'}{CA'B'} = 1,$$

esprimenti due eleganti teoremi.

Dal suo *primo elemento* il CEVA deduce un teorema che certamente egli ignorava essere antico. Dalle (1), (2) e (3) si hanno le proporzioni:

$$AC' : BC' = b : a, \quad BO : B'O = c+a : b, \quad B'C : AC = a : c+a$$

le quali moltiplicate fra loro somministrano:

$$AC' \,.\, BO \,.\, B'C = BC' \,.\, B'O \,.\, AC.$$

Questa formola applicata al triangolo ABB' segato dalla trasversale CC' dà il teorema:

Una trasversale qualunque determina sui lati di un triangolo sei segmenti tali che il prodotto di tre non aventi termini comuni è eguale al prodotto degli altri tre.

È questo un teorema notissimo e fondamentale nella geometria segmentaria. L'opera più antica in cui lo si trovi è il trattato di geometria sferica di MENELAO (80 anni dopo C.); volgarmente però lo attribuiscono a TOLOMEO (vissuto nel secolo successivo), forse perchè l'*Almagesto* è opera meglio letta di quella di MENELAO.

Il teorema medesimo si estende, com'è noto, ad un poligono qualsivoglia (CARNOT, *Essai sur la théorie des transversales).*

L'autore applica il suo metodo anche alla dimostrazione di proprietà conosciute. Ai vertici di un triangolo ABC (fig. 1.ª) si suppongano applicati tre pesi, tali che si abbia:

$$a : b : c = \mathrm{BC} : \mathrm{CA} : \mathrm{AB}.$$

Sia A′ il centro di gravità dei pesi b, c applicati in B, C; avremo

$$\mathrm{BA}' : \mathrm{CA}' = c : b = \mathrm{AB} : \mathrm{AC},$$

dunque, per un noto teorema (LEGENDRE, lib. III, prop. 17), la retta AA′ sarà la bisettrice dell'angolo A. Analogamente le rette BB′, CC′ saranno le bissettrici degli angoli B, C. Dunque, in virtù del *secondo elemento,* arriviamo al noto teorema:

Le bisettrici degli angoli interni di un triangolo qualunque concorrono in uno stesso punto.

Ai vertici di un triangolo ABC (fig. 4.ª) si suppongano applicate tre forze parallele a, b, c, la prima delle quali sia in senso contrario alle altre due, ed inoltre si abbia:

$$a : b : c = \mathrm{BC} : \mathrm{CA} : \mathrm{AB}.$$

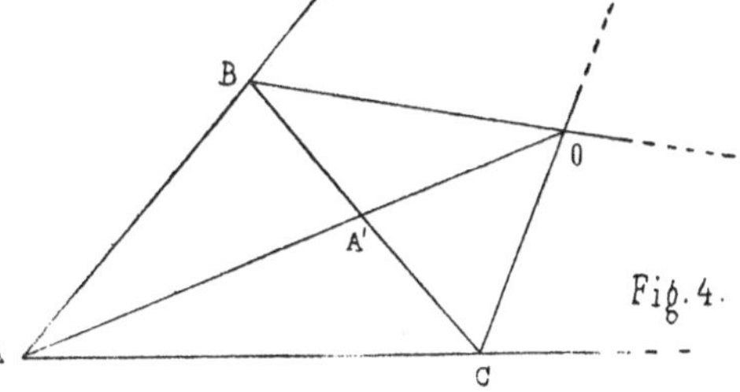

Fig. 4.

Allora il punto A′ cadrà fra B e C, ma B′, C′ cadranno ne' prolungamenti de' lati CA, AB; AA′ sarà la bissettrice dell'angolo interno A, mentre BB′ e CC′ saranno le bissettrici degli angoli esterni supplementi degli interni B e C. Avremo quindi:

In un triangolo le bissettrici de' supplementi di due angoli e la bissettrice del terzo angolo concorrono in uno stesso punto.

Se i pesi applicati ai vertici del triangolo ABC (fig. 1.ª) sono eguali, A′, B′, C′ sono i punti medî de' lati, epperò:

Le tre mediane di un triangolo concorrono in uno stesso punto.

Ai vertici del triangolo ABC siano applicate tre forze parallele a, b, c tali che si abbia:

$$a : b : c = \frac{BC}{\cos A} : \frac{CA}{\cos B} : \frac{AB}{\cos C}$$

avremo quindi:

$$BA' : CA' = c : b = AB \cdot \cos B : AC \cdot \cos C.$$

Ma AB. cos B e AC. cos C sono i valori de' segmenti in cui il lato BC è diviso dalla perpendicolare condotta su di esso dal vertice A; dunque AA′ è perpendicolare a BC. Così BB′ e CC′ sono perpendicolari rispettivamente a CA ed AB. Concludiamo pertanto che:

Le tre altezze di un triangolo passano per uno stesso punto.

Dallo stesso *secondo elemento* l'autore ricava anche teoremi della geometria a tre dimensioni. Basti addurre il seguente esempio (lib. I, prop. 23):

Sia OABC *un tetraedro* (fig. 5.ª); *sugli spigoli* OA, OB, OC *siano presi ad arbitrio i punti* a′, b′, c′; *si tirino le rette* Bc′, Cb′ *concorrenti in* a; Ca′, Ac′ *concorrenti in* b; Ab′, Ba′, *concorrenti in* c; *indi si tirino le* Oa, Ob, Oc, *che incontrino* BC, CA, AB *rispettivamente in* A′, B′, C′.

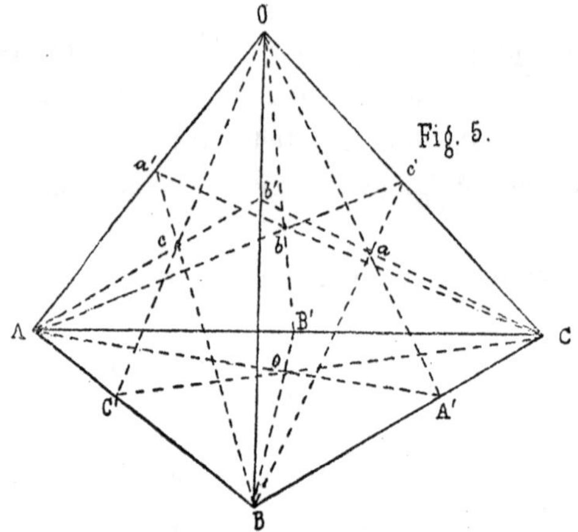

Si dichiara che le rette AA′, BB′, CC *passano per uno stesso punto* o, *e che le* Aa, Bb, Cc, Oo, A′a′, B′b′, C′c′, *passano pure per uno stesso punto* F.

Dimostrazione. Ai vertici A, B, C, O del tetraedro s'intendano applicati quattro pesi α, β, γ, δ in modo che sia:

$$\alpha : \delta = Oa' : Aa', \ \beta : \delta = Ob' : Bb',$$
$$\gamma : \delta = Oc' : Cc',$$

allora, per l'*elemento secondo,* A′ sarà il centro de' pesi β, γ, B′ il centro de' pesi γ, α, e C′ quello de' pesi α, β: dunque le rette AA′, BB′, CC′ concorreranno nel centro *o* de' pesi α, β, γ. Essendo del pari *a*, *b*, *c* i centri delle tre terne di pesi $\beta\gamma\delta$, $\gamma\alpha\delta$, $\alpha\beta\delta$, ne segue che le rette A*a*, B*b*, C*c*, O*o* devono incrociarsi nel centro F de' quattro pesi $\alpha, \beta, \gamma, \delta$. D'altra parte *a*′ è il centro de' pesi α, δ ed A′ quello de' pesi β, γ; dunque la retta A′*a*′ dovrà anch'essa passare per F. Lo stesso vale per le rette B′*b*′, C′*c*′.

Se i quattro pesi $\alpha, \beta, \gamma, \delta$ sono eguali, il teorema precedente somministra le notissime proprietà:

Le rette che congiungono i punti medi degli spigoli opposti di un tetraedro passano per uno stesso punto. I sei piani che passano rispettivamente per i sei spigoli e dimezzano gli spigoli opposti passano per uno stesso punto.

Da ultimo riporterò un elegante teorema che il signor CHASLES ha osservato essere una diversa espressione del teorema di CEVA. Avendosi (fig. 1.ª):

$$\frac{\mathrm{AO}}{\mathrm{A'O}}=\frac{b+c}{a},\quad \frac{\mathrm{AC'}}{\mathrm{BC'}}=\frac{b}{a},\quad \frac{\mathrm{AB'}}{\mathrm{CB'}}=\frac{c}{a}$$

ne segue:

$$\frac{\mathrm{AO}}{\mathrm{A'O}}=\frac{\mathrm{AC'}}{\mathrm{BC'}}+\frac{\mathrm{AB'}}{\mathrm{CB'}}.$$

Ora la fig. 1.ª rappresenta un quadrigono AB'OC' di cui AO è una diagonale e BC è la retta che congiunge i punti di concorso de' lati opposti. Dunque:

In ogni quadrigono la diagonale che parte da un vertice divisa pel suo prolungamento sino alla retta che congiunge i punti di concorso de' lati opposti è eguale alla somma de' lati uscenti dallo stesso vertice divisi rispettivamente pe' loro prolungamenti sino ai lati opposti.

Importanti conseguenze l'autore ricava anche dagli altri tre *elementi*. A cagion d'esempio dal *quinto elemento* emerge il teorema seguente (fig. 6.ª):

Sia ABCDE *una piramide a base quadrangolare, il cui vertice sia il punto* E. *Sugli spigoli* AE, BE, CE, DE *si fissino ad arbitrio i quattro punti* a'', b'', c'', d''; *si tirino le* Ab'', Ba'' *segantisi in* a; Bc'', Cb'' *segantisi in* b; Cd'', Dc'' *segantisi in* c; Da'', Ad'' *segantisi in* d; *indi si tirino le* Ea, Eb, Ec, Ed *che incontrino rispettivamente gli spigoli* AB, BC, CD, DA *in* a', b', c', d'; *le* a'c', b'd' *si seghino in* O. *Allora i punti* a', b', c', d' *divideranno i lati del quadrigono* ABCD *in otto segmenti tali, che il prodotto di quattro non aventi termini comuni sia eguale al prodotto degli altri quattro. Ed inoltre le rette* EO, ac', bd', ca', db' *si incroceranno in uno stesso punto.*

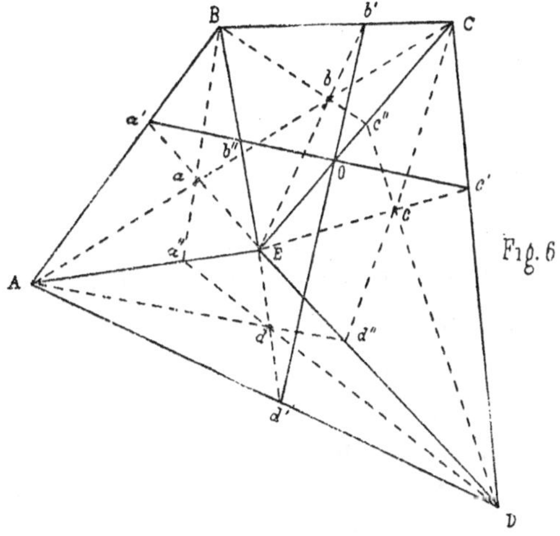

Fig. 6

Dallo stesso quinto elemento risulta (lib. II, prop. 4):

Se in un quadrigono gobbo si conducano due rette ciascuna delle quali divida due lati opposti in parti proporzionali, queste due rette giaceranno necessariamente nello stesso piano.

Mediante il *terzo elemento* si dimostra facilmente il teorema che segue (lib. II, prop. 5):

Dai vertici di un triangolo ABC (fig. 7.ª) *si tirino tre rette intersecantisi in uno stesso punto; esse incontrino i lati* BC, CA, AB *ne' punti* A', B', C'. *Dai vertici del triangolo risultante* A'B'C' *si tirino tre nuove rette passanti per uno stesso punto e incontranti i lati* B'C', C'A', A'B' *ne' punti* A'', B'', C''. *Le rette* AA'', BB'', CC'' *concorreranno in uno stesso punto.*

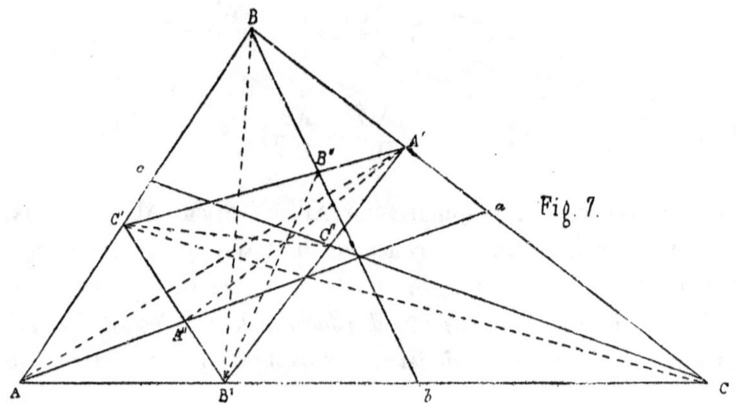

Fig. 7.

Nel secondo libro s'incontrano proposizioni involgenti non solo rette, ma anche linee curve, e propriamente sezioni coniche. Avanti tutto vi è dimostrato come lemma (indipendentemente dal sovraesposto metodo statico) il bel teorema:

Se un poligono è circoscritto ad una sezione conica, i punti di contatto dividono i lati in segmenti tali che il prodotto di quelli non aventi termini comuni è eguale al prodotto de' rimanenti.

Attualmente questo teorema è caso particolare di una proposizione assai generale dovuta al celebre Carnot *(Géométrie de position)*.

Il medesimo teorema, combinato col *secondo elemento* somministra il seguente:

Quando un triangolo è circoscritto ad una sezione conica, le rette che congiungono i vertici ai punti di contatto de' lati rispettivamente opposti concorrono in uno stesso punto.

Fin qui abbiamo riprodotti i teoremi dimostrati dal Ceva, oltre a quei corollarî i quali, sebbene non esplicitamente da lui dichiarati, pure gli ponno essere ragionevolmente attribuiti, perchè in modo *immediato* emanano dalle cose sue. Non facciamo parola della seconda parte del libro *(Appendix Geometrica)*, perchè contiene materie affatto diverse e trattate con metodi non aventi alcuna relazione col metodo statico sopra menzionato. Di quest'appendice non è fatta alcuna menzione nel frontispizio dell'opera, benchè, come avverte anche il signor Chasles, ne sia meritevolissima.

Dell'aver riunito in un solo opuscolo cose sì disparate come la *Statica constructio* e l'*Appendix Geometrica* l'autore si giustifica così: *Visum est appendicis loco adjicere his problematibus theoremata quaedam, partim antiquis geometriae legibus, partim Cavalleriana methodo a me soluta, quamvis ex superius dictis minime pendeant. Cum enim in circulo inutiliter quadrando, haec omnia non inutiliter sint inventa, par erat, ut in eodem volumine luce publica fruerentur, quamvis opportunius suis in tenebris latuissent.*

Ora ci corre obbligo di menzionare un geometra francese, CORIOLIS, che ha molto illustrato il metodo statico, di cui è qui discorso. Egli, senza conoscere l'opera del nostro CEVA, giunse da sè alla medesima invenzione, e fino dal 1811 indicò in una sua memoria come, col soccorso di considerazioni statiche, si possono dimostrare i due modi di generazione dell'iperboloide ad una falda. Poi dalle medesime considerazioni dedusse parecchi teoremi di geometria, pubblicati nel 1819 nel periodico: *Annales de Mathématiques* dell'illustre GERGONNE. Da ultimo riassunse quelle ricerche in una breve memoria *(Sur la théorie des momens considérée comme analyse des rencontres des lignes droites)* inserita nel *cahier 24* del *Journal de l'École Polytechnique* (anno 1835). A piè della prima pagina di questa memoria l'autore pose questa nota: " M. OLIVIER vient de me montrer un traité publié en 1678 par JEAN CEVA, sous le titre: *De rectis se invicem secantibus statica constructio.* On voit par le titre même que cet ouvrage contient l'idée de ce petit mémoire, etc. „.

In questa memoria del CORIOLIS trovansi nove eleganti teoremi, de' quali qui terremo parola. Alcuni di essi non si trovano nell'opera del CEVA; gli altri sono assai più generali di quelli del CEVA medesimo.

Ecco in che consiste il *primo teorema.* Abbiasi nello spazio una serie di n punti che si rappresentino ordinatamente coi numeri (1), (2), (3), ... (n). Ciascuno di questi punti, meno l'ultimo, si unisca al successivo in modo da formare una linea spezzata che cominci in (1) e termini in (n). Su ciascun lato della spezzata o sul suo prolungamento si prenda un punto ad arbitrio, il quale si rappresenti coi due numeri che rappresentano i termini del lato corrispondente; per es., il punto preso sulla retta (1) (2) s'indicherà con (12), ecc. Così avremo una seconda serie di punti (12), (23), (34), ... Questi punti congiungansi ai punti della prima serie mediante rette; fra le quali quelle che uniscono punti i cui indici riuniti contengono gli stessi numeri s'incontreranno. Per es., le rette (12) (3) e (1) (23) s'incontreranno in un punto che denoteremo con (123); così s'indicherà con (345) il punto d'intersezione delle rette (34) (5) e (3) (45). In questo modo abbiamo la terza serie di punti: (123) (345), ... Questi punti si uniscano a quelli delle due serie precedenti; fra le rette congiungenti, quelle che collegano punti i cui indici messi insieme comprendono i medesimi numeri, s'incontreranno in uno stesso punto, che si denoterà coll'aggregato di questi stessi numeri. Continuando in questo modo, avverrà sempre che s' incrocino in uno stesso punto tutte quelle rette ai cui termini appartengono indici che riuniti formino uno stesso aggregato di numeri. Il numero delle rette che s' intersecano in uno stesso punto è eguale a quello de' numeri ivi riuniti, meno uno. Per es., vi saranno $r-1$ rette congiungenti punti i cui indici riuniti conterranno le cifre $1, 2, 3, \ldots r$; queste rette passeranno tutte per uno stesso punto, che verrà rappresentato col simbolo $(123 \ldots r)$.

Questo teorema si dimostra facilissimamente imaginando applicate ai vertici della spezzata altrettante forze parallele, le grandezze delle quali abbiano fra loro tali rapporti, che il punto della seconda serie preso su un lato qualunque sia il centro delle due forze applicate ai termini di questo lato.

Secondo teorema. Si uniscano i termini della spezzata, onde risulterà un poligono gobbo di n lati. Unito il punto $(12 \ldots n)$ col punto $(23 \ldots n-1)$, la congiungente incontrerà il lato $(1)(n)$ del poligono in un punto $(1n)$. Allora ciascun lato del poligono sarà diviso in due segmenti; il prodotto di quelli fra questi segmenti che non hanno termini comuni sarà eguale al prodotto de' rimanenti.

Questi due teoremi, de' quali il secondo è la generalizzazione del *secondo elemento* di CEVA, sono acconci a rappresentare nella sua vera essenza il metodo statico di lui.

Terzo teorema (di CARNOT). Un piano qualunque determina sui lati di un poligono gobbo tali segmenti, che formando i due prodotti de' segmenti non adiacenti, questi prodotti sono eguali.

Questo teorema, del quale è caso particolarissimo quello di MENELAO, è una facile conseguenza de' due che precedono.

Quarto teorema. Fissando quanti punti si vogliano sulla superficie di una sfera, e congiungendoli fra loro con archi di cerchi massimi, si avrà sulle intersezioni di questi archi un teorema affatto analogo al *primo*. Basterà che nell' enunciato di questo sostituiscansi alle rette gli archi di cerchi massimi.

Il teorema si dimostra imaginando delle forze applicate al centro della sfera e passanti rispettivamente pe' punti fissati sulla superficie di questa; indi ragionando sulla composizione di queste forze come si fa nel *primo teorema* per le forze parallele.

Quinto teorema. Il *secondo teorema* ha il suo analogo sulla sfera, purchè ai segmenti rettilinei sostituiscansi i seni degli archi di cerchi massimi.

Il *sesto teorema* è un' immediata conseguenza del *quinto elemento* di CEVA.

Eccone l' enunciato. I lati di un quadrigono gobbo ABCD (fig. 8.[a]) si seghino con un piano qualunque ne' punti P, M, Q, N. Si tiri una trasversale qualunque M'N' che incontri le rette AD, BC, PQ; poi si tiri un' altra trasversale qualunque PQ che incontri le rette AB, CD, MN. Allora le due trasversali M'N', PQ s' incontreranno.

Se imaginiamo le infinite trasversali, analoghe ad M'N', tutte appoggiate alle tre rette AD, BC, PQ, esse saranno le generatrici di quella superficie gobba che denominasi *iperboloide ad una falda.* In virtù del precedente teorema, le infinite trasversali, analoghe a PQ, tutte appoggiate alle tre rette AB, CD, MN saranno pure generatrici della medesima superficie. Cioè questa superficie ammette due sistemi di rette generatrici: ogni generatrice dell'un sistema incontra tutte quelle dell'altro, mentre due generatrici del medesimo sistema non sono mai nello stesso piano.

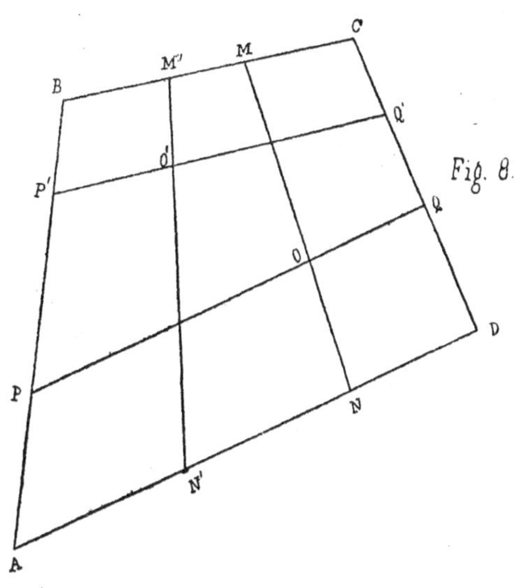

Fig. 8.

Settimo teorema (di CARNOT). Se un punto preso entro un poligono piano di un numero dispari di lati si congiunga a ciascun vertice, e la congiungente si prolunghi sino a determinare due segmenti sul lato rispettivamente opposto, i due prodotti formati coi segmenti non adiacenti sono eguali.

Ecco la dimostrazione di questa proprietà, che è la generalizzazione del *teorema di* CEVA.

Abbiasi, a cagion d'esempio, il pentagono 1 2 3 4 5; imaginiamo delle forze, P_1, P_2, P_3, P_4, P_5, in equilibrio, applicate al punto interno O e dirette rispettivamente verso i vertici 1, 2, 3, 4, 5. Decomponiamo ciascuna di queste forze in due componenti parallele applicate ai termini del lato rispettivamente opposto. Indichiamo con C_{13}, C_{14}, le componenti della forza P_1, con C_{24}, C_{25} le componenti della forza P_2, ecc.; con S_{13}, S_{14} i segmenti determinati sul lato 34 dalla direzione della forza P_1; con S_{24}, S_{25} i segmenti determinati dalla direzione della forza P_2 sul lato 45, ecc.; con α_{12} ovvero α_{21} l'angolo compreso dalle direzioni delle forze P_1, P_2, ecc. Allora, per le note leggi della decomposizione delle forze parallele, avremo le seguenti cinque equazioni:

$$C_{41}\,S_{41} = C_{42}\,S_{42}$$
$$C_{52}\,S_{52} = C_{53}\,S_{53}$$
$$C_{13}\,S_{13} = C_{14}\,S_{14}$$
$$C_{24}\,S_{24} = C_{25}\,S_{25}$$
$$C_{35}\,S_{35} = C_{31}\,S_{31}\,.$$

In questo modo a ciascun vertice sono applicate due forze componenti. Noi potremo disporre delle grandezze delle due forze applicate ad ognuno de' vertici 1, 2, 3, 4 in modo che la loro risultante passi per O. Allora, per l'equilibrio, sarà necessario che anche le componenti applicate al vertice 5 abbiano una risultante passante per O. Quindi, per le conosciute formole sulla decomposizione delle forze concorrenti, avremo le equazioni:

$$C_{31} \operatorname{sen} \alpha_{31} = C_{41} \operatorname{sen} \alpha_{41}$$
$$C_{42} \operatorname{sen} \alpha_{42} = C_{52} \operatorname{sen} \alpha_{52}$$
$$C_{53} \operatorname{sen} \alpha_{53} = C_{13} \operatorname{sen} \alpha_{13}$$
$$C_{14} \operatorname{sen} \alpha_{14} = C_{24} \operatorname{sen} \alpha_{24}$$
$$C_{25} \operatorname{sen} \alpha_{25} = C_{35} \operatorname{sen} \alpha_{35}.$$

Moltiplicando fra loro queste dieci equazioni si ha:

$$S_{41} S_{52} S_{13} S_{24} S_{35} = S_{42} S_{53} S_{14} S_{25} S_{31}$$

formola che esprime appunto il teorema enunciato.

Ottavo teorema. Se in un poligono piano qualsivoglia si fissa un punto interno, dal quale si tirino rette a tutt'i vertici, e ciascuna di esse si prolunghi fino a segare due lati di eguale rango a partire dal vertice per cui passa quella retta; otterremo su ciascun lato quattro segmenti; fra tutti questi segmenti ha luogo una relazione analoga a quella del teorema precedente, colla sola differenza che a ciascun segmento

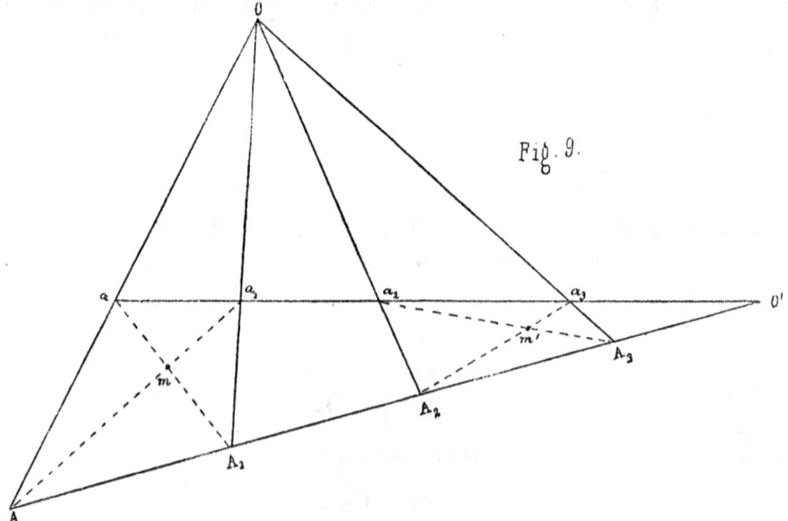

impiegato in questo teorema bisogna sostituire il prodotto di due segmenti che incomincino da uno stesso vertice e terminino ai due punti di sezione di un medesimo lato.

La dimostrazione di questo teorema è analoga a quella del precedente.

Nono teorema (di Carnot). Se un fascio di rette in un piano (fig. 9.[a]) OA, OA_1, OA_2, ... passanti per uno stesso punto O vien segato da due trasversali rettilinee nelle due serie di punti A, A_1, A_2, ... ; a, a_1, a_2, ... le diagonali de' quadrilateri AA_1a_1a, $A_2A_3a_3a_2$, ... s'intersecano nei punti m, m', ... i quali sono situati in una retta passante pel punto comune alle due trasversali.

Ecco la dimostrazione *statica* data dal Coriolis di questo teorema, che è uno de' più noti nella teorica delle trasversali.

Ai punti A, A_1, O applichiamo tre forze parallele, il cui centro sia m, ed ai punti A_2, A_3, O tre forze parallele ed opposte alle prime, aventi il loro centro in m', e per modo che le due forze applicate in O si elidano fra loro. Per ciò non rimarranno che le quattro forze applicate in A, A_1, A_2, A_3 equivalenti a due forze applicate in m, m'; la loro risultante dovrà quindi passare pel punto comune alle rette AA_1, ed mm'. Ma alle prime forze applicate in A, O possiamo sostituire la loro risultante applicata in a, ed alle seconde forze applicate in A_2, O si può sostituire la loro risultante applicata in a_2; quindi ci rimarranno quattro forze applicate in A_1, A_3, a, a_2 il cui centro dovrà cadere sì nella A_1A_2 che nella aa_2; dunque è dimostrato il teorema.

24.

SUR QUELQUES PROPRIÉTÉS DES LIGNES GAUCHES DE TROISIÈME ORDRE ET CLASSE.

Journal für die reine und angewandte Mathematik, Band 58 (1861), pp. 138-151.

I.

1. Je suppose que l'on ait deux séries projectives de points, l'une dans une droite R, l'autre dans une conique plane C, situées d'une manière tout à fait arbitraire dans l'espace. On demande de connaître la surface lieu de la droite qui joint deux points homologues des formes projectives données.

Pour établir la *classe* de cette surface, je fais usage des considérations employées par M. Schröter dans un mémoire inséré dans ce journal (tome 54). Par un point O fixé arbitrairement sur la conique je tire des droites aux divers points de cette courbe; ainsi l'on obtiendra un faisceau de droites, perspectif à la conique. Par une droite arbitraire S menons un faisceau de plans, perspectif à la droite donnée. Les deux faisceaux étant projectifs, l'intersection des élémens homologues donnera une conique K située dans le plan de la conique donnée, et passant par le point O et par la trace de S. La conique K coupera la conique C en trois autres points, qui avec la droite S donnent lieu à trois plans; et il est bien évident que ces plans contiennent chacun une génératrice de la surface cherchée, et sont les seuls qui passent par S et qui aient cette propriété.

Donc *la surface est de la troisième classe, et par conséquent du troisième ordre;* car toute surface réglée (non développable) a son ordre égal à sa classe*).

Chaque plan mené par la directrice rectiligne donnée R rencontre la conique C en deux points, donc il contient deux génératrices de la surface: le lieu de l'intersection de ces deux génératrices est la *droite double* (ligne de striction) de la surface.

---

*) Cayley, Cambridge and Dublin Math. Journal. VII, p. 171.

C' est-à-dire: par chaque point de la droite double passent deux génératrices situées dans un plan passant par la directrice R. Ces génératrices déterminent deux involutions, l'une sur la droite R, l'autre sur la conique C. Les élémens doubles de ces involutions sont en même temps réels ou imaginaires; ils sont individués par les plans tangens à la conique C menés par la droite R.

Il est évident que le plan de la conique C contient une génératrice de la surface; car la trace de R sur ce plan aura son point homologue sur la conique, et la droite qui joint ces points sera une génératrice de la surface. Cette même droite rencontrera la conique dans un second point, par lequel passe la droite double.

2. Si l'on considère de nouveau les formes projectives proposées R et C, un point quelconque de la droite R et la droite tangente à la conique au point homologue déterminent un plan. Ce plan est osculateur d'une courbe à double courbure dont on demande la *classe.*

Par un point O pris arbitrairement dans l'espace et par la droite R menons un plan qui coupera le plan de la conique C suivant une droite S, et imaginons un faisceau de droites perspectif à la droite R et ayant son centre en O. Ce faisceau divisera la droite S homographiquement à la droite R. Une tangente fixe (arbitraire) T de la conique C est divisée par toutes les autres tangentes homographiquement à la droite R; donc nous aurons sur les droites S et T deux séries projectives de points. La droite qui joint deux points homologues de ces séries enveloppe une conique K qui touchera les droites S et T, et par conséquent aura trois autres tangentes communes avec la conique C. Ces trois tangentes communes avec le point O déterminent trois plans qui évidemment sont osculateurs de la courbe cherchée, et sont les seuls qui passent par O. Donc *cette courbe est de la troisième classe (et du troisième ordre**)).

Le plan de la conique C est osculateur de la courbe nommée *(cubique gauche)* et par la droite R passent deux plans osculateurs (réels ou imaginaires) de la même courbe.

3. Réciproquement: soient données une cubique gauche, un plan osculateur et une droite R intersection de deux autres plans osculateurs (réels ou imaginaires). Le premier plan osculateur coupera la surface développable, dont la cubique est l'arête de rebroussement, suivant une conique C**). Les plans osculateurs de la cubique gauche déterminent sur la droite R et sur la conique C deux séries projectives de points. *La droite qui joint deux points homologues de ces formes engendre une surface du troisième ordre (et troisième classe), dont la droite double gît dans un plan osculateur de la cubique gauche.*

---

*) Schröter, Ce Journal, Tome 56, p. 27.

**) Möbius, Der barycentrische Calcul, p. 120.

Si la droite R est fixe, et l'on fait varier le plan de la conique C, on obtiendra un faisceau[28] de surfaces cubiques, dont les droites doubles formeront un hyperboloïde à une nappe, et l'on aura sur la cubique gauche une involution, dont deux élémens conjugués sont le plan variable de la conique C et le plan osculateur qui passe par la droite double correspondante.

II.

4. On donne deux formes projectives: l'une soit un faisceau de plans passant par une même droite R; l'autre soit un faisceau de plans tangens à un même cône C du second ordre. Les élémens homologues s'entrecoupent dans une droite qui engendre une surface cubique, dont R est la droite double. Par un point quelconque de R passent deux génératrices, dont le plan tourne autour d'une droite fixe S. C'est-à-dire: chaque plan qui passe par cette droite S contient deux génératrices qui donnent lieu à une involution de plans sur le cône C et à une deuxième involution de plans par R. Les élémens doubles de ces involutions sont individués par les points où R perce C.

La droite R avec le sommet du cône C détermine un plan, qui aura son correspondant tangent à cette surface; la droite intersection de ces plans sera une génératrice de la surface. Par cette génératrice passe un autre plan tangent du cône, et ce dernier plan passe aussi par la droite S.

5. Dans les formes projectives données je considère un plan du faisceau R et la génératrice de contact du plan homologue tangent au cône C. La génératrice perce le plan en un point, dont le lieu est une cubique gauche qui passe par le sommet du cône et par les intersections de cette surface avec la droite donnée.

6. Réciproquement: je suppose maintenant que l'on ait une cubique gauche, un de ses points comme sommet d'un cône C passant par la courbe, et une droite R qui s'appuie en deux points (réels ou imaginaires) de la même cubique. Chaque point de la courbe donne lieu à un plan passant par R, et à un autre plan tangent au cône C. Ces plans forment deux systèmes projectifs. La droite intersection de deux plans homologues engendre une surface cubique, qui contient une autre directrice rectiligne S rencontrant la cubique en un seul point. Si la droite R est fixe, et l'on fait varier le sommet du cône C, on obtient un système de surfaces cubiques, et la droite S engendre un hyperboloïde à une nappe. De plus, on aura sur la cubique gauche une involution formée par les sommets des cônes et les points d'appui des droites S correspondantes.

III.

7. On a deux formes projectives: une série de points dans une droite R, et un système de droites génératrices d'un hyperboloïde H. Quelle est la courbe à double courbure osculée par le plan déterminé par deux élémens homologues des formes proposées? Fixons arbitrairement une génératrice S de l'autre systéme dans l'hyperboloïde; cette génératrice sera divisée par les droites du système donné homographiquement à la droite R. On a donc deux séries projectives de points sur les droites R, S; et on sait que la droite qui joint deux points homologues engendre un hyperboloïde K passant par les droites R et S. Il est d'ailleurs évident que chaque plan individué par deux élémens homologues des formes proposées est tangent aux hyperboloïdes H et K; donc la courbe demandée est osculée par les plans tangens communs à deux hyperboloïdes qui ont une génératrice commune (S). Donc elle est une cubique gauche qui a deux plans osculateurs passant par R. Cette courbe a en outre un plan osculateur passant par chaque génératrice de l'hyperboloïde du système donné, et deux plans osculateurs passant par chaque droite de l'autre systême.

8. Soient données de nouveau deux formes projectives, dont l'une soit un faisceau de plans par une droite R, et l'autre un système de génératrices d'un hyperboloïde H. Deux élemens homologues s'entrecoupent en un point, dont on demande de connaître le lieu géométrique. Fixons une génératrice S de l'autre système; cette droite avec les génératrices du système donné donne lieu à un faisceau de plans homographique au faisceau donné. La droite intersection de deux plans homologues de ces faisceaux projectifs engendre un second hyperboloïde K, passant par R, S. On voit aisément que chaque point du lieu demandé est commun aux deux hyperboloïdes; donc ce lieu est la cubique gauche intersection de ces surfaces, qui ont déjà en commun la droite S. La cubique gauche a deux points sur R; un point sur chacune des génératrices données, et deux points sur chacune des droites de l'autre système *).

9. Réciproquement, supposons que l'on ait une cubique gauche et un hyperboloïde touché par tous les plans osculateurs de la courbe. Par chaque génératrice de l'un système, dans l'hyperboloïde, passe un seul plan osculateur de la cubique, et par chaque génératrice de l'autre système passent deux plans osculateurs. Imaginons aussi une droite, intersection de deux plans osculateurs (réels ou imaginaires). Cette droite sera coupée par les plans osculateurs qui passent par les génératrices du second système en deux séries de points en involution. Les plans osculateurs qui passent par les génératrices du premier système forment sur cette même droite une division projective

*) CHASLES, Journal de M. LIOUVILLE, année 1857, p. 397.

au système nommé de génératrices. D'oú il suit que les plans osculateurs de la cubique et les génératrices du premier système situées dans ces plans constituent deux formes projectives.

On a maintenant une cubique gauche et un hyperboloïde passant par cette courbe. L'hyperboloïde a deux systèmes de génératrices: toutes les droites de l'un système s'appuient à la courbe en un seul point, et toutes les droites de l'autre système s'appuient à la courbe en deux points. Si l'on donne aussi une droite qui soit corde (réelle ou idéelle) de la cubique, elle déterminera avec les points de la courbe qui sont dans les droites du second système une involution de plans, et avec les points de la courbe qui appartiennent aux droites du premier système un faisceau de plans projectif à ce même système de génératrices. D'où il suit que les points de la courbe et les génératrices du premier système constituent deux formes projectives.

Les deux systèmes de génératrices d'un hyperboloïde qui passe par une cubique gauche, ou qui touche les plans osculateurs d'une telle courbe, se correspondent aussi projectivement entre eux [29].

Une conique située dans la surface développable dont l'arête de rebroussement est une cubique gauche est une forme projective à la cubique. A un point quelconque de celle-ci correspond le point de la conique situé dans le plan osculateur de la cubique au point sus-dit. La droite qui joint ces points homologues est tangente à la cubique, et par conséquent elle engendre la surface développable du quatrième ordre et de la troisième classe, dont la cubique est l'arête de rebroussement.

Un cône de second ordre passant par une cubique gauche est une forme projective à celle-ci. A un point de la cubique correspond le plan tangent du cône qui passe par ce point.

10. Applications. On donne un hyperboloïde et cinq de ses points a_1, a_2, a_3, a_4, a_5; on demande de construire une cubique gauche qui passe par ces points et soit située sur la surface nommée. La courbe cherchée sera le lieu de l'intersection des élémens homologues de deux formes projectives, dont l'une soit un faisceau de plans et l'autre soit un système de génératrices de l'hyperboloïde. On peut prendre pour axe du faisceau la droite a_4a_5; les plans $a_1(a_4a_5)$, $a_2(a_4a_5)$, $a_3(a_4a_5)$ seront trois plans du faisceau. Les élémens homologues de l'autre forme seront les génératrices du premier (ou du second) systéme qui passent par a_1, a_2, a_3. Alors à chaque plan passant par a_4a_5 correspondra une génératrice du même système, et l'intersection de ces élémens sera un point de la cubique cherchée. Comme on est libre de prendre le système de génératrices que l'on veut, ainsi il y aura deux cubiques gauches satisfaisant à la question (proposée par M. Chasles *)).

*) Journal de M. Liouville, année 1857, p. 397.

Pour deuxième application, proposons nous de construire une cubique gauche qui s'appuie sur cinq droites données A_1, A_2, A_3, A_4, A_5[30]. Elle sera évidemment l'intersection des hyperboloïdes déterminés par les deux ternes de droites: $A_1 A_2 A_3$, $A_3 A_4 A_5$ qui ont une droite commune A_3. Cette construction est aussi une conséquence du théorème connu: on peut construire cinq faisceaux homographiques de plans, dont les axes soient cinq droites données, et où cinq plans homologues passent toujours par un même point.

On donne quatre faisceaux homographiques de plans, dont les axes soient les droites A_1, A_2, A_3, A_4. On demande combien de fois quatre plans homologues se coupent dans un même point*)? Les faisceaux projectifs A_1 et A_2; A_1 et A_3; A_1 et A_4 donnent trois hyperboloïdes qui ont une génératrice commune A_1. Ces hyperboloïdes, abstraction faite de cette génératrice, s'entrecoupent en quatre points seulement**) et il est bien évident que par chacun de ces points passent quatre plans homologues des faisceaux donnés.

On démontre analoguement qu'il y a généralement quatre plans, chacun contenant quatre points homologues de quatre divisions homographiques sur quatre droites données***).

Si les quatre faces d'un tétraèdre mobile tournent autour de quatre droites fixes A, B, C, D, et que les côtés de la première face s'appuient sur trois autres droites fixes L, M, N, le sommet opposé à cette face engendrera une courbe qu'on demande de connaître. La première face du tétraèdre, en tournant autour de A, divise homographiquement les droites L, M, N; soient l, m, n trois points homologues de ces divisions. Il en suit que lB, mC, nD sont trois plans homologues de trois faisceaux projectifs; donc leur point d'intersection engendre une cubique gauche, qui s'appuie en deux points sur chacune des droites L, M, N †).

Ayant dans l'espace trois points a, b, c et trois plans α, β, γ, si autour d'une droite fixe on fait tourner un plan transversal qui coupera les trois plans donnés suivant trois droites A, B, C, les plans Aa, Ab, Cc se couperont en un point, dont on demande le lieu géométrique. Soient a', b', c' les points où la droite donnée rencontre les plans α, β, γ. Ces plans contiennent trois faisceaux projectifs de droites, dont a', b', c' sont les centres, et A, B, C sont trois rayons homologues. Donc les droites aa', bb', cc' sont les axes de trois faisceaux projectifs de plans, dont Aa, Bb, Cc sont trois élémens

*) Steiner, Systematische Entwickelung der Abhängigkeit etc. p. 298.

**) Chasles, Journal de M. Liouville, l. c.

***) Steiner, l. c.

†) Chasles, *Aperçu historique etc.* Note 33e.

correspondants, et par conséquent le point commun à ces plans engendrera une cubique gauche qui aura deux points sur chacune des droites aa', bb', cc'*).

IV.

11. On donne un hexagone gauche 123456 inscrit dans une cubique gauche. Par les côtés de l'hexagone menons six plans à un point quelconque x de la courbe. Ces plans coupent les côtés opposés respectivement à ceux par lesquels ils passent en six points a, b, c, a', b', c' (a, b, c étant sur trois côtés consécutifs,et a', b', c' sur les côtés opposés). *Ces six points sont dans un même plan, qui passe par le point variable x de la courbe, et par une droite fixe. Cette droite fixe est une corde réelle ou idéelle de la cubique*. Les six points $a, b, \dots c'$ forment un hexagone de Brianchon (les diagonales aa', bb', cc' se rencontrent au point x).

Si le point x parcourt la cubique, les points $a, b, \dots c'$ engendrent six divisions homographiques sur les côtès de l'hexagone; les droites aa', bb', cc' engendrent trois hyperboloïdes qui passent tous par la cubique et chacun par une couple de côtés opposés de l'hexagone. Ces trois hyperboloïdes ont pour génératrice commune à tous la corde fixe sur laquelle tourne le plan des six points $a, b, \dots c'$.

C'est-à-dire: les trois hyperboloïdes qui passent par une cubique gauche et chacun par une couple de côtés opposés d'un hexagone inscrit dans la cubique ont en commun une même génératrice qui est une corde réelle ou idéelle de la courbe.

12. *Si par un des sommets de l'hexagone gauche on mène deux plans tangens à la cubique, qui passent respectivement par les côtés qui ont en commun le dit sommet, ces plans coupent les côtés opposés en deux points, qui avec le premier sommet déterminent un plan passant aussi par une droite fixe, quelque soit le sommet qu'on a choisi dans l'hexagone*. Cette droite fixe est la même qui est commune aux trois hyperboloïdes, et autour de laquelle tourne le plan $ab \dots c'$.

On peut nommer cette droite la *caractéristique* de l'hexagone 123456.

Six points de la cubique donnent lieu à soixante hexagones; chacun d'eux a sa caractéristique et ses trois hyperboloïdes. Un hyperboloïde contient quatre caractéristiques; par exemple les hexagones

(123456), (126453), (123546), (126543)

ont leurs caractèristiques situées sur l'hyperboloïde (12—45). Chaque caractéristique

---

*) Chasles, *Aperçu etc.* l. c.

est commune à trois hyperboloïdes, donc il y a quarante-cinq hyperboloïdes pour six points donnés sur la cubique gauche.

On déduit très aisément du théorème fondamental donné ci-dessus la suivante proposition de M. CHASLES*):

Quand un eptagone gauche a ses sommets situés sur une cubique gauche, le plan de l'un quelconque des angles de l'eptagone et les plans des deux angles adjacens rencontrent respectivement les côtés opposés en trois points qui sont dans un plan passant par le sommet du premier angle.

V.

13. Une cubique gauche peut avoir trois asymptotes réelles, ou bien une seule asymptote réelle et deux imaginaires. Comme cas particuliers, la courbe peut avoir une seule asymptote réelle à distance finie, et les deux autres coïncidentes à l'infini, ou bien elle peut être osculée par le plan à l'infini. Il serait bon d'adopter les dénominations que M. SEYDEWITZ**) propose pour ces quatre formes de cubique gauche, savoir: *hyperbole gauche; ellipse gauche; hyperbole parabolique gauche; parabole gauche.*

*L'ellipse gauche a deux plans osculateurs parallèles entre eux qui coupent la surface développable (dont la courbe est l'arête de rebroussement) suivant deux paraboles; tous les autres plans osculateurs coupent la même surface suivant des ellipses ou des hyperboles. Les centres de toutes ces coniques sont sur une hyperbole dont le plan est parallèle et equidistant aux deux plans osculateurs parallèles. Une branche de l'hyperbole locale contient les centres des ellipses; l'autre branche contient les centres des hyperboles. Les points de la cubique auxquels correspondent des ellipses sont situés entre les plans osculateurs parallèles; les points auxquels correspondent des hyperboles sont au dehors. Le plan de l'hyperbole locale rencontre la cubique en un seul point réel***) et coupe les cônes du second ordre qui passent par la courbe suivant des ellipses.*

L'hyperbole gauche n'a pas de plans osculateurs parallèles; tous ses plans osculateurs coupent la surface développable qu'ils enveloppent suivant des hyperboles, dont les centres sont sur une ellipse. Le plan de cette ellipse rencontre la cubique en trois points réels,

---

*) *Aperçu etc.* l. c.

**) GRUNERTS, Archiv etc. X, p. 203.

***) *Chaque plan passant par une droite intersection de deux plans osculateurs réels (imaginaires) coupe la cubique gauche en un seul point réel (en trois points réels):* théorème que j'ai démontré ailleurs *(Annali di Matematica,* gennaio-febbraio 1859). M. JOACHIMSTHAL avait donné ce même théorème dans la savante Note qui suit le mémoire de M. SCHRÖTER (ce Journal, B. 56, p. 45) *et coupe les cônes du second ordre qui passent par la cubique suivant des hyperboles.*

L'hyperbole parabolique gauche est l'arête de rebroussement d'une surface développable qui est coupée par ses plans tangens suivant des hyperboles, à l'exception d'un seul qui la coupe suivant une parabole. Les centres de ces hyperboles sont sur une autre parabole. Les deux paraboles sont dans un même plan; et ce plan coupe les cônes du second ordre qui passent par la cubique suivant des paraboles.

La parabole gauche a toutes ses asymptotes qui coïncident à l'infini. Les plans osculateurs coupent la développable suivant des paraboles.

14. M. Seydewitz a déjà observé que par une hyperbole gauche passent trois cylindres du second ordre hyperboliques; par une ellipse gauche passe un seul cylindre elliptique; par l'hyperbole parabolique gauche passent deux cylindres, l'un hyperbolique et l'autre parabolique; enfin par la parabole gauche passe un seul cylindre parabolique. Cela nous aidera à énoncer des propositions nouvelles.

Concevons la droite intersection du plan osculateur au point a d'une cubique gauche avec le plan qui coupe cette courbe en a et la touche en b; *toute corde de la cubique qui s'appuie à cette droite est rencontrée harmoniquement par une deuxième droite,* qui est l'intersection du plan osculateur en b avec le plan sécant en b et tangent en a.

Cette intéressante propriété donne lieu à plusieurs conséquences. Si l'une des deux droites dont il est question ci-dessus tombe à l'infini, la corde est bissectée par l'autre droite. Cela donne lieu au théorème qui suit:

En chaque point d'une parabole gauche on peut mener un plan tangent, qui soit parallèle au cylindre passant par la courbe. Toute corde de celle-ci parallèle à ce plan est divisée en deux parties égales par une droite (diamètre) qui est l'intersection du plan osculateur et du plan sécant au même point et tangent à l'infini. Tous ces diamètres, dont un passe par chaque point de la parabole gauche, sont parallèles à un même plan, savoir à la direction commune des plans tangens à l'infini.

Cette propriété qui, dans la parabole gauche, subsiste pour chacun de ses points, appartient aussi à l'hyperbole et à l'ellipse gauche, mais seulement pour les points (trois ou un seul) où elles sont rencontrées par le plan des centres des coniques inscrites dans la surface développable dont la courbe gauche est l'arête de rebroussement.

Donc *l'ellipse gauche a un diamètre qui rencontre en un même point la courbe et le plan des centres. Le plan qui touche la courbe en ce point et est parallèle au cylindre elliptique passant par celle-ci est aussi parallèle aux cordes divisées en deux parties égales par le diamètre nommé.*

L'hyperbole gauche a trois diamètres. Ici il faut remarquer que: *à chaque point commun à la cubique et au plan des centres correspond une asymptote de celle-ci ou bien un des trois cylindres hyperboliques.* Voilà en quoi consiste cette correspondance:

Le plan osculateur de l'hyperbole gauche en un point du plan des centres, et le plan qui passe par ce point et par l'asymptote correspondante, s'entrecoupent suivant une droite qui est un diamètre de la conique intersection du plan osculateur avec le cylindre hyperbolique qui contient l'asymptote nommée.

VI.

15. On sait que le point de concours et les points de contact de trois plans osculateurs d'une cubique gauche sont en un même plan*). Le point de concours a reçu le nom de *foyer* du plan. Tous les plans qui passent par une même droite ont leurs foyers sur une autre droite, et tous les plans qui passent par cette deuxième droite ont leurs foyers sur la première. Deux droites telles que les points de l'une soient les foyers des plans qui passent par l'autre ont reçu la dénomination de *droites réciproques*. Une droite qui soit l'intersection (réelle ou idéelle) de deux plans osculateurs et la corde (réelle ou idéelle) qui joint les points de contact sont des droites reciproques.

On sait que dans un plan quelconque il n'y a qu'une droite qui soit intersection de deux plans osculateurs**), et par un point quelconque on ne peut mener qu'une corde de la cubique gauche***).

Concevons un plan qui coupe un autre plan contenant une conique et cherchons le pôle de la droite intersection des deux plans par rapport à la conique; nous dirons que *ce point est le pôle du premier plan par rapport à la conique.*

Cela premis, *les pôles d'un plan quelconque par rapport à toutes les coniques inscrites dans la développable, dont une cubique gauche donnée est l'arête de rebroussement, sont tous dans une conique, dont le plan a tous ses pôles, par rapport aux mêmes coniques inscrites, dans une autre conique située dans le premier plan.*

J'appelle *conjoints* deux plans tels que l'un contient les pôles de l'autre par rapport aux coniques inscrites dans la développable, et *conjointes* les coniques lieux des pôles de deux plans conjoints.

Deux plans conjoints s'entrecoupent suivant une droite qui est toujours l'intersection (réelle ou idéelle) de deux plans osculateurs, et par conséquent ils ont leurs foyers sur la droite qui passe par les points de contact.

Il suit de là que:

---

*) Chasles, Journal de M. Liouville, année 1857, p. 397.

**) Schröter, ce Journal, B. 56, p. 33.

***) Chasles, l. c.

Toute droite qui soit l'intersection de deux plans osculateurs est l'axe d'un faisceau de plans conjoints deux à deux; ces plans forment une involution dont les élémens doubles sont les plans osculateurs.

Toute corde de la cubique gauche contient les foyers d'un faisceau de plans conjoints deux à deux; ces foyers forment une involution dont les élémens doubles sont les points de la cubique.

16. *Toutes les coniques conjointes qui appartiennent à un même faisceau sont situées sur un même hyperboloïde à une nappe; et le lieu géométrique de leurs centres est une conique dont le plan passe par la droite des foyers.*

Il est facile d'établir aussi l'espèce de ces coniques conjointes selon les divers cas à considérer. Par exemple, pour la parabole gauche on a le théorème qui suit:

Toutes les coniques conjointes qui appartiennent à un même faisceau sont des hyperboles, à l'exception d'une seule parabole dont le plan passe par le point central de l'involution des foyers. Les centres de ces hyperboles sont dans une parabole. Les cordes de cette parabole qui joignent deux à deux les centres des coniques conjointes passent toutes par un même point. Les asymptotes des coniques conjointes sont toutes parallèles à deux plans.

VII.

17. Il est facile de construire une cubique gauche sur un des cylindres qui passent par elle. Une cubique gauche étant rapportée à trois axes, nous supposerons que l'unité linéaire change de l'un axe à l'autre; θ exprimera toujours une variable.

On construit très aisément la parabole gauche au moyen des équations:

$$x=\theta^3, \quad y=\theta^2, \quad z=\theta \; ^{*)}.$$

L'équation:

$$z^2-y=0$$

représente le cylindre (parabolique) qui passe par la courbe. L'origine des coordonnées est un point quelconque de celle-ci; le plan des zy est osculateur; celui des xz est tangent à l'origine et parallèle au cylindre; le plan des xy est tangent à l'infini.

La courbe n'a qu'une branche qui s'étend à l'infini tout le long du cylindre, sans asymptotes.

18. Pour l'hyperbole parabolique gauche on a les équations:

$$x=\frac{\theta^3}{\theta-\alpha}, \quad y=\theta^2, \quad z=\theta,$$

---

*) Annali di Matematica — Roma — maggio 1858; settembre 1858; gennajo 1859; luglio 1859.

α est une constante. Le cylindre parabolique qui passe par la courbe est représenté par l'équation:

$$x^2 - y = 0.$$

L'origine est un point arbitraire de la courbe; le plan des xy est osculateur; celui des xz est tangent à l'origine et parallèle au cylindre parabolique; le plan des yx est parallèle aux deux cylindres qui passent par la courbe.

La courbe est composée de deux branches infinies, dont chacune a un bras sans asymptote; les deux autres bras ont une asymptote commune qui est une génératrice du cylindre parabolique.

Les deux branches diffèrent en cela, par rapport au cylindre parabolique, que, si on suppose ceci vertical, les bras d'une branche s'étendent tous les deux en haut[31] à l'infini, tandis que l'autre branche a un bras qui s'étend en haut, et l'autre qui s'étend en bas.

On peut construire l'hyperbole parabolique gauche aussi par les équations:

$$x = \frac{\theta^3}{\theta - \alpha}, \quad y = \theta - \alpha, \quad z = \frac{\alpha}{\theta - \alpha}.$$

L'équation:

$$yz - \alpha = 0$$

représente le cylindre hyperbolique qui passe par la courbe. Des deux nappes de ce cylindre, l'une contient une branche, l'autre contient l'autre branche de la courbe gauche.

19. On construit l'ellipse gauche au moyen des équations:

$$x = \frac{\theta^3}{\theta^2 + \alpha^2}, \quad y = \frac{\theta^2}{\theta^2 + \alpha^2}, \quad z = \frac{\theta}{\theta^2 + \alpha^2};$$

l'équation du cylindre elliptique qui passe par la courbe est:

$$y(1 - y) - \alpha^2 z^2 = 0.$$

Ici l'origine est le point de la courbe où elle est rencontrée par le plan des centres des coniques inscrites dans la développable dont la courbe gauche est l'arête de rebroussement. Le plan des yz est osculateur; celui des zx est tangent à l'origine et parallèle au cylindre; celui des xy est tangent à l'infini.

La courbe a une seule branche qui s'étend à l'infini tout le long du cylindre, et s'approche d'une asymptote qui est une génératrice du même cylindre.

20. Si on change α^2 en $-\alpha^2$ les mêmes équations conviennent à l'hyperbole gauche, considérée sur un quelconque des trois cylindres hyperboliques qui passent par elle. La courbe est composée de trois branches infinies, dont chacune s'approche de deux asymptotes. Deux branches sont situées sur la nappe du cylindre (qu'on considère), qui contient une asymptote; la troisième branche est sur l'autre nappe.

En rapportant les trois branches aux six nappes des cylindres, on trouve que par chaque branche passent trois nappes appartenant à trois divers cylindres; une de ces nappes ne contient pas d'asymptotes, et chacune des autres en contient une.

Milan, 27 mars 1860.

25.

PROLUSIONE AD UN CORSO DI GEOMETRIA SUPERIORE,

LETTA NELL'UNIVERSITÀ DI BOLOGNA. NOVEMBRE, 1860.

Il Politecnico, volume X (1861), pp. 22-42.

> ..... La nuova poesia della scienza, esposta in semplice prosa, senza favole, senza persone ideali, senza iperboli, senza canto, invaghisce l'animo e lo sublima ben più che la poesia dei popoli fanciulli... O giovani poeti, non eleggete la vostra dimora nei sepolcri; lasciate al passato le sue leggende; date una melodiosa parola alla semplice e pura verità; perocchè questa è la gloria del vostro secolo; e voi non dovreste mostrarvi ingrati, torcendo li occhi dal sole nuovo della scienza a voi concesso, per tenerli confitti nei sogni della notte che si dilegua.
>
> C. CATTANEO, *Il Politecnico,* volume VIII, p. 599.

Le scienze esatte, per la prodigiosa attività di geometri stranieri ed italiani di altissimo ingegno, tale incremento s'ebbero ne' dodici lustri di questo secolo, quale non s'era visto mai in sì breve giro di tempo. I giornali scientifici e gli atti delle più operose accademie attestano ad esuberanza quante nuove teorie siano state create, quante altre mirabilmente ampliate. Le memorie nelle quali quegli illustri pensatori deposero i loro nuovi concetti e le loro scoperte sparse qua e là in tante e diverse collezioni scientifiche, si moltiplicarono per guisa che divenne impossibile anco ai più diligenti cultori tener dietro al rapido e multiforme allargarsi della scienza. Fu allora che per opera di benemeriti scrittori si pubblicarono libri, accessibili alla studiosa gioventù, ne' quali si rivelavano sotto forme compendiose gli ultimi progressi delle matematiche. Non è a dire di quanta utilità riescano sì fatti lavori che diffondono il sapere anche fra coloro che per condizione di luogo o per difetto di mezzi pecuniari sono costretti a rimanere lontani dal movimento scientifico che si traduce nelle pubblicazioni periodiche e nei rendiconti accademici. E fra noi pure sono valenti matematici*) che concorsero efficacemente alla benefica impresa, benchè pur troppo le male signorie non aiutassero qui alcun nobile conato, epperò togliessero che or l'Italia possa contare sì numerosi i sacerdoti della scienza, quanti li vantano le più civili nazioni d'Europa.

Ma non bastava pubblicare opere destinate a raccogliere in brevi volùmi ciò che non era possibile rinvenire che con grave spreco di tempo e fatica ne' polverosi scaffali delle biblioteche. La vastità o la recondita profondità di alcune fra le nuove dottrine richiedeva imperiosamente ch'esse venissero bandite da apposite cattedre create nelle università o in altri istituti superiori. Ed anche a questo bisogno della crescente civiltà si soddisfece in Francia, in Germania, in Inghilterra, non però in Italia. Le nostre scuole per verità ebbero sempre parecchi e valenti professori che partecipando all'odierno progresso scientifico perfezionarono i metodi di ricerca e di dimostrazione; ma i retrivi ordinamenti scolastici, la brevità del tempo concesso alle più importanti materie e il picciol numero di cattedre impedirono che si allargasse il campo dell'istruzione universitaria, che si atterrassero le colonne erculee de' programmi ufficiali. Che se la scienza cammina pur sempre avanti senza curarsi di pastoie governative, non era consentito a que' nostri docenti, i quali nel silenzio de' domestici studi seppero tener dietro al maestoso procedere delle matematiche, di far penetrare la nuova luce nelle aule del publico insegnamento. Da molto tempo nelle università d'Italia non si poterono insegnare fuor che i primi rudimenti delle scienze esatte; ed i buoni ingegni ne uscivano questo solo sapendo, esistere vaste e meravigliose dottrine di cui era lor noto appena l'alfabeto. Se non che ove cessava la scuola, soccorreva talvolta l'opera generosa d'alcun professore; che con consigli, con libri, con eccitamenti, indirizzava i giovani a quegli studi che non si eran potuti fare nella pubblica scuola. Così chi apprese un po' di scienza lo dovette meno all'università che ai famigliari colloquii nelle domestiche pareti del maestro. Questo so essere accaduto a molti ed accadde a me; e qui io colgo l'occasione per rendere publica testimonianza di gratitudine all'illustre Brioschi, al quale devo tutto quel poco che per avventura non ignoro.

---

*) Servan d'esempio: Brioschi per l'aureo suo opuscoletto di *statica*, per la *teorica de' determinanti* ch'ebbe traduttori in Francia ed in Germania, e per quella *de' covarianti* in corso di publicazione; Bellavitis per molte importanti memorie in parte originali e in parte dirette a far conoscere ai nostri giovani i progressi della scienza fuor d'Italia; Faà di Bruno per la sua *teoria dell'eliminazione;* Betti per una monografia sulle *funzioni ellittiche,* in parte publicata; ecc. ecc.

Le nostre facoltà universitarie, insomma, non possedettero sin qui alcuna cattedra da cui si potessero annunciare alla gioventù italiana le novelle e brillanti scoperte della scienza. Ognun vede quanto fosse indecoroso che l'istruzione, data dallo Stato, non fosse che una piccola parte di quella reclamata dalle odierne condizioni di civiltà; ma a ciò non potevan provvedere nè un governo straniero, nè governi mancipii dello straniero, pei quali l'ignoranza publica era arte potentissima di regno. Quest'era un còmpito serbato al governo nazionale; ed il governo nazionale tolse a sdebitarsene instituendo cattedre d'insegnamento superiore; nè vuolsi muover dubbio che i buoni principii sian per riuscire a splendida meta, or che all'Italia sorride sì benigna la fortuna, e che alle cose della publica istruzione presiede Terenzio Mamiani.

I regolamenti scolastici erano per la scienza un vero letto di Procuste. Impossibile agli insegnanti anche di buona volontà andar oltre i primi elementi della teorica delle equazioni, della geometria analitica, del calcolo sublime, della meccanica razionale, della geometria descrittiva. La nostra gioventù non giungeva nelle publiche scuole a conoscere i principali risultati della teorica de' determinanti, meraviglioso stromento di calcolo algebrico, che opera prodigi non mai sospettati; della teorica delle forme binarie che tanto promosse la risoluzione delle equazioni; della teorica delle forme ternarie e quaternarie, potentissimo ausilio per la geometria delle curve e delle superficie; dell'aritmetica trascendente, per cui s'acquistarono fama non peritura Gauss, Dirichlet, Hermite, Kummer, Eisenstein, Genocchi...; della teorica delle funzioni ellittiche ed iperellittiche nella quale brillò il genio del norvego Abel e del prussiano Jacobi, ed or ora apparvero mirabili lavori di Weierstrass, di Hermite, di Brioschi, di Betti e di Casorati, teorica stupenda che si collega a un tempo colle parti più elevate del calcolo integrale, colla risoluzione delle equazioni, colla dottrina delle serie e con quella, sì ardua e sì attraente, de' numeri. Ebbene, ciascuno di questi magnifici rami di scienza potrà in avvenire essere svolto con alternata successione dal professore di analisi superiore.

Nelle nostre scuole l' angustia del tempo dato allo insegnare e la non proporzionata coltura de' giovani studenti non concedevano d'addentrarsi molto nelle applicazioni dell'analisi alla geometria delle superficie; epperò quante quistioni rimanevano intatte! La teorica delle coordinate curvilinee, iniziata da Bordoni e da Gauss e poi grandemente promosse da Lamé; la ricerca delle superficie che supposte flessibili e inestensibili riescano applicabili sopra una data; il problema di disegnare con certe condizioni sopra una superficie l'imagine di una figura data su di un'altra superficie, il problema insomma della costruzione delle carte geografiche; la trigonometria sferoidica; la teorica delle linee geodetiche: tutto ciò sarà quind'innanzi esposto nella scuola di alta geodesia insieme colla dottrina de' minimi quadrati e con altri gravissimi argomenti.

Ma di queste scienze, vo' dire dell'analisi superiore e dell'alta geodesia, i primi elementi potevano essere abbozzati nei corsi d'introduzione e di calcolo sublime, onde le nostre università furono sempre dotate; forse in quelle dottrine i nostri giovani ricevevano anche prima d'ora un avviamento ad erudirsi da sè. Ma in quale scuola si adombrava anche da lungi questa vastissima scienza che chiamasi *geometria superiore?* Oh diciamolo francamente: in nessuna. La moderna geometria, che sotto varie forme s'insegna da molti anni in Francia, in Germania, in Inghilterra, è per le nostre università un ospite affatto nuovo; nulla ha potuto preconizzarlo finora, nemmeno farne sentire il desiderio. Ed invero, quale insegnamento geometrico hanno i nostri istituti superiori? Dopo gli *elementi* insegnati ne' licei, più non accade che si parli di geometria pura. Che se in alcune università si assegna pure un anno alla geometria descrittiva, essa è però una scienza affatto speciale, e benchè mirabile nelle sue applicazioni, non può per sè dare i metodi di ricerca che appartengono esclusivamente alla geometria razionale *). Quanto rimane dell'istruzione matematica è soltanto analitico, e a stento si riserbano alcune lezioni per le applicazioni del calcolo alla scienza dell'estensione **).

La necessità di rompere questo soverchio esclusivismo dell'insegnamento superiore e di rimettere in onore i metodi geometrici senza nulla detrarre all'algoritmo algebrico voleva adunque che si instituisse una cattedra di pura geometria. E ciò era voluto anche da un'altra causa cui ho già fatto allusione. Se il nostro secolo ha procacciato all'analisi straordinari aumenti, la geometria non è certamente rimasta immobile. Poncelet, Steiner, Möbius, Chasles co' loro meravigliosi metodi di derivazione hanno rivelato mondi sconosciuti, hanno creato una nuova scienza. Si è questa giovane figlia del genio del secolo attuale, questa splendida geometria impropriamente detta *superiore* e che assai meglio appellerebbesi *moderna,* ch' io son chiamato a farvi conoscere primo in questa gloriosa sede degli studi, onorato da un'alta fiducia della quale io vorrei non riuscissero troppo minori le mie forze.

Giovani studenti! Io non vi so ben dire quanto tempo sarà mestieri impiegare per isvolgere un corso completo di geometria superiore. Sono le prime orme che stampiamo in questo campo non per anco tentato fra noi, nè vale ora il precorrere col pensiero i risultati dell'esperienza. Ben mi piace, in questo primo giorno, in cui mi è concesso l'onore di favellare a voi intorno a tale argomento, delinearvi brevemente il programma della prima parte del medesimo corso, il programma di una delle prin-

*) Chasles, *Discours d'inauguration du cours de géométrie supérieure,* p. LXXV.

**) Si eccettui però l'università di Pavia, ove il chiarissimo prof. A. Gabba, mio maestro, insegna la geometria superiore già da parecchi anni.

cipali plaghe di cui si compone il vastissimo dominio della nostra scienza, e studiarmi di porgervi un'imagine dell'estensione, della ramificazione, della maestosa bellezza delle sue dottrine. In me non sento altra forza che l'amore alla scienza, ma quest'amore è vivissimo, e me beato se esso mi darà potenza d'infondere in voi, o giovani, quella sete di studii senza la quale nulla si fa di bello e di grande!

Oggetto de' primi nostri studi saranno le proprietà projettive delle più semplici *forme geometriche*, quali sono: una serie di punti in linea retta o *retta punteggiata*; una *stella* ossia fascio di rette poste in un piano e passanti per uno stesso punto; un fascio di piani passanti per una stessa retta. Ciascuna di queste forme è il complesso di più *elementi* in numero indefinito, soggetti ad una determinata legge: nella prima forma gli elementi sono punti allineati sopra una retta; nella seconda sono rette in un piano incrociantisi in uno stesso punto *(centro della stella)*; nella terza sono piani vincolati dalla condizione di tagliarsi fra loro lungo una stessa retta *(asse del fascio)*.

Noi diremo che due *forme* sono *projettive* *) quando i loro elementi sono collegati da tal legge di corrispondenza, che a ciascun elemento dell'una corrisponda *un solo* elemento dell'altra ed a ciascun elemento di questa un solo di quella [[32]]. Da questa semplice definizione si deduce che, fissati ad arbitrio in due forme tre elementi dell'una e tre elementi dell'altra come corrispondenti, tutto il resto cessa d'essere arbitrario, cioè ad ogni quarto elemento di una forma corrisponderà un *determinato* elemento dell'altra. E a questo proposito vi saranno apprese facilissime regole grafiche per costruire, dati elementi sufficienti, una forma projettiva ad una data.

Trarremo dalla data definizione un altro corollario che è della più grande importanza. Supponiamo di avere una retta *finita* e in essa o sul suo prolungamento sia fissato un punto; le *distanze* di questo dai termini della retta data, prese con opportuni *segni*, rispondenti al senso di lor direzione, dirannosi i *segmenti* in cui la retta è divisa da quel punto. Imaginate ora *quattro punti in linea retta*, considerati in un certo ordine; il rapporto de' segmenti che il terzo punto determina sulla retta avente gli estremi ne' primi due, diviso pel rapporto de' segmenti individuati nella stessa retta dal quarto punto, è quella espressione che MÖBIUS chiamò dapprima *rapporto di doppia sezione de' quattro punti dati (ratio bissectionalis)* **), poi STEINER più brevemente *doppio-*

*) STEINER, *Systematische Entwicklung der Abhängigkeit geometrischer Gestalten von einander*, Berlin 1832.

**) MÖBIUS, *Der barycentrische Calcul*, Leipzig 1827, p. 244.

rapporto *) e CHASLES *rapporto anarmonico* **): denominazione seguìta ora dai più.

Se invece di quattro punti in linea retta assumete quattro rette in un piano incrociantisi in un punto, ovvero quattro piani passanti per una stessa retta, e se invece de' segmenti compresi fra punti ponete i seni degli angoli compresi da rette o da piani, voi avrete ciò che si chiama *rapporto anarmonico di quattro rette o di quattro piani.*

Or bene: *in due forme geometriche projettive il rapporto anarmonico di quattro elementi quali si vogliono dell'una è eguale al rapporto anarmonico de' quattro elementi omologhi nell'altra.* Questa interessante proprietà è suscettibile di mirabili conseguenze in tutto il campo della geometria e serve sopra tutto a dedurre le proprietà metriche delle figure dalle loro proprietà descrittive o viceversa. Noi daremo un'attenzione speciale al caso che il rapporto anarmonico di quattro elementi sia eguale all'*unità negativa;* allora essi costituiscono un *sistema armonico.* La divisione armonica era nota anche agli antichi; anzi in PAPPO ALESSANDRINO troviamo parecchie proposizioni differenti solo per l'enunciato da certi teoremi che oggidì si fanno dipendere dalla considerazione del rapporto anarmonico.

Lo studio delle forme projettive dà luogo a molte ed importanti proprietà, parecchie delle quali si connettono colla giacitura relativa delle forme. Di sommo interesse sono quelle che nascono dal considerare due forme dello stesso genere sovrapposte l'una all'altra, cioè due serie di punti sulla stessa retta, o due stelle concentriche [[33]], o due fasci di piani collo stesso asse. Due forme projettive sovrapposte presentano due elementi doppi, cioè due elementi che coincidono coi rispettivi corrispondenti: elementi che ponno però anche essere imaginari, ovvero in casi particolari ridursi ad uno solo, appunto come avviene delle radici di un'equazione quadratica. Le forme projettive sovrapposte ci condurranno a quella mirabile teoria che è l'*involuzione.* Il celebre DESARGUES chiamò pel primo con questo vocabolo la *proprietà segmentaria* de' sei punti in cui una sezione conica ed i lati di un quadrangolo inscritto sono segati da una trasversale qualunque. CHASLES però, questo principe de' moderni geometri francesi, al quale è dovuta tanta parte de' recenti progressi della geometria, ha fondato la dottrina dell'involuzione sopra nozioni assai più semplici. Se voi imaginate sovrapposte l'una all'altra due forme geometriche dello stesso genere, un elemento qualunque potrà indifferentemente considerarsi come spettante all'una o all'altra forma, onde ad esso corrisponderanno in generale *due elementi distinti,* cioè l'uno o l'altro secondo

---

*) STEINER, *Systematische Entwicklung* u. s. w. p. 7.

**) CHASLES, *Aperçu historique sur l'origine et le développement des méthodes en géométrie,* Bruxelles 1837, p. 34.

che quel primo si attribuisca a questa o a quella forma. Ma la sovrapposizione può *sempre* essere fatta in modo che quei *due* elementi omologhi al primo imaginato coincidano fra loro, cioè a un dato elemento ne corrisponda un altro *unico*, qualunque sia la forma a cui quello si faccia appartenere. A questa speciale sovrapposizione di due forme projettive si dà appunto il nome d'*involuzione*.

Queste teorie, improntate di tanta generalità, riescono nell'esposizione sì semplici e facili che ad intenderle basta anco la sola conoscenza degli *elementi* di Euclide. Ma è ancor più mirabile l'estensione e l'importanza delle loro applicazioni. Quelle teorie costituiscono un vero stromento per risolvere problemi e ricercare proprietà: stromento non meno sorprendente per la sua semplicità che per la sua potente efficacia. E perchè l'utilità di queste dottrine sia da voi sentita in tutta la sua pienezza, io tenterò di svolgervele non nel solo aspetto delle *proprietà descrittive*, ma anche in quello non meno importante delle *relazioni metriche:* nel quale cammino mi servirà di stella polare il metodo di Chasles. Voi vedrete adunque, allato ai teoremi di posizione svilupparsi quelle serie di equazioni fra segmenti di rette, di cui il grande geometra francese ha fatto un uso veramente magico e che fecero dare alla sua geometria l'espressivo epiteto di *segmentaria* *).

Ho parlato di applicazioni e vo' citarvene alcuna. Le proprietà armoniche e involutorie del quadrilatero e del quadrangolo completo, le relazioni fra i segmenti determinati da un poligono qualunque su di una trasversale, molti teoremi analoghi ai celebri porismi di Euclide e di Pappo e relativi ad un poligono che si deformi sotto condizioni date, il teorema di Desargues su due triangoli che abbiano i vertici a due a due per diritto con uno stesso punto dato, una serie di teoremi sui triangoli inscritti gli uni negli altri ed analoghe proposizioni per la geometria nello spazio: tutto ciò voi vedrete emergere come ovvie conseguenze, quasi senza bisogno di dimostrazioni apposite, dalle premesse teorie. Queste medesime offrono immediatamente le più semplici e generali soluzioni di tre problemi famosi appo gli antichi, per ciascun de' quali Apollonio Pergeo aveva scritto un trattato *ad hoc*, cioè i problemi *della sezione determinata, della sezion di ragione* e *della sezion di spazio*. La soluzione di questi problemi riducesi alla costruzione de' punti doppi di due punteggiate projettive sovrapposte, e rientra in un metodo che ha molta analogia colla regola di falsa posizione in aritmetica: metodo che è suscettibile d'essere applicato ad un gran numero di quistioni diversissime, e fra le altre alla seguente: dati due poligoni d' egual numero di lati, costruirne un terzo che sia inscritto nel primo e circoscritto al secondo **).

*) Terquem, *Nouvelles Annales de Mathématiques*, t. XVIII, p. 445.

**) Chasles, *Traité de Géométrie supérieure*, Paris 1852, p. 212.

Finalmente, quelle stesse teorie danno la chiave per isciogliere il famoso enimma de' porismi d'Euclide, che per tanti secoli ha eccitato invano la curiosità de' geometri: enimma che ora ha cessato di esser tale, mercè la stupenda divinazione fattane da Michele Chasles *).

Nè qui lo studio delle forme geometriche *più semplici* sarà finito per noi; anzi ci resterà a svilupparne la parte più bella e più attraente. Concepite in un piano due punteggiate o due stelle projettive; subito vi balenerà al pensiero questo problema, quale è la curva inviluppata dalla retta che unisce due punti omologhi delle due punteggiate, e quale è il luogo del punto ove s'intersecano due raggi corrispondenti delle due stelle? In entrambi i quesiti la curva richiesta è una sezione conica che nel primo caso tocca le due rette punteggiate e nel secondo passa pei centri dei due fasci. Reciprocamente: prendete una conica qualunque e due sue tangenti fisse, scelte ad arbitrio; quindi una tangente mobile scorra intorno alla curva pigliando tutte le posizioni possibili di una retta toccante; ebbene, i punti di successiva intersezione della tangente mobile colle tangenti fisse formeranno, su di queste, due punteggiate projettive. Ovvero imaginate sulla conica due punti fissi ed un punto mobile che percorra la curva: le rette congiungenti i due punti fissi al punto mobile genereranno due fasci proiettivi.

Nulla v'ha di più fecondo, per la teoria delle coniche, di questi due meravigliosi teoremi, trovati, io credo, simultaneamente da Chasles e da Steiner. Il segreto della grande fecondità de' due teoremi sta in ciò che il primo di essi esprime una proprietà di sei tangenti e l'altro una proprietà di sei punti di una conica. Dico sei: perchè fissate quattro posizioni dell'elemento mobile, e queste vi daranno insieme coi due elementi fissi due sistemi di quattro punti o di quattro rette; scrivete l'eguaglianza de' rapporti anarmonici ed avrete espressa la proprietà di cui si tratta.

Immediate conseguenze delle suenunciate proposizioni sono i due famosi teoremi di Pascal e di Brianchon esprimenti quello che i punti d'incontro de' lati opposti di un esagono inscritto in una conica sono in linea retta, e questo che le rette congiungenti i vertici opposti di un esagono circoscritto concorrono in uno stesso punto. Il secondo teorema si ricava dal primo in virtù del *principio di dualità*. Questo principio, in quanto si applichi alle sole proprietà descrittive, è un semplice assioma, cioè non ha bisogno di alcuna dimostrazione o preparazione, e consiste in ciò che ogni teorema di geometria piana dà luogo ad un altro che si ricava dal primo permutando le parole *punto* e *retta;* ed analogamente per la geometria nello spazio scambiando *punto* e *piano.* Fin dalle prime lezioni della scienza di cui qui v'intrattengo, voi vedrete sorgere spontaneo, naturale il concetto di questa dualità delle proprietà geo-

*) Chasles, *Les trois livres de porismes d'Euclide,* Paris 1860.

metriche: dualità per la quale, di due teoremi *correlativi* basta provarne un solo, perchè anche l'altro ne risulti irresistibilmente dimostrato. Così le proprietà delle stelle e dei fasci di piani si deducono da quelle delle punteggiate e viceversa; i due teoremi di STEINER l'uno dall'altro; il teorema di BRIANCON da quello di PASCAL o questo da quello. Nulla di più facile che effettuare questa deduzione di teoremi, la quale si riduce ad un mero meccanismo.

Il principio di dualità, invece d'essere assunto come verità intuitiva e primordiale, può fondarsi su di un'importante proprietà delle coniche e delle superficie di second'ordine. Supponiamo d'avere una conica e nel suo piano un punto *fisso* pel quale si conduca una trasversale a segare la curva in due punti; cerchiamo su questa retta il quarto punto coniugato armonico di quello fisso rispetto alle due intersezioni. Ora, se si fa ruotare la trasversale intorno al punto fisso, il quarto punto cambiando di posizione genererà *una retta*. Consideriamo poi questa retta e da ogni suo punto guidinsi due tangenti alla conica, indi trovisi la coniugata armonica della retta stessa rispetto alle due tangenti; or bene, questa coniugata armonica passerà costantemente per quel punto fisso, assunto da principio. Dunque ad ogni punto nel piano della conica corrisponde una certa retta individuata, e viceversa a questa retta corrisponde quel punto. Il punto chiamasi *polo* della retta e la retta *polare* del punto. Se il polo si muove generando una retta, la polare ruota intorno ad un punto che è il polo di questa. Se il polo varia descrivendo una conica, la polare si muove inviluppando un'altra conica, i punti della quale sono i poli delle tangenti della prima. In generale, se il polo percorre una curva dell'ordine n (cioè tale che una retta arbitraria la seghi in n punti), la polare inviluppera una curva della classe n (cioè tale che da un punto qualunque le possano esser condotte n tangenti). Così ogni figura dà luogo ad un'altra nella quale i punti sono i poli delle rette nella prima e le rette sono le polari dei punti nella stessa. A tali due figure si dà il nome di *polari reciproche* *). Noi le vedremo poi riapparire come caso particolare di una teoria più generale.

Voi vedete che le polari reciproche dipendono da una conica assunta come *direttrice*. Si può farne senza ove si tratti di proprietà meramente descrittive, poichè per queste il principio di dualità è primordiale e assoluto. Ma all'incontro le relazioni metriche e le angolari vogliono che si abbia a fissare la natura e la posizione della conica direttrice. Allora ciò che si perde in semplicità, si guadagna in fecondità; poichè per ogni conica direttrice si hanno speciali teoremi che servono alla trasformazione di tali relazioni; epperò, data una proposizione involgente lunghezze di rette o aree di figure o funzioni goniometriche, si potranno *in generale* derivare tante pro-

*) PONCELET, *Mémoire sur la théorie générale des polaires réciproques; giornale di* CRELLE, t. IV.

posizioni polari reciproche della data, più o meno diverse fra loro, quante sono le differenti coniche che si ponno assumere come direttrici.

La teoria delle polari reciproche si estende allo spazio, pigliando a considerare una superficie di second'ordine. Se per un *punto fisso* si conduce una trasversale arbitraria che incontri la superficie in due punti e si cerca il coniugato armonico di quello fisso, il luogo di questo quarto punto è un piano che chiamasi *piano polare* del punto dato (*polo*).

La superficie sferica poi presenta, nelle figure supplementari, un genere di dualità che non ha riscontro nella geometria piana. La dualità supplementare sferica è certamente la più perfetta, la più semplice e la più elegante che s'incontri nella scienza dell'estensione; la reciprocità vi è assoluta, senz'alcun bisogno di ricorrere a curve direttrici, e la trasformazione si applica colla stessa facilità alle proprietà descrittive, metriche ed angolari.

I due teoremi di Steiner e Chasles, che vi ho dianzi enunciati, hanno i loro analoghi nella geometria solida, benchè questi non presentino, sotto un certo aspetto, la stessa generalità di quelli. Siano date due punteggiate projettive non situate nello stesso piano: quale è la superficie luogo della retta che unisce due punti omologhi? Ovvero siano dati due fasci projettivi di piani: qual è la superficie luogo della retta intersezione di due piani corrispondenti? In entrambi i problemi la superficie richiesta è di second'ordine, cioè un iperboloide ad una falda in generale, ma in casi speciali un paraboloide iperbolico o un cono o un cilindro. Questi teoremi somministrano immediatamente i due sistemi di generatrici rettilinee delle superficie gobbe di second'ordine. Viceversa due generatrici, dello stesso sistema, di una superficie gobba di second'ordine sono divise projettivamente dalle generatrici dell' altro sistema, e con queste danno luogo anche a due fasci projettivi di piani.

L'illustre Chasles ha trovato inoltre che la linea luogo geometrico del punto intersezione di tre piani omologhi in tre fasci projettivi è del terz' ordine a doppia curvatura *), cioè è l'intersezione di due coni di second'ordine aventi una generatrice rettilinea comune. In virtù del principio di dualità, da questo teorema si conclude quest'altro che il piano determinato da tre punti omologhi in tre punteggiate projettive nello spazio inviluppa una superficie sviluppabile della terza classe (e del quart'ordine), epperò per un altro teorema dello stesso autore, è osculatore di una linea a doppia curvatura del terz'ordine.

Da questi teoremi fondamentali discende immediatamente tutta la teoria delle superficie rigate di second'ordine e delle curve gobbe del terzo.

---

*) *Compte Rendu*, 10 agosto 1857.

Sin qui non abbiamo considerato che *le più semplici forme geometriche:* rette punteggiate, stelle e fasci di piani. Ora saliamo allo studio di forme più complesse.

Un piano può considerarsi come luogo di punti e rette, cioè come una forma geometrica, gli elementi della quale siano punti e rette. Due piani si diranno *projettivi* quando ad ogni punto e ad ogni retta in ciascun di essi corrisponda nell'altro un punto ed una retta, ovvero una retta ed un punto rispettivamente. Nel primo caso i piani projettivi diconsi *omografici* o *collineari,* nel secondo *correlativi.* In due piani projettivi, ad una curva dell'ordine n corrisponde un'altra curva che è dell'ordine n pur essa se le due forme sono omografiche, e invece è della classe n se le due forme sono correlative. Per quanto sia generale la definizione di due piani projettivi omografici, pure ha luogo questa interessante proprietà: i due piani si ponno sempre (in infiniti modi) talmente situare che le rette congiungenti a due a due i punti omologhi concorrano in uno stesso punto; nella qual giacitura le due forme sono l'una la prospettiva dell'altra.

Se due piani projettivi omografici non giacciono prospettivamente ma comunque, due rette omologhe non sono in generale nello stesso piano; pure vi sono infinite coppie di rette omologhe che hanno tale proprietà, e i piani da esse individuati sono tutti osculatori di una curva gobba del terz'ordine *).

Se si sovrappongono i piani di due figure omografiche, in modo affatto arbitrario, sempre avverrà che almeno uno e in generale al più tre punti coincidano coi rispettivi corrispondenti. Questi tre punti formano un triangolo i cui lati sono rette sovrapposte alle loro omologhe. È interessante il tener dietro alle successive variazioni che subisce questo triangolo quando si faccia scorrere l'un piano sull'altro. Ma la sovrapposizione de' due piani può sempre essere fatta in modo che le rette congiungenti i punti omologhi concorrano in uno stesso punto; allora i punti d'intersezione delle rette omologhe cadono su di una stessa retta. Tale disposizione delle due figure o de' due piani omografici, che ha la più perfetta analogia colla prospettiva, dicesi *omologia;* quel punto e quella retta appellansi *centro* e *asse d'omologia.* Se l'asse d'omologia è a distanza infinita, si ha l'*omotetia.* Se invece è il centro di omologia a distanza infinita, le due figure sono derivabili l'una dall'altra mediante una deformazione consistente in un aumento o decremento proporzionale delle ordinate relative ad un asse fisso.

Quando due piani omografici sono sovrapposti, ossia quando due forme omografiche sono in uno stesso piano, ad un punto qualunque di questo piano corrispondono *due punti distinti,* l'uno o l'altro cioè secondo che quello si risguardi come appartenente alla prima o alla seconda forma. Ma v'ha un caso speciale e interessantissimo, com-

*) SEYDEWITZ, *Grunert's Archiv,* t. X. — SCHRÖTER, *giornale di* CRELLE, t. 56.

preso nell'omologia, nel quale que' due punti coincidono, cioè ad ogni punto del piano ne corrisponde un'altro *unico*, a qualunque forma venga quello attribuito. Questo caso dicesi *omologia armonica* (BELLAVITIS) od *involuzione nel piano* (MÖBIUS).

Voi avrete frequenti occasioni d'incontrare quest'incontestabile verità, la quale a primo aspetto sembra un paradosso: che tutt'i punti dello spazio i quali siano a distanza infinita si ponno risguardare come appartenenti ad un unico piano, e per conseguenza i punti a distanza infinita di un dato piano giacciono in linea retta. In due forme omografiche, questa verità emerge confermata dal fatto che ad un sistema di rette parallele nell'una forma corrisponde nell'altra un sistema di rette concorrenti in un punto; il qual punto, ove si muti la direzione di quelle rette parallele, genera una linea retta, che corrisponde per conseguenza all'infinito della prima forma. Ciascuna forma ha dunque in generale una retta a distanza finita, i punti della quale corrispondono ai punti a distanza infinita nell'altra. Ma vi ha un caso particolare dell'omografia nel quale all'infinito dell'una forma corrisponde l'infinito nell'altra, cioè a rette parallele corrispondono rette parallele. Tale specie di omografia chiamasi *affinità* (EULERO), e per essa ha luogo la proprietà che il rapporto delle aree di due porzioni corrispondenti delle date forme è costante. Quando questo rapporto sia l'unità, si ha l'*equivalenza*.

Si considerino ora due piani projettivi correlativi e si suppongano sovrapposti l'uno all'altro in modo del tutto arbitrario. Allora, se si ricerca il luogo dei punti che vengono a cadere nelle rispettive rette omologhe, si trova che quei punti sono in una conica e che le rette ad essi corrispondenti inviluppano un'altra conica. Le due coniche hanno doppio contatto (reale o imaginario), e i due punti di contatto col punto di segamento delle tangenti comuni sono i soli che, considerati come appartenenti all'una o all'altra forma, abbiano in entrambi i casi la stessa retta corrispondente. Quei due punti poi che corrispondono alla retta all'infinito, attribuita questa or alla prima ed ora alla seconda forma, chiamansi *centri* delle due forme e danno luogo a importanti considerazioni. Noi avremo a studiare l'alterarsi di forma e di posizione delle due coniche fondamentali, quando i due piani correlativi si facciano scorrere l'uno sull'altro. Se la sovrapposizione è tale che i due *centri* coincidano in un punto solo, questo riesce il centro comune delle due coniche che sono in tal caso anche omotetiche. Messi i piani in tal posizione l'uno sull'altro, se mantenendo fisso il primo, si fa ruotare il secondo intorno al centro comune, le due coniche si vanno deformando pur mantenendosi sempre concentriche ed omotetiche; ma la rotazione può esser fatta di tale ampiezza che le due coniche vengano a ridursi *ad una sola*. Allora un punto qualunque avrà per corrispondente un'unica retta, sia esso aggiudicato all'uno o all'altro piano; e questa retta non sarà altro che la *polare* del punto relativamente alla conica suaccennata. Dunque due sistemi piani correlativi ponno sempre essere sovrapposti in guisa da riuscire *polari reciproci* *).

Passeremo poi a studiare *le forme geometriche più generali*, composte di punti, rette e piani disposti nello spazio secondo leggi quali si vogliano. Due tali forme (o sistemi) diconsi *projettive* quando ad un punto, ad una retta, ad un piano in ciascuna d'esse corrispondano nell' altra rispettivamente un punto, una retta ed un piano *(omografia o collineazione)*, ovvero un piano, una retta ed un punto *(correlazione)*.

L'omografia comprende un caso interessantissimo ed è la così detta *omologia* o *prospettiva in rilievo* che ha luogo quando due punti corrispondenti sono costantemente in linea retta con un punto fisso *(centro d'omologia)*, e due piani corrispondenti si segano in una retta posta in un piano invariabile *(piano d'omologia)*. Nell'omologia, in generale, a ciascun punto dello spazio ne corrispondono due distinti, secondo il sistema a cui quel punto si riferisce. Ma, come caso particolare, se si suppongono coincidenti i due piani che corrispondono all'infinito, allora ad ogni punto e ad ogni piano non corrisponde che un punto od un piano, a qualunque sistema si faccia appartenere quel punto o quel piano. Questa omologia speciale dicesi *armonica* od *involutoria*. Dicesi *armonica* perchè la retta congiungente due punti coniugati è *divisa armonicamente* dal centro e dal piano di omologia, e l'angolo di due piani coniugati è *diviso armonicamente* dal piano d'omologia e dal piano condotto pel centro d'omologia e per la retta comune ai due piani anzidetti. La denominazione *involutoria* poi esprime il concetto che un punto qualunque, sia riferito all'uno o all'altro sistema, ha sempre lo stesso corrispondente.

V'ha un'altra specie di omografia involutoria nello spazio, che non è compresa nell'omologia, e che il signor Möbius **) denomina *involuzione di seconda specie*, per distinguerla dall'omologia armonica ch'ei chiama *involuzione di prima specie*. Mentre nell' involuzione di prima specie i punti doppi, cioè i punti che coincidono coi loro coniugati, sono, oltre il centro d' omologia, tutti quelli del piano d'omologia; invece nell' involuzione di seconda specie i punti doppi sono in due rette (reali o imaginarie) non situate in uno stesso piano. Ogni retta congiungente due punti coniugati è incontrata dalle due rette doppie, e da esse divisa armonicamente; e così pure ogni retta intersezione di due piani coniugati incontra le rette doppie e con esse determina due piani che dividono armonicamente l'angolo de' due piani coniugati.

---

*) Plücker, *System der analyt. Geometrie*, Berlin, 1835; p. 78 e seg.

**) *Berichte über die Verhandlungen der K. Sächsischen Gesellschaft der Wissenschaften zu Leipzig; Mathematisch-physische Classe*. 1856, Heft 2.

Dati nello spazio due sistemi *correlativi*, d'una costruzione affatto generale, ad un punto qualunque corrispondono due piani diversi, secondo che quello si risguardi appartenente al primo o al secondo sistema. Ricercando se ed ove siano i punti situati nei loro propri piani omologhi, si trova il luogo di tali punti essere una superficie di second'ordine, mentre i piani corrispondenti ai punti stessi inviluppano un'altra superficie dello stesso ordine. Le due superficie hanno in comune quattro rette, formanti un quadrilatero gobbo, le quali hanno sè stesse per rispettive rette corrispondenti. In un caso speciale di sistemi correlativi le due superficie menzionate ponno coincidere in una sola; allora i due sistemi sono *polari reciproci*: ad ogni punto dello spazio, a qualunque sistema si riferisca, corrisponde un solo piano, il quale è precisamente il *piano polare* del punto rispetto a quell'unica superficie di second'ordine.

Oltre le polari reciproche, v'ha un altro genere interessantissimo di sistemi correlativi *reciproci*, tali cioè che ogni punto abbia un solo piano corrispondente. Questi altri sistemi correlativi che primo Möbius *) fece scopo di sue ricerche, e che Cayley **) denominò *reciproci gobbi*, hanno questo carattere distintivo che ogni punto giace nel piano che gli corrisponde. La meccanica razionale e la geometria offrono parecchie e diverse costruzioni di tali sistemi.

Nel discorso che or qui vi tengo non ho fatto allusione che alle proprietà descrittive de' sistemi projettivi nel piano e nello spazio come quelle che si lasciano enunciare assai facilmente, senza bisogno di ricorrere a simboli algebrici. Ma nelle lezioni a cui preludo avrò un riguardo ancor maggiore alle relazioni metriche, essendo io convinto della verità di queste parole del grande geometra di Francia: " in generale, le relazioni metriche delle figure sono ancora più importanti e più utili a conoscersi che le loro relazioni puramente descrittive, perchè quelle sono suscettibili di più estese applicazioni, e del resto esse bastano quasi sempre da sè sole per arrivare alla scoperta delle proprietà descrittive ***) ". E le relazioni metriche, mentre sono inesauribilmente feconde di importantissimi risultati, sono pur facilissime a trovarsi, e tutte, in sostanza, si deducono da quest'unico teorema:

Dati due sistemi projettivi, il rapporto anarmonico di quattro punti in linea retta o di quattro raggi di una stella o di quattro piani di un fascio in un sistema è eguale al rapporto anarmonico de' quattro elementi corrispondenti nell'altro sistema.

---

*) *Giornale di* Crelle, t. X, p. 317.

**) *Giornale di* Crelle, t. XXXVIII.

***) Chasles, *Mémoire sur deux principes généraux de la science, la dualité et l'homographie* (che fa seguito all'*Aperçu historique*), p. 775.

Questo teorema, così semplice, eppure così universalmente fecondo, è la base, è il tipo di tutte le relazioni metriche trasformabili projettivamente ed è ad un tempo l'anello di congiunzione fra le proprietà metriche e le descrittive.

La teoria delle figure correlative contiene in sè un principio generale di *trasformazione* delle figure — *il principio di dualità* — principio che è un vero stromento di ricerche, potentemente efficace in tutta l'estensione dello scibile geometrico. Dato un teorema risguardante un certo sistema di enti geometrici, applicategli un metodo di trasformazione e voi n'avrete un altro teorema, in generale non meno importante. In questo modo dalle proprietà dei sistemi di punti voi potrete dedurre quelle de' sistemi di rette o di piani; dalla teoria delle curve e delle superficie, considerate come luoghi di punti, si ricava la dottrina delle curve e delle superficie risguardate come inviluppi di rette o di piani; e i teoremi concernenti le linee a doppia curvatura somministrano teoremi relativi alle superficie sviluppabili; e reciprocamente.

L'omografia è lo sviluppo di un principio assai generale di *deformazione* delle figure, il quale è un altro potentissimo mezzo d'invenzioni geometriche. Mentre il principio di dualità serve a trovare proprietà affatto differenti da quelle che sono proposte, invece l'omografia è un metodo di generalizzazione delle proprietà dell'estensione. Sì fatta generalizzazione può esser fatta in due maniere distinte che danno luogo a questi due enunciati:

" Conoscendo le proprietà di una certa figura, concluderne le analoghe proprietà " di un'altra figura dello stesso genere ma di una costruzione più generale.

" Conoscendo alcuni casi particolari di una certa proprietà generale incognita di " una figura, concluderne questa proprietà generale *) ".

La straordinaria potenza di questi due stromenti d'invenzione, la dualità e l'omografia, apparirà luminosamente dimostrata dalle applicazioni che ne faremo alla teoria delle coniche e delle superficie di second'ordine. Vedremo come i due principi di trasformazione e di deformazione servono a generalizzare le note proprietà de' fuochi e dei diametri coniugati e conducano alla fecondissima teoria degli *assi coniugati relativi ad un punto*, teoria dovuta per intero all'illustre Chasles. Le proprietà delle coniche, che si connettono alle *rette coniugate*, ai *triangoli coniugati*, alle *rette di sintosi*, ai *centri di omologia;* la teoria delle coniche omofocali, e delle coniche circoscritte ad uno stesso quadrangolo o inscritte in uno stesso quadrilatero; la teoria degli archi di sezione conica *a differenza rettificabile;* le proprietà de' poligoni inscritti o circoscritti; la teoria delle superficie di second'ordine omologiche; quella delle coniche *focali* od *eccentriche* nelle superficie di second'ordine; le proprietà de' coni di second'ordine e

*) *Aperçu historique*, p. 262.

delle coniche sferiche; la traslazione delle proprietà della sfera allo sferoide schiacciato; la costruzione de' bassorilievi: eccovi una magnifica serie di studi che tutti si presentano non altrimenti che quali applicazioni de' due grandi principii di dualità e d'omografia *).

Voi avete così un programma che abbraccia una grande divisione della geometria superiore. In ulteriori corsi di lezioni vi potranno essere svolte altre parti della scienza: quali sono la teoria generale delle trasformazioni geometriche, delle quali l'omografia e la correlazione sono due semplici esempi; la teoria generale delle curve piane ed in ispecie di quelle del terz'ordine; le proprietà delle linee a doppia curvatura e delle superficie di terz'ordine; ecc.

Io m'avviso che scopo della istituzione di questa cattedra sia quello non pur di sviluppare alcune serie di proprietà di curve e di superficie, ma sì anche d'ammaestrare l'italiana gioventù in que' meravigliosi metodi *puramente geometrici* che sinora non si esposero mai nelle nostre università, eppure sono una delle più belle glorie della scienza odierna. I metodi algoritmici vennero coltivati sinora *esclusivamente*, ed è necessario che si continui ad insegnarli, perchè in quell'immenso campo di ricerche, per le quali è propria l'analisi algebrica, null'altro vale ad emularne la potenza e la rapidità. Ma, la Dio mercè, anche la geometria comincierà pur una volta ad essere studiata non solo per isbieco nelle applicazioni del calcolo, ma con metodi suoi proprî, coi metodi che costituiscono l'essenza delle grandiose scoperte del nostro secolo. Di questi metodi geometrici io farò uso nell'insegnamento giovandomi di quanto scrissero i grandi maestri Steiner, Chasles e Möbius, i quali ai nostri tempi hanno rinnovato i miracoli de' più famosi antichi, Euclide, Archimede, Apollonio.

Giovani alunni, che v'accingete a seguirmi in questo corso di geometria moderna, non v'accostate che con saldo proposito di studi pertinaci. Senza un'incrollabile costanza nella fatica non si giunge a possedere una scienza. Se questo nobile proposito è in voi, io vi dico che la scienza vi apparirà bella e ammiranda, e voi l'amerete così fortemente che d'allora in poi gli studi intensi vi riusciranno una dolce necessità della vita. Me fortunato se potessi raggiungere lo splendido risultato d'invogliare questa generosa gioventù allo studio ed al culto di una grande scienza che ha già procacciato tanta gloria agli stranieri e che fra noi non ha che rarissimi e solitari cultori!

---

*) Veggansi le Note 4ª, 28ª, 31ª e 32ª dell'*Aperçu* e la *Memoria* che vi fa seguito, indi due Memorie del medesimo autore, sui coni e sulle coniche sferiche, nel tomo VI *des Nouveaux Mémoires de l'Académie royale des sciences et belles-lettres,* Bruxelles 1830. Inoltre si legga l'aureo libro del sig. Jonquières: *Mélanges de Géométrie pure,* Paris 1856.

Respingete da voi, o giovani, le malevole parole di coloro che a conforto della propria ignoranza o a sfogo d'irosi pregiudizi vi chiederanno con ironico sorriso a che giovino questi ed altri studi, e vi parleranno dell'impotenza pratica di quegli uomini che si consacrano esclusivamente al progresso di una scienza prediletta. Quand'anche la geometria non rendesse, come rende, immediati servigi alle arti belle, all'industria, alla meccanica, all'astronomia, alla fisica; quand'anche un'esperienza secolare non ci ammonisse che le più astratte teorie *matematiche* sortono in un tempo più o meno vicino applicazioni prima neppur sospettate; quand'anche non ci stesse innanzi al pensiero la storia di tanti illustri che senza mai desistere dal coltivare la scienza *pura,* furono i più efficaci promotori della presente civiltà — ancora io vi direi: questa scienza è degna che voi l'amiate; tante sono e così sublimi le sue bellezze ch'essa non può non esercitare sulle generose e intatte anime dei giovani un'alta influenza educativa, elevandole alla serena e inimitabile poesia della verità! I sapientissimi antichi non vollero mai scompagnata la filosofia, che allora era la scienza della vita, dallo studio della geometria, e PLATONE scriveva sul portico della sua accademia: *Nessuno entri qui se non è geometra.* Lungi dunque da voi questi apostoli delle tenebre; amate la verità e la luce, abbiate fede ne' servigi che la scienza rende presto o tardi alla causa della civiltà e della libertà. Credete all'avvenire! questa è la religione del nostro secolo.

O giovani felici, cui fortuna concesse di assistere ne' più begli anni della vita alla risurrezione della patria vostra, svegliatevi e sorgete a contemplare il novello sole che fiammeggia sull'orizzonte! Se la doppia tirannide dello sgherro austriaco e del livido gesuita vi teneva oziosi e imbelli, la libertà invece vi vuole operosi e vigili. Nelle armi e ne' militari esercizi rinvigorite il corpo; negli studî severi e costanti spogliate ogni ruggine di servitù e alla luce della scienza imparate ad esser degni di libertà. Se la voce della patria vi chiama al campo, e voi accorrete, pugnate, trionfate o cadete, certi sempre di vincere: le battaglie della nostra indipendenza non si perdono più. Ma se le armi posano, tornate agli studî perocchè anche con questi servite e glorificate l'Italia. L'avvenir suo è nelle vostre mani; il valore de' suoi prodi la strapperà tutta dalle ugne dello straniero, ma ella non durerebbe felice e signora di sè ove non la rendesse onoranda e temuta il senno de' suoi cittadini. Ancora una volta dunque, o giovani, io vi dico: non la turpe inerzia che sfibra anima e corpo, ma i militari e li scientifici studi vi faranno ajutatori alla grandezza di questa nostra Italia, che sta per rientrare, al cospetto dell'attonita Europa, nel consorzio delle potenti e libere nazioni, con una sola capitale, ROMA, con un solo re, VITTORIO EMANUELE, con un solo e massimo eroe, GARIBALDI.

Bologna, novembre 1860.

26.

TRATTATO DI PROSPETTIVA-RILIEVO.

TRAITÉ DE PERSPECTIVE-RELIEF

PAR M. POUDRA, OFFICIER SUPÉRIEUR D'ÉTAT MAJOR ETC. (avec atlas).

Paris, J. Corréard, 1860.

Il Politecnico, volume XI (1861), pp. 103-108.

Annunziamo con piacere un' importante publicazione del signor POUDRA, valente cultore della geometria moderna, ben noto ai lettori del giornale matematico redatto dal signor TERQUEM.

" Tutte le arti d'imitazione hanno per fine di rappresentare l'apparenza offerta da un soggetto, per un punto di vista convenientemente scelto; è dunque ovvio che una rappresentazione qualsiasi deve sottostare, al pari di un disegno o di un quadro, a regole analoghe a quelle della prospettiva...

Quando si vuol fare la rappresentazione di una o più cose prese in natura e costituenti un soggetto, si può procedere in diverse maniere:

1. Si rappresenta l'apparenza che il soggetto offre da un punto di vista scelto acconciamente, sopra una superficie che chiamasi quadro, secondo l' ordinario metodo de' pittori, dietro le regole della prospettiva. Il quadro è in generale una superficie piana; tuttavia può essere cilindrico, come ne' panorami, ovvero sferico, come nelle volte. In questa maniera di rappresentazione, gli oggetti, che in natura hanno tre dimensioni, sono rappresentati da figure che ne hanno due sole; lo sfondo o rilievo non è figurato che per mezzo di effetti di prospettiva.

2. Quando gli scultori vogliono rappresentare un oggetto qualsiasi, come un personaggio o un soggetto di poca estensione, essi impiegano d'ordinario l'intero rilievo. Esso altro non è che la fedele imitazione del modello nelle sue tre dimensioni, ossia

è ciò che in geometria appellasi una figura simile; tale rappresentazione porge, per un punto di vista qualunque, la stessa apparenza che il soggetto guardato dal punto corrispondente. Così si fanno le statue, che ponno divenire statuette o conservare le dimensioni naturali, ovvero in alcuni casi avere proporzioni più ragguardevoli. Ma quando l'artista vuol rappresentare un soggetto alquanto esteso, specialmente in profondità, quali sono per lo più i soggetti figurati dai pittori nei loro quadri, è manifesto ch'egli, per venirne a capo, dovrà rinserrare il suo lavoro entro uno spazio limitato, in guisa da farvi entrare l'imagine di oggetti spesso assai lontani. Così egli non può ritrarre che l'aspetto offerto dal modello considerato da un punto di vista scelto convenientemente; ma ha il vantaggio di poter diminuire lo sfondo nel senso de' raggi prospettivi, senza tuttavia alterare l'apparenza: egli fa allora ciò che chiamasi *basso rilievo.*

I bassi rilievi sono dunque imitazioni della natura, rinchiuse in uno spazio che ha minore sfondo del soggetto.

Noi diciamo che queste costruzioni devono essere assoggettate a regole geometriche analoghe a quelle che governano la prospettiva piana; per dimostrar ciò risaliamo al principio generale su cui riposa la visione.

Tutt'i corpi illuminati in un modo qualunque diventano alla loro volta corpi rischiaranti, cioè corpi che rimandano luce in tutte le direzioni. Fra tutti i raggi che partono da un oggetto illuminato, ve n'ha un fascio che arriva all'occhio dell'osservatore e gli fa discernere l'oggetto. Questi raggi formano un cono il cui vertice è nell'occhio, e la cui base altro non è che la superficie visibile dell'oggetto: formano, cioè, il così detto *cono prospettivo.* Se sopra ciascun raggio di questo cono si prende un punto che tenga luogo di quello da cui il raggio si parte, e produca sull'occhio la medesima sensazione, è evidente che l'insieme di tutti i punti analoghi, terrà luogo dell'apparenza dell'oggetto proposto. Se tutti quei punti saran presi in una superficie piana, quali riuscirebbero intersecando il cono prospettivo con un piano, si avrà la prospettiva piana del modello, ed aggiungendovi i colori secondo le norme della prospettiva aerea, si avrà un quadro che potrà produrre una completa illusione.

3. Se in luogo di prendere que' punti intermedi sopra una medesima superficie piana o curva, si determinano secondo una qualsivoglia legge di continuità, e si estende la costruzione non solo ai punti visibili del soggetto, ma anche a quelli che non lo sono, cioè a quelli che sono mascherati da altri punti più vicini all'occhio, è ovvio che si potrà formare, colla loro riunione, una figura in rilievo, cioè dotata di tre dimensioni come il modello, tale però che potrà avere assai meno di sfondo che quest'ultimo, e che tuttavia osservata dal punto di vista prescelto avrà l'identica apparenza. La figura così costruita è ciò che diciamo la *prospettiva in rilievo* del soggetto.

Se di questa figura non conserviamo che le parti visibili, tralasciando il rimanente, o meglio collegando fra loro le diverse parti, in modo da dare solidità all'insieme della costruzione, si avrà un *basso rilievo*. Il risultato così ottenuto non farà forse illusione come un dipinto, perchè d'ordinario non vi si aggiungono i colori; ma esso avrà altri preziosi vantaggi, quale è quello di poter essere costruito in materiali inalterabili al sole, alla pioggia; e d'essere perciò acconcio a servire d'ornamento all'esterno o nell'interno dei monumenti.

Dietro quanto s'è detto, se bastasse prendere ad arbitrio su ciascun raggio un punto, senz'obbligo d'osservare altra regola, vi sarebbe un'infinità di figure che potrebbero essere prospettive in rilievo di uno stesso soggetto. Ma la cosa è altrimenti. Ciò che si vuole rappresentare è bensì l'apparenza del soggetto guardato da un punto di vista unico; e se il punto da cui si ha a considerare la prospettiva fosse rigorosamente limitato, come sarebbe una piccolissima apertura praticata in sottile parete, potrebbesi a rigore, con una costruzione arbitraria, avere una figura che, per quell'unico punto, avrebbe la stessa apparenza del soggetto; onde una retta potrebbe essere sostituita da una curva essenzialmente piana, contenuta nel piano prospettivo della retta. Ma allora è evidente che se l'osservatore si scostasse dal punto di vista, la curva non rappresenterebbe più per lui una retta, e così dicasi del resto; epperò la figura costruita a quel modo non esprimerebbe il soggetto dato, ma sarebbe un'*anamorfosi*, cioè una figura che non offrirebbe l'imagine d'oggetti distinti, se non collocando l'occhio in una determinata posizione. Siccome effettivamente il punto di vista non può essere circoscritto in maniera sì assoluta; e l'occhio può ad ogni istante scostarsene, ed in sostanza un basso rilievo, del pari che un quadro, deve bensì rappresentare l'apparenza offerta dal modello per un unico punto di vista, ma con questa condizione essenziale, non mai bene dichiarata nei trattati di prospettiva, che tale rappresentazione sia anche sodisfacente per tutte le posizioni ove l'occhio possa naturalmente arrestarsi ad esaminarla; così ne risulta essere necessario non solo che ad un punto del modello corrisponda un punto della prospettiva in rilievo, ma inoltre che ad ogni retta compresa nel modello corrisponda sempre una retta, e per conseguenza che ad un piano corrisponda un altro piano.

Per conseguenza, se il soggetto da ritrarsi ed il punto di vista sono appieno determinati: se i piani che devono limitare la rappresentazione sono conosciuti pel loro sito, riguardo al soggetto ed al punto di vista; non vi potrà essere assolutamente che una sola figura, la quale sodisfaccia alle diverse condizioni suenumerate, epperò sia la prospettiva in rilievo del dato soggetto „.

Esistono già per la costruzione dei bassi rilievi regole geometriche che guidino l'artista nella sua composizione, come ve ne ha nella pittura? Se tali regole non sono osservate nella statuaria, è egli bene prescriverne, e saranno esse accettate, ovvero si reputeranno incompatibili col fine cui si mira nel basso rilievo e contrarie all'indipendenza reclamata dal genio dell'artista?

Queste domande si propose il signor CHASLES nel rapporto ch'egli fece all'Accademia di Francia, intorno all'opera del POUDRA. Alle quali egli assai saviamente seppe rispondere, interrogando la storia dell'arte.

" *Basso rilievo* è una costruzione poco sporgente da un fondo piano o curvo, destinata a rappresentare l'insieme di più oggetti formanti una scena, che può occupare, sopratutto in profondità, un'estensione più o meno grande. Le dimensioni di questa scena ponno trovarsi singolarmente diminuite di sfondo nel basso rilievo; e l'arte dello scultore consiste nello inspirare allo spettatore, come fa la pittura in un semplice quadro, non solo il sentimento delle forme particolari delle varie parti della scena, ma anche il sentimento delle loro posizioni rispettive e delle vere distanze de' diversi piani in cui esse si trovano. Queste due condizioni riunite offriranno all'occhio e all'intelletto l'apparenza e l'imagine perfetta del soggetto, come esso esiste realmente e naturalmente; e tale è il più elevato fine che possa proporsi l'arte del basso rilievo.

Le decorazioni teatrali, benchè vi si faccia uso della pittura e di tutti i suoi spedienti per produrre illusione all'occhio, partecipano essenzialmente all'arte del basso rilievo e dipendono dalle stesse regole di costruzione, perchè la prospettiva vi si fa sopra piani differenti e diversamente spazieggiati.

Lo stesso vale dell'architettura de' grandi edifizi, ove si ha a determinare, dietro quelle regole, la disposizione delle diverse parti del monumento, e le forme e proporzioni de' suoi ornamenti, come colonne, statue, volte, ecc., avuto riguardo al loro allontanamento in isfondo ed in elevazione.

La composizione de' giardini, uno de' rami dell'architettura ove ha la più gran parte l'effetto prospettivo, desume anch'essa i suoi principj dall'arte del basso rilievo.

La scienza de' bassi rilievi non è dunque circoscritta all'arte plastica, propriamente detta, ma è anzi suscettibile d'applicazioni svariate, aventi tutte per fine principale l'imitazione e l'illusione.

Ciò dovrebbe autorizzarci a sperare di rinvenire nell'antichità alcune tracce delle regole che hanno potuto guidare gli artisti nelle loro composizioni. Imperocchè è noto il gusto de' Greci e de' Romani pei templi e pei teatri, e si sa ch'essi avevano scritto sulla scenografia, la quale divenne un'arte particolare fondata sui principj della prospettiva.

La perfezione delle loro opere in tutto rilievo, comprovata dalle testimonianze di ammirazione che molti storici contemporanei ci hanno trasmesse e dai modelli che a noi sono pervenuti, sarebbe un altro argomento per pensare ch'essi abbiano coltivato con buon esito anche l'arte del basso rilievo.

Tuttavia i loro numerosi lavori in questo genere non rispondono all'idea che abbiamo enunciato sulla destinazione e sul carattere de' bassi rilievi, considerati nella maggior perfezione, e, sotto questo aspetto, hanno dato luogo a vive critiche..... " Se " ben si esamina la maggior parte de' bassi rilievi antichi, si troverà ch'essi non sono " veri *bassi rilievi*, ma opere di *tutto rilievo*, tagliate in due d'alto in basso, di cui una " metà è stata applicata e fissata sopra un fondo tutto unito *) ".

. . . .

Non prima del quindicesimo secolo l'arte del basso rilievo ha assunto presso i moderni il suo carattere d'imitazione. L'importante innovazione è dovuta a LORENZO GHIBERTI che nelle *porte del paradiso* applicò tutti gli aiuti della prospettiva lineare, di cui egli aveva già fatto uso con grande successo nella pittura.

" La buona prova fatta da GHIBERTI fu l'origine della nuova scuola fondata sulla pratica della prospettiva. Questo genere s'incontra nella maggior parte de' bassi rilievi degli scultori celebri del quindicesimo e del sedicesimo secolo... Nel secolo decimosettimo il basso rilievo fece un nuovo progresso che gli permise di emulare la pittura ne' quadri storici in grande. Fu un altro italiano, il celebre scultore ALGARDI, che concepì e mandò ad effetto questa estensione dell'arte, componendo in basso rilievo un vasto quadro di storia. La riuscita fu prodigiosa, e d'allora in poi il basso rilievo divenne una nuova maniera di dipingere, i cui principj si identificarono con quelli della pittura propriamente detta.

Bisogna dunque distinguere, nell'arte del basso rilievo, la scuola antica e la moderna; gli spedienti di questa, sconosciuti alla prima o almeno da essa raramente e lievemente usati, sono dovuti alla pratica della prospettiva nella rappresentazione delle varie parti del soggetto e nel degradamento delle loro distanze.

Questa conclusione risolve la quistione che ci eravamo proposta e ci autorizza a dire, insieme coi grandi maestri e coi più giudiziosi apprezzatori delle loro opere, che per dare all'arte del basso rilievo tutta l'estensione e l'eccellenza di esecuzione di cui è suscettibile, è d'uopo assoggettarla alle leggi rigorose della prospettiva, nel modo che la pittura sì felicemente vi si è sottomessa, verso la stessa epoca del quindicesimo secolo.

Ma quali sono queste leggi rigorose desunte dai principj della prospettiva, che i moderni scultori hanno applicato con successo sì grande, da doverle risguardare come il vero fondamento dell'arte del basso rilievo? Ossia, per dare al quesito una forma più scientifica, diremo: dato un soggetto o modello, in qual modo si costruirà una nuova figura che offra in tutt'i sensi quelle degradazioni di distanze, quali si osservano nella semplice prospettiva sopra un piano?

---

*) PERRAULT, *Parallèle des anciens et des modernes*.

Questa domanda costituisce un bel problema di geometria, indipendentemente dalle sue applicazioni all'arte del basso rilievo. Sarebbe assai interessante il poter rinvenire, in qualche scritto de' celebri scultori che hanno seguìto GHIBERTI nella sua felice innovazione, almeno un cenno delle regole ch' essi osservavano per isciogliere praticamente il problema. Ma sgraziatamente essi non ne fanno parola. GHIBERTI aveva scritto un trattato sulla scultura, ov' è verosimile ch' ei dichiarasse alcune regole pratiche; ma quell' opera rimase manoscritta. Si dice che ne esista ancora una copia in una biblioteca di Firenze. Facciamo voti perch' essa richiami a sè l'attenzione del governo o di alcuno zelante cultore delle arti e della scienza... „

Il primo scritto in cui troviamo alcune regole per la costruzione de' bassi rilievi è di BOSSE (1648), il quale le aveva probabilmente ricevute dal celebre DESARGUES. Un altro scritto sui bassi rilievi fu publicato un secolo più tardi da PETITOT a Parma. Ma le regole succinte di BOSSE e di PETITOT erano incomplete ne' principj e nell'applicazione, e non formavano una teoria de' bassi rilievi. Il primo libro, a nostra saputa, nel quale la cosa sia stata considerata sotto l'aspetto geometrico, benchè ancora esclusivamente pratico, è il *Saggio sulla prospettiva dei rilievi* di BREYSIG (1792).

" In seguito, il problema de' bassi rilievi è stato trattato, sebbene per incidenza e con brevità, in un' opera di pura geometria, con quella precisione e con quella chiarezza che sono proprie delle teorie matematiche considerate in tutta la loro generalità e in quel grado d'astrazione che loro spetta. Alludiamo al *Traité des propriétés projectives des figures* dell'illustre PONCELET (1822). L'autore mirando ad applicare alle figure a tre dimensioni il metodo desunto dai principj della prospettiva lineare per la dimostrazione delle proprietà delle figure piane, imaginò un processo analogo di deformazione delle figure a tre dimensioni, ch' egli chiamò *teoria delle figure omologiche* o *prospettiva in rilievo.*

In queste figure i punti si corrispondono a due a due, e sono su rette concorrenti in uno stesso punto, chiamato *centro di omologia;* a rette corrispondono rette, e per conseguenza piani a piani; due rette o due piani corrispondenti si intersecano mutuamente sopra un piano invariabile, detto *piano d'omologia.*

Dopo aver fatto uso assai esteso di questo metodo, come mezzo di prova e di ricerca in geometria razionale, il signor PONCELET mette in chiaro che due figure omologiche riuniscono tutte le condizioni da osservarsi nella costruzione de' bassi rilievi e nelle decorazioni teatrali. E l'autore finisce con queste parole: " nous laisserons aux " artistes instruits le soin de développer ces idées de la manière convenable, pour les " mettre à la portée du grand nombre de ceux qui exécutent „.

Tuttavia non era quest' opera riserbata agli artisti propriamente detti, qualunque fosse il loro merito, poichè essa esigeva necessariamente il geometra abituato alle speculazioni della scienza, il solo a cui appartenga di trattare le quistioni matematiche colla precisione e la lucidità che ne spianano tutti gl' impedimenti „.

Il signor Poudra, antico allievo della scuola politecnica di Francia, si è proposto di dar seguito alle idee di Poncelet, e ciò lo ha condotto a comporre un' opera (or qui annunziata), che presentata all' accademia delle scienze ne fu approvata.

L' opera è divisa in due parti; nella prima l' autore tratta, da un punto di vista generale, la costruzione delle figure omologiche ossia la prospettiva in rilievo; e nella seconda tratta delle applicazioni particolari di quella teoria alla costruzione de' bassi rilievi propriamente detti, alle decorazioni teatrali ed all' architettura dei grandi edifici.

Termineremo colle parole del signor Chasles:

" Senz' avere il pensiero di prescrivere agli artisti l' uso esclusivo delle regole rigorose, basate sulla teoria geometrica sviluppata dal Poudra, noi esprimeremo però il convincimento che, in tutti i lavori d' arte ove si miri all' imitazione, per mezzo d'effetti d' apparenza e d' illusione, si potrà sempre consultare con frutto questo libro, ove allato di regole sicure e precise quanto quelle della prospettiva piana, di cui la pittura fa un sì felice uso, trovansi acute osservazioni e giudizi motivati che si cercherebbero forse invano in altri scritti composti in un intento puramente artistico „.

27.

SULLE SUPERFICIE GOBBE DEL TERZ' ORDINE.

Atti del Reale Istituto Lombardo, volume II (1861), pp. 291-302.

1. Io mi propongo, in questa Memoria, d' investigare coi metodi della pura geometria, alcune interessanti proprietà delle superficie gobbe del terz'ordine. Non so se altri siasi già occupato di questo argomento.

Avrò a far uso della seguente proposizione, dovuta all' illustre CHASLES: Se sopra una data retta si ha una serie di punti m, ed una serie di segmenti $m'm''$ in involuzione, e se le due serie sono projettive (cioè si corrispondono anarmonicamente), vi sono in generale tre punti m, ciascuno de' quali coincide coll' uno o coll'altro de' suoi corrispondenti m', m''. Infatti, presa un'origine o sulla data retta, s' indichi con z il segmento om, e con x l' uno o l' altro de' segmenti om', om''; la projettività delle due serie sarà generalmente espressa da un'equazione della forma:

$$x^2(az+b)+x(a'z+b')+(a''z+b'')=0,$$

ove, posto $x=z$, l'equazione risultante è del terzo grado in z; da cui si conclude la verità dell'enunciato teorema. I tre punti accennati si ottengono geometricamente, mediante le eleganti costruzioni date dallo stesso signor CHASLES *).

2. Devesi al celebre matematico inglese CAYLEY l' importante osservazione, che in una superficie gobba l'*ordine* è eguale alla *classe*. Infatti, il numero delle generatrici rettilinee incontrate da una retta arbitraria è evidentemente eguale al numero dei punti comuni a questa retta ed alla superficie, ed anche al numero de' piani tangenti che per la retta stessa si possono condurre. Segue da ciò, che alle superficie gobbe, di qualsivoglia ordine, compete quella dualità di proprietà geometriche che si riscontra

*) *Comptes rendus de l'Académie de Paris,* tom. XLI, pag. 677. Veggansi anche i *Mélanges de géométrie pure* del signor JONQUIÈRES, pag. 162.

nelle superficie del second'ordine, appunto perchè esse sono in pari tempo della seconda classe.

Per esprimere con una sola parola il doppio concetto dell'*ordine* e della *classe*, dirò che una superficie gobba è del grado n, quando una retta arbitraria incontra n sue generatrici rettilinee.

3. Sia proposta una superficie gobba Σ del terzo grado; assunte ad arbitrio quattro generatrici G, H, K, L, siano D, E le due rette che le incontrano tutt'e quattro. Ciascuna delle rette D, E ha quattro punti in comune colla superficie data, epperò giace per intero in essa.

Considero ora il piano EG, il quale contenendo già, oltre la retta E, la generatrice G, segherà la superficie in una nuova generatrice G', poichè la sezione fatta da un piano qualsivoglia è una linea d'ordine eguale a quello della superficie. Le tre rette E, G, G' costituiscono la completa intersezione di quel piano colla superficie; dunque il piano medesimo sega tutte le generatrici in punti appartenenti alla retta E; ossia, tutte le generatrici della superficie Σ incontrano la retta E. Per la stessa ragione, esse incontrano la retta D; dunque D, E sono due direttrici rettilinee della proposta superficie. È evidente che non vi può essere una terza direttrice rettilinea; epperò:

Ogni superficie gobba del terzo grado ammette due direttrici rettilinee.

Considerando di nuovo il piano EGG', e ritenendo che le generatrici G, G' incontrino la direttrice E in due punti distinti, esse andranno necessariamente ad incontrare l'altra direttrice D in uno stesso punto, là, cioè, dove questa attraversa il piano EGG'. In questo punto la direttrice è incontrata da due generatrici, epperò ivi la superficie Σ ammette due piani tangenti, DG e DG'; dunque, quello è un *punto doppio*. Analogamente è un punto doppio quello in cui la direttrice D è incontrata da qualunque altra generatrice: il che significa essere D una *retta doppia* sulla superficie Σ. Da ogni punto di D partono due generatrici, situate in un piano passante per E. Ogni piano passante per D contiene una sola generatrice: la retta D conta per *due* nel grado della sezione. Ossia:

Ogni superficie gobba del terzo grado ha una retta doppia, la quale è una delle due direttrici rettilinee.

4. Una superficie gobba di terzo grado non può avere altra linea multipla. Infatti, un piano *qualsivoglia* sega la superficie in una linea del terz'ordine, e le linee multiple di quella in punti, che sono multipli per questa linea. Ora, una linea del terz'ordine non può avere più di un punto multiplo, senza degenerare nel sistema di una retta ed una conica, o nel sistema di tre rette; e d'altronde se un piano *qualsivoglia* segasse la superficie secondo una retta ed una conica, ovvero secondo tre rette,

la superficie stessa sarebbe evidentemente il complesso di un piano e d' una superficie di second'ordine, ovvero di tre piani.

Nè la retta singolare D può divenire *cuspidale*, in luogo d'essere puramente *doppia*. Perchè, se in ogni punto di D i due piani tangenti alla superficie coincidessero, coinciderebbero anco le due generatrici che partono da quello; epperò da ogni punto di D, come da ogni punto di E, partirebbe una sola generatrice. Dunque le rette D, E sarebbero dalle generatrici divise omograficamente, e la superficie diverrebbe un iperboloide.

Se una superficie di terz'ordine ha una retta doppia, ogni piano passante per questa segherà la superficie in una retta; dunque:

Ogni superficie di terz'ordine, nella quale sia una retta doppia, è rigata.

5. Dal fatto che per ciascun punto della direttrice doppia D passano due generatrici poste in un piano passante per la seconda direttrice E, risulta che:

In ciascun punto della retta doppia di una superficie gobba di terzo grado, questa è toccata da due piani; tali coppie di piani formano un' involuzione. Ciascun piano passante per l'altra direttrice rettilinea tocca la superficie in due punti; tali coppie di punti sono in involuzione. Le due involuzioni sono prospettive (cioè i piani della prima passano pei punti della seconda).

In altre parole: siccome le generatrici della superficie Σ a due a due incontrano in uno stesso punto la retta doppia D, e sono in un piano passante per l'altra direttrice E, così esse generatrici determinano coi loro punti d'appoggio una serie di segmenti in involuzione sulla retta E, ed una semplice serie di punti sulla retta D; e le due serie si corrispondono anarmonicamente. Se l' involuzione ha i punti doppj reali, e siano a', b', da essi partiranno due generatrici A, B, che andranno ad incontrare la retta doppia D nei corrispondenti punti a, b. Questi due punti hanno dunque la speciale proprietà, che da ciascun d'essi parte una sola generatrice, cioè in ciascun d'essi i due piani tangenti coincidono. Per conseguenza, essi sono due *punti cuspidali*. I piani tangenti in questi punti incontrano la direttrice E in a' e b'. È del pari evidente che i due piani EA, EB hanno, fra tutti i piani passanti per E, l'esclusiva proprietà di contenere, ciascuno, una sola generatrice, che conta per *due* nel grado della sezione; epperò ciascuno di questi piani tocca la superficie lungo tutta la rispettiva generatrice.

Le generatrici della superficie Σ determinano a due a due una coppia di piani passanti per D, ed un solo piano passante per E; ossia determinano due fasci projettivi, l' uno doppio involutorio di piani passanti per D, l'altro semplice di piani passanti per E. I piani DA, DB sono evidentemente i piani doppj dell' involuzione anzidetta. Dunque:

I punti ne' quali le generatrici di una superficie gobba di terzo grado si appoggiano alle due direttrici rettilinee, formano su queste due serie projettive; ed invero, una serie semplice di punti sulla retta doppia, ed una serie di segmenti in involuzione sull' altra direttrice. I punti doppj di questa involuzione corrispondono ai punti cuspidali della retta doppia.

I piani passanti per l' una o per l' altra delle due direttrici rettilinee di una superficie gobba di terzo grado, formano due fasci projettivi; ed invero, un fascio doppio involutorio intorno alla retta doppia, ed un fascio semplice intorno alla seconda direttrice. I piani doppj dell' involuzione sono quelli che toccano la superficie nei punti cuspidali della retta doppia.

6. Studiamo ora la questione inversa. Sian date due serie projettive di punti, l'una semplice su d'una retta D, l'altra doppia involutoria sopra un'altra retta E; le due rette non situate in uno stesso piano. Di qual grado è la superficie luogo delle rette che uniscono i punti corrispondenti delle due serie? Immagino una retta arbitraria T, e per essa un fascio di piani prospettivo alla serie di punti su D. Questo fascio determinerà sulla retta E una serie di punti omografica a quella data su D; epperò in E avremo due serie projettive di punti, l'una semplice e l'altra doppia in involuzione. Tali serie sopra una stessa retta ammettono in generale tre punti doppj; dunque la retta arbitraria T incontra tre generatrici, ossia la superficie descritta è del terzo grado. Per essa la retta D è evidentemente la retta doppia, ed E è la seconda direttrice. Dunque:

Data una serie di segmenti in involuzione sopra una retta ed una serie semplice di punti, projettiva alla prima serie, sopra un' altra retta, le rette che uniscono i punti corrispondenti delle due serie formano una superficie del terzo grado.

Analogamente si dimostra che:

Dato un fascio involutorio di piani passanti per una retta, ed un altro fascio semplice, projettivo al primo, di piani passanti per una seconda retta, le rette intersezioni de' piani corrispondenti formano una superficie del terzo grado.

A questi teoremi può anche darsi un'altra espressione. Sia o un punto fisso preso ad arbitrio nella retta doppia D; q un punto fisso in E; sia m un punto qualunque in E; m' il punto che gli corrisponde in D. Allora la corrispondenza anarmonica delle due serie di punti in D, E sarà espressa da un'equazione della forma:

$$\overline{qm}^2 (\lambda . om' + \mu) + qm (\nu . om' + \pi) + \rho . om' + \sigma = 0, \tag{1}$$

ove $\lambda, \mu, \nu, \pi, \rho, \sigma$ sono costanti. Dunque:

Se in due rette date si prendono due punti fissi q, o, e due punti variabili m, m', in modo che fra i segmenti qm, om' abbia luogo la relazione (1), la retta mm' genera una superficie del terzo grado.

Un analogo enunciato si può dedurre dalla considerazione de' due fasci di piani, di cui le rette D, E sono gli assi.

7. Una superficie gobba di terzo grado è completamente individuata dalle due serie projettive di punti in D, E. Ciò posto, è ovvio come si risolverebbe il problema:

Costruire le tre generatrici incontrate da una retta data.

La soluzione di questo problema riducesi alla costruzione de' tre punti doppj di due serie projettive, l'una semplice e l'altra involutoria, sopra una medesima retta.

È del pari facilissimo vedere come si risolvono questi altri problemi:

Per quattro rette, a due a due, non situate in uno stesso piano, e per un punto dato, far passare una superficie gobba di terzo grado. (Due soluzioni, o nessuna).

Costruire la superficie gobba di terzo grado di cui sian date la retta doppia e la seconda direttrice, ed inoltre cinque generatrici (ovvero cinque punti). (Una soluzione).

8. Prendiamo ora a considerare un piano tangente qualsivoglia della superficie Σ, il quale non passi nè per D, nè per E. Esso, oltre al contenere una generatrice, segherà la superficie secondo una conica, la quale è incontrata dalla generatrice in due punti, e questi sono i due punti doppj in virtù de' quali la sezione, che in generale è una curva del terz'ordine, si risolve qui in una retta ed una conica. Ma anche il punto in cui il piano dato sega la retta doppia, dev'essere un punto doppio per la sezione; dunque uno de' punti in cui la generatrice incontra la conica, appartiene alla retta doppia. L'altro punto è quello in cui il piano tocca la superficie; ossia:

Ogni piano tangente ad una superficie gobba del terzo grado, il quale non passi per una delle direttrici rettilinee, sega la superficie secondo una conica che è incontrata dalla generatrice posta nel piano stesso in due punti. Uno di questi è il punto di contatto del piano colla superficie; l'altro è il punto in cui la generatrice s'appoggia alla retta doppia.

E per conseguenza:

La retta doppia di una superficie gobba del terzo grado si appoggia a tutte le coniche inscritte in questa.

Ne risulta anche che nessuna di queste coniche incontra la seconda direttrice, e che nessuna conica posta in un piano tangente non passante per una direttrice si risolve in due rette.

Osservo inoltre, che i piani EA, EB (reali o immaginarj), toccando la superficie Σ lungo tutta una generatrice per ciascheduno, toccano anche le coniche in essa inscritte; ossia:

I piani tangenti (reali o immaginarj) che per la direttrice non doppia di una superficie gobba del terzo grado si possono condurre ad una conica inscritta in questa, sono anche tangenti a tutte le altre coniche inscritte nella medesima superficie. I punti di contatto sono situati nelle due generatrici, che incontrano la retta doppia ne' punti cuspidali.

9. Qual è il grado della superficie generata da una retta che si muova appoggiandosi costantemente ad una conica K e a due rette D, E, la prima delle quali incontri la conica in un punto? Immagino una retta arbitraria T; tutte le rette che simultaneamente incontrano le tre rette D, E, T, formano un iperboloide, il quale sega il piano della conica K secondo un'altra conica. Le due coniche passano emtrambe per la traccia di D, epperò si segheranno generalmente in tre altri punti; ossia l'iperboloide ha tre generatrici appoggiate alla conica K; dunque tre sono le rette che incontrano a un tempo D, E, T e K, epperò:

La superficie generata da una retta mobile che si appoggi costantemente ad una conica ed a due rette, una delle quali abbia un punto comune colla conica, è del terzo grado. La direttrice rettilinea che ha un punto comune colla conica, è la retta doppia della superficie.

Viceversa, ogni superficie gobba del terzo grado ammette tale generazione.

10. Se consideriamo la direttrice E ed una conica K inscritta nella superficie Σ, ad ogni punto dell'una di esse corrisponde un punto nell'altra, e viceversa: i punti corrispondenti sono quelli per cui passa una stessa generatrice della superficie. Ossia:

Le generatrici di una superficie gobba del terzo grado determinano sulla direttrice rettilinea non doppia, e sopra una qualsivoglia conica inscritta nella superficie, due serie projettive di punti.

Io ho già dimostrato, nella Memoria *Sur quelques propriétés des lignes gauches de troisième ordre et classe* *), il teorema inverso:

Date due serie projettive di punti, l'una sopra una retta e l'altra sopra una conica, situate comunque nello spazio, le rette che uniscono i punti corrispondenti formano una superficie del terzo grado.

11. In virtù del principio di dualità, possiamo anche enunciare i seguenti teoremi, che si dimostrano colla stessa facilità de' precedenti.

Un punto qualunque di una superficie gobba del terzo grado, il quale non giaccia in una delle due direttrici rettilinee, è il vertice di un cono di secondo grado, circoscritto a quella. De' due piani tangenti a questo cono, che in generale ponno condursi per la generatrice passante per quel punto, l'uno passa per la direttrice non doppia, mentre l'altro è il piano tangente alla superficie data nel vertice del cono.

Ogni cono di secondo grado, circoscritto ad una superficie gobba del terzo, ha un piano tangente passante per la direttrice non doppia di questa.

---

*) *Journal für die reine und angewandte Mathematik,* Band 58, pag. 138. [Queste Opere, n. **24**].

La superficie generata da una retta mobile, la quale si appoggi a due rette date, e si trovi ad ogni istante in un piano tangente di un dato cono di secondo grado, un piano tangente del quale passi per una di quelle due rette, è del terzo grado.

La retta doppia di una superficie gobba di terzo grado incontra nella stessa coppia di punti (reali o immaginarj), cioè nei punti cuspidali, tutti i coni di secondo grado circoscritti alla superficie. I piani tangenti ai coni in quei punti passano per le due generatrici che s'appoggiano alla retta doppia nei punti medesimi.

Dati due fasci projettivi, l'uno di piani tangenti ad un cono di secondo grado, l'altro di piani passanti per una retta, le rette intersezioni de' piani corrispondenti formano una superficie del terzo grado (per la quale la retta data è la direttrice doppia).

12. Considero una generatrice G appoggiata alla retta doppia D nel punto g. Se intorno a quella generatrice si fa rotare un piano, esso sega la superficie Σ secondo una conica che passa costantemente pel punto g, ed ivi tocca un piano fisso, cioè quel piano DG′ che passa per la direttrice doppia, e per quella generatrice G′ che appoggiasi pure in g alla retta D. Il polo della retta G rispetto a quella conica si troverà dunque nel piano DG′. Ma siccome la generatrice G incontra anche l'altra direttrice E, così, se per questa s'immaginano condotti i piani tangenti alla conica, il piano EG ed inoltre il piano EΓ conjugato armonico di quest'ultimo rispetto ai due primi, è evidente che il piano EΓ deve pure passare per quel polo. Ora, i piani DG′, EΓ sono fissi, cioè non variano, comunque ruoti intorno a G il piano della conica; dunque, variando questo piano, il polo di G rispetto alla conica variabile percorre la retta Γ comune ai piani DG′, EΓ. Ossia:

I poli di una stessa generatrice di una superficie gobba del terzo grado, relativi a tutte le coniche in essa inscritte e poste in piani passanti per quella generatrice, sono in una retta appoggiata alle due direttrici della superficie medesima.

Variando la generatrice G, varia la corrispondente retta Γ, che però rimane sempre appoggiata alle D, E; onde segue, che il luogo della retta Γ, è un'altra superficie gobba del terzo grado, che ha le rette direttrici in comune colla data: superficie, che è evidentemente polare reciproca della proposta Σ. Ossia:

Il luogo dei poli delle generatrici di una superficie gobba del terzo grado, rispetto alle coniche inscritte in questa e poste in piani rispettivamente passanti per le generatrici medesime, è un'altra superficie gobba del terzo grado, polare reciproca della data.

Da quanto precede segue inoltre:

Se intorno ad una retta fissa si fa girare un piano, e in questo si descriva una conica toccante un piano fisso nel punto in cui esso è incontrato da quella retta; se nel movimento del piano, la conica si deforma appoggiandosi costantemente ad una seconda retta fissa, e in modo che il polo della prima retta rispetto alla conica scorra su d'una terza retta data nel piano fisso; la conica genererà una superficie gobba del terzo grado, per la quale le prime due rette date sono generatrici, mentre la retta che unisce i loro punti d'incontro col piano fisso è la retta doppia.

13. Ecco i teoremi correlativi:

I piani polari di una stessa generatrice di una superficie gobba del terzo grado, rispetto a tutt' i coni di secondo grado circoscritti a questa ed aventi i vertici in quella generatrice, passano per una retta appoggiata alle due direttrici della superficie gobba. Il luogo delle rette analoghe a questa, e corrispondenti alle diverse generatrici, è un'altra superficie gobba del terzo grado, polare reciproca della data (la stessa del numero precedente).

Se un cono di secondo grado, mobile, percorre col vertice una retta fissa, e passa per un punto fisso, nel quale sia toccato da un piano passante per quella retta; se inoltre il cono ha costantemente un piano tangente, passante per una seconda retta fissa, e se il piano polare della prima retta, rispetto al cono, ruota intorno ad una terza retta data, passante pel punto fisso; l'inviluppo di quel cono sarà una superficie gobba del terzo grado, per la quale le prime due rette date sono generatrici, mentre la retta intersezione de' piani da esse determinati col punto fisso è la direttrice non doppia.

14. Supponiamo che una superficie gobba Σ di terzo grado sia individuata per mezzo delle due direttrici e di cinque generatrici. Condotto un piano per una di queste, esso sarà un piano tangente della superficie. Si domanda il punto di contatto.

Questo piano segherà la retta doppia in un punto g, situato sulla generatrice per cui passa, e segherà le altre generatrici ne' punti h, k, l, m. La conica, intersezione della superficie col piano tangente, è determinata dai cinque punti g, h, k, l, m; e si tratta di trovare il punto in cui la generatrice G passante per g la sega di nuovo. A tale intento, basta ricorrere al teorema di Pascal. Le rette G, lm concorrono in un punto p; le hg, km in q; la pq incontri hl in r; la rk segherà G nel punto cercato.

Sia invece dato un punto sopra una delle cinque generatrici, e si domandi il piano che ivi tocca la superficie. Quel punto determina colla direttrice non doppia un piano α, passante per la generatrice G, di cui si tratta, e colle altre quattro generatrici altrettanti piani $\beta, \gamma, \delta, \varepsilon$. Questi cinque piani determinano il cono di secondo grado, circoscritto alla superficie Σ, ed avente il vertice nel punto dato. Si tratta dunque di trovare il secondo piano tangente a questo cono, passante per quella generatrice G per cui passa già α. Le rette G, $\delta\varepsilon$ determinato un piano μ; le $\beta\alpha$, $\gamma\varepsilon$ un altro piano ν; le $\beta\delta$, $\mu\nu$ un terzo piano π; le rette $\pi\gamma$, G individueranno il piano desiderato.

Un piano qualsivoglia dato sega le sette rette, mediante le quali è individuata la superficie Σ, in altrettanti punti appartenenti alla curva di terz'ordine, secondo la quale il piano sega la superficie. Fra quei punti, quello che spetta alla direttrice doppia, è il punto doppio della sezione. Ora una curva del terz'ordine con punto doppio è completamente determinata da questo e da sei punti ordinarj, e si sa costruirla colle intersezioni di due fasci projettivi, l'uno di rette e l'altro di coniche *).

Colla costruzione correlativa si otterrà il cono circoscritto alla superficie Σ, ed avente il vertice in un punto dato arbitrariamente nello spazio.

15. Considero ancora un piano che, passando per la generatrice G seghi la superficie Σ in una conica, ed immagino il cono avente per base questa conica ed il vertice in un punto o, preso ad arbitrio sulla retta doppia D. Questo cono ha evidentemente per generatrici la retta D e quelle due generatrici di Σ che passano per o; inoltre lo stesso cono è toccato lungo D dal piano DG', ove G' sia la generatrice di Σ che incontra la retta doppia insieme con G.

È pure evidente che, comunque ruoti quel piano intorno a G, epperò varii il cono per mezzo del quale vedesi dal punto fisso o la conica, sezione della superficie Σ, quelle tre generatrici e quel piano tangente restano invariabili; onde si ha un fascio di coni aventi in comune tre generatrici ed il piano tangente lungo una di queste. Siccome poi, ad ogni piano condotto per G corrisponde un determinato cono nel fascio, e reciprocamente, così i coni anzidetti ed i piani per G si corrispondono anarmonicamente, cioè formano due sistemi proiettivi. Dunque:

I piani tangenti di una superficie gobba del terzo grado, passanti per una stessa generatrice, ed i coni per mezzo de' quali si veggono da un punto fissato ad arbitrio sulla retta doppia le coniche inscritte nella superficie e poste in quei piani, formano due fasci projettivi.

Osserviamo che quando il piano mobile intorno a G passa per D, la conica degenera nel sistema di due rette coincidenti colla stessa D; epperò il corrispondente cono è il sistema dei due piani che toccano la superficie Σ nel punto o. Questa osservazione gioverà per ciò che segue. {Anche al piano GE corrisponde un cono riducentesi a due piani: il piano DG' ed il piano delle due generatrici per o, cioè il piano oE. }

16. Sian dati due fasci projettivi, l'uno di piani passanti per una data retta G, l'altro di coni di secondo grado passanti per tre date generatrici O, O' (queste due reali o immaginarie) e D, e toccanti lungo quest' ultima un piano dato. Supponiamo inoltre che le rette D, G siano in uno stesso piano, al quale corrisponda, nel secondo fascio, il sistema de' due piani DO, DO'. Di qual natura è la superficie luogo delle coniche intersezioni dei piani del primo fascio coi coni corrispondenti del secondo?

*) Jonquières, *Mélanges, etc.*, pag. 190.

Una retta arbitraria incontra il fascio di coni in una doppia serie di punti in involuzione, ed il fascio di piani in una semplice serie di punti, projettiva alla prima. Le due serie hanno in generale tre punti doppj, epperò la superficie richiesta è del terz'ordine. È evidente che essa conterrà le quattro rette date. Inoltre, siccome il piano DG sega il cono corrispondente, cioè il sistema de' piani DO, DO' secondo una conica che riducesi al sistema di due rette coincidenti (DD), così la retta D è doppia sulla superficie, e per conseguenza questa è gobba.

17. Il principio di dualità somministra poi queste altre proprietà:

I punti di una generatrice di una superficie gobba del terzo grado, considerati come vertici d'altrettanti coni di secondo grado circoscritti a questa, e le coniche intersezioni di questi coni con uno stesso piano condotto ad arbitrio per la direttrice non doppia, formano due sistemi projettivi.

Sian dati due sistemi projettivi, l'uno di punti sopra una retta G, l'altro di coniche tangenti due rette date O, O' (reali o no), ed un'altra retta data E in un punto dato. Supponiamo inoltre che le rette E, G siano concorrenti in un punto, al quale corrisponda, nel secondo sistema, il complesso de' due punti EO, EO' (risguardato come un inviluppo di seconda classe). La superficie inviluppata dai coni che passano per quelle coniche ed hanno i vertici ne' corrispondenti punti di G, è gobba e del terzo grado; per essa la retta E è la direttrice non doppia, e G, O, O' sono tre generatrici.

Dalle cose che precedono, consegue che:

Una superficie gobba del terzo grado è individuata dalla retta doppia, da tre punti, e da tre generatrici, due delle quali (reali o immaginarie) si appoggino alla retta doppia in uno stesso punto.

Una superficie gobba del terzo grado è individuata dalla retta doppia e da nove punti.

Una superficie gobba del terzo grado è individuata dalla direttrice non doppia, da tre piani tangenti e da tre generatrici, due dalle quali (reali o no) siano in uno stesso piano colla direttrice.

Una superficie gobba del terzo grado è individuata dalla direttrice non doppia e da nove piani tangenti.

Ecc. ecc.

18. Dato un punto qualunque o nello spazio, la sua *prima superficie polare,* rispetto alla superficie Σ, è, per la nota teoria delle curve e delle superficie polari, del second'ordine. Se per o conduciamo un piano π arbitrario, esso sega la superficie Σ secondo una linea del terzo ordine, che ha un punto doppio nell'intersezione del piano π colla retta doppia D. Lo stesso piano π segherà la superficie prima polare di o secondo

una conica, la quale è la polare di o rispetto all'anzidetta linea del terz'ordine. Ma è d'altronde noto, che quando una linea del terz'ordine ha un punto doppio, tutte le prime polari passano per esso; dunque:

La prima superficie polare di un punto arbitrario rispetto ad una superficie gobba del terzo grado è un iperboloide passante per la retta doppia *).

Se quel piano segante π si facesse passare per uno de' due punti cuspidali della retta doppia, la sezione avrebbe ivi un punto doppio con due tangenti coincidenti, cioè una cuspide o regresso; epperò, siccome è noto che una linea del terz'ordine, avente una cuspide, è ivi toccata da tutte le coniche prime polari, così:

I piani che toccano una superficie gobba del terzo grado ne' punti cuspidali della retta doppia, sono tangenti nei medesimi punti all' iperboloide polare di un punto arbitrario **).

Se immaginiamo ancora il piano segante π, come sopra, è noto ***) che la retta tirata da o al punto doppio della linea di terz'ordine e la tangente in questo punto alla conica polare, sono conjugate armoniche rispetto alle due tangenti della linea di terz'ordine nel punto stesso; dunque:

In un punto qualunque della retta doppia di una superficie gobba del terzo grado, l'angolo de' due piani tangenti a questa superficie è diviso armonicamente dal piano che ivi tocca l'iperboloide polare e dal piano condotto al polo †).

Il piano oD condotto dalla retta doppia al polo, toccherà esso pure l'iperboloide polare in un punto o' (della retta D); epperò, in virtù del precedente teorema, nel punto o' il piano tangente all'iperboloide è uno dei piani che nel punto stesso toccano la superficie Σ. Per trovare il punto o', si conduca il piano oD che seghi la seconda direttrice E nel punto o''; il piano tangente alla superficie Σ in o'', segherà evidentemente la retta doppia nel punto desiderato.

---

*) {La prima polare di un punto arbitrario rispetto ad una superficie gobba d'ordine qualunque passa per la curva doppia di questa superficie.}

**) {I piani che toccano una superficie gobba qualunque nei punti cuspidali della curva doppia sono tangenti nei medesimi punti alla prima polare di un punto arbitrario.}

***) Veggasi l'eccellente trattato *On the higher plane curves* dell'illustre geometra irlandese Giorgio Salmon (Dublin, 1852, pag. 61).

†) {In un punto qualunque m della curva doppia di una superficie gobba d'ordine n (ha luogo la stessa proprietà per una superficie qualunque che abbia un punto biplanare m) l'angolo di due piani tangenti a questa superficie è diviso armonicamente dal piano che ivi tocca la prima polare di un punto arbitrario o e dal piano condotto al polo o (per la retta tangente in m alla curva doppia). Ne segue che la superficie data e la prima polare di o si toccheranno (oltre ai punti cuspidali) in quei punti della curva doppia dove la prima polare è toccata da piani passanti per o, cioè ne' punti ove la curva doppia è incontrata dalla seconda polare di o.}

19. Immaginiamo il piano oE, condotto pel polo e per la direttrice non doppia; esso sega la superficie Σ secondo il sistema di tre rette, cioè la direttrice E e due generatrici, le quali incontrino E in due punti u, v, e siano appoggiate alla retta doppia nel punto w. La conica polare di o, rispetto al triangolo uvw, è circoscritta al triangolo stesso, com'è notissimo; epperò i punti u, v sono quelli ne' quali la retta E è incontrata dall'iperboloide polare. Ma i punti u, v sono anche quelli in cui il piano oE tocca la superficie Σ, cioè sono due punti conjugati di quell'involuzione che le generatrici della superficie del terzo grado formano sulla direttrice E; dunque:

La direttrice non doppia di una superficie gobba del terzo grado è divisa armonicamente dai piani tangenti ne' punti cuspidali e dall'iperboloide polare di un punto arbitrario.

E per conseguenza:

La direttrice non doppia di una superficie gobba del terzo grado è tangente all'iperboloide polare di un punto qualunque, preso in uno dei due piani che passano per la direttrice medesima e per uno de' punti cuspidali.

Viceversa, perchè un iperboloide passante per la retta doppia, e tangente ne' punti cuspidali alla superficie Σ, possa essere la superficie polare di alcun punto nello spazio, basta ch'esso passi per una coppia di punti conjugati dell'involuzione esistente sulla retta E.

20. Vediamo ora come si possa costruire l'iperboloide polare di un dato punto o. La retta che partendo da o si appoggia alle direttrici D, E della superficie Σ, incontrerà, oltre D, un'altra generatrice, dello stesso sistema, dell'iperboloide. Per trovare questa generatrice, considero le generatrici A, B passanti pei punti cuspidali (vedi il n.° 5). Sia ρ il piano conjugato armonico del piano o (AD) (BE) *) rispetto ai due AD, BE, e sia ρ' il coniugato di AD rispetto ai due ρ, BE. È facile vedere che il piano ρ' passa per la generatrice desiderata. Analogamente si trova un piano σ' passante per la retta intersezione de' piani AE, BD; e la generatrice richiesta è la retta secondo cui si segano i piani ρ', σ'.

Ciò posto, l'iperboloide polare si può generare mediante l'intersezione de' piani corrispondenti di due fasci omografici, gli assi de' quali siano le rette D e $\rho'\sigma'$; ponendo come corrispondenti i piani AD e σ'; BD e ρ'; oD ed $o'(\rho'\sigma')$.

La precedente costruzione mostra, che se il polo o si trova nel piano AD, l'iperboloide degenera in un cono di secondo grado col vertice in a; e se o si trova nel piano BD, l'iperboloide diviene un cono col vertice in b; dunque:

I piani che toccano una superficie gobba del terzo grado ne' suoi punti cuspidali,

*) Cioè il piano passante per o e per la retta intersezione dei piani AD, BE.

sono il luogo de' punti le cui prime superficie polari siano coni di secondo grado. I vertici di questi coni sono gli stessi punti cuspidali *).

21. Abbiamo già veduto (n.° 6) come si può generare la superficie gobba del terzo grado mediante l'intersezione de' piani corrispondenti di due fasci projettivi, l'uno semplice intorno ad E, l'altro doppio involutorio intorno a D. Quindi il luogo delle intersezioni de' piani corrispondenti de' tre fasci, i cui assi sono le rette D, E, $\rho'\sigma'$, sarà la curva di quart'ordine **), secondo la quale si segano la superficie Σ e l'iperboloide polare. Ma possiamo considerare la cosa più generalmente, come segue.

Sian dati tre fasci projettivi di piani, l'uno semplice intorno all'asse E; il secondo doppio involutorio intorno all'asse D; il terzo omografico al secondo e coll'asse C. Quale è la curva luogo delle intersezioni de' piani corrispondenti? Un piano qualsivoglia sega i tre fasci di piani secondo altrettanti fasci di rette, de' quali il primo ed il secondo generano, colle mutue intersezioni de' raggi omologhi, una curva del terz'ordine con un punto doppio (l'intersezione di D); mentre il secondo ed il terzo fascio generano una conica passante pei loro centri, epperò pel punto doppio della prima curva. Le due curve, avendo in comune un punto che è doppio per l'una di esse, si segheranno generalmente in altri quattro punti; dunque *la curva generata dai tre fasci di piani è del quart'ordine*, poichè un piano qualunque la sega in quattro punti.

I piani del secondo e del terzo fascio determinano sulla retta E due divisioni omografiche, che in generale ammettono due punti doppj; dunque la curva in questione si appoggia alla retta E in due punti.

Invece i piani del primo e del terzo fascio determinano sulla retta D due serie projettive, l'una semplice e l'altra doppia involutoria; tali serie hanno tre punti doppj, i quali sono quelli in cui la curva si appoggia all'asse D. Così pure la curva medesima si appoggia in tre punti sulla retta C.

Il primo e il secondo fascio generano una superficie gobba del terzo grado, mentre il secondo e il terzo fascio generano un iperboloide; D è la retta doppia della prima superficie, ed è anche una generatrice della seconda. La curva di cui si tratta è l'intersezione delle due superficie, astrazion fatta dalla retta D. Ora, ogni generatrice

*) {Se il polo o è preso nel piano A che tocca una superficie gobba qualunque in un punto cuspidale a della curva doppia, o sarà un punto doppio della quadrica polare (A^2) di a; dunque a sarà un punto doppio della prima polare di o. Cioè ogni punto del piano A ha la prima polare dotata di un punto doppio in a. Ne segue che i piani tangenti alla superficie gobba fondamentale ne' punti cuspidali fanno parte della Steineriana.}

**) Dico del quart'ordine, perchè le due superficie hanno già in comune una retta che è doppia per l'una di esse.

dell'iperboloide, del sistema a cui appartiene D, incontra la superficie del terzo grado, epperò anche la curva di quart'ordine, *in tre punti*. Invece, ogni generatrice dell'iperboloide, dell'altro sistema, essendo appoggiata alla retta doppia, incontra la superficie del terzo grado, e quindi la curva di quart'ordine, *in un solo punto*. Questa proprietà basta per mostrare quanto questa curva sia diversa dalla curva, dello stesso ordine, intersezione di due superficie del secondo. Dunque:

Il luogo delle intersezioni dei piani corrispondenti di tre fasci projettivi, il primo semplice di piani passanti per una stessa retta, il secondo doppio involutorio di piani passanti per un'altra retta, il terzo, omografico al secondo, di piani passanti per una terza retta data, è una curva del quart'ordine, per la quale passa un'unica superficie del second'ordine, l'iperboloide, cioè, generato dall'intersezione degli ultimi due fasci. Ciascuna generatrice dell'iperboloide, del sistema a cui appartengono la seconda e la terza retta data, incontra quella curva in tre punti, mentre ogni generatrice dell'altro sistema non l'incontra che in un solo punto.

Ciascuno riconoscerà qui le proprietà di quella curva che l'illustre Steiner *) trovò come intersezione di una superficie (non rigata) del terz'ordine con un iperboloide passante per due rette situate in quella superficie, ma non nello stesso piano. Benchè nel teorema superiore, la superficie del terz'ordine non sia qualunque, ma rigata, e l'iperboloide abbia con essa in comune, non due rette distinte, ma la retta doppia, tuttavia la curva da me incontrata è generale quanto quella del sommo geometra alemanno. In altra occasione mi propongo di dimostrare questa proprietà, ed anche che, data una curva di tale natura, epperò dato l'iperboloide che passa per essa, ogni generatrice dell'iperboloide, appoggiata alla curva in tre punti, può essere presa come retta doppia di una superficie gobba del terzo grado, passante per la curva, ed avente per seconda direttrice la retta congiungente due punti dati della curva medesima. Intanto proporrei che a questa si desse la denominazione di *curva gobba del quart'ordine e di seconda specie.*

22. Ritornando all'iperboloide polare del punto o, rispetto alla superficie Σ, cerchiamo quali siano i tre punti in cui la curva intersezione delle attuali due superficie, si appoggia alla retta doppia D. Essi sono i punti doppj delle due serie projettive determinate su questa retta dai fasci che hanno per assi le rette E e $\rho'\sigma'$. Ma in questi fasci si corrispondono i piani AE e σ'; BE e ρ'; o'E ed $o'(\rho'\sigma')$. Dunque:

L'iperboloide polare di un punto qualunque, rispetto ad una superficie gobba del terzo grado, sega questa secondo una curva del quart'ordine e di seconda specie, che passa

---

*) *Journal für die reine und angewandte Mathematik,* Band 53.

pei tre punti della retta doppia, ove le due superficie si toccano (cioè ne' punti a, b, o') *).

23. La *seconda superficie polare* del punto o è il piano polare di o relativo all'iperboloide polare. È assai facile la costruzione di quel piano. Siccome un piano è determinato da tre punti, così se da o si tirano tre trasversali, ciascuna segante la superficie Σ in tre punti, il piano cercato sarà il piano polare del punto o rispetto al triedro formato da tre piani condotti per quelle intersezioni (in modo però che ogni piano contenga un punto di ciascuna trasversale). Il modo più semplice di ottenere un tale triedro è quello di prendere i piani o'E, uD, vD, ove u, v sono i punti considerati al n.° 19. È ben noto come si costruisce il piano polare di un punto rispetto ad un triedro. Il vertice del triedro anzidetto è il punto o', epperò il piano polare di o passerà per o', cioè:

Il piano polare di un punto dato, rispetto ad una superficie gobba del terzo grado, incontra la retta doppia nel punto in cui questa superficie è toccata da un piano passante pel polo.

Siccome il punto o' appartiene alla curva di quart'ordine, intersezione della superficie Σ coll'iperboloide polare di o, così il piano polare incontrerà questa curva in altri tre punti r, s, t (de' quali uno solo è reale quando i punti u, v sono reali; ed invece tutti sono reali quando questi ultimi sono immaginarj).

24. Se il polo o appartiene alla superficie Σ, l'iperboloide polare contiene la generatrice corrispondente, epperò la curva d'intersezione si decompone nel sistema di questa generatrice e di una cubica gobba (linea del terz'ordine a doppia curvatura). Dunque:

Il sistema formato da una cubica gobba e da una retta appoggiata ad essa in un punto, è un caso particolare della curva di quart'ordine e seconda specie.

Se il polo o cade sulla direttrice E, la curva d'intersezione dell'iperboloide polare colla superficie Σ si decompone in quattro rette, cioè la generatrice passante per o, la direttrice E e le generatrici passanti pei punti cuspidali.

Finalmente, se o appartiene alla retta doppia, l'iperboloide polare si decompone in due piani, cioè ne' piani che in quel punto toccano la superficie Σ.

25. Dalla teoria generale delle curve e delle superficie, risulta che la curva gobba del quart'ordine, intersezione della superficie Σ coll'iperboloide polare di un punto o,

---

*) {Se una superficie gobba d'ordine n ha una curva doppia d'ordine b, la curva di contatto col cono circoscritto di vertice o è dell'ordine $n(n-1)-2b$ ed incontra la curva doppia ne' punti ove la superficie data è toccata dalla 1.ª polare di o, cioè nei punti cuspidali e nei punti situati nella 2.ª polare. Se la superficie data è di genere 0, si ha $b = {}^1/_2 (n-1)(n-2)$; il numero de' punti cuspidali è allora $2(n-2)$, quello degli altri punti ${}^1/_2 (n-1)(n-2)^2$ e l'ordine della curva di contatto $2(n-1)$.}

è anche il luogo dei punti di contatto de' piani che ponno condursi da o a toccare Σ, cioè è la curva di contatto fra questa superficie e il cono ad essa circoscritto col vertice in o. Questo cono è della terza classe, poichè la classe del cono involvente è la stessa della superficie inscritta. Le generatrici cuspidali sono quelle che vanno ai punti r, s, t (n.° 23). Il piano oE tocca il cono lungo le due rette ou, ov (n.° 19); epperò il cono medesimo, avendo un piano tangente doppio, è del quart'ordine.

26. Ometto per brevità di riportare qui i teoremi correlativi. In questi, alla curva di quart'ordine e seconda specie corrisponde una superficie sviluppabile della quarta classe, essenzialmente distinta da quella della stessa classe, sola conosciuta finora, che è formata dai piani tangenti comuni a due superficie del second'ordine. Tale superficie sviluppabile, che tocca la superficie gobba del terzo grado lungo la curva intersezione fatta da un piano arbitrario, è circoscritta ad un'unica superficie del second'ordine (un iperboloide). Per ogni generatrice di uno stesso sistema di questo iperboloide passano tre piani tangenti della sviluppabile, mentre per ogni generatrice dell'altro sistema passa un solo piano tangente.

La sviluppabile medesima può essere con tutta generalità definita come l'inviluppo de' piani tangenti comuni ad una superficie gobba del terzo grado, e ad un iperboloide passante per la direttrice non doppia di quella. Per conseguenza, ecco come può costruirsi tale inviluppo:

Date tre serie projettive di punti, sopra tre rette situate comunque nello spazio; la prima serie semplice, la seconda doppia involutoria, la terza omografica alla seconda; i piani determinati dalle terne di punti corrispondenti, inviluppano la sviluppabile richiesta.

NOTA

Si consideri una superficie gobba del terzo grado, come il luogo di una retta che si muova appoggiandosi ad una conica e a due rette D, E, la prima delle quali abbia un punto comune colla conica (vedi il n.° 9). Sia $x=0$ l'equazione del piano che passa per la retta D e per la traccia di E sul piano della conica, $y=0$ il piano che passa per E e per la traccia di D sul piano della conica medesima; $z=0$ il piano che passa per E e pel polo, relativo alla conica, della retta congiungente le traccie di D, E; $w=0$ il piano passante per D e tangente alla conica. Allora l'equazione della superficie può scriversi:

$$y\,(x^2+kw^2)-xzw=0,$$

ove k è una costante, dal segno della quale dipende l'essere reali o immaginarj i punti cuspidali. Ciò dà luogo a due generi, essenzialmente distinti, di superficie gobbe del terzo grado.

Quando i punti cuspidali sono reali, si può, mediante un'ovvia trasformazione di coordinate, ridurre l'equazione della superficie alla forma semplicissima:

$$x^2 z - w^2 y = 0,$$

ove $x = 0$, $w = 0$ sono i piani tangenti ne' punti cuspidali, ed $y = 0$, $z = 0$ sono i piani tangenti lungo le generatrici appoggiate alla retta doppia ne' punti cuspidali.

L'Hessiano della forma $x^2 z - w^2 y$ è, astrazione fatta da un coefficiente numerico, $x^2 w^2$; da cui concludiamo che, onde una funzione omogenea cubica con quattro variabili, eguagliata a zero, rappresenti una superficie gobba, è necessario (sufficiente?) che il suo Hessiano sia il quadrato perfetto di una forma quadratica, decomponibile in due fattori lineari. Secondo che i fattori lineari di questa forma quadratica siano reali o no, la superficie ha due punti cuspidali reali, o non ne ha. E gli stessi fattori lineari, ove sian reali, eguagliati separatamente a zero, rappresentano i piani tangenti alla superficie nei punti cuspidali.

Il signor STEINER, nella sua Memoria già citata *sulle superficie del terz'ordine* ha enunciato una serie di mirabili teoremi connessi con una certa superficie del quart'ordine, ch'ei chiama *superficie nucleo (Kernfläche)*, e che è il luogo de' punti dello spazio, pei quali la prima superficie polare, rispetto ad una data superficie qualsivoglia del terz'ordine, è un cono di secondo grado.

L'abilissimo analista, signor CLEBSCH, professore a Carlsruhe, ha osservato *) che l'equazione della superficie nucleo non è altro che l'Hessiano dell'equazione della superficie data. Egli ha dimostrato analiticamente parecchi teoremi dello Steiner, ne ha trovati altri nuovi ed elegantissimi, e ne ha ricavato l'importante riduzione di una forma omogenea cubica con quattro variabili alla somma di cinque cubi.

La maggior parte però di questi bei teoremi perde significato nell'applicazione alle superficie gobbe. Qui mi limito ad osservare, che per queste la superficie nucleo si riduce al sistema de' due piani che toccano la superficie data ne' punti cuspidali (vedi il n.° 20).

Da ultimo noterò che la condizione a cui devono soddisfare i parametri del piano

$$rx + sy + tz + uw = 0$$

perchè sia tangente alla superficie

$$x^2 z - w^2 y = 0,$$

è:

$$r^2 t + u^2 s = 0;$$

*) *Journal für die reine und ang. Mathematik,* Band 58.

epperò l'equazione:

$$x^2z + w^2y = 0$$

rappresenta la polare reciproca della data, rispetto alla superficie:

$$x^2 + y^2 + z^2 + w^2 = 0.$$

Le superficie

$$x^2z - w^2y = 0, \quad x^2z + w^2y = 0$$

sono inoltre fra loro connesse dalle proprietà esposte nei numeri 12 e 13.

Bologna, 1.° febbrajo 1861.

Aggiunta del 9 maggio 1861. Dopo la presentazione di questo scritto, è venuto a mia conoscenza che, prima ancora dello Steiner, la curva di quart'ordine e seconda specie fu considerata dal signor Salmon nella sua Memoria *On the classification of curves of double curvature (Cambridge and Dublin Math. Journal,* vol. V, 1850).

L. C.

28.

INTORNO ALLA CURVA GOBBA DEL QUART' ORDINE PER LA QUALE PASSA UNA SOLA SUPERFICIE DI SECONDO GRADO. [34]

Annali di Matematica pura ed applicata, serie I, t. IV (1862), pp. 71-101.

Una delle teorie più interessanti nell' alta geometria, e che da qualche tempo sembra aver attirato in modo speciale l'attenzione de' geometri, è senza dubbio quella che risguarda le linee a doppia curvatura o *curve gobbe.* Il sig. Cayley, giovandosi di quanto aveva fatto Plücker per le linee piane *), diede, nel tomo X del giornale matematico di Liouville (1845), formole generali ed importantissime, relative alle curve gobbe ed alle superficie sviluppabili: formole, che collegano insieme l'ordine di una data curva gobba, l'ordine e la classe della sua sviluppabile osculatrice, l'ordine della linea nodale di questa sviluppabile, la classe di un'altra sviluppabile che è doppiamente tangente alla curva data, il numero de' cuspidi di questa curva e quello de' suoi piani osculatori stazionari, ecc.

Non meno importante è la memoria del sig. Salmon *On the classification of curves of double curvature* **), nella quale, superate felicemente alcune difficoltà che offre lo studio analitico di quelle curve gobbe che non sono la completa intersezione di due superficie, si stabiliscono le formole che danno tutte le curve gobbe di un dato ordine. Applicando queste formole a casi particolari, l'autore mostra che ogni curva gobba del quart' ordine può essere risguardata come la parziale intersezione di due superficie, l'una del secondo, l'altra del terz' ordine. Se le due superficie hanno in comune una conica piana (o come caso particolare un pajo di rette concorrenti), la rimanente inter-

*) Plücker, *Theorie der algeb. Curven,* Bonn 1839; pag. 207 e seg.

**) *Cambridge and Dublin Math. Journal,* vol. V, 1850; pag. 23.

sezione è una curva gobba del quart'ordine, *per la quale passano infinite superficie del secondo grado.* Invece, se le due superficie hanno in comune due rette non situate in uno stesso piano, ovvero anche una sola retta, che però sia *doppia* sulla superficie di terz'ordine, la rimanente intersezione è una curva gobba di quart'ordine, *per la quale non passa alcuna superficie di secondo grado, oltre la data.*

Sonvi adunque due curve gobbe del quart'ordine, essenzialmente diverse; l'una è l'intersezione di due (epperò d'infinite) superficie di secondo grado; l'altra non può altrimenti essere definita che la parziale intersezione di una superficie del secondo con una del terz'ordine.

Per lo avanti, la linea comune a due superficie di secondo grado era la sola curva gobba del quart'ordine che si conoscesse. I signori SALMON e CAYLEY primi notarono l'esistenza della seconda curva dello stesso ordine. Questa si è poi presentata anche al sig. STEINER, nella sua preziosa memoria *Ueber die Flächen dritten Grades*, che è inserita nel tomo LIII del giornale matematico di Berlino (1857).

Nella presente memoria, con semplici considerazioni di geometria pura, e senza presupporre la conoscenza delle formole date da CAYLEY e da SALMON nelle memorie citate ed in altro ingegnosissimo lavoro di quest'ultimo geometra *(On the degree of the surface reciprocal to a given one* *)), io mi propongo di esporre e dimostrare, non solo le proprietà della nuova curva già dichiarate da SALMON e da STEINER, ma altre ancora che credo nuove, e segnatamente la costruzione geometrica (lineare) della curva, mediante intersezioni de' piani omologhi di tre fasci projettivi.

Solamente ammetterò come conosciute le formole di PLÜCKER, relative alle linee piane, e perchè queste sono generalmente note, ed anche perchè spero di pubblicar fra poco una dimostrazione puramente geometrica delle medesime, in uno studio intorno alla teoria generale delle curve piane.

Siano:

m l'ordine di una data linea piana, ossia il numero de' punti in cui è segata da una retta arbitraria;

m' la classe della curva, cioè il numero delle tangenti che arrivano ad essa da uno stesso punto arbitrario;

d il numero de' punti doppi;

d' il numero delle tangenti doppie;

s il numero de' punti stazionari (cuspidi o punti di regresso).

s' il numero delle tangenti stazionarie (tangenti ne' flessi).

---

*) *Transactions of the R. Irish Academy* vol. XXIII, Dublin 1857.

Le formole di PLÜCKER sono:

$$m' = m(m-1) - 2d - 3s$$
$$m = m'(m'-1) - 2d' - 3s'$$
$$s' = 3m(m-2) - 6d - 8s$$
$$s = 3m'(m'-2) - 6d' - 8s'$$
$$s - s' = 3(m-m')$$
$$2(d-d') = m(m-m')(m+m'-9),$$

le quali equivalgono a tre sole indipendenti.

§ 1.

Due superficie di secondo grado si segano, in generale, lungo una linea a doppia curvatura C del quart'ordine, per la quale passano infinite altre superficie di secondo grado. Una qualunque di queste è individuata, se debba contenere, oltre la curva C, un punto dato fuori della curva. Se questo punto si prende sulla linea retta che unisce due punti qualsivogliano della curva C, quella retta apparterrà per intero alla superficie che si vuol determinare. Questa superficie sarà dunque rigata, ossia, in generale, un iperboloide ad una falda.

Dunque, per la curva C passano infiniti iperboloidi ad una falda.

Considero la curva C, come l'intersezione di un iperboloide rigato e di un'altra superficie di secondo grado. Qualunque generatrice rettilinea dell'iperboloide incontra l'altra superficie in due punti, i quali, essendo comuni alle due superficie, appartengono alla curva C. Dunque, una generatrice qualsivoglia di un iperboloide passante per la curva C incontra questa, al più, in due punti.

La curva C non può avere più di due punti sopra una stessa retta; giacchè una retta, che incontrasse C in tre punti, dovrebbe giacere per intero su tutte le superficie che passano per C, cioè queste superficie avrebbero in comune una curva di quart'ordine ed inoltre una retta; il che è assurdo.

Per la curva C, intersezione di due superficie del secondo grado, si può far passare, in infiniti modi, una superficie del terz'ordine. A tal uopo, si assuma una retta arbitraria R, come asse d'un fascio di piani (P) proiettivo al fascio delle superficie di secondo grado (S) passanti per la curva C. Quale è il luogo delle coniche, intersezioni de' piani P colle corrispondenti superficie S? Una retta qualsivoglia L incontra le superficie S in una serie di coppie di punti in involuzione, ed i piani P in una serie semplice di punti, proiettiva alla prima. È noto *) esservi tre punti della seconda serie, ciascun de' quali coincide con uno de' due punti che gli corrispondono nella prima serie. Cioè sulla retta L vi sono tre punti, ciascun de' quali giace in un piano P e nella corrispondente superficie S. Il che torna a dire, che la retta qualsivoglia L incontra il luogo richiesto in tre punti, epperò questo luogo è una superficie del terz' ordine. È evidente che essa passa per la curva C e per la retta R, perchè ogni punto di queste due linee sodisfà alla condizione di trovarsi simultaneamente in due superficie omologhe P., S.

Reciprocamente: se una superficie di second' ordine ed una del terzo hanno in comune una conica piana, esse si segano inoltre lungo una curva gobba del quart'ordine, per la quale passano infinite altre superficie di secondo grado. Ciascuna di esse sega la superficie del terz' ordine in una conica, ed i piani di tutte le coniche analoghe passano per una stessa retta situata per intero sulla superficie del terz' ordine.

§ 2.

Immaginiamo ora un iperboloide I ed una superficie di terz' ordine, aventi in comune due rette A, A′ non situate in un medesimo piano. La rimanente intersezione delle due superficie sarà una curva gobba K del quart' ordine. Ogni generatrice dell' iperboloide, del sistema a cui appartengono A, A′, incontra la superficie di terz'ordine in tre punti, i quali, essendo comuni alle due superficie, senza essere situati sulle rette A, A′, appartengono alla curva K. Invece, ogni generatrice dell' iperboloide I, nell' altro sistema, incontra le rette A, A′, epperò sega la superficie di terz' ordine in un solo punto fuori di queste rette. Cioè ogni generatrice del secondo sistema sega la curva K in un solo punto.

Ciascuna delle rette A, A′ incontra la curva K in tre punti. Infatti: se si conduce un piano, per es. per A, esso segherà l' iperboloide lungo A ed una retta B generatrice del secondo sistema; e lo stesso piano segherà la curva K in quattro punti de' quali uno solo appartiene a B. Dunque, gli altri tre giacciono nella retta A.

Se una superficie del terz' ordine passa per due generatrici, d' uno stesso sistema, di un iperboloide, la rimanente intersezione delle due superficie è una curva gobba di quart' ordine, la quale sega in tre punti ciascuna generatrice di quel sistema ed in un solo punto ogni generatrice dell' altro sistema.

Da ciò che la curva K ha i suoi punti allineati a tre a tre sulle generatrici dell' iperboloide I, segue che per essa non passa alcun' altra superficie di secondo grado.

*) Chasles, *Comptes rendus de l'Acad. de Paris,* tom. XLI (29 octobre 1855).

Infatti, se per K passasse, oltre I, un'altra superficie S di secondo grado, ogni generatrice di I (del primo sistema) avrebbe tre punti comuni con S, epperò giacerebbe per intero su questa superficie; il che è impossibile.

Così è dimostrata l'esistenza di una curva gobba di quart'ordine, che non è l'intersezione di due superficie di secondo grado. Noi la denomineremo *curva gobba di quart'ordine e seconda specie*, per distinguerla dalla *curva gobba di quart'ordine e prima specie*, cioè dalla curva per la quale passano infinite superficie di secondo grado.

Lo studio della nuova curva è assai importante, principalmente perchè essa è, dopo la cubica gobba, la più semplice fra tutte le linee geometriche a doppia curvatura. La ragione della sua maggior semplicità, in confronto dell'altra curva dello stesso ordine, sta in ciò, che questa sega in due punti *tutte* le generatrici degli iperboloidi passanti per essa, e non è da alcuna retta incontrata in tre punti; mentre la curva di seconda specie ha i suoi punti distribuiti a tre a tre sulle generatrici del primo sistema, e ad uno ad uno sulle generatrici dell'altro sistema dell'unico iperboloide passante per la curva. Onde segue che la curva di seconda specie si può *costruire linearmente* per punti; infatti, facendo girare un piano intorno ad una generatrice fissa del primo sistema, i punti della curva si ottengono, uno per volta. Il che evidentemente non può aver luogo per la curva di prima specie, almeno finchè questa non sia dotata di un punto doppio o di un cuspide *).

Questa proprietà della curva di seconda specie può essere formulata in altro modo, che conduce a rimarchevoli conseguenze. Sia A una generatrice fissa (del primo sistema) dell'iperboloide I, su cui giace la curva, e siano a, a_1, a_2 i punti, in cui quella generatrice sega la curva. Un piano qualunque, condotto per la retta A, incontra la curva gobba in un unico punto m, oltre i detti a, a_1, a_2. E reciprocamente, ogni punto m della curva determina un piano per A. Se m viene a coincidere con uno de' punti a, a_1, a_2, per es. con a, il piano corrispondente sarà quello che tocca l'iperboloide I in a. Si assuma ora una retta arbitraria L ed in essa si formi una serie di punti proiettiva al fascio di piani condotti per A; come tale può assumersi, a cagion d'esempio, la serie de' punti in cui L sega i piani suddetti. Sia μ il punto di L che corrisponde al piano Am; diremo che il punto μ della retta L *corrisponde* al punto m della curva gobba.

Per tal modo, ad ogni punto della curva gobba corrisponde un punto nella retta L,

*) La curva gobba di quart'ordine e seconda specie non può aver punti multipli, nè regressi. Perchè, se potesse averne uno, un piano condotto per tale punto e per una retta appoggiata alla curva in altri tre punti avrebbe in comune con questa più di quattro punti; il che, per una curva del *quarto* ordine, è assurdo.

e reciprocamente, ad ogni punto di L corrisponde un punto della curva. Cioè, ciascun punto della curva è rappresentato da un punto della retta; onde possiamo dire che la serie de' punti di L è *projettiva* alla serie de' punti sulla curva gobba *).

Quindi, per *rapporto anarmonico* di quattro punti della curva intenderemo il rapporto anarmonico de' quattro punti corrispondenti nella retta L; ed in particolare, diremo che quattro punti della curva gobba sono *armonici*, quando lo siano i quattro punti corrispondenti di L.

Il rapporto anarmonico de' quattro piani condotti per quattro punti dati della curva gobba di quart'ordine e seconda specie e per una stessa retta appoggiata alla curva in tre altri punti è costante, qualunque sia questa retta.

Ossia:

Se intorno a due rette appoggiate alla curva gobba di quart'ordine e seconda specie in tre punti, si fanno rotare due piani che si seghino sempre sulla curva, questi piani generano due fasci omografici.

§ 3.

Applicando alle cose suesposte il noto principio di dualità geometrica, si conclude, esservi due distinte superficie sviluppabili di quarta classe, cioè la sviluppabile formata dai piani tangenti comuni a due superficie di secondo grado, e la sviluppabile toccata dai piani tangenti comuni ad un iperboloide e ad una superficie di terza classe contenente due generatrici dell' iperboloide, non situate in uno stesso piano.

La prima di esse, che può chiamarsi *sviluppabile di quarta classe e prima specie*, è circoscritta ad infinite superficie di secondo grado, ed ogni generatrice rettilinea di queste superficie è l' intersezione di due piani tangenti della sviluppabile. Non v' ha alcuna retta, per la quale passino tre piani tangenti.

Invece l' altra, che diremo *sviluppabile di quarta classe e seconda specie*, è circoscritta ad una sola superficie di secondo grado, che è un iperboloide. Tutte le generatrici di questo iperboloide, di uno stesso sistema, sono intersezioni di tre piani tangenti della sviluppabile, mentre per ogni generatrice dell' altro sistema passa un solo piano tangente della sviluppabile.

Così se, data una sviluppabile di quarta classe, troviamo esservi una retta per la quale passano tre piani tangenti di quella, possiamo immediatamente concludere,

---

*) Questo modo di rappresentare i punti di una curva gobba sopra una retta può essere applicato alle curve gobbe d' ordine qualsivoglia n, descritte sull' iperboloide, che seghino in $n-1$ punti le generatrici di un sistema ed in un solo punto quelle dell' altro.

che vi sono infinite rette dotate della stessa proprietà; che queste formano un iperboloide; che la sviluppabile è di seconda specie; e che i piani tangenti di questa determinano su due qualunque di quelle rette due divisioni omografiche.

La sviluppabile di quarta classe e seconda specie si è presentata, la prima volta, al sig. CAYLEY, nella sua *Note sur les hyperdéterminants* *), e poi fu considerata anche dal sig. SALMON **).

§ 4.

Data una qualsivoglia superficie del terz'ordine, fra le ventisette rette che in essa generalmente esistono ***), se ne scelgano quattro, A, B, C, D, formanti un quadrilatero storto, tali cioè, che ciascuna d'esse sia incontrata dalla susseguente e l'ultima dalla prima. Il piano delle due rette AB segherà la superficie in una terza retta E; così i piani BC, CD, DA taglieranno la superficie medesima in altrettante rette F, G, H. Le rette EG sono in un piano, le FH in un secondo piano; e questi due piani si intersecano in una retta A' posta nella superficie. È evidente che la data superficie può essere considerata, come il luogo delle intersezioni degli elementi corrispondenti di due fasci proiettivi: l'uno di iperboloidi passanti pel quadrilatero ABCD, l'altro di piani condotti per la retta A' e corrispondenti anarmonicamente agli iperboloidi suddetti. Cioè la superficie del terz'ordine si può risguardare come data mediante quelle cinque rette A, B, C, D, A', e tre punti p, q, r i quali serviranno a individuare tre coppie di elementi omologhi nei due fasci. E questi fasci, adottando la felice notazione del sig. JONQUIÈRES †), si potranno indicare così:

$$(ABCD)(p, q, r \ldots), \qquad A'(p, q, r \ldots).$$

Ora immaginiamo l'iperboloide I passante per le due rette A, A' e pei tre punti p, q, r. Esso sarà generabile mediante i due fasci omografici di piani:

$$A(p, q, r \ldots), \qquad A'(p, q, r \ldots).$$

Le due superficie, quella di terz'ordine e l'iperboloide, avendo in comune le due rette A, A' (non situate in uno stesso piano), s'intersecheranno lungo una linea a

*) *Journal für die reine und ang. Mathematik,* Bd. XXXIV, pag. 151.

**) *Cambridge and Dublin Math. Journal,* vol. III, pag. 171.

***) *Cambridge and Dub. Math. Journal,* vol. IV, pag. 118 e 252.

†) *Essai sur la génération des courbes géométriques* etc. Paris 1858.

doppia curvatura K, che è la curva gobba di quart' ordine e seconda specie, nella sua più generale definizione.

La curva K è dunque il luogo delle intersezioni degli elementi omologhi de' tre fasci proiettivi:

$$(ABCD)(p, q, r \ldots), \quad A(p, q, r \ldots), \quad A'(p, q, r \ldots).$$

La retta C incontri l' iperboloide I ne' punti c, c'; le rette B, D, essendo appoggiate alla generatrice A, incontreranno la stessa superficie in due punti b, d: uno per ciascuna. Quindi, se si suppone dato l' iperboloide I, la curva K può risguardarsi come individuata da sette punti di esso: b, c, c', d, p, q, r. Ed è manifesto che, quando non sia dato a priori il sistema delle rette iperboloidiche che la curva dee segare tre volte, *per sette punti qualisivogliano di un iperboloide, si possono in generale descrivere, su di esso, due curve gobbe di quart'ordine e seconda specie.*

Osservo ancora che una curva siffatta, essendo del quart' ordine, incontra una superficie di terz' ordine, al più in dodici punti; dunque, se tredici punti della nostra curva appartengono ad una superficie del terz' ordine, la curva giace per intero su questa superficie.

Ciò premesso, ecco come può essere generata la curva di quart' ordine e seconda specie, giacente sopra un dato iperboloide I e passante per sette punti dati di esso: b, c, c', d, p, q, r. Fra le rette (generatrici) iperboloidiche che la curva dee segar tre volte, scelgansene ad arbitrio due: A, A'. Sia C la retta che unisce c, c' (due qualunque de' punti dati); e siano B, D le rette appoggiate su A e C e passanti rispettivamente per b, d (altri due de' punti dati). Il quadrilatero storto ABCD e la retta A' si assumano come basi di due fasci proiettivi d' iperboloidi e di piani, determinando tre coppie di superficie corrispondenti mediante i punti p, q, r. Questi due fasci genereranno una superficie di terz' ordine che passerà per la curva richiesta, giacchè contiene tredici de' suoi punti: i sette dati ed i sei appartenenti alle rette A, A'. La curva richiesta sarà dunque l' intersezione di questa superficie del terz'ordine coll' iperboloide, astrazion fatta dalle rette A, A' comuni alle due superficie; ossia, essa sarà il luogo de' punti in cui si segano, a tre a tre, le superficie corrispondenti ne' tre fasci proiettivi:

$$(ABCD)(p, q, r \ldots), \quad A(p, q, r \ldots), \quad A'(p, q, r \ldots).$$

§ 5.

Ma nella definizione e nella generazione della curva K di quart'ordine e seconda specie, ad una superficie *generale* di terz' ordine se ne può sostituire un' altra assai più semplice, benchè dello stesso ordine. Ed in vero, assumiamo la retta A (cioè una qualunque delle rette iperboloidiche, che la curva dee segare tre volte) e la retta C (cioè la retta che unisce due de' sette punti dati), come assi di due fasci proiettivi di piani, il primo doppio involutorio, il secondo semplice. Cioè, il primo fascio sia formato di coppie di piani in involuzione; ed i piani del secondo fascio corrispondano, ad uno ad uno, anarmonicamente alle coppie di piani del primo. Le cinque paia d'elementi omologhi (ciascun paio essendo costituito da un piano del secondo fascio e da uno de' due corrispondenti piani del primo), necessarie per stabilire tale proiettività o corrispondenza anarmonica, si conducano per gli altri cinque punti dati della curva. Le rette intersezioni de' piani corrispondenti ne' due fasci formano una superficie gobba del terzo grado, per la quale la retta A è la direttrice *doppia* e C è la seconda direttrice*).

Questa superficie passa pei sette punti dati della curva richiesta ed inoltre pei tre punti, in cui questa incontra la retta A: dieci punti in tutto. Ma ciascuno degli ultimi tre punti è *doppio* sulla superficie di terzo grado, epperò dee contare per due intersezioni colla curva. I dieci punti equivalgono così a tredici intersezioni: dunque, la curva giace per intero sulla superficie anzidetta, Dnnque:

La curva gobba di quart' ordine e seconda specie si può sempre considerare come l' intersezione d' un iperboloide con una superficie gobba di terzo grado, che abbia per direttrice doppia una retta appoggiata alla curva in tre punti **).

Ossia:

Per la curva gobba di quart' ordine e seconda specie, per una retta che la incontri tre volte, e per un'altra retta appoggiata alla curva in due punti, si può far passare una superficie gobba di terzo grado.

Se le due rette s'incontrano, la qual cosa non può avvenire che sulla curva (senza di che, esse determinerebbero un piano segante la curva in cinque punti), la superficie di terz' ordine diviene un cono (§ 17).

Ed ancora:

Il luogo delle intersezioni de' piani omologhi in tre fasci projettivi di piani, il primo semplice, il secondo doppio involutorio, il terzo omografico al secondo, è una curva gobba di quart' ordine e seconda specie, che si appoggia in due punti sull'asse del primo fascio ed in tre punti sull'asse di ciascuno degli altri due fasci.

---

*) Vedi la mia memoria *Sulle superficie gobbe del terz'ordine* (Atti del R. Istituto Lombardo, Milano 1861). [Queste Opere, n. **27**].

**) Analogamente, la sviluppabile di quarta classe e seconda specie può risguardarsi come l'inviluppo de' piani tangenti comuni ad un iperboloide e ad una superficie gobba di terzo grado, che abbia per direttrice non doppia una generatrice dell'iperboloide, per la quale debbano passare tre piani tangenti della sviluppabile.

Infatti, il secondo ed il terzo fascio generano un iperboloide, mentre il primo ed il secondo (ovvero il primo ed il terzo) generano una superficie gobba di terzo grado, avente per retta doppia una generatrice dell' iperboloide.

Reciprocamente: ogni curva gobba di quart' ordine e seconda specie ammette tale modo di generazione.

§ 6.

Suppongo ora che l' iperboloide I non sia dato a priori, e si domandi la curva gobba di quart' ordine e seconda specie che passi per sette punti a, b, c, d, e, f, g dati nello spazio e seghi tre volte una data retta A passante per g. Se si comincerà dal costruire l' iperboloide, che passa per la retta A e pe' sei punti $a, b \dots f$, il problema sarà ridotto a quello trattato precedentemente. Vediamo adunque, come si costruisca l' iperboloide I determinato da tali condizioni.

Pei cinque punti $a, b \dots e$ si può far passare una cubica gobba, che incontri due volte la retta A *). A tal uopo, si costituiscano i due fasci omografici di piani

$$A(c, d, e \dots), \qquad ab(c, d, e \dots),$$

i quali generano un iperboloide passante per le rette A, ab e pei punti c, d, e; questa superficie, avendo sette punti comuni colla cubica richiesta, passa per essa.

Forminsi poi i due fasci omografici di piani:

$$A(b, d, e \dots), \qquad ac(b, d, e \dots),$$

i quali danno luogo ad un secondo iperboloide che, analogamente al primo, passa per la cubica gobba di cui si tratta. Questa curva è dunque l' intersezione de' due iperboloidi che hanno in comune la retta A, ossia essa è il luogo de' punti comuni a tre piani corrispondenti ne' tre fasci omografici:

$$A(a, b, c, d, e \dots), \qquad ab(a, b, c, d, e \dots), \qquad ac(a, b, c, d, e \dots).$$

Qui si noti che $ab(a)$ esprime il piano passante per ab e toccante la cubica gobba in a: piano, che si determina come corrispondente ad $A(a)$. Così dicasi di $ab(b)$, $ac(a)$, ecc.

Notiamo pure, di passaggio, che i due punti (reali o immaginari), in cui la cubica gobba incontra la retta A, si costruiscono assai facilmente, essendo essi i punti

*) Chasles, *Comptes rendus de l'Acad. des sciences* tom. XLV (10 août 1857).

doppi delle due divisioni omografiche formate sopra A dai due fasci, i cui assi sono *ab* ed *ac*.

Ora si consideri il punto f dato nello spazio, e si domandi la retta B, che parte da questo punto e va ad incontrar due volte la cubica gobba: retta che esiste sempre ed è unica, essendo essa la generatrice comune agli infiniti iperboloidi, che passano pel punto f e per la cubica. Se tale retta si suppone trovata, il fascio $B(a, b, c, d, e)$ riesce omografico al fascio $A(a, b, c, d, e)$. S'immagini dunque il cono di secondo grado passante per le quattro rette $f(a, b, c, d)$ e capace del rapporto anarmonico $A(a, b, c, d)$; ed analogamente, s'immagini il cono avente per generatrici le quattro rette $f(a, b, c, e)$ e capace del rapporto anarmonico $A(a, b, c, e)$. È evidente che la retta richiesta B dee trovarsi sopra entrambi questi coni, essa sarà dunque la loro quarta generatrice comune, dopo le tre $f(a, b, c)$. Questa retta si determina linearmente, senza presupporre effettuata la costruzione de' due coni.

Trovata così la retta B, se si assumono i fasci proiettivi:

$$A(a, b, c \ldots), \qquad B(a, b, c \ldots),$$

essi generano l'iperboloide I, che dee contenere la retta A ed i sei punti $a, b, \ldots f$.

Allora, la richiesta curva K di quart'ordine e seconda specie si conseguirà, introducendo un terzo fascio, per es. coll'asse ef, il quale, insieme col fascio di piani per A, generi una superficie gobba di terzo grado. Ben inteso che la proiettività fra questi due fasci non sia la semplice omografia, ma bensì tale che i piani del secondo fascio vengano accoppiati in involuzione, ed a ciascuna coppia corrisponda un solo piano del primo fascio.

La retta tangente in un punto qualunque m della curva K si ottiene costruendo il piano tangente, in m, all'iperboloide I ed il piano tangente, nel punto stesso, alla superficie gobba di terzo grado dianzi nominata *).

Trovata la tangente in m, si assuma come direttrice non doppia di una superficie gobba di terzo grado passante per la curva K, e la cui direttrice doppia sia per es. la retta A. Tale superficie sarà generata da due fasci proiettivi di piani, l'uno semplice intorno alla tangente, l'altro doppio involutorio intorno ad A. È evidente che quel piano del primo fascio, che corrisponde al piano Am del secondo, è osculatore alla curva gobba in m.

---

*) La costruzione del piano tangente in un punto dato d'una superficie gobba di terzo grado si trova nella mia memoria già citata *Sulle superficie gobbe del terz'ordine*.

§ 7.

Siano date sulla curva gobba K (di quart'ordine e seconda specie) e sopra una retta qualsivoglia R, due semplici serie proiettive di punti, tali cioè, che a ciascun punto dell'una corrisponda un punto nell'altra e reciprocamente. Cotali serie si possono ottenere così. Si assuma una retta A, appoggiata in tre punti alla curva K, come asse di un fascio di piani P, omografico ad una serie di punti data sulla retta R. Ogni piano P sega la curva gobba in un solo punto m, fuori dell'asse A; questo punto m della curva sarà il corrispondente di quel pnnto μ di R, che è omologo al piano P.

Di qual grado è la superficie gobba, luogo della retta $m\mu$, cioè della retta che unisce due punti corrispondenti nelle due date serie proiettive? Ossia, quante rette analoghe ad $m\mu$ sono incontrate da una retta arbitraria L?

Un punto qualunque μ, preso nella retta R, ha il suo corrispondente m sulla curva gobba; e se per m e per la retta L si conduce un piano, questo sega R in un punto μ'. Se invece si assume ad arbitrio il punto μ' in R, il piano condotto per esso e per L sega K in quattro punti m, ai quali corrispondono altrettanti punti μ in R. Dunque, variando nella retta R simultaneamente μ e μ', ad ogni punto μ corrisponde un solo μ', ma ad ogni μ' corrispondono quattro punti μ. Ossia, μ genera un'involuzione di quart'ordine *), mentre μ' genera una semplice serie proiettiva all'involuzione medesima. Vi saranno dunque cinque punti μ' ciascuno de' quali coincide con uno de' corrispondenti μ. Ma quando ha luogo tale coincidenza, la retta $m\mu$ è una generatrice della superficie di cui si tratta; dunque, *la superficie richiesta è del quinto ordine* }e di genere zero{.

Queste conclusioni stanno, comunque sia situata la retta R, rispetto alla curva

---

*) Se in un piano si ha un fascio di curve d'ordine n, passanti per gli stessi n^2 punti, esse segano una retta arbitraria L in una serie di punti aggruppati ad n ad n: ogni gruppo essendo formato dalle intersezioni di L con una stessa curva del fascio. Tale serie di gruppi di punti denominasi *involuzione* d'ordine n.

Un secondo fascio di curve d'ordine n' determina su L un'altra involuzione d'ordine n'. Se i due fasci sono projettivi, tali sono pure le due involuzioni, cioè i gruppi dell'una corrispondono anarmonicamente ai gruppi dell'altra. Vi sono $n+n'$ punti di L, in ciascun de' quali sono riuniti due punti appartenenti a due gruppi corrispondenti. Tali $n+n'$ punti sono quelli in cui la retta L sega la curva d'ordine $n+n'$, luogo delle intersezioni delle curve omologhe ne' due fasci projettivi dati (Jonquières: *Annali di Matematica,* Roma 1859). [35]

Nella ricerca superiore si ha $n=4$, $n'=1$.

gobba K. Se queste linee non hanno alcun punto comune, ogni piano condotto per R sega K in quattro punti; e la sezione fatta da quel piano nella superficie di quint'ordine consta della retta (direttrice) R e delle quattro rette (generatrici) che uniscono quei quattro punti di K ai loro corrispondenti in R. Dunque, in tal caso, R è una retta *semplice* (non multipla) per la superficie di quint'ordine. {Vi è una curva doppia del 6.° ordine}.

Se R ha un punto a comune con K, ogni piano condotto per R sega la curva in altri tre punti, i quali, uniti ai loro corrispondenti in R, danno altrettante generatrici della superficie di quint'ordine. La quarta generatrice è la retta che unisce il punto a della curva K al corrispondente α di R, epperò coincide colla stessa R. In questo caso, adunque, la retta R è *doppia* sulla superficie di quint'ordine. Ossia, in ogni punto μ di R, questa superficie ha due piani tangenti: l'uno è il piano determinato da R e dalla generatrice $m\mu$; l'altro, costante qualunque sia μ, è il piano passante per R e per la retta tangente in a alla curva gobba K.

Ma se il punto α coincide con a, cioè se nelle due serie proiettive date il punto a corrisponde a sè medesimo, allora è evidente che ogni retta condotta per a, nel piano che ivi tocca K e passa per R, soddisfà alla condizione di unire un punto di K col corrispondente di R; quindi la superficie di quint'ordine si decomporrà nel piano anzidetto ed in una superficie del quart'ordine, per la quale R è una retta semplice. Ogni piano condotto per R sega la superficie secondo tre generatrici: i tre punti in cui queste si segano a due a due, sono punti doppi della superficie di quart'ordine. Dunque, questa ha, per curva doppia, una cubica gobba incontrata due volte da ciascuna generatrice.

Suppongasi ora R appoggiata in due punti a, a' alla curva K e siano α, α' i corrispondenti punti di R. La retta R è tripla per la superficie di quint'ordine, tenendo essa luogo di direttrice e di due generatrici $a\alpha, a'\alpha'$.

Se α coincide con a, la superficie riducesi al quart'ordine colla retta doppia R ed una conica doppia [36]. Se anche α' coincide con a', si ottiene una superficie di terzo grado, avente R per direttrice semplice, ed inoltre un'altra direttrice rettilinea che è doppia.

Da ultimo, supponiamo R passante per tre punti a, a', a'' della curva K; ed a questi punti della curva gobba corrispondano nella retta R i punti $\alpha, \alpha', \alpha''$. Se ciascuno di questi tre punti è distinto dal suo corrispondente, R tien luogo di direttrice e di tre generatrici $a\alpha, a'\alpha', a''\alpha''$, epperò essa è una retta quadrupla per la superficie di quint'ordine.

Se α coincide con a, avremo una superficie di quart'ordine colla retta tripla R.

Se inoltre α' coincide con a', la superficie è del terz' ordine colla retta doppia R. In questo caso, la superficie non ha altra direttrice rettilinea, distinta da R. In ogni punto μ di R, la superficie è toccata da due piani; l'uno, variabile, è determinato da R e dalla generatrice μm; l'altro, costante, è il piano che passa per R e tocca in a'' la curva gobba K *).

Se anche α'' coincide con a'', abbiamo una superficie del second' ordine, cioè l'iperboloide I passante per la curva K.

È ovvio che, eccettuato il caso nel quale R è una retta quadrupla, la superficie di quint' ordine ha, oltre R, una linea doppia, la quale è del sesto o del terz' ordine o una retta, secondo che R sia semplice, doppia o tripla sulla superficie [37]. Tale linea doppia è il luogo de' punti, in cui s' incontrano a due a due le generatrici che si ottengono segando la superficie con un piano mobile intorno ad R.

Per tal guisa, un solo e semplice problema, ci ha condotti a varie superficie gobbe di quinto, quarto e terz' ordine, passanti per la curva gobba di quart' ordine e seconda specie.

§ 8.

Data la curva gobba K e date due rette R, R', quale è il grado della superficie gobba, luogo di una retta che si muova appoggiandosi alle tre direttrici K, R, R'? Assunta una retta arbitraria L, cerchiamo quante generatrici della richiesta superficie siano incontrate da L, ossia quante rette vi abbiano che incontrino le quattro linee K, R, R', L. Le rette appoggiate alle tre linee R, R', L formano un iperboloide, il quale, se le date rette R, R' non hanno punti comuni colla curva gobba K, è da questa incontrato in otto punti. Dunque, la richiesta superficie è dell'ottavo grado. Per essa, la curva K è semplice, perchè da ogni punto di questa curva parte una sola retta che incontri R ed R'. Ma queste due direttrici rettilinee sono quadruple sulla superficie dell' ottavo grado, perchè il piano condotto, a cagion d'esempio, per un punto di R e per la retta R' sega la curva gobba in quattro punti.

*) In generale, una superficie gobba del terzo grado può risguardarsi, come il luogo delle rette che uniscono i punti omologhi di due semplici serie projettive, l'una di punti d'una retta R, l'altra di punti d'una conica C. Se R e C non hanno alcun punto comune, la superficie ha un'altra direttrice (doppia), che è una retta appoggiata in un punto alla conica C (vedi la mia memoria *Sur quelques propriétés* etc. nel tomo LVIII del giornale matematico di Berlino [Queste Opere, n. **24**]). Ma se R e C hanno un punto comune, le due direttrici rettilinee coincidono in R, che è in tal caso la retta doppia. Veggasi, a questo proposito, la nota *Sur les surfaces gauches du troisième ordre*, che uscirà fra breve nello stesso giornale succitato.

Ogni punto comune alla curva K e ad una delle direttrici rettilinee diminuisce di un' unità il grado della superficie. Per es., se entrambe le rette R, R′ incontrano K in due punti, la superficie è del quarto grado e per essa le rette date sono *doppie*.

Invece, se R incontra K in tre punti, mentre R′ non abbia con questa curva che due punti comuni, la superficie è, come si è già trovato altrimenti (§ 5), del terz' ordine· R è la retta doppia, ed R′ è la seconda direttrice.

Se R ed R′ sono entrambe appoggiate a K in tre punti, si ottiene una superficie di secondo grado, cioè quell' unico iperboloide che passa per la data curva gobba di quart' ordine e seconda specie.

§ 9.

Cerchiamo di quale grado sia la superficie generata dal movimento di una retta, che debba incontrar due volte la curva gobba K ed una volta una data retta R. Da ogni punto di questa retta partono tre rette, che vanno ad incontrar due volte la curva gobba *), cioè tre generatrici della superficie di cui si tratta. Dunque, la retta R sarà tripla su questa superficie. Ogni piano menato per R incontra la curva gobba in quattro punti che uniti a due a due danno sei generatrici. La sezione fatta da quel piano, nella superficie, consta di queste sei generatrici e della retta tripla R; dunque, la superficie è del nono ordine. Per essa, la curva K è tripla, perchè il piano condotto per un punto qualunque m di K e per R incontra la curva in altri tre punti m_1, m_2, m_3, onde da m partono tre generatrici $m(m_1, m_2, m_3)$ della superficie. Questa ha inoltre una curva doppia del terz' ordine, che è il luogo dei punti in cui si segano le coppie di lati opposti del quadrangolo completo $mm_1 m_2 m_3$.

Se la retta R incontra la curva K in un punto o, la superficie di nono ordine si risolve nel cono di terz' ordine che ha il vertice in o e passa per K (§ 17), ed in una superficie di sesto grado, per la quale la curva K è doppia e la retta R è tripla.

Se R incontra K in due punti o, o', la superficie di nono ordine si decompone ne' due coni prospettivi alla curva gobba, i cui vertici sono o, o', ed in una superficie di terzo grado per la quale R è la retta doppia.

Finalmente, se R è appoggiata alla curva K in tre punti, la superficie di nono ordine consta de' tre coni aventi i vertici in quei punti e passanti per la curva gobba.

Nel caso che la retta R sia appoggiata in due punti o, o' alla curva K, il risultato può enunciarsi così:

Se intorno ad una retta appoggiata alla curva gobba di quart'ordine e seconda specie

---

*) Questa asserzione sarà dimostrata in seguito al § 16.

in due punti, si fa girare un piano che seghi la curva in altri due punti, la retta che unisce questi due punti ha per luogo una superficie di terzo grado, la cui direttrice doppia è la retta data.

Le due generatrici dell' iperboloide I, passanti per o, o' ed appoggiate alla curva K in due altri punti formano, insieme con questa curva, la completa intersezione dell' iperboloide colla superficie gobba di terzo grado, di cui si tratta.

Osserviamo che le coppie di punti, in cui la curva K è incontrata dalle singole generatrici di questa superficie di terzo grado, ossia dai piani condotti per la data retta R, sono in involuzione; vogliam dire, i piani determinati da quelle coppie di punti e da una retta fissa appoggiata alla curva K in tre punti, sono in involuzione.

Reciprocamente: se sulla curva K sono date più coppie di punti in involuzione, le rette congiungenti i punti coniugati sono incontrate tutte da una medesima retta, appoggiata alla curva gobba in due punti, epperò formano una superficie di terzo grado. Siccome l' involuzione è determinata da due coppie di punti coniugati m, m' ed n, n', così basterà dimostrare che le rette mm', nn' sono incontrate da una medesima retta appoggiata alla curva gobba in due punti. Se intorno alla retta mm' si fa girare un piano che seghi di nuovo la curva K in due punti, questi generano un' involuzione. Così pure, facendo girare intorno ad nn' un piano, si otterrà una seconda involuzione. Le due involuzioni hanno, com' è noto, una coppia comune di punti coniugati (reali o immaginari), epperò la retta (reale) che li unisce è appoggiata ad entrambe le mm', nn'; c. d. d.

§ 10.

Sia dato l' iperboloide I e su di esso la curva gobba K di quart' ordine e seconda specie. Una retta A (generatrice dell' iperboloide) appoggiata in tre punti a questa curva, si assuma come direttrice doppia di una superficie gobba di terzo grado, del resto arbitraria. Essa segherà l' iperboloide, lungo un'altra curva gobba di quart'ordine e seconda specie, ed incontrerà la curva data in dodici punti; ma tre di essi sono nella retta doppia A, i quali contano come sei intersezioni; dunque:

Quando due curve gobbe di quart'ordine e seconda specie, tracciate sullo stesso iperboloide, incontrano, ciascuna in tre punti, una stessa generatrice di esso, le due curve si segano in sei punti.

Ossia:

Due superficie gobbe di terzo grado aventi la stessa retta doppia ed un iperboloide passante per questa retta hanno, all' infuori di essa, sei punti comuni.

Se, invece della retta A, prendiamo, come retta doppia della superficie di terzo grado, una generatrice dell' iperboloide appoggiata alla curva K in un solo punto, avremo evidentemente:

Quando due curve gobbe di quart' ordine e seconda specie, tracciate sullo stesso iperboloide, incontrano, l'una in tre punti e l'altra in un solo punto, una medesima generatrice di quello, le due curve si segano in dieci punti.

Per la generatrice A dell' iperboloide I, appoggiata alla curva K in tre punti, s' immagini condotto un altro iperboloide; questo segherà il primo lungo una cubica gobba, ed incontrerà la curva data in otto punti, tre de' quali sono nella retta A; dunque:

Quando una cubica gobba, ed una curva gobba di quart' ordine e seconda specie, tracciate sopra uno stesso iperboloide, incontrano, ciascuna in un punto solo, una medesima generatrice di quello, le due curve si segano in cinque punti.

Ossia:

Due iperboloidi aventi una generatrice comune, ed una superficie gobba di terzo grado, per la quale quella generatrice sia la retta doppia, hanno, all'infuori di essa, cinque punti comuni.

Invece, se il secondo iperboloide si fa passare per una generatrice del primo, appoggiata alla curva K in un punto solo, si avrà:

Quando una cubica gobba ed una curva gobba di quart' ordine e seconda specie, tracciate sullo stesso iperboloide, incontrano, l'una in due punti e l'altra in un solo, una medesima generatrice di quello, le due curve hanno sette punti comuni.

§ 11.

Le generatrici dell' iperboloide I, del primo sistema, segano la curva K in tre punti. Si può domandare, se vi sia alcuna di quelle generatrici, per la quale due di quei tre punti siano riuniti in un solo; cioè, se vi sia alcuna generatrice dell' iperboloide I, tangente alla curva gobba. A tal uopo, osserviamo che i punti della curva, essendo distribuiti a tre a tre in linea retta, formano un' involuzione del terz' ordine. Una tale involuzione ha quattro punti doppi, cioè, vi sono quattro gruppi o terne in ciascuna delle quali due punti sono riuniti *); dunque:

---

*) Vedi la *nota* a pag. 290. In un fascio di curve d'ordine n, ve ne sono in generale $2(n-1)$ che toccano una data retta L. Dunque, un' involuzione d'ordine n ha $2(n-1)$ elementi doppi.

Vi sono quattro generatrici dell'iperboloide I *passante per la curva gobba di quart'ordine e seconda specie, che sono tangenti alla curva stessa.*

In seguito, designeremo con T una qualunque di queste quattro generatrici tangenti; con t il punto in cui essa è tangente alla curva gobba, e con t' il punto in cui è semplicemente segante.

Ogni altra tangente della curva K, essendo anche tangente all'iperboloide I, non incontra questa superficie in altri punti, oltre quello di contatto; dunque, la superficie sviluppabile V osculatrice della curva K, cioè il luogo delle tangenti alla curva data, ha in comune coll'iperboloide esclusivamente la curva stessa e le quattro generatrici T. La curva K è semplice per l'iperboloide, ed è cuspidale per la sviluppabile; per la qual cosa dee contar due volte nell'intersezione delle due superficie. Questa intersezione equivale dunque complessivamente ad una linea del dodicesimo ordine; quindi:

La sviluppabile osculatrice della curva gobba di quart'ordine e seconda specie è del sesto ordine.

Ossia:

Una retta qualsivoglia incontra sei tangenti della curva gobba di quart'ordine e seconda specie.

Od anche:

Per una retta arbitraria si possono condurre sei piani tangenti alla curva gobba di quart'ordine e seconda specie.

È evidente che in ciascuno de' quattro punti t l'iperboloide e la sviluppabile V hanno un contatto di second'ordine, onde ciascuno de' quattro piani osculatori alla curva ne' punti t conterà per tre piani tangenti comuni alle due superficie. Ed è anche evidente che queste non possono avere altri piani tangenti comuni. Dunque, il numero de' piani tangenti comuni alle due superficie, ossia il prodotto de' numeri esprimenti le loro rispettive *classi* è *dodici;* epperò:

La sviluppabile osculatrice della curva gobba di quart'ordine e seconda specie è della sesta classe.

Ossia:

Per un punto preso arbitrariamente nello spazio passano sei piani osculatori della curva gobba di quart'ordine e seconda specie.

La sviluppabile osculatrice ha inoltre l'importante proprietà d'essere circoscritta ad una superficie di second'ordine. Per dimostrarlo, convien premettere alcune ricerche, che formeranno l'oggetto del seguente paragrafo.

§ 12.

Lemma. Quattro punti in linea retta, a, b, c, d, danno luogo a tre rapporti anarmonici *fondamentali:*

$$(abcd)=\frac{ac}{cb}:\frac{ad}{db}\,,\qquad (acdb)=\frac{ad}{dc}:\frac{ab}{bc}\,,\qquad (adbc)=\frac{ab}{bd}:\frac{ac}{cd}\,;$$

gli altri tre rapporti anarmonici $(abdc)$, $(acbd)$, $(adcb)$, che si possono formare con que' quattro punti, sono i reciproci de' tre superiori.

Quando due di quei tre rapporti anarmonici siano eguali, anche il terzo è eguale ai primi due. Ciò riesce evidente, osservando che, se si pone

$$(abcd)=r\,,$$

si ha

$$(acdb)=\frac{1}{1-r}\,,\qquad (adbc)=\frac{r-1}{r}\,.$$

Ora suppongansi dati sopra una retta i tre punti a, b, c; ed assunto ad arbitrio (nella retta) un punto m, si determini un punto m', per modo che il rapporto anarmonico $(abcm)$ sia eguale a quest' altro $(acm'b)$ o, ciò che è lo stesso, a $(cabm')$. Variando insieme m, m', questi punti generano due divisioni omografiche, nelle quali ad a, b, c, m corrispondono ordinatamente c, a, b, m'. Se d è uno de' due punti doppi di queste divisioni omografiche, il sistema de' quattro punti a, b, c, d avrà i suoi tre rapporti anarmonici (fondamentali) eguali fra loro.

Se i tre punti dati sono tutti reali, i due punti doppi sono immaginari. Ma questi sono reali, quando due de' tre punti dati siano immaginari coniugati. Inoltre è ovvio che, se due de' punti dati coincidono in un solo, in questo coincidono anche i due punti doppi.

In conseguenza delle cose esposte nel § 2, quanto qui è detto per punti in linea retta, sussiste per punti della curva gobba K.

Ciò premesso, domandiamo di qual classe sia la superficie, inviluppo di un piano segante la curva K in quattro punti (due de' quali immaginari), i cui tre rapporti anarmonici siano eguali *). Quanti di tali piani passano per una retta qualunque, per es. per una retta appoggiata alla curva gobba in tre punti a, b, c? Secondo il lemma premesso, i tre punti a, b, c determinano due punti, ciascuno de' quali forma con a, b, c

*) Ossia: i cui rapporti anarmonici siano le radici cubiche immaginarie dell' *unità* cambiate di segno. [38]

un sistema avente i rapporti anarmonici eguali. Dunque, la richiesta superficie è di seconda classe, epperò anche di second'ordine. E siccome, se due de' quattro punti (in cui la curva K è segata da uno de' piani che si considerano) coincidono in un solo, ivi cade anche uno degli altri due, così i piani osculatori della curva gobba sodisfanno alla condizione richiesta pei piani, di cui abbiamo cercato l'inviluppo. Cioè:

L'inviluppo di un piano segante la curva gobba di quart'ordine e seconda specie, in quattro punti aventi i tre rapporti anarmonici eguali, è una superficie di secondo grado, inscritta nella sviluppabile osculatrice della curva data.

Quale è la classe della superficie, inviluppo di un piano che seghi la curva K in quattro punti armonici? Cerchiamo quanti di tali piani passino per una retta qualunque, per es. per una retta A appoggiata in tre punti a, b, c alla curva gobba. Sia d il punto della curva K coniugato armonico di a, rispetto ai due b, c; similmente sia e il coniugato di b, rispetto ai due c, a, e sia f il coniugato di c, rispetto ai due a, b. Evidentemente i soli piani che passino per la retta A e seghino armonicamente la curva data sono $A(d, e, f)$. Dunque, l'inviluppo richiesto è della terza classe.

Quando fra quattro punti armonici, due coniugati coincidono, ivi coincide anche uno degli altri due; dunque, fra i piani che segano armonicamente la curva gobba, sono da contarsi anche i suoi piani osculatori; ossia:

L'inviluppo di un piano, che seghi la curva gobba di quart'ordine e seconda specie in quattro punti armonici, è una superficie di terza classe, inscritta nella sviluppabile osculatrice della curva data.

Per tal modo, la sviluppabile osculatrice della curva K ci si presenta, come inviluppo de' piani tangenti comuni alla superficie di terza classe toccata dai piani che segano armonicamente la curva, ed alla superficie S di secondo grado inviluppata dai piani, ciascun de' quali sega la curva in quattro punti aventi i tre rapporti anarmonici eguali.

Per ogni generatrice rettilinea della superficie di secondo grado S, passano tre piani tangenti alla superficie di terza classe; questi tre piani, essendo tangenti ad entrambe le superficie, sono osculatori alla curva K. Reciprocamente, ogni retta, per la quale passino tre piani osculatori della curva K, dee giacere per intero sulla superficie S; dunque:

La superficie di secondo grado, inviluppata dai piani che segano in quattro punti a rapporti anarmonici eguali la curva gobba di quart'ordine e seconda specie, è il luogo delle rette, per ciascuna delle quali passano tre piani osculatori della curva data.

Ossia:

Ogni piano segante la curva gobba di quart'ordine e seconda specie, in quattro punti a rapporti anarmonici eguali, contiene due rette, per ciascuna delle quali passano tre piani osculatori della curva.

Od anche:

Se per una retta, che sia l'intersezione di tre piani osculatori della curva gobba di quart'ordine e seconda specie, si conduce un piano arbitrario, questo sega la curva in quattro punti, i tre rapporti anarmonici de' quali sono eguali fra loro.

Siano M, M′ le due generatrici rettilinee della superficie S, poste in un piano osculatore qualunque della curva K, e sia G la generatrice della sviluppabile V, posta nel piano medesimo. Siccome questo piano dee toccare in uno stesso punto le due superficie S e V, così il punto comune alle M, M′ apparterrà a G. Questo punto appartiene anche alla curva di contatto fra le due superficie; e la tangente a questa curva in quel punto è, secondo il teorema di DUPIN, coniugata a G, ossia è la coniugata armonica di G rispetto alle M, M′.

La curva di contatto è, per la teorica di PONCELET, polare reciproca della sviluppabile V, rispetto alla superficie di secondo grado S. Ne segue che la detta curva è del sesto ordine, che la sviluppabile formata dalle sue tangenti è pure del sesto ordine, ecc.

§ 13.

Immaginiamo segata la sviluppabile V osculatrice della curva gobba K da un piano qualsivoglia P. Questo sega le generatrici ed i piani tangenti della sviluppabile in punti e rette, che sono i punti e le tangenti della curva d'intersezione della sviluppabile medesima col piano. Quindi, questa curva sarà del sesto ordine e della sesta classe, appunto come la sviluppabile, ed avrà quattro cuspidi ne' punti in cui il piano P incontra la curva cuspidale K. Se adunque, nella prima formola di PLÜCKER, si pone $m=m'=6$ ed $s=4$, ne ricaviamo $d=6$. Ciò significa che:

Un piano arbitrario contiene sei punti, ciascun de' quali è l'intersezione di due rette tangenti alla curva gobba di quart'ordine e seconda specie.

Ossia:

I punti, in cui si segano a due a due le tangenti non consecutive della curva gobba di quart'ordine e seconda specie, formano sulla sviluppabile osculatrice una curva doppia o nodale D *del sest'ordine.*

Per $m=d=6$, $s=4$, la terza formola di PLÜCKER dà $s'=4$, cioè la curva nel piano P ha quattro tangenti stazionarie. Una tangente stazionaria nella curva d'intersezione è la traccia, sul piano P, d'un piano tangente stazionario della sviluppabile, cioè d'un piano che ha colla curva K un contatto di terz'ordine ed oscula la sviluppabile V lungo tutta una generatrice (d'inflessione). Dunque:

La sviluppabile osculatrice della curva gobba di quart'ordine e seconda specie ha quattro generatrici d'inflessione.

Ossia:

La curva gobba di quart' ordine e seconda specie ha quattro punti, ne' quali i piani osculatori rispettivi hanno colla curva un contatto di terz' ordine.

Per $m=m'=6$, $s'=4$, la seconda formola di Plücker dà $d'=6$, cioè la curva d'intersezione nel piano P ha sei tangenti doppie. Una tangente doppia è: o la traccia di un piano che tocchi la sviluppabile lungo due generatrici diverse; ovvero la intersezione di due piani tangenti distinti. Ora la nostra sviluppabile non può ammettere un piano tangente doppio: un tal piano osculerebbe la curva cuspidale K in due punti, il che equivale a segarla in sei punti: cosa impossibile per una curva del quart'ordine. Dunque:

Un piano arbitrario contiene sei rette, ciascuna delle quali è l' intersezione di due piani osculatori della curva gobba di quart' ordine e seconda specie.

Supponiamo ora che il piano segante P sia condotto ad arbitrio per una generatrice G della sviluppabile osculatrice; la sezione sarà composta di quella generatrice e di una curva di quint' ordine e sesta classe. Questa curva avrà due cuspidi, perchè il piano P, essendo tangente alla curva K, la sega in due soli punti fuori della retta G.

Quindi, facendo $m=5$, $m'=6$, $s=2$, nelle formole di Plücker, avremo $d=4$, $s'=5$, $d'=5$. Qui abbiamo un flesso di più che nel caso generale: esso è il punto in cui la retta G tocca la curva di quint' ordine (ed anche la curva gobba K).

I sei punti, in cui la curva doppia D è segata dal piano P, sono i quattro punti doppi della curva piana di quint' ordine, ed i due punti in cui questa è intersecata dalla sua tangente stazionaria G. Di qui deduciamo che:

Ogni retta tangente della curva cuspidale K *incontra due volte la curva doppia* D.

Ossia:

Ogni tangente della curva gobba di quart' ordine e seconda specie incontra due altre tangenti della stessa curva.

Due tangenti della curva K, che s' incontrino, determinano un piano che è doppiamente tangente alla curva medesima. La sezione fatta da un tal piano, nella sviluppabile V, consterà delle due tangenti suddette e di una curva del quart' ordine e della sesta classe. Questa curva non può avere cuspidi, perchè un piano tangente alla curva K in due punti diversi, non può incontrare questa curva in alcun altro punto. Dalle formole di Plücker deduciamo poi, che la curva d' intersezione ha sei flessi, tre punti doppi e quattro tangenti doppie.

Consideriamo ora la sezione fatta nella sviluppabile osculatrice da un piano P che osculi la curva K in un punto g e la seghi in un punto g', epperò tocchi la sviluppabile medesima lungo una retta G, tangente a K in g. Nella sezione, la generatrice G conterà due volte; quindi, il piano P segherà la sviluppabile secondo una curva di quart'ordine, avente un cuspide in g'. Questa curva è della quinta classe, perchè per ogni punto d'un piano osculatore della curva K passano altri cinque piani osculatori.

Facendo $m=4$, $m'=5$, $s=1$, nelle formole di Plücker, ne deduciamo $d=2$, $s'=4$, $d'=2$.

Dunque, il piano P sega la curva doppia D in due soli punti fuori della retta G; e siccome la curva D è del sest'ordine, così ne segue che quel piano tocca questa curva ne' due punti, in cui è incontrata dalla retta G; cioè:

Ogni piano osculatore alla curva K *tocca in due punti distinti la curva doppia* D.

Ossia:

La sviluppabile osculatrice della curva K *è doppiamente tangente alla curva* D.

Dall'esser poi $d'=2$, segue che in ogni piano osculatore della curva K vi sono due rette, ciascuna delle quali è l'intersezione di due altri piani osculatori. Queste rette sono generatrici della superficie di second'ordine S, inscritta nella sviluppabile V (§ 12).

§ 14.

Finalmente, suppongasi che il piano segante P sia uno de' quattro piani stazionari. Siccome lungo la relativa generatrice G, il piano è osculatore alla superficie V, così la rimanente sezione è una curva del terz'ordine; e questa è della quarta classe, perchè un piano stazionario rappresenta due piani osculatori coincidenti. La curva medesima non può aver regressi, giacchè i quattro punti d'incontro della curva K col piano stazionario sono tutti riuniti in un solo. Vi saranno dunque tre flessi ed un punto doppio.

È notissimo che i tre flessi d'una curva piana di terz'ordine e quarta classe sono in linea retta. Nel nostro caso, i tre flessi sono i punti in cui il piano stazionario, che si considera, sega le generatrici d'inflessione poste negli altri tre piani stazionari. Dunque, le generatrici d'inflessione sono incontrate tutte e quattro da quattro rette, rispettivamente situate nei quattro piani stazionari. Perciò:

Le quattro tangenti della curva gobba di quart'ordine e seconda specie, situate ne' suoi piani osculatori stazionari, giacciono sopra uno stesso iperboloide.

Nel caso che consideriamo, la curva d'intersezione del piano P non ha tangenti doppie. Tuttavia questo piano, essendo tangente alla superficie S (§ 12), contiene due generatrici della medesima. Ma, siccome de' tre piani osculatori passanti per ciascuna di esse, due coincidono nel piano stazionario, così esse non sono tangenti doppie, ma tangenti ordinarie della curva d'intersezione.

Il punto g, ove la curva K ha un contatto del terz'ordine col piano stazionario P, è anche un punto della curva doppia D. Ed invero: nel punto g tre tangenti successive della curva K sono sovrapposte; quindi il punto g, come intersezione della prima colla terza tangente, appartiene alla curva doppia.

La generatrice d'inflessione G, dopo aver toccata la curva del terz'ordine, sezione fatta dal piano P nella sviluppabile V, va a segarla in un altro punto h; è questo il secondo punto, ove la curva D è incontrata dalla generatrice medesima; {e in esso la curva D sarà osculata dal piano P; perchè, siccome G conta come tre rette nella sezione completa, così il punto h conterà come tre punti doppi della sezione completa medesima}.

Nel caso generale d'un piano osculatore qualsivoglia (§ 13), questo sega la curva D in due punti situati nella generatrice posta in quel piano. Ma quando il piano osculatore è lo stazionario P, uno di que' due punti va a riunirsi con g; cioè il piano stazionario oscula la curva doppia in h, la tocca semplicemente in g, e la sega inoltre in un terzo punto, fuori della retta G. È quest'ultimo l'unico punto doppio, che abbiamo superiormente trovato nella curva di terz'ordine, sezione della sviluppabile V.

Dunque:

I punti in cui la curva K *è toccata dai suoi quattro piani osculatori stazionari sono anche punti della curva* D. *In essi, i piani stazionari della curva* K *sono tangenti alla curva* D. [[39]]

È poi facilissimo persuadersi che i quattro punti anzidetti sono anche quelli, ove i piani stazionari toccano la superficie di secondo grado S e quella superficie di terza classe che è inviluppata dai piani seganti armonicamente la curva K.

§ 15.

Oltre i punti di contatto de' quattro piani stazionari, le curve K e D hanno in comune i quattro punti t', ove la prima curva è segata dalle quattro tangenti T generatrici dell'iperboloide I (§ 11). Anzi, questi ultimi sono punti stazionari della curva D. Infatti: in t' concorrono tre tangenti di K, cioè la tangente in t', la tangente nel punto successivo (infinitamente vicino) a t' e la tangente (T) in t. I punti, in cui le prime due tangenti incontrano la terza appartengono alla curva D, in virtù della definizione di questa curva; dunque, t' rappresenta due punti successivi della curva D, ossia è un punto stazionario della medesima.

La curva D incontra l'iperboloide I ne' quattro punti di contatto della curva K coi piani stazionari e nei quattro punti t'. Ciascuno di questi ultimi conta come due intersezioni, perchè è un punto stazionario della curva doppia; dunque quegli otto punti equivalgono a dodici intersezioni. Essendo la curva D del sest' ordine, non può avere altri punti comuni coll'iperboloide, epperò le due curve K e D hanno in comune solamente gli otto punti accennati.

Dunque:

Le due curve K *e* D *si segano in otto punti; cioè ne' punti di contatto della curva* K *co' suoi piani stazionari e ne' punti in cui questa curva è segata dalle sue quattro tangenti, situate sull'iperboloide* I. *Gli ultimi quattro punti sono stazionari per la curva* D *).

Un piano qualunque, condotto per uno de' punti stazionari t', sega la curva D soltanto in altri quattro punti: dunque il cono, che ha il vertice in quel punto e passa per la curva D, è del quart' ordine. Per esso, le rette che uniscono quel punto stazionario agli altri tre, sono generatrici stazionarie. Ora, un cono di quart' ordine, dotato di tre generatrici stazionarie (cuspidali), non può avere alcun' altra generatrice multipla; dunque, *la curva* D *non può avere, oltre i suoi quattro punti stazionari, altri punti multipli.*

§ 16.

Passiamo ora a considerare i coni prospettivi alla data curva gobba K di quart'ordine e seconda specie.

Un pnnto o, preso ad arbitrio nello spazio, sia il vertice di un cono passante per la curva K. Questo cono è del quart' ordine, perchè ogni piano condotto per o, incontrando la curva K in quattro punti, sega il cono lungo le quattro rette che congiungono o a que' quattro punti.

Il cono è della sesta classe: infatti, ogni retta passante per o giace in sei piani tangenti alla curva K, epperò tangenti al cono medesimo (§ 11).

Il cono ha sei piani stazionari, tali essendo i sei piani osculatori, che da o si possono condurre alla curva data (§ 11).

Quindi, facendo nelle formole di Plücker (le quali sussistono pei coni come per le linee piane) $m=4$, $m'=6$, se ne ricava $d=3$, $s=0$, $d'=4$. Che dovesse essere $s=0$, si poteva prevedere dalla mancanza di cuspidi nella curva K.

Dall'essere $d=3$ segue, che il nostro cono ha tre generatrici doppie; e siccome le curva K non ha punti doppi, così:

Per un punto qualunque dello spazio passano tre rette, ciascuna delle quali incontra la curva gobba di quart' ordine e seconda specie in due punti.

---

*) Nei quattro punti t', le curve K e D hanno comuni i piani osculatori.

Essendo $d' = 4$, il cono ha quattro piani tangenti doppi, ossia:

Per un punto qualunque dello spazio passano quattro piani, ciascuno de' quali contiene due rette tangenti della curva gobba di quart' ordine e seconda specie.

Se il cono prospettivo vien segato da un piano qualunque non passante per o, si ha:

Posto l'occhio in un punto qualunque dello spazio, la prospettiva della curva K *è una linea piana del quart'ordine e della sesta classe con tre punti doppi, quattro tangenti doppie e sei flessi.*

Dalla teorìa delle curve piane di quart'ordine dotate di tre punti doppi *) è noto: che le sei tangenti ne' tre punti doppi toccano una stessa conica; che le sei rette, passanti pei punti doppi e toccanti altrove la curva sono tangenti di una seconda conica; che gli otto punti di contatto delle quattro tangenti doppie sono in una terza conica; e che i tre punti doppi sono le intersezioni delle coppie di lati opposti d'un quadrangolo completo, circoscritto al quadrilatero completo formato dalle tangenti doppie. Dunque:

Per un punto arbitrariamente dato nello spazio, passano tre rette, ciascuna appoggiata in due punti alla curva K. *I piani tangenti alla curva ne' sei punti d'appoggio, condotti dal punto dato, toccano uno stesso cono di secondo grado. Gli altri sei piani tangenti della curva, che passano per quelle tre rette medesime, due per ciascuna, toccano un altro cono di secondo grado.*

Per un punto dato ad arbitrio nello spazio, passano quattro piani, ciascuno de' quali tocca la curva K in due punti distinti. *Le rette, che congiungono il punto dato agli otto punti di contatto, giacciono sopra uno stesso cono di second'ordine.*

Le tre rette, che dal punto dato ponno condursi ad incontrar due volte la curva K, *sono le intersezioni delle coppie di facce opposte di un angolo quadrispigolo completo, circoscritto all'angolo tetraedro completo formato dai quattro piani tangenti doppi.*

§ 17.

Se il punto o è preso sull'iperboloide I, le tre rette che incontrano due volte la curva gobba K riduconsi ad una sola, cioè alla generatrice dell'iperboloide appoggiata alla curva in tre punti. Quindi, se si pone l'occhio in quel punto, la prospettiva della curva K è una linea piana del quart'ordine dotata di un punto triplo.

Il punto o sia preso sopra una retta G, tangente alla curva K in un punto g.

---

*) Cayley, *Cambridge and Dub. Math. Journal,* vol. V, pag. 150. — *Journal de M. Liouville,* t. XV, pag. 352. — Salmon, *Higher plane curves,* Dublin 1852, pag. 201, 202.

Questa retta tien luogo di una delle tre, incontranti due volte la curva gobba; dunque, il cono prospettivo avrà due generatrici doppie ed una cuspidale. Il cono è ancora del quart' ordine, ma della quinta classe, perchè una retta, condotta ad arbitrio per o, incontra, oltre G, soltanto cinque tangenti della curva K.

Le formole di Plücker danno poi $s' = 4$ e $d' = 2$; cioè, per o passano quattro piani osculatori e due piani doppiamente tangenti, oltre quelli che passano per la retta G.

Se il punto o è l'intersezione di due tangenti della curva K, il cono prospettivo avrà due generatrici cuspidali ed una doppia, epperò un piano tangente doppio e due piani stazionari. E, segandolo con un piano arbitrario, la prospettiva della curva K sarà una linea di quart' ordine e quarta classe, avente un punto doppio, due cuspidi, una tangente doppia e due flessi. Ora è noto *) che, in una tal curva, la retta che unisce i due flessi, quella che passa pei due cuspidi e la tangente doppia concorrono in uno stesso punto. E, pel principio di dualità, il punto d'incontro delle tangenti ne' cuspidi, quello comune alle due tangenti stazionarie ed il punto doppio sono in linea retta. Dunque:

Per un punto, che sia l'incontro di due tangenti della curva K *passano: una retta appoggiata alla curva in due punti, due piani osculatori* (oltre i due passanti per le tangenti date) *ed un piano contenente due altre tangenti. Quest' ultimo piano, quello delle due tangenti date ed il piano determinato dal punto dato e dai punti di contatto de' due piani osculatori, passano per una medesima retta. La retta appoggiata alla curva in due punti, la retta intersezione de' due piani osculatori che passano per le tangenti date e la retta comune agli altri due osculatori giacciono in uno stesso piano.*

Il punto o sia ora nella stessa curva K; il cono prospettivo sarà del terz' ordine, perchè ogni piano, condotto pel punto o della curva, la sega in altri tre punti, epperò sega il cono lungo tre generatrici. La generatrice dell' iperboloide I passante per o ed appoggiata in altri due punti alla curva gobba, è una generatrice doppia del cono; questo è dunque della quarta classe. Cioè:

La prospettiva della curva K, *quando l'occhio sia collocato sulla curva stessa, è, in generale, una linea del terz' ordine e della quarta classe.*

Una linea piana del terz' ordine dotata di punto doppio ha, com' è notissimo, tre flessi in linea retta, e questa retta è la polare armonica del punto doppio, rispetto al triangolo formato dalle tangenti stazionarie. Dunque:

Da un dato punto qualunque della curva gobba di quart' ordine e seconda specie si possono condurre tre piani che la osculino in altri punti. I tre punti di contatto ed il punto dato sono in uno stesso piano, il quale è, rispetto al triedro formato dai piani

*) Salmon, *Higher plane curves,* pag. 202.

osculatori, il polare armonico della retta che passa pel punto dato e sega in altri due punti la curva gobba.

Se l'occhio si pone in uno de' quattro punti t' (§ 11), il cono prospettivo avrà una generatrice cuspidale T, in luogo della generatrice doppia, epperò sarà della terza classe. Dunque:

Per la curva gobba di quart'ordine e seconda specie passano quattro coni di terz'ordine e terza classe.

§ 18.

Prima d'abbandonare l'argomento de' coni prospettivi alla curva K, ricerchiamo di quali linee si componga la completa intersezione di due coni, passanti per la curva ed aventi i vertici in due punti qualunque o, o' della medesima. I due coni sono del terz'ordine, epperò la loro completa intersezione dev'essere del nono ordine. Essi hanno in comune la curva gobba K e la retta oo'; dunque si segheranno lungo un'altra curva del quart'ordine. È pur questa una curva di seconda specie, ovvero è dessa l'intersezione di due superficie di secondo grado?

Per risolvere il quesito, immagino la retta A, che passa per o e s'appoggia in altri due punti alla curva data, e per questa retta conduco un piano qualunque P, il quale incontrerà l'intersezione completa de' due coni in nove punti. La sezione fatta dal piano P, nel cono di vertice o', è una linea del terz'ordine passante per o; mentre l'altro cono è segato lungo la sua generatrice doppia A, e lungo un'altra retta uscente da o. Dunque, le sezioni de' due coni hanno, all'infuori della retta A, due soli punti comuni, uno de' quali sarà il quarto punto di segamento della curva K col piano P.

Da ciò segue che la seconda curva di quart'ordine, comune ai due coni, è incontrata da qualunque piano, passante per A, in un solo punto esterno a questa retta, cioè questa retta ha colla curva tre punti comuni. Dunque:

Due coni di terz'ordine, passanti per una curva gobba di quart'ordine e seconda specie, ed aventi i vertici su di essa, hanno in comune un'altra curva di quart'ordine e seconda specie, posta sopra un iperboloide, che passa per le due generatrici doppie dei coni.

Tuttavia, se i vertici o, o' de' due coni fossero situati sopra una retta A, incontrante la curva K in un terzo punto o'', i coni avrebbero questa retta per generatrice doppia comune, il che equivale ad avere in comune una linea del quart'ordine. Inoltre, i due coni sono toccati lungo A da uno stesso piano, passante per la tangente in o'' alla curva K; dunque, in questo caso i due coni non possono avere alcun punto comune all'infuori della curva K e della retta A.

§ 19.

Il piano osculatore in un punto qualunque m della curva K sega questa curva in un altro punto m_1. E nel punto m_1 concorrono, oltre il piano osculatore in m, i piani osculatori in altri due punti (§ 17). Dunque, ad ogni punto m_1 corrispondono tre punti m. Variando simultaneamente i punti m, m_1 sulla curva gobba, essi genereranno due serie projettive: l'una formata di terne in involuzione, l'altra semplice.

Vi saranno dunque quattro punti m, ciascun de' quali coinciderà col corrispondente m_1. Sono essi i quattro punti di contatto de' quattro piani stazionari (§ 13).

Vi saranno inoltre quattro punti m_1, a ciascun de' quali corrisponderà un gruppo contenente due punti m coincidenti. I quattro punti doppi m dell'involuzione cubica sono i contatti t delle tangenti T generatrici dell'iperboloide I. I corrispondenti punti m_1 sono i quattro punti t', ove le dette tangenti segano la curva K.

Di qual grado è la superficie, luogo della retta mm_1? Per questa superficie, la curva K è quadrupla, perchè dal punto m della curva, oltre mm_1, partono altre tre generatrici della superficie; esse sono mm', mm'', mm''', ove m', m'', m''' siano i punti di contatto de' tre piani osculatori, seganti la curva in m.

Sia A una retta qualunque, appoggiata alla curva K in tre punti; ogni piano, condotto per A, sega la nostra curva in un solo punto esterno a questa retta, quindi non può contenere alcuna generatrice della superficie, di cui si tratta, che non incontri A in uno de' suoi tre punti d'appoggio. Cioè, questi sono i soli punti in cui la superficie possa essere incontrata dalla retta A, e, siccome ciascuno d'essi è quadruplo, così *la superficie richiesta è del dodicesimo grado*. Essa contiene evidentemente le quattro tangenti T e le quattro tangenti situate ne' piani stazionari.

Analogamente si dimostra che la superficie, luogo delle rette $m''m'''$, $m'''m'$, $m'm''$, è del sesto grado e che, per essa, la curva K è doppia.

Abbiamo veduto altrove (§ 17) che i quattro punti m, m', m'', m''' sono in uno stesso piano. Quale è la classe della superficie, inviluppo di un tal piano?

Questa superficie non passa per la curva K, perchè i piani tangenti di quella non sono tangenti alla curva. Laonde, per conoscere la classe della superficie, basterà sapere quanti piani tangenti le si possono condurre da un punto qualunque m della curva K. Evidentemente *due*. Infatti, 1.° da m si possono condurre tre piani ad osculare la curva K in m', m'', m'''; e questi tre punti determinano un piano, passante per m, che è tangente all'inviluppo richiesto; 2.° il piano osculatore in m sega la curva in m_1; da m_1 si ponno condurre altri due piani osculatori, i punti di contatto de' quali sono, insieme con m ed m_1, in un piano tangente all'inviluppo di cui si tratta. Da

m non si possono condurre altri piani tangenti; dunque l'inviluppo richiesto è della seconda classe, cioè:

Da un punto qualunque della curva K *si possono condurre tre piani ad oscularla in altri punti. I punti di contatto determinano un piano, l'inviluppo del quale è un cono di secondo grado.*

§ 20.

Per un punto qualunque dello spazio passano quattro piani doppiamente tangenti alla curva K (§ 16); dunque, i piani doppiamente tangenti di questa curva formano una sviluppabile W di quarta classe.

Siccome la curva K è situata nella sviluppabile W, così la generatrice di questa sviluppabile, posta in un suo piano tangente, dee passare pei punti in cui questo piano tocca la curva. Dunque, se m è un punto qualunque di K e se la tangente in m incontra le tangenti ne' punti m', m'' della stessa curva (§ 13), le rette mm', mm'' sono generatrici della sviluppabile W. E siccome, di tali generatrici, ne passano due per ogni punto della curva K, così questa è doppia per la sviluppabile anzidetta. Dunque:

La retta congiungente due punti della curva K, *ove questa sia toccata da due tangenti situate in uno stesso piano, ha per luogo geometrico una sviluppabile* W *di quarta classe. Questa sviluppabile è doppiamente circoscritta alla curva* K; *e viceversa questa è la curva doppia della sviluppabile* W.

Le quattro tangenti T della curva K sono evidentemente generatrici della sviluppabile W, epperò rette comuni a questa superficie e all'iperboloide I. Così i piani doppiamente tangenti alla curva K (in t e t') e passanti per le rette medesime, sono piani tangenti comuni alle superficie W ed I. Queste superficie, essendo l' una della quarta classe e l'altra della seconda, devono avere otto piani tangenti comuni; ed infatti, ciascuno dei quattro suindicati conta per due, perchè in esso le due superficie hanno una generatrice comune.

Siccome le generatrici della superficie W sono rette incontranti due volte la curva K, così esse non possono incontrare l'iperboloide I, fuori di questa curva. Dunque, la completa intersezione delle due superficie W ed I consta delle quattro generatrici T e della curva K, la quale è da contarsi due volte, perchè è doppia sulla sviluppabile W. Ne segue che la completa intersezione delle due superficie è del dodicesimo ordine, cioè:

La sviluppabile W, *doppiamente circoscritta alla curva* K, *è del sesto ordine.*

Tagliando la sviluppabile W con un piano arbitrario, la sezione sarà una linea del sest'ordine e della quarta classe, con quattro punti doppi. Dunque, per le formole di PLÜCKER, avrà sei cuspidi, nessun flesso, e tre tangenti doppie. Ossia, *la curva cuspidale* H *della sviluppabile* W *è del sest'ordine;* questa sviluppabile non ha generatrici d'inflessione; ed un piano qualunque contiene tre rette, ciascuna delle quali è l'intersezione di due piani doppiamente tangenti alla curva K *).

Se la superficie W vien segata da un suo piano tangente, la sezione è una linea di quart'ordine e terza classe, dotata di una tangente doppia. Questa retta è dunque l'intersezione di tre piani tangenti. Cioè, vi sono infinite rette, per ciascuna delle quali passano tre piani tangenti di W, cioè tre piani doppiamente tangenti a K. Ciò basta per conchiudere (§ 3) che *la sviluppabile di quarta classe* W *è di seconda specie,* cioè che *la sviluppabile* W *è circoscritta ad un unico iperboloide, avente per generatrici di un medesimo sistema le rette, per le quali passano tre piani doppiamente tangenti alla curva* K.

Da ciò consegue che le proprietà della sviluppabile W si possono, in virtù del principio di dualità, concludere immediatamente da quelle della curva K.

Per esempio: come la sviluppabile V, osculatrice della curva K, è circoscritta ad una superficie di secondo grado, per ogni generatrice della quale passano tre piani tangenti di quella, così *la curva* H, *cuspidale della superficie* W, *sarà situata sopra una superficie di second'ordine, ogni generatrice della quale* (d'entrambi i sistemi) *incontrerà la curva in tre punti.*

La sviluppabile V ha quattro piani tangenti stazionari; dunque *la curva* H *ha quattro punti stazionari.*

Il piano, che sega la curva K in un suo punto qualunque *m* ed in altri tre punti, i cui piani osculatori concorrano in *m*, inviluppa un cono di secondo grado (§ 19); dunque:

Ogni piano doppiamente tangente alla curva K, *epperò osculatore alla curva* H, *sega quest'ultima in tre punti. I piani osculatori ad* H, *in questi punti, concorrono in un punto del primo piano. Il luogo di quest'ultimo punto è una curva di secondo grado.*

Ecc. ecc.

§ 21.

In ogni punto della curva D (§ 13) concorrono due rette tangenti della curva K, epperò anche due piani che ivi toccano la sviluppabile V. La tangente in quel punto, alla curva D, deve trovarsi in entrambi i piani, epperò è la loro intersezione; dunque:

*) La sviluppabile W non può ammettere un piano tangente doppio, cioè un piano che la tocchi lungo due generatrici distinte: infatti, un tal piano toccherebbe la curva K in tre punti distinti, il che è impossibile.

Se m, m' *sono due punti della curva* K, *ove questa sia toccata da due rette situate in uno stesso piano, la retta comune intersezione dei piani osculatori alla detta curva in* m, m' *è tangente alla curva* D, *nel punto ove s' incontrano le due tangenti di K.*

Per conoscere l'ordine e la classe della sviluppabile, formata dalle tangenti della curva D, ricordiamo che questa è del sest'ordine, ha quattro punti stazionari e nessun punto doppio (§ 15) ed è doppiamente toccata dai piani osculatori della curva K. Dunque, un cono prospettivo alla curva D, preso il vertice arbitrariamente nello spazio, sarà del sest'ordine ed avrà quattro generatrici cuspidali e sei piani tangenti doppi. Onde, fatto nelle formole di Plücker $m = d' = 6$, $s = 4$, ricaviamo $m' = d = 6$, $s' = 4$. Cioè:

La sviluppabile osculatrice della curva D *è della quarta classe e del sest'ordine.*

Questa sviluppabile non può avere un piano doppiamente tangente. Se ne avesse uno, esso sarebbe anche un piano tangente alla sviluppabile V, cioè osculerebbe D in due punti e K in un punto: e questi tre punti sarebbero situati sopra una stessa retta, tangente a K. Quindi, quel piano segherebbe la sviluppabile V lungo una linea del quart'ordine, che avrebbe due punti multipli ed un punto ordinario sopra una stessa retta tangente nel punto ordinario; il che è manifestamente assurdo.

Ciò premesso, se noi tagliamo la sviluppabile osculatrice della curva D con un suo piano tangente, la sezione sarà una curva di quart'ordine e terza classe con tre cuspidi; epperò vi sarà una tangente doppia. Questa, non potendo corrispondere ad un piano doppiamente tangente, sarà l'intersezione di altri due piani tangenti, oltre quello che si considera. Vi sono pertanto infinite rette, ciascuna delle quali è l'intersezione di tre piani osculatori della curva D; ossia, *la sviluppabile osculatrice di questa curva è di quarta classe e seconda specie, epperò circoscritta ad un solo iperboloide,* sul quale sono situate le rette per le quali passano tre piani osculatori di D.

Perciò, anche *la curva* D *è situata sopra una superficie di second'ordine,* ciascuna generatrice della quale (in entrambi i sistemi) incontra la curva tre volte.

Appare così manifesto che la curva D è affatto analoga alla curva H.

Io non protrarrò oltre queste ricerche, cui sarà agevole allo studioso lettore continuare quanto gli piaccia. Il quale avrà certamente notato le intime e scambievoli relazioni che esistono e si riproducono fra curve di quarto e sesto ordine e sviluppabili di quarta e sesta classe, i tipi delle quali sono K, D, W, V. Ciascuna di queste curve esiste sopra una sola superficie di secondo grado; e così pure ciascuna di quelle sviluppabili è circoscritta ad una sola superficie dello stesso grado. Le altre curve e sviluppabili che si ricavano da quelle quattro riduconsi agli stessi tipi. Infatti: la curva cuspidale di W è analoga a D; la sviluppabile osculatrice di D è analoga a W, e per conseguenza ha una curva doppia analoga a K; ecc.

Anzi, quei quattro tipi sono riducibili a due soli K e D; giacchè W e V corrispondono a quelli, pel principio di dualità ossia di derivazione polare. Abbiamo già veduto qual sia la definizione della curva K. In quanto a D, siccome questa curva esiste sopra una superficie di second'ordine ed ha quattro punti stazionari, così potrà definirsi: *la curva d'interserzione di una superficie di second'ordine e di una superficie del terzo, aventi fra loro un contatto stazionario in quattro punti* *).

*) Quando due superficie si toccano in un punto, questo è *doppio* per la curva d'intersezione delle due superficie. Se le due tangenti alla curva nel punto doppio coincidono, cioè, se questo diviene un cuspide, il contatto delle due superficie dicesi *stazionario (Camb. and Dublin Math. Journal,* vol. V, pag. 30-31).

INTRODUZIONE

AD UNA

TEORIA GEOMETRICA

DELLE

CURVE PIANE.

PEL

DR LUIGI CREMONA,

Professore di Geometria Superiore nella R. Università di Bologna.

BOLOGNA,

TIPI GAMBERINI E PARMEGGIANI.

1862.

MEMORIA

letta davanti all' Accademia delle scienze dell'Istituto di Bologna nella sessione 19 dicembre 1861, e pubblicata il 10 ottobre 1862 nel tomo XII (1.ª Serie) delle *Memorie* di detta Accademia — da pag. 305 a pag. 436.

AL

COMMENDATORE PROFESSORE

FRANCESCO BRIOSCHI,

AL QUALE È DOVUTA TANTA PARTE DI PROGRESSO

DELLE SCIENZE MATEMATICHE

IN ITALIA,

QUEST' OPUSCOLO È DEDICATO

IN SEGNO DI AMMIRAZIONE, GRATITUDINE ED AMICIZIA

DAL SUO ANTICO DISCEPOLO,

L' AUTORE.

29.

INTRODUZIONE

AD UNA TEORIA GEOMETRICA DELLE CURVE PIANE. [40]

« Peut donc qui voudra, dans l'état actuel de la science, généraliser et créer en géométrie: le génie n'est plus indispensable pour ajouter une pierre à l'édifice » (CHASLES, *Aperçu historique,* p. 269).

Il desiderio di trovare, coi metodi della pura geometria, le dimostrazioni degli importantissimi teoremi enunciati dall'illustre STEINER nella sua breve Memoria " *Allgemeine Eigenschaften der algebraischen Curven* „ (CRELLE, t. 47), mi ha condotto ad intraprendere alcune ricerche delle quali offro qui un saggio benchè incompleto. Da poche proprietà di un sistema di punti in linea retta ho dedotto la teoria delle *curve polari* relative ad una data curva d'ordine qualsivoglia, la qual teoria mi si è affacciata così spontanea e feconda di conseguenze, che ho dovuto persuadermi, risiedere veramente in essa il metodo più naturale per lo studio delle linee piane. Il lettore intelligente giudicherà se io mi sia apposto al vero.

La parte che ora pubblico delle mie ricerche, è divisa in tre Sezioni. La prima delle quali non presenta per sè molta novità, ma ho creduto che, oltre alle dottrine fondamentali costituenti in sostanza il metodo di cui mi servo in seguito, fosse opportuno raccogliervi le più essenziali proprietà relative all'intersezione ed alla descrizione delle curve, affinchè il giovane lettore trovasse qui tutto ciò che è necessario alla intelligenza del mio lavoro.

La teoria delle curve polari costituisce la seconda Sezione, nella quale svolgo e dimostro con metodo geometrico, semplice ed uniforme, non solo i teoremi di STEINER, ch'egli aveva enunciati senza prove, ma moltissimi altri ancora, in parte nuovi ed in parte già ottenuti dai celebri geometri PLÜCKER, CAYLEY, HESSE, CLEBSCH, SALMON,.... col soccorso dell'analisi algebrica.

Da ultimo applico la teoria generale alle curve del terz'ordine.

Oltre alle opere de' geometri ora citati, mi hanno assai giovato quelle di MACLAURIN, CARNOT, PONCELET, CHASLES, BOBILLIER, MÖBIUS, JONQUIÈRES, BISCHOFF ecc., allo studio delle quali è da attribuirsi quanto v'ha di buono nel mio lavoro. Io sarò lietissimo se questo potrà contribuire a diffondere in Italia l'amore per le speculazioni di geometria razionale.

SEZIONE I.
PRINCIPII FONDAMENTALI

ART. I.
Del rapporto anarmonico.

1. In una retta siano dati quattro punti a, b, c, d; i punti a, b determinano col punto c due segmenti, il cui rapporto è $\frac{ac}{cb}$, e col punto d due altri segmenti, il rapporto de' quali è $\frac{ad}{db}$. Il quoziente dei due rapporti,

$$\frac{ac}{cb}:\frac{ad}{db}$$

dicesi *rapporto anarmonico* *) de' quattro punti a, b, c, d e si indica col simbolo $(abcd)$ **). Mutando l'ordine, nel quale i punti dati sono presi in considerazione, si hanno *ventiquattro* rapporti anarmonici, quante sono le permutazioni di quattro cose. Ma siccome:

$$\frac{ac}{cb}:\frac{ad}{db}=\frac{bd}{da}:\frac{bc}{ca}=\frac{ca}{ad}:\frac{cb}{bd}=\frac{db}{bc}:\frac{da}{ac},$$

ossia:

$$(abcd)=(badc)=(cdab)=(dcba),$$

così que' ventiquattro rapporti anarmonici sono a quattro a quattro eguali fra loro.

---

*) CHASLES, *Aperçu historique sur l'origine et le développement des méthodes en géométrie* (présenté à l'Académie de Bruxelles en janvier 1830). Bruxelles 1837, pag. 34.

**) MÖBIUS, *Der barycentrische Calcul,* Leipzig 1827, pag. 244 e seg. — WITZSCHEL, *Grundlinien der neueren Geometrie,* Leipzig 1858, pag. 21 e seg.

Ossia, fra essi, sei soli sono essenzialmente diversi: tali sono i seguenti:

1)
$$(abcd),\ (acdb),\ (adbc),$$
$$(abdc),\ (acbd),\ (adcb).$$

Si ha poi:

$$\left(\frac{ac}{cb}:\frac{ad}{db}\right)\left(\frac{ad}{db}:\frac{ac}{cb}\right)=1,$$

ossia:

$$(abcd)\ (abdc)=1,$$

ed analogamente:

$$(acdb)\ (acbd)=1,$$
$$(adbc)\ (adcb)=1,$$

ossia i sei rapporti anarmonici 1) sono a due a due *reciproci*. Chiamati *fondamentali* i tre rapporti

$$(abcd),\ (acdb),\ (adbc),$$

gli altri tre sono i valori reciproci de' precedenti.

Fra quattro punti a, b, c, d in linea retta ha luogo, com'è noto, la relazione:

$$bc\,.\,ad+ca\,.\,bd+ab\,.\,cd=0,$$

dalla quale si ricava:

$$\frac{ca}{bc}\cdot\frac{bd}{ad}+\frac{ab}{bc}\cdot\frac{cd}{ad}=-1,$$

ossia:

$$(abcd)+(acbd)=1,$$

e così pure:

$$(acdb)+(adcb)=1,$$
$$(adbc)+(abdc)=1;$$

cioè i sei rapporti anarmonici 1), presi a due a due, danno una somma eguale all'*unità* (rapporti anarmonici *complementari*).

Dalle precedenti relazioni segue che, dato uno de' sei rapporti anarmonici 1), gli altri cinque sono determinati. Infatti, posto $(abcd)=\lambda$, il rapporto reciproco è $(abdc)=\frac{1}{\lambda}$. I rapporti complementari di questi due sono $(acbd)=1-\lambda$, $(adbc)=\frac{\lambda-1}{\lambda}$. Ed i rapporti reciproci degli ultimi due sono $(acdb)=\frac{1}{1-\lambda}$, $(adcb)=\frac{\lambda}{\lambda-1}$.

2. Congiungansi i dati punti a, b, c, d ad un arbitrario punto o situato fuori della retta ab (fig. 1.ª), cioè formisi un *fascio* $o(a, b, c, d)$ di quattro rette che passino rispettivamente per a, b, c, d e tutte concorrano nel centro o. I triangoli aoc, cob danno:

$$\frac{ac}{cb} : \frac{ao}{bo} = \frac{\text{sen } aoc}{\text{sen } cob}.$$

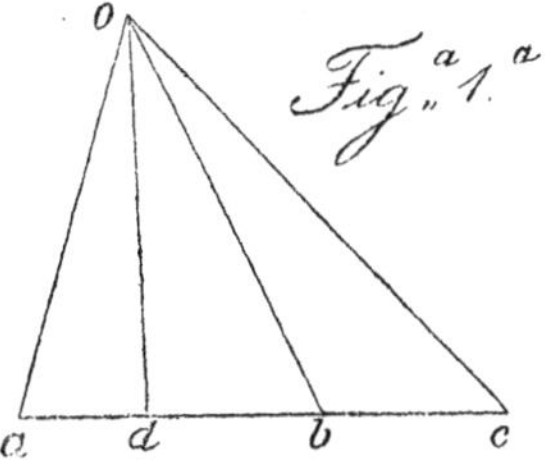

Similmente dai triangoli aod, dob si ricava:

$$\frac{ad}{db} : \frac{ao}{bo} = \frac{\text{sen } aod}{\text{sen } dob},$$

epperò:

$$\frac{ac}{cb} : \frac{ad}{db} = \frac{\text{sen } aoc}{\text{sen } cob} : \frac{\text{sen } aod}{\text{sen } dob};$$

ovvero, indicando con A, B, C, D le quattro direzioni $o(a, b, c, d)$ e con AC, CB,... gli angoli da esse compresi:

$$\frac{ac}{cb} : \frac{ad}{db} = \frac{\text{sen AC}}{\text{sen CB}} : \frac{\text{sen AD}}{\text{sen DB}},$$

eguaglianza che scriveremo simbolicamente così:

$$(abcd) = \text{sen (ABCD)}.$$

All'espressione del secondo membro di quest'equazione si dà il nome di *rapporto anarmonico delle quattro rette* A, B, C, D. Dunque: *il rapporto anarmonico di quattro rette* A, B, C, D *concorrenti in un centro* o *è eguale al rapporto anarmonico de' quattro punti* a, b, c, d *in cui esse sono incontrate da una trasversale*. Per conseguenza, se le quattro rette A, B, C, D sono segate da un'altra trasversale in a', b', c', d', il rapporto anarmonico di questi nuovi punti sarà eguale a quello de' primi a, b, c, d. E così pure se i punti a, b, c, d vengono uniti ad un altro centro o' mediante quattro rette A,′ B′, C′, D′, il rapporto anarmonico di queste sarà eguale a quello delle quattro A, B, C, D.

3. Dati quattro punti a, b, c, d in linea retta e tre altri punti a', b', c' in un'altra

retta, esiste in questa un solo e determinato punto d', tale che sia:

$$(a'b'c'd') = (abcd).$$

Ciò riesce evidente, osservando che il segmento $a'b'$ dev' esser diviso dal punto d' in modo che si abbia:

$$\frac{a'd'}{d'b'} = \left(\frac{ad}{db} : \frac{ac}{cb}\right) \cdot \frac{a'c'}{c'b'}.$$

Donde segue che, se i punti aa' coincidono (fig. 2.ª), le rette bb', cc', dd' concorreranno in uno stesso punto o.

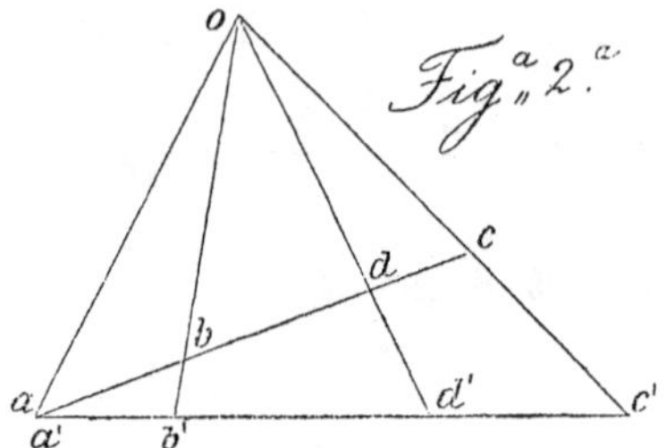

Analogamente: dati due fasci di quattro rette ABCD, A'B'C'D', i centri de' quali siano o, o', ed i rapporti anarmonici

$$\text{sen}\,(\text{ABCD}), \qquad \text{sen}\,(\text{A'B'C'D'})$$

siano eguali, se i raggi AA' coincidono in una retta unica (passante per o e per o'), i tre punti BB', CC', DD', sono in linea retta.

Dati quattro punti a, b, c, d in una retta ed altri quattro punti a', b', c', d' in una seconda retta (fig. 3.ª), se i rapporti anarmonici $(abcd)$, $(a'b'c'd')$ sono eguali, anche i

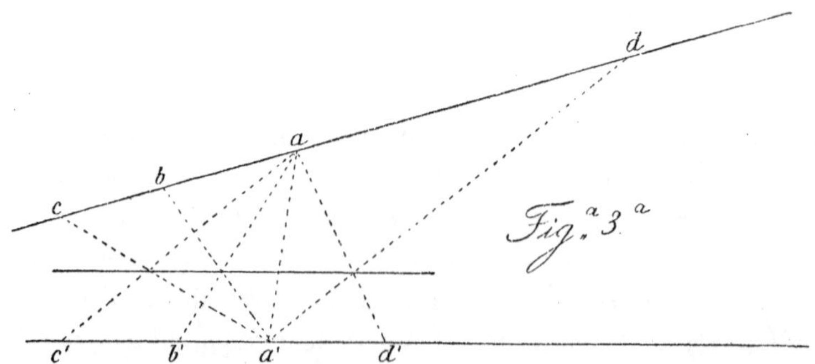

due fasci di quattro rette $a(a'b'c'd')$, $a'(abcd)$ avranno eguali rapporti anarmonici (2). Ma in questi due fasci i raggi corrispondenti aa', $a'a$ coincidono; dunque i tre punti

$(ab', a'b)$, $(ac', a'c)$, $(ad', a'd)$ sono in linea retta. Questa proprietà offre una semplice regola per costruire il punto d', quando siano dati $abcd$, $a'b'c'$.

Ed in modo somigliante si risolve l'analogo problema rispetto a due fasci di quattro rette.

4. Quattro punti a, b, c, d in linea retta diconsi *armonici* quando sia:

$$(abcd) = -1,$$

epperò anche:

$$(badc) = (cdab) = (dcba) = (abdc) = (bacd) = (cdba) = (dcab) = -1.$$

I punti a, b e così pure c, d diconsi *coniugati* fra loro *).

Se il punto d si allontana a distanza infinita, il rapporto $\frac{ad}{db}$ ha per limite -1; quindi dall'equazione $(abcd) = -1$ si ha $\frac{ac}{cb} = 1$, ossia c è il punto di mezzo del segmento ab.

La relazione armonica $(abcd) = -1$, ossia

$$\frac{ac}{cb} + \frac{ad}{db} = 0$$

mostra che uno de' punti c, d, per esempio c, è situato fra a e b, mentre l'altro punto d è fuori del segmento finito ab. Laonde, se a coincide con b, anche c coincide con essi. E dalla stessa relazione segue che, se a coincide con c, anche d coincide con a.

La relazione armonica individua uno de' quattro punti, quando sian dati gli altri tre. Ma se questi sono coincidenti, il quarto riesce indeterminato.

Analogamente: quattro rette A, B, C, D, concorrenti in un punto, diconsi *armoniche* quando si abbia:

$$\text{sen}\,(\text{ABCD}) = -1.$$

cioè quando esse siano incontrate da una trasversale qualunque in quattro punti armonici.

5. Sia dato (fig. 4.ª) un *quadrilatero completo,* ossia il sistema di quattro rette segan-

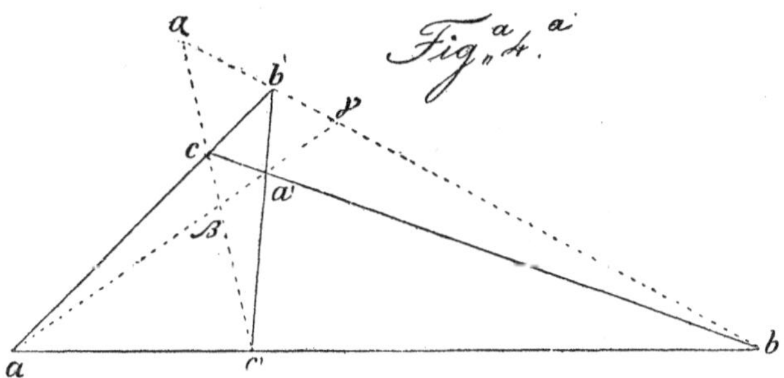

*) Il punto b dicesi *coniugato armonico* di a rispetto ai due c, d, ecc.

tisi a due a due in sei punti a, b, c, a', b', c'. Le tre *diagonali* aa', bb', cc' formano un triangolo $\alpha\beta\gamma$. Sia x il punto coniugato armonico di β rispetto a c, c' e sia y il coniugato armonico di γ rispetto a b, b'. La retta coniugata armonica di aa' rispetto alle $acb', ac'b$ ed anche la retta coniugata armonica di $a'a$ rispetto alle $a'bc, a'b'c'$ dovranno passare per x e per y. Dunque questi punti coincidono insieme con α, punto comune alle bb', cc'. Donde segue che ciascuna diagonale è divisa armonicamente dalle altre due.

Di qui una semplice regola per costruire uno de' quattro punti armonici α, γ, b, b', quando siano dati gli altri tre.

Una somigliante proprietà appartiene al *quadrangolo completo* (sistema di quattro punti situati a due a due in sei rette) e dà luogo alla costruzione di un fascio armonico di quattro rette.

6. Quattro punti m_1, m_2, m_3, m_4, in linea retta, riferiti ad un punto o della retta medesima, siano rappresentati dall'equazione di quarto grado:

$$2) \qquad \mathrm{A}.\overline{om}^4 + 4\mathrm{B}.\overline{om}^3 + 6\mathrm{C}.\overline{om}^2 + 4\mathrm{D}.om + \mathrm{E} = 0,$$

cioè siano om_1, om_2, om_3, om_4 le radici dell'equazione medesima.

Se il rapporto anarmonico $(m_1m_2m_3m_4)$ è eguale a -1, si avrà:

$$m_1m_3 . m_4m_2 + m_2m_3 . m_4m_1 = 0,$$

ovvero, sostituendo ai segmenti $m_1m_3,\ldots$ le differenze $om_3 - om_1,\ldots$ ed avendo riguardo alle note relazioni fra i coefficienti e le radici di un'equazione:

$$\mathrm{A}(om_1 . om_2 + om_3 . om_4) - 2\mathrm{C} = 0.$$

Analogamente: le equazioni $(m_1m_3m_4m_2) = -1$, $(m_1m_4m_2m_3) = -1$ danno:

$$\mathrm{A}(om_1 . om_3 + om_4 . om_2) - 2\mathrm{C} = 0,$$
$$\mathrm{A}(om_1 . om_4 + om_2 . om_3) - 2\mathrm{C} = 0.$$

Moltiplicando fra loro queste tre equazioni si otterrà la condizione necessaria e sufficiente, affinchè uno de' tre sistemi $(m_1m_2m_3m_4)$, $(m_1m_3m_4m_2)$, $(m_1m_4m_2m_3)$ sia armonico. Il risultato è simmetrico rispetto ai segmenti om_1, om_2, om_3, om_4, epperò si potrà esprimere coi soli coefficienti dell'equazione 2). Si ottiene così:

$$\mathrm{ACE} + 2\mathrm{BCD} - \mathrm{AD}^2 - \mathrm{EB}^2 - \mathrm{C}^3 = 0$$

come condizione perchè i punti rappresentati dalla data equazione 2), presi in alcuno degli ordini possibili, formino un sistema armonico *).

---

*) Salmon, *Lessons introductory to the modern higher algebra,* Dublin 1859, p. 100.

ART. II.

Projettività delle punteggiate e delle stelle.

7. Chiameremo *punteggiata* la serie de' punti situati in una stessa retta, e *fascio di rette* o *stella* [41] la serie delle rette (situate in un piano) passanti per uno stesso punto (centro della stella) *). Le punteggiate e le stelle si designeranno col nome comune di *forme geometriche.* Per *elementi* di una forma geometrica intendansi i punti o le rette costituenti la punteggiata o la stella che si considera.

Due forme geometriche si diranno p r o i e t t i v e *quando fra i loro elementi esista tale relazione, che a ciascun elemento della prima corrisponda un solo e determinato elemento della seconda ed a ciascun elemento di questa corrisponda un solo e determinato elemento della prima* **). [42]

Per esempio: se una stella vien segata da una trasversale arbitraria, i punti d'intersezione formano una punteggiata projettiva alla stella.

Dalla precedente definizione segue evidentemente che *due forme projettive ad una terza sono projettive fra loro.*

8. Consideriamo due rette *punteggiate.* Se i è un punto fisso della prima retta, un punto qualunque m della medesima sarà individuato dal segmento im; ed analogamente, un punto qualunque m' della seconda retta sarà individuato dal segmento $j'm'$, ove j' sia un punto fisso della stessa retta. Se le due punteggiate sono projettive e se m, m' sono punti *corrispondenti,* fra i segmenti $im, j'm'$ avrà luogo una relazione, la quale, in virtù della definizione della projettività, non può essere che della forma seguente:

$$1)\qquad \varkappa\,.\,im\,.\,j'm' + \lambda\,.\,im + \mu\,.\,j'm' + \nu = 0,$$

ove $\varkappa, \lambda, \mu, \nu$ sono coefficienti costanti. Quest'equazione può essere semplificata, determinando convenientemente le origini i, j'. Sia i quel punto della prima punteggiata, il cui corrispondente è all'infinito nella seconda retta: ad $im=0$ dovrà corrispondere $j'm'=\infty$, quindi $\mu=0$. Così se supponiamo che j' sia quel punto della seconda punteggiata, a cui corrisponde il punto all'infinito della prima, sarà $\lambda=0$. Perciò l'equa-

*) BELLAVITIS, *Geometria descrittiva*, Padova 1851, p. 75.

**) CHASLES, *Principe de correspondance entre deux objets variables etc.* (Comptes rendus de l'Acad. de France, 24 décembre 1855). — BATTAGLINI, *Sulla dipendenza scambievole delle figure* (Memorie della R. Accademia delle scienze, vol. 2, Napoli 1857, p. XXI e p. 188).

zione 1) assume la forma:

2) $$im \,.\, j'm' = k,$$

ove k è una costante.

Siano a, b, c, d quattro punti della prima retta; a', b', c', d' i loro corrispondenti nella seconda. Dalla 2) abbiamo:

$$j'a' = \frac{k}{ia}, \quad j'c' = \frac{k}{ic},$$

quindi:

$$a'c' = -\frac{k \,.\, ac}{ia \,.\, ic}.$$

Analoghe espressioni si ottengono per $c'b'$, $a'd'$, $d'b'$, e per conseguenza:

$$\frac{a'c'}{c'b'} : \frac{a'd'}{d'b'} = \frac{ac}{cb} : \frac{ad}{db},$$

cioè:

$$(a'b'c'd') = (abcd).$$

Abbiansi ora una stella ed una punteggiata, projettive. Segando la stella con una trasversale arbitraria si ha una nuova punteggiata, che è projettiva alla stella, e quindi projettiva anche alla punteggiata data (7). Siano a, b, c, d quattro punti della punteggiata data, A, B, C, D i corrispondenti raggi della stella ed a', b', c', d' i punti in cui questi raggi sono incontrati dalla trasversale. Avremo:

$$(a'b'c'd') = (abcd).$$

Ma si ha anche (2):

$$(a'b'c'd') = \text{sen}\,(\text{ABCD}),$$

dunque:

$$(abcd) = \text{sen}\,(\text{ABCD}).$$

Da ultimo, siano date due stelle proiettive: segandole con due trasversali (o anche con una sola) si avranno due punteggiate, rispettivamente projettive alle stelle, epperò projettive fra loro. Siano A, B, C, D quattro raggi della prima stella; A′, B′, C′, D′ i quattro corrispondenti raggi della seconda; a, b, c, d ed a', b', c', d' i quattro punti in cui questi raggi sono incontrati dalle rispettive trasversali. A cagione delle due punteggiate abbiamo:

$$(a'b'c'd') = (abcd).$$

Ma si ha inoltre (2):

$$(a'b'c'd') = \text{sen}\,(\text{A}'\text{B}'\text{C}'\text{D}'), \quad (abcd) = \text{sen}\,(\text{ABCD}),$$

dunque:

$$\text{sen}\,(A'B'C'D') = \text{sen}\,(ABCD)\,.$$

Concludiamo che: *date due forme projettive, il rapporto anarmonico di quattro elementi quali si vogliano dell'una è uguale al rapporto anarmonico de' quattro corrispondenti elementi dell'altra.*

Da ciò consegue che, nello stabilire la projettività fra due forme geometriche, si ponno assumere ad arbitrio tre coppie d'elementi corrispondenti, per es. aa', bb', cc'. Allora, per ogni altro elemento m dell'una forma, il corrispondente elemento m' dell'altra sarà individuato dalla condizione dell'eguaglianza de' rapporti anarmonici $(a'b'c'm')$, $(abcm)$.

9. Supponiamo che due rette punteggiate projettive vengano sovrapposte l'una all'altra; ossia imaginiamo due punteggiate projettive sopra una medesima retta, quali a cagion d'esempio si ottengono segando con una sola trasversale due stelle projettive. La projettività delle due punteggiate è rappresentata dall'equazione 2):

$$im\ .\ j'm' = k\,.$$

Per mezzo di essa cerchiamo se vi sia alcun punto m che coincida col suo corrispondente m'.

Se le due punteggiate s'imaginano generate dal movimento simultaneo de' punti corrispondenti m, m', è evidente che questi due punti si moveranno nello stesso senso o in sensi opposti, secondo che la costante k sia negativa o positiva.

Sia $k > 0$. In questo caso è manifesto che si può prendere sul prolungamento del segmento $j'i\ldots$ un punto e tale che si abbia $ie\,.\,j'e = k$. E se si prenderà sul prolungamento di $ij'\ldots$ un punto f, che sia distante da j' quanto e da i, sarà $if\,.\,j'f = k$. Cioè i punti e, f, considerati come appartenenti ad una delle due punteggiate, coincidono coi rispettivi corrispondenti.

Ora sia $k = -h^2$. I punti m, m' non potranno, in questo caso, coincidere che entro il segmento ij'. Si tratta adunque di dividere questo segmento in due parti im, mj', il rettangolo delle quali sia h^2. Quindi, se $2h < ij'$, vi saranno due punti e, f sodisfacenti alla questione: essi sono i piedi delle ordinate perpendicolari ad ij' ed eguali ad h, del semicircolo che ha per diametro ij'. Se $2h = ij'$, non vi sarà che il punto medio di ij' che coincida col proprio corrispondente. Da ultimo, se $2h > ij'$, la quistione non ammette soluzione *reale*.

Concludiamo che *due punteggiate projettive sovrapposte hanno due punti comuni* *) *(reali, imaginari o coincidenti), equidistanti dal punto medio del segmento ij'.*

*) {O punti *uniti.*}

Che i *punti comuni* dovessero essere *al più* due si poteva prevedere anche da ciò che, se due punteggiate projettive hanno tre punti coincidenti coi rispettivi corrispondenti, esse sono *identiche.* Infatti, se $(abcm)=(abcm')$, il punto m' coincide con m.

Se e, f sono i *punti comuni* di due punteggiate projettive sovrapposte, nelle quali aa', bb' siano due coppie di punti corrispondenti, si avrà l'eguaglianza de' rapporti anarmonici:

$$(abef)=(a'b'ef),$$

che si può scrivere così:

$$(aa'ef)=(bb'ef),$$

donde si ricava che il *rapporto anarmonico* $(aa'ef)$ *è costante, qualunque sia la coppia* aa'.

10. Siano date due stelle projettive, aventi lo stesso centro. Segandole con una trasversale, otterremo in questa due punteggiate projettive: due punti corrispondenti m, m' sono le intersezioni della trasversale con due raggi corrispondenti M, M′ delle due stelle. Siano e, f i *punti comuni* delle due punteggiate. Siccome i punti e, f della prima punteggiata coincidono coi loro corrispondenti e', f' della seconda, così anche i raggi E, F della prima stella coincideranno rispettivamente coi raggi E′, F′ che ad essi corrispondono nella seconda stella. Dunque, due stelle projettive concentriche hanno *due raggi comuni* (reali, imaginari o coincidenti), cioè due raggi, ciascun de' quali è il corrispondente di sè stesso.

Art. III.

Teoria de' centri armonici.

11. Sopra una retta siano dati n punti $a_1 a_2 \ldots a_n$ ed un polo o. Sia poi m un punto della retta medesima, tale che la somma dei prodotti degli n rapporti $\frac{ma}{oa}$, presi ad r ad r, sia nulla. Esprimendo questa somma col simbolo $\sum\left(\frac{ma}{oa}\right)_r$, il punto m sarà determinato per mezzo della equazione:

$$1)\qquad \sum\left(\frac{ma}{oa}\right)_r=0,$$

che per l'identità $ma=oa-om$, può anche scriversi:

$$2)\qquad \sum\left(\frac{1}{om}-\frac{1}{oa}\right)_r=0,$$

ossia sviluppando:

3) $$\begin{bmatrix} n \\ r \end{bmatrix} \left(\frac{1}{om}\right)^r - \begin{bmatrix} n-1 \\ r-1 \end{bmatrix} \left(\frac{1}{om}\right)^{r-1} \sum\left(\frac{1}{oa}\right)_1 + \begin{bmatrix} n-2 \\ r-2 \end{bmatrix} \left(\frac{1}{om}\right)^{r-2} \sum\left(\frac{1}{oa}\right)_2 - \cdots = 0\,;$$

ove il simbolo $\begin{bmatrix} n \\ r \end{bmatrix}$ esprime il numero delle combinazioni di n cose prese ad r ad r.

L'equazione 3), del grado r rispetto ad om, dà r posizioni pel punto m: tali r punti $m_1 m_2 \ldots m_r$ si chiameranno *) *centri armonici*, del grado r, del dato sistema di punti $a_1 a_2 \ldots a_n$ rispetto al polo o.

Quando $r=1$, si ha un solo punto m, che è stato considerato da PONCELET sotto il nome di *centro delle medie armoniche* **).

Se inoltre è $n=2$, il punto m diviene il coniugato armonico di o rispetto ai due $a_1 a_2$ (4) ***).

12. Se l'equazione 1) si moltiplica per $oa_1 . oa_2 \ldots oa_n$ e si divide per $ma_1 . ma_2 \ldots ma_n$, essa si muta evidentemente in quest'altra:

4) $$\sum\left(\frac{oa}{ma}\right)_{n-r} = 0\,,$$

donde si raccoglie:

Se m è un centro armonico, del grado r, del dato sistema di punti rispetto al polo o, viceversa o è un centro armonico, del grado $n-r$, del medesimo sistema rispetto al polo m.

13. Essendo $m_1 m_2 \ldots m_r$ gli r punti che sodisfanno all'equazione 3), sia μ il loro centro armonico di primo grado rispetto al polo o; avremo l'equazione:

$$\sum\left(\frac{1}{o\mu} - \frac{1}{om}\right)_1 = 0$$

analoga alla 2), ossia sviluppando:

$$\frac{r}{o\mu} = \sum\left(\frac{1}{om}\right)_1 .$$

Ma, in virtù della 3), è:

$$\sum\left(\frac{1}{om}\right)_1 = \frac{r}{n} \sum\left(\frac{1}{oa}\right)_1 ,$$

*) JONQUIÈRES, *Mémoire sur la théorie des pôles et polaires etc.* (Journal de M. LIOUVILLE, août 1857, p. 266).

**) *Mémoire sur les centres des moyennes harmoniques* (Giornale di CRELLE, t. 3, Berlino 1828, p. 229).

***) {Se $n=1$, ossia se il dato sistema riducesi ad un punto unico, con questo coincide il centro armonico di 1.° grado di qualsivoglia polo.}

dunque:

$$\frac{n}{o\mu} = \Sigma\left(\frac{1}{oa}\right)_1,$$

ossia:

$$\Sigma\left(\frac{1}{o\mu} - \frac{1}{oa}\right)_1 = 0.$$

Ciò significa che μ è il centro armonico, di primo grado, del dato sistema di punti $a_1 a_2 \ldots a_n$ rispetto al polo o.

Indicando ora con μ uno de' due centri armonici, di secondo grado, del sistema $m_1 m_2 \ldots m_r$ rispetto al polo o, avremo l'equazione analoga alla 2):

$$\Sigma\left(\frac{1}{o\mu} - \frac{1}{om}\right)_2 = 0,$$

ossia, sviluppando:

$$\frac{r(r-1)}{2}\left(\frac{1}{o\mu}\right)^2 - (r-1)\frac{1}{o\mu}\Sigma\left(\frac{1}{om}\right)_1 + \Sigma\left(\frac{1}{om}\right)_2 = 0.$$

Ma, in virtù della 3), si ha:

$$\Sigma\left(\frac{1}{om}\right)_1 = \frac{r}{n}\Sigma\left(\frac{1}{oa}\right)_1, \quad \Sigma\left(\frac{1}{om}\right)_2 = \frac{r(r-1)}{n(n-1)}\Sigma\left(\frac{1}{oa}\right)_2,$$

onde sostituendo ne verrà:

$$\frac{n(n-1)}{2}\left(\frac{1}{o\mu}\right)^2 - (n-1)\frac{1}{o\mu}\Sigma\left(\frac{1}{oa}\right)_1 + \Sigma\left(\frac{1}{oa}\right)_2 = 0,$$

vale a dire:

$$\Sigma\left(\frac{1}{o\mu} - \frac{1}{oa}\right)_2 = 0;$$

dunque μ è un centro armonico, di secondo grado, del sistema $a_1 a_2 \ldots a_n$ rispetto al polo o.

Lo stesso risultato si ottiene continuando a rappresentare con μ un centro armonico, del terzo, quarto, ... $(r-1)^{esimo}$ grado, del sistema $m_1 m_2 \ldots m_r$ rispetto al polo o. Dunque:

Se $m_1 m_2 \ldots m_r$ sono i centri armonici, di grado r, del dato sistema $a_1 a_2 \ldots a_n$ rispetto al polo o, i centri armonici, di grado $s\,(s < r)$, del sistema $m_1 m_2 \ldots m_r$ rispetto al polo o sono anche i centri armonici, del grado s, del sistema dato rispetto allo stesso polo o.

14. Se m è un centro armonico, del grado $n-1$, del dato sistema $a_1a_2\ldots a_n$ rispetto al polo o, si avrà l'equazione 4) nella quale sia posto $r=n-1$. Vi s'introduca un arbitrario punto i (della retta data) mediante le note identità $oa=oi+ia$, $ma=ia-im$, onde si avrà:

$$\sum\left(\frac{oi+ia}{ia-im}\right)_1=0,$$

ossia, sviluppando:

$$5)\qquad \overline{im}^{n-1}\left\{n\,.\,oi+\sum(ia)_1\right\}-\overline{im}^{n-2}\left\{(n-1)oi\sum(ia)_1+2\sum(ia)_2\right\}$$
$$+\overline{im}^{n-3}\left\{(n-2)oi\sum(ia)_2+3\sum(ia)_3\right\}\ldots+(-1)^{n-1}\left\{oi\sum(ia)_{n-1}+n\sum(ia)_n\right\}=0\,.$$

Siano $m_1m_2\ldots m_{n-1}$ i centri armonici, di grado $n-1$, del dato sistema rispetto al polo o, cioè i punti che sodisfanno alla 5); si avrà:

$$\sum(im)_r=\frac{(n-r)oi\sum(ia)_r+(r+1)\sum(ia)_{r+1}}{n\,.\,oi+\sum(ia)_1}\,.$$

Ora sia μ uno de' centri armonici, del grado $n-2$, del sistema $m_1m_2\ldots m_{n-1}$ rispetto ad un punto o' (della retta data); avremo analogamente alla 5):

$$\overline{i\mu}^{n-2}\left\{(n-1)o'i+\sum(im)_1\right\}-\overline{i\mu}^{n-3}\left\{(n-2)o'i\sum(im)_1+2\sum(im)_2\right\}\ldots$$
$$+(-1)^{n-2}\left\{o'i\sum(im)_{n-2}+(n-1)\sum(im)_{n-1}\right\}=0.$$

In questa equazione posto per $\sum(im)_r$ il valore antecedentemente scritto, si ottiene:

$$oi\,.\,o'i\left\{n(n-1)\overline{i\mu}^{n-2}-(n-1)(n-2)\overline{i\mu}^{n-3}\sum(ia)_1+(n-2)(n-3)\overline{i\mu}^{n-4}\sum(ia)_2\ldots\right\}$$
$$+(oi+o'i)\left\{(n-1)\overline{i\mu}^{n-2}\sum(ia)_1-2(n-2)\overline{i\mu}^{n-3}\sum(ia)_2+3(n-3)\overline{i\mu}^{n-4}\sum(ia)_3\ldots\right\}$$
$$+\left\{1\,.\,2\,\overline{i\mu}^{n-2}\sum(ia)_2-2\,.\,3\,\overline{i\mu}^{n-3}\sum(ia)_3+3\,.\,4\,\overline{i\mu}^{n-4}\sum(ia)_4\ldots\right\}=0\,;$$

il qual risultato, essendo simmetrico rispetto ad o, o', significa che:

Se $m_1m_2\ldots m_{n-1}$ sono i centri armonici, di grado $n-1$, del sistema $a_1a_2\ldots a_n$ rispetto al polo o, e se $m'_1m'_2\ldots m'_{n-1}$ sono i centri armonici, di grado $n-1$, dello stesso sistema $a_1a_2\ldots a_n$ rispetto ad un altro polo o'; i centri armonici, del grado

$n-2$, del sistema $m_1m_2\dots m_{n-1}$ rispetto al polo o' coincidono coi centri armonici, del grado $n-2$, del sistema $m'_1m'_2\dots m'_{n-1}$ rispetto al polo o.

Questo teorema, ripetuto successivamente, può essere esteso ai centri armonici di grado qualunque, e allora s'enuncia così:

Se $m_1m_2\dots m_r$ sono i centri armonici, di grado r, del sistema dato $a_1a_2\dots a_n$ rispetto al polo o, e se $m'_1m'_2\dots m'_{r'}$ sono i centri armonici, di grado r', dello stesso sistema dato rispetto ad un altro polo o', i centri armonici, di grado $r+r'-n$, del sistema $m_1m_2\dots m_r$ rispetto al polo o' coincidono coi centri armonici, di grado $r+r'-n$, del sistema $m'_1m'_2\dots m'_{r'}$ rispetto al polo o.

15. Se m e μ sono rispettivamente i centri armonici, di primo grado, dei sistemi $a_1a_2\dots a_n$ ed $a_2a_3\dots a_n$, rispetto al polo o, si avrà:

$$\frac{n}{om}=\frac{1}{oa_1}+\frac{1}{oa_2}\dots+\frac{1}{oa_n},$$

$$\frac{n-1}{o\mu}=\frac{1}{oa_2}+\frac{1}{oa_3}\dots+\frac{1}{oa_n}.$$

Si supponga μ coincidente con a_1: in tal caso le due equazioni precedenti, paragonate fra loro, danno $om=o\mu$. Dunque:

Se a_1 è il centro armonico, di primo grado, del sistema di punti $a_2a_3\dots a_n$ rispetto al polo o, il punto a_1 è anche il centro armonico, di primo grado, del sistema $a_1a_2..a_n$ rispetto allo stesso polo.

16. Fin qui abbiamo tacitamente supposto che i dati punti $a_1a_2\dots a_n$ fossero distinti, ciascuno dai restanti. Suppongasi ora che r punti $a_na_{n-1}\dots a_{n-r+1}$ coincidano in un solo, che denoteremo con a_0. Allora, se nella equazione 5) si assume a_0 in luogo dell'origine arbitraria i, risulta evidentemente:

$$\sum(ia)_n=0\ ,\ \sum(ia)_{n-1}=0\ ,\ \dots\ \sum(ia)_{n-r+1}=0\ ,$$

onde l'equazione 5) riesce divisibile per $\overline{a_0m}^{r-1}$, cioè $r-1$ centri armonici del grado $n-1$ cadono in a_0, e ciò qualunque sia il polo o. Ne segue inoltre, avuto riguardo al teorema (13), che in a_0 cadono $r-2$ centri armonici di grado $n-2$; $r-3$ centri armonici di grado $n-3,\dots$ ed un centro armonico di grado $n-r+1$.

17. L'equazione 3) moltiplicata per $\overline{om}^r$ e per $(-1)^r\,oa_1\,.\,oa_2\dots oa_n$ diviene:

$$6)\quad \overline{om}^r\sum(oa)_{n-r}-(n-r+1)\,\overline{om}^{r-1}\sum(oa)_{n-r+1}+\frac{(n-r+2)(n-r+1)}{1\,.\,2}\,\overline{om}^{r-2}\sum(oa)_{n-r+2}\dots$$

$$\dots+(-1)^r\frac{n(n-1)\dots(n-r+1)}{1\,.\,2\dots r}\sum(oa)_n=0\,.$$

Suppongo ora che il polo o coincida, insieme con $a_n a_{n-1} \ldots a_{n-s+1}$, in un unico punto. Allora si ha:

$$\sum (oa)_n = 0 \;,\; \sum (oa)_{n-1} = 0, \ldots \sum (oa)_{n-s+1} = 0 \;;$$

quindi l'equazione che precede riesce divisibile per $\overline{om}^s$, ossia il polo o tien luogo di s centri armonici di grado qualunque. Gli altri $r-s$ centri armonici, di grado r, sono dati dall'equazione:

$$\overline{om}^{r-s} \sum (oa)_{n-r} - (n-r+1)\,\overline{om}^{r-s-1} \sum (oa)_{n-r+1}$$

$$+ \frac{(n-r+2)\,(n-r+1)}{1\,.\,2}\,\overline{om}^{r-s-2} \sum (oa)_{n-r+2} \cdots = 0 \,,$$

ove le somme $\sum (oa)$ contengono solamente i punti $a_1 a_2 \ldots a_{n-s}$. Dunque, gli altri $r-s$ punti m, che insieme ad o preso s volte costituiscono i centri armonici, di grado r, del sistema $a_1 a_2 \ldots a_n$ rispetto al polo o, sono i centri armonici, di grado $r-s$, del sistema $a_1 a_2 \ldots a_{n-s}$ rispetto allo stesso polo o *).

Si noti poi che, per $s = r+1$, l'ultima equazione è sodisfatta identicamente, qualunque sia m. Cioè, se $r+1$ punti a ed il polo o coincidono insieme, i centri armonici del grado r riescono indeterminati, onde potrà assumersi come tale un punto qualunque della retta $a_1 a_2 \ldots$ **).

18. Abbiasi, come sopra (11), in una retta R (fig. 5.ª) un sistema di n punti $a_1 a_2 \ldots a_n$

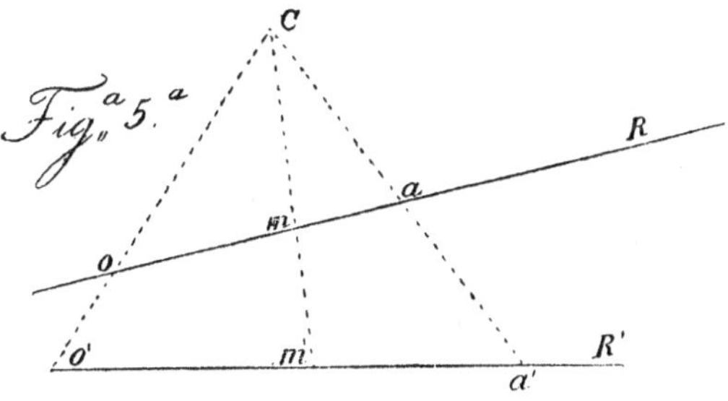

ed un polo o; sia inoltre m un centro armonico di grado r, onde fra i segmenti ma,

*) {Viceversa, se s centri armonici (di grado qualunque) coincidono nel polo o, in questo coincideranno s punti del sistema fondamentale.}

**) {Viceversa, se i centri armonici di grado r rispetto ad un polo o sono indeterminati, i centri armonici di grado $r+1$ sono tutti riuniti in o, e questo punto in tal caso assorbe anche $r+1$ punti del sistema fondamentale.}

oa sussisterà la relazione 1). Assunto un punto arbitrario c fuori di R e da esso tirate le rette ai punti o, a, m, seghinsi queste con una trasversale qualunque R' nei punti o', a', m'. Allora si avrà:

$$\frac{ma}{ca} : \frac{m'a'}{ca'} = \frac{\text{sen}\, cm'a'}{\text{sen}\, cma},$$

ed analogamente:

$$\frac{oa}{ca} : \frac{o'a'}{ca'} = \frac{\text{sen}\, co'a'}{\text{sen}\, coa},$$

donde si ricava:

$$\frac{ma}{oa} : \frac{m'a'}{o'a'} = \frac{\text{sen}\, cm'a'}{\text{sen}\, co'a'} : \frac{\text{sen}\, cma}{\text{sen}\, coa}.$$

Il secondo membro di questa equazione non varia, mutando i punti a, a', quindi avremo:

$$\frac{ma_1}{oa_1} : \frac{ma_2}{oa_2} : \ldots : \frac{ma_n}{oa_n} = \frac{m'a'_1}{o'a'_1} : \frac{m'a'_2}{o'a'_2} : \ldots : \frac{m'a'_n}{o'a'_n}.$$

Siccome poi la relazione 1) è omogenea rispetto alle quantità $\frac{ma}{oa}$, così se ne dedurrà:

$$\Sigma\left(\frac{m'a'}{o'a'}\right)_r = 0,$$

cioè:

Se m è un centro armonico, di grado r, di un dato sistema di punti $a_1 a_2 \ldots a_n$ situati in linea retta, rispetto al polo o posto nella stessa retta, e se tutti questi punti si projettano, mediante raggi concorrenti in un punto arbitrario, sopra una trasversale qualunque, il punto m' (projezione di m) sarà un centro armonico, di grado r, del sistema di punti $a'_1 a'_2 \ldots a'_n$ (projezioni di $a_1 a_2 \ldots a_n$) rispetto al polo o' (projezione di o).

Questo teorema ci abilita a trasportare ad un sistema di rette concorrenti in un punto le definizioni ed i teoremi superiormente stabiliti per un sistema di punti allineati sopra una retta.

19. Sia dato un sistema di n rette $A_1 A_2 \ldots A_n$ ed un'altra retta O, tutte situate in uno stesso piano e passanti per un punto fisso c. Condotta una trasversale arbitraria R che, senza passare per c, seghi le rette date in $a_1 a_2 \ldots a_n$ ed o, si imaginino gli r centri armonici $m_1 m_2 \ldots m_r$, di grado r, del sistema di punti $a_1 a_2 \ldots a_n$

rispetto al polo o. Le rette $M_1M_2 \ldots M_r$ condotte da c ai punti $m_1m_2 \ldots m_r$ si chiameranno *assi armonici*, di grado r, del dato sistema di rette $A_1A_2 \ldots A_n$ rispetto alla retta O.

Considerando *esclusivamente* rette passanti per c, avranno luogo i seguenti teoremi, analoghi a quelli già dimostrati per un sistema di punti in linea retta. [43]

Se M è un asse armonico, di grado r, del dato sistema di rette $A_1A_2 \ldots A_n$ rispetto alla retta O, viceversa O è un asse armonico di grado $n-r$, del medesimo sistema, rispetto alla retta M.

Se $M_1M_2 \ldots M_r$ sono gli assi armonici, di grado r, del dato sistema $A_1A_2 \ldots A_n$, rispetto alla retta O, gli assi armonici, di grado $s (s < r)$, del sistema $M_1M_2 \ldots M_r$, rispetto ad O, sono anche gli assi armonici, del grado s, del sistema dato, rispetto alla stessa retta O.

Se $M_1M_2 \ldots M_r$ sono gli assi armonici, di grado r, del sistema dato $A_1A_2 \ldots A_n$ rispetto alla retta O e se $M'_1M'_2 \ldots M'_{r'}$ sono gli assi armonici, di grado r', dello stesso sistema dato, rispetto ad un'altra retta O'; gli assi armonici, di grado $r+r'-n$, del sistema $M_1M_2 \ldots M_r$, rispetto alla retta O', coincidono cogli assi armonici, di grado $r+r'-n$, del sistema $M'_1M'_2 \ldots M'_{r'}$, rispetto alla retta O.

Qualunque sia la retta O, se r fra le rette date $A_1A_2 \ldots A_n$ coincidono in una sola, questa tien luogo di $r-1$ assi armonici di grado $n-1$, di $r-2$ assi armonici di grado $n-2$, ... di un asse armonico di grado $n-r+1$.

Se s rette $A_nA_{n-1} \ldots A_{n-s+1}$ coincidono fra loro e colla retta O, questa tien luogo di s assi armonici di qualunque grado, e gli altri $r-s$ assi armonici, di grado r, sono gli assi armonici, di grado $r-s$, del sistema $A_1A_2 \ldots A_{n-s}$ rispetto ad O.

20. Se al n.° 18 la trasversale R' vien condotta pel punto o, ossia se la retta R si fa girare intorno ad o, il teorema ivi dimostrato può essere enunciato così:

Siano date n rette $A_1A_2 \ldots A_n$ concorrenti in un punto c. Se per un polo fisso o si conduce una trasversale arbitraria R che seghi quelle n rette ne' punti $a_1a_2 \ldots a_n$, i centri armonici di grado r, del sistema $a_1a_2 \ldots a_n$, rispetto al polo o, generano, ruotando R intorno ad o, r rette $M_1M_2 \ldots M_r$ concorrenti in c.

E dagli ultimi due teoremi (19) segue:

Se s rette $A_nA_{n-1} \ldots A_{n-s+1}$ fra le date coincidono in una sola A_0, questa tien luogo di $s-(n-r)$ delle rette $M_1M_2 \ldots M_r$. Se inoltre A_0 passa pel polo o, essa tien luogo di s delle rette $M_1M_2 \ldots M_r$. Le rimanenti $r-s$, fra queste rette, sono il luogo de' centri armonici di grado $r-s$ (rispetto al polo o) de' punti, in cui R sega le rette $A_1A_2 \ldots A_{n-s}$.

Art. IV.

Teoria dell' involuzione. [44]

21. Data una retta, sia o un punto fisso in essa, a un punto variabile; inoltre siano $k_1, k_2 \ldots h_1, h_2 \ldots$ quantità costanti ed ω una quantità variabile. Ora abbiasi un' equazione della forma:

$$1)\qquad k_n \overline{oa}^n + k_{n-1}\overline{oa}^{n-1} \ldots + k_0 + \omega \left\{ h_n \overline{oa}^n + h_{n-1}\overline{oa}^{n-1} \ldots + h_0 \right\} = 0 .$$

Ogni valore di ω dà n valori di oa, cioè dà un gruppo di n punti a. Invece, se è dato uno di questi punti, sostituendo nella 1) il dato valore di oa, se ne dedurrà il corrispondente valore di ω, e quindi, per mezzo dell' equazione medesima, si otterranno gli altri $n-1$ valori di oa. Dunque, per ogni valore di ω, l'equazione 1) rappresenta un gruppo di n punti così legati fra loro, che uno qualunque di essi determina tutti gli altri. Il sistema degli infiniti gruppi di n punti, corrispondenti agli infiniti valori di ω, dicesi *involuzione* del grado n *).

Una semplice *punteggiata* può considerarsi come un' involuzione di primo grado (7).

Un' involuzione è determinata da due gruppi. Infatti, se le equazioni:

$$k_n \overline{oa}^n + k_{n-1}\overline{oa}^{n-1} \ldots = 0 , \qquad h_n \overline{oa}^n + h_{n-1}\overline{oa}^{n-1} \ldots = 0$$

rappresentano i due gruppi dati, ogni altro gruppo dell' involuzione sarà rappresentato dalla:

$$k_n \overline{oa}^n + k_{n-1}\overline{oa}^{n-1} \ldots + \omega (h_n \overline{oa}^n + h_{n-1}\overline{oa}^{n-1} \ldots) = 0 ,$$

ove ω sia una quantità arbitraria.

22. Ogni qualvolta due punti a d' uno stesso gruppo coincidano in un solo, diremo che questo è un *punto doppio* dell' involuzione. Quanti punti doppi ha l' involuzione rappresentata dall' equazione 1)? La condizione che quest' equazione abbia due radici eguali si esprime eguagliando a zero il *discriminante* della medesima. Questo discriminante è una funzione, del grado $2(n-1)$, de' coefficienti dell' equazione; dunque, egua-

---

*) Jonquières, *Généralisation de la théorie de l' involution* (Annali di Matematica, tomo 2.°, Roma 1859, pag. 86).

gliandolo a zero, si avrà un' equazione del grado $2(n-1)$ in ω. Ciò significa esservi $2(n-1)$ gruppi, ciascuno de' quali contiene due punti coincidenti, ossia:

Un' involuzione del grado n ha $2(n-1)$ punti doppi *).

23. Siano $a_1 a_2 \ldots a_n$ gli n punti costituenti un dato gruppo. Il centro armonico m, di primo grado, di questi punti, rispetto ad un polo o preso ad arbitrio sulla retta data, è determinato dall'equazione:

$$\frac{n}{om} = \Sigma\left(\frac{1}{oa}\right)_1,$$

donde, avuto riguardo alla 1), si trae:

$$om = -n\frac{k_0 + \omega h_0}{k_1 + \omega h_1}.$$

Quindi, il segmento compreso fra due punti m, m', centri armonici di due gruppi diversi, si potrà esprimere così:

$$mm' = om' - om = \frac{n(h_0 k_1 - h_1 k_0)(\omega - \omega')}{(k_1 + \omega h_1)(k_1 + \omega' h_1)}.$$

Siano ora m_1, m_2, m_3, m_4 i centri armonici (di primo grado e relativi al polo o) di quattro gruppi, corrispondenti a quattro valori $\omega_1, \omega_2, \omega_3, \omega_4$ di ω; avremo:

$$(m_1 m_2 m_3 m_4) = \frac{\omega_1 - \omega_3}{\omega_2 - \omega_3} : \frac{\omega_1 - \omega_4}{\omega_2 - \omega_4};$$

questo risultato non si altera, se invece di o si assuma un altro punto; cioè il *rapporto anarmonico dei quattro centri è indipendente dal polo o*. Ne segue che la serie de' centri armonici (di primo grado) di tutt'i gruppi, rispetto ad un polo o, e la serie de' centri armonici (dello stesso grado) de' gruppi medesimi, rispetto ad un altro polo o', sono due punteggiate projettive.

Per *rapporto anarmonico di quattro gruppi di un' involuzione*, intenderemo il rapporto anarmonico de' loro centri armonici di primo grado, relativi ad un polo arbitrario.

*) [Altra dimostrazione, ricorrendo ai n.[i] 23, 24] { I centri armonici di grado $n-1$ dei gruppi dell'involuzione, rispetto a due poli o, o', formano due nuove involuzioni di grado $n-1$, projettive alla data, epperò projettive fra loro. Queste due nuove involuzioni hanno $2(n-1)$ punti comuni, che sono i punti doppi della data }.

Sia m uno de' centri armonici, di grado r (rispetto ad un polo o), di un dato gruppo dell'involuzione 1). L'equazione 6) del n. 17, avuto riguardo alla 1) del n. 21, ci darà:

$$2)\qquad \overline{om}^r(k_r+\omega h_r)+(n-r+1)\,\overline{om}^{r-1}(k_{r-1}+\omega h_{r-1})\ldots$$
$$\ldots+\frac{n(n-1)\ldots(n-r+1)}{1.2\ldots r}(k_0+\omega h_0)=0;$$

dunque: i centri armonici, di grado r, de' gruppi dell'involuzione 1) formano una nuova involuzione del grado r. Ogni valore di ω dà un gruppo dell'involuzione 1) ed un gruppo dell'involuzione 2), cioè i gruppi delle due involuzioni si corrispondono tra loro ad uno ad uno. E siccome il rapporto anarmonico di quattro gruppi dipende esclusivamente dai quattro corrispondenti valori di ω, così il rapporto anarmonico di quattro gruppi dell'involuzione 2) è eguale al rapporto anarmonico de' quattro corrispondenti gruppi dell'involuzione 1). La qual cosa risulta anche da ciò, che due gruppi corrispondenti delle due involuzioni hanno, rispetto al polo o, lo stesso centro armonico di primo grado (13) *).

24. Due involuzioni date sopra una stessa retta o sopra due rette diverse si diranno *projettive*, quando i centri armonici, di primo grado, de' gruppi dell'una, rispetto ad un polo qualunque, ed i centri armonici, di primo grado, de' gruppi dell'altra, rispetto ad un altro polo qualunque, formino due punteggiate projettive. Da questa definizione e da quella del rapporto anarmonico di quattro gruppi di un'involuzione si raccoglie che:

Date due involuzioni projettive, il rapporto anarmonico di quattro gruppi dell'una è eguale al rapporto anarmonico de' quattro corrispondenti gruppi dell'altra.

Cioè il teorema enunciato alla fine del n. 8 comprende anche le involuzioni, purchè queste si risguardino quali forme geometriche, i cui elementi sono gruppi di punti.

(a) Cerchiamo come si esprima la projettività di due involuzioni.

La prima di esse si rappresenti coll'equazione 1) e la seconda con quest'altra:

$$3)\qquad K_m.\overline{OA}^m+\cdots+K_0+\theta\{H_m.\overline{OA}^m+\cdots+H_0\}=0,$$

*) {I centri armonici di grado $n-1$ di un dato gruppo di n punti in linea retta, rispetto ai vari punti di questa retta presi successivamente come poli, costituiscono gruppi in involuzione. (Per esempio, se i punti dati sono abc, i centri armonici di 2° grado, rispetto ai poli a, b, c, sono $a\alpha$, $b\beta$, $c\gamma$, ove α, β, γ siano i coniugati armonici di a, b, c rispetto alle coppie bc, ca, ab. Dunque le coppie $a\alpha$, $b\beta$, $c\gamma$ sono in involuzione).

In generale i punti doppi di quella involuzione costituiscono l'*Hessiano* del sistema dato.}

ove A è un punto qualunque della retta, nella quale è data la seconda involuzione; O è l'origine de' segmenti in questa retta; H_m, K_m, ... sono coefficienti costanti.

Supponiamo, com'è evidentemente lecito, che ai gruppi $\omega=0$, $\omega=\infty$, $\omega=1$ della prima involuzione corrispondano nella seconda i gruppi $\theta=0$, $\theta=\infty$, $\theta=1$. Allora, affinchè le equazioni 1) e 3) rappresentino due gruppi *corrispondenti*, è necessario e sufficiente che il rapporto anarmonico dei quattro gruppi $\omega=(0,\infty,1,\omega)$ della prima involuzione sia eguale a quello de' gruppi $\theta=(0,\infty,1,\theta)$ della seconda, cioè dev'essere $\omega=\theta$. Dunque la seconda involuzione, a cagione della sua projettività colla prima, si potrà rappresentare così:

$$4)\qquad K_m . \overline{OA}^m + \cdots + K_0 + \omega \{ H_m . \overline{OA}^m + \cdots + H_0 \} = 0.$$

Le equazioni 1) e 4), per uno stesso valore di ω, danno due gruppi corrispondenti delle due involuzioni projettive. Ed eliminando ω fra le equazioni medesime si avrà la relazione che esprime il legame o la corrispondenza dei punti a, A.

(b) Se le due involuzioni sono in una stessa retta, i punti a, A si possono riferire ad una sola e medesima origine: cioè al punto O può sostituirsi o. In questo caso, si può anche domandare quante volte il punto a coincida con uno de' corrispondenti punti A. Eliminato ω dalle 1), 4) e posto oa in luogo di OA, si ha la:

$$5)\qquad \begin{aligned} &(k_n . \overline{oa}^n + \cdots + k_0)\,(H_m . \overline{oa}^m + \cdots + H_0) \\ &- (h_n . \overline{oa}^n + \cdots + h_0)\,(K_m . \overline{oa}^m + \cdots + K_0) = 0, \end{aligned}$$

equazione del grado $n+m$ rispetto ad oa. Dunque:

In una retta, nella quale sian date due involuzioni projettive, l'una di grado n, *l'altra di grado* m, *esistono generalmente* n + m *punti, ciascun de' quali considerato come appartenente alla prima involuzione, coincide con uno de' punti corrispondenti nella seconda.*

Questi si chiameranno i *punti comuni* alle due involuzioni.

(c) Se l'equazione 1) contenesse nel suo primo membro il fattore $\overline{oa}^r$, essa rappresenterebbe un'involuzione del grado n, i cui gruppi avrebbero r punti comuni, tutti riuniti in o; ossia rappresenterebbe sostanzialmente un'involuzione del grado $n-r$, a ciascun gruppo della quale è aggiunto r volte il punto o. In tal caso è manifesto che anche il primo membro dell'equazione 5) sarà divisibile per $\overline{oa}^r$; cioè gli $n+m$ punti *comuni* alle due involuzioni proposte saranno costituiti dal punto o preso r volte e dagli $m+n-r$ punti *comuni* alla seconda involuzione (di grado m) ed a quella di grado $n-r$, alla quale si riduce la prima, spogliandone i gruppi del punto o.

Se inoltre i gruppi della seconda involuzione contenessero s volte il punto o, questo figurerebbe $r+s$ volte fra i punti *comuni* alle due involuzioni.

(d) Se un gruppo della prima involuzione (per es. quello che si ha ponendo $\omega=0$) contiene r volte uno stesso punto o, e se il corrispondente gruppo della seconda involuzione contiene s volte lo stesso punto o, ove sia $s>r$, è evidente che l'equazione 5) conterrà nel primo membro il fattore $\overline{oa}^r$, cioè il punto o terrà il posto di r punti *comuni* alle due involuzioni.

(e) È superfluo accennare che, per le rette concorrenti in uno stesso punto, si può stabilire una teoria dell'involuzione affatto analoga a quella suesposta pei punti di una retta.

25. Merita speciale studio l'involuzione di secondo grado o *quadratica*, per la quale, fatto $n=2$ nella 1), si ha un'equazione della forma:

$$k_2 \,.\, \overline{oa}^2 + k_1 \,.\, oa + k_0 + \omega\,(h_2 \,.\, \overline{oa}^2 + h_1 \,.\, oa + h_0) = 0 \,. \tag{6}$$

Qui ciascun gruppo è composto di due soli punti, i quali diconsi *coniugati;* e chiamasi *punto centrale* quello, il cui coniugato è a distanza infinita *). Posta l'origine o de' segmenti nel punto centrale ed inoltre assunto il gruppo, al quale esso appartiene, come corrispondente ad $\omega=\infty$, dovrà essere $h_2=h_0=0$. Pertanto, se a, a' sono due punti coniugati qualunque, l'equazione 6) dà:

$$oa \,.\, oa' = \frac{k_0}{k_2} = \text{cost.}$$

Confrontando questa equazione con quella che esprime la projettività di due punteggiate (9):

$$ia \,.\, j'a' = \text{cost.}$$

si vede che l'involuzione quadratica nasce da due punteggiate projettive, le quali vengano sovrapposte in modo da far coincidere i punti i, j' corrispondenti ai punti all'infinito. Altrimenti possiam dire che due punteggiate projettive sovrapposte formano un'involuzione (quadratica), quando un punto a, considerato come appartenente all'una o all'altra punteggiata, ha per corrispondente un solo e medesimo punto a'.

Da tale proprietà si conclude che *nell'involuzione quadratica, il rapporto anarmonico di quattro punti è eguale a quello de' loro coniugati.*

(a) Siano e, f i due punti doppi (22) dell'involuzione, determinati dall'eguaglianza

---

*) { L'involuzione (aa', bb') ha i punti doppi reali o no, secondo che il rapporto anarmonico $(aa'bb')$ è positivo o negativo. }

$\overline{oe}^2 = \overline{of}^2 = \text{cost.}$; avremo:

$$(efaa') = (efa'a),$$

cioè il rapporto anarmonico $(efaa')$ è eguale al suo reciproco, epperò è $= -1$, non potendo mai il rapporto anarmonico di quattro punti *distinti* essere eguale all'unità positiva. Dunque: *nell'involuzione quadratica, i due punti doppi e due punti coniugati qualunque formano un sistema armonico.*

Ne segue che un'involuzione di secondo grado si può considerare come la serie delle infinite coppie di punti aa' che dividono armonicamente un dato segmento ef.

(b) Due involuzioni quadratiche situate in una stessa retta hanno un gruppo comune, cioè vi sono due punti a, a' tali, che il segmento aa' è diviso armonicamente sì dai punti doppi e, f della prima, che dai punti doppi g, h della seconda involuzione. Infatti: sia preso un punto qualunque m nella retta data; siano m' ed m_1, i coniugati di m nelle due involuzioni. Variando m, i punti m', m_1, generano due punteggiate projettive, i punti *comuni* delle quali costituiscono evidentemente il gruppo comune alle due involuzioni proposte.

È pure evidente che due involuzioni di grado eguale, ma superiore al secondo, situate in una stessa retta, non avranno in generale alcun gruppo comune.

26. La teoria dell'involuzione quadratica ci servirà nel risolvere il problema che segue.

Se $abcd$ sono quattro punti in linea retta, abbiamo denominati *fondamentali* (1) i tre rapporti anarmonici:

$$(abcd) = \lambda, \quad (acdb) = \frac{1}{1-\lambda}, \quad (adbc) = \frac{\lambda - 1}{\lambda}.$$

Se i primi due rapporti sono eguali fra loro, vale a dire, se:

$$\text{7)} \qquad \lambda = \frac{1}{1-\lambda} \quad \text{ossia} \quad \lambda^2 - \lambda + 1 = 0,$$

si ha anche:

$$\lambda = \frac{\lambda - 1}{\lambda},$$

cioè tutti e tre i rapporti anarmonici fondamentali sono eguali fra loro.

Dati i punti abc in una retta, cerchiamo di determinare in questa un punto d, tale che sodisfaccia all'eguaglianza:

$$(abcd) = (acdb),$$

ossia:

$$(abcd) = (cabd).$$

Assunto ad arbitrio nella retta data un punto m, si determini un punto m' per modo che sia

$$(abcm) = (cabm').$$

Variando simultaneamente m, m' generano due punteggiate proiettive, nelle quali ai punti a, b, c, m corrispondono ordinatamente c, a, b, m'. Se chiamansi d, e i punti *comuni* di queste punteggiate, si avrà:

$$(abcd) = (cabd), \quad (abce) = (cabe),$$

cioè il proposto problema è risoluto da ciascuno de' punti d, e.

Ora siano α, β, γ i tre punti della retta data, che rendono armonici i tre sistemi (b, c, a, α), (c, a, b, β), (a, b, c, γ); i due sistemi (a, b, c, γ), (a, c, b, β) saranno projettivi, e siccome al punto b, considerato come appartenente all'uno o all'altro sistema, corrisponde sempre c, così le tre coppie $aa, bc, \beta\gamma$ sono in involuzione, cioè a è un punto doppio dell'involuzione quadratica determinata dalle coppie $bc, \beta\gamma$. L'altro punto doppio della stessa involuzione è α, poichè il segmento bc è diviso armonicamente dai punti a, α. Dunque a, α dividono armonicamente non solo bc, ma anche $\beta\gamma$. Si ha perciò:

$$(bca\alpha) = (\beta\gamma a\alpha) = -1,$$

ossia i sistemi (b, c, a, α), $(\beta, \gamma, \alpha, a)$ sono projettivi: la qual cosa torna a dire che le coppie $a\alpha, b\beta, c\gamma$ sono in involuzione *). [45]

Da un punto o preso ad arbitrio fuori della retta data imagininsi condotti i raggi $o(a, \alpha, b, \beta, c, \gamma)$ e $o(d, e)$, i quali tutti si seghino con una trasversale parallela ad oc nei punti $a', \alpha', b', \beta', \infty, \gamma', d', e'$. Avremo:

$$\lambda = (acdb) = (a'\infty d'b') = \frac{a'd'}{a'b'},$$

onde la 7) diverrà:

$$8) \qquad \overline{a'd'}^2 - a'd' \,.\, a'b' + \overline{a'b'}^2 = 0.$$

Essendo $(abc\gamma) = -1$, si ha $(a'b'\infty\gamma') = -1$, cioè γ' è il punto medio del segmento $a'b'$. Quindi, per le identità: $a'd' = \gamma'd' - \gamma'a'$, $a'b' = -2\gamma'a'$, la 8) diviene:

$$9) \qquad \overline{\gamma'd'}^2 = \overline{\gamma'e'}^2 = 3\gamma'a' \,.\, \gamma'b',$$

*) Staudt, *Geometrie der Lage*, Nürnberg 1847, p. 121.

donde si ricava che γ' è il punto medio del segmento $d'e'$, cioè si ha $(d'e' \infty \gamma') = -1$, epperò $(dec\gamma) = -1$. Similmente si dimostra essere $(deb\beta) = -1$, $(dea\alpha) = -1$; vale a dire d, e sono i punti doppi dell'involuzione $(a\alpha, b\beta, c\gamma)$ *).

Il rapporto anarmonico λ è dato dall'equazione 7), ossia è una radice cubica imaginaria di -1. Per conseguenza, i quattro punti $abcd$ od $abce$ non possono essere tutti reali. L'equazione 9) ha il secondo membro negativo o positivo, secondo che $a'b'$ siano punti reali o imaginari coniugati. Dunque, se i tre punti dati a, b, c sono tutti reali, i punti d, e sono imaginari coniugati; ma se due de' tre punti dati sono imaginari coniugati, i punti d, e sono reali.

L'equazione 8) poi mostra che, se $a'b' = 0$, anche $a'd' = a'e' = 0$; cioè, se due de' punti dati coincidono in un solo, in questo cadono riuniti anche i punti d, e.

27. Chiameremo *equianarmonico* un sistema di quattro punti, i cui rapporti anarmonici fondamentali siano eguali, ossia un sistema di quattro punti aventi per rapporti anarmonici le radici cubiche imaginarie di -1.

Quattro punti $m_1 m_2 m_3 m_4$ in linea retta siano rappresentati (6) dall'equazione:

$$10) \qquad A . \overline{om}^4 + 4B . \overline{om}^3 + 6C . \overline{om}^2 + 4D . om + E = 0.$$

Se il sistema di questi quattro punti è equianarmonico, si avrà:

$$(m_1 m_2 m_3 m_4) = (m_1 m_3 m_4 m_2),$$

ovvero, sostituendo ai segmenti $m_1 m_2, \ldots$ le differenze $om_2 - om_1, \ldots$:

$$(om_1 - om_2)(om_1 - om_3)(om_4 - om_2)(om_4 - om_3) + (om_2 - om_3)^2 (om_1 - om_4)^2 = 0.$$

Sviluppando le operazioni indicate, quest'equazione si manifesta simmetrica rispetto ai quattro segmenti om, onde si potrà esprimerla per mezzo dei soli coefficienti della 10). Ed invero, coll'aiuto delle note relazioni fra i coefficienti e le radici di un'equazione, si trova senza difficoltà:

$$AE - 4BD + 3C^2 = 0,$$

come condizione necessaria e sufficiente affinchè i quattro punti rappresentati dalla 10) formino un sistema equianarmonico **).

---

*) Staudt, *Beiträge zur Geometrie der Lage*, Nürnberg 1856-57-60, p. 178.

**) Painvin, *Équation des rapports anharmoniques etc.* (Nouvelles Annales de Mathématiques, t. 19. Paris 1860, p. 412).

Art. V.

Definizioni relative alle linee piane.

28. Una linea piana può considerarsi generata dal movimento {continuo} di un punto o dal movimento di una retta: nel primo caso, essa è il *luogo* di tutte le posizioni del punto mobile; nel secondo, essa è l' *inviluppo* delle posizioni della retta mobile *).

Una retta, considerata come luogo de' punti situati in essa, è il più semplice esempio della *linea-luogo*.

Un punto, risguardato come inviluppo di tutte le rette incrociantisi in esso, è il caso più semplice della *linea-inviluppo*.

Un *luogo* dicesi *dell'ordine n*, se una retta qualunque lo incontra in n punti (reali, imaginari, distinti o coincidenti). Il luogo di primo ordine è la *retta*. Un sistema di n rette è un luogo dell'ordine n. Due luoghi, i cui ordini siano rispettivamente n, n' formano insieme un luogo dell'ordine $n+n'$.

Un luogo dell'ordine n non può, in virtù della sua definizione, essere incontrato da una retta in più di n punti. Dunque, se un tal luogo avesse con una retta più di n punti comuni, questa sarebbe parte di quello, cioè tutt' i punti della retta apparterrebbero al luogo.

Una linea curva di dato ordine si dirà *semplice*, quando non sia composta di linee d' ordine inferiore.

Un *inviluppo* dicesi *della classe n*, se per un punto qualunque passano n posizioni della retta inviluppante, ossia *n rette tangenti* (reali, imaginarie, distinte o coincidenti). L' inviluppo di prima classe è il *punto*. Un sistema di n punti è un inviluppo della classe n. Due inviluppi, le cui classi siano n, n', costituiscono, presi insieme, un inviluppo della classe $n+n'$.

Se ad un inviluppo della classe n arrivano più di n tangenti da uno stesso punto, questo appartiene necessariamente a quell' inviluppo, cioè tutte le rette condotte pel punto sono tangenti dell' inviluppo medesimo.

Una curva-inviluppo di data classe si dirà *semplice*, quando non sia composta di inviluppi di classe minore.

29. Consideriamo una curva-luogo dell'ordine n. Se a è una posizione del punto generatore, ossia un punto della curva, la retta A che passa per a e per la successiva posizione del punto mobile è la *tangente* alla curva in quel punto. Cioè, la curva luogo

*) Plücker, *Theorie der algebraischen Curven*, Bonn 1839, p. 200.

delle posizioni di un punto mobile è anche l'inviluppo delle rette congiungenti fra loro le successive posizioni del punto medesimo.

Nel punto di contatto a la curva ha colla tangente A due punti comuni (*contatto bipunto*); quindi le due linee avranno, in generale, altri $n-2$ punti d'intersecazione. Se due di questi $n-2$ punti coincidono in un solo b, la retta A sarà tangente alla curva anche in b. In tal caso, la retta A dicesi *tangente doppia; a* e b sono i due punti di contatto *).

Invece, se una delle $n-2$ intersezioni s'avvicina infinitamente ad a, la retta A avrà ivi un *contatto tripunto* colla curva. In tal caso, la retta A dicesi *tangente stazionaria*, perchè, se indichiamo con a, a', a'' i tre punti infinitamente vicini che costituiscono il contatto, essa rappresenta due tangenti successive $aa', a'a''$; e può anche dirsi ch'essa sia una tangente doppia, i cui punti di contatto a, a' sono infinitamente vicini. Ovvero: se la curva si suppone generata dal movimento di una retta, quando questa arriva nella posizione A cessa di ruotare in un senso, si arresta e poi comincia a ruotare nel senso opposto. Il punto di contatto a della curva colla tangente stazionaria chiamasi *flesso,* perchè ivi la retta A tocca e sega la curva, onde questa passa dall'una all'altra banda della retta medesima.

30. Consideriamo ora una curva-inviluppo della classe m. Se A è una posizione della retta generatrice, cioè una tangente della curva, il punto a ove A è incontrata dalla tangente successiva, è il punto in cui la retta A tocca la curva. Quindi la curva inviluppo di una retta mobile è anche il luogo del punto comune a due successive posizioni della retta stessa.

Per un punto qualunque si possono condurre, in generale, m tangenti alla curva. Ma se si considera un punto a della curva, due di quelle m tangenti sono successive, cioè coincidono nella tangente A. Quindi per a passeranno, inoltre, $m-2$ rette tangenti alla curva in altri punti.

Se due di queste $m-2$ tangenti coincidono in una sola retta B, la curva ha in a due tangenti A, B, cioè passa due volte per a, formando ivi un nodo; le rette A e B toccano in a i due rami di curva che ivi s'incrociano. In questo caso, il punto a dicesi *punto doppio* **).

Invece, se una delle $m-2$ tangenti coincide con A, questa retta rappresenta tre

*) I due punti di contatto possono essere imaginari senza che la retta A cessi d'essere reale e di possedere tutte le proprietà di una tangente doppia.

**) Le due tangenti A, B ponno essere imaginarie, epperò imaginari anche i due rami della curva, rimanendo reale il punto d'incrociamento a. Questo è, in tal caso, un *punto isolato*, e può considerarsi come un'ovale infinitesima o evanescente.

tangenti successive A, A', A'', ed il punto a può considerarsi come un punto doppio, le cui tangenti A, A' coincidano (cioè, il cui nodo sia ridotto ad un punto). Nel caso che si considera, il punto a dicesi *cuspide* o *regresso* o *punto stazionario*, perchè esso rappresenta l'intersezione della tangente A con A' e di A' con A''; ossia perchè, se s'imagina la curva generata da un punto mobile, quando questo arriva in a si arresta, rovescia la direzione del suo moto e quindi passa dalla parte opposta della tangente A (tangente cuspidale).

Dalle formole di Plücker, che saranno dimostrate in seguito (XVI), si raccoglie che una curva-luogo di dato ordine non ha in generale punti doppi nè cuspidi, bensì tangenti doppie e flessi; e che una curva-inviluppo di data classe è in generale priva di tangenti singolari, ma possiede invece punti doppi e punti stazionari.

Però, se la curva è di natura speciale, vi potranno anche essere punti o tangenti singolari di più elevata moltiplicità. Una tangente si dirà multipla secondo il numero r, ossia $(r)^{pla}$, quando tocchi la curva in r punti, i quali possono essere tutti distinti, o in parte o tutti coincidenti. Un punto si dirà $(r)^{plo}$, quando per esso la curva passi r volte, epperò ammetta ivi r tangenti tutte distinte, ovvero in parte o tutte sovrapposte.

31. Se una curva ha un punto $(r)^{plo}$ a, ogni retta condotta per a sega ivi r volte la curva, onde il punto a equivale ad r intersezioni della retta colla curva. Ma se la retta tocca uno de' rami della curva, passanti per a, essa avrà in comune con questa anche quel punto di esso ramo che è successivo ad a; cioè questo punto conta come $\{$almeno$\}$ $r+1$ intersezioni della curva colla tangente. Dunque, fra tutte le rette condotte per a ve ne sono al più r (le tangenti agli r rami) che segano ivi la curva in $r+1$ punti coincidenti; epperò, se vi fossero $r+1$ rette dotate di tale proprietà, questa competerebbe ad ogni altra retta condotta per a, cioè a sarebbe un punto multiplo secondo il numero $r+1$.

Analogamente: se una curva ha una tangente A multipla secondo r, questa conta per r tangenti condotte da un punto preso ad arbitrio in essa, ma conta per $\{$almeno$\}$ $r+1$ tangenti rispetto a ciascuno de' punti di contatto della curva con A. Cioè da ogni punto di A partono r tangenti coincidenti con A; e vi sono al più r punti in questa retta, da ciascun de' quali partono $r+1$ tangenti coincidenti colla retta stessa. Onde, se vi fosse un punto di più, dotato di tale proprietà, questa spetterebbe a tutt' i punti di A, e per conseguenza questa retta sarebbe una tangente multipla secondo $r+1$.

Da queste poche premesse segue che:

Se una linea dell'ordine n ha un punto $(n)^{plo}$ a, essa non è altro che il sistema di n rette concorrenti in a. Infatti, la retta che unisce a ad un altro punto qualunque del luogo ha, con questo, $n+1$ punti comuni, epperò fa parte del luogo medesimo.

Così, se un inviluppo della classe m ha una tangente $(m)^{pla}$, esso è il sistema di m punti situati sopra questa retta.

Una curva semplice dell'ordine n non può avere, oltre ad un punto $(n-1)^{plo}$, anche un punto doppio, perchè la retta che unisce questi due punti avrebbe $n+1$ intersezioni comuni colla curva. Analogamente, una curva semplice della classe m non può avere una tangente $(m-1)^{pla}$ ed inoltre un'altra tangente doppia, perchè esse rappresenterebbero $m+1$ tangenti concorrenti nel punto comune alle medesime.

Art. VI.

Punti e tangenti comuni a due curve.

32. In quanti punti si segano due curve, gli ordini delle quali siano n, n'? [46] Ammetto, come principio evidente, che il numero delle intersezioni dipenda unicamente dai numeri n, n', talchè rimanga invariato, sostituendo alle curve date altri luoghi dello stesso ordine. Se alla curva d'ordine n' si sostituiscono n' rette, queste incontrano la curva d'ordine n in nn' punti; dunque: *due curve, i cui ordini siano n, n', si segano in nn' punti (reali, imaginari, distinti o coincidenti).*

Si dirà che due curve hanno un *contatto bipunto, tripunto, quadripunto, cinquipunto, sipunto,*... quando esse abbiano due, tre, quattro, cinque, sei,... punti consecutivi comuni, e per conseguenza anche due, tre, quattro, cinque, sei,... tangenti consecutive comuni.

Se per un punto a passano r rami di una curva ed r' di un'altra, quel punto dee considerarsi come intersezione di ciascun ramo della prima curva con ciascun ramo della seconda, epperò equivale ad rr' intersezioni sovrapposte. Se, inoltre, un ramo della prima curva ed un ramo della seconda hanno in a la tangente comune, essi avranno ivi due punti comuni, onde a equivarrà ad $rr'+1$ intersezioni. In generale, se in a le due curve hanno s tangenti comuni, a equivale ad $rr'+s$ punti comuni alle due curve.

Come caso speciale, quando le r tangenti della prima curva e le r' dell'altra, nel punto comune a, coincidono tutte insieme in una sola retta T, questa, supposto $r'<r$, rappresenta r' tangenti comuni, onde il numero delle intersezioni riunite in a sarà $r'(r+1)$. Ma questo numero può divenir più grande [47], ogniqualvolta la retta T abbia un contatto più intimo con alcuna delle linee proposte, cioè la incontri in più di $r+1$ od $r'+1$ punti riuniti in a. Per esempio, se in a la retta T avesse $2r$ punti comuni colla prima curva ed $r'+1$ colla seconda, il punto a equivarrebbe ad $r(r'+1)$ intersezioni delle due curve. Del che è facile persuadersi, assumendo un sistema di r curve K

di second'ordine aventi un punto comune a ed ivi toccate da una stessa retta T; ed inoltre un'altra curva qualunque C dotata di r' rami passanti per a ed ivi aventi la comune tangente T. In tal caso il punto a rappresenta $r'+1$ intersezioni di C con ciascuna delle curve K; epperò equivale ad $r(r'+1)$ punti comuni a C ed al sistema completo delle curve K.

Analogamente si dimostra che *due curve, le cui classi siano* m, m', *hanno* mm' *tangenti comuni*. Ecc. *).

Art. VII.

Numero delle condizioni che determinano una curva di dato ordine o di data classe.

33. Se una curva dee passare per un dato punto a, ciò equivale manifestamente ad *una condizione*.

Per a conducasi una retta A; se la curva deve contenere anche il punto di A che è successivo ad a, cioè se la curva deve non solo passare per a, ma anche toccare ivi la retta A, ciò equivale a *due condizioni*.

Per a conducasi una seconda retta A_1; se oltre ai due punti consecutivi di A, la curva dovesse contenere anche quel punto di A_1 che è successivo ad a, ciò equivarrebbe a tre condizioni. Ma in tal caso, due rette condotte per a segherebbero ivi due volte la curva, cioè a sarebbe un punto doppio per questa. Dunque, se la curva dee avere un punto doppio in a, ciò equivale a *tre condizioni*.

Se la curva deve avere in a un punto doppio (tre condizioni), una retta qualunque A condotta per a conterrà due punti di quella, coincidenti in a. Se la curva deve passare per un terzo punto successivo di A, cioè se questa retta dovrà avere in a tre punti comuni colla curva, ciò equivarrà ad una nuova condizione. Se lo stesso si esige per una seconda retta A_1 e per una terza A_2 (passanti per a), si avranno in tutto sei condizioni. Ma quando per a passino tre rette, ciascuna delle quali seghi ivi tre volte la curva, quello è un punto triplo (31); dunque, se la curva dee avere in a un punto triplo, ciò equivale a *sei condizioni*.

In generale: sia x_{r-1} il numero delle condizioni, perchè la curva abbia in a un punto $(r-1)^{plo}$. Ogni retta A condotta per a, avrà ivi $r-1$ punti comuni colla curva.

---

*) Le proprietà delle curve di data classe si deducono dalle proprietà delle curve di dato ordine, e reciprocamente, mediante il *principio di dualità*, che noi consideriamo come *primitivo* ed *assoluto*, cioè indipendente da qualsivoglia teoria speciale di trasformazione di figure.

Se questa dee contenere un altro punto successivo di A, cioè se la retta A deve in a avere r punti comuni colla curva, ciò equivale ad una nuova condizione. Se la stessa cosa si esige per altre $r-1$ rette passanti per a, si avranno in tutto $x_{r-1}+r$ condizioni. Ora, quando per a passano r rette, ciascuna avente ivi r punti comuni colla curva, a è un punto multiplo secondo r (31); dunque, se la curva deve avere in a un punto $(r)^{plo}$, ciò equivale ad un numero $x_r=x_{r-1}+r$ di condizioni; ossia $x_r=\frac{r(r+1)}{2}$.

34. Da quante condizioni è determinata una curva d'ordine n? Se la curva debba avere un dato punto a multiplo secondo n, ciò equivale (33) ad $\frac{n(n+1)}{2}$ condizioni. Ma una linea d'ordine n, dotata di un punto $(n)^{plo}$ a, è il sistema di n rette concorrenti in a (31); e, affinchè queste siano pienamente individuate, basta che sia dato un altro punto per ciascuna di esse. Dunque:

Il numero delle condizioni che determinano una curva d'ordine n è

$$\frac{n(n+1)}{2}+n=\frac{n(n+3)}{2}\ \text{*)}.$$

Se sono date solamente $\frac{n(n+3)}{2}-1$ condizioni, vi saranno infinite curve d'ordine n che le potranno sodisfare, e fra esse ve ne saranno alcune (siane N il numero) che passeranno per un punto qualunque dato. L'intero sistema di quelle curve, in numero infinito, chiamasi *serie d'ordine n e d'indice* N **). [48]

Per esempio, le tangenti di una curva della classe m formano una serie d'ordine 1 e d'indice m.

In generale esiste sempre una linea che inviluppa una serie data }d'indice N{, cioè che in ciascun de' suoi punti tocca una curva della serie. }Essa è il luogo dei punti, pei quali due delle N curve della serie coincidono{. Tutta la serie si può concepire generata dal movimento continuo di una curva, che vada cambiando di forma e di posizione, in modo però da sodisfare alle condizioni proposte. I punti, in cui una curva della serie sega quella che le succede immediatamente, sono anche i punti di contatto fra la prima di queste curve e la linea inviluppo della serie. [49]

35. Il teorema or ora dimostrato (34) ci mette in grado di stabilire quest'altro:

---

*) Così, una curva della classe m è determinata da $\frac{m(m+3)}{2}$ condizioni.

**) Jonquières, *Théorèmes généraux concernant les courbes géométriques planes d'un ordre quelconque* (Journal de M. Liouville, [2e série, t. 6] avril 1861, p. 113).

che una curva *semplice* dell'ordine n non può avere più di $\frac{(n-1)(n-2)}{2}$ punti doppi (comprese le cuspidi). Infatti: se ne avesse uno di più, per questi $\frac{(n-1)(n-2)}{2}+1$ e per altri $n-3$ punti della stessa curva, in tutto $\frac{(n-2)(n-2+3)}{2}$ punti, si potrebbe far passare una curva dell'ordine $n-2$, la quale avrebbe in comune colla linea data $2\left\{\frac{(n-1)(n-2)}{2}+1\right\}+n-3=n(n-2)+1$ intersezioni: il che è impossibile, se la curva data non è composta di linee d'ordine minore *).

Art. VIII.

Porismi di Chasles e teorema di Carnot.

36. Sia dato (fig. 6.ª) un triangolo ABC. Un punto qualunque a di BC è individuato dal rapporto $\frac{a\mathrm{C}}{a\mathrm{B}}$; e parimenti, un punto qualunque b di CA è individuato dal rapporto $\frac{b\mathrm{C}}{b\mathrm{A}}$. Tirate le rette A$a$, B$b$, queste s'incontrino in un punto m, che è, per con-

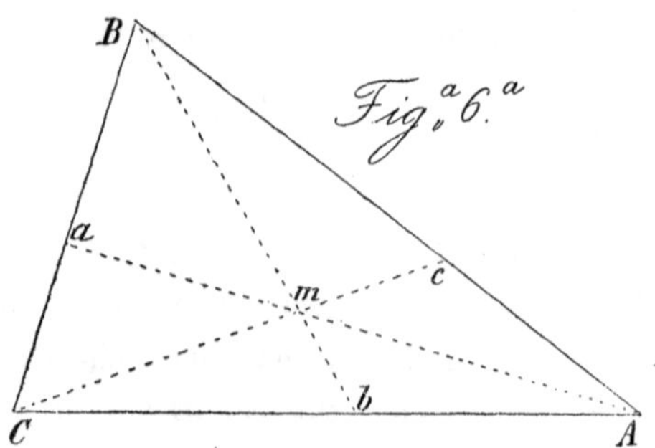

seguenza, determinato dai due rapporti $\frac{a\mathrm{C}}{a\mathrm{B}}$, $\frac{b\mathrm{C}}{b\mathrm{A}}$, i quali chiameremo *coordinate* del punto m. La retta Cm seghi AB in c: così si ottiene un terzo rapporto $\frac{c\mathrm{B}}{c\mathrm{A}}$. Fra i tre rapporti ha luogo una semplice relazione, poichè, in virtù del noto teorema di

*) Plücker, *loco citato,* p. 215.

Ceva,*) si ha:

$$\frac{bC}{bA} : \frac{aC}{aB} = -\frac{cB}{cA}.$$

Quando il punto m è sopra una delle due rette CA, CB, una delle due coordinate è nulla. Se m è sopra AB, le due coordinate sono entrambe infinite, ma è finito il loro rapporto, che è espresso da $-\frac{cB}{cA}$.

Supponiamo che m si muova sopra una retta data: i punti a e b genereranno sopra CB e CA due punteggiate projettive, cioè ad ogni posizione del punto a corrisponderà una sola posizione di b e reciprocamente. Dunque, fra i rapporti $\frac{aC}{aB}$, $\frac{bC}{bA}$ che determinano i due punti a, b, avrà luogo una equazione di primo grado rispetto a ciascun d'essi. Siccome poi, nel punto in cui la retta data incontra AB, entrambi i rapporti $\frac{aC}{aB}$, $\frac{bC}{bA}$ diventano infiniti, così quell'equazione non può essere che della forma:

$$1) \qquad \lambda \frac{aC}{aB} + \mu \frac{bC}{bA} + \nu = 0.$$

Questa relazione fra le coordinate di un punto qualunque m di una retta data è ciò che si chiama *equazione della retta.*

Di quale forma sarà la relazione fra le cordinate di m, se questo punto si muove percorrendo una curva d'ordine n? Una retta qualunque, la cui equazione sia la 1), incontra la curva in n punti; quindi la relazione richiesta e l'equazione 1) dovranno essere simultaneamente sodisfatte da n coppie di valori delle coordinate $\frac{aC}{aB}$, $\frac{bC}{bA}$; la qual cosa esige necessariamente che la richiesta relazione sia del grado n rispetto alle coordinate del punto variabile, considerate insieme.

Dunque, *se il punto m percorre una curva d'ordine n, fra le coordinate variabili di m avrà luogo una relazione costante della forma:*

$$2) \qquad \alpha\left(\frac{aC}{aB}\right)^n + \left[\beta + \gamma\frac{bC}{bA}\right]\left(\frac{aC}{aB}\right)^{n-1} + \cdots + \pi\left(\frac{bC}{bA}\right)^n + \rho = 0,$$

la quale può dirsi l'equazione della curva luogo del punto mobile.

Reciprocamente: *se il punto m varia per modo che fra le sue coordinate abbia luogo una relazione costante della forma* 2), *il luogo del punto m è una curva d'ordine n.*

---

*) Dato da Ceva nel 1678. [*Einleitung*]

37. Consideriamo di nuovo (fig. 7ª) un triangolo ABC; un punto a in BC, determinato dal rapporto $\frac{aB}{aC}$ ed un punto b in CA, determinato dal rapporto $\frac{bA}{bC}$, individuano una retta ab la quale è, per conseguenza, determinata dai due rapporti $\frac{aB}{aC}$, $\frac{bA}{bC}$.

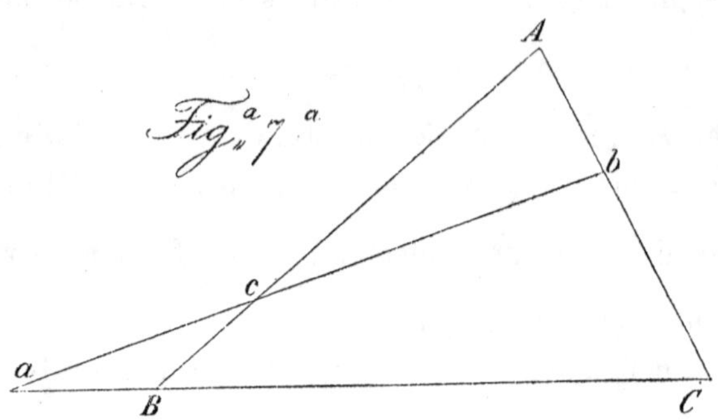

Questi due rapporti si chiameranno *coordinate* della retta. La quale poi incontra AB in un terzo punto c, e così dà luogo ad un terzo rapporto $\frac{cB}{cA}$. In virtù del noto teorema di MENELAO*), i tre rapporti sono connessi fra loro dalla relazione semplicissima:

$$\frac{aB}{aC}:\frac{bA}{bC}=\frac{cB}{cA}.$$

Quando la retta ab passa per l'uno o per l'altro de' punti A, B, una delle due coordinate è zero. Se poi la retta passa per C, entrambe le coordinate sono infinite, ma è finito il loro rapporto $\frac{cB}{cA}$.

Supponiamo che la retta ab varii girando intorno ad un punto dato. Allora i punti a, b genereranno due punteggiate projettive, epperò fra le due coordinate di ab avrà luogo una equazione di primo grado rispetto a ciascuna coordinata. E siccome, quando la retta mobile passa per C, entrambe le coordinate divengono infinite, così la forma dell'equazione sarà:

$$1)' \qquad \lambda\frac{aB}{aC}+\mu\frac{bA}{bC}+\nu=0.$$

Questa relazione fra le coordinate di una retta mobile intorno ad un punto dato può chiamarsi l'*equazione del punto* (considerato come inviluppo della retta mobile).

*) MENELAUS, *Sphaerica*, III, 1. [*Einleitung*]

Suppongasi ora che la retta ab varii inviluppando una curva della classe m; qual relazione avrà luogo fra le coordinate della retta variabile? Da un punto qualunque, l'equazione del quale sia la 1)', partono m tangenti della curva, cioè m posizioni della retta mobile. Dunque la relazione richiesta e l'equazione 1)' dovranno essere sodisfatte simultaneamente da m sistemi di valori delle coordinate. Onde s'inferisce che la relazione richiesta sarà del grado m rispetto alle coordinate considerate insieme.

Dunque: *se una retta si muove inviluppando una curva della classe m, fra le coordinate variabili della retta avrà luogo una relazione costante della forma:*

$$2)' \qquad \alpha\left(\frac{aB}{aC}\right)^m+\left[\beta+\gamma\frac{bA}{bC}\right]\left(\frac{aB}{aC}\right)^{m-1}+\cdots+\pi\left(\frac{bA}{bC}\right)^m+\rho=0,$$

la quale può risguardarsi come l'equazione della curva inviluppata dalla retta mobile.

Viceversa: *se una retta varia per modo che le sue coordinate sodisfacciano costantemente ad una relazione della forma* 2)', *l'inviluppo della retta sarà una curva della classe m.*

I due importanti porismi dimostrati in questo numero e nel precedente sono dovuti al sig. CHASLES *).

38. Riprendiamo l'equazione 2). Pei punti $a, a', \ldots$ in cui la curva da essa rappresentata sega la retta CB, la coordinata $\frac{bC}{bA}$ è nulla e l'altra coordinata si desumerà dall'equazione medesima, ove si faccia $\frac{bC}{bA}=0$. Si avrà così:

$$\frac{aC}{aB}\cdot\frac{a'C}{a'B}\cdots=(-1)^n\frac{\rho}{\alpha}.$$

Analogamente, pei punti $b, b', \ldots$ in cui la curva sega CA si ottiene:

$$\frac{bC}{bA}\cdot\frac{b'C}{b'A}\cdots=(-1)^n\frac{\rho}{\pi}.$$

Divisa l'equazione 2) per $\left(\frac{aC}{aB}\right)^n$ e avuto riguardo al teorema di CEVA, si ha:

$$\alpha+\beta\frac{aB}{aC}-\gamma\frac{cB}{cA}\cdots+\pi\left(-\frac{cB}{cA}\right)^n+\rho\left(\frac{aB}{aC}\right)^n=0,$$

*) *Aperçu historique,* p. 280. { CHASLES, *Lettre à M.* QUETELET. Correspondance mathématique et physique, t. VI, pag. 81, Bruxelles 1830. }

dove facendo $\frac{aB}{aC} = 0$ si avranno i punti $c, c', \ldots$ comuni alla curva ed alla retta AB; dunque:

$$\frac{cB}{cA} \cdot \frac{c'B}{c'A} \cdots = \frac{\alpha}{\pi}.$$

Dai tre risultati così ottenuti si ricava:

3) $$\frac{aB}{aC} \cdot \frac{a'B}{a'C} \cdots \times \frac{bC}{bA} \cdot \frac{b'C}{b'A} \cdots \times \frac{cA}{cB} \cdot \frac{c'A}{c'B} \cdots = 1,$$

e si ha così il celebre teorema di Carnot *):

Se una curva dell'ordine n incontra i lati di un triangolo ABC *ne' punti $aa' \ldots$ in* BC, $bb' \ldots$ *in* CA, $cc' \ldots$ *in* AB, *si ha la relazione* 3).

Questo teorema si applica anche ad un poligono qualsivoglia.

39. Per $n = 1$ il teorema di Carnot rientra in quello di Menelao. Per $n = 2$, si ha una proprietà di *sei* punti d'una curva di second'ordine. E siccome una curva siffatta è determinata da *cinque* punti (34), così avrà luogo il teorema inverso:

Se nei lati BC, CA, AB di un triangolo esistono sei punti aa', bb', cc' tali che si abbia la relazione:

4) $$\frac{aB \, . \, a'B \, . \, bC \, . \, b'C \, . \, cA \, . \, c'A}{aC \, . \, a'C \, . \, bA \, . \, b'A \, . \, cB \, . \, c'B} = 1,$$

i sei punti $aa'bb'cc'$ sono in una curva di second'ordine.

Se i punti $a'b'c'$ coincidono rispettivamente con abc, cioè se la curva tocca i lati del triangolo in a, b, c, la precedente relazione diviene:

$$\frac{aB \, . \, bC \, . \, cA}{aC \, . \, bA \, . \, cB} = \pm 1 .$$

De' due segni, nati dall'estrazione della radice quadrata, non può prendersi il positivo, poichè in tal caso, pel teorema di Menelao, i tre punti abc sarebbero in una retta: il che è impossibile, non potendo una curva di second'ordine essere incontrata da una retta in più che due punti. Preso adunque il segno negativo, si conclude, in virtù del teorema di Ceva, che le rette Aa, Bb, Cc concorrono in uno stesso punto. Cioè: se una curva di second'ordine è inscritta in un triangolo, le rette che ne uniscono i vertici ai punti di contatto de' lati opposti passano per uno stesso punto.

---

*) *Géométrie de position,* Paris 1803, p. 291 {n. 235; e p. 436, n. 378.} [50]

(a) Per $n=3$, dal teorema di Carnot si ricava che, se i lati d'un triangolo ABC segano una curva del terz'ordine (o più brevemente *cubica*) in nove punti $aa'a''$, $bb'b''$, $cc'c''$ ha luogo la relazione segmentaria:

$$5)\qquad \frac{aB\,.\,a'B\,.\,a''B\,.\,bC\,.\,b'C\,.\,b''C\,.\,cA\,.\,c'A\,.\,c''A}{aC\,.\,a'C\,.\,a''C\,.\,bA\,.\,b'A\,.\,b''A\,.\,cB\,.\,c'B\,.\,c''B}=1\,.$$

Se i sei punti $aa'bb'cc'$ sono in una curva di second'ordine, si avrà anche la relazione 4), per la quale dividendo la 5) si ottiene:

$$\frac{a''B\,.\,b''C\,.\,c''A}{a''C\,.\,b''A\,.\,c''B}=1$$

cioè i punti $a''b''c''$ saranno in linea retta. E viceversa, se $a''b''c''$ sono in linea retta, gli altri sei punti sono in una curva di second'ordine.

(b) Quando il luogo di second'ordine $aa'bb'cc'$ riducasi al sistema di due rette coincidenti, si ha:

Se ne' punti in cui una cubica è segata da una retta data si conducono le tangenti, queste vanno ad incontrare la curva in tre altri punti che giacciono in una seconda retta *).

Se una retta tocca una cubica in un punto a e la sega semplicemente in a'', questo secondo punto dicesi *tangenziale* del primo. Onde possiamo dire che, se tre punti di una cubica sono in una retta R, i loro tangenziali giacciono in una seconda retta S.

La retta S dicesi *retta satellite* di R (*retta primaria*), ed il punto comune alle R, S si chiama *punto satellite* di R.

Se R è tangente alla cubica, il punto satellite coincide col tangenziale del punto di contatto, e la retta satellite è la tangente alla cubica nel punto satellite.

(c) Supponendo che la retta $a''b''c''$ divenga una tangente stazionaria della cubica, si ha:

Se da un flesso di una cubica si conducono tre trasversali arbitrarie, queste la segano di nuovo in sei punti situati in una curva di second' ordine.

Dunque, se di questi sei punti, tre sono in linea retta, gli altri tre saranno in una seconda retta, epperò:

Se da un flesso si conducono tre tangenti ad una cubica, i tre punti di contatto sono in linea retta **).

---

*) Vedi il trattato di Maclaurin sulle curve del 3.° ordine, tradotto da Jonquières: *Mélanges de géométrie pure,* Paris 1856, p. 223.

**) Maclaurin, *l. c.* p. 226.

(d) Supposti i punti $a''b''c''$ in linea retta, gli altri sei $aa'bb'cc'$ sono in una curva di second'ordine; onde, se tre di questi, $a'b'c'$, coincidono, si avrà:

Se tre trasversali condotte da un punto a' di una cubica tagliano questa in tre punti $a''b''c''$ situati in linea retta ed in altri tre punti abc, la cubica avrà in a' un contatto tripunto con una curva di second'ordine passante per abc.

Se $a''b''c''$ coincidono in un flesso, dal teorema precedente si ricava:

Ogni trasversale condotta per un flesso di una cubica sega questa in due punti, ne' quali la curva data ha due contatti tripunti con una stessa curva di second'ordine).*

E per conseguenza:

*Se da un flesso di una cubica si conduce una retta a toccarla in un altro punto, in questo la cubica ha un contatto sipunto con una curva di second'ordine**).*

40. Consideriamo una curva-inviluppo della classe m, rappresentata dall'equazione 2)'. Per ottenere le tangenti di questa curva, passanti per A, dobbiamo fare ivi $\frac{bA}{bC}=0$; l'equazione risultante darà i valori dell'altra coordinata relativi ai punti $a, a' \ldots$ in cui il lato BC è incontrato dalle tangenti passanti per A. Avremo così:

$$\frac{aB}{aC} \cdot \frac{a'B}{a'C} \cdots = (-1)^m \frac{\rho}{\alpha}.$$

Analogamente, pei punti $b, b' \ldots$ in cui il lato CA è incontrato dalle tangenti passanti per B, avremo:

$$\frac{bA}{bC} \cdot \frac{b'A}{b'C} \cdots = (-1)^m \frac{\rho}{\pi}.$$

Dividasi ora l'equazione 2)' per $\left(\frac{bA}{bC}\right)^m$; avuto riguardo alla relazione:

$$\frac{aB}{aC} : \frac{bA}{bC} = \frac{cB}{cA},$$

si otterrà:

$$\alpha\left(\frac{cB}{cA}\right)^m + \beta\left(\frac{cB}{cA}\right)^{m-1} \cdot \frac{bC}{bA} + \gamma\left(\frac{cB}{cA}\right)^{m-1} + \cdots + \pi + \rho\left(\frac{bC}{bA}\right)^m = 0.$$

Se in questa equazione si fa $\frac{bC}{bA}=0$, si avranno i punti $c, c' \ldots$ in cui AB è

*) PONCELET, *Analyse des transversales* (Giornale di CRELLE, t. 8, Berlino 1832, p. 129-135).

**) PLÜCKER, *Ueber Curven dritter Ordnung und analytische Beweisführung* (Giornale di CRELLE, t. 34, Berlino 1847, p. 330).

incontrata dalle tangenti che passano per C. Quindi.

$$\frac{cB}{cA} \cdot \frac{c'B}{c'A} \cdots = (-1)^m \frac{\pi}{\alpha} .$$

I tre risultati così ottenuti danno:

$$3)' \qquad \frac{aB}{aC} \cdot \frac{a'B}{a'C} \cdots \times \frac{bC}{bA} \cdot \frac{b'C}{b'A} \cdots \times \frac{cA}{cB} \cdot \frac{c'A}{c'B} \cdots = (-1)^m .$$

Si ha dunque il teorema *):

Se dai vertici di un triangolo ABC *si conducono le tangenti ad una curva della classe* m, *le quali incontrino i lati opposti ne' punti* $aa' \ldots, bb' \ldots, cc' \ldots$, *fra i segmenti determinati da questi punti sui lati si ha la relazione* 3)'.

Per $m=1$ si ricade nel teorema di CEVA. Per $m=2$ si ha una proprietà relativa a sei tangenti di una curva di seconda classe; e se ne deduce il teorema che, se una tal curva è circoscritta ad un triangolo, le tangenti nei vertici incontrano i lati opposti in tre punti situati sopra una stessa retta. Ecc. ecc.

41. Si rappresentino con $U=0$, $U'=0$ due equazioni analoghe alla 2), relative a due curve d'ordine n. Indicando con λ una quantità arbitraria, l'equazione $U+\lambda U'=0$ rappresenterà evidentemente un'altra curva d'ordine n. I valori delle coordinate $\frac{aC}{aB}$, $\frac{bC}{bA}$, che annullano U ed U', annullano anche $U+\lambda U'$; dunque le n^2 intersezioni delle due curve rappresentate da $U=0$, $U'=0$ appartengono *tutte* alla curva rappresentata da $U+\lambda U'=0$ **). Siccome poi quest'ultima equazione rappresenta una curva dell'ordine n per *ciascuno* degli infiniti valori che si possono attribuire a λ, così abbiamo il teorema:

Per le n^2 intersezioni di due curve dell'ordine n passano infinite altre curve dello stesso ordine.

Altrove (34) si è dimostrato che una curva d'ordine n è determinata da $\frac{n(n+3)}{2}$ condizioni. Dal teorema precedente segue che per $\frac{n(n+3)}{2}$ punti passa, in generale, *una sola* curva d'ordine n: poichè, se per quei punti passassero due curve di quest'ordine, in virtù di quel teorema, se ne potrebbero tracciare infinite altre.

---

*) CHASLES, *Géométrie supérieure*, Paris 1852, p. 361.

**) LAMÉ, *Examen des différentes méthodes employées pour résoudre les problèmes de géométrie*, Paris 1818, p. 28.

Per $\frac{n(n+3)}{2}-1$ punti dati (34) passano infinite curve d'ordine n, due delle quali si segheranno in altri $n^2-\left(\frac{n(n+3)}{2}-1\right)=\frac{(n-1)(n-2)}{2}$ punti; questi apparterranno dunque anche a tutte le altre curve descritte pei punti dati. Ossia:

Per $\frac{n(n+3)}{2}-1$ *punti dati ad arbitrio passano infinite curve d'ordine* n, *le quali,* [51] *oltre i dati, hanno in comune altri* $\frac{(n-1)(n-2)}{2}$ *punti determinati* *).

Una qualunque di tali curve è individuata da un punto arbitrario, aggiunto ai dati $\frac{n(n+3)}{2}-1$; cioè fra le infinite curve passanti per $\frac{n(n+3)}{2}-1$ punti dati, ve n'ha una sola che passi per un altro punto preso ad arbitrio. Ne segue che l'*indice* della serie formata da quelle infinite curve (34) è 1. Ad una serie siffatta si dà il nome di *fascio;* ossia per *fascio* d'ordine n s'intende il sistema delle infinite curve di quest'ordine, che passano per $\frac{n(n+3)}{2}-1$ punti dati ad arbitrio e, per conseguenza, per altri $\frac{(n-1)(n-2)}{2}$ punti individuati. Il complesso delle n^2 intersezioni comuni alle curve d'un fascio dicesi *base* del fascio.

Analoghe proprietà hanno luogo per le curve di data classe. Le m^2 tangenti comuni a due curve di classe m toccano infinite altre curve della stessa classe. Vi ha una sola curva di classe m che tocchi $\frac{m(m+3)}{2}$ rette date ad arbitrio. Tutte le curve di classe m tangenti ad $\frac{m(m+3)}{2}-1$ rette arbitrarie hanno altre $\frac{(m-1)(m-2)}{2}$ tangenti comuni individuate.

Art. IX.

Altri teoremi fondamentali sulle curve piane.

42. Fra gli $\frac{n(n+3)}{2}$ punti, che determinano una curva semplice d'ordine n, ve ne possono essere tutt'al più $np-\frac{(p-1)(p-2)}{2}$ situati in una curva d'ordine $p<n$. Infatti, se $np-\frac{(p-1)(p-2)}{2}+1$ punti giacessero in una curva d'ordine p, i rima-

*) Plücker, *Analytisch-geometrische Entwicklungen*, 1. Bd, Essen 1828, p. 229.

nenti punti, il cui numero è $\frac{n(n+3)}{2}-np+\frac{(p-1)(p-2)}{2}-1=\frac{(n-p)(n-p+3)}{2}$, determinerebbero (34) una curva d'ordine $n-p$, la quale insieme colla data curva d'ordine p costituirebbe un luogo d'ordine n passante per tutt'i punti dati. Dunque *il massimo numero di punti che si possono prendere ad arbitrio sopra una curva d'ordine p, all'intento di descrivere per essi una curva semplice d'ordine $n>p$, è* $np-\frac{(p-1)(p-2)}{2}$ *).

43. Siano date due curve, l'una d'ordine p, l'altra d'ordine q, e sia $p+q=n$. Se nel luogo d'ordine n, formato da queste due curve, si prendono ad arbitrio $\frac{n(n+3)}{2}-1$ punti, per essi passeranno infinite curve d'ordine n, le quali avranno in comune altre $\frac{(n-1)(n-2)}{2}$ intersezioni (41) [52], distribuite sulle due curve date. Nell'assumere ad arbitrio quegli $\frac{n(n+3)}{2}-1$ punti, se ne prendano $np-g$ sulla curva d'ordine p ed $nq-h$ sulla curva d'ordine q, ove g, h sono due numeri (interi e positivi) soggetti alla condizione:

$$1)\qquad g+h=\frac{(n-1)(n-2)}{2}.$$

Inoltre, affinchè le due curve siano determinate dai punti presi in esse, dovrà essere:

$$np-g\gtreqless\frac{p(p+3)}{2}\quad,\quad nq-h\gtreqless\frac{q(q+3)}{2},$$

da cui:

$$g\lesseqgtr\frac{p(p-3)}{2}+pq\quad,\quad h\lesseqgtr\frac{q(q-3)}{2}+pq.$$

Se in queste due relazioni poniamo per g e per h i valori dati dalla 1), abbiamo:

$$h\gtreqless\frac{(q-1)(q-2)}{2}\quad,\quad g\gtreqless\frac{(p-1)(p-2)}{2}.$$

Così sono fissati i limiti entro i quali devono essere compresi g, h. Possiamo dire che g è compreso fra il limite minimo $\frac{(p-1)(p-2)}{2}$ ed il limite massimo

*) JACOBI, *De relationibus, quæ locum habere debent inter puncta intersectionis duarum curvarum etc.* (Giornale di CRELLE, t. 15, Berlino 1836, p. 292).

$\frac{(p-1)(p-2)}{2}+p(n-p)-1$; e che h è dato, mediante g, dalla 1). Abbiamo così il teorema *):

Tutte le curve d'ordine $n=p+q$ [53], *descritte per* $np-g$ *punti dati di una curva d'ordine* p *e per* $nq-h$ *punti dati di una curva d'ordine* q, *segano la prima curva in altri* g *punti fissi e la seconda curva in altri* h *punti fissi.*

(a) Da questo teorema segue immediatamente:

Affinchè per le n^2 *intersezioni di due curve d'ordine* n *passi il sistema di due curve d'ordini* p, $n-p$, *è necessario e sufficiente che di queste intersezioni* $np-g$ *appartengano alla curva d'ordine* p, *ed* $n(n-p)-h$ *appartengano alla curva d'ordine* $n-p$.

(b) Quando il numero g ha il suo minimo valore, il teorema suenunciato può esprimersi così:

Ogni curva d'ordine n, *descritta per* $np-\frac{(p-1)(p-2)}{2}$ *punti dati di una curva d'ordine* $p<n$, *incontra questa in altri* $\frac{(p-1)(p-2)}{2}$ *punti fissi.*

Ovvero:

Se delle n^2 *intersezioni di due curve d'ordine* n, $np-\frac{(p-1)(p-2)}{2}$ *giacciono in una curva d'ordine* $p<n$, *questa ne conterrà altre* $\frac{(p-1)(p-2)}{2}$, *e le rimanenti* $n(n-p)$ *saranno in una curva d'ordine* $n-p$.

Del resto, questi teoremi sono compresi nel seguente più generale.

44. *Date due curve, l'una* C_n *d'ordine* n, *l'altra* C_m *d'ordine* $m<n$, *se delle loro intersezioni ve ne sono* $mp-\frac{(m+p-n-1)(m+p-n-2)}{2}$ *situate sopra una curva* C_p *d'ordine* $p<n$, *questa curva ne conterrà altre* $\frac{(m+p-n-1)(m+p-n-2)}{2}$; *e le rimanenti* $m(n-p)$ *saranno sopra una curva d'ordine* $n-p$. [54]

Infatti: fra le $(n-m)p$ intersezioni delle curve C_p, C_n non comuni a C_m, se ne prendano $\frac{(n-m)(n-m+3)}{2}$ e per esse si descriva una curva C_{n-m} d'ordine $n-m$. Avremo così due luoghi d'ordine n: l'uno è C_n, l'altro è C_m+C_{n-m}. La curva C_p contiene $mp-\frac{(m+p-n-1)(m+p-n-2)}{2}+\frac{(n-m)(n-m+3)}{2}$ $=np-\frac{(p-1)(p-2)}{2}$ intersezioni de' due luoghi, dunque (43, b) ne conterrà altre

*) Plücker, *Theorie der algeb. Curven*, p. 11.

$\frac{(p-1)(p-2)}{2}$; cioè $\frac{(m+p-n-1)(m+p-n-2)}{2}$ comuni a C_n, C_m, e $(n-m)p-\frac{(n-m)(n-m+3)}{2}$ comuni a C_n, C_{n-m}; e tutte le rimanenti saranno in una curva d'ordine $n-p$.

Da questo teorema segue che gli $mp-\frac{(m+p-n-1)(m+p-n-2)}{2}$ punti dati comuni alle curve C_n, C_m, C_p individuano altri $\frac{(m+p-n-1)(m+p-n-2)}{2}$ punti comuni alle curve medesime. Tutti questi punti sono pienamente determinati dalle curve C_m, C_p, indipendentemente da C_n; dunque:

Qualunque curva d'ordine n descritta per $mp-\frac{(m+p-n-1)(m+p-n-2)}{2}$ intersezioni di due curve d'ordini m, p (m, p non maggiori di n) passa anche per tutti gli altri punti comuni a queste curve).* [55]

45. I teoremi or ora dimostrati sono della più alta importanza, a cagione del loro frequente uso nella teoria delle curve. Qui mi limiterò ad accennare qualche esempio interessante.

(a) Una curva d'ordine n sia segata da una trasversale ne' punti $a, b, \ldots$ e da una seconda trasversale ne' punti $a', b', \ldots$ Considerando il sistema delle n rette aa', bb', ... come un luogo d'ordine n, le rimanenti intersezioni di esse colla curva data saranno (43, b) in una curva d'ordine $n-2$. Supponiamo ora che a', b', ... coincidano rispettivamente con $a, b, \ldots$; avremo il teorema:

*Se ne' punti, in cui una curva d'ordine n è segata da una retta, si conducono le tangenti alla curva, esse incontrano la curva medesima in altri $n(n-2)$ punti, situati sopra una curva d'ordine $n-2$ **).*

(b) Analogamente si dimostra il teorema generale:

Se ne' punti, in cui una curva d'ordine n è segata da un'altra curva d'ordine n', si conducono le tangenti alla prima curva, esse la segheranno in altri $nn'(n-2)$ punti, tutti situati in una curva dell'ordine $n'(n-2)$,

Questo teorema è un'immediata conseguenza della proprietà dimostrata al principio del n. 44, purchè si consideri il complesso delle nn' tangenti come un luogo dell'ordine nn', e la curva d'ordine n', ripetuta due volte, come un luogo dell'ordine $2n'$,

(c) Una curva del terz'ordine passi pei vertici di un esagono e per due de' tre

*) Cayley {*On the Intersection of Curves*} (Cambridge Mathematical Journal, vol. III, 1843, p. 211).

**) Maclaurin, *l. c.* p. 237.

punti d'incontro delle tre coppie di lati opposti: dico che anche il punto comune alla terza coppia giace nella curva. Infatti: il primo, il terzo ed il quinto lato dell'esagono costituiscono un luogo di terz'ordine; mentre un altro luogo del medesimo ordine è formato dai tre lati di rango pari. Le nove intersezioni di questi due luoghi sono i sei vertici dell'esagono e i tre punti di concorso de' lati opposti. Ma otto di questi punti giacciono per ipotesi nella curva data; dunque (41) questa conterrà anche il nono *); c. d. d.

Se i sei vertici sono in una curva di second'ordine, le altre tre intersezioni saranno in una retta (43, b); si ha così il celebre teorema di Pascal:

I lati opposti di un esagono inscritto in una curva di second'ordine si tagliano in tre punti situati in linea retta **).

Dal quale, pel principio di dualità, si conclude il teorema di Brianchon ***):

Le rette congiungenti i vertici opposti di un esagono circoscritto ad una curva di seconda classe concorrono in uno stesso punto.

(d) Tornando all'esagono inscritto in una curva del terz'ordine, siano 1 2 3 4 5 6 i vertici ed a, b, c i punti ove s'incontrano le coppie di lati opposti [12, 45], [23, 56], [34, 61]. Se i punti 12 sono infinitamente vicini nella curva e così pure 45, i punti 1, 3, 4, 6, b, c saranno i vertici di un quadrilatero completo ed a sarà l'incontro delle tangenti alla curva ne' punti 1 e 4; dunque:

Se un quadrilatero completo è inscritto in una curva del terz'ordine, le tangenti in due vertici opposti s'incontrano sulla curva †).

Siano adunque, $abca'b'c'$ i vertici di un quadrilatero completo inscritto in una curva del terz'ordine: abc siano in linea retta ed $a'b'c'$ i vertici rispettivamente opposti. Le tangenti in aa', bb', cc' incontreranno la curva in tre punti α, β, γ. Siccome però, se tre punti abc di una curva del terz'ordine sono in una retta, anche i loro tangenziali $\alpha\beta\gamma$ sono in un'altra retta (39, b), così abbiamo il teorema:

Se un quadrilatero completo è inscritto in una curva del terz'ordine, le coppie di tangenti ne' vertici opposti concorrono in tre punti della curva, situati in linea retta.

---

*) Poncelet, *Analyse des transversales,* p. 132.

**) Pascal, *Essai pour les coniques* in *Oeuvres de* Blaise Pascal, A La Haye. Chez Detune 1779, t. 4, p. 1-7. — Cfr. anche: Weissenborn, *Die Projection in der Ebene,* Berlin, Weidmannsche Buchhandlung 1862. *Vorrede* p. VIII-XVII. [*Einleitung*]

***) Brianchon, Journal de l'Ecole Polytechnique, cah. 13, pag. 301, Paris 1806. [*Einleitung*]

†) Maclaurin, *l. c.* p. 237.

Art. X.

Generazione delle linee piane.

46. Abbiamo già detto altrove (41) chiamarsi *fascio* d'ordine n il sistema delle curve d'ordine n, in numero infinito, che passano per gli stessi n^2 punti: cioè un *fascio* è una forma geometrica, ogni elemento della quale è una curva d'ordine n passante per $\frac{n(n+3)}{2}-1$ punti dati, epperò anche per altri $\frac{(n-1)(n-2)}{2}$ punti fissi.

Ogni curva del fascio è completamente individuata da un punto preso ad arbitrio, pel quale essa debba passare. Se questo punto si prende in una retta passante per un punto della *base* ed infinitamente vicino a questo punto la curva sarà individuata dalla sua tangente nel punto della base. Cioè, se per un punto della *base* del fascio si conduce una retta ad arbitrio, vi è una curva del fascio (ed una sola) che tocca quella retta in quel punto. Od anche: se consideriamo la stella formata da tutte le rette passanti pel *punto-base*, e assumiamo come *corrispondenti* una curva qualunque del fascio ed il raggio della stella che tocca la curva nel punto-base, potremo dire che ad ogni curva del fascio corrisponde un raggio della stella, e reciprocamente ad ogni raggio della stella corrisponde una curva del fascio: cioè la stella ed il fascio di curve sono due forme geometriche projettive.

Considerando due punti-base e le stelle di cui essi sono i centri, e riguardando come *corrispondenti* il raggio dell'una ed il raggio dell'altra stella, che toccano una stessa curva del fascio ne' punti-base, è manifesto che le due stelle sono projettive. Dunque le stelle, i cui centri sono gli n^2 punti-base, sono tutte projettive fra loro ed al fascio di curve.

Ciò premesso, per *rapporto anarmonico di quattro curve d'un fascio* intenderemo il rapporto anarmonico de' quattro corrispondenti raggi di una stella projettiva al fascio.

47. Se due punti-base sono infinitamente vicini, cioè se le curve del fascio si toccano fra loro in un punto a e sia A la tangente comune, tutte quelle curve avranno in a due punti consecutivi comuni colla retta A. Quindi, fra le curve medesime, se ne potrà determinare una che passi per un terzo punto successivo di A, cioè che abbia in a un contatto tripunto con A. E condotta per a una retta B ad arbitrio, si potrà anche determinare una curva del fascio che passi pel punto di B successivo ad a; la qual curva avrà per conseguenza due punti coincidenti in a, in comune con qualunque altra retta passante per a (31). Dunque: fra tutte le curve di un fascio, che si tocchino in un punto a, ve n'ha una per la quale a è un flesso e ve n'ha un'altra per la quale a è un punto doppio.

48. Può accadere che un punto-base a sia un punto doppio per tutte le curve del fascio: nel qual caso, quel punto equivale a quattro intersezioni di due qualunque delle curve del fascio (32), epperò i rimanenti punti-base saranno n^2-4. Allora è manifesto che le coppie di tangenti alle singole curve nel loro punto doppio comune formano un'involuzione quadratica: questa ha due raggi doppi, epperò vi sono due curve nel fascio, per le quali a è una cuspide.

Se tutte le curve del fascio hanno, nel punto doppio a, una tangente comune, qualunque retta condotta per a e considerata come seconda tangente determina una curva del fascio. Dunque, in questo caso, vi sarà una sola curva per la quale a sia una cuspide.

Se tutte le curve del fascio hanno, nel punto doppio a, entrambe le tangenti A, A′ comuni, potremo determinare una di quelle curve per modo che una retta passante per a e diversa da A, A′, abbia ivi colla curva tre punti comuni. Dunque (31), nel caso che si considera, vi è una curva nel fascio, per la quale a è un punto triplo. Ciò vale anche quando le rette A, A′ coincidano, cioè tutte le curve del fascio abbiano in a una cuspide, colla tangente comune.

Analogamente: se a è un punto $(r)^{plo}$ per tutte le curve del fascio, e se queste hanno ivi le r tangenti comuni, v'ha una curva del fascio, per la quale a è un punto multiplo secondo $r+1$.

49. Se le curve d'ordine n, di un dato fascio, sono segate da una trasversale arbitraria, le intersezioni di questa con ciascuna curva formano un gruppo di n punti; e gli infiniti gruppi analoghi, determinati dalle infinite curve del fascio, costituiscono un'involuzione di grado n. *) Infatti, per un punto qualunque i della trasversale passa *una sola* curva del fascio, la quale incontra la trasversale medesima negli altri $n-1$ punti del gruppo a cui appartiene i. Ciascun gruppo è dunque determinato da uno qualunque de' suoi punti: ciò che costituisce precisamente il carattere dell'involuzione (21). [56]

L'involuzione di cui si tratta ha $2(n-1)$ punti doppi (22); dunque:

Fra le curve d'ordine n, d'un fascio, ve ne sono $2(n-1)$ che toccano una retta data.

È evidente che un fascio d'ordine n e l'involuzione di grado n, ch'esso determina sopra una data retta, sono due forme geometriche projettive: cioè il rapporto anarmonico di quattro curve del fascio ed il rapporto anarmonico de' quattro gruppi di punti, in cui esse segano la retta data, sono eguali.

---

*) L'importante teorema sull'involuzione dei gruppi di punti in cui una trasversale incontra più curve d'un fascio è stato enunciato in tutta la sua generalità da Poncelet (Comptes rendus, 8 mai 1843, p. 953). Sturm aveva dimostrato quel teorema per le coniche: *Mémoire sur les lignes du second ordre* (Annales de Gergonne, t. 17, Nismes 1826-27, p. 180).

Due fasci di curve si diranno *projettivi* quando siano rispettivamente projettivi a due stelle projettive fra loro; ossia quando le curve de' due fasci si corrispondano fra loro ad una ad una. Evidentemente i rapporti anarmonici di quattro curve dell'un fascio e delle quattro corrispondenti curve dell'altro sono eguali. E le involuzioni, che due fasci projettivi determinano su di una stessa trasversale o su di due trasversali distinte, sono projettive.

50. Siano dati due fasci projettivi, l'uno d'ordine n, l'altro d'ordine n'; di qual ordine è il luogo delle intersezioni di due curve corrispondenti? Con una trasversale arbitraria sego entrambi i fasci: ottengo così due involuzioni projettive, l'una di grado n, l'altra di grado n'. Queste involuzioni hanno $n+n'$ punti comuni (24, b); cioè, nella trasversale vi sono $n+n'$ punti, per ciascuno de' quali passano due curve corrispondenti de' due fasci, epperò $n+n'$ punti del luogo richiesto. Questo luogo è dunque una curva $C_{n+n'}$ d'ordine $n+n'$ *). Essa passa per tutt'i punti-base de' due fasci, poichè uno qualunque di questi punti giace su tutte le curve di un fascio e sopra una curva dell'altro **).

(a) La curva risultante dell'ordine $n+n'$ può talvolta decomporsi in linee d'ordine inferiore. Ciò avviene, per esempio, quando le curve corrispondenti de' due fasci dati si incontrano costantemente sopra una curva d'ordine $r < n+n'$. Allora gli altri punti d'intersezione sono situati in una seconda curva dell'ordine $n+n'-r$, che insieme colla precedente costituisce il luogo completo d'ordine $n+n'$, generato dai due fasci.

(b) Questa decomposizione avviene anche quando i due fasci projettivi, supposti dello stesso ordine n, abbiano una curva comune e questa corrisponda a sè medesima. Allora ogni punto di questa curva può risguardarsi come comune a due curve corrispondenti; quindi il luogo delle intersezioni delle curve corrispondenti ne' due fasci sarà, in questo caso, una curva dell' ordine n.

A questa proprietà si può dare anche il seguente enunciato, nel quale tutte le curve nominate s'intendano dell'ordine n:

Se una curva H passa pei punti comuni a due curve U, V e pei punti comuni a due altre curve U', V', anche i punti comuni alle curve U, U', insieme coi punti comuni alle V, V', giaceranno tutti in una stessa curva K.

---

*) Per questo metodo di determinare l'ordine di un luogo geometrico veggasi: PONCELET, *Analyse des transversales*, p. 29.

**) {GRASSMANN, *Die höhere Projectivität in der Ebene* (CRELLE t. 42, 1851, p. 202).}

CHASLES, *Construction de la courbe du 3. ordre etc.* Comptes rendus, 30 mai 1853).— *Sur les courbes du 4. et du 3. ordre etc.* (Comptes rendus, 16 août 1853).

JONQUIÈRES, *Essai sur la génération des courbes etc.* Paris 1858, p. 6.

51. Segando, come dianzi, i due fasci dati con una trasversale R, si ottengono due involuzioni projettive, e gli $n+n'$ punti comuni ad esse sono le intersezioni di R colla curva $C_{n+n'}$ generata dalle intersezioni delle curve corrispondenti ne' due fasci. Supponiamo ora che nella retta R vi sia un tal punto o, nel quale coincidano r intersezioni di tutte le curve del primo fascio ed r' intersezioni di tutte quelle del secondo con R: ma una certa curva C_n del primo fascio abbia $r+s$ punti comuni con R riuniti in o, e questo punto rappresenti anche $r'+s'$ intersezioni di R colla curva $C_{n'}$ del secondo fascio, corrispondente a C_n. In virtù di proposizioni già esposte (24, c, d), in o coincideranno $r+r'+s$ od $r+r'+s'$ (secondo che $s<s'$ od $s>s'$ [57]) punti comuni alla retta R ed alla curva $C_{n+n'}$.

Questo teorema generale dà luogo a numerosi corollari; qui ci limitiamo ad esporre quelli, di cui avremo bisogno in seguito.

(a) Sia o un punto-base del primo fascio; $C_{n'}$ la curva del secondo, che passa per o; C_n la corrispondente curva del primo fascio, ed R la tangente a C_n in o. Applicando a questa retta il teorema generale, col porre $r=1$, $r'=0$, $s=1$, $s'=1$, troviamo che essa è anche la tangente a $C_{n+n'}$ in o.

(b) Le curve del primo fascio passino per o ed ivi abbiano una tangente comune; allora fra esse ve n'ha una C_n, che ha un punto doppio in o (47). Se la corrispondente curva $C_{n'}$ del secondo fascio passa per o, il teorema generale applicato ad una retta *qualunque* condotta per o ($r=1$, $r'=0$, $s=1$, $s'=1$) mostra ch'essa incontra $C_{n+n'}$ in due punti riuniti in o; cioè questo punto è doppio per $C_{n+n'}$. [58]

(c) Nella ipotesi (b), se $C_{n'}$ ha in o un punto multiplo e si applica il teorema generale ad una delle due tangenti in o a C_n ($r=1$, $r'=0$, $s=2$, $s'>1$), troviamo che questa retta ha tre punti comuni con $C_{n+n'}$, riuniti in o; dunque questa curva ha in comune con C_n non solo il punto doppio o, ma anche le relative tangenti.

(d) Fatta ancora l'ipotesi (b), se R, tangente comune alle curve del primo fascio in o, è anche una delle tangenti ai due rami di C_n ($r=2$, $r'=0$, $s=1$, $s'=1$), essa sarà tangente ad uno de' due rami di $C_{n+n'}$.

(e) E se, oltre a ciò, la seconda tangente di C_n in o tocca ivi anche $C_{n'}$, applicando a questa retta il teorema generale ($r=1$, $r'=0$, $s=2$, $s'=2$), troviamo ch'essa è la tangente del secondo ramo di $C_{n+n'}$. Donde segue che, se C_n ha in o le due tangenti coincidenti colla retta R, tangente comune alle curve del primo fascio, e se questa retta tocca nel medesimo punto anche $C_{n'}$, la curva $C_{n+n'}$ avrà in o una cuspide colla tangente R.

(f) Due curve corrispondenti C_n, $C_{n'}$ passino uno stesso numero i di volte per un punto o. Se R è una retta condotta ad arbitrio per o, si ricava dal teorema generale ($r=r'=0$, $s=s'=i$) che in o coincidono i intersezioni di $C_{n+n'}$ con R, cioè o è un punto multiplo secondo i per la curva $C_{n+n'}$.

(g) Se C_n passa i volte e $C_{n'}$ un maggior numero i' di volte per o, questo punto è ancora multiplo secondo i per $C_{n+n'}$. Inoltre, se si considera una delle tangenti di C_n in o, il teorema generale ($r=r'=0$, $s=i+1$, $s'>i$) dà $i+1$ intersezioni di questa retta con $C_{n+n'}$ riunite in o. Dunque le tangenti agli i rami di C_n toccano anche gli i rami di $C_{n+n'}$.

Nello stesso modo si potrebbe dimostrare anche quanto è esposto nel n.° seguente.

52. Supponiamo ora che le basi de' due fasci abbiano un punto comune a, il quale sia multiplo secondo r per le curve del primo fascio e multiplo secondo r' per le curve del secondo. Ogni curva del primo fascio ha in a un gruppo di r tangenti: gli analoghi gruppi corrispondenti alle varie curve del fascio medesimo formano un'involuzione di grado r. Similmente avremo un'involuzione di grado r' formata dalle tangenti in a alle curve del secondo fascio. Le due involuzioni hanno $r+r'$ raggi comuni (24, b), ciascuno de' quali toccando in a due curve corrispondenti de' due fasci, tocca ivi anche la curva $C_{n+n'}$. Laonde questa curva ha $r+r'$ rami passanti per a, e le tangenti a questi rami sono i raggi comuni alle due involuzioni.

(a) Da ciò segue che, se tutte le curve d'uno stesso fascio hanno alcuna tangente comune in a, questa è anche una tangente di $C_{n+n'}$. Supposto che tutte le r tangenti in a siano comuni alle curve del primo fascio, epperò siano tangenti anche alla curva d'ordine $n+n'$, le rimanenti r' tangenti di questa sono evidentemente le r' tangenti di quella curva $C_{n'}$ del secondo fascio, che corrisponde alla curva C_n del primo fascio, dotata di un punto multiplo secondo $r+1$ in a (48) *).

53. L'importante teorema (50) conduce naturalmente a porre questa quistione:

Dati quanti punti sono necessari per determinare una curva dell'ordine $n+n'$, formare due fasci projettivi, l'uno dell'ordine n, l'altro dell'ordine n', i quali, colle mutue intersezioni delle curve corrispondenti, generino la curva richiesta.

Ove questo problema sia risoluto, ne conseguirà immediatamente che *ogni curva data d'ordine $n+n'$ può essere generata dalle mutue intersezioni delle curve corrispondenti di due fasci projettivi degli ordini n ed n'.* [[59]]

La soluzione di quel problema fondamentale dipende da alcuni teoremi dovuti ai signori Chasles e Jonquières, che ora ci proponiamo di esporre. I quali teoremi però

*) {Se in entrambi i fasci le curve (d'uno stesso fascio) hanno le stesse tangenti in a, e se inoltre si corrispondono fra loro le due curve per le quali a è risp. $(r+1)^{plo}$, $(r'+1)^{plo}$, in tal caso a è multiplo secondo $r+r'+1$ per la curva $C_{n+n'}$. Le tangenti di questa in a sono allora i raggi uniti di due involuzioni projettive, di gradi $r+1$, $r'+1$, nelle quali si corrispondono le tangenti alle due curve per le quali a è $(r+1)^{plo}$, $(r'+1)^{plo}$, e si corrispondono pure i due gruppi di tangenti comuni ai quali sia aggiunta una retta arbitraria, e questa poi venga tolta dai raggi uniti.}

risguardano soltanto le curve d'ordine $n+n'>2$, poichè, per quelle del second'ordine, basta la proposizione dimostrata al n. 50, come si vedrà fra poco (59). Ci sia dunque lecito supporre $n+n'$ non minore di 3.

54. Sopra una curva $C_{n+n'}$ d'ordine $n+n'$ si suppongano presi n^2 punti formanti la base d'un fascio d'ordine n, e ritengasi in primo luogo $n>n'$. Siano C_n, C'_n due curve di questo fascio. Siccome delle $n(n+n')$ intersezioni delle curve $C_{n+n'}$, C_n ve ne sono n^2 situate in C'_n, così (44) le altre nn' saranno sopra una curva $C_{n'}$ d'ordine n', la quale è determinata [60], perchè, essendo $n>n'$, si ha $n \gtreqless \frac{n'+3}{2}$, epperò $nn' \gtreqless \frac{n'(n'+3)}{2}$ *). Analogamente: siccome delle $n(n+n')$ intersezioni di $C_{n+n'}$, C'_n ve ne sono n^2 sopra C_n, così le altre nn' saranno in una curva $C'_{n'}$ d'ordine n'.

I due luoghi d'ordine $n+n'$, $C_n+C'_{n'}$ e $C'_n+C_{n'}$ si segano in $(n+n')^2$ punti, de' quali $n^2+2nn'=n(n+2n')$ sono situati in $C_{n+n'}$. Quindi, siccome $n(n+2n') \gtreqless \frac{(n+n')(n+n'+3)}{2}-1$ **), così (41) anche le altre n'^2 intersezioni di que' due luoghi, ossia gli n'^2 punti comuni a $C_{n'}$, $C'_{n'}$, giacciono in $C_{n+n'}$ e formano la base d'un fascio d'ordine n'. Così abbiamo sopra $C_{n+n'}$ due sistemi di punti: l'uno di n^2 punti, base d'un fascio d'ordine n; l'altro di n'^2 punti, base d'un secondo fascio d'ordine n'. Ogni curva C_n del primo fascio sega $C_{n+n'}$ in altri nn' punti, che determinano una curva $C_{n'}$ del secondo fascio; e viceversa, questa curva determina la prima. Dunque i due fasci sono projettivi e le intersezioni delle curve corrispondenti C_n, $C_{n'}$ sono tutte situate sopra $C_{n+n'}$.

(a) In secondo luogo, si supponga $n \lesseqgtr n'$. Ogni curva C_n, condotta per gli n^2 punti di $C_{n+n'}$, sega questa curva in altri nn' punti, i quali, in questo caso, non sono indipendenti fra loro, perchè ogni curva d'ordine n' condotta per $nn'-\frac{(n-1)(n-2)}{2}$ di questi punti passa anche per tutti gli altri (41, 42). Dunque, assumendo ad arbitrio altri $\frac{n'(n'+3)}{2}-\left(nn'-\frac{(n-1)(n-2)}{2}\right)=\frac{(n'-n+1)(n'-n+2)}{2}$ punti, tutti questi $\frac{n'(n'+3)+(n-1)(n-2)}{2}$ punti giaceranno in una curva $C_{n'}$ d'ordine n'. Quei punti addizionali siano presi sulla curva data $C_{n+n'}$.

---

*) Per $n=2$, $n'=1$, si ha $n=\frac{n'+3}{2}$; in ogni altro caso è $n>\frac{n'+3}{2}$.

**) Se $n=2$, $n'=1$, si ha $n(n+2n')=\frac{(n+n')\ (n+n'+3)}{2}-1$. Per $n \gtreqless 3$ si ha $n(n+2n')=\frac{(n+n')^2+n(n+n')+n'(n-n')}{2}>\frac{(n+n')^2+3(n+n')-2}{2}$.

Analogamente: un'altra curva C'_n, del fascio d'ordine n, sega $C_{n+n'}$ in nn' punti (oltre gli n^2 punti-base) e questi insieme agli $\frac{(n'-n+1)(n'-n+2)}{2}$ punti addizionali suddetti determineranno una curva $C'_{n'}$ d'ordine n'.

I due luoghi d'ordine $n+n'$, $C_n+C'_{n'}$ e $C'_n+C_{n'}$ hanno in comune $(n+n')^2$ punti, de' quali $n^2+2nn'+\frac{(n'-n+1)(n'-n+2)}{2}$ sono in $C_{n+n'}$. Ma questo numero è eguale a $\frac{(n+n')(n+n'+3)}{2}-1+(n-1)(n-2)$ epperò $\gtreqless \frac{(n+n')(n+n'+3)}{2}-1$; dunque (41) le rimanenti $n'^2-\frac{(n'-n+1)(n'-n+2)}{2}$ intersezioni di $C_{n'}$, $C'_{n'}$ sono anch'esse in $C_{n+n'}$, ed insieme ai punti addizionali costituiscono la base d'un fascio d'ordine n'. Così, anche in questo caso, abbiamo in $C_{n+n'}$ due sistemi di punti, costituenti le basi di due fasci, degli ordini n, n'. I due fasci sono projettivi, perchè ogni curva dell'uno determina una curva dell'altro e reciprocamente. Inoltre le curve corrispondenti si segano costantemente in punti appartenenti alla data $C_{n+n'}$ *).

(b) Questo teorema mostra in qual modo, data una curva d'ordine $n+n'$ ed in essa i punti-base d'un fascio d'ordine n, si possano determinare i punti-base d'un secondo fascio d'ordine n', projettivo al primo, talmente che i due fasci, colle intersezioni delle curve corrispondenti, generino la curva data. Rimane a scoprire come si determinino, sopra una curva data d'ordine $n+n'$, gli n^2 punti-base d'un fascio di curve d'ordine n.

55. In primo luogo osserviamo che dal teorema di CAYLEY (44) si ricava:

Se una curva d'ordine $n+n'$ contiene $n^2-\frac{(n-n'-1)(n-n'-2)}{2}$ intersezioni di due curve d'ordine n, essa contiene anche tutte le altre. Ossia:

Quando $n^2-\frac{(n-n'-1)(n-n'-2)}{2}$ punti-base d'un fascio d'ordine n giacciono in una curva d'ordine $n+n'$, questa contiene anche tutti gli altri.

Il qual teorema suppone manifestamente $n-n'-2>0$ ossia $n>n'+2$. Sia dunque $n>n'+2$ e supponiamo che sopra una data curva d'ordine $n+n'$ si vogliano prendere n^2 punti costituenti la base d'un fascio d'ordine n. Affinchè la curva data contenga gli n^2 punti-base, basta che ne contenga $n^2-\frac{(n-n'-1)(n-n'-2)}{2}$, cioè devono essere sodisfatte altrettante condizioni.

Ora, astraendo dalla curva data, gli n^2 punti-base sono determinati da $\frac{n(n+3)}{2}-1$

*) CHASLES, *Deux théorèmes généraux sur les courbes et les surfaces géométriques de tous les ordres* (Comptes rendus, 28 décembre 1857).

fra essi, e siccome per determinare un punto sono necessarie due condizioni, così per determinare tutta la base del fascio abbisognerebbero $n(n+3)-2$ condizioni. Ma volendo soltanto che i punti-base siano nella curva data, non si hanno da sodisfare che $n^2-\frac{(n-n'-1)(n-n'-2)}{2}$ condizioni; quindi rimarranno $n(n+3)-2-n^2+$ $+\frac{(n-n'-1)(n-n'-2)}{2}=\frac{(n-n')^2+3(n+n')-2}{2}$ condizioni libere, cioè d'altrettanti elementi si può disporre ad arbitrio. Siccome un punto che debba giacere sopra una data curva è determinato da una sola condizione, così potremo prendere, ad arbitrio, nella curva data $\frac{(n-n')^2+3(n+n')-2}{2}$ punti, per formare la base del fascio d'ordine n.

Nell'altro caso poi, in cui sia $n \lesseqgtr n'+2$, perchè gli n^2 punti-base siano nella curva data, occorrono n^2 condizioni; quindi, ragionando come dianzi, rimarranno $n(n+3)-2-n^2=3n-2$ condizioni libere. Dunque:

Quando in una curva data d'ordine $n+n'$ si vogliono determinare n^2 punti costituenti la base d'un fascio d'ordine n, si possono prendere ad arbitrio nella curva $\frac{(n-n')^2+3(n+n')-2}{2}$, ovvero $3n-2$ punti, secondo che sia $n>n'+2$, ovvero $n \lesseqgtr n'+2$ *). [61]

Dai due teoremi ora dimostrati (54, 55) risulta che una curva qualunque d'ordine m, può essere generata, in infinite maniere diverse, mediante due fasci projettivi, i cui ordini n, n' diano una somma $n+n'=m$.

56. Trovato così il numero de' punti che si possono prendere ad arbitrio sopra una data curva d'ordine m, per costituire la base d'un fascio d'ordine $n<m$, rimane determinato anche il numero de' punti che non sono arbitrari, ma che è d'uopo individuare, per rendere complete le basi de' due fasci generatori. Ed invero: se il numero m è diviso in due parti n, n', queste o saranno disuguali, o uguali. Siano dapprima disuguali, ed n la maggiore.

Se $n>n'+2$, il numero de' punti arbitrari è $\frac{(n-n')^2+3(n+n')-2}{2}$. Ma le basi de' due fasci sono rispettivamente determinate da $\frac{n(n+3)}{2}-1$ e da $\frac{n'(n'+3)}{2}-1$ punti; dunque il numero de' punti incogniti è

$$\frac{n(n+3)+n'(n'+3)}{2}-2-\frac{(n-n')^2+3(n+n')-2}{2}=nn'-1\,.$$

*) Chasles, *Détermination du nombre de points qu'on peut prendre etc.* (Comptes rendus, 21 septembre 1857).

Se $n = n' + 2$, ovvero $n = n' + 1$, il numero de' punti arbitrari è $3n - 2$, quindi i punti incogniti saranno $\frac{n(n+3) + n'(n'+3)}{2} - 2 - (3n-2) = nn' - 1$.

Quando n ed n' siano uguali, il numero de' punti arbitrari, che si possono prendere nel formare la base del primo fascio, è $3n - 2$; ma, determinata questa base, si può ancora prendere un punto (addizionale) ad arbitrio nel formare la base del secondo fascio: come risulta dal n. 54, nel quale il numero de' punti addizionali arbitrari $\frac{(n'-n+1)(n'-n+2)}{2}$ per $n = n'$ diviene appunto $= 1$. Dunque il numero de' punti incogniti è $\frac{n(n+3) + n'(n'+3)}{2} - 2 - (3n-2) - 1 = nn' - 1$.

Allo stesso risultato si arriva anche partendo da quello de' due numeri n, n', che si suppone minore. Sia $n < n'$. Allora, nel formare la base del fascio d'ordine n si ponno prendere $3n - 2$ punti arbitrari; fissata questa base, si possono ancora prendere $\frac{(n'-n+1)(n'-n+2)}{2}$ punti arbitrari nella base del secondo fascio; quindi i punti incogniti nelle due basi sono in numero

$$\frac{n(n+3) + n'(n'+3)}{2} - 2 - (3n-2) - \frac{(n'-n+1)(n'-n+2)}{2} = nn' - 1.$$

Concludiamo adunque che, *nel formare le basi de' due fasci d'ordini n, n', generatori d'una curva d'ordine $n + n'$, v'ha sempre un numero $nn' - 1$ di punti che non sono arbitrari, ma che bisogna determinare mediante gli elementi che individuano la curva.*

57. Siano dati $\frac{(n+n')(n+n'+3)}{2}$ punti, pei quali si vuol far passare una curva d'ordine $n + n'$: cioè si vogliano determinare due fasci d'ordini n, n', projettivi, in modo che il luogo delle intersezioni delle curve corrispondenti sia la curva d'ordine $n + n'$ determinata dai punti dati.

Siccome fra gli $\frac{n(n+3) + n'(n'+3)}{2} - 2$ punti, che individuano le basi de' due fasci, ve ne sono $nn' - 1$ che non si ponno prendere ad arbitrio, così non si potranno far entrare nelle due basi che $\frac{n(n+3) + n'(n'+3)}{2} - 2 - (nn' - 1)$ punti, scelti ad arbitrio fra i dati. Di questi rimangono così $2nn' + 1$ liberi. Affinchè la curva richiesta passi anche per essi, le curve del primo fascio condotte rispettivamente per quei $2nn' + 1$ punti dovranno corrispondere projettivamente alle curve del secondo fascio condotte per gli stessi punti. E siccome nello stabilire la projettività di due forme si possono assumere ad arbitrio tre coppie di elementi corrispondenti (8), dopo di che, ad ogni quarto elemento della prima forma corrisponde un quarto elemento della seconda, determinato dall'eguaglianza de' rapporti anarmonici; così la corrispondenza projettiva di quelle $2nn'+1$ coppie di curve somministrerà $(2nn'+1)-3=2(nn'-1)$ condizioni: il qual numero è appunto necessario e sufficiente per determinare gli $nn'-1$ punti incogniti *).

58. Il problema suenunciato (53) ammette differenti soluzioni, non solo a cagione della molteplice divisibilità del numero esprimente l'ordine della curva domandata in due parti n, n', ma anche pei diversi modi con cui si potranno distribuire fra le basi de' due fasci generatori i punti che si assumono ad arbitrio (e quindi anche i punti incogniti).

Da ciò che si è detto al n. 56 risulta che:

Quando voglionsi formare sopra una curva d'ordine $n+n'$ le basi di due fasci generatori d'ordini n, n', se n, n' sono disuguali, si potranno attribuire al solo fascio d'ordine superiore tutt'i punti che è lecito assumere ad arbitrio; e se $n=n'$, si possono attribuire ad uno de' fasci, al più, tutt'i punti arbitrari meno uno **).

Art. XI.

Costruzione delle curve di second'ordine.

59. Se nel teorema (50) si pone $n=n'=1$, si ha:

Date due stelle projettive, i cui centri siano i punti o, o', il luogo del punto d'intersezione di due raggi corrispondenti è una curva di second'ordine passante pei punti o, o'.

Reciprocamente: siano o, o' due punti fissati ad arbitrio sopra una curva di second'ordine; m un punto variabile della medesima. Movendosi m sulla curva, i raggi om, $o'm$ generano due stelle projettive. Quando m è infinitamente vicino ad o, il raggio om diviene tangente alla curva in o; dunque la tangente in o è quel raggio della prima stella, che corrisponde alla retta $o'o$ considerata come appartenente alla seconda stella.

Da ciò scende immediata la costruzione della curva di second'ordine, della quale siano dati cinque punti $abcoo'$. Si assumano due di essi, oo', come centri di due stelle projettive, nelle quali $(oa, o'a)$, $(ob, o'b)$, $(oc, o'c)$ siano tre coppie di raggi corrispondenti. Qualunque altro punto della curva sarà l'intersezione di due raggi corrispondenti di queste stelle (3). Del resto, questa costruzione coincide con quella che si deduce dal teorema di Pascal (45, c). La qual costruzione si applica, senza modificazioni, anche

*) Jonquières, *Essai sur la génération des courbes etc.* p. 13-14.

**) Chasles, *Détermination du nombre de points etc.* c. s.

al caso in cui due de' punti dati siano infinitamente vicini sopra una retta data, ossia in altre parole, al caso in cui la curva richiesta debba passare per quattro punti dati ed in uno di questi toccare una retta data; ecc.

Se nelle due stelle projettive, i cui centri sono o, o', la retta oo' corrisponde a sè medesima, ogni punto di essa è comune a due raggi corrispondenti (sovrapposti), epperò quella retta è parte del luogo di second'ordine generato dalle due stelle projettive. Dunque questo luogo è composto della oo' e di un'altra retta, la quale conterrà le intersezioni de' raggi corrispondenti delle due stelle (50, b).

60. Date due punteggiate projettive A, A', di qual classe è la curva inviluppata dalla retta che unisce due punti corrispondenti? ossia, quante di tali rette passano per un punto arbitrario o? Consideriamo le due stelle che si ottengono unendo o ai punti della retta A ed ai corrispondenti punti di A': tali stelle sono projettive alle due punteggiate, epperò projettive tra loro. Ogni retta che unisca due punti corrispondenti di A, A' e passi per o, è evidentemente un *raggio comune* delle due stelle, cioè un raggio che coincide col proprio corrispondente. Ma due stelle projettive concentriche hanno due raggi comuni (10); dunque per o passano due rette, ciascuna delle quali è una tangente dell'inviluppo di cui si tratta. Per conseguenza quest'inviluppo è di seconda classe.

Il punto comune alle due rette date si chiami p o q', secondo che si consideri come appartenente alla prima o alla seconda punteggiata; e siano p', q i punti corrispondenti a p, q'. Le rette pp' (A') e qq' (A) saranno tangenti alla curva di seconda classe; dunque questa è tangente alle rette date.

Reciprocamente: due tangenti fisse qualunque A, A' di una curva di seconda classe sono incontrate da una tangente variabile M della stessa curva in punti a, a' che formano due punteggiate projettive. Quando M è prossima a confondersi con A, a è il punto in cui A tocca la curva; dunque A tocca la curva nel punto q corrispondente al punto q' di A', ove questa retta è segata da A.

Di qui si deduce la costruzione, per tangenti, della curva di seconda classe determinata da cinque tangenti. Due di queste sono incontrate dalle altre tre in tre coppie di punti, i quali, assunti come corrispondenti, individuano due punteggiate projettive. Qualunque altra tangente della curva richiesta sarà determinata da due punti corrispondenti di queste punteggiate.

Se nelle due rette punteggiate projettive A, A', il punto di segamento delle due rette corrisponde a sè medesimo, ogni retta condotta per esso unisce due punti corrispondenti (coincidenti); laonde quel punto è parte dell'inviluppo di seconda classe generato dalle due punteggiate. Cioè quest'inviluppo sarà composto del detto punto e di un secondo punto, pel quale passeranno tutte le rette congiungenti due punti corrispondenti delle punteggiate date (3).

61. Da un punto qualunque di una curva di seconda classe non può condursi alcuna retta a toccare *altrove* la curva (30), cioè una retta che tocchi la curva in un punto non può incontrarla in alcun altro punto. Dunque una curva di seconda classe è anche di second' ordine.

Analogamente si dimostra che una curva di second'ordine è anche di seconda classe. V' ha dunque identità fra le curve di second' ordine e quelle di seconda classe: a patto però che si considerino *curve semplici*. Perchè il sistema di due rette è bensì un luogo di second' ordine, ma non già una linea di seconda classe; e così pure, il sistema di due punti è un inviluppo di seconda classe, senz' essere un luogo di second' ordine.

Le curve di second' ordine e seconda classe si designano ordinariamente col nome di *coniche*.

62. Dal teorema (59) risulta che, se $abcd$ sono quattro punti dati di una conica ed m un punto variabile della medesima, il rapporto anarmonico de' quattro raggi $m(a, b, c, d)$ è costante, epperò eguale a quello delle rette $a(a, b, c, d)$, ove aa esprime la retta che tocca la conica in a.

Reciprocamente: dati quattro punti $abcd$, il luogo di un punto m, tale che il rapporto anarmonico delle rette $m(a, b, c, d)$ abbia un valore dato λ, è una conica passante per $abcd$, la quale si costruisce assai facilmente. Infatti: se s' indica con aa una retta condotta per a e tale che il rapporto anarmonico delle quattro rette $a(a, b, c, d)$ sia eguale a λ, la conica richiesta sarà individuata dal dover passare per $abcd$ e toccare in a la retta aa.

Il luogo geometrico qui considerato conduce alla soluzione del seguente problema:

Date cinque rette $o'(a', b', c', d', e')$ concorrenti in un punto o' e dati cinque punti $abcde$, trovare un punto o tale che il fascio di cinque rette $o(a, b, c, d, e)$ sia projettivo al fascio analogo $o'(a', b', c', d', e')$.

S' imagini la conica luogo di un punto m tale che i due fasci $m(a, b, c, d)$, $o'(a', b', c', d')$ abbiano lo stesso rapporto anarmonico. E similmente si imagini la conica luogo di un punto n tale che i due fasci $n(a, b, c, e)$, $o'(a', b', c', e')$ abbiano lo stesso rapporto anarmonico. La prima conica passa pei punti $abcd$; la seconda per $abce$; entrambe poi sono pienamente individuate.

Ora, siccome il richiesto punto o dee possedere sì la proprietà del punto m che quella del punto n, così esso sarà situato in entrambe le coniche. Queste hanno tre punti comuni abc dati a priori; dunque la quarta loro intersezione sarà il punto domandato. Questo punto si costruisce senza previamente descrivere le due curve; come si mostrerà qui appresso.

63. Le coniche passanti per gli stessi quattro punti $abco$ formano un fascio di second' ordine. Fra quelle coniche ve ne sono tre, ciascuna delle quali è il sistema di

due rette: esse sono le tre coppie de' lati opposti (bc, ao), (ca, bo), (ab, co) del quadrangolo completo a cui sono circoscritte tutte le coniche proposte.

Se per un vertice del quadrangolo, ex. gr. per a, si conduce un'arbitraria trasversale A, essa sega ciascuna conica del fascio in un punto. Viceversa ogni punto della trasversale individua una conica del fascio, che viene ad essere determinata dal detto punto e dai quattro dati $abco$. Dunque il fascio di coniche e la punteggiata ch'esse segano sulla trasversale A sono due forme geometriche projettive: in altre parole, il rapporto anarmonico de' quattro punti in cui quattro *date* coniche del fascio segano una trasversale condotta per un punto-base è *costante*, qualunque sia la direzione della trasversale e qualunque sia il punto-base; ed invero quel rapporto anarmonico è eguale a quello delle quattro coniche (46).

Segue da ciò, che due trasversali A, B condotte ad arbitrio per due punti-base a, b rispettivamente, incontreranno le coniche del fascio in punti formanti due punteggiate projettive: purchè si assumano come corrispondenti que' punti m, m' ove una stessa conica è incontrata dalle due trasversali. Si osservi inoltre che in queste due punteggiate il punto d'incontro delle due trasversali corrisponde a sè stesso, perchè la conica del fascio determinata da quel punto incontra ivi entrambe le trasversali. Per conseguenza, ogni retta mm' che unisca due punti corrispondenti delle punteggiate passa per un punto fisso i (3, 60). Ogni retta condotta per i segherà le due trasversali A, B in due punti situati in una stessa conica del fascio. Dunque: la retta co (che insieme ad ab costituisce una conica del fascio) passa per i; il punto in cui A sega bc ed il punto in cui B sega ao sono in linea retta con i; e così pure, il punto in cui A sega bo ed il punto in cui B sega ac sono in una retta passante per i.

64. Suppongasi ora che una conica sia individuata da cinque punti dati $abcdf$; ed una seconda conica sia individuata dai punti pur dati $abce'f'$. Le due coniche hanno tre punti comuni a, b, c dati *a priori;* si vuol costruire il quarto punto comune o, senza descrivere attualmente le coniche.

Si conducano le rette ad, be' e si chiamino rispettivamente A, B. La retta A incontrerà la seconda conica in un punto e che, in virtù del teorema di Pascal, si sa costruire senza delineare la curva. Così la retta B incontrerà la prima conica in un punto d'. Le rette dd', ee' concorrano in un punto i. Sia m il punto comune alle rette A e bc; ed m' quello ove si segano B ed im. Il punto o comune alle am' ed ic sarà il richiesto. Questa costruzione è pienamente giustificata dalle cose esposte nel numero precedente *).

---

*) Veggasi anche: Schröter, *Problematis geometrici ad superficiem secundi ordinis per data puncta construendam spectantis solutio nova,* Vratislaviæ 1862, p. 13. | Ed inoltre: Poncelet, *Applications d'analyse et de géométrie,* tome 2, Paris 1864, p. 77. |

Art. XII.

Costruzione della curva di terz'ordine determinata da nove punti.

65. Il teorema generale (50) per $n=2$, $n'=1$, suona così:

Dato un fascio di coniche, projettivo ad una stella data, il luogo de' punti in cui i raggi della stella segano le corrispondenti coniche è una curva di terz'ordine (o cubica) passante pei quattro punti comuni alle coniche e pel centro della stella.

Se o è il centro della stella, la tangente in o alla cubica è il raggio corrispondente a quella conica (del fascio) che passa per o.

Se a è uno de' punti-base del fascio di coniche, la tangente in a alla cubica è la retta che nel punto medesimo tocca la conica corrispondente al raggio oa (51, a).

I teoremi inversi del precedente si ricavano da quello del n.° 54:

1.° Fissati ad arbitrio in una cubica quattro punti $abcd$, ogni conica descritta per essi sega la cubica in due punti mm'; la retta mm' passa per un punto fisso o della cubica medesima. Le coniche per $abcd$ e le rette per o formano due fasci projettivi. Il punto o dicesi *opposto* ai quattro punti $abcd$.

2.° Fissati ad arbitrio in una cubica tre punti abc ed un altro punto o, ogni retta condotta per o sega la curva in due punti mm'; la conica descritta per $abcmm'$ passa per un altro punto fisso d della cubica. Le coniche per $abcd$ e le rette per o si corrispondono proiettivamente.

66. Siano ora dati nove punti $abcdefghi$ e si voglia costruire la curva di terz'ordine da essi determinata, mediante due fasci projettivi, l'uno di coniche, l'altro di rette. Per formare le basi de' due fasci sono necessari cinque punti: ma uno fra essi (57) non può essere assunto ad arbitrio fra i punti dati, bensì solamente gli altri quattro.

Secondo che il punto incognito si attribuisce al fascio di rette o al fascio di coniche, si hanno due diversi modi di costruire la curva di terz'ordine, i quali corrispondono ai due teoremi (65, 1.°, 2.°). Noi qui ci limitiamo al solo primo modo di costruzione, che è dovuto al sig. Chasles *).

---

*) *Construction de la courbe du 3. ordre déterminée par neuf points* (Comptes rendus, 30 mai 1853).

Per altre costruzioni delle cubiche e delle curve d'ordine superiore veggansi le eccellenti Memorie: Jonquières, *Essai sur la génération des courbes géométriques etc.* — Hærtenberger, *Ueber die Erzeugung geometrischer Curven* (Giornale Crelle-Borchardt, t. 58, Berlino 1860, p. 54). — | Cfr. Grassmann nel Giornale di Crelle, t. 31, 36, [42, 44], 52 | [anni 1846, 1848, 1851, 1852, 1856].

Imaginiamo le cinque coniche circoscritte al quadrangolo *abcd* e passanti rispettivamente per e, f, g, h, i. Il sistema di queste cinque coniche si può rappresentare col simbolo:

$$(abcd)\,(e\,,f\,,g\,,h\,,i)\,.$$

Si tratta dunque di trovare un punto o tale che il sistema di cinque rette

$$o\,(e, f, g, h, i)$$

sia projettivo al sistema delle cinque coniche. Siccome quest'ultimo sistema è projettivo a quello delle tangenti alle coniche nel punto a (46), così l'attuale problema coincide con uno già risoluto (62, 64). Determinato il punto o *opposto* ai quattro *abcd*, sono determinati i fasci generatori; e con ciò la quistione è risoluta.

67. Suppongansi ora due cubiche individuate da due sistemi di nove punti, fra i quali ve ne siano quattro *abcd* comuni alle due curve. Queste si segheranno in altri cinque punti che individuano una conica. Questa conica può essere costruita senza conoscere quei cinque punti, cioè senza descrivere le due cubiche.

Si consideri il fascio delle coniche circoscritte al quadrangolo *abcd*; una qualunque di esse sega la prima cubica in due punti mn e la seconda cubica in due altri punti $m'n'$. Le rette $mn, m'n'$ incontrano nuovamente le cubiche in due punti fissi o, o' che sono gli *opposti* ai dati *abcd*, rispetto alle due cubiche medesime. Variando la conica, le rette $omn, o'm'n'$ generano due stelle projettive al fascio di coniche, epperò projettive fra loro. I raggi corrispondenti di queste stelle si segano in punti il cui luogo è una conica passante per o, o' ed anche pei cinque punti incogniti comuni alle due cubiche. Essa è dunque la conica domandata.

(a) Di questa conica si conoscono già due punti o, o'; altri tre si possono dedurre dalle tre coppie di lati opposti del quadrangolo *abcd*, considerate come coniche speciali del fascio. Infatti: siano m, n i punti in cui la prima cubica è incontrata nuovamente dalle rette bc, ad; ed m', n' quelli in cui queste medesime rette segano la seconda cubica. Le rette $mn, m'n'$ sono due raggi corrispondenti delle due stelle projettive, i cui centri sono o, o'; dunque il loro punto comune appartiene alla conica richiesta. Analogamente dicasi delle altre due coppie di lati opposti $(ca, bd), (ab, cd)$. [[62]]

Di qui segue che, de' nove punti comuni a due cubiche, cinque qualunque individuano una conica la quale passa pel punto *opposto* agli altri quattro, rispetto a ciascuna delle cubiche *).

(b) Siano $abcd, a'b'c'd'$ otto punti comuni a due cubiche; o, o' i punti *opposti* ai due sistemi $abcd, a'b'c'd'$, rispetto alla prima cubica. La retta oo' sega questa cubica in un terzo punto x. Dalla definizione del *punto opposto* segue che le coniche indivi-

*) Plücker, *Theorie der algeb. Curven*, p. 56.

duate dai due sistemi $abcdo'$, $a'b'c'd'o$ passano entrambe per x. Dunque x è il nono punto comune alle due cubiche *).

(c) Se $abcd$ sono quattro punti di una cubica, il loro punto *opposto* o può essere determinato così. Siano m, n i punti in cui la curva è incontrata dalle rette ab, cd; la retta mn segherà la curva medesima in o. Se i punti $abcd$ coincidono in un solo a, anche m, n coincidono nel punto m in cui la cubica è segata dalla tangente in a; ed o diviene l'intersezione della curva colla tangente in m. Dunque, se (39, b) m si chiama il *tangenziale* di a ed o il tangenziale di m ossia il *secondo tangenziale* di a, si avrà:

Se una conica ha un contatto quadripunto con una cubica, la retta che unisce gli altri due punti di segamento passa pel secondo tangenziale del punto di contatto.

Da ciò segue immediatamente che:

La conica avente un contatto cinquipunto con una cubica incontra questa sulla retta congiungente il punto di contatto al suo secondo tangenziale **).

(d) Dai teoremi (*b*) e (*c*) si raccoglie che, se due cubiche hanno fra loro due contatti quadripunti ne' punti a, a', il nono punto di intersezione x è in linea retta coi secondi tangenziali o, o' de' punti di contatto a, a'. Se a, a' coincidono, anche o' coincide con o ed x è il suo tangenziale, cioè il terzo tangenziale di a; dunque:

Tutte le cubiche aventi un contatto ottipunto con una data cubica in un medesimo punto, passano pel terzo tangenziale del punto di contatto ***).

(e) Il teorema (45, b) applicato ad una curva del terz' ordine suona così:

Se una cubica è segata da una curva dell'ordine n in $3n$ punti, i tangenziali di questi giacciono tutti in un'altra curva dell' ordine n.

Donde segue immediatamente (44):

Le coniche aventi un contatto cinquipunto con una data cubica ne' punti in cui questa è segata da una curva dell'ordine n, segano la cubica medesima in $3n$ punti situati in un'altra curva dell' ordine n.

Ed anche:

Se una conica ha un contatto cinquipunto con una cubica in a e la sega in b, e se a', b' sono i tangenziali di a, b, un'altra conica avrà colla cubica un contatto cinquipunto in a' e la segherà in b'.

*) Hart, *Construction by the ruler alone to determine the ninth point of intersection of two curves of the third degree* (Cambridge and Dublin Mathematical Journal, vol. 6, Cambridge 1851, p. 181).

**) Poncelet, *Analyse des transversales,* p. 135.

***) Salmon, *On curves of the third order* (Philosophical Transactions of the Royal Society, vol. 148, part 2, London 1859, p. 540).

Sezione II.

TEORIA DELLE CURVE POLARI.

Art. XIII.

Definizione e proprietà fondamentali delle curve polari.

68. Sia data una linea piana C_n dell'ordine n, e sia o un punto fissato ad arbitrio nel suo piano. Se intorno ad o si fa girare una trasversale che in una posizione qualunque seghi C_n in n punti $a_1 a_2 \ldots a_n$, il luogo de' centri armonici, di grado r, del sistema $a_1 a_2 \ldots a_n$ rispetto al polo o (11) sarà una curva dell'ordine r, perchè essa ha r punti sopra ogni trasversale condotta per o. Tale curva si dirà *polare* $(n-r)^{esima}$ del punto o rispetto alla curva data (*curva fondamentale*) *).

Così il punto o dà origine ad $n-1$ curve polari relative alla linea data. La *prima polare* è una curva d'ordine $n-1$; la *seconda polare* è dell'ordine $n-2$; ecc. L'*ultima* od $(n-1)^{ma}$ polare, cioè il luogo dei centri armonici di primo grado, è una retta **).

69. I teoremi altrove dimostrati (Art. III), pei centri armonici di un sistema di n punti in linea retta, si traducono qui in altrettante proprietà delle curve polari relative alla curva data.

(a) Il teorema (12) può essere espresso così: *se m è un punto della polare $(n-r)^{ma}$ di o, viceversa o è un punto della polare $(r)^{ma}$ di m* ***).

Ossia:

Il luogo di un polo, la cui polare $(r)^{ma}$ passi per un dato punto o, è la polare $(n-r)^{ma}$ di o.

Per esempio: la prima polare di o è il luogo de' poli le rette polari de' quali passano per o; la seconda polare di o è il luogo de' poli le cui coniche polari passano per questo punto; ecc.

---

*) Grassmann, *Theorie der Centralen* (Giornale di Crelle, t. 24, Berlino 1842, p. 262).

**) Il teorema relativo ai centri armonici di primo grado è di Cotes; vedi Maclaurin, *l. c.* p. 205.

***) Bobillier, *Théorèmes sur les polaires successives* (Annales de Gergonne, t. 19, Nismes 1828-29, p. 305).

(b) Dal teorema (13) segue immediatamente che:

Un polo qualsivoglia o ha la stessa polare d'ordine s [63] *rispetto alla data linea* C_n *e rispetto ad ogni curva polare d'ordine più alto, dello stesso punto o, considerata come curva fondamentale.*

Dunque: la seconda polare di o rispetto a C_n è la prima polare di o relativa alla prima polare del punto stesso presa rispetto a C_n; la terza polare è la prima polare relativa alla seconda polare ed anche la seconda polare relativa alla prima polare; ecc.

(c) Il teorema (14) somministra [64] il seguente:

La polare $(r')^{ma}$ *di un punto* o' *rispetto alla polare* $(r)^{ma}$ *di un altro punto* o *(relativa a* C_n*) coincide colla polare* $(r)^{ma}$ *di* o *rispetto alla polare* $(r')^{ma}$ *di* o' *(relativa a* C_n*)* *).

Questo teorema è, come apparirà in seguito, fecondo di molte conseguenze. Ecco intanto una proprietà che emerge spontanea dal confrontarlo col teorema (69, a).

(d) Supponiamo che la polare $(r')^{ma}$ di o' rispetto alla polare $(r)^{ma}$ di o passi per un punto m, ossia che la polare $(r)^{ma}$ di o rispetto alla polare $(r')^{ma}$ di o' passi per m. Dal teorema (69, a) segue che la polare $\big((n-r')-r\big)^{ma}$ di m rispetto alla polare $(r')^{ma}$ di o' passerà per o, ossia che la polare $(r')^{ma}$ di o' rispetto alla polare $\big((n-r')-r\big)^{ma}$ di m passa per o. Dunque:

Se la polare $(r')^{ma}$ *di* o' *rispetto alla polare* $(r)^{ma}$ *di* o *passa per* m*, la polare* $(r')^{ma}$ *di* o' *rispetto alla polare* $(n-r-r')^{ma}$ *di* m *passa per* o.

70. Tornando alla definizione (68), se il polo o è preso nella curva fondamentale, talchè esso tenga luogo di uno degli n punti $a_1 a_2 \ldots a_n$, il centro armonico di primo grado si confonderà con o. Ma se la trasversale è tangente alla curva in o, due de' punti $a_1 a_2 \ldots a_n$ coincidono con o; onde, riuscendo indeterminato il centro armonico di primo grado, può assumersi come tale un punto qualunque della trasversale (17). Questa è dunque, nel caso attuale, il luogo de' centri armonici di primo grado; vale a dire: *la retta polare di un punto della curva fondamentale è la tangente in questo punto.*

Quando il polo non giaccia nella curva fondamentale, ma la trasversale le sia tangente, due de' punti $a_1 a_2 \ldots a_n$ coincidono nel punto di contatto; epperò questo sarà (16) un centro armonico di grado $n-1$, ossia un punto della prima polare. Dunque: *la prima polare di un punto qualunque sega la curva fondamentale ne' punti ove questa è toccata dalle rette tangenti che passano pel polo.*

La prima polare è una curva dell'ordine $n-1$, talchè segherà C_n in $n(n-1)$

*) Plücker, *Ueber ein neues Coordinatensystem* (Giornale di Crelle, t. 5, Berlino 1830, pag. 34).

punti. Donde s'inferisce che da un punto qualunque si possono condurre $n(n-1)$ tangenti alla curva fondamentale *), ossia:

Una curva dell'ordine n è, in generale, della classe $n(n-1)$.

71. Se il polo o è preso nella curva fondamentale, qualunque sia la trasversale condotta per o, una delle intersezioni $a_1 a_2 \ldots a_n$ coincide con o medesimo; onde (17) o sarà un centro armonico, di ciascun grado, del sistema $a_1 a_2 \ldots a_n$ rispetto al polo o. E ciò torna a dire che tutte le polari di o dalla prima sino all' $(n-1)^{ma}$ passano per questo punto.

Ma v' ha di più. Se la trasversale è tangente a C_n in o, in questo sono riuniti due punti a, quindi anche (17) due centri armonici di grado qualunque; cioè *la curva fondamentale è toccata in o da tutte le polari di questo punto.*

Dallo stesso teorema (17) segue ancora che la prima polare di un punto o della curva fondamentale è il luogo de' centri armonici di grado $n-2$, relativi al polo o, del sistema di $n-1$ punti in cui C_n è incontrata da una trasversale variabile condotta per o. Gli $n(n-1)-2$ punti in cui la prima polare di o sega C_n (oltre ad o, ove queste curve si toccano) sono i punti di contatto delle rette che da o si possono condurre a toccare altrove la curva data.

72. Supponiamo che la curva C_n abbia un punto d multiplo secondo il numero r. Ogni retta condotta per d sega ivi la curva in r punti coincidenti, epperò (17) d sarà un punto $(r)^{plo}$ per ciascuna polare del punto stesso.

Ciascuna delle tangenti agli r rami di C_n incontra questa curva in $r+1$ punti coincidenti in d (31); onde considerando la tangente come una trasversale (68), in d coincidono $r+1$ punti a, epperò anche $r+1$ centri armonici di qualunque grado, rispetto al polo d (17). Dunque le r tangenti di C_n nel suo punto multiplo d toccano ivi anche gli r rami di qualunque curva polare di d.

Ne segue che le polari $(n-1)^{ma}$, $(n-2)^{ma}$, ... $(n-r+1)^{ma}$ del punto d sono indeterminate, e la polare $(n-r)^{ma}$ del punto stesso è il sistema delle r tangenti dianzi considerate (31) **).

Quest'ultima proprietà si rende evidente anche osservando che, risguardata la tangente in d ad un ramo di C_n come una trasversale condotta pel polo d (68), vi sono $r+1$ punti a coincidenti insieme col polo, onde qualunque punto della trasversale potrà

*) PONCELET, *Solution ... suivie d'une théorie des polaires réciproques etc.* (Annales de GERGONNE, t. 8, Nismes 1817-18, p. 214).

**) { Viceversa, se le polari $(n-1)^{ma}$, $(n-2)^{ma}$, ... $(n-r+1)^{ma}$ di un punto d sono indeterminate, la polare $(n-r)^{ma}$ sarà il sistema di r rette incrociate in d, e questo punto sarà multiplo secondo r per la curva fondamentale. }

essere assunto come centro armonico di grado r (17). Cioè il fascio delle tangenti agli r rami di C_n costituisce il luogo dei centri armonici di grado r, rispetto al polo d.

73. Sia o un polo dato ad arbitrio nel piano della curva C_n, dotata di un punto d multiplo secondo r. Condotta la trasversale od, r punti a coincideranno in d; quindi (16) questo medesimo punto terrà luogo di $r-s$ centri armonici del grado $n-s$ $(s<r)$. {Da ciò segue che la polare $(s)^{ma}$ di o passa per d. La polare $[(n-s)-(r-s)]^{ma}$ di d rispetto alla polare $(s)^{ma}$ di o coincide [69, c] colla polare $(s)^{ma}$ di o rispetto alla polare $(n-r)^{ma}$ di d; ma quest'ultima è il sistema di r rette incrociate in d; dunque [65] la polare $[(n-s)-(r-s)]^{ma}$ di d rispetto alla polare $(s)^{ma}$ di o consta di $r-s$ rette per d. Cioè [cfr. nota al n.° preced.] d è un punto $(r-s)^{plo}$ per la polare $(s)^{ma}$ di o, e le tangenti a questa in d sono le $r-s$ rette formanti la polare $(s)^{ma}$ di o rispetto al fascio delle r tangenti di C_n in d}. Ossia:

Un punto $(r)^{plo}$ della curva fondamentale è multiplo secondo $r-s$ per la polare $(s)^{ma}$ di qualsivoglia polo. [66]

(a) Applichiamo le cose premesse al caso che C_n sia il sistema di n rette concorrenti in uno stesso punto d. Questo, essendo un punto $(n)^{plo}$ pel luogo fondamentale, sarà multiplo secondo $n-1$ per la prima polare di un punto qualunque o; la quale sarà per conseguenza composta di $n-1$ rette incrociantisi in d.

Condotta pel polo o una trasversale qualunque che seghi le n rette date in $a_1 a_2 \ldots a_n$, se $m_1 m_2 \ldots m_{n-1}$ sono i centri armonici di grado $n-1$, le rette $d(m_1, m_2, \ldots m_{n-1})$ costituiranno la prima polare di o (20). Questa prima polare non cambia (18), quando il polo o varii mantenendosi sopra una retta passante per d.

Se fra le n rette date ve ne sono s coincidenti in una sola da, nel punto a saranno riuniti (16) $s-1$ centri armonici di grado $n-1$, epperò $s-1$ rette dm coincideranno in da, qualunque sia o.

(b) Come caso particolare, per $n=2$ si ha:

Se la linea fondamentale è un pajo di rette $d(a_1, a_2)$, la polare di un punto o è la retta coniugata armonica di do rispetto alle due date *). E se queste coincidono, con esse si confonde anche la polare, qualunque sia il polo.

74. Ritorniamo ad una curva qualunque C_n dotata di un punto $(r)^{plo}$ d. Assunto un polo arbitrario o, la prima polare di questo passerà $r-1$ volte per d (73); e le r rette tangenti a C_n in d costituiranno l'$(n-r)^{ma}$ polare del medesimo punto d (72). Analogamente le $r-1$ tangenti in d alla prima polare di o formano l'$\left((n-1)-(r-1)\right)^{ma}$ polare di d rispetto alla prima polare di o, ossia, ciò che è lo stesso (69, c), la prima polare di o rispetto all'$(n-r)^{ma}$ polare di d. Dunque (73, a):

*) A questa retta si dà il nome di *polare* del punto o rispetto all'angolo $a_1 d a_2$.

Se la curva fondamentale ha un punto $(r)^{plo}$ d, le tangenti in d alla prima polare di un polo qualunque o sono le $r-1$ rette, il cui sistema è la prima polare di o rispetto al fascio delle r tangenti alla curva fondamentale in d.

(a) Di qui s'inferisce, in virtù del teorema (73, a), che le prime polari di tutt'i punti di una retta passante per d hanno in questo punto le stesse rette tangenti.

(b) Inoltre, se s tangenti di C_n nel punto multiplo d coincidono in una sola retta, in questa si riuniranno anche $s-1$ tangenti della prima polare di o (73, a); onde, in tal caso, d rappresenta $r(r-1)+s-1$ intersezioni di C_n colla medesima prima polare (32). Il numero delle intersezioni rimanenti è $n(n-1)-r(r-1)-(s-1)$; perciò questo numero esprime quante tangenti (70) si possono condurre dal punto o alla curva fondamentale (supposto però che questa non abbia altri punti multipli). In altre parole:

Se la curva fondamentale ha un punto multiplo secondo r, con s tangenti sovrapposte, la classe della curva è diminuita di $r(r-1)+s-1$ unità.

(c) Queste proprietà generali, nel caso $r=2$, $s=1$ e nel caso $r=2$, $s=2$, danno (73, b):

Se la curva fondamentale ha un punto doppio d, la prima polare di un polo qualunque o passa per d ed ivi è toccata dalla retta coniugata armonica di do rispetto alle due tangenti della curva fondamentale.

Se la curva fondamentale ha una cuspide d, la prima polare di un polo qualunque passa per d ed ivi ha per tangente la stessa retta che tocca la curva data.

Per conseguenza, la prima polare di o sega C_n in altri $n(n-1)-2$ o $n(n-1)-3$ punti (oltre d), secondo che d è un punto doppio ordinario o una cuspide. Cioè la classe di una curva s'abbassa di *due* unità per ogni punto doppio e di *tre* per ogni cuspide *).

(d) Per r qualunque ed $s=1$ si ha:

Se C_n ha r rami passanti per uno stesso punto con tangenti tutte distinte, la classe è diminuita di $r(r-1)$ unità; vale a dire, un punto $(r)^{plo}$ con r tangenti distinte produce lo stesso effetto, rispetto alla classe della curva, come $\frac{r(r-1)}{2}$ punti doppi ordinari. La qual cosa è di un'evidenza intuitiva; perchè, se r rami s'incrociano in uno stesso punto, questo tien luogo degli $\frac{r(r-1)}{2}$ punti doppi che nascono dall'intersecarsi di quei rami a due a due.

Ma se s rami hanno la tangente comune, combinando ciascun d'essi col successivo

*) Plücker, *Solution d'une question fondamentale concernant la théorie générale des courbes* (Giornale di Crelle, t. 12, Berlino 1834, p. 107).

si hanno $s-1$ cuspidi, mentre ogni altra combinazione di due rami darà un punto doppio ordinario. Ossia: *un punto* $(r)^{plo}$ *con s tangenti riunite produce, rispetto alla classe della curva, la stessa diminuzione che produrrebbero* $\frac{r(r-1)}{2}-(s-1)$ *punti doppi ordinari ed* $s-1$ *cuspidi.*

75. Da un polo o condotte due trasversali a segare la curva fondamentale C_n rispettivamente in $a_1a_2\dots a_n$, $b_1b_2\dots b_n$, se α, β sono i centri armonici, di primo grado, di questi due sistemi di n punti rispetto ad o, la retta polare di o sarà $\alpha\beta$. Donde segue che, se pei medesimi punti $a_1a_2\dots a_n$, $b_1b_2\dots b_n$ passa una seconda linea C'_n dell'ordine n, la retta $\alpha\beta$ sarà la polare di o anche rispetto a C'_n. Imaginando ora che le due trasversali oa, ob siano infinitamente vicine, arriviamo al teorema:

Se due linee dell'ordine n si toccano in n punti situati in una stessa retta, un punto qualunque di questa ha la medesima retta polare rispetto ad entrambe le linee date *).

La seconda linea può essere il sistema delle tangenti a C_n negli n punti $a_1a_2\dots a_n$; dunque:

Un polo, che sia in linea retta con n punti di una curva dell'ordine n, ha la stessa retta polare rispetto alla curva e rispetto alle tangenti di questa negli n punti.

Ciò torna a dire che, se una trasversale tirata ad arbitrio pel polo o incontra la curva in $c_1c_2\dots c_n$ e le n tangenti in $t_1t_2\dots t_n$, si avrà (11):

$$\frac{1}{oc_1}+\frac{1}{oc_2}\dots+\frac{1}{oc_n}=\frac{1}{ot_1}+\frac{1}{ot_2}\dots+\frac{1}{ot_n}\ \text{**}).$$

76. Sian date n rette $A_1A_2\dots A_n$ situate comunque nel piano, ed un polo o; sia P_r la retta polare di o rispetto al sistema delle $n-1$ rette $A_1A_2\dots A_{r-1}A_{r+1}\dots A_n$ considerato come luogo d'ordine $n-1$; e sia a_r il punto in cui P_r incontra A_r. In virtù del teorema (15), a_r è anche il centro armonico di primo grado, rispetto al polo o, del sistema di n punti in cui le n rette date sono tagliate dalla trasversale oa_r; dunque:

Date n rette ed un polo o, il punto, in cui una qualunque delle rette date incontra la retta polare di o rispetto alle altre $n-1$ *rette, giace nella retta polare di o rispetto alle n rette* ***). [67]

Da questo teorema, per $n=3$, si ricava:

Le rette polari di un punto dato rispetto agli angoli di un trilatero incontrano i lati rispettivamente opposti in tre punti situati in una stessa retta, che è la polare del punto dato rispetto al trilatero risguardato come luogo di terz'ordine.

---

*) SALMON, *A treatise on the higher plane curves*, Dublin 1852, p. 54.

**) MACLAURIN, *l. c.* p. 201.

***) CAYLEY, *Sur quelques théorèmes de la géométrie de position* (Giornale di CRELLE, t. 34, Berlino 1847, p. 274).

E reciprocamente: se i lati bc, ca, ab di un trilatero abc sono incontrati da una trasversale in a', b', c', e se a_1, b_1, c_1 sono ordinatamente i coniugati armonici di a', b', c' rispetto alle coppie bc, ca, ab, le rette aa_1, bb_1, cc_1 concorrono in uno stesso punto (il polo della trasversale).

77. Le prime polari di due punti qualunque o, o' (rispetto alla data curva C_n) si segano in $(n-1)^2$ punti, ciascun de' quali, giacendo in entrambe le prime polari, avrà la sua retta polare passante sì per o che per o' (69, a). Dunque:

Una retta qualunque è polare di $(n-1)^2$ punti diversi, i quali sono le intersezioni delle prime polari di due punti arbitrari della medesima. Ossia:

Le prime polari di tutt' i punti di una retta formano un fascio di curve passanti per gli stessi $(n-1)^2$ punti *).

(a) In virtù di tale proprietà, tutte le prime polari passanti per un punto o hanno in comune altri $(n-1)^2-1$ punti, cioè formano un fascio, la base del quale consta degli $(n-1)^2$ poli della retta polare di o. Per due punti o, o' passa una sola prima polare ed è quella il cui polo è l'intersezione delle rette polari di o ed o'.

Dunque tre prime polari bastano per individuare tutte le altre. Infatti: date tre prime polari C', C'', C''', i cui poli non siano in linea retta, si domanda quella che passa per due punti dati o, o'. Le curve C', C'' determinano un fascio, ed un altro fascio è determinato dalle C', C'''. Le curve che appartengono rispettivamente a questi due fasci e passano entrambe per o individuano un terzo fascio. Quella curva del terzo fascio che passa per o' è evidentemente la richiesta.

(b) Se tre prime polari, i cui poli non siano in linea retta, passano per uno stesso punto, questo sarà comune a tutte le altre prime polari e sarà doppio per la curva fondamentale (73); infatti la sua retta polare, potendo passare per qualunque punto del piano (69, a), riesce indeterminata (72).

78. Suppongasi che la polare $(r)^{ma}$ di un punto o abbia un punto doppio o', onde la prima polare di un punto arbitrario m rispetto alla polare $(r)^{ma}$ di o (considerata questa come curva fondamentale) passerà per o' (73). A cagione del teorema (69, d), la prima polare di m rispetto alla $(n-r-1)^{ma}$ polare di o' passerà per o. Inoltre, siccome l'$(r+1)^{ma}$ polare di o passa per o', così il punto o giace nell'$(n-r-1)^{ma}$ polare di o' (69, a). Dunque (77, b):

Se la polare $(r)^{ma}$ di o ha un punto doppio o', viceversa l'$(n-r-1)^{ma}$ polare di o' ha un punto doppio in o **).

---

*) Bobillier, *Démonstrations de quelques théorèmes sur les lignes etc.* (Annales de Gergonne, t. 18, Nismes 1827-28, p. 97).

**) Steiner, *Allgemeine Eigenschaften der algebraischen Curven* (Giornale di Crelle, t. 47, Berlino 1853, p. 4).

Per esempio: se la prima polare di o ha un punto doppio o', la conica polare di o' sarà il sistema di due rette segantisi in o; e viceversa.

(a) Se la data curva C_n ha una cuspide d, la conica polare di questo punto si risolve in due rette coincidenti nella retta che tocca C_n in d (72). Ciascun punto m di questa retta può risguardarsi come un punto doppio della conica polare di d; dunque d sarà un punto doppio della prima polare di m, ossia:

Se la curva fondamentale ha una cuspide, la prima polare di un punto qualunque della tangente cuspidale passa due volte per la cuspide.

Queste prime polari aventi un punto doppio in d formano un fascio (77, a); epperò fra esse ve ne sono due, per le quali d è una cuspide (48). Una delle due prime polari cuspidate è quella che ha per polo lo stesso punto d (72).

(b) L' $(s)^{ma}$ polare di un punto m rispetto all' $(r)^{ma}$ polare di un altro punto o abbia un punto doppio o'; vale a dire (69, c), l' $(r)^{ma}$ polare di o rispetto all' $(s)^{ma}$ polare di m passi due volte per o'. Applicando all' $(s)^{ma}$ polare di m il teorema dimostrato per la curva C_n (78), troviamo che l' $\left((n-s)-r-1\right)^{ma}$ polare di o' rispetto all' $(s)^{ma}$ polare di m ha un punto doppio in o. Dunque:

Se l' $(s)^{ma}$ polare di m rispetto all' $(r)^{ma}$ polare di o ha un punto doppio o', viceversa l' $(s)^{ma}$ polare di m rispetto all' $(n-r-s-1)^{ma}$ polare di o' avrà un punto doppio in o.

79. L' $(r)^{ma}$ polare di o abbia una cuspide o'; l' $(n-r-1)^{ma}$ polare di o' passerà due volte per o (78). Se poi si designa con m un punto qualunque della retta che tocca nella cuspide o' l' $(r)^{ma}$ polare di o, la prima polare di m rispetto alla stessa $(r)^{ma}$ polare di o avrà un punto doppio in o' (78, a); epperò (78, b) la prima polare di m rispetto all' $(n-r-2)^{ma}$ polare di o' avrà un punto doppio in o.

Da questa proprietà, fatto $r=1$, discende:

Se la prima polare di o ha una cuspide o', ciascun punto della tangente cuspidale ha per conica polare, relativamente alla cubica polare di o', un pajo di rette incrociantisi in o.

È evidente che ciascuna di queste rette determina l'altra, vale a dire, tutte le analoghe paja di rette costituiscono un'involuzione (di secondo grado); onde nella tangente cuspidale vi saranno due punti, ciascun de' quali avrà per conica polare (rispetto alla cubica polare di o') un pajo di rette riunite in una sola retta passante per o.

Il punto o è doppio per la conica polare (relativa alla cubica polare di o') di ciascun punto m della tangente cuspidale; viceversa adunque (78) m è un punto doppio della conica polare di o (relativa alla cubica polare di o'). Ossia: la retta che tocca la prima polare di o nella cuspide o', considerata come il sistema di due rette coincidenti, è la conica polare di o rispetto alla cubica polare di o'.

Le rette doppie dell'involuzione suaccennata incontrino la tangente cuspidale in o_1, o_2. Siccome o_1 è un punto doppio sì per la conica polare (sempre rispetto alla cubica polare di o') di o, che per la conica polare rappresentata dalla retta oo_1, così (78) la conica polare di o_1 avrà un punto doppio in o ed un altro sopra o_1o_2, vale a dire, sarà il sistema di due rette coincidenti. Dunque le rette oo_2, oo_1 costituiscono separatamente le coniche polari de' punti o_1, o_2; ossia:

Se la prima polare di o ha una cuspide o', nella tangente cuspidale esistono due punti o_1, o_2, i quali insieme con o formano un triangolo, tale che ciascun lato considerato come due rette coincidenti è la conica polare del vertice opposto, relativamente alla cubica polare del punto o'.

80. Consideriamo ora una tangente stazionaria della data curva C_n ed il relativo punto di contatto o flesso i. Preso un polo o nella tangente stazionaria e considerata questa come trasversale (68), tre punti a sono riuniti nel flesso (29), epperò questo tien luogo di due centri armonici del grado $n-1$ e di un centro armonico del grado $n-2$ (16). Vale a dire, la prima polare di o passa per i ed ivi tocca C_n; e per i passa anche la seconda polare di o *).

Come adunque per i passa la seconda polare d'ogni punto o della tangente stazionaria, così (69, a) la conica polare di i conterrà tutt'i punti della tangente medesima. Dunque *la conica polare di un flesso si decompone in due rette, una delle quali è la rispettiva tangente stazionaria.*

Se i' è il punto comune alle due rette che formano la conica polare del flesso i, la prima polare di i' avrà (78) un punto doppio in i. Ossia: un flesso della curva data è un punto doppio di una prima polare, il cui polo giace nella tangente stazionaria.

Se un punto p appartiene a C_n ed ha per conica polare il sistema di due rette, esso sarà o un punto doppio o un flesso della curva data. Infatti: o le due rette passano entrambe per p, e la retta polare di questo punto riesce indeterminata, cioè p è un punto doppio della curva. Ovvero, una sola delle due rette passa per p, ed è la tangente alla curva in questo punto (71); tutt'i punti di questa retta appartengono alle polari $(n-1)^{ma}$ ed $(n-2)^{ma}$ di p, dunque la prima e la seconda polare di ciascun di que' punti passa per p, il che non può essere, se quella retta non ha in p un contatto tripunto colla curva data (16).

81. Siccome ad ogni punto preso nel piano della curva fondamentale C_n corrisponde una retta polare, così domandiamo: se il polo percorre una data curva C_m d'ordine m, di qual classe è la curva inviluppata dalla retta polare? ossia, quante rette polari

*) | Tutte le polari d'un flesso hanno questo punto per flesso, colla medesima tangente stazionaria. |

passano per un arbitrario punto o, ciascuna avente un polo in C_m? Se la retta polare passa per o, il polo è (69, a) nella prima polare di o, la quale sega C_m in $m(n-1)$ punti. Questi sono i soli punti di C_m, le rette polari de' quali passino per o; dunque: *se il polo percorre una curva dell'ordine m, la retta polare inviluppa una curva della classe $m(n-1)$.*

(a) Per $m=1$ si ha: se il polo percorre una retta R, la retta polare inviluppa una curva della classe $n-1$.

(b) Se la curva fondamentale ha un punto $(r)^{plo}$ d, la prima polare di o passa $r-1$ volte per d (73); quindi, se anche R passa per quest'ultimo punto, la prima polare di o segherà R in altri $(n-1)-(r-1)$ punti; cioè la classe dell'inviluppo richiesto sarà $n-r$.

(c) Se inoltre $s[>1]$ rami di C_n hanno in d la tangente comune, questa tocca ivi $s-1$ rami della prima polare di o (74); onde, se R è questa tangente, le rimanenti sue intersezioni colla prima polare di o saranno in numero $(n-1)-(r-1)-1$; [68] dunque la classe dell'inviluppo è in questo caso $n-(r+1)$.

82. Come la teoria de' centri armonici di un sistema di punti in linea retta serve di base alla teoria delle curve polari relative ad una curva fondamentale di dato ordine, così le proprietà degli assi armonici di un fascio di rette divergenti da un punto (19, 20), conducono a stabilire un'analoga teoria di *inviluppi polari* relativi ad una curva fondamentale di data classe.

Data una curva K della classe m ed una retta R nello stesso piano, da un punto qualunque p di R siano condotte le m tangenti a K; gli assi armonici, di grado r, del sistema di queste m tangenti rispetto alla retta fissa R inviluppano, quando p muovasi in R, una linea della classe r. Così la retta R dà luogo ad $m-1$ *inviluppi polari*, le cui classi cominciano con $m-1$ e finiscono con 1. L'inviluppo polare di classe più alta tocca le rette tangenti a K ne' punti comuni a questa linea e ad R; onde segue che R incontra K in $m(m-1)$ punti, cioè *una curva della classe m è generalmente dell'ordine $m(m-1)$*. Ma questo è diminuito di due unità per ogni tangente doppia e di tre unità per ogni tangente stazionaria di cui sia dotata la curva fondamentale; ecc. ecc.

Art. XIV.

Teoremi relativi ai sistemi di curve.

83. Due *serie* di curve (34) si diranno *projettive*, quando, in virtù di una qualsiasi legge data, a ciascuna curva della prima serie corrisponda una sola curva della seconda e reciprocamente. [69]

Una serie d'indice M e d'ordine m sia projettiva ad una serie d'indice N e d'ordine n; di quale ordine è la linea luogo delle intersezioni di due curve corrispondenti? Ossia, in una retta trasversale arbitraria quanti punti esistono, per ciascun de' quali passino due curve corrispondenti? Sia a un punto qualunque della trasversale, pel quale passano M curve della prima serie; le M corrispondenti curve della seconda serie incontreranno la trasversale in Mn punti a'. Se invece si assume ad arbitrio un punto a' nella trasversale e si considerano le N curve della seconda serie che passano per esso, le N corrispondenti curve della prima serie segano la trasversale in Nm punti a. Dunque a ciascun punto a corrispondono Mn punti a' ed a ciascun punto a' corrispondono Nm punti a. Cioè, se i punti a, a' si riferiscono ad una stessa origine o (fissata ad arbitrio nella trasversale), fra i segmenti oa, oa' avrà luogo un'equazione di grado Mn rispetto ad oa' e di grado Nm rispetto ad oa. Onde, se a' coincide con a, si avrà un'equazione del grado $\mathrm{M}n+\mathrm{N}m$ in oa, vale a dire, la trasversale contiene $\mathrm{M}n+\mathrm{N}m$ punti del luogo richiesto. Abbiamo così il teorema generale *):

Date due serie projettive di curve, l'una d'indice M *e d'ordine m, l'altra d'indice* N *e d'ordine n, il luogo de' punti comuni a due curve corrispondenti è una linea dell'ordine* $\mathrm{M}n+\mathrm{N}m$. [70]

(a) Per $\mathrm{M}=\mathrm{N}=1$, questo teorema dà l'ordine della curva luogo delle intersezioni delle linee corrispondenti in due fasci projettivi (50). E nel caso di $m=n=1$ si ha:

Se le tangenti di una curva della classe M *corrispondono projettivamente, ciascuna a ciascuna, alle tangenti di un'altra curva della classe* N, *il luogo del punto comune a due tangenti omologhe è una linea dell'ordine* $\mathrm{M}+\mathrm{N}$.

(b) Analogamente si dimostra quest'altro teorema, che può anche conchiudersi da quello ora enunciato, in virtù del principio di dualità:

Se a ciascun punto di una data curva d'ordine M *corrisponde, in forza di una certa legge, un solo punto di un'altra curva data dell'ordine* N, *e reciprocamente, se ad ogni punto di questa corrisponde un sol punto di quella, la retta che unisce due punti omologhi inviluppa una curva della classe* $\mathrm{M}+\mathrm{N}$.

84. Data una serie d'indice N e d'ordine n, cerchiamo di quale indice sia la serie delle polari $(r)^{me}$ d'un dato punto o rispetto alle curve della serie proposta. Quante polari siffatte passano per un punto qualunque, ex. gr. per lo stesso punto dato o? Le sole polari passanti pel polo o sono quelle relative alle curve della data serie, che s'incrociano in o, e queste sono in numero N. Dunque:

Le polari $(r)^{me}$ di un dato punto, rispetto alle curve d'ordine n d'una serie d'indice N, *formano una serie d'indice* N *e d'ordine $n-r$. La nuova serie è projettiva alla prima.*

*) JONQUIÈRES, *Théorèmes généraux etc.* p. 117.

(a) Per $N=1$ si ha: le polari $(r)^{me}$ di un dato punto rispetto alle curve di un fascio formano un nuovo fascio projettivo al primo *). [71]

(b) Se $r=n-1$, si ottiene il teorema:

Le rette polari d'un punto dato rispetto alle curve d'una serie d'indice N *inviluppano una linea della classe* N.

(c) Ed in particolare, se $N=1$: le rette polari d'un punto dato o rispetto alle curve d'un fascio concorrono in uno stesso punto o' e formano una stella projettiva al fascio dato **).

85. Data una serie d'indice N e d'ordine n, ed un punto o, si consideri l'altra serie formata dalle prime polari di o relative alle curve della serie data (84). I punti in cui una delle curve d'ordine n è segata dalla relativa prima polare sono anche (70) i punti ove la prima curva è toccata da rette uscenti da o. Siccome poi le due serie sono projettive, così applicando ad esse il teorema generale di Jonquières (83), avremo:

Se da un punto o si conducono le tangenti a tutte le curve d'ordine n d'una serie d'indice N, *i punti di contatto giacciono in una linea dell'ordine* $N(2n-1)$.

Essendo il punto o situato in N curve della data serie, la curva luogo de' contatti passerà N volte pel punto medesimo ed ivi avrà per tangenti le rette che toccano le N curve preaccennate. Ogni retta condotta per o incontrerà quel luogo in altri $2N(n-1)$ punti, dunque:

Fra le curve d'ordine n d'una serie d'indice N *ve ne sono* $2N(n-1)$ *che toccano una retta qualsivoglia data.*

Se $N=1$, si ricade nel teorema (49).

86. Data una serie d'indice N e d'ordine n, di quale ordine è il luogo di un punto, del quale una retta data sia la polare rispetto ad alcuna delle curve della serie? Cerchiamo quanti siano in una retta qualunque, ex. gr. nella stessa retta data, i punti dotati di quella proprietà. I soli punti giacenti nella propria retta polare sono quelli ove la retta medesima tocca curve della data serie. Onde, pel teorema precedente, avremo:

Il luogo dei poli di una retta data, rispetto alle curve d'ordine n d'una serie d'indice N, *è una linea dell'ordine* $2N(n-1)$.

Quando è $N=1$, in causa del teorema (84, c), un punto a apparterrà al luogo di cui si tratta, se le sue rette polari relative alle curve date concorrano in un punto b della retta data. Ma, in tal caso, le prime polari di b passano per a (69, a); dunque ***):

---

*) Bobillier, *Recherches sur les lois qui régissent les lignes etc.* (Annales de Gergonne, t. 18, Nismes 1827-28, p. 256).

**) { Se o si muove in una retta, o' descrive una curva d'ordine $2(n-1)$. }

***) Bobillier, *ibidem*.

Dato un fascio d'ordine n, le prime polari d'uno stesso punto rispetto alle curve del fascio formano un nuovo fascio. Se il polo percorre una retta fissa, i punti-base del secondo fascio generano una linea dell'ordine $2(n-1)$, che è anche il luogo dei poli della retta data rispetto alle curve del fascio proposto.

87. Quale è il luogo di un punto che abbia la stessa retta polare rispetto ad una data curva C_n d'ordine n e ad alcuna delle curve C_m d'una data serie d'indice M? Per risolvere il problema, cerchiamo quanti punti del luogo richiesto siano contenuti in una trasversale assunta ad arbitrio. Sia a un punto qualunque della trasversale; A la retta polare di a rispetto a C_n. Il luogo dei poli della retta A rispetto alle curve C_m è (86) una linea dell'ordine $2M(m-1)$, che segherà la trasversale in $2M(m-1)$ punti a'. Reciprocamente: assunto ad arbitrio un punto a' nella trasversale, le rette polari di a rispetto alle curve C_m formano (84, b) una curva della classe M, la quale ha $M(n-1)$ tangenti comuni colla curva di classe $n-1$ inviluppo delle rette polari de' punti della trasversale relative a C_n (81, a). Queste $M(n-1)$ tangenti comuni sono polari, rispetto a C_n, d'altrettanti punti a della trasversale. Così ad ogni punto a corrispondono $2M(m-1)$ punti a' ed a ciascun punto a' corrispondono $M(n-1)$ punti a; dunque (83) vi saranno $2M(m-1)+M(n-1)$ punti a, ciascuno de' quali coinciderà con uno de' corrispondenti a'. Per conseguenza:

Il luogo di un punto avente la stessa retta polare, rispetto ad una data curva d'ordine n e ad alcuna delle curve d'una serie d'indice M *e d'ordine m, è una linea dell'ordine* $M(n+2m-3)$.

(a) Se la data curva C_n ha un punto doppio d (ordinario o stazionario), la retta polare di questo punto rispetto a C_n è indeterminata (72), onde può assumersi come tale la tangente a ciascuna delle M curve C_m passanti per d. Dunque la curva d'ordine $M(n+2m-3)$, che indicheremo con K, passa M volte per ciascuno de' punti doppi ordinari o stazionari della curva C_n. [72]

(b) Sia d un punto stazionario di C_n e si applichi alla tangente cuspidale T il ragionamento dianzi fatto per un'arbitraria trasversale. Se si riflette che, nel caso attuale, l'inviluppo delle rette polari de' punti di T, rispetto a C_n è della classe $n-3$ (81, c), talchè ad ogni punto a' corrisponderanno $M(n-3)$ punti a, si vedrà che la retta T, prescindendo dal punto d, incontra la curva K in $M(n+2m-5)$ punti, ossia il punto d equivale a 2M intersezioni di K e T. Per conseguenza (32) [73] in d sono riuniti 3M punti comuni alle linee K e C_n.

(c) Di qui s'inferisce che, se la data curva C_n ha δ punti doppi e $\varkappa$ cuspidi, essa sarà incontrata dalla linea K in altri $M\left(n(n+2m-3)-2\delta-3\varkappa\right)$ punti. Ma questi, in virtù della definizione della linea K, sono i punti ove C_n è toccata da curve della data serie; dunque:

In una serie d'indice M *e d'ordine* m *vi sono* $\mathrm{M}\big(n(n+2m-3)-2\delta-3\varkappa\big)$ *curve che toccano una data linea d'ordine* n, *dotata di* δ *punti doppi e* $\varkappa$ *cuspidi* *).

(d) Per $\mathrm{M}=m=1$ si ha:

Il numero delle rette tangenti che da un dato punto si possono condurre ad una curva d'ordine n, *avente* δ *punti doppi e* $\varkappa$ *cuspidi, è* $n(n-1)-2\delta-3\varkappa$: risultato già ottenuto altrove (74, c).

88. In un fascio d'ordine m quante sono le curve dotate di un punto doppio? Assunti ad arbitrio tre punti o, o', o'' (non situati in linea retta), le loro prime polari relative alle curve del dato fascio formano (84, a) tre altri fasci projettivi d'ordine $m-1$, ne' quali si considerino come curve corrispondenti le polari di o, o', o'' rispetto ad una stessa curva del fascio proposto. Se una delle curve date ha un punto doppio, in esso s'intersecano le tre corrispondenti prime polari di o, o', o'' (73). Dunque i punti doppi delle curve del dato fascio sono que' punti del piano pei quali passano tre curve corrispondenti de' tre fasci projettivi di prime polari.

Ora, il primo ed il secondo fascio, colle mutue intersezioni delle linee corrispondenti, generano (50) una curva d'ordine $2(m-1)$; ed un'altra curva dello stesso ordine è generata dal primo e terzo fascio. Queste due curve passano entrambe per gli $(m-1)^2$ punti-base del primo fascio di polari; epperò esse si segheranno in altri $3(m-1)^2$ punti, i quali sono evidentemente i richiesti. Cioè:

Le curve d'ordine m *di un fascio hanno* $3(m-1)^2$ *punti doppi.*

(a) Le curve date si tocchino fra loro in un punto o, talchè una di esse, C_m, abbia ivi un punto doppio (47). Il punto o' sia preso nella tangente comune alle curve date, ed o'' sia affatto arbitrario. Le prime polari di o relative alle curve del fascio proposto passano tutte per o, ivi toccando oo' (71); ed una di esse, quella che si riferisce a C_m, ha in o un punto doppio (72). Anche le polari di o' passano tutte per o (70); ma fra le polari di o'' una sola passa per o, quella cioè che corrisponde a C_m (73).

Le polari di o e quelle di o' generano una curva dell'ordine $2(m-1)$, per la quale o è un punto doppio ed oo' una delle relative tangenti (52, a). E le polari di o con quelle di o'' generano un'altra curva dello stesso ordine, anch'essa passante due volte per o (51, b). Dunque il punto o, doppio per entrambe le curve d'ordine $2(m-1)$, equivale a quattro intersezioni. In o le polari di questo punto si toccano, epperò gli altri punti-base del fascio da esse formato sono in numero $(m-1)^2-2$. Oltre a questi punti e ad o le due curve d'ordine $2(m-1)$ avranno $4(m-1)^2-4-\big((m-1)^2-2\big)=3(m-1)^2-2$ intersezioni comuni.

---

*) Bischoff, *Einige Sätze über die Tangenten algebraischer Curven* (Giornale Crelle-Borchardt, t. 56, Berlino 1859, p. 172). — Jonquières, *Théorèmes généraux etc.* p. 120.

Dunque il punto o, ove si toccano le curve del dato fascio, conta per *due* fra i punti doppi del fascio medesimo.

(b) Suppongasi ora che nel dato fascio si trovi una curva C_m dotata di una cuspide o. Sia o' un punto preso nella tangente cuspidale, ed o'' un altro punto qualsivoglia. Le prime polari di o rispetto alle curve date formano un fascio, nel quale v'ha una curva (la polare relativa a C_m) avente una cuspide in o colla tangente oo' (72). Alla quale curva corrispondono, nel fascio delle polari di o', una curva passante due volte per o (78, a), e nel fascio delle polari di o'', una curva passante per o ed ivi toccante oo' (74, c). Perciò il primo ed il secondo fascio generano una curva d'ordine $2(m-1)$, per la quale o è un punto doppio (51, f); mentre il primo ed il terzo fascio danno nascimento ad una curva di quello stesso ordine, passante semplicemente per o ed ivi toccante la retta oo' (51, g). Queste due curve hanno adunque due punti comuni riuniti in o; talchè, astraendo dagli $(m-1)^2$ punti-base del primo fascio, le rimanenti intersezioni saranno $3(m-1)^2-2$.

Ossia: se in un fascio v'ha una curva dotata di una cuspide, questa conta per *due* fra i punti doppi del fascio.

(c) Da ultimo supponiamo che tutte le curve del fascio proposto passino per o, cuspide di C_m. Sia ancora o' un punto della tangente cuspidale di C_m, e si prenda o'' nella retta che tocca in o tutte le altre curve del fascio. Le polari di o passano per questo punto, toccando ivi oo'' ed una fra esse, quella relativa a C_m, ha una cuspide in o colla tangente oo' (71, 72). Le polari di o'' passano anch'esse per o (70); ma una sola, quella che si riferisce a C_m, tocca ivi oo' (74, c). E fra le polari di o', soltanto quella che è relativa a C_m passa per o, ed invero vi passa due volte (78, a). Donde segue che le polari di o ed o'' generano una curva d'ordine $2(m-1)$, per la quale o è un punto doppio colle tangenti oo', oo'' (52, a); e le polari di o ed o' generano un'altra curva dello stesso ordine, cuspidata in o colla tangente oo' (51, c). Pertanto le due curve così ottenute hanno in o un punto doppio ed una tangente (oo') comune, ossia hanno in o cinque intersezioni riunite (32). Messi da parte il punto o, nel quale tutte le polari del primo fascio si toccano, e gli altri $(m-1)^2-2$ punti-base del fascio medesimo, il numero delle rimanenti intersezioni delle due curve d'ordine $2(m-1)$ sarà $3(m-1)^2-3$.

Dunque il punto o comune a tutte le curve del fascio proposto, una delle quali è ivi cuspidata, conta per *tre* fra i punti doppi del fascio medesimo. — [74]

(d) Applicando il teorema generale (dimostrato al principio del presente n.°) al fascio delle prime polari de' punti di una data retta (77), rispetto ad una curva C_n d'ordine n, si ha:

In una retta qualunque vi sono $3(n-2)^2$ *punti, ciascun de' quali ha per prima polare, rispetto ad una data linea dell'ordine n, una curva dotata di un punto doppio.*

O in altre parole, avuto anche riguardo al teorema (78):

Il luogo dei poli delle prime polari dotate di punto doppio, rispetto ad una data linea d'ordine n, ossia il luogo de' punti d'incrociamento di quelle coppie di rette che costituiscono coniche polari, è una curva dell'ordine $3(n-2)^2$.

Questo luogo si chiamerà *curva Steineriana* *) della curva fondamentale C_n **).

(e) Se la curva fondamentale ha una cuspide d, ogni punto della tangente cuspidale è polo di una prima polare avente un punto doppio in d (78, a). Perciò la tangente medesima farà parte della Steineriana.

89. Le rette polari di un punto fisso rispetto alle curve d'un fascio passano tutte per un altro punto fisso (84, c). Se si considera nel fascio una curva dotata di un punto doppio d, la retta polare di d rispetto a questa curva è indeterminata (72); talchè le rette polari di d, relativamente a tutte le altre curve del fascio, si confonderanno in una retta unica. Vale a dire:

I punti doppi delle curve d'un fascio godono della proprietà che ciascun d'essi ha la stessa retta polare rispetto a tutte le curve del fascio.

Di qui s'inferisce che (86):

Il luogo dei poli di una retta rispetto alle curve di un fascio d'ordine m è una linea dell'ordine $2(m-1)$ *passante pei* $3(m-1)^2$ *punti doppi del fascio.*

E il luogo di un punto avente la stessa retta polare, rispetto ad una data curva C_n e alle curve C_m d'un fascio, è (87) una curva dell'ordine $n+2m-3$ passante pei $3(m-1)^2$ punti doppi del fascio. Pertanto questi punti e quelli ove C_n è toccata da alcuna delle C_m giacciono tutti insieme nell'anzidetta curva d'ordine $n+2m-3$. In particolare:

Una retta data è toccata da $2(m-1)$ *curve d'un dato fascio d'ordine m. I* $2(m-1)$ *punti di contatto, insieme coi* $3(m-1)^2$ *punti doppi del fascio, giacciono in una curva dell'ordine* $2(m-1)$, *luogo dei poli della retta data rispetto alle curve del fascio.*

90. Dati due fasci di curve, i cui ordini siano m ed m_1, vogliamo indagare di qual ordine sia il luogo di un punto nel quale una curva del primo fascio tocchi una curva del secondo. Avanti tutto, è evidente che il luogo richiesto passa per gli $m^2+m_1^2$ puntibase dei due fasci; perchè, se a è un punto-base del primo fascio, per esso passa una

---

*) Dal nome del grande geometra alemanno che primo, a quanto io so, la fece conoscere.

**) {Se la prima polare di o ha un punto doppio p, ne segue:

1°) che tutte le prime polari passanti per p avranno ivi una tangente comune. Il punto ove questa incontra la retta polare di p avrà la sua prima e la seconda polare passanti per p. Ma il punto dotato di questa proprietà è o; dunque la tangente comune è po.

2°) La prima polare di un altro punto qualunque rispetto a quella di o passerà per p; dunque le prime polari di o rispetto alle prime polari di tutti i punti del piano passano per p; e conseguentemente le rette polari di p rispetto alle prime polari di tutti i punti del piano passeranno per o.}

curva del secondo, alla quale condotta la tangente in a, vi è una certa curva del primo fascio, che tocca questa retta nel punto medesimo (46). Osservisi poi che una curva del primo fascio è toccata dalle curve del secondo in $m(m+2m_1-3)$ punti (87); laonde quella curva del primo fascio, oltre agli m^2 punti-base, contiene $m(m+2m_1-3)$ punti del luogo richiesto, cioè in tutto $m(2m+2m_1-3)$ punti. Dunque il luogo di cui si tratta è dell'ordine $2(m+m_1)-3$; esso passa non solo pei punti-base dei due fasci, ma anche pei loro $3(m-1)^2+3(m_1-1)^2$ punti doppi (88), perchè ciascuno di questi equivale a *due* intersezioni di una curva dell'un fascio con una dell'altro. Abbiamo così il teorema:

Dati due fasci di curve, le une d'ordine m, *le altre d'ordine* m_1, *i punti di contatto delle une colle altre sono in una linea dell'ordine* $2(m+m_1)-3$, *che passa pei punti-base e pei punti doppi dei due fasci.*

(a) Suppongasi che le curve dei due fasci siano prime polari relative ad una data curva fondamentale C_n d'ordine n, epperò pongasi $m=m_1=n-1$. I punti-base de' due fasci sono i poli di due rette (77), talchè giacciono tutti insieme nella prima polare del punto comune a queste rette medesime (69, a): vale a dire, i due fasci hanno, in questo caso, una curva comune. Tale curva comune fa evidentemente parte del luogo dianzi determinato, onde, astraendo da essa, rimane una curva dell'ordine $4(n-1)-3-(n-1)=3(n-2)$, passante pei punti doppi de' fasci dati, qual luogo de' punti di contatto fra le curve dell'uno e le curve dell'altro fascio. Questa curva dell'ordine $3(n-2)$ non cambia, se altri fasci di prime polari sostituiscansi ai due dati; infatti, siccome tutte le prime polari passanti per un dato punto hanno altri $(n-1)^2-1$ punti comuni e formano un fascio (77, a), così, se due prime polari si toccano in quel punto, anche tutte le altre hanno ivi la stessa tangente.

Di qui s'inferisce che la curva luogo de' punti di contatto fra due prime polari contiene i punti doppi di tutti i fasci di prime polari, e per conseguenza, avuto riguardo al teorema (78), è anche il luogo dei poli di quelle coniche polari che si risolvono in due rette. Cioè:

Il luogo di un punto nel quale si tocchino due (epperò infinite) prime polari relative ad una data curva d'ordine n, *è una linea dell'ordine* $3(n-2)$, *la quale può anche definirsi come luogo dei punti doppi delle prime polari, e come luogo di un polo la cui conica polare sia una coppia di rette.*

A questa linea si dà il nome di *Hessiana* della data curva fondamentale, perchè essa offre l'interpretazione geometrica di quel covariante che SYLVESTER chiamò *Hessiano* (dal nome del sig. HESSE), cioè del determinante formato colle derivate seconde parziali di una data forma omogenea a tre variabili *).

*) SYLVESTER, *On a theory of the syzygetic relations of two rational integral functions* (Philosophical Transactions, vol. 143, part 3, London 1853, p. 545).

(b) I punti in cui si segano le prime polari di due punti o, o' sono i poli della retta oo' (77); talchè, se le due prime polari si toccano, la retta oo' ha due poli riuniti nel punto di contatto. Se adunque conveniamo di chiamar *congiunti* gli $(n-1)^2$ poli di una medesima retta, potremo dire:

L'Hessiana è il luogo di un polo che coincida con uno de' suoi poli congiunti.

(c) Chiamate *indicatrici di un punto* le due rette tangenti che da esso ponno condursi alla sua conica polare, si ottiene quest'altro enunciato:

La curva fondamentale e l'Hessiana costituiscono insieme il luogo di un punto, le due indicatrici del quale si confondono in una retta unica.

91. Dati tre fasci di curve, i cui ordini siano m_1, m_2, m_3, in quanti punti si toccano a tre a tre? I punti in cui si toccano a due a due le curve de' primi due fasci sono (90) in una linea dell'ordine $2(m_1+m_2)-3$; ed analogamente il luogo de' punti di contatto fra le curve del primo e le curve del terzo fascio è un'altra linea dell'ordine $2(m_1+m_3)-3$. Le due linee hanno in comune i punti-base ed i punti doppi del primo fascio, cioè $m_1^2+3(m_1-1)^2$ punti estranei alla questione, talchè esse si segheranno in altri $\left(2(m_1+m_2)-3\right)\left(2(m_1+m_3)-3\right)-\left(m_1^2+3(m_1-1)^2\right)$ $=4(m_2m_3+m_3m_1+m_1m_2)-6(m_1+m_2+m_3-1)$ punti. E questi sono evidentemente i richiesti.

(a) Posto $m_3=1$, si ha:

Le tangenti comuni ne' punti ove si toccano le curve di due fasci, i cui ordini siano m_1, m_2, inviluppano una linea della classe $4m_1m_2-2(m_1+m_2)$.

(b) [75] Se le curve de' due fasci sono prime polari relative ad una data linea C_n d'ordine n, onde $m_1=m_2=n-1$, i due fasci hanno una curva comune (90, a) la quale è dell'ordine $n-1$, epperò (70) della classe $(n-1)(n-2)$. È evidente che questa curva fa parte dell'inviluppo dianzi accennato; talchè questo conterrà inoltre una curva della classe $3(n-1)(n-2)$, cioè:

Le tangenti comuni ne' punti di contatto fra le prime polari relative ad una data curva d'ordine n inviluppano una linea della classe $3(n-1)(n-2)$ *).

Art. XV.

Reti geometriche.

92. Il completo sistema delle linee d'ordine m soggette ad $\frac{m(m+3)}{2}-2$ condizioni comuni chiamasi *rete geometrica dell'ordine m*, quando per due punti presi ad

*) Steiner, *l. c.* p. 4-6.

arbitrio passa una sola linea del sistema, vale a dire, quando le linee del sistema passanti per uno stesso punto arbitrario formano un fascio *).

Per esempio, le prime polari relative ad una data curva d'ordine n formano una rete geometrica d'ordine $n-1$ (77, a); anzi, molte proprietà di quelle si possono applicare, colle identiche dimostrazioni, ad una rete qualsivoglia.

Due fasci d'ordine m i quali abbiano una curva comune, ovvero tre curve d'ordine m le quali non passino per gli stessi m^2 punti, determinano una rete geometrica d'ordine m (77, a). [76]

Il luogo di un punto nel quale si tocchino due (epperò infinite) curve d'una data rete d'ordine m, è una linea dell'ordine $3(m-1)$. Questa linea, che può chiamarsi l'*Hessiana* [77] *della rete*, è anche il luogo de' punti doppi delle curve della rete (90, a).

Le tangenti comuni ne' punti di contatto fra le curve della rete inviluppano una linea della classe $3m(m-1)$ (91, b).

(a) Supponiamo che tutte le curve di una data rete abbiano un punto comune a. Condotta una retta A per a, sia a' il punto di A infinitamente vicino ad a; infinite curve della rete passeranno per a' (cioè toccheranno la retta A in a), formando un fascio. E condotta per a una seconda retta A_1, nella quale sia a_1 il punto successivo ad a, vi sarà una (ed una sola) curva della rete che passi per a' e per a_1, cioè che abbia un punto doppio in a. Dunque: allorchè tutte le curve di una rete hanno un punto comune, una di esse ha ivi un punto doppio, e quelle che nel punto medesimo toccano una stessa retta formano un fascio.

(b) Suppongasi in secondo luogo che tutte le curve di una data rete abbiano un punto comune a ed ivi tocchino una stessa retta T. Condotta una retta A ad arbitrio per a, vi saranno infinite curve della rete passanti pel punto di A successivo ad a, e tali curve formeranno un fascio. Ciascuna di esse è incontrata sì da T che da A in due punti riuniti in a, cioè per esse questo punto è doppio: talchè quel fascio non cambia col mutarsi della retta A intorno ad a. Fra le curve del fascio, due sono cuspidate in a (48), ed una ha per tangente la retta T. [78] Ed invero quest'ultima curva è individuata dal dover incontrare T in tre punti ed A in due punti, tutti coincidenti in a.

93. Date tre curve C, C', C'', gli ordini delle quali siano rispettivamente m, m', m'', proponiamoci di determinare il luogo di un punto le cui rette polari, rispetto a quelle curve, concorrano in uno stesso punto; ossia, con altre parole (69, a), il luogo di un punto nel quale si seghino le prime polari di uno stesso punto relative alle curve date. A tal uopo procederemo così: per un punto o fissato ad arbitrio si conduca una retta L

*) Möbius, *l. c.* p. 266. — Steiner, *l. c.* p. 5.

e si determinino i punti dotati della proprietà che in ciascun d'essi concorrano le prime polari di uno stesso punto di L; indi, fatta girare questa retta intorno ad o, si otterranno tutt'i punti del luogo richiesto.

Le prime polari de' punti di L rispetto alle curve C, C' formano due fasci projettivi (77), onde le curve corrispondenti, cioè le polari di uno stesso punto di L, si segheranno ne' punti di una curva K' dell'ordine $m+m'-2$ passante pei punti delle basi de' due fasci. E qui si noti che la base del primo fascio è formata dagli $(m-1)^2$ punti ne' quali la prima polare di o rispetto a C sega la prima polare di un altro punto qualunque di L rispetto alla curva medesima. Così abbiamo ottenuto la curva K', luogo di un punto pel quale passino le prime polari, relative a C e C', di uno stesso punto di L.

Ogni retta L condotta pel punto fisso o individua una curva K'. Di tali curve K' ne passa una sola per un punto qualunque p. Infatti, se per p devono passare le prime polari relative a C e C', il polo sarà l'intersezione p' delle rette polari di p (69, a); il punto p' determina una retta L passante per o, e questa individua la curva K' passante per p. Dunque, variando L intorno ad o, la curva K' genera un fascio (41).

Ora, se alla curva C' si sostituisce C'', la retta L darà luogo analogamente ad una curva K'' d'ordine $m+m''-2$, la quale passerà per gli stessi $(m-1)^2$ punti-base del primo fascio, che ha servito per generare anche K'. Variando L intorno ad o, le corrispondenti curve K'' formano un fascio. I due fasci formati dalle curve K', K'' sono projettivi fra loro, perchè ciascun d'essi è projettivo al fascio di rette L passanti per o. Laonde quei due fasci, l'uno dell'ordine $m+m'-2$, l'altro dell'ordine $m+m''-2$, genereranno una curva dell'ordine $2m+m'+m''-4$ (50). Siccome però due curve corrispondenti K', K'' hanno sempre in comune $(m-1)^2$ punti situati in una curva fissa dell'ordine $m-1$ (la prima polare del punto o rispetto a C), così gli altri $(m+m'-2)(m+m''-2)-(m-1)^2$ $=m'm''+m''m+mm'-2(m+m'+m'')+3$ punti comuni alle omologhe curve K', K'' genereranno una curva dell'ordine $2m+m'+m''-4-(m-1)=m+m'+m''-3$ (50, a). E questo è evidentemente il luogo richiesto.

Questa curva si chiamerà la *Jacobiana* delle tre curve date *).

Se le tre curve date passano per uno stesso punto a, le rette polari di questo passano per esso medesimo; dunque, se le curve C, C', C'' hanno punti comuni a tutte e tre, questi sono anche punti della loro Jacobiana.

Se una delle curve date, per esempio C'', ha un punto doppio d, la retta polare di questo punto rispetto a C'' è indeterminata (72), onde può risguardarsi come tale la retta che unisce d all'intersezione delle rette polari di questo punto relative alle altre due curve C, C'. Dnnque la Jacobiana passa pei punti doppi delle curve date.

---

*) SYLVESTER, *l. c.* p. 546.

94. Suppongasi $m' = m'$, cioè due delle curve date siano dello stesso ordine. In tal caso la Jacobiana non si cambia, se a quelle due curve se ne sostituiscono due altre qualunque del fascio da esse determinato. Il che è evidente, perchè la Jacobiana è il luogo di un punto pel quale passino le tre prime polari d'uno stesso polo; e d'altronde le prime polari d'uno stesso polo rispetto a tutte le curve d'un fascio formano un nuovo fascio (84, a), cioè passano per gli stessi punti.

Nel caso attuale, la Jacobiana ammette una seconda definizione. Se p è un punto di essa, le rette polari di p rispetto alle tre curve date concorrono in uno stesso punto p'. Ma p' è il punto pel quale passano le rette polari di p rispetto a *tutte* le curve del fascio (C′C″) (84, c); cioè la retta polare di p rispetto a C sarà anche retta polare dello stesso punto relativamente ad una curva del fascio anzidetto. Onde può dirsi che la Jacobiana delle curve date è il luogo di un punto avente la stessa retta polare rispetto a C e ad alcuna delle curve del fascio (C′C″); il qual luogo abbiamo già investigato altrove (87).

95. Supponiamo $m = m' = m''$, cioè le curve date siano tutte e tre dello stesso ordine m. Siccome a due qualunque di esse se ne ponno sostituire (94) due altre del fascio da quelle due determinato, così alle tre date se ne potranno sostituire tre qualunque della rete (92) individuata dalle curve date (purchè non appartengano ad uno stesso fascio), senza che la Jacobiana sia punto alterata. Onde, *data una rete di curve d'ordine m, il luogo di un polo, le cui rette polari rispetto alle curve della rete concorrano in uno stesso punto, è una linea d'ordine* $3(m-1)$, *passante pei punti doppi delle curve medesime* (93). Perciò, nel caso di cui si tratta, la Jacobiana coincide coll'Hessiana della rete (92). Abbiamo così un'altra definizione dell'Hessiana di una data rete geometrica.

Vogliamo ora esaminare più davvicino il caso nel quale le curve della rete si seghino tutte in uno stesso punto dato, ed anche quello in cui le curve medesime si tocchino nel punto comune {e una di esse abbia ivi una cuspide, e per tangente la tangente comune}. Nel primo caso possiamo supporre che una delle tre curve individuanti la rete sia quella per la quale il punto dato è un punto doppio; e nel secondo caso potremo assumere quella curva che nel punto dato ha una cuspide ed ivi tocca la tangente comune a tutte le curve della rete (92, a, b).

96. Siano date adunque tre curve C, C′, C″ dello stesso ordine m, aventi un punto comune, il quale sia doppio per una di esse, C″; in quel punto si collochi il polo o, del quale abbiamo fatto uso (93) nella ricerca generale della Jacobiana.

(a) Le prime polari del punto o rispetto alle curve C, C′ passano per o, onde per questo punto passerà anche la curva K′, qualunque sia la retta L a cui corrisponde (93).

La curva K′ corrispondente ad una data retta L rimane la stessa, se alle curve

C, C′ sostituisconsi due curve qualunque del fascio determinato da quelle. Sostituendo a C la curva C^o tangente in o alla retta L, le prime polari di tutt'i punti di L relative a C^o passeranno per o (70). Per o passa anche la prima polare di o relativa a C′; quindi la tangente in o alla curva K′ sarà la retta che ivi tocca la prima polare di o rispetto a C^o (51, a), ossia la retta L. Dunque: quando le curve C, C′ sono dello stesso ordine e passano per o, anche la curva K′ passa per o ed ivi tocca quella retta L a cui essa corrisponde.

(b) Essendo o un punto doppio per la curva C″, le prime polari, relative ad essa, di tutt'i punti della retta L passano per o ed ivi toccano una medesima retta L′, la coniugata armonica di L rispetto alle due tangenti di C″ nel punto doppio (74, c).

La curva K″ (93) è generata da due fasci projettivi, l'uno delle prime polari de' punti di L rispetto a C″, l'altro delle prime polari de' medesimi punti rispetto a C. Le curve del primo fascio hanno in o una stessa tangente L′. E alla curva del secondo fascio che passa per o, cioè alla prima polare di o rispetto a C, corrisponde la prima polare di o relativa a C″, ossia quella curva del primo fascio per la quale o è un punto doppio. Per conseguenza, qualunque sia la retta L, la curva K″ generata dai due fasci ha in o un punto doppio (51, b). Inoltre, quando L sia una delle tangenti di C″ nel punto doppio (51, d), ovvero quando L sia tangente in o alla curva C, nel qual caso anche le curve del secondo fascio passano per o (52, a), in entrambi questi casi, dico, la retta L è una delle tangenti a K″ nel punto doppio o.

Dunque: se C e C″ hanno un punto comune o che sia doppio per C″, la curva K″ relativa ad una data retta L (passante per o) ha un punto doppio in o; ed L è una delle due relative tangenti, ogniqualvolta essa sia tangente in o ad una delle due curve date.

(c) Così abbiamo veduto che, nel caso preso in considerazione, il punto o appartiene a tutte le curve K′ relative alle rette L condotte per esso (a) ed è doppio per tutte le curve K″ corrispondenti alle rette medesime (b). Dunque (52) o sarà un punto triplo per la complessiva curva d'ordine $4(m-1)$ generata dai due fasci projettivi delle K′ e delle K″ (93). Ma di questa curva complessiva fa parte la prima polare di o relativa a C, la quale prima polare passa una volta per o; dunque questo punto è doppio per la curva rimanente d'ordine $3(m-1)$, cioè per la Jacobiana.

Le rette L sono tangenti (a) alle relative curve K′; dunque (52) le tangenti alla curva risultante d'ordine $4(m-1)$ nel punto triplo o saranno quelle rette L che toccano *anche* le relative curve K″. Ma L tocca la corrispondente K″ (b) quando è tangente a C o a C″; epperò le tre tangenti nel punto triplo sono la tangente a C e le due tangenti di C″. Di queste tre rette, la prima è tangente (71) alla prima polare di o relativa a C; dunque le altre due sono le tangenti della Jacobiana nel punto doppio o.

Così possiamo concludere che:

(d) *Data una rete di curve passanti per uno stesso punto o, la curva Hessiana della rete passa due volte per o ed ivi ha le due tangenti comuni con quella curva della rete, per la quale o è un punto doppio.* [79]

97. Passiamo ad esaminare il caso in cui il punto *o*, comune alle tre curve C, C′, C″, sia una cuspide per l'ultima di esse, e la tangente cuspidale T tocchi in *o* anche C e C′.

(a) Le curve C, C′ avendo in *o* la stessa tangente, all'una di esse può sostituirsi quella curva del fascio (CC′) che ha un punto doppio in *o* (47); onde questo punto sarà doppio per K′, qualunque sia L (96, b). Ed inoltre, quando L coincida con T, questa retta sarà una delle tangenti nel punto doppio per la corrispondente curva K′.

(b) Essendo *o* una cuspide per C″, le prime polari, relative a questa curva, di tutt'i punti di L passano per *o* ed ivi toccano T (74, c); e fra esse ve n'ha una, la prima polare di *o*, per la quale questo punto è una cuspide e T è la relativa tangente cuspidale. Inoltre, la prima polare di *o* rispetto a C passa anch'essa per *o* ed ivi tocca la medesima retta T. Dunque (51, e), qualunque sia L, la curva K″ ha una cuspide in *o*, e la tangente cuspidale è T.

Ma se L coincide con T, le prime polari de' punti di L relative a C″ hanno un punto doppio in *o* (78, a), mentre le prime polari de' medesimi punti rispetto a C passano semplicemente per *o* (70); ond'è che quella curva K″, che corrisponde ad L coincidente con T, ha un punto triplo in *o* (52).

(c) Così è reso manifesto che le curve K′ hanno in *o* un punto doppio, mentre le curve K″ hanno ivi una cuspide, e T è la comune tangente cuspidale. Ne consegue (52) che *o* è un punto quadruplo per la complessiva curva d'ordine $4(m-1)$ generata dai due fasci projettivi delle K′, K″ e che due de' quattro rami passanti per *o* sono ivi toccati dalla retta T. Gli altri due rami sono toccati in *o* dalle tangenti della curva K′ corrispondente a quella curva K″ che ha in *o* un punto triplo (52, a). La curva K″, per la quale *o* è un punto triplo, corrisponde ad L coincidente con T (b), epperò corrisponde appunto a quella curva K′ che ha un ramo toccato in *o* dalla T (a). Dunque tre delle quattro tangenti nel punto quadruplo *o* della curva complessiva d'ordine $4(m-1)$ sono sovrapposte in T.

La curva d'ordine $4(m-1)$ è composta della Jacobiana delle tre curve date e della prima polare di *o* rispetto a C. Questa prima polare passa una volta per *o* ed ivi ha per tangente T; dunque la Jacobiana passa tre volte per *o* e due de' suoi rami sono ivi toccati dalla retta T. Ossia:

(d) *Data una rete di curve aventi un punto comune o ed ivi la stessa tangente* T [*la quale sia anche la tangente in o ad una curva della rete, cuspidata in o*], [80] *la curva Hessiana della rete ha tre rami passanti per* o, *due de' quali sono ivi tangenti alla retta* T.

98. Supposte date di nuovo tre curve C, C', C'', i cui ordini siano rispettivamente m, m', m'', cerchiamo di quale ordine sia il luogo di un punto nel quale concorrano le rette polari di uno stesso polo rispetto alle tre curve date. Sia L una retta arbitraria, i un punto qualunque di essa; se per i devono passare le rette polari relative a C, C', il polo o sarà una delle $(m-1)(m'-1)$ intersezioni delle prime polari di i rispetto a quelle due curve. Se per o dee passare anche la prima polare relativa a C'', il polo di essa sarà nella retta polare di o rispetto a questa curva; e le rette polari degli $(m-1)(m'-1)$ punti o incontreranno L in altrettanti punti i'.

Assunto invece ad arbitrio un punto i' in L, se per esso dee passare la retta polare relativa a C'', il polo è nella prima polare di i' rispetto alla detta curva; la quale prima polare è una curva K dell'ordine $m''-1$. Le rette polari dei punti di K relative a C inviluppano una curva della classe $(m-1)(m''-1)$ (81), ed analogamente le rette polari dei punti di K rispetto a C' inviluppano un'altra curva della classe $(m'-1)(m''-1)$. In queste due curve-inviluppi, a ciascuna tangente dell'una corrisponde una tangente dell'altra, purchè si assumano come corrispondenti quelle tangenti che sono polari di uno stesso punto di K rispetto a C e C'. Dunque (83, a) le intersezioni delle tangenti omologhe formeranno una curva dell'ordine $(m-1)(m''-1)+(m'-1)(m''-1)$, la quale segherà la retta L in altrettanti punti i.

Così a ciascun punto i corrispondono $(m-1)(m'-1)$ punti i', mentre ad ogni punto i' corrispondono $(m-1)(m''-1)+(m'-1)(m''-1)$ punti i. Onde la coincidenza di due punti omologhi i, i' in L avverrà $(m-1)(m'-1)+(m'-1)(m''-1)+(m''-1)(m-1)$ volte; cioè questo numero esprime l'ordine del luogo richiesto. Questa curva passa evidentemente pei punti comuni alle tre curve date, ov'esse ne abbiano.

(a) Quando le tre curve date siano dello stesso ordine m, ad esse ponno sostituirsi altre tre curve della rete da quelle individuata, senza che venga a mutarsi il luogo dianzi considerato. Questo, che in tal caso è dell'ordine $3(m-1)^2$, può chiamarsi la *Steineriana della rete* (88, d).

(b) Data una rete di curve d'ordine m, ogni punto p della curva Hessiana è il polo d'infinite rette polari relative alle curve della rete, le quali rette concorrono in uno stesso punto o (95) della Steineriana. In questo modo, a ciascun punto dell'Hessiana corrisponde un punto della Steineriana e reciprocamente; quindi la retta che unisce due punti corrispondenti inviluppa una terza curva della classe $3(m-1)+3(m-1)^2=3m(m-1)$ (83, b).

Ogni retta passante per o è adunque polare del punto p rispetto ad una curva della rete. Del resto, se la retta polare passa pel polo, questo giace nella curva fondamentale, che è ivi toccata dalla retta polare medesima. Ne segue che la retta op tocca in p una curva della rete; ma tutte le curve della rete che passano per p si toccano ivi fra loro (92), dunque la comune tangente di queste curve è op. [81]

Art. XVI.

Formole di Plücker.

99. Data una curva qualsivoglia C_n (fondamentale), indichiamo con

n l'ordine della medesima,
m la classe,
δ il numero de' punti doppi,
$\varkappa$ il numero de' punti stazionari o cuspidi,
τ il numero delle tangenti doppie,
ι il numero delle tangenti stazionarie, ossia de' flessi.

Siccome m è il numero delle tangenti che da un punto arbitrario si possono condurre alla curva data, così, in virtù del teorema (74, c) o (87, d), si ha:

1) $$m = n(n-1) - 2\delta - 3\varkappa,$$

formola che somministra la classe di una curva, quando se ne conosca l'ordine e si sappia di quanti punti doppi e cuspidi è fornita.

Pel principio di dualità, un'equazione della stessa forma dovrà dare l'ordine di una curva, quando se ne conosca la classe, il numero delle tangenti doppie e quello delle stazionarie (82); dunque:

2) $$n = m(m-1) - 2\tau - 3\iota.$$

100. Siccome ogni punto della curva fondamentale, il quale abbia per conica polare il sistema di due rette, è un flesso o un punto multiplo (80), così la curva Hessiana, la quale è il luogo de' punti le cui coniche polari si risolvono in coppie di rette (90, a), sega la linea data nei flessi e ne' punti multipli di questa. Onde, essendo l'Hessiana dell'ordine $3(n-2)$, se la curva data non ha punti multipli, il numero de' suoi flessi è $3n(n-2)$ *).

Supponiamo ora che C_n abbia un punto doppio d; nel qual caso tutte le prime polari passano per d. Allora l'Hessiana della rete formata da queste prime polari, che

*) Plücker, *System der analytischen Geometrie*, Berlin 1835, p. 264. — Hesse, *Ueber die Wendepuncte der Curven dritter Ordnung* (Giornale di Crelle, t. 28, Berlino 1844, p. 104).

è anche l'Hessiana di C_n (90, a; 92), passa due volte per d ed ivi ha le due tangenti comuni colla prima polare del punto stesso (96, d), cioè ha le tangenti comuni colla curva data (72). Dunque il punto d equivale (32) a *sei* intersezioni dell'Hessiana con C_n; ossia ogni punto doppio fa perdere a questa curva sei flessi.

Ora s'imagini che C_n abbia una cuspide d, e sia T la tangente cuspidale. In questo caso tutte le prime polari relative a C_n passano per d ed ivi sono toccate dalla retta T (74, c); [inoltre la prima polare di d ha ivi una cuspide, con T per tangente cuspidale (72)] [82]; epperò l'Hessiana ha tre rami passanti per d, due de' quali hanno per tangente T (97, d). Dunque il punto d equivale ad *otto* intersezioni dell'Hessiana con C_n, ossia ogni cuspide fa perdere a questa curva otto flessi *).

Quindi, se C_n ha δ punti doppi e $\varkappa$ cuspidi, il numero de' flessi ossia delle tangenti stazionarie sarà dato dalla formola:

3) $$\iota = 3n(n-2) - 6\delta - 8\varkappa.$$

E pel principio di dualità, se una curva della classe m ha τ tangenti doppie ed ι tangenti stazionarie, essa avrà

4) $$\varkappa = 3m(m-2) - 6\tau - 8\iota$$

punti stazionari.

Le quattro equazioni così trovate equivalgono però a tre sole indipendenti; infatti, sottraendo la 1) moltiplicata per 3 dalla 3), si ha la

5) $$\varkappa - \iota = 3(n-m),$$

equazione che può essere dedotta nello stesso modo anche dalle 2), 4).

Così fra i sei numeri $n, m, \delta, \varkappa, \tau, \iota$ si hanno tre equazioni indipendenti, onde, dati tre, si possono determinare gli altri tre. Per esempio, dati $n, \delta, \varkappa$, il valore di τ si ottiene eliminando m ed ι fra le 1), 2), 3); e si ha:

6) $$\tau = \frac{1}{2}n(n-2)(n^2-9) - (2\delta+3\varkappa)(n^2-n-6) + 2\delta(\delta-1) + \frac{9}{2}\varkappa(\varkappa-1) + 6\delta\varkappa.$$

Una formola assai utile si ottiene sottraendo la 2) dalla 1), ed eliminando $\varkappa - \iota$ dal risultato mediante la 5):

7) $$2(\delta-\tau) = (n-m)(n+m-9).$$

*) Cayley, *Recherches sur l'élimination et sur la théorie des courbes* (Giornale di Crelle t. 34, Berlino 1847, p. 43).

Queste importanti relazioni fra l'ordine, la classe e le singolarità di una curva piana sono state scoperte dal sig. PLÜCKER *).

101. Se una curva deve avere un punto doppio, senza che questo sia dato, ciò equivale ad *una condizione;* infatti, a tal uopo basta che tre prime polari (non appartenenti ad uno stesso fascio) abbiano un punto comune. Invece, se la curva deve avere un punto stazionario, senza che questo sia dato, ossia se tre prime polari (non appartenenti ad uno stesso fascio) debbono toccarsi in uno stesso punto, ciò esige *due condizioni.* Onde segue che, se una curva d'ordine n deve avere δ punti doppi e $\varkappa$ cuspidi, essa sarà determinata (34) da $\frac{n(n+3)}{2}-\delta-2\varkappa$ condizioni. E, in virtù del principio di dualità, $\frac{m(m+3)}{2}-\tau-2\iota$ condizioni determineranno una curva della classe m la quale debba essere fornita di τ tangenti doppie e di ι tangenti stazionarie.

Perciò, se i numeri $n, m, \delta, \varkappa, \tau, \iota$ competono ad una sola e medesima curva, dovrà essere:

$$8) \qquad \frac{n(n+3)}{2}-\delta-2\varkappa=\frac{m(m+3)}{2}-\tau-2\iota,$$

formola che può dedursi anche dalle 1), 2)... **). Ma, ove sia stabilita *a priori,* come qui si è fatto, essa insieme con due qualunque delle 1), 2),... potrà servire a somministrare tutte le altre ***).

102. Noi prenderemo quind'innanzi a studiare le proprietà di una curva C_n di un dato ordine n, la quale supporremo affatto generale fra quelle dello stesso ordine. Epperò, a meno che non si facciano dichiarazioni in contrario, la curva fondamentale sarà della classe $n(n-1)$ ed avrà nessun punto multiplo, $3n(n-2)$ flessi e $\frac{1}{2}n(n-2)(n^2-9)$ tangenti doppie.

Le prime polari relative a C_n formano una rete dell'ordine $n-1$, l'Hessiana della quale taglia C_n ne' $3n(n-2)$ flessi di questa. La Steineriana della rete (98, a), che è anche la Steineriana di C_n (88, d), è dell'ordine $3(n-2)^2$.

*) *Theorie der algeb. Curven,* p. 211.

**) { La (8) è una conseguenza delle (5), (7). Da queste si deduce anche:

$$\frac{(n-1)(n-2)}{2}-(\delta+\varkappa)=\frac{(m-1)(m-2)}{2}-(\tau+\iota). \}$$

***) SALMON, *Higher plane curves,* p. 92.

Art. XVII.

Curve generate dalle polari, quando il polo si muova con legge data.

103. Se un punto, considerato come polo rispetto alla curva fondamentale C_n, percorre un'altra curva data C_m d'ordine m, la retta polare inviluppa una curva K, la quale abbiamo già trovato (81) essere della classe $m(n-1)$. Le tangenti che da un punto qualunque o si possono condurre a K sono le rette polari degli $m(n-1)$ punti, ne' quali C_m è intersecata dalla prima polare di o.

(a) Se o è tal punto che la sua prima polare sia tangente a C_m, due rette polari passanti per o sono coincidenti, cioè o è un punto della curva K (30); questa è dunque il luogo geometrico de' poli le cui prime polari toccano C_m. Questa proprietà ci mette in grado di trovare l'ordine di K, cioè il numero de' punti in cui K è incontrata da una retta arbitraria L. Le prime polari de' punti di L formano un fascio (77); onde, supposto che C_m abbia δ punti doppi, e $\varkappa$ cuspidi, vi saranno $m(m+2n-5)-(2\delta+3\varkappa)$ punti in L, le cui prime polari sono tangenti a C_m (87, c). Dunque K è dell'ordine $m(m+2n-5)-(2\delta+3\varkappa)$ $\{$cioè $2m(n-2)+M$, ove M è la classe di $C_m\}$ [83].

È poi evidente che le tangenti stazionarie di K sono le rette polari de' punti stazionari di C_m; donde segue che K ha $\varkappa$ flessi.

Conoscendo così la classe, l'ordine ed il numero de' flessi della curva K, mediante le formule di Plücker (99, 100) troveremo che essa ha inoltre:

$$\frac{1}{2}\Big(m(m+2n-5)-(2\delta+3\varkappa)\Big)^2-m(5m+6n-21)+10\delta+\frac{27}{2}\varkappa \text{ punti doppi,}$$

$3m(m+n-4)-(6\delta+8\varkappa)$ cuspidi e $\frac{1}{2}m(n-2)(mn-3)+\delta$ tangenti doppie.

(b) È manifesto che ogni punto doppio di K è il polo di una prima polare tangente a C_m in due punti distinti; che ogni cuspide di K è il polo di una prima polare avente con C_m un contatto tripunto; e che ogni tangente doppia di K è una retta avente o due poli distinti sulla curva C_m, o due poli riuniti in un punto doppio di questa curva.

Siccome le proprietà del sistema delle prime polari (relative a C_n) valgono per una rete qualsivoglia di curve [84], così da quanto precede si raccoglie:

1.° *Il numero delle curve d'una rete d'ordine $n-1$, le quali abbiano doppio contatto con una data linea d'ordine m, fornita di δ punti doppi e $\varkappa$ cuspidi, è*

$$\frac{1}{2}\Big(m(m+2n-5)-(2\delta+3\varkappa)\Big)^2-m(5m+6n-21)+10\delta+\frac{27}{2}\varkappa.$$

2.° *Il numero delle curve della stessa rete aventi coll'anzidetta linea d'ordine* m *un contatto tripunto è* $3m(m+n-4)-(6\delta+8\varkappa)$ *).

(c) Ogni punto della curva K è polo di una prima polare tangente a C_m; onde, considerando le intersezioni delle curve K e C_m, si ha:

In una curva C_m dell'ordine m, dotata di δ punti doppi e di $\varkappa$ cuspidi, vi sono $m^2(m+2n-5)-m(2\delta+3\varkappa)$ punti, le cui prime polari relative alla curva fondamentale C_n toccano la medesima C_m.

Di qui per $m=1$ si ricava:

In una retta qualunque vi sono $2(n-2)$ *punti, le cui prime polari relative alla curva fondamentale* C_n *toccano la retta medesima.*

Se la retta è tangente a C_n, nel contatto coincidono due di quei $2(n-2)$ poli. Dunque in una retta tangente a C_n esistono $2(n-3)$ punti, ciascun de' quali è polo di una prima polare tangente in altro punto alla retta medesima.

(d) Se nella ricerca superiore, la curva C_m si confonde con C_n, la linea K si compone evidentemente della C_n medesima e delle sue tangenti stazionarie, perchè ogni punto di quella e di queste è polo di una prima polare tangente alla curva fondamentale (71, 80). In tal caso, i punti doppi di K sono le intersezioni delle tangenti stazionarie fra loro e colla curva C_n; le cuspidi di K sono rappresentate dai flessi di C_n, ciascuno contato due volte; e le tangenti doppie di K sono le stazionarie e le doppie di C_n.

I punti doppi di K sono (b) i poli d'altrettante prime polari doppiamente tangenti alla curva fondamentale. Ed invero: se o è un punto comune a due tangenti stazionarie di questa, la prima polare di o tocca C_n ne' due flessi corrispondenti (80); e se o è un punto di segamento di C_n con una sua tangente stazionaria, la prima polare di o tocca C_n in o (71) e nel punto di contatto di questa tangente (80). Sonvi adunque $3n(n-2)(n-3)$ prime polari doppiamente tangenti a C_n, i cui poli giacciono in C_n medesima; e vi sono altre $\frac{3}{2}n(n-2)\big(3n(n-2)-1\big)$ prime polari pur doppiamente tangenti, i cui poli sono fuori di C_n.

(e) La curva K, inviluppo delle polari $(n-1)^{me}$ de' punti di C_m, si chiamerà l'$(n-1)^{ma}$ *polare* di C_m **).

Facendo $m=1$, troviamo che l'$(n-1)^{ma}$ polare di una retta R, cioè l'inviluppo delle rette polari de' punti di R, od anche il luogo de' poli delle prime polari tangenti

*) Bischoff, *l. c.* p. 174-176.

**) Occorre quindi nel seguito distinguere bene fra *polare* di un punto e *polare* di una curva. [*Einleitung*]

ad R, è una curva della classe $n-1$ e dell'ordine $2(n-2)$, con $3(n-3)$ cuspidi, $2(n-3)(n-4)$ punti doppi ed $\frac{(n-2)(n-3)}{2}$ tangenti doppie; cioè:

Vi sono $3(n-3)$ *prime polari, per le quali una data retta* R *è una tangente stazionaria;* $2(n-3)(n-4)$ *prime polari, per le quali* R *è una tangente doppia; ed inoltre* $\frac{1}{2}(n-2)(n-3)$ *rette, ciascuna delle quali ha due poli in* R.

(f) Se l'$(n-1)^{ma}$ polare della retta R passa per un dato punto o, questo è il polo di una prima polare tangente ad R (e); talchè se l'$(n-1)^{ma}$ polare varia girando intorno al punto fisso o, la retta R inviluppera la prima polare di o. Così abbiamo due definizioni della prima polare di un punto:

La prima polare di un punto o è il luogo de' poli le cui $(n-1)^{me}$ *polari s'incrociano in o, ed è anche l'inviluppo delle rette le cui* $(n-1)^{me}$ *polari passano per o.*

104. Supposto che un polo p percorra una data curva C_m d'ordine m, avente δ punti doppi e $\varkappa$ cuspidi, di qual indice è la *serie* (34) generata dalla polare $(r)^{ma}$ di p rispetto alla linea fondamentale C_n, e quale ne sarà l'inviluppo?

(a) Se la polare $(r)^{ma}$ di p passa per un punto o, il polo sarà nella polare $(n-r)^{ma}$ di o (69, a), cioè sarà una delle rm intersezioni di questa polare colla proposta curva C_m. Dunque per o passano rm polari $(r)^{me}$ di punti situati in C_m, cioè le polari $(r)^{me}$ de' punti di C_m formano una serie d'indice rm.

(b) Se l'$(n-r)^{ma}$ polare di o tocca in un punto C_m, avremo in o due $(r)^{me}$ polari coincidenti, ossia o sarà un punto della linea inviluppata dalle curve della serie anzidetta. Dunque:

L'inviluppo delle polari $(r)^{me}$ *de' punti di una curva* C_m *è anche il luogo de' poli delle polari* $(n-r)^{me}$ *tangenti a* C_m.

(c) Quale è l'ordine di questo luogo? Ovvero, quanti punti vi sono in una retta arbitraria L, le polari $(n-r)^{me}$ de' quali tocchino C_m? Le polari $(n-r)^{me}$ de' punti di una retta L formano (a) una serie d'ordine r e d'indice $n-r$; epperò (87, c) ve ne sono $(n-r)\big(m(m+2r-3)-(2\delta+3\varkappa)\big)$ che toccano C_m. Donde segue che:

L'inviluppo delle polari $(r)^{me}$ *de' punti di una curva d'ordine m, dotata di* δ *punti doppi e* $\varkappa$ *cuspidi, è una linea dell'ordine* $(n-r)\big(m(m+2r-3)-(2\delta+3\varkappa)\big)$.

Questa linea si denominerà *polare* $(r)^{ma}$ della data curva C_m rispetto alla curva fondamentale C_n *).

(d) Fatto $r=1$ ed indicata con m' la classe di C_m, cioè posto $m'=m(m-1)-(2\delta+3\varkappa)$ (99), si ha:

---

*) STEINER, *l. c.* p. 2-3. — V. anche la nota **) alla pag. precedente.

La prima polare di una curva della classe m', cioè il luogo de' poli delle rette tangenti di questa, è una linea dell'ordine $m'(n-1)$.

Questa linea passa pei punti ove la curva fondamentale è toccata dalle tangenti comuni ad essa ed alla curva della classe m'.

Se $m'=1$, ricadiamo nella definizione della prima polare di un punto (103, f).

(e) Posto $m=1$, troviamo che *la polare $(r)^{ma}$ di una retta è una linea dell'ordine* $2(r-1)(n-r)$. Quindi la prima polare di una retta è dell'ordine *zero;* infatti essa è costituita dagli $(n-1)^2$ poli della retta data (77).

Per $r=n-1$, si ricade in un risultato già ottenuto (103, e).

(f) L'ordine della linea polare $(r)^{ma}$ di una retta R si può determinare direttamente come segue. A tal uopo consideriamo quella linea come luogo de' punti comuni a due curve successive della serie d'indice r e d'ordine $n-r$, formata dalle polari $(r)^{me}$ de' punti di R (34).

Se a è un punto qualunque di R, le polari $(r)^{me}$ passanti per a hanno i loro rispettivi poli nella polare $(n-r)^{ma}$ di a, la quale sega R in r punti a'. Se invece assumiamo ad arbitrio un punto a', la sua polare $(r)^{ma}$ sega R in $n-r$ punti a; talchè, riferiti i punti a, a' ad una stessa origine o, fra i segmenti oa, oa' avrà luogo un'equazione del grado r in oa' e del grado $n-r$ in oa. Il punto a apparterrebbe alla linea cercata, se due delle r polari $(r)^{me}$ passanti per esso fossero coincidenti. Ma la condizione perchè l'equazione anzidetta dia due valori eguali per oa' è del grado $2(r-1)$ rispetto ai coefficienti della medesima, e per conseguenza del grado $2(r-1)(n-r)$ rispetto ad oa. Sono adunque $2(r-1)(n-r)$ i punti comuni al luogo richiesto ed alla retta R; ossia l'inviluppo delle polari $(r)^{me}$ de' punti di una retta data è una linea dell'ordine $2(r-1)(n-r)$.

Le stesse considerazioni si possono applicare, in molti casi, alla ricerca dell'ordine della linea che inviluppa le curve d'una data serie. Per esempio, se la serie è d'indice r e d'ordine s, e se si può assegnare una punteggiata projettiva alla serie (cioè se fra le curve della serie e i punti di una retta si può stabilire tale corrispondenza che ad ogni punto della retta corrisponda una curva della serie, e viceversa), l'inviluppo sarà dell'ordine $2(r-1)s$. Di qui per $s=1$ si ricava:

Se una curva della classe r è tale che si possa assegnare una punteggiata projettiva alla serie delle sue tangenti, l'ordine della curva è solamente $2(r-1)$.

(g) Se la polare $(n-r)^{ma}$ di una retta passa per un dato punto o, questo è (b) il polo di una polare $(r)^{ma}$ tangente a quella retta. Dunque:

La polare $(r)^{ma}$ di un punto o, ossia il luogo de' punti le cui $(n-r)^{me}$ polari passano per o, è anche l'inviluppo delle rette le polari $(n-r)^{me}$ delle quali contengono il punto o.

Così le polari de' punti e delle linee sono definite in doppio modo, e come luoghi e come inviluppi. Egli è appunto in questa doppia definizione che sembra risiedere il segreto della grande fecondità della teoria delle curve polari.

(h) La polare $(r)^{ma}$ di una curva C tocchi un'altra curva C' nel punto o. In o quella polare toccherà la polare $(r)^{ma}$ di un punto o' di C; e viceversa (b) in o' la curva C sarà toccata dalla polare $(n-r)^{ma}$ di o. Ma la polare $(r)^{ma}$ di o' tocca in o anche C'; dunque la polare $(n-r)^{ma}$ di o toccherà in o' la polare $(n-r)^{ma}$ di C'; ossia:

Se la polare $(r)^{ma}$ di una curva C tocca un'altra curva C', reciprocamente la polare $(n-r)^{ma}$ di C' tocca C.

(k) Una retta R sia l'$(r-1)^{ma}$ polare di un punto o rispetto all'$(n-r)^{ma}$ polare di un altro punto o', ovvero, ciò che è la medesima cosa (69, c), la polare $(n-r)^{ma}$ di o' rispetto alla polare $(r-1)^{ma}$ di o. Se R varia ed inviluppa una curva qualunque C, restando fisso il punto o', il luogo del punto o sarà (d) la prima polare di C rispetto all'$(n-r)^{ma}$ polare di o'. Se invece resta fisso il punto o, mentre R inviluppa la curva C, il luogo di o' sarà la prima polare di C rispetto all'$(r-1)^{ma}$ polare di o. Dunque:

Se la prima polare di una curva C rispetto all'$(r-1)^{ma}$ polare di un punto o passa per un altro punto o', la prima polare di C rispetto all'$(n-r)^{ma}$ polare di o' passerà per o; e viceversa.

105. L'$(n-1)^{ma}$ polare di una curva C_m d'ordine m è (81) una linea K della classe $m(n-1)$. Reciprocamente, la prima polare di K sarà (104, d) una linea dell'ordine $m(n-1)^2$. Questa linea comprende in sè la data curva C_m, perchè K è non solo l'inviluppo delle rette polari dei punti di C_m, ma anche il luogo de' poli delle prime polari tangenti a C_m (103, a). Dunque, allorchè un punto o percorre la curva C_m, gli altri $(n-1)^2-1$ poli della retta polare di o descriveranno una linea dell'ordine $m(n-1)^2-m = mn(n-2)$.

A questo risultato si arriva anche cercando la soluzione del problema: quando un punto o percorre una data linea, quale è il luogo degli altri poli della retta polare di o?

Supposto dapprima che la data linea sia una retta R, cerchiamo in quanti punti essa seghi il luogo richiesto. Siccome (103, e) vi sono $\frac{1}{2}(n-2)(n-3)$ rette, ciascuna delle quali ha due poli in R, così gli $(n-2)(n-3)$ poli di tali rette sono altrettanti punti del luogo. Inoltre ricordiamo (90, b) che in ogni punto dell'Hessiana coincidono due poli d'una medesima retta, talchè le $3(n-2)$ intersezioni dell'Hessiana con R sono comuni al luogo di cui si tratta. Questo luogo ha dunque $(n-2)(n-3)+3(n-2)$ punti comuni con R, vale a dire, esso è dell'ordine $n(n-2)$.

Se invece è data una linea C_m dell'ordine m, assunta un'arbitraria retta R, cerchiamo quante volte avvenga che una stessa retta abbia un polo in R ed un altro in C_m. I poli congiunti ai punti di R sono, come or si è dimostrato, in una linea dell'ordine

$n(n-2)$, la quale sega C_m in $mn(n-2)$ punti. Dunque vi sono $mn(n-2)$ punti in C_m, ciascun de' quali ha un polo congiunto in R; ossia:

Se un polo descrive una curva d'ordine m, il luogo degli altri poli congiunti è una linea dell'ordine $mn(n-2)$. [85]

106. Imaginiamo un polo che si muova percorrendo una data curva C_m d'ordine m; quale sarà il luogo delle intersezioni della prima colla seconda polare del polo mobile, rispetto alla curva fondamentale C_n? Assunta una retta arbitraria R, se per un punto i di essa passa una prima polare, il polo giace nella retta polare di i; questa retta sega C_m in m punti, le seconde polari dei quali incontreranno R in $m(n-2)$ punti i'. Se invece si assume ad arbitrio in R un punto i' pel quale debba passare una seconda polare, il polo sarà nella conica polare di i', che taglia C_m in $2m$ punti; le prime polari di questi determinano in R $2m(n-1)$ punti i. Così vediamo che ad ogni punto i corrispondono $m(n-2)$ punti i', mentre ad ogni punto i' corrispondono $2m(n-1)$ punti i; talchè (83) vi saranno (in R) $m(n-2)+2m(n-1)=m(3n-4)$ punti i, ciascun de' quali coincida con uno de' corrispondenti i'; cioè *il luogo richiesto è una curva* U *dell'ordine* $m(3n-4)$. Evidentemente questa curva tocca C_n negli mn punti comuni a C_m e C_n, perchè in ciascuno di questi punti le polari prima e seconda si toccano fra loro e toccano C_n (71).

Inoltre, siccome per un flesso della curva fondamentale passa la prima e la seconda polare di ogni punto della relativa tangente stazionaria (80), così la curva U passerà pel flesso di C_n tante volte quanti sono i punti comuni a C_m ed alla tangente stazionaria. Dunque la curva U passa m volte per ciascuno dei $3n(n-2)$ flessi di C_n *).

(a) Se C_m coincide con C_n, la linea U contiene manifestamente due volte la curva fondamentale; prescindendo da questa, rimarrà una curva dell'ordine $3n(n-2)$, per la quale i flessi di C_n sono punti $(n-2)^{pli}$. Dunque, se un polo percorre la curva fondamentale, gli $(n-1)(n-2)-2$ punti in cui si segano le polari prima e seconda generano una linea dell'ordine $3n(n-2)$, avente $n-2$ branche passanti per ciascun flesso di C_n, una delle quali ha ivi con C_n un contatto tripunto. Il che riesce evidente, considerando che ogni tangente stazionaria della curva fondamentale ha con questa $n-2$ punti comuni, cioè il flesso ed $n-3$ intersezioni semplici.

(b) Analogamente si dimostra che, se il polo percorre la curva C_m, le intersezioni delle polari $(r)^{ma}$ ed $(s)^{ma}$ descrivono una linea dell'ordine $mn(r+s)-2mrs$, la quale tocca la curva fondamentale ne' punti comuni a questa ed a C_m. È da notarsi che il numero $mn(r+s)-2mrs$ non cambia sostituendo $n-r, n-s$ ad r, s.

---

*) Clebsch, *Ueber eine Classe von Eliminationsproblemen und über einige Punkte der Theorie der Polaren* (Giornale Crelle-Borchardt, t. 58, Berlino 1861, p. 279).

Art. XVIII.

Applicazione alle curve di second'ordine.

107. Se ne' teoremi generali suesposti si fa $n=2$, si ottengono i più interessanti risultati per la teoria delle coniche.

Dato un polo o nel piano della curva fondamentale C_2 di second'ordine, il luogo del punto coniugato armonico di o, rispetto alle due intersezioni della curva con una trasversale mobile intorno ad o, è la *retta polare* di o (68). Se la polare di o passa per un altro punto o', viceversa (69, a) la polare di o' contiene o; ossia tutte le rette passanti per un punto dato hanno i loro poli nella retta polare di questo punto, e reciprocamente tutt'i punti di una data retta sono poli di rette incrociantisi nel polo della data.

Siccome ogni punto ha una determinata retta polare, e viceversa ogni retta ha un polo unico, così *i punti di una retta costituiscono una punteggiata projettiva alla stella formata dalle loro rispettive polari*. Donde segue che il rapporto anarmonico di quattro rette divergenti da un punto è eguale al rapporto anarmonico dei loro poli *).

La retta polare di un punto o sega la conica fondamentale ne' punti in cui questa è toccata da rette uscenti da o (70).

Considerando la conica fondamentale come una curva di seconda classe, se da un punto qualunque di una retta data si tirano le due tangenti alla curva, la retta coniugata armonica della data, rispetto a queste due tangenti, passa per un punto fisso (82) che è il polo della retta data.

Due figure, l'una delle quali contenga i poli e le polari delle rette e dei punti dell'altra, diconsi *polari reciproche*. Sui pochi principii or dichiarati si fonda il celebre metodo di Poncelet **) per passare dalle proprietà dell'una a quelle dell'altra figura.

108. Due punti o, o', l'un de' quali giaccia nella polare dell'altro, diconsi *poli coniugati*. Le infinite coppie di poli coniugati esistenti in una trasversale formano

Le polari di due poli coniugati, ossia due rette passanti ciascuna pel polo dell'altra, diconsi *coniugate*. Le infinite coppie di polari coniugate passanti per uno

*) Chasles, *Mémoire de géométrie sur deux principes généraux de la science etc.* (Mémoires couronnés par l'Académie R. de Bruxelles, t. 11, 1837, p. 582).

**) Poncelet, | *Solution ...*, citato al n. 70. | — *Traité des propriétés projectives des figures*, Paris 1822, p. 122. — *Mémoire sur la théorie des polaires réciproques* (Giornale di Crelle, t. 4, Berlino 1829, p. 1).

un' involuzione (quadratica), i cui punti doppi sono le intersezioni della conica colla trasversale; cioè i punti della conica fondamentale sono coniugati a sè medesimi.

stesso punto dato formano un' involuzione (quadratica), i raggi doppi della quale sono le tangenti che dal punto dato si possono condurre alla conica; cioè le tangenti di questa sono rette coniugate a sè medesime.

(a) Due poli coniugati ed il polo della retta che li unisce (ovvero due rette coniugate e la polare del punto ad esse comune) individuano un triangolo (o un trilatero), nel quale ciascun lato è la polare del vertice opposto. Siffatto triangolo o trilatero dicesi *coniugato* alla conica data.

(b) Se da un punto p si conducono due trasversali a segare la conica data ne' quattro punti bc, ad, e se q, r sono le intersezioni delle coppie di rette (ca, bd), (ab, cd), la retta qr sarà la polare del punto p; anzi nel triangolo pqr ciascun vertice è polo del lato opposto. Ciò è una immediata conseguenza della proprietà armonica del quadrangolo completo $abcd$ (5). Dunque tutte le coniche circoscritte a questo quadrangolo sono coniugate al triangolo formato dai punti diagonali pqr.

(b') Se per due punti di una data retta P si tirano quattro tangenti BC, AD alla conica data, e se Q, R sono le rette passanti per le coppie di punti (CA, BD) (AB, CD), il punto QR sarà il polo della retta P; anzi nel trilatero PQR ciascun lato è la polare del vertice opposto, come segue immediatamente dalla proprietà armonica del quadrilatero completo ABCD (5). Dunque tutte le coniche inscritte nel quadrilatero sono coniugate al trilatero formato dalle diagonali PQR.

(c) In generale (89), se un punto ha la stessa retta polare rispetto a due curve d'un fascio, esso è doppio per una curva del fascio medesimo. Ciò torna a dire che due coniche non ammettono alcun triangolo coniugato comune, oltre quello che ha i vertici ne' tre punti doppi del fascio da esse determinato; ossia i punti diagonali del quadrangolo completo formato dai punti comuni a due coniche, e le rette diagonali del quadrilatero completo formato dalle tangenti comuni alle stesse coniche sono i vertici e i lati dell'unico triangolo coniugato ad entrambe le curve.

(d) Il teorema di Pascal relativo ad un esagono inscritto in una conica (45, c), se si assume il secondo vertice infinitamente vicino al primo, ed il quinto al quarto, somministra la seguente relazione fra quattro punti di una conica e le tangenti in due di essi:

Se un quadrangolo è inscritto in una conica, le tangenti in due vertici concorrono sulla retta che unisce due punti diagonali.

Donde si conclude facilmente che le diagonali del quadrilatero formato da quattro tangenti di una conica sono i lati del triangolo avente per vertici i punti diagonali del quadrangolo formato dai quattro punti di contatto.

(e) Se di un quadrangolo completo *abcd* sono dati i tre punti diagonali *pqr* ed un vertice a, il quadrangolo è determinato ed unico. Infatti, il vertice b è il coniugato armonico di a rispetto ai punti in cui pq, pr segano ar; ecc. Dunque le coniche passanti per uno stesso punto a e coniugate ad un dato triangolo *pqr* formano un fascio, ossia (92):

Tutte le coniche coniugate ad un dato triangolo formano una rete.

(f) Le curve di questa rete che dividono armonicamente un dato segmento oo' formano un fascio. Infatti, se i è un punto arbitrario, tutte le coniche della rete passanti per i hanno altri tre punti comuni, epperò incontrano la retta oo' in coppie di punti in involuzione (49). Ma anche le coppie di punti che dividono armonicamente oo' costituiscono un'involuzione (25, a), e le due involuzioni hanno una coppia comune di punti coniugati; dunque per i passa una sola conica della rete, la quale sodisfaccia alla condizione richiesta, c. d. d. In altre parole, la rete contiene un fascio di coniche, rispetto a ciascuna delle quali i punti oo' sono poli coniugati.

In una rete due fasci hanno sempre una curva comune; dunque, se si cerca la conica della rete rispetto alla quale il punto o sia coniugato sì ad o' che ad o'', cioè o abbia per polare $o'o''$, il problema ammette una sola soluzione; vale a dire: vi è una sola conica, rispetto alla quale un dato triangolo sia coniugato, e un dato punto sia polo di una data retta.

(g) Siano $pqr, p'q'r'$ due triangoli coniugati alla conica fondamentale; s, t i punti in cui le rette $p'q', p'r'$ segano qr; s', t' quelli ove $q'r'$ è incontrata dalle pq, pr. Le polari de' punti q, r, s, t sono evidentemente le rette $p(r, q, r', q')$, che incontrano $q'r'$ in $t', s', r'q'$. Ma il sistema di queste quattro rette e quello de' loro poli hanno lo stesso rapporto armonico (107), dunque:

$$(qrst) = (t's'r'q'),$$

ossia (1):

$$(qrst) = (s't'q'r');$$

vale a dire, le quattro rette $pq, pr, p'q', p'r'$ incontrano le $qr, q'r'$ in due sistemi di quattro punti aventi lo stesso rapporto anarmonico. Dunque (60) i sei lati dei due triangoli proposti formano un esagono di Brianchon. Inoltre i due fasci di quattro rette $p'(q, r, q', r')$, $p(q, r, q', r')$ hanno lo stesso rapporto anarmonico, onde (59) i sei vertici de' triangoli medesimi costituiscono un esagono di Pascal *). Ossia:

*) Steiner, *Systematische Entwickelung der Abhängigkeit geometrischer Gestalten von einander,* Berlin 1832, p. 308 (Aufg. 46). — Chasles, *Mémoire sur les lignes conjointes dans les coniques* (Journal de M. Liouville, août 1838, p. 396).

Se due triangoli sono circoscritti ad una conica, essi sono inscritti in un'altra; e viceversa.

Affinchè due triangoli siano coniugati ad una stessa conica, è necessario e sufficiente che essi siano circoscritti ad un'altra conica, ovvero inscritti in una terza conica.

Questa proprietà si può esprimere eziandio dicendo che la conica tangente a cinque de' sei lati di due triangoli coniugati ad una conica data tocca anche il sesto; e la conica determinata da cinque vertici passa anche pel sesto. Donde s'inferisce che:

Se una conica tocca i lati di un triangolo coniugato ad una seconda conica, infiniti altri triangoli coniugati a questa saranno circoscritti alla prima; cioè le tangenti condotte alle due coniche dal polo (relativo alla seconda) di ciascuna retta tangente alla prima formeranno un fascio armonico.

Se una conica passa pei vertici di un triangolo coniugato ad un'altra conica, sarà pur circoscritta ad infiniti altri triangoli coniugati alla medesima; cioè ogni punto della prima conica sarà, rispetto alla seconda, il polo di una retta segante le due curve in quattro punti armonici.

109. Le coniche circoscritte ad un quadrangolo *abcd* sono segate da una trasversale arbitraria in coppie di punti che formano un'involuzione (49). Fra quelle coniche vi sono tre paja di rette; dunque le coppie di lati opposti (bc, ad), (ca, bd), (ab, cd) del quadrangolo incontrano la trasversale in sei punti $a'a_1$, $b'b_1$, $c'c_1$ accoppiati involutoriamente. [86] Viceversa, se i lati di un triangolo *abc* sono segati da una trasversale ne' punti $a'b'c'$, e se questi sono accoppiati in involuzione coi punti $a_1b_1c_1$ della stessa trasversale, le tre rette aa_1, bb_1, cc_1 concorreranno in uno stesso punto *d*.

Sia or dato un triangolo *abc*, i cui lati bc, ca, ab seghino una trasversale in a', b', c'; e sia inoltre data una conica, rispetto alla quale i punti a_1, b_1, c_1 situati nella stessa trasversale siano poli coniugati ordinatamente ad a', b', c'. Le tre coppie di punti $a'a_1$, $b'b_1$, $c'c_1$ sono in involuzione (108), epperò le rette aa_1, bb_1, cc_1 passano per uno stesso punto *d*. Se di più si suppone che a, b siano poli ordinatamente coniugati ad a', b', le polari di a', b' sono le rette aa_1, bb_1, talchè il polo della trasversale sarà il punto *d*. Dunque la polare di c' è cc_1, ossia anche i punti c, c' sono poli coniugati. Abbiamo così il teorema:

Se i termini di due diagonali aa', bb' d'un quadrilatero completo formano due coppie di poli coniugati rispetto ad una data conica, anche i termini della terza diagonale cc' sono coniugati rispetto alla medesima conica *).

110. Se un polo percorre una data curva C_m dell'ordine m, avente δ punti doppi

*) Hesse, *De octo punctis intersectionis trium superficierum secundi ordinis* (Dissertatio pro venia legendi), Regiomonti 1840, p. 17.

e $\varkappa$ cuspidi, la retta polare (relativa alla conica fondamentale C_2) inviluppa una seconda curva della classe m, dotata di δ tangenti doppie e $\varkappa$ flessi, la quale è anche il luogo dei poli delle rette tangenti a C_m (103). Le due curve diconsi *polari reciproche.*

(a) Se la conica fondamentale C_2 è il sistema di due rette concorrenti in un punto i, la polare d'ogni punto o passa per i, ed invero essa è la coniugata armonica di oi rispetto al pajo di rette costituenti la conica (73, b); ma la polare del punto i è indeterminata (72), cioè qualunque retta nel piano può essere considerata come polare di i. Donde segue che ogni retta passante per i ha infiniti poli tutti situati in un'altra retta passante per i, mentre una retta non passante per i ha per unico polo questo punto.

Perciò se è data una curva della classe r, considerata come inviluppo di rette, la sua polare reciproca, ossia il luogo dei poli delle sue tangenti, sarà il sistema di r rette passanti per i e ordinatamente coniugate armoniche (rispetto alle due rette onde consta C_2) di quelle r tangenti che si possono condurre da i alla curva data.

(a') Se la conica fondamentale C_2, risguardata come inviluppo di seconda classe, è una coppia di punti oo', il polo di ogni retta R giace nella retta oo', e questa è divisa armonicamente dal polo e dalla polare. Però il polo della retta oo' è indeterminato, cioè qualunque punto del piano può essere assunto come polo di quella retta. Ond'è che ogni punto della retta oo' ha infinite polari tutte incrociantisi in un altro punto della medesima retta; mentre un punto qualunque esterno alla oo' non ha altra polare che questa retta.

Dunque, se è data una curva dell'ordine r, la sua polare reciproca, cioè l'inviluppo delle polari de' suoi punti, è il sistema di r punti situati in linea retta con oo', i quali sono, rispetto a questi due, i coniugati armonici di quelli ove la curva data incontra la retta oo'.

(b) Nell'ipotesi (a) è evidente che ogni trilatero coniugato avrà un vertice in i, e due lati formeranno un sistema armonico colle due rette costituenti la conica fondamentale. Viceversa, se un trilatero dato è coniugato ad una conica che sia un pajo di rette, queste dovranno tagliarsi in un vertice e formare un fascio armonico con due lati del trilatero medesimo; e in particolare, un lato di questo, considerato come il sistema di due rette coincidenti, terrà luogo di una conica coniugata al trilatero. Per conseguenza, le tre rette costituenti il trilatero contengono i punti doppi delle coniche ad esso coniugate, ossia (92; 108, e) *l'Hessiana della rete formata dalle coniche coniugate ad un trilatero dato è il trilatero medesimo.*

111. In virtù del teorema generale (110), la polare reciproca di una conica K rispetto ad un'altra conica C_2 è una terza conica K'; le due curve K, K' avendo tra loro tal relazione che le tangenti di ciascuna sono le polari dei punti dell'altra rispetto a C_2. Ne' quattro punti comuni a K, la conica fondamentale C_2 è toccata dalle quattro

tangenti comuni a K'; dunque (108, d) le tre coniche C_2, K, K' sono coniugate ad uno stesso triangolo.

(a) Se R è la polare di un punto r rispetto a K, e se r', R' sono il polo e la polare di R, r rispetto a C_2, è evidente che r' sarà il polo di R' rispetto a K'.

(b) I punti comuni a K, K' sono i poli, rispetto a C_2, delle tangenti comuni alle medesime coniche. Donde segue che, se più coniche sono circoscritte ad uno stesso quadrangolo, le loro polari reciproche saranno inscritte in uno stesso quadrilatero. E siccome le prime coniche sono incontrate da una trasversale arbitraria in coppie di punti formanti un'involuzione, così le tangenti condotte da un punto qualunque alle coniche inscritte in un quadrilatero sono pur accoppiate involutoriamente.

(c) Se sono date *a priori* entrambe le coniche K, K', le quali si seghino ne' punti *abcd* ed abbiano le tangenti comuni ABCD, la conica rispetto alla quale K, K' sono polari reciproche dovrà essere coniugata (111) al triangolo formato dai punti diagonali del quadrangolo *abcd* e dalle diagonali del quadrilatero ABCD (108, c). Per determinare completamente questa conica, basterà aggiungere la condizione che il punto a sia, rispetto ad essa, il polo di una delle quattro rette ABCD (108, f). Donde segue *esservi quattro coniche, rispetto a ciascuna delle quali due coniche date sono polari reciproche.*

(d) Date due coniche K, K', la prima di esse sia circoscritta ad un triangolo pqr coniugato alla seconda. Se C_2 è una conica rispetto a cui le date siano polari reciproche, e se le rette PQR sono le polari de' punti pqr rispetto a C_2, il trilatero PQR sarà circoscritto a K'. Ma il triangolo pqr è supposto coniugato a K'; dunque (a) il trilatero PQR sarà coniugato a K. Ossia:

Se una conica è circoscritta ad un triangolo coniugato ad una seconda conica, viceversa questa è inscritta in un trilatero coniugato alla prima; e reciprocamente *).

Quindi, avuto riguardo al doppio enunciato (108, g):

Se una conica è inscritta in un triangolo coniugato ad un'altra conica (ossia, se questa è circoscritta ad un triangolo coniugato a quella), la polare reciproca della seconda conica rispetto alla prima è l'inviluppo di una retta che tagli armonicamente le due coniche date; e la polare reciproca della prima rispetto alla seconda è il luogo di un punto dal quale tirate le tangenti alle due coniche date, si ottenga un fascio armonico.

(e) In generale, date due coniche K, K', proponiamoci le seguenti quistioni **):

*) HESSE, *Vorlesungen über analytische Geometrie des Raumes*, Leipzig 1861, p. 175.

**) STAUDT, *Ueber die Kurven* 2. *Ordnung*, Nürnberg 1831, p. 25.

Quale è l'inviluppo di una retta che seghi le coniche date in quattro punti armonici? Quante rette dotate di tale proprietà passano per un punto qualunque, ex. gr. per uno de' punti *abcd* comuni alle coniche date? Affinchè una retta condotta per *a* seghi K, K' in quattro punti armonici, tre di questi dovranno coincidere in *a*, cioè le sole tangenti che per *a* si possano condurre all'inviluppo richiesto sono le due rette che ivi toccano l'una o l'altra conica. Dunque l'inviluppo è una conica F tangente alle otto rette che toccano in *abcd* le curve date.

Di queste otto rette, le quattro che toccano K' sono anche tangenti (111) alla conica H, polare reciproca di K rispetto a K'; ossia le coniche K', H, F sono inscritte nello stesso quadrilatero. Dunque, se una tangente di H, non comune a K', sega armonicamente K, K', le coniche H, F coincidono. Ciò accade quando K è circoscritta ad un triangolo coniugato a K' (d).

Quale è il luogo di un punto dal quale si possa condurre un fascio armonico di tangenti alle coniche date? Quanti punti dotati di questa proprietà esistono in una retta qualunque, ex. gr. in una delle tangenti ABCD comuni alle coniche date? È evidente che le sole intersezioni della retta A col luogo di cui si tratta sono i punti in cui la retta medesima tocca l'una o l'altra conica data. Il luogo richiesto è dunque una conica F' passante per gli otto punti in cui le curve date sono toccate dalle loro tangenti comuni.

Di questi otto punti, i quattro situati in K appartengono anche alla conica H', polare reciproca di K' rispetto a K; vale a dire, le coniche K, H', F' appartengono ad uno stesso fascio. Dunque, se un punto di H', non comune a K, è centro d'un fascio armonico di rette tangenti a K, K', le coniche H', F' si confondono in una sola. Ciò accade quando K' è inscritta in un triangolo coniugato a K (d).

Se C_2 è una conica rispetto alla quale K, K' siano polari reciproche, evidentemente le coniche F, F' (come pure H, H') sono polari reciproche rispetto a C_2.

(f) Siano K, K', K'' tre coniche circoscritte ad uno stesso quadrangolo *abcd*, e le prime due siano separatamente circoscritte a due triangoli coniugati ad una medesima conica C_2. Le coniche H, H', H'', polari reciproche di quelle prime tre rispetto a C_2, saranno tutte toccate dalle rette ABCD, polari de' punti *abcd* rispetto a C_2 (b). Dunque (d) la retta A sega armonicamente sì le due coniche C_2, K, che le due C_2, K'; cioè le intersezioni di C_2 con A sono i punti doppi dell'involuzione (quadratica) che le coniche del fascio (KK') determinano sopra A. Di qui si trae che A taglia armonicamente anche C_2, K'', ossia (e):

Se in due coniche sono separatamente inscritti due triangoli coniugati ad una conica data, qualunque altra conica descritta pei punti comuni alle prime due sarà pur circoscritta ad un triangolo coniugato alla conica data. [87]

ART. XIX.

Curve descritte da un punto, le indicatrici del quale variino con legge data.

112. Riprendendo il caso generale d'una curva fondamentale C_n d'ordine qualsivoglia n, cerchiamo di condurre per un dato punto p una retta che tocchi ivi la prima polare d'alcun punto o della retta medesima *). Le prime polari passanti per p hanno i loro poli nella retta polare di questo punto. Se inoltre p dev'essere il punto di contatto della prima polare con una tangente condotta dal polo o, anche la seconda polare di o dovrà passare per p (70); talchè o sarà una delle intersezioni della retta polare colla conica polare di p, cioè po dev'essere tangente alla conica polare di p.

Dunque le rette che risolvono il problema sono le due tangenti che da p si possono condurre alla conica polare di questo punto, ossia le due *indicatrici* del punto p (90, c).

(a) Se p è un punto dell'Hessiana, la sua conica polare è un pajo di rette incrociantisi nel corrispondente punto o della Steineriana, pel quale passa anche la retta polare di p. I punti di questa retta sono poli di altrettante prime polari passanti per p ed ivi aventi una comune tangente (90, a); donde segue che questa è un'indicatrice del punto p. Ma le indicatrici di p sono insieme riunite nella retta po (90, c); dunque (98, b):

La retta che unisce un punto dell'Hessiana al corrispondente punto della Steineriana tocca nel primo di questi punti tutte le prime polari passanti per esso.

Ond'è che la linea della classe $3(n-1)(n-2)$, inviluppo delle tangenti comuni ne' punti di contatto fra le prime polari (91, b), può anche essere definita come *l'inviluppo delle rette che uniscono le coppie di punti corrispondenti dell'Hessiana e della Steineriana* (98, b).

(b) Data una retta R, in essa esistono $2(n-2)$ punti, ciascun dei quali, o, è il polo d'una prima polare tangente ad R in un punto p (103, c); epperò *in una retta qualunque vi sono* $2(n-2)$ *punti, per ciascuno de' quali essa è un'indicatrice.*

Se R è una tangente della curva fondamentale, nel punto di contatto sono riuniti due punti o ed i due corrispondenti punti p.

113. Quale è il luogo del punto p, se una delle sue indicatrici passa per un punto fisso i? Ciascuna retta condotta per i contiene $2(n-2)$ posizioni del punto p (112, b); ed i rappresenta altri due punti p, corrispondenti alle due indicatrici dello stesso punto i. Dunque il luogo richiesto è una curva L^{ii} dell'ordine $2(n-2)+2=2(n-1)$, che passa due volte per i.

---

*) CLEBSCH, *l. c.* p. 280-285.

Considerando una tangente della curva fondamentale, nel punto di contatto sono riuniti due punti p; dunque la linea L^{ii} tocca C_n negli $n(n-1)$ punti di contatto delle tangenti condotte a questa dal punto i.

Quando il polo o (112) prende il posto del punto i, le $(n-1)(n-2)$ intersezioni della prima colla seconda polare di i sono altrettante posizioni del punto p. Viceversa, se p è nella seconda polare di i, la conica polare di p passa per i; ma i dee giacere in una tangente condotta da p alla conica polare di quest'ultimo punto, dunque anche la retta polare di p passerà per i, e conseguentemente p giacerà nella prima polare di i. Quegli $(n-1)(n-2)$ punti sono pertanto i *soli* che la curva L^{ii} abbia comuni colla seconda polare di i; ond'è che in tutti quei punti le due curve si toccano. Concludiamo adunque che la curva L^{ii} tocca la curva fondamentale e la seconda polare del punto i ovunque le incontra, e gli $n(n-1)+(n-1)(n-2)$ punti di contatto giacciono tutti nella prima polare di i.

Siccome la prima polare di i presa due volte può considerarsi come una linea dell'ordine $2(n-1)$, e siccome la curva fondamentale e la seconda polare di i costituiscono insieme un'altra linea dello stesso ordine; così (41) per i $2(n-1)^2$ punti ne' quali la prima polare di i sega C_n e la seconda polare, si può far passare un fascio di curve dell'ordine $2(n-1)$, ciascuna delle quali tocchi la curva fondamentale e la seconda polare di i in tutti quei punti. Fra le infinite curve di questo fascio, quella che passa per i è L^{ii}.

114. Di qual classe è l'inviluppo delle indicatrici dei punti di una data curva C_m d'ordine m? Ossia, quanti punti di questa curva hanno un'indicatrice passante per un punto i fissato ad arbitrio? Il luogo di un punto p, un'indicatrice del quale passi per i, è (113) una curva dell'ordine $2(n-1)$, che segherà C_m in $2m(n-1)$ punti; dunque in i concorrono $2m(n-1)$ tangenti dell'inviluppo richiesto.

Si noti poi che quest'inviluppo tocca la curva fondamentale ovunque essa è incontrata da C_m; e ciò perchè ciascuna di queste intersezioni ha le sue indicatrici confuse insieme nella relativa tangente di C_n. Dunque:

Le indicatrici dei punti di una linea d'ordine m inviluppano una linea della classe $2m(n-1)$, *che tocca la curva fondamentale ne' punti ove questa è incontrata dalla linea d'ordine m.*

(a) Di qui per $m=1$ si ricava che le indicatrici dei punti di una retta data inviluppano una curva della classe $2(n-1)$, la quale tocca in $2(n-2)$ punti la retta medesima, perchè questa è indicatrice di $2(n-2)$ suoi punti (112, b) *).

*) { Quella curva è dell'ordine $8n-14$, e contiene, oltre ai $2(n-2)$ punti suddetti, anche le $3(n-2)+n$ intersezioni della retta data colla Hessiana e colla curva fondamentale. }

(b) In virtù del teorema generale or dimostrato, se il punto p percorre l'Hessiana che è una curva dell'ordine $3(n-2)$, le indicatrici di p inviluppano una linea della classe $6(n-1)(n-2)$; ma siccome in questo caso, per ogni posizione di p le due indicatrici si confondono in una retta unica (90, c), così la classe dell'inviluppo si ridurrà a $3(n-1)(n-2)$: risultato già ottenuto altrimenti (91, b; 112, a).

A quest'inviluppo arrivano $3(n-1)(n-2)$ tangenti da ogni dato punto i; onde ciascuno dei $3(n-1)(n-2)$ punti p dell'Hessiana, le indicatrici de' quali sono le anzidette tangenti, rappresenta due intersezioni dell'Hessiana colla curva L^{ii} superiormente determinata (113).

Riunendo questa proprietà colle altre già dimostrate (113), si ha l'enunciato:

Dato un punto i, il luogo di un punto p tale che la retta pi sia tangente alla conica polare di p è una linea dell'ordine $2(n-1)$, *che passa due volte per i e tocca la curva fondamentale, l'Hessiana e la seconda polare di i ovunque le incontra.*

115. Cerchiamo ora di determinare l'ordine del luogo di un punto p, un'indicatrice del quale sia tangente ad una data curva K_r della classe r, cioè indaghiamo quanti punti sianvi in una retta R, dotati di un'indicatrice tangente a K_r. Se il punto p si muove nella retta R, le sue indicatrici inviluppano (114, a) una linea della classe $2(n-1)$, la quale avrà $2r(n-1)$ tangenti comuni colla data curva K_r. Dunque il luogo richiesto è dell'ordine $2r(n-1)$.

Se consideriamo una tangente comune a K_r ed a C_n, nel contatto con quest'ultima linea sono riuniti due punti p, pei quali la tangente fa l'ufficio d'indicatrice; donde s'inferisce che il luogo richiesto tocca la curva fondamentale negli $rn(n-1)$ punti ove questa è toccata dalle tangenti comuni a K_r, ovvero (ciò che è la stessa cosa) ne' punti in cui la curva fondamentale è incontrata dalla prima polare di K_r (104, d).

La curva K_r ha $3r(n-1)(n-2)$ tangenti comuni coll'inviluppo delle indicatrici dei punti dell'Hessiana; talchè $3r(n-1)(n-2)$ è il numero dei punti comuni all'Hessiana ed al luogo dell'ordine $2r(n-1)$, di cui qui si tratta. Dunque:

Il luogo di un punto dal quale tirate le tangenti alla sua conica polare, una di queste riesca tangente ad una data curva della classe r, è una linea dell'ordine $2r(n-1)$ *che tocca la curva fondamentale e l'Hessiana ovunque le incontra.*

116. Dati due punti fissi i, j, cerchiamo il luogo di un punto p tale che le rette pi, pj siano polari coniugate (108) rispetto alla conica polare di p. È evidente che questo luogo passa per i e per j.

Sia R una retta condotta ad arbitrio per j, e p un punto di R. Le rette polari di p, i rispetto alla conica polare di p incontrino R ne' punti a, b; i quali se coincidessero in un punto solo, questo sarebbe il polo della retta pi relativamente alla detta conica, talchè si avrebbe in p un punto del luogo richiesto. Assunto ad arbitrio il punto a come intersezione di R con una retta polare, gli corrispondono $n-1$ posizioni del polo p (i punti comuni ad R e alla prima polare di a), e quindi altrettanti punti b. Se invece si assume ad arbitrio b, come incontro di R colla retta polare di i rispetto ad una conica polare indeterminata, il polo p di questa è nella prima polare di i relativa alla prima polare di b (69, d), cioè in una curva d'ordine $n-2$, le intersezioni della quale con R sono le posizioni di p corrispondenti al dato punto b; ond'è che a questo punto corrisponderanno $n-2$ punti a *). Dunque il numero de' punti p in R, pei quali a e b coincidono, è $(n-1)+(n-2)$; e siccome anche j è un punto della curva cercata, così questa è dell'ordine $(n-1)+(n-2)+1=2(n-1)$. La designeremo con L^{ij}, perchè, ove j coincida con i, essa rientra nella curva L^{ii}, già considerata (113) **).

Sia p il punto di contatto della curva fondamentale con una tangente uscita da i; la retta polare di p è pi, tangente in p alla conica polare dello stesso punto p, onde, qualunque sia j, la retta pj passa pel polo di pi. Dunque p è un punto di L^{ij}, cioè questa linea passa per gli $n(n-1)$ punti di contatto della curva fondamentale colle tangenti che le arrivano da i; e per la stessa ragione passerà anche per gli $n(n-1)$ punti in cui C_n è toccata da rette condotte per j.

Cerchiamo in quanti e quali punti la curva L^{ij} incontri la prima polare di i relativa alla prima polare di j, la quale chiameremo per brevità *seconda polare mista* de' punti ij. Se questa seconda polare mista passa per p, viceversa (69, d) la retta polare di i rispetto alla conica polare di p passa per j, ossia i punti i, j sono *poli coniugati* (108) relativamente alla conica polare di p. In tal caso, affinchè le rette pi, pj siano polari coniugate rispetto alla medesima conica, basta evidentemente che la retta polare di p passi per i o per j; epperò p dovrà trovarsi o nella prima polare di i o in quella di j. Dunque la curva L^{ij} passa pei punti in cui la seconda polare mista de' punti ij è segata dalle prime polari de' punti medesimi.

---

*) Variando il punto a nella retta R, la prima polare di a genera un fascio (77), le curve del quale determinano in R un'involuzione del grado $n-1$. Ma ad ogni punto p corrisponde un punto b; dunque, col variare di a, il gruppo de' corrispondenti $n-1$ punti b genera un'involuzione del grado $n-1$. [88] Anche la prima polare di b, rispetto alla prima polare del punto fisso i, quando b corra sopra R, dà luogo ad un fascio; epperò, col variare di b, il gruppo de' corrispondenti $n-2$ punti a genera un'involuzione del grado $n-2$. Dunque, variando simultaneamente i punti a, b producono due involuzioni projettive, l'una del grado $n-2$, l'altra del grado $n-1$. I $2n-3$ punti *comuni* a queste involuzioni (24, b), insieme con j, sono quelli in cui R incontra il richiesto luogo geometrico.

**) { L^{ij} sega la retta ij nei $2(n-2)$ punti le cui coniche polari toccano quella retta: punti che appartengono anche alle curve L^{ii}, L^{jj}. }

Ora siano p, o due punti corrispondenti dell'Hessiana e della Steineriana, tali che la retta po passi per i. Per esprimere che, rispetto alla conica polare di p, le rette pi, pj sono coniugate, basta dire che le rette polari di p e j (relative alla conica) concorrono in un punto di pi. Ma nel caso attuale, la conica polare di p è un pajo di rette incrociantisi in o (90, a), talchè per questo punto passano le polari di p e j (relative alla conica medesima). E siccome anche pi contiene, per ipotesi, il punto o, così p appartiene ad L^{ij}, ossia questa curva passa pei $3(n-1)(n-2)$ punti dell'Hessiana, le cui indicatrici concorrono in i. Analogamente la curva L^{ij} passa anche pei $3(n-1)(n-2)$ punti dell'Hessiana, le indicatrici de' quali partono da j. Dunque:

Dati due punti i, j, il luogo di un punto p, tale che le rette pi, pj siano coniugate rispetto alla conica polare di p, è una linea dell'ordine $2(n-1)$, che passa: 1.° *pei punti i, j;* 2.° *pei punti in cui la curva fondamentale è toccata dalle tangenti condotte per i o per j;* 3.° *pei punti in cui la prima polare di i (o di j) è toccata da rette concorrenti in j (o in i);* 4.° *pei punti dell'Hessiana, le indicatrici de' quali convergono ad i o a j.*

(a) In altre parole, la linea L^{ij} sega la curva fondamentale e l'Hessiana ne' punti ove queste sono toccate dalle due linee L^{ii}, L^{jj}, che dipendono separatamente dai punti i, j (113).

(b) Se il punto i è dato, mentre j varii descrivendo una retta R, la linea L^{ij} genera un fascio. Infatti, essa passa, qualunque sia j, per $4(n-1)^2$ punti fissi, i quali sono: 1.° il punto i; 2.° gli $n(n-1)$ punti in cui C_n è toccata dalle tangenti che passano per i; 3.° i $3(n-1)(n-2)$ punti dell'Hessiana, le cui indicatrici concorrono in i; 4.° i $2n-3$ punti nei quali (oltre a j che è variabile) R sega L^{ji}; questi ultimi non variano, perchè sono i punti *comuni* a due involuzioni projettive, indipendenti dal punto j (vedi la nota*) a pag. 422).

Questa proprietà si dimostra anche cercando quante curve L^{ij} passino per un dato punto q, quando i sia fisso e j debba trovarsi in una retta R. Siccome le rette qi, qj devono essere coniugate rispetto alla conica polare di q, così il punto j sarà l'intersezione di R colla retta che congiunge q al polo di qi relativo a quella conica. Dunque ecc.

Nello stesso modo si dimostra che, se i è fisso, le curve L^{ij} passanti per uno stesso punto q formano un fascio; cioè per due punti dati q, q' passa una sola curva L relativa al punto fisso i; ecc.

117. La precedente ricerca (116) può essere generalizzata, assumendo una curva-inviluppo invece del punto j, od anche una seconda curva invece di i, ovvero una sola curva in luogo del sistema dei due punti.

Data una curva K_r della classe r e dato un punto i, vogliasi determinare il luogo di un punto p tale che la retta pi sia, rispetto alla conica polare di p, coniugata ad alcuna delle tangenti che da p ponno condursi a K_r: ovvero con altre parole, la retta pi passi per alcuno de' punti in cui la retta polare di p taglia la curva polare reciproca di K_r rispetto alla conica polare di p (110).

La curva richiesta passa r volte per i, giacchè se il punto p cade in i, sonvi r rette pi sodisfacenti all'anzidetta condizione: quelle cioè che da i vanno agli r punti in cui la retta polare di p taglia la polare reciproca di K_r (relativa alla conica polare di i).

Sia p un punto di C_n; la retta polare di p sarà la tangente alla curva fondamentale nel punto medesimo. Laonde se questa retta tocca anche K_r, p sarà un punto della polare reciproca di K_r (relativa alla conica polare di p); e siccome, qualunque sia i, la retta pi passa per p, punto comune alla detta polare reciproca ed alla retta polare di p, così questo punto apparterrà al luogo richiesto. Ond'è che questo luogo contiene gli $rn(n-1)$ punti di contatto della curva fondamentale colle tangenti comuni a K_r.

Se invece p appartiene a C_n e pi è tangente a questa curva in p, la stessa retta pi è la polare di p; ma essa incontra in r punti la polare reciproca di K_r, dunque p è un punto multiplo secondo r per la curva richiesta. Questa ha pertanto $n(n-1)$ punti $(r)^{pli}$, e son quelli ove C_n è toccata da tangenti che concorrono in i.

Sia p un punto dell'Hessiana, o il corrispondente punto della Steineriana. Se po è tangente alla data curva K_r, essa sarà coniugata alla retta pi rispetto alla conica polare di p; infatti, sì quella tangente che le polari dei punti p, i, relative a questa conica, concorrono nel punto o. Donde s'inferisce che p è un punto del luogo che si considera; vale a dire, questo luogo passa pei $3r(n-1)(n-2)$ punti dell'Hessiana, le indicatrici de' quali toccano K_r.

Siano ancora p, o punti corrispondenti dell'Hessiana e della Steineriana; ma po passi per i. Allora, siccome la conica polare di p è un pajo di rette incrociate in o, così la polare reciproca di K_r rispetto a tale conica sarà (110, a) un fascio di r rette concorrenti in o. Ond'è che il punto o rappresenta r intersezioni sì della retta pi che della retta polare di p colla polare reciproca di K_r, e per conseguenza p tien luogo di r punti consecutivi comuni alla curva richiesta ed all'Hessiana. Dunque il luogo geometrico, del quale si tratta, ha un contatto $(r)^{punto}$ [89] coll'Hessiana in ciascuno dei $3(n-1)(n-2)$ punti le cui indicatrici passano per i.

Passiamo da ultimo a determinare l'ordine della curva in questione. Sia R una retta arbitraria condotta per i, e p un punto in R. La retta polare di p incontri R in a, e la polare reciproca di K_r (rispetto alla conica polare di p) seghi R in r punti b. Se si assume ad arbitrio a, vi corrispondono $n-1$ posizioni di p (le intersezioni di R colla prima polare di a) e quindi $r(n-1)$ posizioni di b. Se invece si assume ad arbitrio b, come incontro di R colla polare reciproca di K_r rispetto alla conica polare di un polo indeterminato, questo polo giace (104, k) nella prima polare di K_r relativa alla prima polare di b; la qual curva essendo (104, d) dell'ordine $r(n-2)$ sega R in altrettanti punti p, ed a ciascuno di questi corrisponde un punto a. Così ad ogni punto a corrispondono $r(n-1)$ punti b, ed ogni punto b individua $r(n-2)$ punti a; onde la coincidenza di un punto a con uno dei corrispondenti punti b avverrà $r(n-1)+r(n-2)$ volte. Ma ove tale coincidenza si verifichi, il punto p appartiene alla curva cercata. Questa ha dunque $r(2n-3)$ punti in R, oltre al punto i che è multiplo secondo r; vale a dire, essa è dell'ordine $2r(n-1)$.

(a) Analogamente si dimostra che:

Date due curve K_r, K_s, le cui classi siano r, s, il luogo di un punto p tale che due tangenti condotte per esso, l'una a K_r, l'altra a K_s, siano coniugate rispetto alla conica polare dello stesso punto p, è una linea dell'ordine $2rs(n-1)$, la quale 1.° passa s volte per ciascuno degli $rn(n-1)$ punti in cui la curva fondamentale C_n è toccata da rette tangenti di K_r; 2.° passa r volte per ciascuno degli $sn(n-1)$ punti in cui C_n è toccata da rette tangenti di K_s; 3.° ha coll'Hessiana un contatto $(s)^{punto}$ in ciascuno dei $3r(n-1)(n-2)$ punti le cui indicatrici toccano K_r; 4.° ha coll'Hessiana medesima un contatto $(r)^{punto}$ in ciascuno dei $3s(n-1)(n-2)$ punti le indicatrici dei quali sono tangenti a K_s.

(b) Se invece è dato un solo inviluppo K_r della classe r, e si cerca il luogo di un punto p tale che due tangenti condotte da esso a K_r siano coniugate rispetto alla conica polare di p, si trova una linea dell'ordine $rn(r-1)(n-1)$, la quale passa $r-1$ volte per ciascuno degli $rn(n-1)$ punti ove la curva fondamentale è toccata da rette tangenti di K_r, ed ha un contatto $(r-1)^{punto}$ coll'Hessiana in ciascuno de' $3r(n-1)(n-2)$ punti di questa curva, le indicatrici de' quali toccano K_r.

Art. XX.

Alcune proprietà della curva Hessiana e della Steineriana.

118. Sia p un punto dell'Hessiana ed o il corrispondente punto della Steineriana. L'ultima polare di p è una retta passante per o, i punti della quale sono poli d'altrettante prime polari toccate in p dalla retta po; ma fra esse ve n'ha una dotata d'un punto doppio in p, e il suo polo è o (88, d; 90, a; 112, a).

(a) Siano o, o' due punti della Steineriana; i poli della retta oo' saranno le $(n-1)^2$ intersezioni delle prime polari di quei due punti, le quali hanno rispettivamente per punti doppi i corrispondenti punti p, p' dell'Hessiana. Assumendo o' infinitamente vicino ad o, la retta oo' ossia la tangente in o alla Steineriana avrà un polo in p;

dunque *le tangenti della Steineriana sono le rette polari dei punti dell'Hessiana.* Ovvero (90, b):

La Steineriana è l'inviluppo di una retta che abbia due poli coincidenti.

(b) Questo teorema ci mena a determinare la classe della Steineriana. Le tangenti condotte a questa curva da un punto arbitrario i hanno i loro poli nella prima polare di i, e questa sega l'Hessiana in $3(n-1)(n-2)$ punti. Dunque la *Steineriana è della classe* $3(n-1)(n-2)$.

(c) Siccome i flessi della curva fondamentale C_n sono punti dell'Hessiana (100), così le rette polari dei medesimi, cioè le tangenti stazionarie di C_n, sono anche tangenti della Steineriana.

I punti della Steineriana che corrispondono ai flessi di C_n, considerati come punti dell'Hessiana, giacciono nelle tangenti stazionarie della curva fondamentale; queste tangenti adunque toccano anche la curva della classe $3(n-1)(n-2)$, inviluppo delle indicatrici dei punti dell'Hessiana (114, b).

(d) Secondo il teorema generale (103), l'$(n-1)^{ma}$ polare dell'Hessiana, cioè l'inviluppo delle rette polari de' punti dell'Hessiana, è una curva K della classe $3(n-1)(n-2)$ e dell'ordine $3(n-2)(5n-11)$, della quale fa parte la Steineriana.

Se i è l'intersezione di due rette tangenti alla Steineriana, ciascuna di esse ha un polo nell'Hessiana, e per questi due poli passa la prima polare di i. Se le due tangenti vengono a coincidere, i due poli si confondono in un sol punto, nel quale l'Hessiana sarà toccata dalla prima polare di i; epperò quest'ultimo sarà un punto dell'$(n-1)^{ma}$ polare dell'Hessiana, riguardata come il luogo dei poli delle prime polari tangenti all'Hessiana medesima. Ma i punti i, ne' quali può dirsi che coincidano due successive tangenti della Steineriana, sono, oltre ai punti di questa curva, quelli situati in una qualunque delle tangenti stazionarie della curva medesima. Per conseguenza la linea K, $(n-1)^{ma}$ polare dell'Hessiana, è composta della Steineriana e delle tangenti stazionarie di questa. Ossia, *la Steineriana ha* $3(n-2)(5n-11)-3(n-2)^2 = 3(n-2)(4n-9)$ *tangenti stazionarie.*

Della Steineriana conosciamo così l'ordine $3(n-2)^2$, la classe $3(n-1)(n-2)$ ed il numero $3(n-2)(4n-9)$ de' flessi. Onde, applicandovi le formole di PLÜCKER (99,100), troveremo che *la Steineriana ha* $12(n-2)(n-3)$ *cuspidi,* $\frac{3}{2}(n-2)(n-3)(3n^2-9n-5)$ *punti doppi e* $\frac{3}{2}(n-2)(n-3)(3n^2-3n-8)$ *tangenti doppie.*

Se al numero delle cuspidi s'aggiunge due volte quello de' flessi, se al numero delle tangenti doppie si aggiunge quello delle stazionarie, e se il numero de' punti doppi è sommato col numero de' punti in cui le tangenti stazionarie segano la Steineriana e si segano fra loro; si ottengono rispettivamente i numeri delle cuspidi, delle tangenti doppie e de' punti doppi della complessiva curva K d'ordine $3(n-2)(5n-11)$, $(n-1)^{ma}$ polare dell'Hessiana, in accordo coi risultati generali (103).

119. Sia oo' una retta tangente alla Steineriana; o il punto di contatto; p il corrispondente punto dell'Hessiana. Le prime polari dei punti di oo' formano un fascio di curve, che si toccano fra loro in p, avendo per tangente comune po. Fra le curve di questo fascio ve n'ha una, la prima polare di o, per la quale p è un punto doppio, e ve ne sono altre $3(n-2)^2-2$, cioè le prime polari de' punti in cui oo' sega la Steineriana, le quali hanno un punto doppio altrove.

(a) Se oo' è una tangente doppia della Steineriana; o, o' i punti di contatto; p, p' i corrispondenti punti dell'Hessiana; allora le prime polari di tutti i punti di oo' si toccheranno fra loro sì in p che in p'. Dunque (118, d):

In una rete geometrica di curve d'ordine $n-1$, vi sono $\frac{3}{2}(n-2)(n-3)(3n^2-3n-8)$ fasci, in ciascuno dei quali le curve si toccano fra loro in due punti distinti.

(b) Se nella tangente doppia oo' i punti di contatto si riuniscono in o, per modo che essa divenga una tangente stazionaria della Steineriana, anche i punti p, p' si confonderanno in un solo, e le prime polari dei punti di oo' avranno fra loro un contatto tripunto in p, punto doppio della prima polare del flesso o.

Inoltre quelle prime polari toccano in p l'Hessiana, perchè le tangenti stazionarie della Steineriana fanno parte (118, d) del luogo de' poli delle prime polari tangenti all'Hessiana. Donde segue che, *se o è un flesso della Steineriana e p è il punto doppio della prima polare di o, la retta po è tangente all'Hessiana in p.*

Così è anche dimostrato che *in una rete geometrica di curve d'ordine $n-1$, v'hanno $3(n-2)(4n-9)$ fasci, in ciascun de' quali le curve hanno fra loro un contatto tripunto, cioè si osculano in uno stesso punto.*

120. Consideriamo una prima polare dotata di due punti doppi p, p', e sia o il polo di essa. Condotta per o una retta arbitraria R, le prime polari dei punti di R formano un fascio, nel quale trovansi $3(n-2)^2$ punti doppi (88), cioè i $3(n-2)^2$ punti comuni ad R ed alla Steineriana sono i poli d'altrettante prime polari dotate di un punto doppio. Ma, siccome due punti doppi esistono già nella prima polare di o, così quel fascio avrà solamente $3(n-2)^2-2$ altre curve dotate di un punto doppio; donde s'inferisce che R taglia la Steineriana non più che in $3(n-2)^2-2$ punti, oltre ad o, cioè o è un punto doppio della Steineriana.

Quando R prenda la posizione di P retta polare di p, le prime polari dei suoi punti passano tutte per p, epperò questo punto conta per *due* fra i $3(n-2)^2$ punti doppi del fascio (88, a). I punti p, p' equivalendo così a *tre* punti doppi, il fascio conterrà soltanto altre $3(n-2)^2-3$ curve aventi un punto doppio; e ciò torna a dire che la retta P non ha che $3(n-2)^2-3$ punti comuni colla Steineriana, oltre ad o. Questo punto equivale dunque a tre intersezioni della curva con P; e lo stesso può ripetersi per P′, retta polare di p'.

Per conseguenza: *se una prima polare ha due punti doppi* p, p', *il suo polo* o *è un punto doppio della Steineriana, la quale è ivi toccata dalle rette polari di* p, p'.

Ed avuto riguardo al numero de' punti doppi della Steineriana (118, d), si conclude:

In una rete geometrica dell'ordine $n-1$, *vi sono* $\frac{3}{2}(n-2)(n-3)(3n^2-9n-5)$ *curve, ciascuna delle quali ha due punti doppi* *).

121. Imaginisi ora una prima polare dotata di una cuspide p, e siane o il polo. Una retta qualunque R condotta per o determina un fascio di prime polari, una delle quali ha una cuspide in p; perciò il numero di quelle dotate di un punto doppio (88, b) sarà $3(n-2)^2-2$. Dunque R incontra la Steineriana in due punti riuniti in o.

Ma se si considera la retta P polare di p, le curve prime polari dei suoi punti passano tutte per p, e fra esse ve n'ha soltanto $3(n-2)^2-3$, che siano dotate di un punto doppio (88, c). Cioè il punto o rappresenta tre intersezioni della retta P colla Steineriana; ed è evidente che tale proprietà è esclusiva alla retta P.

Dunque: *se una prima polare ha una cuspide* p, *il suo polo* o *è una cuspide della Steineriana, la quale ha ivi per tangente la retta polare di* p **).

Ed in causa del numero delle cuspidi della Steineriana (118, d):

In una rete geometrica dell'ordine $n-1$, *vi sono* $12(n-2)(n-3)$ *curve, ciascuna delle quali è dotata di una cuspide.*

122. Una curva C_m d'ordine m incontri l'Hessiana in $3m(n-2)$ punti; le rette polari di questi punti saranno tangenti sì all'$(n-1)^{ma}$ polare di C_m (103, e) che alla Steineriana (118, a). Sia p uno di quei punti, ed o quello in cui la Steineriana è toccata dalla retta polare di p. La prima polare di o ha un punto doppio in p, onde ha ivi due punti coincidenti comuni con C_m; dunque, siccome l'$(n-1)^{ma}$ polare di C_m è il luogo dei poli delle prime polari tangenti a C_m (103), così o è un punto di questa $(n-1)^{ma}$ polare. Ossia:

L'$(n-1)^{ma}$ *polare di una data curva d'ordine* m *tocca la Steineriana in* $3m(n-2)$

*) Steiner, *l. c.* p. 4-5.

**) Steiner enunciò che la Steineriana (da lui chiamata *Kerncurve*) ha 12 $(n-2)(n-3)$ cuspidi (G. di Crelle, t. 47, p. 4). Poi Clebsch, avendo trovato lo stesso numero di polari cuspidate, sospettò che i poli di queste fossero le cuspidi della Steineriana, e dimostrò questa proprietà pel caso di $n=4$ *(Ueber Curven vierter Ordnung*, Giornale Crelle-Borchardt, t. 59, Berlino 1861, p. 131).

punti, che sono i poli d'altrettante prime polari aventi i punti doppi nelle intersezioni della curva data coll'Hessiana.

Se $m=1$, abbiamo:

Una retta arbitraria R sega l'Hessiana in $3(n-2)$ punti, che sono doppi per altrettante prime polari; i poli di queste sono i punti di contatto fra la Steineriana e l'$(n-1)^{ma}$ polare di R.

Ed è evidente che:

Se R è una tangente ordinaria dell'Hessiana, l'$(n-1)^{ma}$ polare di R avrà colla Steineriana un contatto quadripunto e $3n-8$ contatti bipunti.

Se R è una tangente stazionaria dell'Hessiana, l'$(n-1)^{ma}$ polare di R avrà colla Steineriana un contatto sipunto e $3(n-3)$ contatti bipunti.

E se R è una tangente doppia dell'Hessiana, l'$(n-1)^{ma}$ polare di R avrà colla Steineriana due contatti quadripunti e $3n-10$ contatti bipunti.

Art. XXI.

Proprietà delle seconde polari.

123. La prima polare di un punto o rispetto alla prima polare di un altro punto o', ossia, ciò che è la medesima cosa (69, c), la prima polare di o' rispetto alla prima polare di o, si è da noi chiamata per brevità (116) *seconda polare mista* de' punti oo'. Avuto riguardo a questa denominazione, la seconda polare del punto o, cioè la prima polare di o rispetto alla prima polare di o (69, b) può anche chiamarsi *seconda polare pura* del punto o.

Se la seconda polare mista de' punti oo' passa per un punto a, la retta polare di o relativa alla conica polare di a passa per o' (69, d); dunque (108):

La seconda polare mista di due punti oo' è il luogo di un punto rispetto alla conica polare del quale i punti oo' siano poli coniugati.

Ond'è che, data una retta R, se in essa assumonsi due punti oo' i quali siano coniugati rispetto alla conica polare di un punto a, la seconda polare mista di oo' passerà per a. Le coppie di punti in R, coniugati rispetto alla conica suddetta, formano un'involuzione i cui punti doppi ef sono le intersezioni della conica colla retta (108). I punti ef sono pertanto i poli di due seconde polari pure passanti per a.

Di qui s'inferisce che, affinchè una seconda polare mista, i cui poli oo' giacciano in R, passi per a, è necessario e sufficiente che oo' dividano armonicamente il segmento ef; vale a dire: se $oo'ef$ sono quattro punti armonici, la seconda polare mista di oo' passa pei poli di tutte le coniche polari contenenti i punti ef. Ora, quando una conica polare passa per due punti ef, il suo polo giace sì nella seconda polare pura di e che in quella di f (69, a); gli $(n-2)^2$ punti comuni a queste due seconde polari sono poli d'altrettante coniche polari passanti per ef, epperò sono anche punti comuni a tutte le seconde polari miste che passano per a ed hanno i poli in R.

Dunque le seconde polari miste passanti per un punto dato e aventi i poli in una data retta formano un fascio d'ordine $n-2$.

Se una seconda polare mista i cui poli giacciano in R dee passare per due punti ab, essa è pienamente e in modo unico determinata. I punti di R, coniugati a due a due rispetto alla conica polare di a, formano un'involuzione; ed una seconda involuzione nascerà dal punto b. I punti coniugati comuni alle due involuzioni (25, b) sono i poli della seconda polare mista richiesta.

Concludiamo adunque che *le seconde polari pure e miste i cui poli giacciano in una data retta formano una rete geometrica dell'ordine* $n-2$. Inoltre, le seconde polari pure dei punti della retta data formano una serie d'indice 2; cioè per un punto arbitrario a passano due seconde polari pure i cui poli giacciono nella retta data (e nella conica polare di a). E il luogo de' punti doppi delle seconde polari pure e miste de' punti della retta data, cioè l'Hessiana della rete anzidetta, è una curva dell'ordine $3(n-3)$ (92).

124. Abbiamo or ora osservato che per due punti ef della data retta R passano $(n-2)^2$ coniche polari, i poli delle quali sono le intersezioni delle seconde polari pure di e, f. Se questi due punti s'avvicinano indefinitamente sino a coincidere in uno solo f, avremo $(n-2)^2$ coniche polari tangenti in f alla retta R, e i loro poli saranno le intersezioni della seconda polare pura di f con quella del punto infinitamente vicino in R, vale a dire, saranno altrettanti punti di contatto della seconda polare pura di f colla seconda polare della retta data (la curva inviluppo delle seconde polari pure de' punti di R, ossia il luogo de' poli delle coniche polari tangenti ad R (104)).

Si è inoltre notato che, se $oo'ef$ sono quattro punti armonici (in R), la seconda polare mista di oo' passa per le $(n-2)^2$ intersezioni delle seconde polari pure di e, f. Ora, supposto che ef coincidano in un sol punto f, anche uno degli altri due (sia o') cadrà in f (4); dunque la seconda polare mista di due punti of in R passa per gli $(n-2)^2$ punti in cui la seconda polare pura di f tocca la seconda polare di R. Ossia:

La curva d'ordine $2(n-2)$, *seconda polare di una retta* R, *tocca in* $(n-2)^2$ *punti la seconda polare pura di un punto qualunque* o *di* R. *I* $2(n-2)^2$ *punti in cui la seconda polare di* R *è toccata dalle seconde polari pure di due punti* o, o' *di* R, *giacciono tutti in una stessa curva d'ordine* $n-2$, *che è la seconda polare mista de' punti* oo'.

(a) Di qui si può dedurre che la seconda polare di una retta ha, rispetto alle seconde polari pure e miste de' punti di questa retta, tutte le proprietà e relazioni che una conica possiede rispetto alle rette che la toccano o la segano.

(b) Nè questo importante risultato è proprio ed esclusivo alle curve seconde polari, ma appartiene ad una rete qualsivoglia. Data una rete geometrica di curve d'ordine m, fra queste se ne assumano infinite formanti una serie d'indice 2; il loro inviluppo sarà una linea tangente a ciascuna curva inviluppata negli m^2 punti in cui questa sega l'inviluppata successiva. Ma per un punto arbitrario passano solamente due inviluppate: anzi queste coincidono, se il punto è preso nella linea-inviluppo. Donde segue che l'inviluppo non può incontrare un'inviluppata senza toccarla; e siccome queste due linee si toccano in m^2 punti, così l'inviluppo delle curve della serie proposta è una linea dell'ordine $2m$.

Tutte le curve di una rete, passanti per uno stesso punto, formano un fascio. Ora, i punti di contatto fra l'inviluppo ed un'inviluppata nascono dall'intersecarsi di questa coll'inviluppata successiva; dunque essi costituiranno la base d'un fascio di curve della rete. Ossia tutte le curve della rete, passanti per un punto ove l'inviluppo sia tangente ad una data inviluppata, passano anche per gli altri m^2-1 punti di contatto fra l'inviluppo e l'inviluppata medesima.

Per due punti in cui l'inviluppo sia toccato da due inviluppate differenti passa una sola curva della rete. Ond'è che una curva qualunque, la quale appartenga bensì alla rete ma non alla serie, intersecherà la linea-inviluppo in $2m^2$ punti, ove questa è toccata da due curve della serie.

(c) Ritornando alla seconda polare della retta R, gli $(n-2)^2$ punti di contatto fra questa curva e la seconda polare pura di un punto o di R compongono la base di un fascio di seconde polari miste, i cui poli sono o ed un punto variabile in R. Se due di quei punti di contatto coincidono in un solo, le curve del fascio avranno ivi la tangente comune, e per una di esse quel punto sarà doppio (47). Questo punto apparterrà dunque alla curva Hessiana della rete formata dalle seconde polari pure e miste dei punti di R (123). Ossia in ciascuna delle $6(n-2)(n-3)$ intersezioni di quest'Hessiana colla seconda polare di R, quest'ultima curva ha un contatto quadripunto con una seconda polare pura (il cui polo è in R), la quale tocca la medesima curva in altri $(n-2)^2-2$ punti distinti.

125. La seconda polare della retta R può anche essere considerata come il luogo delle intersezioni delle curve corrispondenti in due fasci projettivi. Siano oo' due punti fissi, ed i un punto variabile in R. La seconda polare mista di oi e la seconda polare mista di $o'i$ s'intersecano in $(n-2)^2$ punti che appartengono alla seconda polare di R, perchè in essi ha luogo il contatto fra questa curva e la seconda polare pura di i (124). Variando i in R, mentre oo' rimangono fissi, quelle due seconde polari miste generano due fasci projettivi dell'ordine $n-2$; ed il luogo de' punti comuni a due curve corrispondenti è appunto la seconda polare di R.

Ai punti oo' se ne possono evidentemente sostituire due altri qualunque presi in R, perchè le $(n-2)^2$ intersezioni delle seconde polari miste di oi e di $o'i$ altro non sono che i poli di R rispetto alla prima polare di i (77). Donde si ricava quest'altra definizione (86):

La seconda polare di una retta è il luogo de' poli di questa retta rispetto alla prima polare di un punto variabile nella retta medesima *).

(a) Questa definizione conduce spontaneamente ad un'importante generalizzazione. Date due rette R, R′, quale è il luogo dei poli dell'una rispetto alla prima polare di un punto variabile nell'altra? Fissati ad arbitrio due punti oo' in R′, e preso un punto qualunque i in R, le seconde polari miste de' punti oi ed $o'i$ si segano in $(n-2)^2$ punti, che sono i poli di R′ rispetto alla prima polare di i. Variando i in R, quelle seconde polari miste generano due fasci projettivi dell'ordine $n-2$; ed il luogo de' punti ove si segano due curve corrispondenti è una linea dell'ordine $2(n-2)$, la quale è evidentemente la richiesta. Ad essa può darsi il nome di *seconda polare mista* delle rette R R′, per distinguerla dalla seconda polare *pura* di R, superiormente definita.

(b) Come la seconda polare pura di R è il luogo di un punto la cui conica polare è toccata da R, così *la seconda polare mista di due rette* RR′ *è il luogo di un punto rispetto alla conica polare del quale le rette* RR′ *siano coniugate*. Infatti: se la seconda polare mista di oi e quella di $o'i$ passano per un punto a, la retta polare di i rispetto alla conica polare di a passa per o e per o' (123), cioè i è il polo di R′ rispetto a quella conica, c. d. d.

(c) Se nella precedente ricerca (a) si pone il punto i all'intersezione delle rette RR′, troviamo che la seconda polare mista delle rette medesime passa per gli $(n-2)^2$ punti comuni alla seconda polare mista de' punti oi ed alla seconda polare mista de' punti $o'i$, ossia (124) per gli $(n-2)^2$ punti in cui la seconda polare pura del punto i tocca la seconda polare pura della retta R′. Dunque:

La seconda polare pura del punto comune a due rette tocca le seconde polari pure di queste, ciascuna in $(n-2)^2$ *punti. I* $2(n-2)^2$ *punti di contatto giacciono tutti nella seconda polare mista delle rette medesime.*

126. Se la seconda polare mista di due rette RR′, concorrenti in un dato punto i, dee passare per un altro punto pur dato o, è necessario e sufficiente (125, b) che quelle due rette siano coniugate rispetto alla conica polare di o, cioè ch'esse formino un sistema armonico colle rette EF che da i si possono condurre a toccare quella conica. Ossia, se le rette RR′EF formano un fascio armonico, la seconda polare mista di RR′ passa pei poli di tutte le coniche polari tangenti alle rette EF. Ora, se una conica

*) Salmon, *Higher plane curves*, p. 152.

polare tocca queste due rette, il polo giacerà nelle seconde polari pure d'entrambe (104, b; 124); dunque le $4(n-2)^2$ intersezioni di queste due curve sono poli d'altrettante coniche polari inscritte nell'angolo EF, epperò sono punti comuni a tutte le seconde polari miste passanti per o e relative a rette passanti per i. Ond'è che queste seconde polari miste formano un fascio.

Da ciò consegue che per due punti dati oo' passa una sola seconda polare mista relativa a due rette (non date) concorrenti in un dato punto i. Vale a dire, *le seconde polari pure e miste delle rette passanti per un dato punto formano una rete geometrica di curve dell'ordine* $2(n-2)$.

Di qual indice è la serie delle seconde polari pure di tutte le rette passanti pel dato punto i? Cerchiamo quante di tali seconde polari passino per un punto arbitrario o. L'inviluppo delle rette le cui seconde polari (pure) passano per o è la conica polare di questo medesimo punto (104, g); ad essa arrivano due tangenti da i; dunque per i passano due sole rette le cui seconde polari (pure) contengano il punto o. Ossia *le seconde polari pure delle rette passanti per un punto dato formano una serie d'indice* 2.

127. Sia p un punto comune alla seconda polare pura di R ed all'Hessiana (della curva fondamentale C_n). Come appartenente alla prima di queste curve, p sarà il polo di una conica polare tangente ad R; e come appartenente all'Hessiana, lo stesso punto avrà per conica polare un pajo di rette incrociantisi nel punto corrispondente o della Steineriana. Ond'è che i punti comuni all'Hessiana ed alla seconda polare di R saranno tanti, quante sono le intersezioni di R colla Steineriana, cioè $3(n-2)^2$. Dunque:

La seconda polare pura di una retta qualunque tocca l'Hessiana dovunque l'incontra, cioè in $3(n-2)^2$ *punti.*

Siccome la conica polare di p è formata da due rette concorrenti in o, così la retta R, che passa per o, ha, rispetto a quella conica, infiniti poli situati in un'altra retta pur concorrente in o (110, a). Laonde una retta R' condotta ad arbitrio (non per o) contiene un polo di R relativo alla conica polare di p; ossia (125, b) p è un punto della seconda polare mista delle rette RR'. Dunque:

I $6(n-2)^2$ *punti in cui l'Hessiana è toccata dalle seconde polari pure di due rette date giacciono tutti nella seconda polare mista delle rette medesime* *).

Le seconde polari pure delle rette passanti per un dato punto i formano (126) una serie d'ordine $2(n-2)$ e d'indice 2; epperò sono inviluppate (124, b) da una linea

*) {Ne segue che le seconde polari miste relative ad una retta fissa R [e ad una retta variabile] passano per $3(n-2)^2$ punti fissi della Hessiana. Esse formano una rete: in fatti, se la seconda polare mista deve passare per due punti o, o', essa apparterrà (oltre ad R) a quella retta R' che congiunge i poli di R relativi alle coniche polari di o, o'. }

dell'ordine $4(n-2)$. Questa linea è composta dell'Hessiana e della seconda polare pura del punto i (125, c); e gli $8(n-2)^2$ punti, in cui le seconde polari pure di due fra quelle rette toccano l'Hessiana e la seconda polare pura di i, giacciono tutti nella seconda polare mista delle medesime due rette.

(a) Si è dimostrato che la seconda polare (pura) di R tocca l'Hessiana in p; inoltre anche la seconda polare (pura) di o passa per p, giacchè questo punto è doppio per la prima polare di o. D'altra parte la seconda polare (pura) di o e la seconda polare (pura) di R (retta passante per o) si toccano ovunque s'incontrano (124); dunque:

L'Hessiana, in un suo punto qualunque, è tangente alla seconda polare (pura) del corrispondente punto della Steineriana.

(b) Da ciò segue che la tangente in p all'Hessiana è la coniugata armonica di po rispetto alle due rette che toccano la prima polare di o nel punto doppio p (74, c); e se la prima polare di o ha una cuspide in p, la tangente cuspidale tocca ivi anche l'Hessiana.

Analogamente, la tangente in o alla Steineriana è la coniugata armonica di op rispetto alle due rette che formano la conica polare di p.

(c) Se si considera una seconda retta R′ passante per o, la seconda polare pura di R′ toccherà anch'essa l'Hessiana in p. Viceversa: le rette le cui seconde polari pure passano per p sono le tangenti della conica polare di p (104, g); ma questa conica si risolve in due rette passanti per o; dunque le rette, le cui seconde polari pure contengono il punto p, passano tutte per o.

Ossia, l'Hessiana è toccata in p dalla seconda polare pura di o e dalle seconde polari pure e miste di tutte le rette passanti per o.

(d) Siccome i contatti dell'Hessiana colla seconda polare (pura) di una retta R corrispondono alle intersezioni di R colla Steineriana, così, se R tocca questa curva in un punto o, la seconda polare (pura) di R avrà un contatto quadripunto coll'Hessiana nel corrispondente punto p, e la toccherà semplicemente in $3(n-2)^2-2$ altri punti.

Le rette tangenti alla conica polare d'un punto i sono le sole (104, g), a cui spettino seconde polari pure passanti per i. Ma quella conica ha $6(n-1)(n-2)$ tangenti comuni colla Steineriana; dunque la serie formata dalle seconde polari pure (di rette) aventi un contatto quadripunto coll'Hessiana è dell'indice $6(n-1)(n-2)$.

Se R è una tangente doppia della Steineriana, la seconda polare (pura) di R avrà coll'Hessiana due contatti quadripunti e $3(n-2)^2-4$ contatti bipunti.

E se R è una tangente stazionaria della Steineriana, la seconda polare (pura) di R avrà coll'Hessiana un contatto sipunto, oltre a $3(n-2)^2-3$ contatti bipunti.

128. Quali sono le rette le cui seconde polari (pure) hanno un punto doppio? Siccome la seconda polare (pura) di una retta R è il luogo dei poli delle coniche polari tangenti ad R, così se quella seconda polare ha un punto doppio, è necessario che vi

sia una conica polare avente più di due punti comuni con R, cioè una conica polare che si risolva in due rette, una delle quali sia R. [90] Dunque:

Le rette cui spettano seconde polari (pure) dotate di punto doppio sono quelle che a due a due costituiscono le coniche polari dei punti dell'Hessiana. E i punti doppi delle seconde polari (pure) di quelle rette sono gli stessi punti dell'Hessiana.

La seconda polare (pura) di un punto qualunque i sega l'Hessiana in $3(n-2)^2$ punti, poli di altrettante coniche polari passanti per i, ciascuna delle quali è il sistema di due rette. Dunque:

Le rette che costituiscono le coniche polari dei punti dell'Hessiana inviluppano una curva della classe $3(n-2)^2$.

129. La seconda polare mista di due rette RR′ è il luogo di un punto, alla conica polare del quale condotte le tangenti dal punto RR′, queste tangenti formino colle rette date un fascio armonico. Tali coniche polari costituiscono una serie d'indice $2(n-2)^2$, tanti essendo i punti in cui quella seconda polare mista è intersecata dalla seconda polare (pura) di un punto arbitrario; dunque fra quelle coniche ve ne sono $4(n-2)^2$ tangenti ad una retta qualsivoglia data (85).

Ora sia data una conica qualunque C, e si domandi il luogo di un punto la cui conica polare sia inscritta in un triangolo coniugato a C. Sia a un punto arbitrario ed A la retta polare di a rispetto a C. Vi sono $4(n-2)^2$ coniche polari tangenti ad A e a due rette concorrenti in a e coniugate rispetto a C, ossia $4(n-2)^2$ coniche polari inscritte in triangoli coniugati a C, un lato dei quali sia in A. Ma le coniche polari tangenti ad A hanno i loro poli nella seconda polare pura di A; dunque il luogo richiesto ha $4(n-2)^2$ punti comuni colla seconda polare pura di una retta arbitraria, vale a dire, è una curva dell'ordine $2(n-2)$.

Quando un triangolo coniugato alla conica C abbia un vertice o sulla curva, due lati coincidono nella tangente ed il terzo è una retta arbitraria passante per o. Dunque, se il punto o appartiene anche alla Steineriana, cioè se o è il punto doppio della conica polare d'un punto p dell'Hessiana, questa conica può risguardarsi come inscritta in quel triangolo. Per conseguenza:

Il luogo di un punto, la conica polare del quale sia inscritta in un triangolo coniugato ad una conica qualsivoglia data, è una linea dell'ordine $2(n-2)$, *che sega l'Hessiana ne' punti corrispondenti alle intersezioni della Steineriana colla conica data.*

Questa linea d'ordine $2(n-2)$, quando la conica data degeneri in un pajo di rette, non è altro che la seconda polare mista delle rette medesime.

Così ad una conica qualunque corrisponde una determinata curva d'ordine $2(n-2)$. E pel teorema (111, f) è evidente che a più coniche circoscritte ad uno stesso quadrangolo corrispondono altrettante curve d'ordine $2(n-2)$ formanti un fascio.

SEZIONE III.
CURVE DEL TERZ'ORDINE.

ART. XXII.
L'Hessiana e la Cayleyana di una curva del terz'ordine.

130. Applichiamo le teorie generali precedentemente esposte al caso che la curva fondamentale sia del terz'ordine, vale a dire una *cubica* C_3, che supporremo priva di punti multipli; ond'essa sarà della sesta classe (70) ed avrà nove flessi (100).

(a) Un punto qualunque è polo di una conica polare e di una retta polare (68). Per due punti presi ad arbitrio passa una sola conica polare (77, a). Tutte le coniche polari passanti per un punto o hanno altri tre punti $o_1 o_2 o_3$ comuni, e i loro poli giacciono in una retta, che è la polare di ciascuno di quei quattro punti $o\, o_1 o_2 o_3$.

Una retta ha dunque *quattro* poli; essi sono i vertici del quadrangolo inscritto nelle coniche polari dei punti della retta.

Tutte le rette passanti per uno stesso punto o hanno i loro poli in una conica, la quale è la conica polare del punto o (69, a).

(b) La retta polare di un punto o' rispetto alla conica polare di un altro punto o coincide colla retta polare di o rispetto alla conica polare di o' (69, c). Ond'è che, se da o si conducono le tangenti alla conica polare di o', e da o' le tangenti alla conica polare di o, i quattro punti di contatto giacciono in una sola retta: la *seconda polare mista* de' punti $o\,o'$ (123) *).

(c) Da un punto qualunque o del piano si possono, in generale, condurre sei tan-

---

*) { Una retta qualunque è la seconda polare mista dei due suoi punti o, o', le cui coniche polari toccano la retta medesima (i punti di contatto sono o', o). Ciò è una conseguenza della proprietà più generale: la seconda polare mista di due punti o, o' è la retta che unisce i poli della retta oo' rispetto alle coniche polari di o, o'. }

genti alla cubica data, poichè questa è una curva della sesta classe. I sei punti di contatto giacciono tutti nella conica polare del punto o.

(d) Ma se o è un punto della cubica, questa è ivi toccata sì dalla retta polare che dalla conica polare del punto medesimo. In questo caso, da o partono sole quattro rette, tangenti alla cubica in altri punti. Ed i punti di contatto sono le quattro intersezioni di questa curva colla conica polare di o (71).

131. Sia o un punto della cubica, la quale intersechi la conica polare del medesimo (oltre al toccarla in o) in $abcd$: onde le rette $o(a, b, c, d)$ saranno tangenti alla cubica rispettivamente in $abcd$ (130, d).

Una tangente è incontrata dalla tangente infinitamente vicina nel suo punto di contatto (30); quindi, se o' è il punto della cubica successivo ad o, le quattro rette $o'(a, b, c, d)$ saranno le quattro tangenti che si possono condurre da o'. Siccome poi la conica polare di o tocca la cubica in o e la sega in $abcd$, così i sei punti $oo'abcd$ giacciono tutti in essa conica, epperò i due fasci $o(a, b, c, d)$, $o'(a, b, c, d)$ hanno lo stesso rapporto anarmonico (62). Ciò significa che il rapporto anarmonico delle quattro tangenti condotte alla cubica da un suo punto o non cambia passando al punto successivo; ossia:

Il rapporto anarmonico del fascio di quattro tangenti, che si possono condurre ad una cubica da un suo punto qualunque, è costante *). [91]

(a) Di qui si ricava che, se $o(a,b,c,d)$, $o'(a',b',c',d')$ sono i due fasci di tangenti relativi a due punti qualisivogliano o, o' della cubica, i quattro punti in cui le tangenti del primo fascio segano le corrispondenti del secondo giacciono in una conica passante per oo' (62). La corrispondenza delle tangenti ne' due fasci può essere stabilita in quattro maniere diverse, perchè il rapporto anarmonico del fascio $o(a, b, c, d)$ è identico (1) a quello di ciascuno de' tre fasci $o(b,a,d,c)$, $o(c,d,a,b)$, $o(d,c,b,a)$; dunque i sedici punti ne' quali le quattro tangenti condotte per o intersecano le quattro tangenti condotte per o' giacciono in quattro coniche passanti per oo'.

(b) Il rapporto anarmonico *costante* delle quattro tangenti, che arrivano ad una cubica da un suo punto qualunque, può essere chiamato *rapporto anarmonico della cubica.*

Una cubica dicesi *armonica* quando il suo rapporto anarmonico è l'*unità negativa*, cioè quando le quattro tangenti condotte da un punto qualunque della curva formano un fascio armonico.

Una cubica si dirà *equianarmonica* quando il suo rapporto anarmonico sia una radice

*) Salmon, *Théorèmes sur les courbes de troisième degré* (Giornale di Crelle, t. 42, Berlino 1851, p. 274) — *Higher plane curves*, p. 151.

cubica imaginaria dell'*unità negativa*, cioè quando le quattro tangenti condotte da un punto della curva abbiano i tre rapporti anarmonici *fondamentali* eguali fra loro (27).

132. Se la conica polare di un punto o è un pajo di rette che si seghino in o', viceversa la conica polare di o' è un pajo di rette incrociate in o (78). Dunque il luogo de' punti doppi delle coniche polari risolventisi in paja di rette è anche il luogo de' loro poli, cioè la Steineriana e l'Hessiana sono una sola e medesima curva del terz'ordine (88, 90).

(a) Inoltre, siccome la retta oo' tiene il luogo di due rette congiungenti due punti o, o' dell'Hessiana ai corrispondenti punti o', o della Steineriana, così l'inviluppo di oo', che secondo il teorema generale (98, b) sarebbe della sesta classe, si ridurrà qui alla terza classe *).

(b) I punti o, o' sono *poli coniugati* rispetto ad una qualunque delle coniche polari (98, b), le quali costituiscono una rete geometrica del second'ordine. Dunque:

Il luogo delle coppie di poli coniugati relativi ad una rete di coniche è una curva di terz'ordine (l'Hessiana della rete) **).

(c) Nella teoria generale è dimostrato che la Steineriana in un suo punto qualunque è toccata dalla retta polare del corrispondente punto dell'Hessiana (118), e che l'Hessiana è toccata in un suo punto qualunque dalla seconda polare del corrispondente punto della Steineriana (127, a). Nel caso della curva di terz'ordine, queste due proprietà si confondono in una sola, ed è che la tangente all'Hessiana in o è la retta polare di o'; ossia:

L'Hessiana è l'inviluppo delle rette polari de' suoi punti.

Questo teorema somministra le sei tangenti che arrivano all'Hessiana da un punto arbitrario i. Infatti, le rette polari passanti per i hanno i loro poli nella conica polare di i, la quale incontra l'Hessiana in sei punti; ciascuno di questi ha per retta polare una tangente dell'Hessiana, concorrente in i. Naturalmente i punti di contatto di queste sei tangenti giacciono nella conica polare di i relativa all'Hessiana.

133. Siano o, o' (fig. 8.ª pag. 441) due poli coniugati (rispetto alle coniche polari); la conica polare di o sarà il sistema di due rette ab, cd concorrenti in o', e la conica polare di o' sarà formata da due altre rette ad, bc incrociantisi in o. Se le due coniche polari si segano mutuamente in $abcd$, questi saranno (130, a) i poli della retta oo', e le rette ac, bd, il cui punto comune sia u, formeranno la conica polare di un punto u' situato nella retta oo'. Dunque u, u' sono due nuovi poli coniugati; ed u' è il terzo punto d'intersezione dell'Hessiana colla retta oo'.

*) Cayley, *Mémoire sur les courbes du troisième ordre* (Journal de M. Liouville, août 1844, p. 290).

**) Hesse, *Ueber die Wendepuncte u. s. w.* p. 105.

La retta polare di o' rispetto alla cubica fondamentale coincide (69, b) colla polare di o' rispetto alla conica formata dalle due rette ad, bc; dunque (132, c) la tangente in o all'Hessiana è la retta ou, coniugata armonica di oo' rispetto alle ad, bc: proprietà che poteva anche concludersi dal teorema (127, b). Analogamente la tangente all'Hessiana in o' è $o'u$. Dunque:

Le tangenti all'Hessiana in due poli coniugati o, o' *concorrono nel punto di questa curva, che è polo coniugato alla terza intersezione della medesima colla retta* oo'.

(a) Due punti di una cubica chiamansi *corrispondenti*, quando hanno lo stesso tangenziale (39, b), cioè quando le tangenti in essi incontrano la curva in uno stesso punto. Usando di questa denominazione possiamo dire che due poli coniugati rispetto ad una rete di coniche sono punti corrispondenti dell'Hessiana di questa rete.

(b) Siccome le rette polari di o, o' concorrono in u, così la conica polare di u passerà per o e per o'. Ma u è un punto dell'Hessiana; dunque la sua conica polare consta della retta oo' e di una seconda retta passante per u'. Ossia:

Una retta la quale unisca due poli coniugati o, o', *e seghi per conseguenza l'Hessiana in un terzo punto* u', *fa parte della conica polare di quel punto* u *che è polo coniugato ad* u'.

Le rette che costituiscono le coniche polari dei punti dell'Hessiana inviluppano una curva di terza classe (128). Essa coincide adunque coll'inviluppo della retta che unisce due punti corrispondenti dell'Hessiana (132, a).

A questa curva daremo il nome di *Cayleyana* della cubica data, in onore dell'illustre Cayley, che ne trovò e dimostrò le più interessanti proprietà in una sua elegantissima Memoria analitica *).

(c) Le tangenti che da un punto qualunque o dell'Hessiana si possono condurre alla Cayleyana sono la retta che unisce o al suo polo coniugato o', e le due rette formanti la conica polare di o'.

(d) Se $abcd$ sono i quattro poli di una retta R, le coppie di rette (bc, ad), (ca, bd), (ab, cd) costituiscono tre coniche polari, i cui poli giacciono in R; dunque i punti di concorso di quelle tre coppie di rette appartengono all'Hessiana. Ossia:

L'Hessiana è il luogo de' punti diagonali, e la Cayleyana è l'inviluppo dei lati del quadrangolo completo i cui vertici siano i quattro poli di una retta qualunque.

134. Siano aa', bb' due coppie di poli coniugati; c il punto comune alle rette ab, $a'b'$; c' quello ove si segano le ab', $a'b$. Allora $aa'bb'cc'$ saranno i sei vertici di un quadrilatero completo; e siccome i termini delle due diagonali aa', bb' sono, per ipo-

*) *A Memoir on curves of the third order* (Philosophical Transactions, vol. 147, part 2, London 1857, p. 415-446).

tesi, poli coniugati rispetto a qualsivoglia conica polare, così anche i punti cc' saranno poli coniugati rispetto alla medesima rete di coniche (109). Dunque:

Se abc sono tre punti dell'Hessiana in linea retta, i tre poli $a'b'c'$ coniugati a quelli formano un triangolo i cui lati $b'c'$, $c'a'$, $a'b'$ passano per a, b, c. *)

Donde si ricava che, dati due poli coniugati aa' ed un altro punto b dell'Hessiana, per trovare il polo coniugato b', basta tirare le rette ba, ba' che seghino nuovamente questa curva in c, c'; il punto comune alle $ca', c'a$ è il richiesto **).

(a) Le rette condotte da un punto qualunque o dell'Hessiana alle coppie di poli coniugati formano un'involuzione (di secondo grado). Infatti: se una retta condotta ad arbitrio per o sega l'Hessiana in a e b, i poli a', b' coniugati a questi sono pure in linea retta con o; onde le rette $oab, oa'b'$ sono così tra loro connesse che l'una determina l'altra in modo unico. Dunque ecc. ***).

(b) Viceversa, dati sei punti aa', bb', cc', il luogo di un punto o, tale che le coppie di rette $o(a,a')$, $o(b,b')$, $o(c,c')$ siano in involuzione, è una curva del terz'ordine, per la quale aa', bb', cc' sono coppie di punti corrispondenti ****).

135. Quando due de' quattro poli (*poli congiunti*) di una retta coincidano in un solo o, questo appartiene all'Hessiana (90, b), e tutte le coniche polari passanti per esso hanno ivi la stessa tangente oo'. Siano (fig. 8.ª) $o_1 o_2$ gli altri due poli della retta $(o'u)$ polare di o; cioè siano $o_1 o_2$ i punti in cui le rette (ad, bc) formanti la conica polare di o' incontrano quella retta che passa per u' e forma con oo' la conica polare di u (133, b).

Due delle tangenti, che da o_1 ponno condursi alla Cayleyana (133, d), coincidono con $o_1 o$, e la terza è $o_1 o_2$; così pure, delle tangenti che da o_2 arrivano alla Cayleyana, due coincidono in $o_2 o$, e la terza è $o_2 o_1$. Dunque (30) le rette oo_1, oo_2 toccano la Cayleyana in o_1, o_2.

Ne segue che la Cayleyana è il luogo de' poli congiunti ai punti dell'Hessiana (105), cioè: *se una retta polare si muove inviluppando l'Hessiana, due poli coincidenti percorrono l'Hessiana medesima, mentre gli altri due poli distinti descrivono la Cayleyana.*

(a) Si noti ancora che da un punto qualunque o dell'Hessiana partono tre tangenti $o(o_1, o_2, o')$ della Cayleyana; e due di queste oo_1, oo_2 si corrispondono fra loro in modo che la retta passante pei loro punti di contatto $o_1 o_2$ è pure una tangente della Cayleyana.

---

*) { Il triangolo $a'b'c'$ è coniugato al fascio delle coniche polari dei punti della retta abc. }

**) MACLAURIN, *l. c.* p. 242.

***) { I raggi doppi di questa involuzione sono le tangenti della Cayleyana passanti per o e diverse da oo' } [o' essendo il polo coniugato di o].

****) CAYLEY, *Mémoire sur les courbes du troisième ordre*, p. 287.

(b) Quella retta che passa per u', e forma con oo' la conica polare di u, sega la Cayleyana, non solo in $o_1 o_2$ poli congiunti ad o, ma eziandio in $o'_1 o'_2$ poli congiunti

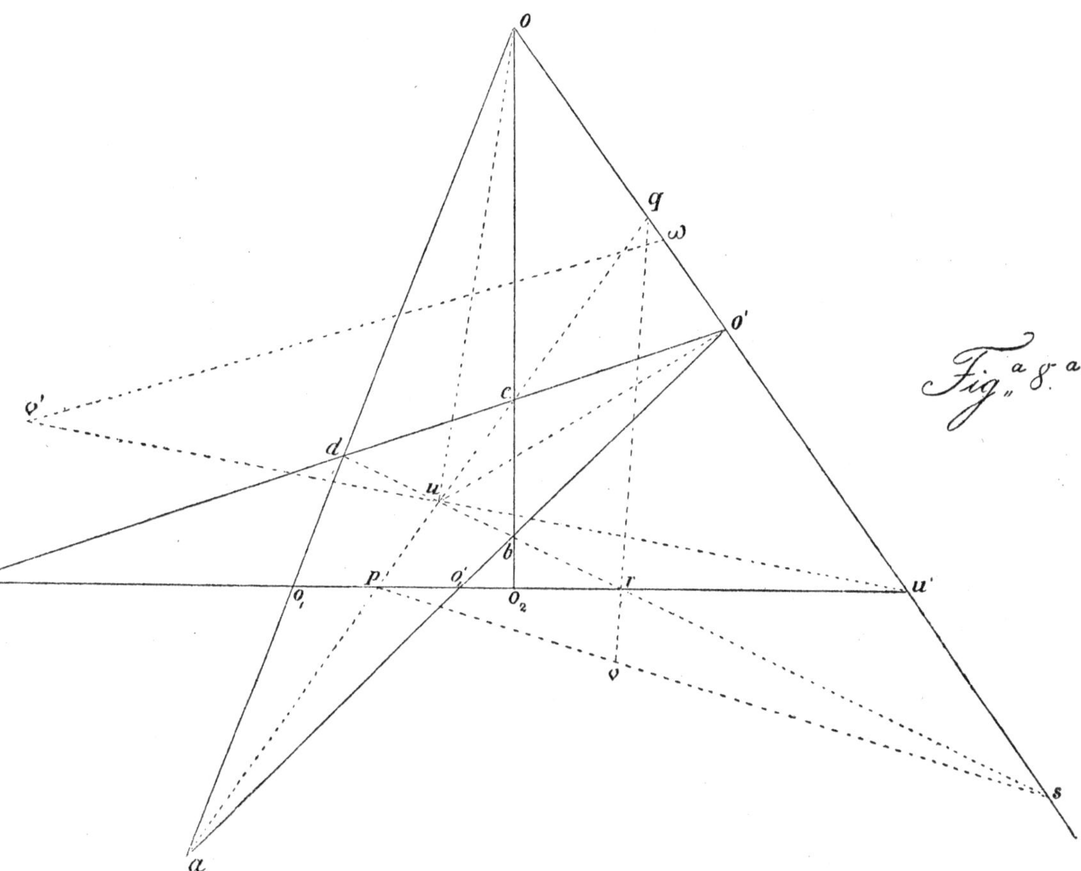

ad o'. Siccome poi quella retta è pure una tangente della Cayleyana, così se ne inferisce che questa curva è del sest'ordine.

Il che può dimostrarsi anche nel seguente modo. Da un punto i partono sei tangenti dell'Hessiana (132, c); ciascuna di queste rette ha due poli coincidenti in un punto dell'Hessiana medesima, dunque gli altri dodici poli giacciono nella Cayleyana. Ma i poli delle rette passanti per i sono tutti nella conica polare di i, epperò questa sega la Cayleyana in dodici punti; cioè la Cayleyana è una curva del sest'ordine.

(c) Da quanto precede si raccoglie che, se oo_1 è una tangente della Cayleyana, il punto di contatto o_1 è un polo congiunto a quel punto o dell'Hessiana che giace in quella retta, senza però che vi giaccia il suo corrispondente o'. Dunque, se indichiamo con ω il punto di contatto della oo' colla Cayleyana, ω sarà un polo congiunto al punto u'.

Sia v' il terzo punto in cui l'Hessiana è segata dalla retta uu', e sia v il polo coniugato a v'. Quella retta che passa per v' e forma con uu' la conica polare di v segherà oo' nel punto ω.

Ora, la retta polare di v rispetto alla conica polare di o passa per o', perchè questa conica è un pajo di rette incrociate in o'. Ma la retta polare di v rispetto alla conica polare di o coincide (130, b) colla retta polare di o rispetto alla conica polare di v, cioè rispetto al sistema $(uu', v'\omega)$; dunque il polo o ed i punti u', ω, o', in cui la retta oo' taglia la conica e la retta polare anzidette, formano un sistema armonico (110, a); ossia:

La retta che unisce due poli coniugati è divisa armonicamente dal terzo punto ov'essa incontra l'Hessiana, e dal punto ove tocca la Cayleyana *).

136. L'inviluppo delle rette polari de' punti di una data retta R è una conica, che è anche il luogo dei poli delle coniche polari tangenti ad R (103), ed anche il luogo dei poli di R rispetto alle coniche polari dei punti di R medesima (125). Questa conica, che secondo la teoria generale (104) è la seconda polare (pura) di R, si chiamerà, nel caso attuale, più brevemente *poloconica (pura)* della retta R.

(a) La conica polare di un punto i, oltre all'essere il luogo de' punti le cui rette polari concorrono in i, può anche definirsi l'inviluppo delle rette le cui poloconiche passano per i (104, g).

(b) Le rette le cui poloconiche hanno un punto doppio son quelle che costituiscono le coniche polari dei punti dell'Hessiana (128), cioè sono le tangenti della Cayleyana.

Consideriamo adunque la retta oo' (fig. 8.ª) e ricerchiamone la poloconica, come luogo dei poli delle coniche polari tangenti ad oo'. Siccome oo' fa parte della conica polare di u, così questo punto sarà doppio per la poloconica richiesta (128). Osservisi poi che la conica polare di ciascuno de' punti o, o' ha due punti coincidenti comuni con oo'; dunque la poloconica di questa è il pajo di rette uo, uo'.

Vediamo così che *l'Hessiana è il luogo de' punti doppi delle poloconiche risolventisi in due rette, ed è anche l'inviluppo di queste rette; mentre la Cayleyana è inviluppata dalle rette a cui si riferiscono quelle poloconiche* **).

(c) Il luogo di un punto rispetto alla conica polare del quale due rette R, R' siano coniugate, è una conica (la seconda polare mista di RR', giusta la teoria generale), la quale può chiamarsi la *poloconica mista* delle rette RR'. Essa è anche il luogo dei

*) Cayley, *A Memoir on curves etc.*, p. 425.

**) Cayley, *A Memoir on curves etc.*, p. 432.

poli di una qualunque di queste rette rispetto alle coniche polari dei punti dell'altra (125, a, b).

(d) La retta polare del punto comune a due rette R R' tocca le poloconiche pure di queste in due punti, che giacciono nella poloconica mista delle rette medesime (125, c).

137. *Se una retta* R *incontra l'Hessiana in tre punti* abc, *la poloconica di* R *tocca questa curva ne' poli* $a'b'c'$ *coniugati a quelli* (122, 127). Donde segue che, se R è una tangente ordinaria dell'Hessiana, il cui punto di contatto sia a ed il punto di semplice intersezione b, la poloconica di R avrà coll'Hessiana un contatto quadripunto in a' (polo coniugato ad a) ed un contatto bipunto in b' (polo coniugato a b). E se R tocca l'Hessiana in un flesso a, la poloconica di R avrà colla curva medesima un contatto sipunto in a' (127, d).

(a) I sei punti in cui l'Hessiana è toccata dalle poloconiche pure di due rette giacciono nella poloconica mista delle rette medesime (127). Dunque:

Se due rette incontrano l'Hessiana in sei punti, i poli coniugati a questi giacciono in una stessa conica *).

Se pei tre punti in cui l'Hessiana è toccata da una poloconica si fa passare un'altra conica qualsivoglia, questa taglia l'Hessiana in tre nuovi punti, ne' quali questa curva è toccata da una seconda poloconica.

Abbiamo veduto (136, b) che, se o, o' sono due poli coniugati (fig. 8.ª), ne' quali l'Hessiana sia toccata da rette concorrenti in u, queste rette costituiscono la poloconica (pura) di o, o'. Questa poloconica tocca l'Hessiana in u, o, o'. Dunque questi tre punti ed altri tre analoghi giacciono sempre in una stessa conica.

(b) Le quattro rette che da u si ponno condurre a toccare altrove l'Hessiana sono quelle che costituiscono le poloconiche (pure) delle due rette concorrenti in u' e formanti la conica polare di u (136, b). I punti di contatto di quelle quattro rette sono in una conica tangente all'Hessiana in u (130, d), e d'altronde i punti di contatto dell'Hessiana colle poloconiche pure di due rette giacciono nella poloconica mista di queste. Dunque:

La conica polare di un punto u dell'Hessiana, rispetto all'Hessiana medesima, coincide colla poloconica mista delle due rette che formano la conica polare di u, rispetto alla curva fondamentale.

138. Una trasversale condotta ad arbitrio per un polo fisso o seghi la cubica fondamentale ne' punti $a_1 a_2 a_3$ e la conica polare di o in $m_1 m_2$. Nella medesima trasversale si cerchino i due punti $\mu_1 \mu_2$ determinati dalle due equazioni:

*) Più generalmente, se una conica taglia l'Hessiana in sei punti, i poli coniugati a questi giacciono in un'altra conica (129).

$$1) \qquad \frac{1}{o\mu_1}=\frac{1}{2}\left(\frac{3}{om_1}-\frac{1}{om_2}\right), \quad \frac{1}{o\mu_2}=\frac{1}{2}\left(\frac{3}{om_2}-\frac{1}{om_1}\right),$$

ossia dall'equazione quadratica:

$$2) \qquad \frac{1}{\overline{o\mu}^2}-\frac{1}{o\mu}\left(\frac{1}{om_1}+\frac{1}{om_2}\right)+\frac{4}{om_1 . om_2}-\frac{3}{4}\left(\frac{1}{om_1}+\frac{1}{om_2}\right)^2=0.$$

Ma per le relazioni che hanno luogo fra i tre punti $a_1 a_2 a_3$ ed i loro centri armonici $m_1 m_2$ (Art. III.), si ha:

$$\frac{1}{om_1}+\frac{1}{om_2}=\frac{2}{3}\left(\frac{1}{oa_1}+\frac{1}{oa_2}+\frac{1}{oa_3}\right),$$

$$\frac{1}{om_1 . om_2}=\frac{1}{3}\left(\frac{1}{oa_2 . oa_3}+\frac{1}{oa_3 . oa_1}+\frac{1}{oa_1 . oa_2}\right),$$

onde l'equazione 2) potrà scriversi così:

$$3) \qquad \left(\frac{1}{o\mu}-\frac{1}{oa_1}\right)\left(\frac{1}{o\mu}+\frac{1}{oa_1}-\frac{1}{oa_2}-\frac{1}{oa_3}\right)+\left(\frac{1}{o\mu}-\frac{1}{oa_2}\right)\left(\frac{1}{o\mu}+\frac{1}{oa_2}-\frac{1}{oa_3}-\frac{1}{oa_1}\right)$$
$$+\left(\frac{1}{o\mu}-\frac{1}{oa_3}\right)\left(\frac{1}{o\mu}+\frac{1}{oa_3}-\frac{1}{oa_1}-\frac{1}{oa_2}\right)=0.$$

Facendo girare la trasversale intorno ad o, il luogo de' punti $\mu_1\mu_2$ sarà una curva di second'ordine, che si può chiamare *conica satellite* del polo o *).

Se i punti $a_2 a_3$ coincidono, cioè se la trasversale tocca la cubica in a_2 e la sega in a_1, l'equazione 3) manifesta nel primo membro il fattore $\frac{1}{o\mu}-\frac{1}{oa_1}$. Dunque *la conica satellite contiene i sei punti in cui la cubica fondamentale è segata dalle tangenti condotte pel polo.*

Se i punti $m_1 m_2$ coincidono, cioè se la trasversale tocca in m_1 la conica polare di o, le 1) mostrano che i punti $\mu_1\mu_2$ coincidono entrambi in m_1, vale a dire, in questo punto la trasversale tocca anche la conica satellite. Dunque *la conica satellite tocca la conica polare ne' punti in cui questa è incontrata dalla retta polare.*

(a) Da quanto or si è detto e dal teorema (39, b) risulta che, se o è un punto dell'Hessiana, cioè se la conica polare di o è un pajo di rette concorrenti in o', anche la conica satellite sarà un pajo di rette concorrenti in questo medesimo punto, e pro-

*) Qual sarebbe l'analoga ricerca per una curva fondamentale di ordine n? Essa dovrebbe condurre ad una *curva satellite* dell'ordine $(n-1)(n-2)$. Veggasi: SALMON, *Higher plane curves*, p. 68-69.

priamente il pajo formato dalle rette satelliti di quelle che costituiscono la conica polare di o.

Dunque ciascuna delle due rette concorrenti in o' e facenti parte della conica polare di o ha per punto satellite (39, b) il punto o'. Ossia:

L'Hessiana è il luogo de' punti satelliti delle rette che toccano la Cayleyana.

(b) Si ottiene un'altra definizione della Cayleyana, osservando che (fig. 8.ª) il punto u è (133) il tangenziale di o' (come anche di o) rispetto all'Hessiana; e siccome le rette $o(a, b, u, u')$ formano un fascio armonico, così oo' è la retta polare di u rispetto alla conica polare di o'. Dunque *la Cayleyana è l'inviluppo della retta seconda polare mista di due punti dell'Hessiana, l'un de' quali sia il tangenziale dell'altro* *).

Art. XXIII.

Fascio di curve del terz'ordine aventi i medesimi flessi.

139. Il teorema (71), applicato alla cubica fondamentale C_3, significa che, se per un punto fisso i della curva si tira una trasversale qualunque a segar quella in altri due punti $i_1 i_2$, il luogo del coniugato armonico di i rispetto ad $i_1 i_2$ è la conica polare di i.

Ma se i è un flesso della cubica, la conica polare si decompone nella relativa tangente stazionaria ed in un'altra retta I che non passa per i (80). Dunque il *luogo del punto coniugato armonico di un flesso di una cubica, rispetto ai due punti in cui questa è incontrata da una trasversale mobile intorno al flesso, è una retta* **).

Alla retta I, che sega la cubica ne' tre punti ove questa è toccata dalle tre tangenti concorrenti nel flesso (39, c), si dà il nome di *polare armonica* del flesso i, e non dee confondersi coll'ordinaria *retta polare* che è la tangente stazionaria***).

(a) Dal flesso i si tirino due trasversali a segare la cubica rispettivamente ne' punti aa', bb'. Siccome la polare armonica è pienamente determinata dai coniugati armonici di i rispetto alle coppie di punti aa', bb', così essa non è altro che la polare di i rispetto al pajo di rette $(ab, a'b')$, oppure rispetto al pajo $(ab', a'b)$. Dunque (110, a) la retta I passa pel punto comune alle rette $(ab, a'b')$ e pel punto comune alle $(ab', a'b)$.

Se le due trasversali coincidono, si ottiene la proprietà che, se pel flesso i si conduce una trasversale a segare la cubica in a, b, le tangenti in questi punti vanno ad incontrarsi sulla polare armonica di i.

---

*) Cayley, *A Memoir on curves etc.* p. 439-442.

**) Maclaurin, *l. c.* p. 228.

***) { Prendendo i come centro e la polare armonica come asse d'omologia, ogni cubica sarà omologica (armonica) a se stessa. }

Quanto precede mette in evidenza che un flesso di una cubica ha, rispetto a questa ed alla sua polare armonica, le stesse proprietà *) che un punto qualunque possiede riguardo ad una conica ed alla sua retta polare (107). [92]

(b) Se tre rette segano la cubica data rispettivamente ne' punti iaa', jbb', lcc', e se ijl, abc giacciono in due rette, anche $a'b'c'$ sono in linea retta (39, a). Supposto che i punti ijl coincidano in un solo (flesso) i, le due rette abc, $a'b'c'$ concorreranno, come or ora si è osservato, sulla polare armonica di i. Se inoltre i punti abc coincidono in un punto unico, lo stesso avrà luogo de' punti $a'b'c'$; dunque:

La retta che unisce due flessi di una cubica sega questa in un terzo flesso **). *E le tangenti (stazionarie) in due qualunque di questi tre flessi concorrono sulla polare armonica del terzo.*

(c) Da questo teorema e dalla definizione della polare armonica d'un flesso si raccoglie che, se 123 sono tre flessi in linea retta, il punto coniugato armonico di 1 rispetto a 23 è situato nella polare armonica di 1, ecc.; e che per conseguenza le polari armoniche de' flessi 123 sono le rette che uniscono i vertici del trilatero formato dalle relative tangenti stazionarie, col polo della retta 123 rispetto al trilatero medesimo (76).

(d) Il teorema " *se tre flessi 123 della cubica sono in linea retta, le loro polari armoniche* $I_1 I_2 I_3$ *concorrono in uno stesso punto* " può dimostrarsi anche così. Siano $I'_1 I'_2 I'_3$ le tangenti (stazionarie) della cubica ne' tre flessi nominati; le coppie di rette $I_1 I'_1$ $I_2 I'_2$, $I_3 I'_3$ sono le coniche polari de' punti medesimi, e queste coniche devono essere circoscritte ad uno stesso quadrangolo, i cui vertici siano i poli della retta 123 (130, a). Vale a dire, le rette $I_3 I'_3$ devono passare pei quattro punti $I'_1 I_2$, $I'_1 I'_2$, $I_1 I_2$, $I_1 I'_2$. Ma le tangenti in due de' flessi 123 s'incontrano sulla polare armonica del terzo, ossia I_3 passa pel punto $I'_1 I'_2$; dunque I_3 passerà anche pel punto $I_1 I_2$, c. d. d.

Di qui si raccoglie che *i quattro poli di una retta che contenga tre flessi della cubica sono i vertici del trilatero formato dalle tre corrispondenti tangenti stazionarie, ed il punto di concorso delle polari armoniche de' tre flessi* ***).

140. Tre trasversali condotte pel flesso i seghino la data cubica nei punti aa', bb', cc'; esse incontreranno la retta I, polare armonica di i, nei punti α, β, γ coniugati armonici di i rispetto alle coppie aa', bb', cc'. Ma gli stessi punti $\alpha\beta\gamma$ giacciono anche nella conica polare di i relativa a qualsivoglia cubica descritta pei sette punti $iaa'bb'cc'$ (139). Dunque questa conica polare si risolve in due rette, una delle quali è I; vale a dire

*) Chasles { *Sur les courbes du 3e et du 4e degré,* Lettres à M. Quetelet (Corresp. math. et ph. t. 5, Bruxelles 1829, p. 236) }, *Aperçu historique,* p. 349.

**) Maclaurin, *l. c.* p. 231.

***) Plücker, *System der analytischen Geometrie,* p. 288.

(80), i è un flesso (ed I è la relativa polare armonica) per qualunque curva di terz'ordine passante pei sette punti anzidetti *) **).

(a) Una cubica ha nove flessi, che sono le intersezioni della medesima coll'Hessiana (100). Siccome poi la retta che unisce due flessi passa per un terzo flesso (139, b), così per ciascuno di que' nove punti passeranno quattro rette contenenti gli otto restanti. Quindi, in virtù del precedente teorema, *qualunque linea del terz'ordine descritta pei nove flessi di una data cubica ha i suoi flessi in questi medesimi punti* ***).

Le cubiche aventi in comune i nove flessi chiamansi *sizigetiche*.

(b) Siccome per ogni flesso della cubica data passano quattro rette, ciascuna delle quali contiene altri due flessi, così il numero delle rette contenenti tre flessi è $\frac{4\times 9}{3}=12$. Indicando i flessi coi numeri 1 2 3 . . . 9, tali rette si possono rappresentare così:

123,	148,	157,	169,
456,	259,	268,	358,
789,	367,	349,	247;

dove si fa manifesto che queste dodici rette si ripartiscono in quattro gruppi, ciascuno de' quali è formato da tre rette (scritte nella stessa linea verticale) passanti per tutti i nove punti d'inflessione. Dunque pei nove flessi di una cubica passano quattro sistemi di tre rette †), ossia *in un fascio di cubiche sizigetiche v'hanno quattro cubiche, ciascuna delle quali si risolve in tre rette (cubiche trilatere).*

Siccome una terna di rette può risguardarsi come una linea di terz'ordine dotata di tre punti doppi, e d'altronde (88) un fascio di cubiche contiene dodici punti doppi, così pei nove flessi della cubica data non passa, oltre i quattro sistemi di tre rette, alcuna curva dotata di punto doppio o di cuspide.

141. Considerando il flesso i della cubica fondamentale come un punto dell'Hessiana (cioè come un punto avente per conica polare un pajo di rette incrociate in un altro punto i'), il polo i' coniugato (132, b) ad i è il punto d'intersezione della tangente stazionaria colla polare armonica. In generale, le tangenti all'Hessiana in due poli co-

---

*) SALMON, *Lettre à* M. A. L. CRELLE (Giornale di CRELLE, t. 39, Berlino 1850, p. 365).

**) | Se $aa'bb'cc'$ sono sei punti di una conica tali che le rette aa', bb', cc' concorrano in un punto i, tutte le cubiche passanti per $aa'bb'cc'i$ avranno un flesso in i; e la relativa polare armonica sarà la polare di i rispetto alla conica data. |

***) HESSE, *Ueber die Wendepuncte u. s. w.* p. 107.

†) PLÜCKER, *System der analytischen Geometrie*, p. 284.

niugati concorrono in uno stesso punto della medesima (133); d'altronde essendo i un flesso anche per l'Hessiana (140, a), questa curva ha ivi colla sua tangente un contatto tripunto; dunque la tangente in i' sega l'Hessiana in i, ossia la retta che è tangente (stazionaria) della cubica fondamentale nel flesso i è anche tangente (ordinaria) dell' Hessiana nel polo coniugato i' *).

Questa proprietà si poteva anche conchiudere dalla teoria generale (118, c; 119 b), dalla quale segue ancora che tutte le coniche polari passanti per i' hanno ivi fra loro un contatto tripunto.

(a) Ciascuna tangente stazionaria della cubica fondamentale, essendo anche una tangente ordinaria dell' Hessiana, conta come *due* tangenti comuni; onde le due curve avranno altre $6 . 6 - 2 . 9 = 18$ tangenti comuni. Siccome poi ogni tangente dell'Hessiana ha due poli coincidenti nel punto coniugato al punto di contatto e gli altri due poli distinti nella Cayleyana (135), così le diciotto tangenti (ordinarie) comuni all'Hessiana ed alla cubica fondamentale toccano quest' ultima curva ne' punti in cui essa è incontrata dalla Cayleyana.

(b) In generale, se o, o' sono due poli coniugati, e se u' è il terzo punto comune all'Hessiana ed alla retta oo', questa tocca la Cayleyana nel punto ω coniugato armonico di u' rispetto ai due oo' (135, c). Ma allorchè o sia un flesso della cubica fondamentale, u' coincide con o'; epperò (4) anche ω si confonde con o'. Dunque *la Cayleyana tocca l'Hessiana nei nove poli coniugati ai flessi della cubica fondamentale.*

(c) Una tangente della Cayleyana, quale è $u'r$ (fig. 8.ª), sega questa curva in quattro punti $o_1 o_2 o'_1 o'_2$, i quali sono le intersezioni di $u'r$ colle rette costituenti le coniche polari di o, o' (135). Quando o è un flesso della cubica fondamentale, la conica polare di o è costituita dalla tangente stazionaria oo' e dalla polare armonica, e quest' ultima si confonde con $u'r$, perchè u' ed o' coincidono insieme. Ond' è che de' due punti $o'_1\, o'_2$ l'uno cade in o' (od u') e l'altro si unisce all' intersezione di due tangenti infinitamente vicine $u'r, o'o'_1$ della Cayleyana, cioè al punto di contatto fra questa curva e la retta $u'r$. Questa retta ha dunque un contatto tripunto colla Cayleyana; e siccome questa curva, essendo della terza classe e del sest' ordine, non può avere altre singolarità all' infuori di nove cuspidi (99, 100), così:

Le polari armoniche dei nove flessi della cubica fondamentale sono tangenti alla Cayleyana nelle nove cuspidi di questa curva.

(d) L'Hessiana e la Cayleyana sono dotate di proprietà completamente *reciproche*. Infatti:

---

*) CLEBSCH, *Ueber die Wendetangenten der Curven dritter Ordnung* (Giornale CRELLE-BORCHARDT, t. 58, Berlino 1861, p. 232).

Una tangente qualunque della Cayleyana sega l'Hessiana in due punti corrispondenti, cioè aventi lo stesso tangenziale, ed in un terzo punto che è il coniugato armonico del punto di contatto della Cayleyana rispetto ai primi due (135, c).

In un punto qualunque *o* dell'Hessiana concorrono tre tangenti della Cayleyana; due di esse sono *corrispondenti*, cioè la retta che ne unisce i punti di contatto è una tangente della Cayleyana; la terza poi è la coniugata armonica, rispetto alle due prime, della tangente all'Hessiana in *o* (135, a).

Da questa perfetta reciprocità segue che le proprietà della Cayleyana si potranno conchiudere da quelle dell'Hessiana e viceversa. Per esempio:

I nove punti *i*, ne' quali l'Hessiana è toccata dalle sue tangenti stazionarie, sono i flessi anche delle infinite curve di terzo ordine passanti pei medesimi.

Le nove rette I tangenti alla Cayleyana nelle cuspidi, sono tangenti cuspidali per tutte le infinite curve di terza classe ch'esse toccano.

Al fascio di queste curve appartengono quattro trilateri, cioè i nove flessi sono distribuiti a tre a tre su dodici rette R, delle quali in ogni punto *i* ne concorrono quattro.

Alla serie di queste curve appartengono quattro triangoli, cioè le nove rette I concorrono a tre a tre in dodici punti *r*, ciascuna di quelle contenendo quattro di questi.

I vertici dei quattro trilateri sono i dodici punti *r* *).

I lati dei quattro triangoli sono le dodici rette R.

Fra le curve di terz'ordine aventi i flessi in comune coll'Hessiana v'è anche la cubica fondamentale C_3, rispetto alla quale l'Hessiana è il luogo di un punto che abbia per conica polare un pajo di rette, e la Cayleyana è l'inviluppo di queste rette.

Fra le curve di terza classe aventi per tangenti cuspidali le rette I ve n'ha una K_3 **), rispetto alla quale la Cayleyana è l'inviluppo di una retta il cui primo inviluppo polare (82) sia una coppia di punti, e l'Hessiana è il luogo di questi punti.

Le tangenti stazionarie I' della cubica C_3 toccano l'Hessiana e la Cayleyana ne' punti *i'* comuni a queste due curve.

Le cuspidi della curva K_3 sono i nove punti *i'* ove l'Hessiana e la Cayleyana si toccano.

142. Dato un fascio di cubiche, una trasversale qualunque le incontra in terne di punti formanti un'involuzione di terzo grado, e ne' punti doppi di questa la trasversale tocca quattro cubiche del fascio (49). Se le cubiche sono sizigetiche (ossia se hanno i nove flessi comuni) e se la trasversale è la polare armonica I di un flesso *i*, le tre intersezioni di una qualunque fra quelle cubiche sono i punti di contatto fra essa e

*) Questa proprietà sarà dimostrata fra poco (142).

**) È desiderabile una definizione di questa curva come inviluppo di una retta variabile.

le tangenti che convergono al flesso i (139). Sia r uno de' punti doppi dell'involuzione; la cubica passante per r toccherà ivi sì la trasversale I che la retta ri, cioè avrà in r un punto doppio. Ma i soli punti doppi in un fascio di cubiche sizigetiche sono le intersezioni scambievoli delle terne di rette contenenti a tre a tre i flessi (140, b); dunque i quattro trilateri (sizigetici) formati da tali rette hanno i loro vertici allineati a quattro a quattro sulle polari armoniche de' flessi.

Di qui si ricava che, se r è un vertice di un trilatero sizigetico, r dovrà giacere nella polare armonica di ciascuno de' tre flessi situati nel lato opposto del trilatero medesimo *); ossia:

I punti in cui si segano a tre a tre le polari armoniche dei flessi sono i vertici dei quattro trilateri formati dalle dodici rette nelle quali giacciono distribuiti a tre a tre i flessi medesimi **).

Considerando uno qualunque de' trilateri sizigetici, i suoi lati contengono i nove flessi, mentre pei vertici passano le nove polari armoniche. Sia r uno dei vertici ed 123 i flessi giacenti nel lato opposto. Siccome per r passano le polari armoniche di 123, le quali fanno parte delle coniche polari di questi punti rispetto a tutte le cubiche sizigetiche del dato fascio (140), così la retta 123 sarà, relativamente a tutte queste curve, la retta polare del punto r (130, a). Dunque *ciascun vertice di un trilatero sizigetico è polo del lato opposto rispetto a tutte le cubiche sizigetiche.*

143. Proseguendo a studiare il fascio delle cubiche sizigetiche, una qualunque di esse sia incontrata dalla polare armonica I del flesso i ne' punti $mm'm''$, onde in questi punti le tangenti alla curva saranno $i(m, m', m'')$. La tangente (stazionaria) alla cubica medesima nel flesso i incontri I in n. La cubica è individuata da uno qualunque de' quattro punti $nmm'm''$, epperò, al variare di quella, la terna $mm'm''$ genera un'involuzione (di terzo grado) projettiva alla semplice punteggiata formata dai punti n.

Se $rr_1r_2r_3$ sono i punti doppi dell'involuzione, essi sono anche (142) vertici de' quattro trilateri sizigetici; siano poi $ss_1s_2s_3$ le intersezioni dei lati rispettivamente opposti colla retta I. Per queste *cubiche trilatere*, le tangenti al flesso i sono evidentemente gli stessi lati $i(s, s_1, s_2, s_3)$; ond'è che, ogni qualvolta i due punti $m'm''$ coincidono in r, i punti mn si confondono insieme con s.

La retta in, che tocca una cubica del fascio nel flesso i, è anche tangente all'Hes-

*) [Altrimenti:] {Se r è un vertice di un trilatero sizigetico, e se i è uno dei flessi contenuti nel lato opposto, la polare armonica I è (139) il luogo del punto coniugato armonico di i rispetto alle intersezioni degli altri due lati con una trasversale qualunque per i. Dunque I passa per r.}

**) HESSE, *Eigenschaften der Wendepuncte der Curven dritter Ordnung u. s. w.* (Giornale di CRELLE, t. 38, Berlino 1849, p. 257-261).

siana di questa nel punto n (141). Dunque, se una data cubica del fascio incontra la retta I ne' punti $mm'm''$, le rette $i(m, m', m'')$ sono tangenti nel flesso i ad altrettante cubiche del fascio, aventi per Hessiana la curva data. Ossia *una data cubica è, in generale, Hessiana di tre altre cubiche sizigetiche ad essa* *).

(a) Se la cubica data è un trilatero, un vertice del quale sia r ed il lato opposto passi per s, le tre tangenti $i(m', m'')$, im riduconsi alle due ir, is. La seconda di queste rette può risguardarsi come tangente stazionaria della cubica data, la quale è per tal modo Hessiana di sè stessa. E l'altra retta ir sarà tangente in i ad una cubica (del fascio) avente per Hessiana il dato trilatero. Dunque ciascuna cubica trilatera è Hessiana di sè stessa e di un'altra cubica (del fascio). Cioè *in un fascio di cubiche sizigetiche vi sono quattro curve le cui Hessiane sono i quattro trilateri del fascio.*

(b) Cerchiamo se nel dato fascio vi abbia alcuna cubica che sia Hessiana della propria Hessiana. Una cubica C ha per Hessiana un'altra cubica, e l'Hessiana di questa è una nuova cubica C'. Assunta invece ad arbitrio nel fascio la curva C', questa è Hessiana di tre cubiche, ciascuna delle quali è alla sua volta Hessiana di tre altre cubiche C; talchè C' dà nove cubiche C. Siccome le cubiche C, C' sono individuate dalle rispettive tangenti in i (46), od anche dai punti n, n' in cui queste segano la polare armonica I, possiamo dire che ad ogni punto n corrisponde un solo punto n', mentre a ciascun punto n' corrispondono nove punti n; quindi la coincidenza di due punti corrispondenti n, n' avrà luogo dieci volte, cioè vi sono dieci cubiche sodisfacenti alla condizione proposta. Di questo numero sono i quattro trilateri sizigetici; epperò, lasciatili da parte, avremo:

Un fascio di cubiche sizigetiche contiene sei cubiche, ciascuna delle quali è Hessiana della propria Hessiana **).

144. Vogliamo ora trovare la relazione segmentaria esprimente la projettività che ha luogo fra l'involuzione di terzo grado formata dai punti $mm'm''$ e la semplice serie generata dal punto n (143). Preso per origine de' segmenti un punto r, cioè quel vertice di uno de' trilateri sizigetici che cade nella retta I; e chiamato m uno qualunque de' punti $mm'm''$, la projettività di che si tratta sarà espressa da un'equazione della forma (24, a):

$$1)\qquad (\mathrm{A}\,.\,rn+\mathrm{A}')\,\overline{rm}^3+3\,(\mathrm{B}\,.\,rn+\mathrm{B}')\,\overline{rm}^2+3\,(\mathrm{C}\,.\,rn+\mathrm{C}')\,rm+\mathrm{D}\,.\,rn+\mathrm{D}'=0,$$

*) Hesse, *Ueber die Elimination der Variabeln u. s. w.* (Giornale di Crelle, t. 28, Berlino 1844, p. 89).

**) Salmon, *Higher plane curves,* p. 184. — Aronhold, *Zur Theorie der homogenen Functionen dritten Grades von drei Variabeln* (Giornale di Crelle, t. 39, Berlino 1850, p. 153). — { Le sei cubiche di cui sopra si parla si dividono in tre coppie; le cubiche di una coppia sono l'una Hessiana dell'altra. }

ove A, A', B, ... sono coefficienti costanti. Il punto s corrispondente ad r (143) suppongasi a distanza infinita, com'è lecito fare senza sminuire la generalità dell' indagine; perchè trattandosi qui di relazioni fra rapporti anarmonici, possiamo ai punti della retta I sostituire le loro projezioni fatte da un centro arbitrario sopra una retta parallela al raggio che passa per s (8).

Ciò premesso, siccome i tre valori di rm corrispondenti ad $rn = rs = \infty$ devono essere $rm = rs$, $rm' = 0$, $rm'' = 0$, così se ne trae $A = 0$, $C = 0$, $D = 0$.

D'altronde s è un punto della retta polare di r rispetto a qualunque cubica del fascio (142), quindi (11):

$$\frac{3}{rs} = \frac{1}{rm} + \frac{1}{rm'} + \frac{1}{rm''} = -\frac{3C'}{D'};$$

ma rs è infinito, dunque $C' = 0$. Così l'equazione 1) diviene:

2) $$A' . \overline{rm}^3 + 3(B . rn + B')\overline{rm}^2 + D' = 0.$$

La condizione affinchè la 2), considerando rm come incognita, abbia due radici eguali è:

3) $$A'^2 D' + 4(B . rn + B')^3 = 0,$$

cioè questa equazione del terzo grado rispetto ad rn darà quei tre punti n $(s_1 s_2 s_3)$ a ciascuno dei quali, come ad s, corrispondono due punti m coincidenti $(r_1 r_2 r_3)$.

Se nella stessa equazione 2) si fa $rm = rn$, ottiensi:

4) $$(A' + 3B)\overline{rn}^3 + 3B' . \overline{rn}^2 + D' = 0,$$

ossia ciascuno de' punti n dati dalla 4) coincide con uno de' corrispondenti punti m. Ma i punti n dotati di tale proprietà sono (oltre ad s) gli stessi punti $s_1 s_2 s_3$ dati dalla 3); dunque le equazioni 3), 4), dovendo ammettere le stesse soluzioni, avranno i coefficienti proporzionali.

L'equazione 4) non contiene l'rn lineare; onde eguagliando a zero il coefficiente di rn nella 3), si avrà $BB'^2 = 0$, ossia $B' = 0$; perchè il porre $B = 0$ farebbe scomparire il segmento rn dalla 2). Quindi le 3), 4) divengono:

$$4B^3 . \overline{rn}^3 + A'^2 D' = 0, \quad (A' + 3B)\overline{rn}^3 + D' = 0,$$

donde eliminando rn si ha:

5) $$(A' - B)(A' + 2B)^2 = 0.$$

Posto $A' = B$ e per brevità $D' = -4h^3 B$, ovvero posto $A' = -2B$ e per brevità

$D' = -h^3B$, le equazioni 3), 4) in entrambi i casi danno:

6) $$\overline{rn}^3 - h^3 = 0.$$

e le radici di questa equazione saranno rs_1, rs_2, rs_3.

Fatto adunque $h^3 = \overline{rn}^3$, $B' = 0$ ed inoltre $A' = B$, ovvero $A' = -2B$, l'equazione 2) diviene nel primo caso:

7) $$(rm - rn)(rm + 2rn)^2 = 0,$$

e nel secondo:

$$(rm - rn)^2(2rm + rn) = 0.$$

Cioè nel primo caso uno de' tre punti m corrispondenti ad $n = (s_1, s_2, s_3)$ coincide collo stesso n, mentre gli altri due si riuniscono in un sol punto (r_1, r_2, r_3) diverso da n. Nel secondo caso invece, due de' tre punti m corrispondenti ad $n = (s_1, s_2, s_3)$ cadrebbero in n. Ma nella quistione che ci occupa si verifica il primo caso, non il secondo (143); ond'è che dobbiamo assumere $A' = B$, non già $A' = -2B$.

Dunque la richiesta equazione per la projettività fra l'involuzione formata dalle terne di punti $mm'm''$ e la semplice punteggiata formata dai punti n può essere scritta così:

8) $$\overline{rm}^3 + 3rn . \overline{rm}^2 - 4h^3 = 0,$$

ove h esprime un coefficiente costante *).

(a) I punti $s_1s_2s_3$ sono dati dall'equazione 6), ed i punti $r_1r_2r_3$ dalla 7):

$$rm + 2rn = 0,$$

ossia dalla:

$$\overline{rm}^3 + 8h^3 = 0;$$

dunque entrambi i sistemi di quattro punti $ss_1s_2s_3$, $rr_1r_2r_3$ sono equianarmonici (27).

Ne consegue che, se i è un flesso *reale* delle cubiche sizigetiche, due de' quattro vertici r giacenti nella polare armonica I sono reali, gli altri due imaginari (26). E per la reciprocità già avvertita (141, d), due delle quattro rette R (lati de' trilateri sizigetici) concorrenti in i saranno reali, le altre due immaginarie. Che almeno uno de' flessi di una cubica sia reale, risulta manifesto dall'essere *dispari* il numero totale delle intersezioni della cubica coll'Hessiana.

Sia dunque 1 un flesso reale; e delle quattro rette R (140, b), cioè 123, 148, 157, 169, siano reali le prime due, imaginarie coniugate le altre. I quattro flessi 57, 69 saranno necessariamente tutti imaginari, ed invero uno de' primi due sarà coniugato

*) | I tre punti $mm'm''$ sono i centri armonici (di 3° grado) del punto n rispetto ai quattro punti $ss_1s_2s_3$. |

ad uno degli altri due. Siano coniugati 5 e 9, 6 e 7. Le due rette reali 59, 67, e le due rette imaginarie coniugate 56, 79 si segano separatamente in due punti reali r, r_1, situati nella polare armonica del flesso 1 (139, a).

Essendo reali le rette 123, 148, i flessi 2 3, e così pure 4 8, sono o entrambi reali, o imaginari coniugati. D'altronde le coppie di rette (24, 38), (28, 34) devono dare gli altri due vertici r_2, r_3, situati in linea retta con r, r_1. Ma $r_2 r_3$ sono imaginari, dunque i punti 2 3 4 8 non possono essere nè tutti reali, nè tutti imaginari; cioè 2 3 sono reali, e 4 8 imaginari.

Da ciò segue che *de' nove flessi di una cubica tre soli (in linea retta) sono reali, essendo gli altri imaginari coniugati a due a due* *). E delle dodici rette R, che contengono le terne de' flessi, quattro (123, 148, 259, 367) sono reali; le altre no. Uno de' quattro trilateri sizigetici ha un solo vertice reale; un altro ne ha tre; i rimanenti nessuno.

(b) Come si è supposto sin qui, sia m uno de' punti in cui una data cubica del fascio sega la retta I, e sia n l'intersezione di questa medesima retta colla tangente al flesso i. Supponiamo poi che i punti M, N abbiano analogo significato per l'Hessiana della cubica suddetta; avremo similmente alla 8):

$$\overline{rM}^3 + 3rN \cdot \overline{rM}^2 - 4h^3 = 0.$$

Ma l'Hessiana passa, come si è già osservato (143), pel punto n, talchè sarà:

9) $$\overline{rn}^3 + 3rN \cdot \overline{rn}^2 - 4h^3 = 0,$$

donde, dato il punto n, si desume il punto N. Per esempio, se n cade in r, si ha $rN = \infty$, cioè N coincide con s; e se n è uno de' punti $r_1 r_2 r_3$, ossia se n è dato dall'equazione

$$\overline{rn}^3 + 8h^3 = 0,$$

si ottiene:

$$2rN + rn = 0,$$

vale a dire, N è uno de' punti $s_1 s_2 s_3$. Di qui si ricava che le cubiche sizigetiche le cui tangenti al flesso i passano per uno de' punti $r r_1 r_2 r_3$ hanno per Hessiane i trilateri sizigetici; come già si è trovato altrove (143, a).

Se invece è dato il punto N, l'equazione 9) dà i tre punti n corrispondenti alle tre cubiche, la comune Hessiana delle quali è la curva relativa al dato punto N (143).

---

*) Plücker, *System der analytischen Geometrie*, p. 265.

(c) Se la cubica data è Hessiana della propria Hessiana (143, b), si avrà oltre l'equazione 9) anche la:

$$\overline{rN^3} + 3rn\,.\,\overline{rN^2} - 4h^3 = 0.$$

Sottraggasi questa dalla 9), e dalla risultante, omesso il fattore $rn - rN$ che corrisponde alle cubiche trilatere, si elimini rN mediante la medesima 9); ottiensi così la:

10) $$\overline{rn^6} - 20h^3\,.\,\overline{rn^3} - 8h^6 = 0,$$

equazione di sesto grado, che dà i sei punti n corrispondenti alle sei cubiche dotate della proprietà d'essere Hessiane delle proprie Hessiane.

145. Le quattro tangenti che in generale si possono condurre ad una cubica da un suo punto, nel caso che questo sia il flesso i, sono le rette $i(n, m, m', m'')$. Ond'è che il rapporto anarmonico della cubica (131, b) sarà quello de' quattro punti $nmm'm''$, ne' quali la polare armonica del flesso è incontrata dalla tangente stazionaria e dalla cubica medesima.

Ciò premesso, possiamo ricercare quali fra le cubiche sizigetiche del dato fascio sono equianarmoniche e quali armoniche (131, b).

Siccome i tre punti $mm'm''$ sono dati dalla 8), così i quattro punti $nmm'm''$ saranno rappresentati dall'equazione:

11) $$\overline{rm^4} + 2rn\,.\,\overline{rm^3} - 3\overline{rn^2}\,.\,\overline{rm^2} - 4h^3\,.\,rm + 4h^3\,.\,rn = 0,$$

che si ottiene moltiplicando la 8) per $rm - rn$.

La condizione necessaria e sufficiente affinchè la 11) esprima un sistema equianarmonico è (27):

$$rn(\overline{rn^3} + 8h^3) = 0,$$

che rappresenta i quattro punti $rr_1r_2r_3$. Dunque (144, b) *un fascio di cubiche sizigetiche contiene quattro curve equianarmoniche, ciascuna delle quali è anche dotata della proprietà d'aver per Hessiana un trilatero (sizigetico).*

Affinchè la 11) rappresenti un sistema armonico, dev'essere (6):

$$\overline{rn^6} - 20h^3\,.\,\overline{rn^3} - 8h^6 = 0.$$

Quest'equazione coincide colla 10); dunque *un fascio di cubiche sizigetiche contiene sei curve armoniche, le quali sono anche le cubiche dotate della proprietà d'essere Hessiane delle proprie Hessiane* *).

*) Salmon, *Higher plane curves*, p. 192.

Art. XXIV.

La curva di terz'ordine considerata come Hessiana di tre diverse reti di coniche.

146. Una data cubica qualsivoglia C_3 può risguardarsi come Hessiana di tre altre cubiche ad essa sizigetiche (143). Ciascuna di queste tre curve dà origine ad una rete di coniche polari, epperò la cubica data sarà l'Hessiana di tre distinte reti di coniche. Rispetto a ciascuna di queste tre reti, la cubica data è il luogo delle coppie de' poli coniugati (132, b); dunque in tre guise diverse i punti di una cubica possono essere coniugati a due a due, per modo che due punti coniugati abbiano lo stesso tangenziale, ossia nella cubica esistono *tre sistemi di punti corrispondenti* (133, a).

Ed invero, se o è un punto della cubica data ed u è il tangenziale di esso, da u partono, oltre uo, altre tre tangenti (130, d); siano $o'o''o'''$ i punti di contatto. Abbiamo così le tre coppie di poli coniugati oo', oo'', oo''', in relazione alle tre diverse reti che hanno per comune Hessiana la cubica data.

Applicando lo stesso discorso a ciascuno de' punti $o'o''o'''$, come al punto o, si vede tosto che per la prima rete sono poli coniugati oo' ed $o''o'''$; per la seconda oo'' ed $o'''o'$; per la terza oo''' ed $o'o''$.

(a) Essendo $oo', o''o'''$ due coppie di poli coniugati relative ad una stessa rete, se le rette $oo'', o'o'''$ si segano in y e le $oo''', o'o''$ in z, anche yz sarà una coppia di poli coniugati relativi alla stessa rete (134).

I punti o, o'', y sono in linea retta, epperò i loro tangenziali (che sono anche i tangenziali ordinatamente de' punti o', o''', z) saranno allineati in una seconda retta (39, b). Ma i tangenziali di o, o'' coincidono in u; dunque il tangenziale comune di y e z sarà anche il tangenziale di u. Donde si raccoglie che:

Se $oo'o''o'''$ *sono i punti ove una cubica è toccata dalle tangenti condotte da un suo punto* u, *i punti diagonali* xyz *del quadrangolo* $oo'o''o'''$ *giacciono nella cubica, e le tangenti a questa in* $uxyz$ *concorrono in uno stesso punto della curva.*

(b) Dal teorema (134) risulta che, se aa', bb' sono due coppie di punti corrispondenti della cubica, affinchè questi siano relativi ad uno stesso sistema è necessario e sufficiente che il punto comune alle $ab, a'b'$ ed il punto comune alle $ab', a'b$ giacciano nella curva. Laonde, avuto riguardo alla proprietà (45, d), potremo concludere la seguente:

Se un quadrilatero completo è inscritto in una cubica, i vertici opposti formano tre coppie di punti corrispondenti relative ad uno stesso sistema.

Qui si offre immediatamente la ripartizione in tre diversi sistemi de' quadrilateri completi inscritti in una cubica.

(c) Siano aa_1, bb_2 due coppie di poli coniugati relative a due reti diverse; α il tangenziale di a ed a_1; β il tangenziale di b e b_2. Siano c, c_3, γ le terze intersezioni della cubica colle rette $ab, a_1b_2, \alpha\beta$; sarà γ il tangenziale sì di c che di c_3. Dunque c, c_3 sono due poli coniugati, relativi però alla terza rete (b). Così pure, se le rette ab_2, a_1b segano la cubica nei punti c_2, c_1, questi sono poli coniugati rispetto alla terza rete medesima *).

147. — Dato un punto o ed un fascio di coniche circoscritte ad un quadrangolo $efgh$, quale è il luogo de' punti di contatto delle tangenti condotte da o a queste coniche? Siccome per o si può condurre una conica del fascio e quindi ad essa la tangente in o, così il luogo richiesto passa per o. Oltre ad o, ogni trasversale tirata per questo punto ne contiene altri due del luogo, e sono i punti doppi dell'involuzione che le coniche del fascio determinano sulla trasversale (49). Dunque il luogo richiesto è una cubica, la quale passa anche per $efgh$, poichè si può descrivere una conica del fascio che tocchi oe in e, ovvero of in f, ecc.

Ciascuna conica del fascio sega la cubica in altri due punti m, m' (oltre $efgh$), che sono quelli ove la conica tocca le tangenti condotte per o. La retta mm', polare di o rispetto alla conica, passa per un punto fisso u (il punto *opposto* ai quattro $efgh$) (65). Quando la conica passa per o, i due punti mm' coincidono in o; laonde questa conica tocca la cubica in o, ed u è il tangenziale di o.

Fra le coniche del fascio vi sono tre sistemi di due rette, e sono le coppie di lati opposti (ef, gh), (eg, fh), (eh, fg) del quadrangolo dato; per ciascuno di essi i punti mm' coincidono nel relativo punto diagonale. Donde segue che i punti diagonali $o'o''o'''$ del quadrangolo appartengono alla cubica, e le tangenti in questi punti concorrono in u.

Siccome le rette $o(e, f, g, h)$ sono tangenti alla cubica in e, f, g, h, così la conica determinata dai cinque punti $oefgh$ è la prima polare del punto o rispetto alla cubica medesima. Analogamente la conica $uoo'o''o'''$ è la prima polare di u.

148. Sia o un punto qualunque di una data cubica C_3, ed u il tangenziale di o. Se K_3 è una cubica, la cui Hessiana sia C_3, la conica polare di u rispetto a K_3 è un pajo di rette, una delle quali passa per o (133, b); dunque la retta polare di o rispetto a K_3 passa per u. Ma u giace anche nella retta polare di o relativa a C_3, giacchè quest'ultima curva è toccata in o dalla retta ou; dunque in u concorreranno le rette polari di o, relative a tutte le cubiche descritte pei punti comuni a C_3 e K_3 (84, c), ossia:

*) Hesse, *Ueber Curven dritter Ordnung und die Kegelschnitte, welche diese Curven in drei verschiedenen Puncten berühren* (Giornale di Crelle, t. 36, Berlino 1848, p. 148-152).

Se una retta tocca una cubica in un punto o e la sega in un altro punto u, le rette polari di o, rispetto alle cubiche sizigetiche colla data, passano tutte per u *) **).

(a) Siano $oo'o''o'''$ i punti di contatto delle tangenti condotte alla cubica data dal punto u; pel teorema precedente, u giace nelle rette polari di ciascuno dei quattro punti suddetti, rispetto a tutte le cubiche sizigetiche. Dunque le coniche polari di u rispetto alle cubiche medesime passeranno per $oo'o''o'''$ ***).

Le tre coppie di lati opposti del quadrangolo $oo'o''o'''$ sono le coniche polari di u rispetto a quelle tre curve sizigetiche la cui Hessiana è C_3, epperò saranno tangenti alle tre corrispondenti Cayleyane.

(b) Si noti inoltre che $o'o''o'''$ sono i punti diagonali del quadrangolo formato dai quattro punti di contatto delle tangenti condotte alla cubica data dal punto o (146, a); dunque o' è il polo della retta $o''o'''$ rispetto alle coniche polari di o relative a tutte le cubiche sizigetiche (108, b); ecc.

149. Siano $\alpha\beta\gamma$ i tre punti in cui una retta sega una data cubica, ed $a_0a_1a_2a_3$, $b_0b_1b_2b_3$, $c_0c_1c_2c_3$ i punti di contatto delle tangenti che da quelli si possono condurre alla curva. Siccome i tangenziali di tre punti in linea retta sono pur essi in linea retta, così la retta che unisce uno de' punti a con uno de' punti b passerà necessariamente per uno de' punti c; epperò i dodici punti abc giacciono a tre a tre in sedici rette †).

Siano $a_0b_0c_0$ tre punti scelti fra quei dodici in modo che siano allineati sopra una retta; e siano $a_1b_1c_1$, $a_2b_2c_2$, $a_3b_3c_3$ i punti *corrispondenti* a quelli rispettivamente nelle tre reti di coniche, alle quali dà nascimento la data cubica considerata come Hessiana (146). Pel teorema (134) sono in linea retta le terne di punti:

$$\begin{matrix} a_0b_1c_1, & b_0c_1a_1, & c_0a_1b_1, \\ a_0b_2c_2, & b_0c_2a_2, & c_0a_2b_2, \\ a_0b_3c_3, & b_0c_3a_3, & c_0a_3b_3, \end{matrix}$$

oltre ad
$$a_0b_0c_0.$$

*) SALMON, *On curves of the third order,* p. 535.

**) | Dal teorema (132, c) segue che, condotte per u le altre tre tangenti a C_3, queste sono le rette polari di o rispetto alle tre cubiche di cui C_3 è la Hessiana. Cioè le quattro tangenti che da un punto u di una cubica C_3 si posson condurre a questa sono le rette polari di uno dei punti di contatto, rispetto a C_3 ed alle tre cubiche di cui C_3 è Hessiana. Il rapporto anarmonico delle quattro tangenti è quindi uguale a quello delle quattro cubiche: donde si cava una nuova dimostrazione della costanza del rapporto anarmonico delle quattro tangenti, al variare di u (131).

Se o è un flesso di C_3, segue dal teorema precedente che le tre rette che da o si possono condurre a toccare C_3 altrove sono le tangenti (stazionarie) in o alle tre cubiche di cui C_3 è l'Hessiana: il che s'accorda col teorema 141. |

***) CAYLEY, *A Memoir on curves etc.* p. 443.

†) PLÜCKER, *System der analytischen Geometrie*, p. 272.

E pel teorema (146, c) sono in linea retta anche le terne:

$$a_1b_2c_3\,, \qquad a_2b_3c_1\,, \qquad a_3b_1c_2\,,$$
$$a_1b_3c_2\,, \qquad a_2b_1c_3\,, \qquad a_3b_2c_1\,.$$

Queste sedici rette si possono aggruppare in otto sistemi di quattro rette ciascuno, le quali contengano tutt' i dodici punti di contatto *).

(a) I punti $a_1b_1c_1$, che corrispondono ad $a_0b_0c_0$ rispetto ad una medesima rete, sono i vertici di un triangolo i cui lati passano ordinatamente per a_0, b_0, c_0, (134), e sono anche i punti di contatto della cubica colla poloconica della retta $a_0b_0c_0$, relativa a quella rete (137). Dunque (39) le rette che uniscono i punti $a_1b_1c_1$ ai vertici del triangolo formato dalle tre tangenti $\alpha a_1, \beta b_1, \gamma c_1$ concorreranno in uno stesso punto [94] **).

È superfluo accennare che la stessa proprietà compete ai punti $a_2b_2c_2$, $a_3b_3c_3$ che sono i corrispondenti di $a_0b_0c_0$ rispetto alle altre due reti.

(b) Le rette a_0b_0, a_1b_1 s'incontrano sulla data curva in c_0, onde questa passa sì pei punti comuni ai due sistemi di tre rette $(\alpha a_0, \beta b_0, \gamma c_0)$, $(\alpha\beta, a_0b_0, a_0b_0)$, sì pei punti comuni agli altri due analoghi sistemi $(\alpha a_1, \beta b_1, \gamma c_0)$, $(\alpha\beta, a_1b_1, a_1b_1)$. Saravvi adunque (50, b) un luogo di terz'ordine soddisfacente alla duplice condizione di passare pei punti comuni ai due sistemi $(\alpha a_0, \beta b_0, \gamma c_0)$, $(\alpha a_1, \beta b_1, \gamma c_0)$, e di contenere le intersezioni dei due sistemi $(\alpha\beta, a_0b_0, a_0b_0)$, $(\alpha\beta, a_1b_1, a_1b_1)$. Queste due condizioni sono appunto sodisfatte dal sistema di tre rette $(\alpha\beta, [01][10], \gamma c_0)$, ove [01] indica il punto comune alle rette $\alpha a_0, \beta b_1$, ed [10] il punto ove si segano le $\alpha a_1, \beta b_0$. D'altronde, qualunque luogo di terz'ordine appartenente al fascio determinato dai due sistemi $(\alpha\beta, a_0b_0, a_0b_0)$, $(\alpha\beta, a_1b_1, a_1b_1)$ non può essere altrimenti composto che della retta $\alpha\beta$ e di un pajo di rette coniugate nell'involuzione quadratica i cui raggi doppi sono a_0b_0, a_1b_1 ***). Dunque la retta [01][10] passa pel punto c_0 †) ed è coniugata armonica di γc_0 rispetto alle a_0b_0, a_1b_1 (25, a).

(c) Per la stessa ragione, se αa_0 incontra $\beta b_2, \beta b_3$ in [02], [03], e se βb_0 incontra $\alpha a_2, \alpha a_3$ in [20], [30], le rette [02][20], [03][30] passano per c_0. Laonde, rappresentato con [00] il punto comune alle $\alpha a_0, \beta b_0$, i due sistemi di quattro punti [00, 01, 02, 03], [00, 10, 20, 30] avranno eguali rapporti anarmonici, imperocchè essi risultano dal segare colle due trasversali $\alpha a_0, \beta b_0$ uno stesso fascio di quattro rette concorrenti in c_0.

*) Hesse, *Ueber Curven dritter Ordnung u. s. w.* p. 153. [93]

**) Plücker, *System der analytischen Geometrie*, p. 46.

***) Se le coniche d'un fascio hanno un punto doppio comune c_0, cioè se ciascuna di esse consta di due rette incrociate in c_0, tutte le analoghe coppie di rette formano evidentemente un'involuzione, i cui raggi doppi rappresentano le due linee del fascio per le quali c_0 è una cuspide (48).

†) { Poichè la retta [01][10] passa per c_0, ne segue che l'esagono $\alpha a_0 b_0 \beta b_1 a_1$ è inscritto in una conica (S. Roberts, Ed. Times, ottobre 1868). }

Ne segue che i rapporti anarmonici de' due fasci $\alpha(a_0, a_1, a_2, a_3)$, $\beta(b_0, b_1, b_2, b_3)$ sono eguali, ossia che i sei punti [00], [11], [22], [33], α, β giacciono in una stessa conica, come si è già dimostrato altrove (131, a).

Analogamente, concorrendo in c_1 le quattro rette $a_0b_1, a_1b_0, a_2b_3, a_3b_2$, i due fasci $\alpha(a_0, a_1, a_2, a_3)$, $\beta(b_1, b_0, b_3, b_2)$ avranno eguali rapporti anarmonici; ecc.

(d) Come nel punto c_0 concorrono le rette [01][10], [02][20],...
così „ c_1 „ [00][11], [22][33],...
„ c_2 „ [00][22], [33][11],...
„ c_3 „ [00][33], [11][22],... *).

Dunque i punti [00], [11], [22], [33], ove si segano i raggi omologhi de' due fasci projettivi $\alpha(a_0, a_1, a_2, a_3)$, $\beta(b_0, b_1, b_2, b_3)$ formano un quadrangolo completo, i cui punti diagonali c_1, c_2, c_3 appartengono alla cubica e sono i punti di contatto di tre tangenti concorrenti in γ, terza intersezione della curva colla retta $\alpha\beta$.

Quando i punti $\alpha\beta$ coincidano, ritroviamo un teorema già dimostrato (146, a).

(e) I punti α, β sono i centri di due fasci projettivi, ne' quali alle rette $\alpha(a_0, a_1, a_2, a_3)$ corrispondono $\beta(b_0, b_1, b_2, b_3)$. Condotta per α una retta qualunque che seghi βb_0 nel punto $[x0]$; unito $[x0]$ con c_0 mediante una retta che seghi αa_0 in $[0x]$; sarà $\beta[0x]$ la retta corrispondente ad $\alpha[x0]$ **). In questo modo si trova che alla retta $\alpha\beta$ corrisponde βc_0 od αc_0, secondo che $\alpha\beta$ si consideri appartenente al fascio α o β. Dunque (59) $\alpha c_0, \beta c_0$ sono le tangenti in α, β alla conica generata dai due fasci projettivi; ossia (107) c_0 è il polo della retta $\alpha\beta$ rispetto alla conica $\alpha\beta$[00][11][22][33].

Analogamente, i punti c_1, c_2, c_3 sono i poli della retta $\alpha\beta$ rispetto alle altre tre coniche passanti per $\alpha\beta$ e per le intersezioni delle tangenti che concorrono in α ed in β (131, a). Ossia:

Le tangenti che si possono condurre ad una cubica da due suoi punti α, β si segano in sedici punti $[xy]$ situati a quattro a quattro in quattro coniche passanti per α e β.

I poli della retta $\alpha\beta$ rispetto a queste coniche giacciono nella cubica, la quale è ivi toccata da quattro rette concorrenti in γ, terza intersezione della curva colla retta $\alpha\beta$.

I poli di $\alpha\beta$ rispetto a tre qualunque fra quelle coniche sono i punti diagonali del quadrangolo completo avente per vertici i quattro punti $[xy]$ situati nella quarta conica ***).

(f) La conica polare di c_0, oltre al toccare la cubica in c_0, la seghi ne' punti $pqrs$. Ogni conica passante per $pqrs$ incontra la cubica in due altri punti che sono in linea

*) In ciascuno de' punti c concorrono sei rette analoghe a [01][10]. [95]

**) | Perchè c_0 è il punto in cui concorrono le rette che uniscono le intersezioni delle coppie alterne di raggi, come $(\alpha a_0, \beta b_1)$, $(\alpha a_1, \beta b_0)$; $(\alpha a_0, \beta b_2)$, $(\alpha a_2, \beta b_0)$; ecc. [96] |

***) SALMON, *Théorèmes sur les courbes de troisième degré*, p. 276. — *Higher plane curves*, p. 134.

retta col punto γ, tangenziale di c_0 (147); dunque la conica descritta per $pqrs$ ed α passerà anche per β.

Si noti poi che il quadrangolo completo $pqrs$ ha i suoi punti diagonali in $c_1c_2c_3$, cioè ne' punti che hanno il tangenziale comune con c_0 (146, a). Ne segue che il triangolo $c_1c_2c_3$ è coniugato rispetto ad ogni conica circoscritta al quadrangolo $pqrs$.

Ma siccome $c_1c_2c_3$ sono anche i punti diagonali del quadrangolo [00][11][22][33], così il triangolo $c_1c_2c_3$ è pur coniugato rispetto alla conica nella quale giacciono i sei punti $\alpha\beta$[00][11][22][33]. Dunque (108, e) questa conica passa anche per $pqrs$*).

150. Se nel metodo generale (67, c) per costruire il punto *opposto* a quattro punti di una cubica C_3 si suppone che questi, coincidendo per coppie, si riducano a due soli a, b, il punto *opposto* γ sarà in linea retta coi tangenziali α, β di a, b, cioè sarà il tangenziale della terza intersezione c della cubica colla retta ab. Ogni retta condotta per γ sega la cubica in altri due punti mn, pei quali passa una conica tangente in a e b alla cubica medesima; onde, se i punti mn coincidono, la conica e la cubica avranno fra loro tre contatti bipunti. Pel punto γ passano quattro rette tangenti a C_3; uno de' punti di contatto, c, è in linea retta con ab; gli altri tre siano $c_1c_2c_3$, e consideriamo la conica tangente in abc_1. I punti cc_1 sono poli coniugati rispetto ad una delle tre reti di coniche, l'Hessiana delle quali è la cubica data (146); e se b_1 è il polo coniugato a b nella stessa rete, la retta b_1c_1 passerà per a, e le bc_1, b_1c si taglieranno in a_1, polo coniugato ad a rispetto alla medesima rete (134). Vale a dire, se la cubica è toccata in abc_1 da una curva di second'ordine, i poli a_1b_1c coniugati ad abc_1 rispetto ad una delle tre reti sono in linea retta; donde segue che, rispetto alla rete medesima, quella curva di second'ordine è la poloconica della retta a_1b_1c (137). Analogamente, se a_2b_2, a_3b_3 sono i punti corrispondenti ad ab nelle altre due reti, le coniche tangenti in abc_2, abc_3 sono le poloconiche delle rette a_2b_2c, a_3b_3c rispetto a queste reti.

Così *le coniche tangenti ad una cubica in tre punti si distribuiscono in tre sistemi, relativi alle tre reti aventi per comune Hessiana la cubica data.* I sei punti di contatto di due coniche d'uno stesso sistema giacciono in una conica segante; e viceversa, se pei tre punti di contatto d'una conica d'un certo sistema si descriva ad arbitrio una linea di second'ordine, questa sega la cubica in tre nuovi punti, ne' quali questa curva è toccata da un'altra conica dello stesso sistema (137, a).

Se una poloconica dee passare per due punti dati o, o', la retta a cui essa corrisponde sarà tangente alla conica polare di o ed a quella di o' (136, a) Ma due coniche

*) Samuel Roberts, *On the intersections of tangents drawn through two points on a curve of the third degree* (Quarterly Journal of pure and applied Mathematics, vol. 3, London 1860, p. 121). [97]

hanno quattro tangenti comuni; dunque per due punti dati ad arbitrio passano dodici coniche (quattro per ciascun sistema) aventi tre contatti bipunti colla data curva di terz'ordine. [98]

La poloconica di una tangente stazionaria, per ciascuna delle tre reti, ha un contatto sipunto coll'Hessiana (137); *vi sono adunque ventisette coniche (nove in ciascun sistema) aventi un contatto sipunto colla cubica data* *). I punti di contatto sono quelli che nei tre sistemi corrispondono ai nove flessi, vale a dire, sono i punti in cui la cubica è toccata dalle tangenti condotte per uno de' flessi (39, d). Uno qualunque di questi punti chiamisi p, q od r, secondo che appartenga all'uno o all'altro dei tre sistemi.

Tre flessi in linea retta ed i nove punti pqr che ad essi corrispondono, nei tre sistemi, formano un complesso di dodici punti ai quali si possono applicare le proprietà (149). Dunque:

Ogni retta che unisca due punti p (dello stesso sistema) passa per un flesso;

Ogni retta che unisca due punti pq (di due diversi sistemi) sega la cubica in un punto r (del terzo sistema).

Ed inoltre (137, a):

I sei punti p che (in uno stesso sistema) corrispondono a sei flessi allineati sopra due rette, giacciono in una conica **).

---

*) Steiner, *Geometrische Lehrsätze* (Giornale di Crelle, t. 32, Berlino 1846, p. 132).

**) Hesse, *Ueber Curven dritter Ordnung u. s. w.* p. 165-175.

Oltre alle Memorie citate in questo e nel precedente articolo veggansi le seguenti:

Möbius, *Ueber die Grundformen der Linien der dritten Ordnung* (Abhandlungen der K. Sächsischen Gesellschaft der Wissenschaften, 1. Bd, Leipzig 1849, p. 40).

Bellavitis, *Sulla classificazione delle curve del terz'ordine* (Memorie della Società Italiana delle scienze, t. 25, parte 2, Modena 1851, p. 33). — *Sposizione dei nuovi metodi di geometria analitica* (Memorie dell'Istituto Veneto, vol. 8, Venezia 1860, p. 342).

SOMMARIO.

PREFAZIONE . . . . Pag. 317

Sezione I. PRINCIPII FONDAMENTALI . . . . » 319

ART. I. *Del rapporto anarmonico* . . . . » ivi

Relazioni fra i rapporti anarmonici di quattro punti (1). Rapporto anarmonico di quattro rette (2). Problemi (3). Sistema armonico di quattro punti o di quattro rette (4). Proprietà armonica del quadrilatero completo (5). Condizione perchè un'equazione di quarto grado rappresenti un sistema armonico (6).

ART. II. *Projettività delle punteggiate e delle stelle* . . . . » 325

Forme geometriche projettive (7). Eguaglianza de' rapporti anarmonici (8). Punteggiate projettive sovrapposte (9). Stelle projettive concentriche (10).

ART. III. *Teoria de' centri armonici* . . . . » 328

Centri armonici di un sistema di punti in linea retta, rispetto ad un dato polo (11). Relazione di reciprocità fra un centro armonico ed il polo (12). Relazione fra i centri armonici di due gradi diversi (13). Centri armonici relativi a due poli (14). Casi particolari (15—17). Le proprietà de' centri armonici non si alterano nella projezione centrale (18). Assi armonici (19, 20).

ART. IV. *Teoria dell'involuzione* . . . . » 336

Gruppi di punti in involuzione (21). Punti doppi d'un'involuzione (22). Rapporto anarmonico di quattro gruppi (23). Involuzioni projettive (24). Involuzione di secondo grado (25). Sistema equianarmonico di quattro punti (26). Condizione perchè un'equazione di quarto grado rappresenti un sistema equianarmonico (27).

ART. V. *Definizioni relative alle linee piane* . . . . » 344

Ordine di una linea luogo di punti; classe di una linea inviluppo di rette (28). Tangenti doppie e stazionarie (29). Punti doppi e cuspidi (30). Punti e tangenti multiple (31).

ART. VI. *Punti e tangenti comuni a due curve* . . . . » 344

Punti comuni a due curve d'ordini dati. Influenza de' punti multipli; tangenti comuni (32).

ART. VII. *Numero delle condizioni che determinano una curva di dato ordine o di data classe* . . . . » 347

A quante condizioni deve sodisfare una curva, se vuolsi ch'essa passi un dato numero di volte per un punto dato (33)? Quante condizioni determinano una curva di dato ordine (34)? Numero massimo de' punti doppi di una curva (35).

ART. VIII. *Porismi di* CHASLES *e teorema di* CARNOT . . . . » 350

Porismi generali di CHASLES (36, 37). Teorema di CARNOT (38). Applicazione alle curve di secondo e terz'ordine (39). Teorema relativo alle tangenti di una curva (40). Fascio di curve (41).

ART. IX. *Altri teoremi fondamentali sulle curve piane* . . . . » 358

Teorema di JACOBI (42). Teorema di PLÜCKER (43). Teorema di CAYLEY (44). Applicazioni (45).

Art. X. *Generazione delle linee piane* . . . . Pag. 363

Rapporto anarmonico di quattro curve in un fascio (46). Casi particolari relativi ai punti-base d'un fascio (47, 48). Involuzione determinata da un fascio di curve sopra una retta arbitraria (49). Luogo de' punti comuni alle curve corrispondenti in due fasci projettivi (50—52). Problema sulla generazione di una curva (53). Teoremi di Chasles (54, 55). Teorema di Jonquières (56, 57). Differenti soluzioni del problema (58).

Art. XI. *Costruzione delle curve di second'ordine* . . . . » 372

Generazione di una conica mediante due stelle projettive (59), e mediante due punteggiate projettive (60). Identità delle curve di second'ordine con quelle di seconda classe (61). Problemi (62—64).

Art. XII. *Costruzione della curva di terz'ordine determinata da nove punti* . . » 376

Generazione di una cubica mediante due fasci projettivi, l'uno di rette, l'altro di coniche (65). Metodo di Chasles per descrivere la cubica determinata da nove punti dati (66). Diversi teoremi sulle curve di terz'ordine (67).

Sezione II. Teoria delle curve polari . . . . » 376

Art. XIII. *Definizione e proprietà fondamentali delle curve polari* . . . . » ivi

Polari di un punto rispetto alla curva fondamentale (68, 69). Rette tangenti condotte dal polo alla curva fondamentale (70). Polari di un punto della curva fondamentale (71, 72). Influenza dei punti multipli della curva fondamentale sulle polari di un polo qualunque (73, 74). Teorema di Maclaurin (75). Teorema di Cayley (76). Le prime polari de' punti di una retta formano un fascio (77). Punti doppi delle polari (78, 79). Proprietà caratteristica dei flessi (80). Inviluppo delle rette polari de' punti di una data linea (81). Inviluppi polari (82).

Art. XIV. *Teoremi relativi ai sistemi di curve* . . . . » 388

Luogo de' punti comuni a due curve corrispondenti in due serie projettive (83). Polari di un punto rispetto alle curve d'una serie (84). Curve d'una serie toccate da una retta data (85). Luogo dei poli di una retta rispetto alle curve d'una serie (86). Curve d'una serie toccate da una curva data (87). Punti doppi delle curve d'un fascio (88, 89). Curva Steineriana (88, d). Luogo de' punti di contatto fra le curve di due fasci (90). Curva Hessiana (90, a). Punti di contatto fra le curve di tre fasci (91). Inviluppo delle tangenti comuni ne' punti di contatto fra le curve di due fasci (91, a).

Art. XV. *Reti geometriche* . . . . » 396

Definizioni (92). Curva Jacobiana di tre curve date (93, 94). Hessiana di una rete (95). Rete di curve passanti per uno stesso punto (96). Rete di curve toccantisi in uno stesso punto (97). Curva Steineriana di una rete (98, a).

Art. XVI. *Formole di* Plücker . . . . » 404

Formola che dà la classe di una curva (99). Formole pei flessi e per le tangenti doppie (100). Altra relazione fra l'ordine, la classe e le singolarità di una curva (101). Caratteristiche di una curva di dato ordine priva di punti multipli (102).

Art. XVII. *Curve generate dalle polari, quando il polo si muova con legge data* . » 406

Ordine e singolarità della linea inviluppata dalle rette polari dei punti di una curva data (103). Proprietà di una rete (103, b). Inviluppo delle polari (di un dato ordine) dei punti di una curva data (104). Prima polare di una curva di classe data (104, d). Modo di determinare l'ordine di certi inviluppi (104, f). Doppia definizione delle polari di un punto (103, f; 104, g). Teoremi sulle polari delle curve (104, h, k). Luogo dei poli congiunti ad un polo variabile (105). Luogo delle intersezioni delle polari prima e seconda di un polo variabile (106).

Art. XVIII. *Applicazione alle curve di second'ordine* . . . . » 412

Poli e polari nelle coniche (107). Poli coniugati, polari coniugate; triangoli coniugati (108). Teorema di Hesse (109). Curve polari reciproche (110). Hessiana di una rete di coniche coniugate ad uno stesso triangolo (110, b). Coniche polari reciproche (111). Conica le cui tangenti tagliano armonicamente due coniche date; ecc. (111, e). Triangoli coniugati ad una conica ed inscritti o circoscritti ad un'altra (111, d, f).

Art. XIX. *Curve descritte da un punto, le indicatrici del quale variino con legge data* . . . . Pag. 419

Per un dato punto condurre una retta che ivi tocchi la polare d'alcun suo punto (112). Luogo di un punto una indicatrice del quale passi per un punto dato (113). Inviluppo delle indicatrici dei punti di una data curva (114). Luogo di un punto un'indicatrice del quale tocchi una curva data (115). Luogo di un punto variabile che unito a due punti fissi dia due rette coniugate rispetto alla conica polare del primo punto (116). Generalizzazione dell'antecedente problema (117).

Art. XX. *Alcune proprietà della curva Hessiana e della Steineriana* . . . » 425

Le rette polari dei punti dell'Hessiana inviluppano la Steineriana (118). Caratteristiche della Steineriana (118, b—d). Le prime polari dei punti di una tangente doppia della Steineriana si toccano fra loro in due punti (119, a). Le prime polari dei punti di una tangente stazionaria della Steineriana si osculano fra loro in uno stesso punto (119, b). Un punto doppio della Steineriana è polo di una prima polare dotata di due punti doppi (120). La prima polare di una cuspide della Steineriana è dotata di un punto stazionario (121). L'ultima polare di una curva data tocca la Steineriana nei punti corrispondenti alle intersezioni della curva data coll'Hessiana (122).

Art. XXI. *Proprietà delle seconde polari* . . . . » 429

Seconde polari pure e miste di punti (123). Inviluppo delle curve d'una serie d'indice 2 (124). Seconde polari pure e miste di rette (125). Le seconde polari pure e miste delle rette passanti per un punto dato formano una rete (126). La seconda polare pura di una retta tocca l'Hessiana ovunque l'incontra (127). Rette le cui seconde polari hanno un punto doppio (128). Luogo di un punto la conica polare del quale sia inscritta in un triangolo coniugato ad una conica data (129).

Sezione III. Curve del terz'ordine . . . . » 436

Art. XXII. *L'Hessiana e la Cayleyana di una curva del terz'ordine* . . . » ivi

Retta polare e conica polare di un punto; una retta ha quattro poli; da un punto qualunque arrivano sei tangenti ad una cubica (130). Il rapporto anarmonico delle quattro tangenti condotte ad una cubica da un suo punto qualunque è costante (131). Cubica armonica; cubica equianarmonica (131, b). La Steineriana e l'Hessiana sono una curva unica (132). Luogo delle coppie di poli coniugati rispetto alle coniche di una rete (132, b). L'Hessiana è l'inviluppo delle rette polari de' suoi punti (132, c). Punti corrispondenti dell'Hessiana; inviluppo della retta che li unisce (133). Quadrilatero i cui vertici sono punti corrispondenti dell'Hessiana (134). La Cayleyana è il luogo de' poli congiunti ai punti dell'Hessiana (135). Una tangente della Cayleyana è divisa armonicamente dal punto di contatto e dall'Hessiana (135, c). Poloconiche pure e miste (136). Altre definizioni dell'Hessiana e della Cayleyana (136, b). Ogni poloconica pura tocca l'Hessiana in tre punti (137). Conica polare di un punto dell'Hessiana rispetto all'Hessiana medesima (137, b). Conica satellite (138). L'Hessiana è il luogo de' punti satelliti delle rette che toccano la Cayleyana (138, a).

Art. XXIII. *Fascio di curve del terz'ordine aventi i medesimi flessi* . . . . » 445

Polari armoniche de' flessi di una cubica (139). I flessi sono a tre a tre in linea retta (139, b). Cubiche sizigetiche (140). Pei flessi di una cubica passano quattro sistemi di tre rette (140, b). Punti ove l'Hessiana è toccata dalle tangenti stazionarie della cubica fondamentale (141). Punti di contatto fra l'Hessiana e la Cayleyana (141, b). La Cayleyana e l'Hessiana hanno proprietà reciproche (141, d). Proprietà dei trilateri sizigetici (142). Una cubica è Hessiana di tre cubiche ad essa sizigetiche (143). Relazione segmentaria (144). Una cubica ha soltanto tre flessi reali (144, a). L'Hessiana di una cubica equianarmonica è un trilatero; ed una cubica armonica è l'Hessiana della propria Hessiana (145).

Art. XXIV. *La curva del terz'ordine considerata come Hessiana di tre diverse reti di coniche* . . . . Pag. 456

Una cubica ha tre sistemi di punti corrispondenti (146). Quadrilateri completi inscritti in una cubica (146, b). Proprietà di quattro punti di una cubica, aventi lo stesso tangenziale (147). Polari di un punto rispetto a più cubiche sizigetiche (148). Proprietà de' punti di contatto delle tangenti condotte ad una cubica da tre suoi punti in linea retta (149). Tre sistemi di coniche tangenti in tre punti ad una cubica; coniche aventi con essa un contatto sipunto (150).

30.

COURBES GAUCHES DÉCRITES SUR LA SURFACE D'UN HYPERBOLOÏDE À UNE NAPPE *).

Annali di Matematica pura ed applicata, serie I, tomo IV (1861), pp. 22-25.

I. Courbes gauches d'ordre impair décrites sur la surface d'un hyperboloïde à une nappe.

1. Étant donnés trois faisceaux homographiques, c'est-à-dire deux faisceaux de plans passant par deux droites A, B, respectivement, et un faisceau de surfaces de l'ordre m, les points où la droite intersection de deux plans homologues rencontre la surface correspondante de l'ordre m, engendrent une courbe gauche C de l'ordre $2m+1$. Elle est entièrement située sur la surface de l'hyperboloïde I engendré par les deux faisceaux de plans (Théorème de M. Chasles, *Compte rendu* du 3 juin 1861).

2. *Toute génératrice de l'hyperboloïde* I, *du système auquel appartiennent les axes* A, B, *rencontre la courbe* C *en* $m+1$ *points; et toute génératrice du second système rencontre* C *en* m *points.*

3. *Il y a* $2m^2$ *génératrices du premier système et* $2(m^2-1)$ *génératrices du second qui sont tangentes à la courbe* C.

4. *La surface réglée dont les génératrices s'appuient chacune en deux points sur la courbe* C *et en un point sur une droite* L *est de l'ordre* $m(3m+1)$; C *est une ligne multiple suivant* $2m$, *et* L *est multiple suivant* m^2.

Si L *a un point commun avec* C, *la surface de l'ordre* $m(3m+1)$ *se décompose en un cône de l'ordre* $2m$ *et en une surface réglée de l'ordre* $m(3m-1)$; *pour celle-ci* L *est multiple suivant* m^2, *et* C *suivant* $2m-1$.

Si L *a deux points communs avec* C, *on a deux cônes de l'ordre* $2m$ *et une surface gauche de l'ordre* $3m(m-1)$, *pour laquelle* L *est multiple suivant* m^2-1, *et* C *suivant* $2(m-1)$.

*) Extrait des *Comptes rendus* des séances de l'Académie des sciences; séance du 24 juin 1861 [tome 52, pp. 1319-1323].

5. *Par un point quelconque de l'espace on peut mener:* 1.° m^2 *droites qui rencontrent deux fois la courbe* C; 2.° $3(2m^2-1)$ *plans osculateurs à la courbe* C; 3.° *un nombre* $2(m-1)(m^3+3m^2-m-2)$ *de plans, dont chacun contient deux tangentes de la courbe* C.

6. *Par une droite quelconque on peut mener* $2m(m+1)$ *plans tangents à la courbe* C.

7. *Un plan quelconque contient:* 1.° $2m(m^2-1)(m+2)$ *points, dont chacun est l'intersection de deux tangentes de la courbe* C; 2.° $18m^4-40m^2+5m+18$ *droites, dont chacune est l'intersection de deux plans osculateurs de la courbe* C.

8. Il suit de là que:

La perspective de la courbe C *est une courbe de l'ordre* $2m+1$, *et de la classe* $2m(m+1)$, *ayant* m^2 *points doubles,* $3(2m^2-1)$ *inflexions, et* $2(m-1)(m^3+3m^2-m-2)$ *tangentes doubles.*

9. *Les droites tangentes de la courbe* C *forment une développable* S *de l'ordre* $2m(m+1)$ *et de la classe* $3(2m^2-1)$, *ayant* $4(m-1)(3m+2)$ *génératrices d'inflexion.*

10. *Toute droite tangente à la courbe* C, *en un point, rencontre* $2(m-1)(m+2)$ *droites qui sont tangentes à la même courbe en d'autres points. Les points où se rencontrent ces tangentes non consécutives forment une courbe gauche* K *qui est double (courbe nodale) sur la développable* S. *Les plans déterminés par les couples de tangentes non consécutives de* C *qui se coupent, enveloppent une développable* Σ *qui est doublement tangente à la courbe* C. Il suit des n°s 5 et 7 que *la développable* Σ *est de la classe* $2(m-1)(m^3+3m^2-m-2)$, *et que la courbe* K *est de l'ordre* $2m(m^2-1)(m+2)$.

11. On peut déduire ces propriétés, et d'autres encore, des formules générales données par M. Cayley (*Journal de Liouville*, t. X).

II. Nouvelles courbes gauches de tous les ordres sur la surface d'un hyperboloïde à une nappe.

12. On donne trois faisceaux de plans, dont les axes soient trois droites P, Q, R. Le faisceau P soit composé d'un nombre infini de groupes, dont chacun contient m plans. Ces groupes sont supposés en involution de l'ordre m *), c'est-à-dire, un quelconque des m plans d'un groupe détermine les autres $m-1$ plans du même groupe. (Pour $m=2$ on a l'involution ordinaire). Le deuxième faisceau soit homographique au premier, c'est-à-dire les plans de ces faisceaux se correspondent, un à un, entre eux.

*) De Jonquières, *Généralisation de la théorie de l'involution* (*Annali di Matematica*, Roma, 1859).

Et les plans du faisceau R correspondent anharmoniquement, un par fois, aux groupes du faisceau P (et par conséquent aux groupes de Q) *).

Le lieu des intersections des plans correspondants des trois faisceaux est une courbe gauche C *de l'ordre* $m+2$ *qui coupe* $m+1$ *fois chacune des droites* P *et* Q, *et deux fois la droit* R. *Cette courbe* C *est située entièrement sur l'hyperboloïde* I *engendré par les deux faisceaux* P *et* Q.

Pour $m=1$ on a la cubique gauche, et on tombe dans la construction donnée par M. Chasles (*Compte rendu* du 10 août 1857). Pour $m=2$ on a la courbe du quatrième ordre étudiée par M. Salmon (*Cambridge and Dublin Math. Journal*, vol. V); j'en ai donné la construction dans mon Mémoire *Sulle superficie gobbe del terz' ordine* (*Atti dell'Istituto Lombardo*, t. II).

Hormis le cas de la cubiche gauche ($m=1$), l'hyperboloïde I est la seule surface du second ordre qui passe par la courbe C.

13. *Toute génératrice de l'hyperboloïde* I, *du système auquel appartiennent les axes* P, Q, *rencontre la courbe* C *en* $m+1$ *points; et toute génératrice de l'autre système rencontre cette courbe en un seul point.*

14. Les faisceaux P et R (de même que Q et R) engendrent une surface gauche de l'ordre $m+1$, dont l'axe P est une ligne multiple suivant le nombre m.

15. *Par la courbe* C, *par une génératrice du premier système de l'hyperboloïde* I, *et par une droite qui s'appuie en deux points sur* C, *on peut faire passer une surface gauche de l'ordre* $m+1$, *dont la première directrice rectiligne est une ligne multiple suivant* m.

16. *Si l'hyperboloïde* I *et* $2m+3$ *de ses points sont donnés, on peut décrire par ces points, sur la surface* I, *deux courbes* C.

17. *Si autour de deux génératrices du premier systéme de l'hyperboloïde* I *on fait tourner deux plans qui se rencontrent sur la courbe* C, *ces plans engendrent deux faisceaux homographiques.*

18. *Il y a* $2m$ *génératrices du premier système de l'hyperboloïde* I *qui sont tangentes à la courbe* C.

19. *Le lieu d'une droite mobile qui s'appuie en deux points sur la courbe* C *et en un point sur une droite fixe* L, *est une surface de l'ordre* $(m+1)^2$. *Les lignes* C *et* L *sont multiples suivant les nombres* $m+1$ *et* $\frac{m(m+1)}{2}$ *respectivement.*

*) Si l'on représente un plan quelconque du premier faisceau par $P+\lambda P'=0$ et les plans correspondants des autres faisceaux par $Q+\mu Q'=0$, $R+\nu R'=0$, on aura entre λ, μ, ν deux relations de la forme:

$$(a+b\lambda)\mu+a'+b'\lambda=0, \quad (c\lambda^m+d\lambda^{m-1}+\dots)\nu+c'\lambda^m+d'\lambda^{m-1}+\dots=0.$$

20. *Quand deux courbes* C *tracées sur un même hyperboloïde rencontrent chacune en* $m+1$ *points une même génératrice, ces deux courbes se rencontrent en* $2(m+1)$ *points. Et quand les deux courbes rencontrent l'une en* $m+1$ *points et l'autre en un seul point une même génératrice, elles se rencontrent en* m^2+2m+2 *points.*

21. *Par un point quelconque de l'espace on peut mener:* 1.° $\frac{m(m+1)}{2}$ *droites qui rencontrent la courbe* C *chacune en deux points;* 2.° $3m$ *plans osculateurs à la courbe* C; 3.° $2m(m-1)$ *plans, dont chacun contient deux droites tangentes à* C.

22. *Par une droite quelconque on peut mener* $2(m+1)$ *plans tangent à la courbe* C.

23. *Un plan quelconque contient:* 1.° $2(m^2-1)$ *points dont chacun est l'intersection de deux tangentes de la courbe* C; 2.° $\frac{1}{2}(9m^2-17m+10)$ *droites dont chacune est l'intersection de deux plans osculateurs de la courbe* C.

24. Il suit de ces théorèmes que:

La perspective de la courbe C *est, en général, une courbe de l'ordre* $m+2$ *et de la classe* $2(m+1)$, *ayant* $\frac{m(m+1)}{2}$ *pointes doubles,* $3m$ *inflexions et* $2m(m-1)$ *tangentes doubles.*

Mais si l'œil est placé sur la courbe C, sa perspective est une courbe de l'ordre $m+1$ et de la classe $2m$, ayant un point multiple suivant m, $3(m-1)$ inflexions, et $2(m-1)(m-2)$ tangentes doubles.

25. *Les droites tangentes à la courbe* C *forment une développable* S *de l'ordre* $2(m+1)$ *et de la classe* $3m$, *avec* $4(m-1)$ *génératrices d'inflexion.*

26. *Toute droite tangente en un point de la courbe* C *rencontre* $2(m-1)$ *droites qui sont tangentes à la même courbe en d'autres points. Les points où se rencontrent deux à deux les tangentes* (non consécutives) *de* C *forment, sur la développable* S, *une courbe double* K *de l'ordre* $2(m^2-1)$. *Et les plans où se rencontrent ces mêmes tangentes, enveloppent une développable* Σ, *de la classe* $2m(m-1)$, *qui est doublement tangente à la courbe* C.

27. *Les courbes* C *et* K *ont en commun:* 1.° *les* $4(m-1)$ *points où* C *est touchée par les génératrices d'inflexion de* S; 2.° *les* $2m(m-1)$ *points où* C *est coupée par les génératrices de l'hyperboloïde* I *qui sont tangentes à* C (n. 18). *Ces derniers points sont des points stationnaires pour la courbe* K.

28. *Il y a, sur la courbe* K, $\frac{4}{3}m(m-1)(m-2)$ *points (doubles), où se coupent trois tangentes de* C; *et il y a* $\frac{4}{3}(m-1)(m-2)(m-3)$ *plans (tangents doubles de* Σ), *dont chacun contient trois tangentes de* C.

Etc., etc.

29. Ces résultats font voir que la courbe C est réciproque d'une certaine surface développable, dont MM. Cayley et Salmon se sont occupés plusieurs fois *). Autrement: l'équation, en coordonnées tangentielles, de notre courbe C est le discriminant d'une équation de la forme

$$at^{m+2}+(m+2)bt^{m+1}+\frac{(m+2)(m+1)}{2}ct^{m}+\ldots=0,$$

où $a, b, c, \ldots$ sont des expressions linéaires des coordonnées, et t est la quantité qu'il faut éliminer.

---

*) *Journal de Crelle*, t. XXXIV, p. 148; *Cambridge and Dublin Mathematical Journal*, vol. III, p. 169; vol. V, p. 152.

31.

RIVISTA BIBLIOGRAFICA.

O. Hesse — Vorlesungen uber analytische Geometrie des Raumes insbesondere uber Oberflächen zweiter Ordnung. Leipzig 1861.

Annali di Matematica pura ed applicata, serie I, tomo IV (1861), pp. 109-111.

Il signor Hesse, sì noto ai matematici pe' suoi lavori analitici, coi quali ha potentemente cooperato al progresso della scienza in varî rami di essa, ha ora pubblicato un libro che riassume le lezioni date dall'autore alle università di Königsberg, di Halle e di Heidelberg. Questo libro di geometria analitica, nel quale sono specialmente studiate le superficie di second'ordine, rappresenta nel modo più degno lo stato attuale della scienza. L'autore fa uso dei metodi più perfetti che oggi si posseggano, svolge le sue formole con elegante simmetria, e con facilità sorprendente dimostra i più belli ed importanti teoremi relativi all'argomento. I quali metodi e teoremi, m'affretto a dirlo, sono in buona parte dovuti allo stesso signor Hesse, che già da parecchi anni ne arricchì la scienza, come è attestato dai volumi del giornale matematico di Berlino, in cui egli ha inserito le sue memorie. Pochi libri ci hanno inspirato quella viva gioia che abbiamo sentita nel leggere queste elegantissime pagine; e crediamo fermamente che il nostro entusiasmo sarà diviso da qualunque abbia la fortuna di studiare il libro del signor Hesse.

Non ci è possibile di offrire, coll'inabile nostra parola, un'immagine abbastanza esatta de' singoli pregi di quest'opera. Ci limiteremo a indicare per sommi capi le materie svolte ne' vari capitoli, che l'autore chiama *lezioni*.

Dopo i preliminari esposti nelle prime due lezioni, la *terza* comprende le più essenziali proprietà armoniche ed involutorie di un sistema di piani: proprietà che l'autore trasporta ai circoli massimi di una sfera. Queste proprietà sono dimostrate con quel metodo sì semplice, già usato da Plücker e da altri, che consiste nel rappresentare il primo membro dell'equazione di un piano (il secondo essendo lo zero) con una sola lettera e nel combinare le equazioni analoghe di più piani per via di somma o sottrazione. Collo stesso metodo simbolico sono dimostrati nella *quarta* lezione parecchi eleganti teoremi relativi alle figure sferiche, e nominatamente all'esagono di PASCAL.

In quelle quattro lezioni l'autore non fa uso che delle ordinarie coordinate cartesiane ortogonali. Nella *quinta* lezione sono introdotte le coordinate planari e tangenziali, già inventate da CHASLES e PLÜCKER, e col mezzo di esse l'autore sviluppa, rispetto ad un sistema di punti nello spazio, le proprietà analoghe a quelle precedentemente esposte per un sistema di piani.

Nella *sesta* lezione troviamo le coordinate omogenee, ossia quattro coordinate per rappresentare sì un punto che un piano, onde l'equazione di un luogo o di un inviluppo, con tali coordinate, riesce omogenea. Il signor HESSE, co' suoi scritti, ha molto contribuito a divulgare e rendere popolari queste coordinate omogenee, che alcuni tenaci del passato guardano con sospetto e disprezzo, e che pur giovano tanto alla simmetria ed alla facilità del calcolo. Nelle successive lezioni, l'autore fa uso quasi esclusivamente di coordinate omogenee per rappresentare sì i punti che i piani.

Affinchè i giovani suoi uditori o lettori non fossero costretti a cercare altrove quelle teorie analitiche sulle quali egli fonda i suoi metodi, l'autore ha consacrato la *settima* lezione all'esposizione de' principali teoremi relativi ai determinanti, e l'*ottava* alle funzioni omogenee.

Nelle lezioni successive s'incontrano le fondamentali proprietà delle superficie di second'ordine; le relazioni fra le coordinate di un polo e quelle del piano polare, la doppia rappresentazione di una superficie di second'ordine come luogo di punti e come inviluppo di piani, il principio di reciprocità (teoria delle polari reciproche di PONCELET), le proprietà de' coni e delle coniche considerati come caso particolare de' luoghi e degl'inviluppi di secondo grado, ecc. Le lezioni *sedicesima* e *diciassettesima* (come anche la *ventiduesima)*, sono tra le più belle in questo libro che è tutto bello da capo a fondo. Vi si considerano i tetraedri polari relativi ad una o a due o a più superficie, di secondo grado; il lettore troverà qui dimostrati con ammirabile e luminosa spontaneità quei molti teoremi che già furono trovati dall'autore e pubblicati nel giornale di CRELLE.

La ricerca del tetraedro polare comune a due superficie di second'ordine conduce, com'è noto, alla riduzione delle equazioni di queste superficie ai soli termini quadrati, mediante un solo sistema di sostituzioni lineari. Questo importante problema analitico, che già fu scopo alle ricerche di JACOBI, di CAYLEY e di WEIERSTRASS, è trattato dal sig. HESSE, con evidente predilezione. La lezione *diciottesima* è consacrata alla trasformazione delle funzioni omogenee di un numero qualunque di variabili, ed invero: dapprima sono sviluppate le relazioni che sussistono fra i coefficienti delle sostituzioni lineari, in generale; poi seguono le proprietà di quelle sostituzioni lineari che riducono una funzione omogenea di secondo grado a contenere i soli quadrati; e da ultimo si determinano le sostituzioni lineari che trasformano simultaneamente due date funzioni quadratiche in altre due prive de' termini rettangoli.

La lezione *decimanona* tratta del problema generale della trasformazione delle coordinate tetraedriche, cioè delle coordinate, per le quali un punto o un piano è riferito ad un tetraedro fondamentale. Come caso particolare, se una faccia del tetraedro va a distanza infinita, si hanno le formole per passare da una ad un'altra terna di assi coordinati, siano essi rettangoli od obliqui.

Il tetraedro polare comune ad una data superficie di second'ordine qualsivoglia e ad un'arbitraria superficie sferica concentrica alla prima, ha una faccia all'infinito e le altre tre ortogonali fra loro; onde la ricerca di quel tetraedro conduce agli assi principali della superficie data. Questa ricerca, con l'analoga relativa alle coniche, è eseguita in due diverse maniere nelle tre lezioni seguenti. La seconda maniera è sopratutto notevole perchè somministra le coordinate ellittiche, ed è mirabile che l'autore deduca le formole differenziali per le coordinate ellittiche dalle equazioni in termini finiti fra le coordinate ordinarie, con semplice scambio di lettere. Il qual processo semplice e fecondo è compreso in un teorema assai generale, dato dal prof. Chelini a pag. 70 della sua interessante memoria *Sull'uso simmetrico de' principj relativi al metodo delle coordinate rettilinee* *).

Interessantissima è pur la *ventesimaterza* lezione che ha per oggetto le linee geodetiche dell'ellissoide. Nella lezione successiva si considerano le curve focali di una data superficie di second'ordine, come quelle coniche che fanno parte del sistema di superficie confocali alla data; in seguito si dimostra che quelle curve sono anche il luogo de' vertici de' coni rotondi circoscritti alla superficie medesima.

Nella lezione *ventesimasesta* si stabiliscono le condizioni necessarie perchè una data equazione quadratica fra le coordinate rappresenti una superficie di rotazione. Tali condizioni, com'è noto, sono due: mentre, in generale, la condizione dell'eguaglianza di due radici in un'equazione algebrica è unica. Di qui un apparente paradosso, che l'autore scioglie mostrando, come aveva fatto Kummer, che il discriminante dell'equazione cubica relativa agli assi principali è la somma di sette quadrati.

La lezione seguente contiene la determinazione degli assi principali della sezione fatta da un piano in una superficie di second'ordine e la ricerca, in due modi diversi, delle sezioni circolari della superficie medesima. Finalmente, le ultime tre lezioni trattano de' raggi di curvatura delle sezioni piane, normali ed oblique, delle superficie in generale e delle loro linee di curvatura.

*) Raccolta scientifica, Roma 1849.

Concludendo, il libro del signor Hesse è un prezioso dono fatto ai cultori della geometria; esso fa nascere nel lettore un solo ma vivo desiderio, ed è che l'illustre geometra pubblichi presto un libro simile per le altre teorie, come quelle delle curve piane di terzo e quart'ordine, in cui egli ha già fatto sì mirabili scoperte.

Felice la gioventù alemanna che è educata nelle matematiche da tali professori! E felici anche i giovani italiani, se fra noi si saprà trar profitto dello splendido lavoro del signor Hesse!

Bologna, 10 febbraio 1862.

NOTE DEI REVISORI.

[1] Pag. 1. L'argomento di questa Nota viene ripreso con maggiore generalità in un lavoro successivo (Queste Opere, n. **21**), dove l'Autore, avendo avvertito (come appunto ne fa cenno in questo lavoro) un errore a cui l'aveva condotto un calcolo appoggiato ad una considerazione non giusta, sopprime le cose errate e riproduce soltanto risultati esatti della Nota insieme ad altri nuovi.

È parso quindi opportuno di accogliere in questa edizione delle Opere soltanto la prima parte della Nota, che rimane libera dalla critica.

[2] Pag. 5. Nell'originale l'esponente qui e nella riga precedente era invece scritto $\frac{n(n-1)}{2}$.

[3] Pag. 6 e 7. Aggiungasi: « intera ».

[4] Pag. 8. In questa formola e in altre successive furono corretti alcuni errori di segno dell'originale.

[5] Pag. 16. Nell'originale questa formola era scritta erroneamente così: $x:y=-l:mv$. La correzione è del CREMONA.

[6] Pag. 22. Per la validità dei risultati dei n.i 8-9 è essenziale l'ipotesi che le figure omografiche considerate *non* siano affini.

[7] Pag. 27, 29, 32 e 33. Le questioni di cui si tratta nelle Memorie **4, 5, 6, 7**, questioni poste rispettivamente nel tomo XV, p. 154; t. XV, p. 383; t. XVI, p. 126; t. XVI, p. 127 della raccolta citata, sono le seguenti:

321. Dans un hexagone *gauche* ayant les côtés *opposés* égaux et parallèles, les milieux des côtés sont dans un même plan.

322. Dans un polygone *gauche* d'un nombre *pair* de côtés, ayant les côtés opposés égaux et parallèles, les droites qui joignent les sommets opposés et celles qui joignent les milieux des côtés opposés passent par un seul et même point.

344. Un point fixe O est donné dans un angle plan de sommet A; par O on mène une transversale rencontrant les côtés de l'angle en B et C; s et s_1 étant les aires des triangles OBA, OCA, la somme $\frac{1}{s}+\frac{1}{s_1}$ est constante, de quelque manière qu'on mène la transversale (MANNHEIM).

368. p, q, r sont trois fonctions entières linéaires en x et y; $p=0$, $q=0$, $r=0$ sont les équations respectives des côtés AB, BC, CA d'un triangle ABC; $p-q=0$, $q-r=0$, $r-p=0$ sont donc les équations de trois droites passant respectivement par les sommets B, C, A, et se rencontrant an même point D; soient α, β, γ les points où AD rencontre BC, où BD rencontre CA, où CD rencontre AB. Trouver en fonction de p, q, r l'équation de la conique qui touche les côtés du triangle en α, β, γ.

369. Mêmes données que dans la question précédente. Il s'agit de mener deux droites R, S rencontrant AB aux points r_1, s_1, BC aux points r_2, s_2, CA aux points r_3, s_3, de telle sorte que les trois systèmes de cinq points r_1, s_1, A, γ, B; r_2, s_2, B, α, C; r_3, s_3, C, β, A soient en involution, α, β, γ étant des points *doubles*. Trouver en fonction de p, q, r les équations des droites R, S.

[8] Pag. 35. È noto che i *Beiträge zur Geometrie der Lage* comprendono tre fascicoli; la precedente Rivista bibliografica si riferisce ai primi due.

[9] Pag. 41. Le forme di rette qui indicate col nome di «fasci» si sogliono chiamare oggi «stelle». In due stelle omografiche due raggi corrispondenti non stanno però, in generale, in uno stesso piano. — Anche in seguito la parola «fascio» (di rette) è usata per indicare figure (cono, rigata) che oggi si designano con altri nomi.

[10] Pag. 44. La parola «contiene» è una correzione manoscritta del Cremona. Il luogo di cui trattasi è una superficie di quart'ordine avente i sei punti dati come doppi, e passante per la cubica gobba da questi individuata.

[11] Pag. 44. Nei n.i 8-10, in conformità di indicazioni manoscritte del Cremona, si sono cambiati i segni delle quantità y, z (e, per conseguenza, di m, n) allo scopo di rendere simmetriche le formole. Altrettanto dicasi del segno di y (e di μ) ai n.i 11-12. Si è pure tenuto conto di alcune aggiunte manoscritte del Cremona, dirette a mettere in rilievo quella simmetria.

[12] Pag. 49. Enunciato corretto a mano del Cremona.

[13] Pag. 51. Se la retta data si appoggia alla cubica in un punto ed inoltre giace nel piano osculatore in questo punto, essa incontra una sola tangente oltre quella che passa per quel punto (Osservazione manoscritta del Cremona).

[14] Pag. 61. I primi membri di questa equazione e della seguente furono qui corretti in conformità di un'indicazione del Cremona.

[15] Pag. 68. In luogo di «linea di stringimento» si legga «linea doppia».

[16] Pag. 69. A questo punto furono soppresse due linee e mezzo di stampa, cancellate dal Cremona.

[17] Pag. 69. Si sopprimono sei linee, costituenti una «Osservazione» della quale si è già tenuto conto nella redazione dei n.i 8-10. Cfr. [11].

[18] Pag. 72. I secondi membri di queste tre equazioni sono qui corretti, secondo un'indicazione manoscritta del Cremona.

[19] Pag. 103. Questa equazione, la successiva ed un'altra in seguito (rappresentante un'ellisse o un'iperbole) furono corrette secondo l'Errata-corrige pubblicato negli stessi Annali a pag. 384 del tomo III (1860).

[20] Pag. 108. L'enunciato della questione è riprodotto nel testo, dal tomo XVII, p. 186, dei Nouv. Annales.

[21] Pag. 112, 114, 116 e 125. Le questioni a cui si riferiscono le Memorie **14, 15, 16, 17** sono enunciate come segue, nei Nouv. Annales, tomi XVIII p. 117, XVIII p. 444, e XIX p. 43:

464. Démontrer que l'équation de la sphère circonscrite à un tétraèdre est

$$\sum \frac{\alpha\beta \sin(\gamma,\delta) \sin(\alpha\gamma,\beta\gamma) \sin(\alpha\delta,\beta\delta)}{\sin(\alpha,\beta)} = 0,$$

$\alpha, \beta, \gamma, \delta$ sont les premiers membres des équations des faces mises sous la forme

$$x \cos a + y \cos a' + z \cos a'' - p = 0,$$

(γ, δ) représente l'angle que fait la face γ avec la face δ, $(\alpha\gamma, \beta\gamma)$ l'angle que fait l'intersection des faces α et γ avec l'intersection des faces β et γ. (PROUHET).

465.

$$\begin{vmatrix} \alpha & \alpha+\delta & \dots & \alpha+(n-2)\delta & \alpha+(n-1)\delta \\ \alpha+\delta & \alpha+2\delta & \dots & \alpha+(n-1)\delta & \alpha \\ \alpha+2\delta & \alpha+3\delta & \dots & \alpha & \alpha+\delta \\ \dots & \dots & \dots & \dots & \dots \\ \alpha+(n-1)\delta & \alpha & \dots & \alpha+(n-3)\delta & \alpha+(n-2)\delta \end{vmatrix} = \pm \frac{(n\delta)^{n-1}\,[2\alpha+(n-1)\delta]}{2}.$$

Si l'on fait

$$\alpha = \delta = 1$$

on retombe sur la question 432 (tome XVII p. 185).

494. Soient ABC, *abc* deux triangles dans le même plan; q est un point variable, tel que les droites qa, qb, qc coupent respectivement les côtés BC, AC, AB en trois points qui sont en ligne droite: le lieu du point q est une ligne du troisième ordre.

498. On donne: 1.° une droite fixe; 2.° un point B sur cette droite; 3.° un point fixe A. Trouver une courbe telle, qu'en menant par un point quelconque pris sur cette courbe une tangente, et par le point A une parallèle à cette tangente, ces deux droites interceptent sur la droite fixe deux segments, comptés du point B, tels que la somme des carrés de ces segments soit égale à un carré donné k^2.

Mêmes données, mais prenant la différence des carrés, ou bien le produit des segments, ou bien la somme des inverses des segments égale à une constante donnée.

499. Soient: 1.° A, B, C, D quatre droites dans un même plan, et m, o, l, s quatre points fixes dans ce plan; par m menons une droite quelconque coupant C et D aux points c et d; par c et o menons la droite co coupant A et B aux points a et b; par a et l menons la droite al et par c et s la droite cs; l'intersection p des droites al et cs décrit une ligne du troisième ordre.

2.° Soit un quadrilatère plan variable ABCD; o, p, q, r quatre points *fixes; o* sur AB, p sur BC, q sur CD, r sur DA. Les sommets opposés A et C sont sur deux droites fixes données dans le plan du quadrilatère; les sommets opposés B, D décrivent des lignes du troisième ordre.

[22] Pag. 115. Qui si è corretto l'esponente di (-1), che nell'originale era $\frac{n(n-1)}{2}$. Così poi, alla fine, stava per esponente $\frac{(n+1)(n+2)}{2}$, mentre dev'essere $\frac{n(n-1)}{2}$. Cfr. la nota[2].

[23] Pag. 116. Sopra una sfera, il cui centro è qui implicitamente supposto nell'origine delle coordinate, i rapporti $x:y:z$ non individuano un punto, ma una coppia di punti diametralmente opposti. Si deve in conseguenza fare qualche modificazione alle affermazioni del testo. Per es. i centri di una conica sferica (n.° 2) sono *sei,* e non *tre.* Così la conica sferica rappresentata dall'equazione (2) si spezza (per valori generici di λ) in *due* cerchi minori; il cono che proietta questi dal centro è bensì bitangente al circolo imaginario all'infinito, ma i due punti di contatto sono doppî per la detta conica.

[24] Pag. 123. Nell'omografia qui considerata tra i due fasci di coniche proposti la conica K, ad essi comune, è omologa di sè stessa. Senza questa condizione, quì non esplicitamente enunciata, la proposizione cesserebbe di esser valida. La stessa condizione deve pure sottintendersi nella proposizione inversa (p. 124).

[25] Pag. 128. Questo piano è determinato dall'altra condizione, già indicata dianzi, di esser parallelo alle generatrici dell'unico cilindro di 2° ordine passante per la cubica.

[26] Pag. 139. Qui è stata soppressa la parola «ortogonali» e corrispondentemente, tanto alla fine del n. 2, quanto nel secondo capoverso del n. 7, alla parola «quadrato» si è sostituita la parola «rettangolo».

[27] Pag. 141. In questo numero è stata soppressa la prima proposizione, cioè sono state omesse circa due linee di stampa cancellate dal Cremona e sono state introdotte, nella terza proposizione, le correzioni pure del Cremona, relative all'indicazione di due angoli e di due rette.

[28] Pag. 226. Questo sistema ∞^1 di rigate cubiche non è un *fascio* (nel senso che comunemente si dà a tale parola), bensì una *schiera.* È *fascio* invece il sistema duale considerato al n. 6.

[29] Pag. 228. Queste corrispondenze non sono proiettive; sono invece corrispondenze (1, 2).

[30] Pag. 229. La parola «une» è correzione manoscritta del Cremona (invece di «la»).

Inoltre l'A., evidentemente, intende riferirsi a una cubica che non soltanto si appoggi alle cinque rette date, ma abbia queste come corde. Il problema è indeterminato; e la cubica ch'egli costruisce è soltanto una fra le ∞^2 che soddisfanno alle condizioni suddette.

[31] Pag. 235. L'A., evidentemente, si riferisce a una posizione determinata non solo del cilindro parabolico, ma anche dei singoli versi sulle sue generatrici. Per la curva di cui qui sono scritte le equazioni, il primo dei due rami considerati si estende all'infinito da ambo le parti nel senso delle x positive.

[32] Pag. 241. Cfr. nota [42].

[33] Pag. 242. Aggiungasi: « e complanari ».

[34] Pag. 279. Negli estratti di questo lavoro era aggiunto: « Memoria . . . letta ai 7 di marzo 1861 davanti all'Accademia delle Scienze dell'Istituto di Bologna ». Nei Rendiconti di quell'Accademia pel 1860-1861, a pag. 58-63, è esposto un breve sunto della Memoria, cogli enunciati dei principali risultati, senza le dimostrazioni.

[35] Pag. 290. La Memoria del De Jonquières a cui qui si allude è la *Généralisation de la théorie de l'involution* (Annali di Matematica, t. II, pp. 86-94).

[36] Pag. 291. Nell'originale stava « retta doppia » invece che « conica doppia ». La correzione è di Cremona.

[37] Pag. 292. L'affermazione è in parte inesatta: se R è doppia o tripla, vi è una curva doppia residua, rispettivamente del quinto o del terzo ordine, che taglia R in due punti.

[38] Pag. 297. Le parole « cambiate di segno » mancano nel testo del Cremona.

[39] Pag. 302. Qui, seguendo un'altra correzione manoscritta dell'Autore, s'è scritto « tangenti alla curva D » invece che « osculatori », com'era nell'originale; e anche nel ragionamento precedente si è mutata una parola e si sono scambiate due lettere.

[40] Pag. 317. Questa Memoria, secondo l'indicazione che è a pag. 314, fu presentata all'Accademia di Bologna nella sessione ordinaria del 19 dicembre 1861. Giova riferire testualmente la relazione di detta sessione (Rendiconto della citata Accademia, Anno 1861-62, pp. 30-31):

« Il Ch. Prof. L. Cremona legge un sunto d'una sua Memoria sulla Teoria generale delle curve piane.

« Il tomo 47.° del giornale matematico di Crelle (Berlino 1853) contiene fra l'altre una Memoria di sei pagine del celebre Steiner, intitolata: *Allgemeine Eigenschaften der algebraischen Curven,* nella quale sono enunciati senza dimostrazione molti importanti teoremi relativi alle curve algebriche. Recentemente una parte di questi teoremi fu dimostrata dal sig. Clebsch di Carlsruhe, che, a tal uopo, si è servito dell'analisi più elevata e della nuovissima dottrina de' covarianti.

« Il prof. CREMONA, persuaso che le scoperte dello STEINER sono dovute a metodi puramente geometrici, ha desiderato di trovare le dimostrazioni taciute dall'illustre autore. Mirando a tale scopo, gli venne fatto di formare un'estesa teoria geometrica delle curve piane, la quale comprende in sè i risultati pubblicati dai Signori STEINER, HESSE, CLEBSCH, ecc. ed altri affatto nuovi. Tale teoria riducesi in sostanza ad un ampio sviluppo della teorica delle polari, che l'autore fonda sulle proprietà armoniche di un sistema di punti in linea retta, e sul principio di corrispondenza anarmonica; ed è svolta con metodo semplice ed uniforme. Essa conduce alle più interessanti e generali proprietà delle curve, che, altrimenti trattate, richiederebbero i più sottili e perfetti artifizj dell'analisi algebrica; ed applicata alle curve del 3.° e 4.° ordine somministra in modo affatto spontaneo i teoremi già ottenuti da CAYLEY, HESSE, ecc. ».

La Memoria è stata tradotta in tedesco da M. CURTZE nel volume intitolato: *Einleitung in eine geometrische Theorie der ebenen Curven* (v. queste Opere, n. **61**), volume che in seguito si citerà brevemente con *Einleitung*. La traduzione è letterale, fatta astrazione da alcune aggiunte o correzioni, delle quali si terrà conto, o nel testo, o in queste note, con apposite avvertenze: rinviando solo le aggiunte più lunghe al detto n. **61**. — La numerazione dei vari articoli, o numeri, è la stessa nella *Einleitung* come nell'originale.

In questa ristampa abbiam profittato di un esemplare dell'*Introduzione* [esemplare che citeremo con (A)], sul quale il CREMONA aveva scritto a mano parecchie addizioni o varianti. Le aggiunte, che così si sono introdotte, quando non sia detto espressamente, si riconoscono (come già fu avvertito nella Prefazione) dall'essere racchiuse fra { }.

Nell'ultima pagina della Memoria originale, dopo un' « *errata-corrige* » (di cui il CREMONA dice che è dovuto alla cortesia del suo egregio amico E. BELTRAMI), stavano pure due brevi *aggiunte*. La 1.ª di queste è la citazione del BATTAGLINI in nota al n. 7. La 2.ª sarà qui messa in nota al n. 49, ed è data dall'Autore come relativa a quel numero e al n. 21.

[41] Pag. 325. Anche nel seguito la parola « *stella* » è sempre usata nel senso di « *fascio di rette* », a differenza del significato che ora le si dà comunemente.

[42] Pag. 325. Questa definizione è insufficiente per gli scopi a cui poi la si applica. Occorrerebbe aggiungere, ad esempio, la condizione dell'*algebricità* della relazione (Cfr. C. F. GEISER, *Sopra un teorema fondamentale della Geometria*. Annali di matematica, 2.ª serie, vol. 4, 1870-71, pag. 25-30). Così in seguito (nn. 8, 36, 46, ecc.) accade ripetutamente che dalla sola biunivocità di una corrispondenza si conchiuda che questa è rappresentabile con un'equazione bilineare.

[43] Pag. 335. In un esemplare dell'edizione tedesca *(Einleitung)*, sul quale l'A. fece segni in margine, probabilmente per servirsene in una ristampa, tutto il seguito di questo n. 19 è segnato come cosa da sopprimere.

[44] Pag. 336. V. la fine di [40] e la nota a pie' di pagina al n. 49.

[45] Pag. 342. Cfr. la nota alla fine del n. 23.

[46] Pag. 347. Qui, in nota ad (A), l'Autore scriveva: « A questa dimostrazione si sostituisca

una delle due date da CHASLES, fondate sul principio di corrispondenza (Comptes rendus, 30 sept. 1872, 20 janv. 1873). »

[47] Pag. 347. Le parole seguenti non s'intendano nel senso che, *solo allora* il numero delle intersezioni riunite in a possa divenir più grande. — L'*esempio* addotto, due righe dopo, è errato. Il punto a non equivarrebbe ad $r(r'+1)$ intersezioni, ma in generale solo a $r'(r+1)+1$. Il sistema di r curve K di second'ordine..., che poi si assume, dà luogo ad una particolarità (due punti r—pli successivi) maggiore di quella del detto esempio.

[48] Pag. 349. Qui, e nel seguito, si deve sempre sottintendere che le *serie* di curve di cui si parla, e così le *condizioni* a cui le curve si assoggettano, siano algebriche.

[49] Pag. 349. A questo punto, nella traduzione tedesca *(Einleitung,* pag. 48-49), è aggiunto quanto segue:

In einer Reihe von Curven n—ter Ordnung kann man jede einzelne als von dem Werte einer bestimmten variablen Grösze abhängig betrachten, wie etwa, um ein Beispiel anzuführen, von dem Producte der anharmonischen Verhältnisze

$$(a\,b\,c\,x_1)\,.\,(a\,b\,c\,x_2)\ldots(a\,b\,c\,x_n)\,,$$

worin a, b, c drei gegebene Puncte in gerader Linie bedeuten, und $x_1, x_2, \ldots, x_n$ die Puncte sind, in denen diese Gerade die Curve schneidet.

Dieser Grösze, deren verschiedene Werte zur Bestimmung der verschiedenen Curven ein und derselben Reihe dienen, pflegt man den Namen *Parameter* zu geben.

Hängt die Curve von irrationalen Functionen des Parameters ab, so werden die verschiedenen Werte dieser Functionen, es seien r, ebenso viele Curven bestimmen, welche alle ein und demselben Werte des Parameters entsprechen. Die Gruppe dieser r Curven kann als ein Ort der rn—ten Ordnung betrachtet werden, und die gegebene Reihe als eine solche von der rn—ten Ordnung, in welcher jeder Wert des Parameters nur eine einzige Curve individualisiert. Eine solche Reihe kann man *zusammengesetzt* nennen mit Rücksicht auf die Curven n—ter Ordnung, und *einfach* in Bezug auf die Gruppen oder Curven der rn—ten Ordnung. Daher ist klar, dasz der Fall einer zusammengesetzten Reihe, aus diesem Gesichtspuncte aufgefaszt, auf den der einfachen Reihen zurückgeführt werden kann. Wir werden im Folgenden daher nur von letzteren reden, gleichgültig ob die Elemente derselben einfache Curven oder Gruppen von Curven sind.

[50] Pag. 354. La citazione « pag. 291 » riguarda una dimostrazione di CARNOT, che non ha alcun fondamento. Vale invece la dimostrazione contenuta nell'altro passo citato (n. 378).

[51] Pag. 358. Qui, in margine ad (A), sono aggiunte le parole: « se sono in numero ∞^1 ». Accade in questo, come in altri luoghi della presente Memoria, che la locuzione « punti dati,

o presi, *ad arbitrio* » vada intesa nel senso di « punti *generici* », cioè « escluse talune posizioni eccezionali ».

[52] Pag. 359. Questo fatto non si può asserire senza riserve: perchè gli $\frac{n(n+3)}{2}-1$ punti, essendo stati presi sulle due curve date, di ordini p, q, non sono « punti presi *ad arbitrio* » nel senso della proposizione del n. 41 qui invocata. Effettivamente il teorema di Plücker, a cui poi si giunge, esigerebbe qualche restrizione (cfr. nota seguente); e così pure i corollari che se ne traggono in questo n. 43 e nel n. 44.

[53] Pag. 360. Qui, in (A), si aggiunge: « se in numero ∞^1 ». Cfr. le due note precedenti.

[54] Pag. 360. Anche qui occorrono restrizioni. La dimostrazione che segue esige, fra altro, che sia $n < m+p$: se no, non si posson prendere (n. 42) su C_p gli $\frac{(n-m)(n-m+3)}{2}$ punti per descrivere C_{n-m} (irriducibile). Così per $n=3$, $m=2$, $p=1$ il teorema non vale. — È vera però, senza riserve, la proposizione così modificata (che occorre nel seguito): Date due curve C_m, C_p che si taglino in mp punti, se per questi passa una C_n, ove $n>p$, essa taglia ulteriormente C_m in $m(n-p)$ punti situati sopra una curva d'ordine $n-p$.

[55] Pag. 361. Questo teorema vale solo (come già diceva il Cayley) colla condizione $n \leq m+p-3$. Anzi, esso va modificato così: fra le mp intersezioni di due curve d'ordini m, p *se ne posson trovare* $mp - \frac{(m+p-n-1)(m+p-n-2)}{2}$ tali che qualunque curva d'ordine $n \leq m+p-3$ descritta per essi passa anche ecc. ecc.

[56] Pag. 364. Per poter conchiudere che si ha un'involuzione non basterebbe quel carattere: occorrerebbe anche invocare, per esempio, l'*algebricità*. Cfr. nota [42].

[57] Pag. 366. Si aggiunga all'una o l'altra ipotesi anche il caso $s=s'$.

[58] Pag. 366. La determinazione delle due tangenti in o a $C_{n+n'}$ è fatta nel 1.° articolo (n. 4) della Memoria n. **53** « *Sopra alcune questioni nella teoria delle curve piane* ».

[59] Pag. 367. La dimostrazione di questo fatto viene, nel seguito, scomposta in due parti (nn. 54 e 55).

Nel n. 54 si fa vedere che, se una $C_{n+n'}$ contiene n^2 punti formanti la base d'un fascio d'ordine n, essa può esser generata con due fasci projettivi degli ordini n, n'. Ciò è vero; ma il ragionamento si serve ripetutamente, per curve d'ordine $n+n'$, del teorema del n. 41 (al quale si riferiva la nota [51]), in casi che si prestano a riserve simili a quelle che abbiam fatto in [52].

Quanto all'esistenza su ogni $C_{n+n'}$ di gruppi di n^2 punti base per fasci d'ordine n, essa è poi provata nel n. 55, ma con solo *conto di costanti:* metodo che, in problemi di questa natura, non serve.

Ciò nondimeno il fatto essenziale è esatto. Cfr. C. Küpper, *Projective Erzeugung der Curven m^ter Ordnung* (Mathematische Annalen, t. 48, 1897, pag. 401).

[60] Pag. 368. Qui, in (A) sta scritto: « perchè, essendo $n>n'$, due curve d'ordine n' non potrebbero avere nn' ($>n'^2$) punti comuni ».

[61] Pag. 370. { I due numeri coincidono per $n=n'+1$ e per $n=n'+2$; dunque possiamo prendere l'uno o l'altro, secondo che $n>n'$, oppure $n \gtreqless n'$. Nel 2.° caso, aggiungendo ai $3n-2$ punti, che si possono prendere ad arbitrio nella base del 1.° fascio, gli $\frac{(n'-n+1)(n'-n+2)}{2}$ punti che (54, a) sono arbitrari nella base del 2°, si ha ancora il numero $\frac{(n'-n)^2+3(n'+n)-2}{2}$. Dunque è questo, in ogni caso, il numero dei punti che si possono prendere ad arbitrio per costituire le due basi. }

Grazie a quest'aggiunta [di (A)] il Cremona poteva, nel successivo n. 56, dopo il primo calcolo che conduce al numero $nn'-1$ (quello fatto per $n>n'+2$: ipotesi che ora vi si può sopprimere), indicare [ancora in (A)] come da cancellare i periodi seguenti, passandosi subito alla conclusione di quel n. 56.

[62] Pag. 377. Qui, in (A), l'Autore segnava il problema: « Date 5 intersezioni di una cubica e di una conica, trovare la 6.ª »; e citava: Poncelet, *Applications d'analyse et de géométrie*, t. 2, pag. 109.

[63] Pag. 380. Si è corretto « *polare* $(s)^{ma}$ », in « *polare d'ordine* s ».

[64] Pag. 380. Si sostituisca questo ragionamento insufficiente con quello contenuto nei nn. 5-7 della Memoria **53**, già citata in [58].

[65] Pag. 382. Applicando il n. 20, ossia la parte (a) dell'attuale n. 73, che il Cremona contava (in una nuova edizione) di anticipare, ponendola subito dopo il n. 68.

[66] Pag. 382. Il ragionamento precedente, fra { }, riportato da (A) (ove l'Autore l'aveva inserito per riempire una lacuna della Memoria originale), ha anche assegnato, alla fine, le tangenti nel punto $(r-s)^{plo}$ a quella polare $(s)^{ma}$, anticipando così la proposizione che, per $s=1$, si troverà in principio del n. 74.

[67] Pag. 384. { Più generalmente: il punto, in cui la retta polare di o rispetto ad r delle n rette incontra la retta polare relativa alle altre $n-r$, giace nella retta polare di o rispetto alle n rette. Beltrami, *Intorno alle coniche dei nove punti ecc.*, [1863. V. Opere matematiche di E. Beltrami, t. I, p. 45]. }

[68] Pag. 388. Nell'originale, invece di questo numero, stava scritto $(n-1)-(r-1)-(s-1)$; e quindi nella riga seguente stava $n-(r+s-1)$. La correzione è stata indicata dallo stesso Cremona nell'elenco dei « Druckfehler » alla fine della *Einleitung*, e nel § 2.° della *Rivista bibliografica: Sulla teoria delle coniche*. (Queste Opere, n. **52**) — Pare che in una nuova edizione l'Autore avrebbe soppressa questa parte (c) del n. 81.

[69] Pag. 388. Qui vale quella stessa osservazione che, pel n. 7, s'è fatta nella nota [42]. Bisogna aggiungere, ad esempio, la condizione che la legge data sia *algebrica*.

[70] Pag. 389. Nella traduzione tedesca (*Einleitung*, pag. 117), è detto invece che quel luogo è « *im Allgemeinen höchstens* von der (Mn+Nm) — ten Ordnung ». E subito dopo è aggiunto:

Wir sagen « *Im Allgemeinen höchstens* » weil verschiedene Umstände die Ordnung der resultierenden Curve erniedrigen können. Z. B., wenn die beiden Reihen *singuläre* correspondierende Elementepaare enthalten. Die Grösze Mn+Nm musz man also vielmehr als eine obere Grenze betrachten, wie als eine absolute Zahl. Im Folgenden Nr. 111 *bis* werden wir hierzu in der Theorie der Kegelschnitte bemerkenswerte Beispiele betrachten.

(Il n. 111 *bis* accennato è dato, per la parte a cui qui si allude, nella Memoria **47** di queste Opere). Vi è inoltre, a questo punto della *Einleitung*, la citazione a piè di pagina:

« Man sehe auch einen Brief Jonquières' an den Verfaszer im *Giornale di Matematiche ad uso etc.*, Napoli 1863 [t. 1.°], p. 128, sowie *Bemerkungen über Curvenreihen von beliebigem Index* von G. Battaglini (*Grunerts* Archiv t. 41, Heft 1, S. 26) [= *Sulle serie di curve d'indice qualunque*, Rendiconti Accademia delle scienze di Napoli, t. 2, 1863, p. 149].

La stessa modificazione (ripudiata poi, come diremo subito, dal Cremona), consistente nell'aggiunta delle parole « *im Allgemeinen höchstens* », è fatta nella *Einleitung*, a quegli enunciati dei successivi nn. 85, 86, 87, che assegnano numeri (specialmente ordini di luoghi) relativi a serie di curve d'indice N. — Questi cambiamenti son rilevati in modo particolare nella prefazione di M. Curtze alla *Einleitung*.

La lettera del De Jonquières, a cui si riferisce la citazione a piè di pagina testè riportata, è data nel *Giornale*, sotto il titolo « Corrispondenza », preceduta dalle parole: « Il Prof. Cremona ci prega di pubblicare la seguente lettera, a lui diretta dal chiarissimo sig. de Jonquières ». In essa questo geometra dice che i teoremi sui sistemi di curve d'indice N da lui publicati nella Memoria del 1861 (citata in questa *Introduzione*, n. 34, ecc.) « *Théorèmes généraux etc.* » sono enunciati in termini *troppo assoluti*, danno solo dei *limiti superiori* per i numeri di cui si tratta. « Il faut donc ajouter à la plupart de ces théorèmes ces mots: *en général et au plus* ». — Alla lettera il Cremona fa seguire questa sua avvertenza:

Non potendo ora occuparmi dell'argomento, colla pubblicazione di questa lettera dell'esimio geometra francese, intendo anche di mettere in guardia i giovani lettori della mia *Introduzione* contro le magagne dei teoremi che concernono le serie di curve *d'indice qualsivoglia*. (Bologna, 16 aprile 1863).

Com'è esposto più diffusamente nell'articolo di C. Segre, *Intorno alla storia del principio di corrispondenza e dei sistemi di curve* (Bibliotheca mathematica, 2.ª serie, t. 6, 1892, pag. 33), i dubbi del De Jonquières, accolti provvisoriamente dal Cremona, erano derivati da qualche osservazione fatta a quello scienziato dallo Chasles; e dipendevano da ciò che il metodo di dimostrazione del De Jonquières (adottato pure dal Cremona in questo n. 83 e nel seguito), ossia l'uso del *principio di corrispondenza* (come poi fu chiamato dallo Chasles), era basato sulla considerazione del grado di un'equazione, (così, nel teorema generale del n. 83 da cui abbiam preso le mosse, si aveva un'equazione del grado Mn+Nm): e Chasles obiettava che quel grado potrebbe abbassarsi. — Ma presto CREMONA riesciva a togliere quest'obiezione, ed a ridare con ciò il loro primitivo valore ai teoremi sui sistemi di curve. In una lettera al DE JONQUIÈRES, datata « Bologne, 29 Janvier 1864 », (che fu poi parzialmente publicata a p. 14-16 di un opuscolo litografato « *Documents relatifs à une revendication de priorité et Réponse à quelques critiques nouvelles de M. Chasles, par M.* E. DE JONQUIÈRES, Paris le 4 Février 1867 »), egli così si esprimeva:

.... Je vous serai fort obligé d'avoir la patience de lire ces lignes, et de me communiquer votre sentiment à ce propos.

Pardonnez-moi si j'ose prendre, devant vous, la défense de vos théorèmes, mais je ne cherche qu'à être convaincu et à séparer la vérité de l'erreur. Si l'objection contenue dans votre dernière lettre est la seule qu'on puisse élever contre vos théorèmes, je ne vois pas pourquoi l'on doute de leur exactitude ou de la solidité de leur démonstration.

[Qui DE JONQUIÈRES avverte: « Il rappelle ensuite les éléments de la question, où il s'agit de prouver que les courbes correspondantes de deux séries projectives de degré m, n et d'indices M, N se coupent sur une courbe de degré $m\mathrm{N}+n\mathrm{M}$, et il ajoute: »]

Si l'on cherche l'ordre du lieu par la méthode dont vous et moi nous avons fait usage, il me parait évident que le terme $\mathrm{K}x^{\mathrm{N}m}.\, y^{\mathrm{M}n}$ ne pourra pas manquer, *en général*. S'il manquait, il faudrait supposer qu'à $x=\infty$ corresponde [une ou] plusieurs fois $y=\infty$, et par conséquent ou la droite à l'infini ferait partie du lieu, ou la transversale sur laquelle on considère les points x et y rencontrerait le lieu à l'infini: deux hypothèses également inadmissibles *en général*...

Certainement rien n'empêche de regarder le nombre obtenu comme une limite supérieure; mais je ne vois pas qu'il soit inexact, de l'énoncer même comme un nombre absolu. C'est ce qui arrive dans presque toutes les questions de géométrie où il s'agit de l'ordre ou de la classe d'une courbe ou d'une surface, y compris le cas des faisceaux ou des séries de droites....

Je vous prie vivement d'accueillir avec indulgence ces idées et de les combattre si elles ne vous semblent pas justes. J'aspire uniquement à être convaincu de mon erreur. Je vous prie de me dire si vous et M. CHASLES avez d'autres raisons pour douter de la rigueur de ces démonstrations, et principalement de me dire pourquoi notre grand maître, M. CHASLES, doute absolument de l'exactitude des théorèmes dont il s'agit. Je suis dans la plus grande perplexité; je doute de moi-même; je me confie en vous pour être rassuré ou détrompé....

Priez M. CHASLES d'agréer mes civilités, et engagez-le à pousser l'impression de ses coniques, et à publier ses autres mémoires sur la théorie générale des courbes, dont vous m'avez inspiré la plus grande curiosité.

Il DE JONQUIÈRES accolse le idee del CREMONA, e nel Journal de mathém., 2.e série, t. 10

(1865) p. 412, ritirò le restrizioni che « dans un moment de précipitation » aveva creduto di dover aggiungere alla sua Memoria del 1861.

[71] Pag. 390. Qui l'A. segnò in margine: « Questo teorema si concluda meglio dal n. 23 e dal 49 ».

[72] Pag. 391. Questo ragionamento è imperfetto. Conviene, per ciò che occorre poi, modificarlo nel modo seguente:

Le prime polari rispetto a C_n dei punti di una retta A passante per d hanno in d per tangente comune la retta A' armonica di A rispetto alle due tangenti T, U di C_n in d (73); sicchè il punto *successivo* a d su A' ha come retta polare A.

Si prenda ora come retta A successivamente ciascuna delle M tangenti in d alle M curve C_m della data serie, le quali passano per d. Costruendo le M rette armoniche di queste tangenti rispetto alla coppia TU, avremo M direzioni secondo cui il luogo K passa per d.

K passa dunque per d con M *rami,* corrispondentemente alle M curve C_m passanti per d. Se T e U coincidono, per essere d punto stazionario di C_n, coincideranno in T anche le M armoniche ora nominate, ossia le M tangenti in d a K.

[73] Pag. 391. La proposizione del n. 32, che qui s'invoca, non era esatta, come abbiam rilevato nella nota [47]. Tuttavia il risultato a cui ora si giunge è vero. Infatti (v. la fine dell'ultima nota) K passa pel punto stazionario d di C_n con M rami (completi), aventi tutti per tangente la tangente T di C_n: laonde in d saranno riunite appunto 3M intersezioni di K e C_n.

[74] Pag. 393. Proposizioni più generali che quelle di questo n. 88, intorno all'influenza di particolari punti sul numero complessivo dei punti doppi delle curve di un fascio, si troveranno nei nn. 8-12 della Memoria **53**.

[75] Pag. 396. In un foglietto manoscritto del Cremona è detto di modificare la parte che segue nel testo, così:

(b) Se i due fasci sono dello stesso ordine m, e se hanno una curva comune, questa farà parte dell'inviluppo dianzi ottenuto. Togliendo la curva comune, la quale, supposta priva di punti multipli, sarà della classe $m(m-1)$, rimane una curva della classe $4m^2-4m-m(m-1)$ $=3m(m-1)$; cioè:

Le tangenti comuni nei punti ove si toccano le curve di due fasci d'ordine m, aventi una curva comune, inviluppano una linea della classe $3m(m-1)$.

(c) L'ipotesi precedente si verifica nel caso che i due fasci siano formati da prime polari relative ad una data curva fondamentale d'ordine n, onde $m=n-1$. Allora:

Le tangenti comuni ne' punti di contatto ecc. ecc. [come nel testo].

[76] Pag. 397. Questa proposizione fondamentale non deriva così immediatamente dalla definizione data della *rete.*

In un foglietto manoscritto il Cremona ha indicato di sostituire alla parte del n. 92 che giunge fino a questo punto la trattazione seguente:

Abbiamo veduto [n. 41] che, se $U_1=0$, $U_2=0$ sono le equazioni di due curve dello stesso ordine n, l'equazione $\lambda_1 U_1 + \lambda_2 U_2 = 0$ rappresenta un sistema *semplicemente infinito* (∞^1) di curve dello stesso ordine n, individuate dagli ∞^1 valori del rapporto o parametro $\lambda_1 : \lambda_2$. A questo sistema, caratterizzato dalla proprietà che per un punto *arbitrario* del piano passa una ed una sola curva, si è dato il nome di *fascio*. Siccome i valori del rapporto $\lambda_1 : \lambda_2$ si possono rappresentare coi punti di una retta (punteggiata) o coi raggi di un fascio, così le curve del fascio $\lambda_1 U_1 + \lambda_2 U_2 = 0$ si possono riferire univocamente agli elementi di una retta punteggiata o di un fascio di raggi (assumendo ad arbitrio tre coppie di elementi corrispondenti).

Analogamente, se $U_1 = 0$, $U_2 = 0$, $U_3 = 0$ sono le equazioni di tre curve d'ordine n non appartenenti ad uno stesso fascio, ossia linearmente indipendenti, l'equazione $\lambda_1 U_1 + \lambda_2 U_2 + \lambda_3 U_3 = 0$ rappresenta un sistema *doppiamente infinito* (∞^2) di curve d'ordine n, determinate dagli ∞^2 valori dei due rapporti $\lambda_1 : \lambda_2 : \lambda_3$. A questo sistema, che è caratterizzato dalla proprietà che per due punti arbitrari passa una sola curva, ossia che per un punto arbitrario passano ∞^1 curve formanti un fascio, si dà il nome di *rete*. Come i valori dei rapporti $\lambda_1 : \lambda_2 : \lambda_3$ si possono rappresentare coi punti (o colle rette) di un piano, così le curve di una rete si possono riferire univocamente ai punti (o alle rette) di un piano. Rappresentando per esempio le curve della rete coi punti del piano, i fasci di curve contenuti nella rete vengono ad essere rappresentati dalle rette del piano stesso. Perciò si vede subito che la rete contiene ∞^2 fasci; che due fasci della rete hanno una curva comune; e che una curva è comune a ∞^1 fasci [della rete]. Una rete è determinata da tre curve (dello stesso ordine) non appartenenti ad uno stesso fascio, ovvero da due fasci (dello stesso ordine) aventi una curva comune. Tre curve non hanno, in generale, punti comuni; ma se tre curve determinanti una rete hanno punti comuni, essi sono comuni a tutte le curve della rete.

In modo simigliante, l'equazione $\lambda_1 U_1 + \lambda_2 U_2 + \lambda_3 U_3 + \lambda_4 U_4 = 0$ rappresenta un sistema *triplamente infinito* (∞^3) di curve dello stesso ordine, corrispondenti agli ∞^3 valori dei tre rapporti $\lambda_1 : \lambda_2 : \lambda_3 : \lambda_4$, supposto che le quattro curve $U_1 = 0$, $U_2 = 0$, $U_3 = 0$, $U_4 = 0$ non appartengano ad una stessa rete. In questo sistema tutte le curve che passano per uno stesso punto arbitrario formano una rete; tutte quelle che passano per due punti arbitrari formano un fascio; e per tre punti quali si vogliano passa una sola curva del sistema. I valori dei rapporti $\lambda_1 : \lambda_2 : \lambda_3 : \lambda_4$ si possono rappresentare coi punti dello spazio a tre dimensioni; perciò le ∞^3 curve del sistema in discorso si possono far corrispondere univocamente ai punti dello spazio. I piani dello spazio rappresentano allora le reti contenute nel sistema; e le rette dello spazio ne rappresentano i fasci. Donde si trae subito che due reti (del sistema) hanno un fascio comune, che tre reti hanno una curva comune, che una rete ed un fascio hanno una curva comune, e che due fasci hanno una curva comune solamente quando sono contenuti in una stessa rete.

Proseguendo si potrebbero considerare sistemi ∞^4, ∞^5 ... di curve d'ordine n. In generale un sistema ∞^r è rappresentato da un'equazione $\lambda_1 U_1 + \lambda_2 U_2 + \dots + \lambda_{r+1} U_{r+1} = 0$, dove le ... [manca il seguito].

[77] Pag. 397. Questa denominazione l'Autore voleva poi sostituita dovunque con *Jacobiana della rete*, pur conservando il nome *Hessiana* per la linea definita in (90, a). (Ciò s'accorda colla designazione: *Jacobiana di tre curve*, introdotta al n. 93).

[78] Pag. 397. Nell'originale, dopo la citazione (48), era detto: «ed una di queste ha per

tangente cuspidale la retta T». Invece quella curva del fascio che ha T per una tangente in a non sarà in generale una delle due curve che sono cuspidate in a.

L'Autore, in (A), aveva cancellato quella frase ed anche la successiva, con cui finisce questo n. 92.

[79] Pag. 401. Esistono alcuni fogli manoscritti del CREMONA in cui si ricerca la moltiplicità della Jacobiana di tre curve, in punti che presentano altri casi particolari. Sono però abbozzi, che non occorre publicare. Riproduciamo invece una parte di ciò che è scritto, in (A), accanto a questo n. 96:

« Quando o sia un punto $(r)^{plo}$ per le tre curve C, C', C'', la curva K' corrispondente ad una retta L ha in o un punto $(2r-1)^{plo}$, ed ivi ha per tangenti L ed i $2(r-1)$ raggi doppi dell'involuzione determinata dai due gruppi di tangenti in O alle curve C, C' (in virtù del n. 51). Analogamente per K''; quindi, siccome tutte le curve K', K'' hanno in o un punto $(2r-1)^{plo}$, ed inoltre due curve corrispondenti K', K'' hanno sempre una tangente comune L, così o sarà un punto $(2(2r-1)+1)^{plo}$ per la curva complessiva generata dai fasci delle K', K''. Ma di questa fa parte la 1.a polare di o rispetto a C, che ha in o un punto $(r)^{plo}$; dunque la Jacobiana avrà in o un punto multiplo secondo il numero $2(2r-1)+1-r=3r-1$.

« Se una delle curve della rete, per esempio C'', ha in o un punto $(r+1)^{plo}$, le tangenti di C'' sono tutte tangenti anche della Jacobiana. Le altre $2(r-1)$ tangenti di questa sono i raggi della Jacobiana dei due gruppi di tangenti in o alle curve C, C'.

« Da ciò segue, *nella teoria delle polari,* che se la curva fondamentale ha un punto $(r)^{plo}$, la Hessiana ha ivi un punto $(3r-4)^{plo}$; le due curve hanno [in esso] r tangenti comuni; perciò quel punto assorbe $3r(r-1)$ intersezioni ».

Seguono altre considerazioni (incomplete) dirette a provare che in generale un punto $(r)^{plo}$ con s tangenti riunite produce sul numero dei flessi, come (n. 74) sulla classe, la stessa diminuzione che produrrebbero $\frac{r(r-1)}{2}-(s-1)$ nodi ed $s-1$ cuspidi.

[80] Pag. 401. Se non si aggiunge al testo originale la condizione che qui s'è messa fra [ ], la frase che vien dopo va modificata così: « la curva Hessiana della rete ha tre rami passanti per o, uno dei quali è ivi tangente alla retta T e gli altri due sono toccati dalle due curve della rete che hanno una cuspide in o ». Questa modificazione appunto si trova in (A). — Cfr. la nota [78].

[81] Pag. 402. Cfr. la nota **) a piè di pag. 394.

[82] Pag. 404. Quest'osservazione, fra [ ], non stava nell'originale; ma è necessaria per poter poi applicare il n. (97, d).

[83] Pag. 406. Qui l'A. continua, in margine ad (A) (cfr. la nota seguente):

Ne segue che il numero delle curve di una rete d'ordine $n-1$, che toccano due curve i cui ordini siano m, m', e le classi M, M', è

$$4(n-2)^2 m m'+2(n-2)(m \mathrm{M}'+m' \mathrm{M})+\mathrm{M M}'.$$

[84] Pag. 406. In margine a queste due righe, l'Autore ha scritto a matita: *no.*

Certamente l'asserzione contenuta nel testo è eccessiva, poichè una rete qualsivoglia di curve non è in generale un sistema di prime polari. Ma finchè si tratta di problemi *numerativi*, determinati, su reti di curve, la sostituzione di queste con reti di prime polari si può riguardare come un' applicazione del *principio della conservazione del numero*. Essa è fatta, non solo qui in (103 b), ma anche nel seguito, come nei n.[i] 119, 120, 121. — Cfr. la giustificazione, che poi ne è data al n. 17 della Memoria **53**.

[85] Pag. 411. {I punti comuni alle due curve d'ordine m ed $mn(n-2)$ sono le $3m(n-2)$ intersezioni della prima curva coll'Hessiana [di C_n], ed i punti [le coppie di punti distinti] di quella stessa prima curva che sono poli delle tangenti doppie della curva K (103).}

[86] Pag. 415. Qui, nella *Einleitung*, è posta a piè di pag. la nota seguente:

Fallen die Puncte a, b, c, d paarweise zusammen, das heiszt, berühren sich die Kegelschnitte des Büschels in zwei Puncten a und c, so reducieren sich die beiden Paare von Gegenseiten des Vierecks auf die Berührungssehne ac, als das System zweier zusammenfallender Geraden betrachtet. Das dritte Paar Gegenseiten wird durch die den beiden gegebenen Kegelschnitten gemeinschaftlichen Tangenten gebildet. Folglich bestimmen, wenn ein Kegelschnitt und zwei seiner Tangenten von einer Transversale geschnitten werden, die vier Durchschnittspuncte eine quadratische Involution, deren einer Doppelpunct auf der Berührungssehne liegt.

[87] Pag. 418. Nella *Einleitung* è stata qui inserita, come n. 111 bis (a pag. 167-175), la traduzione, con poche varianti, dei due articoli «*Sulla teoria delle coniche*» che si troveranno nel seguito di queste Opere, come n.[i] **47, 48.**

[88] Pag. 422. Quest'asserzione non è esatta (la deduzione non regge, perchè la corrispondenza fra p e b non è univoca in ambi i sensi); e così pure l'analoga che vien subito dopo, sugli $n-2$ punti a corrispondenti a uno stesso b. Si può dire invece che: quando un punto varia su R, e lo si prende successivamente, o come punto a, o come b, i gruppi dei suoi corrispondenti ($n-1$, od $n-2$) punti p descrivono due involuzioni dei gradi $n-1$, $n-2$, le quali risultano riferite proiettivamente (alla punteggiata descritta dal punto variabile, e quindi anche) fra loro. *A queste involuzioni projettive* il lettore riferisca la fine della nota (che occorre poi in (b)).

[89] Pag. 424. In ognuno dei punti p dell'Hessiana che qui si son considerati, il luogo geometrico di cui si tratta avrà un *punto r—plo*. Perciò invece che *contatto r—punto* si deve leggere: *incontro r—punto*.

Per analoghe ragioni va fatta la stessa sostituzione della parola «*incontro*» alla parola «*contatto*» le altre volte che questa s'incontra nel seguito di questo numero, in (a) e in (b).

[90] Pag. 435. Quest'argomentazione non regge, e il risultato a cui si giunge va corretto. Si osservi che, quando una curva si può riguardare come l'inviluppo di una serie ∞^1 d'indice 2 di curve, i suoi punti doppi sono (soltanto): 1.° ogni punto che sia comune a tutte le curve di quella

serie, 2.° ogni punto dell'inviluppo che sia doppio per l'unica curva della serie che vi passa. Applicando ciò alla serie delle seconde polari dei punti di una retta R, otteniamo (se $n>3$) *due casi in cui la seconda polare (pura) di* R *ha un punto doppio* p: 1.°) p è comune a tutte le seconde polari dei punti di R, ossia R fa parte della conica polare di p: è il solo caso che sia considerato nel testo. 2.°) (per $n>3$) p è punto doppio per la seconda polare di un punto o (anzi che per una prima polare, come nel 1.° caso), ossia (n. 78) p è un punto la cui cubica polare (anzi che conica polare) ha un punto doppio o. Presa allora come retta R la tangente in o alla conica polare di p, la seconda polare (pura) di R avrà in p un punto doppio. Così anche nel 2.° caso si ottengono, come nel 1.°, infinite rette R e infiniti punti p.

[91] Pag. 437. Una dimostrazione più rigorosa di questo teorema si troverà nel seguito, al n. 149 (c).

[92] Pag. 446. A questo punto, nella *Einleitung*, pag. 225-226, è inserito, prima di (b), un breve (a *bis*), tolto dal § 4 della Memoria **49** (*Considerazioni sulle curve piane del 3.° ordine* ...) di queste Opere, o dal n. 26 dell'altra Memoria **53**, già più volte citata.

Lo stesso dicasi poi: per l'aggiunta di un 139 *e*) che si trova nella *Einleitung* a pag. 227; per un'altra breve aggiunta a pag. 234, alla fine del n. 142; e finalmente per quella al n. 148 che è proposta al termine dell'*Errata* della *Einleitung*.

[93] Pag. 459. Nella *Einleitung*, dopo questa citazione, segue (nella stessa nota a piè di pagina) un quadro degli otto sistemi di quattro rette, che si trovava già in Hesse, loc. cit. (= Ges. Werke, p. 166).

[94] Pag. 459. Sopprimiamo, d'accordo con (A), un'asserzione non esatta relativa a quel punto di concorso.

[95] Pag. 460. Così in c_0 concorrono [01][10], [02][20], [03][30], [23][32], [31][13], [12][21].

[96] Pag. 460. Per quel punto c_0 (centro di projettività) passa anche la retta che unisce le intersezioni di $(\alpha b_0, \beta b_0)$, $(\alpha a_0, \beta a_0)$. {Di qui segue che le rette αb_0, βa_0 sono corrispondenti, e però il loro punto comune appartiene alla conica $\alpha\beta$[00][11][22][33]. Dunque i punti a_0, b_0 sono coniugati rispetto a questa conica, e le loro polari s'incrociano in un punto della retta $\alpha\beta$ allineato con [00] e col punto comune alle αb_0, βa_0. Analogamente per a_1, b_1; ecc.}

[97] Pag. 461. {Le tangenti alla conica $\alpha\beta$[00][11][22][33] nei punti [00], [11], [22], [33] sono anche tangenti alla conica polare di c_0, ed i punti di contatto sono situati rispettivamente nelle rette a_0b_0, a_1b_1, a_2b_2, a_3b_3 (S. Roberts, p. 120).}

[98] Pag. 462. {Similmente: in ciascuno dei 3 sistemi di coniche tritangenti alla cubica vi sono *otto* coniche che passano per un punto dato e toccano una retta data, e ve ne sono *sedici* che toccano due rette date.}

ELENCO DEI REVISORI

PER LE MEMORIE DI QUESTO VOLUME.

E. Bertini (Pisa)	per le Memorie, n.i 25.
L. Bianchi (Pisa)	" " " 1, 21.
G. Fano (Torino)	" " " 9, 10, 13, 16, 17, 24.
G. Loria (Genova)	" " " 8, 22, 23, 26, 31.
D. Montesano (Napoli)	" " " 11, 12, 19, 20.
O. Nicoletti (Pisa)	" " " 2.
G. Pittarelli (Roma)	" " " 27.
C. Segre (Torino)	" " " 14, 15, 29.
A. Terracini (Torino)	" " " 3, 4, 5, 6, 7, 18, 28.
R. Torelli (Pisa)	" " " 30.

INDICE DEL TOMO I.

PREFAZIONE . . . . pag. III

1. Sulle tangenti sfero-coniugate. . . . . » 1
Annali di scienze matematiche e fisiche compilati da B. TORTOLINI, tomo sesto (1855), pp. 382-392.

2. Intorno ad un teorema di ABEL. . . . . » 4
Annali di Scienze matematiche e fisiche compilati da B. TORTOLINI, tomo settimo (1856), pp. 99-105.

3. Intorno ad alcuni teoremi di geometria segmentaria. . . . » 10
Programma dell' I. R. Ginnasio liceale di Cremona, alla fine dell'anno scolastico 1857, pp. 1-14.

4. Sur les questions 321 et 322. . . . . » 27
Nouvelles Annales de Mathématiques, 1.re série, tome XVI (1857), pp. 41-43.

5. Solution analytique de la question 344 (MANNHEIM). . . . . » 29
Nouvelles Annales de Mathématiques, 1.re série, tome XVI (1857), pp. 79-82.

6. Seconde solution de la question 368 (CAYLEY). . . . . . » 32
Nouvelles Annales de Mathématiques, 1.re série, tome XVI (1857), p. 250.

7. Seconde solution de la question 369. . . . . » 33
Nouvelles Annales de Mathématiques, 1.re série, tome XVI (1857), pp. 251-252.

8. Rivista bibliografica. — Beiträge zur Geometrie der Lage, von dr. GEORG KARL CHRISTIAN V. STAUDT, ord. Professor an der Universität Erlangen. Nürnberg, Verlag von Bauer und Raspe, 1856-57. . . . » 35
Annali di Matematica pura ed applicata, serie I, tomo I (1858), pp. 125-128.

9. Sulle linee del terz'ordine a doppia curvatura. . . . . . . » 39
Annali di Matematica pura ed applicata, serie I, tomo I (1858), pp. 164-174, 278-295.

10. Teoremi sulle linee del terz'ordine a doppia curvatura. . . . » 70
Annali di Matematica pura ed applicata, serie I, tomo II (1858), pp. 19-29.

11. Intorno alle superficie della seconda classe inscritte in una stessa superficie sviluppabile della quarta classe. . . . . . . pag. 82
Annali di Matematica pura ed applicata, serie I, tomo II (1859), pp. 65-81.

12. Intorno alle coniche inscritte in una stessa superficie sviluppabile del quart'ordine (e terza classe). . . . . „ 100
Annali di Matematica pura ed applicata, serie I, tomo II (1859) pp. 201-207.

13. Solution de la question 435. . . . . „ 108
Nouvelles Annales de Mathématiques, 1.re série, tome XVIII (1859), pp. 199-204.

14. Solution de la question 464. . . . . „ 112
Nouvelles Annales de Mathématiques, 1.re série, tome XIX (1860), pp. 149-151.

15. Solution de la question 465. . . . . „ 114
Nouvelles Annales de Mathématiques, 1.re série, tome XIX (1860), pp. 151-153.

16. Sur les coniques sphériques et nouvelle solution générale de la question 498. . . . . „ 116
Nouvelles Annales de Mathématiques. 1.re série, tome XIX (1860), pp. 269-279.

17. Solution des questions 494 et 499, méthode de Grassmann et propriété de la cubique gauche . . . . „ 125
Nouvelles Annales de Mathèmatiques., 1.re série, tome XIX (1860), pp. 356-361.

18. Sopra un problema generale di geometria. . . . . . . „ 129
Annali di Matematica pura ed applicata, serie I, tomo III (1860), pp. 169-171.

19. Sulle superficie di second'ordine omofocali. — Chasles. Résumé d'une théorie des surfaces du second ordre homofocales. Comptes Rendus, 1860, n. 24 et 25. . . . . „ 133
Annali di Matematica pura ed applicata, serie I, tomo III (1860), pp. 241-244.

20. Sulle coniche e sulle superficie di second'ordine congiunte. . . „ 137
Annali di Matematica pura ed applicata, serie I, tomo III (1860), pp. 257-282.

21. Intorno ad una proprietà delle superficie curve, che comprende in sè come caso particolare il teorema di Dupin sulle tangenti coniugate. „ 163
Annali di matematica pura ed applicata, serie I, tomo III (1860), pp. 325-335.

22. Considerazioni di storia della geometria in occasione di un libro di geometria elementare publicato a Firenze. . . . . . . „ 176
Il Politecnico, volume IX (1860), pp. 286-323.

23. Intorno ad un'operetta di GIOVANNI CEVA matematico milanese del secolo XVII. . . . . pag. 208
Rivista ginnasiale e delle Scuole tecniche e reali, t. VI (1859), pp. 191-206.

24. Sur quelques propriétés des lignes gauches de troisième ordre et classe. „ 224
Journal für die reine und angewandte Mathematik, Band 58 (1861), pp. 138-151.

25. Prolusione ad un corso di geometria superiore letta nell'Università di Bologna. Novembre 1860. . . . . „ 237
Il Politecnico, volume X (1861), pp. 22-42.

26. Trattato di prospettiva-rilievo. — Traité de perspective-relief par M. POUDRA, officier supérieur d'état major etc. (avec atlas). Paris, J. Corréard, 1860. . . . . „ 254
Il Politecnico, volume XI (1861), pp. 103-108.

27. Sulle superficie gobbe del terz'ordine. . . . . „ 261
Atti del Reale Istituto Lombardo, volume II (1861), pp. 291-302.

28. Intorno alla curva gobba del quart'ordine per la quale passa una sola superficie di secondo grado. . . . . „ 279
Annali di Matematica pura ed applicata, serie I, t. IV (1862), pp. 71-101.

29. Introduzione ad una teoria geometrica delle curve piane. . . . „ 313
Memorie dell'Accademia delle scienze dell'Istituto di Bologna, serie I, tomo XII (1862), pp. 305-436.
Bologna, Tipi Gamberini e Parmeggiani, 1862.

30. Courbes gauches décrites sur la surface d'un hyperboloïde à une nappe. „ 467
Annali di Matematica pura ed applicata, serie I, tomo IV (1861), pp. 22-25.

31. Rivista bibliografica. — O. HESSE. Vorlesungen über analytische Geometrie des Raumes, insbesondere über Oberflächen zweiter Ordnung. Leipzig 1861. . . . . „ 472
Annali di Matematica pura ed applicata, serie I, tomo IV (1861), pp. 109-111.

Note dei revisori. . . . . „ 477

Elenco dei revisori. . . . . „ 493

FINE DEL TOMO I.

Stab. Tipografico Succ. Fratelli Nistri

Pisa - Piazza del Castelletto, 1